催化剂
生产设备技术手册

吴慧军　尹忠亮　朱华元◎主编

中国石化出版社
·北京·

内 容 提 要

本书收录了石油化工催化剂和分子筛生产中主要工序的70多个类型的设备，详细地介绍了这些设备的工作原理、结构特点、关键零部件、操作特点、主要技术参数、常见故障分析与处理方法等。全书共分为12章，设备类型涵盖了催化剂生产中的搅拌、反应、过滤、成型、浸渍、干燥、磨粉、筛分、焙烧、物料输送、三废处理等主要工序。

本书可对从事催化剂生产的工程技术人员、操作员工、设备检维修人员提供较大帮助，也可以为高等院校、职业学院化工、设备、安全、环保等相关专业的在校师生提供参考。

图书在版编目(CIP)数据

催化剂生产设备技术手册／吴慧军，尹忠亮，朱华元主编．--北京：中国石化出版社，2025.3

ISBN 978-7-5114-7713-2

Ⅰ．TQ426.6-62

中国国家版本馆CIP数据核字第2025R2C134号

中国石化出版社出版发行

地址:北京市东城区安定门外大街58号

邮编:100011　电话:(010)57512500

发行部电话:(010)57512575

http://www.sinopec-press.com

E-mail:press@sinopec.com

北京科信印刷有限公司印刷

全国各地新华书店经销

*

787毫米×1092毫米 16开本 26印张 630千字

2025年3月第1版　2025年3月第1次印刷

定价:138.00元

《催化剂生产设备技术手册》
编 委 会

主　任：张　凯

副主任：沈　浩　王志丹　金建明　叶　媛

主　编：吴慧军　尹忠亮　朱华元

编　委：（以姓氏笔画为序）

王　凯　闫俊杰　张　亮　杨郁满

杨宏涛　陆桂东　屈玉良　唐克俭

颜　鑫　鞠华伟

审　稿：朱华元

序

炼油和化工过程的核心技术是催化，现代炼油和化学工业中90%以上的化学反应是通过催化剂完成的。催化剂的研发和制备水平可认为是国家石化行业竞争力的重要标志之一。化工设备是化工技术的基础，催化剂从研发到生产都和设备息息相关，催化剂的研发水平、产品质量、生产成本等很大程度上取决于所采用的设备，正确地研制、选择和使用设备对催化剂的生产和发展都将是事半功倍的，催化剂生产设备的技术水平也是催化技术水平的重要标志。

我国催化技术工业应用初期，国内基本上没有催化剂生产的专有设备。随着国家经济的不断发展，催化剂品种和制造工艺技术不断进步，不同类型的催化剂生产设备及其制造水平也同时飞速发展。尽管如此，目前催化剂生产设备的专业参考书仍不多见，有关的资料也比较分散。催化剂行业的工程技术人员对催化剂生产设备的设计、选型和改进等工作常借助其他行业的相关资料。总结最新进展和成果的专题性著作显得尤为重要。

2004年张继光教授编辑出版了《催化剂制备过程技术》一书，深受广大从事催化剂生产和研发的工程技术人员的欢迎，2019年该书又进行了再版，成为催化剂制备的重要参考书。《催化剂制备过程技术》一书重点总结了催化剂制备的工艺技术，对催化剂生产采用的设备的介绍稍显不足。本书可视为《催化剂制备过程技术》的姊妹篇，对催化剂生产设备的工作原理、结构等方面的阐述更为详尽，相信本书的出版对催化剂行业以及其他相关行业和部门的工程技术人员，会有很大的帮助。

何鸣元

2023年10月17日

前　　言

催化剂在现代化学工业中占有极其重要的地位，现代化学工业的巨大成就和催化技术的发展与进步是分不开的。据统计，90%以上的化工生产过程使用催化剂，在石化行业，催化剂更被誉为石化行业的“芯片”。不同品种的石化产品选用的催化剂是不同的。石油产品（如汽油、柴油、煤油等）、化工产品（如己内酰胺、环氧丙烷、乙二醇等）的生产过程都离不开催化剂。石油化工的核心技术是催化，催化技术的灵魂是催化剂。催化剂生产技术的核心是配方和工艺，但是，所有的催化剂生产必须通过相应的设备才能完成。石油化工催化剂从诞生之日起，由于产品的性状不尽相同，所以基本上没有定型的催化剂生产专用设备，为了适应催化剂制备工艺发展的要求，石化战线的科研工作者在借鉴其他行业，如食品加工、医药、冶金、矿山机械等行业设备技术的基础上，根据石油化工催化剂生产工艺的特点不断地改进和完善，逐步形成了目前相对固定的催化剂制造设备，这些设备仍然在不断地优化改进中。

为了便于催化剂制备行业的同人，特别是刚进入本行业的同事快速学习并掌握催化剂制造设备的相关知识，编委会的同志们总结了自己工作中的经验，参考诸多专家学者的著作，编写了这本学习资料。本书收录了70多个类型的催化剂制造设备，分别从各类型设备的理论入手，介绍了这些设备的工作原理、结构、关键零部件、操作特点、主要技术参数、常见故障分析与处理方法等。作为初次尝试，本书力求覆盖面广泛、叙述正确，最大限度地为读者的工作提供帮助。

执笔编写本书的专家有杨郁满（第三、四章）、闫俊杰（第五章）、王凯（第六章前四节）、唐克俭（第七章部分内容）、张亮（第八章）、陆桂东（第四章第四节、第六章第五节、第九章第四节、第十一章第三节）、颜鑫（第九章第八、九节）、尹忠亮（第九章部分内容）、杨宏涛（第十章）、鞠华伟（第十一章）、屈玉良（第十二章第九、十节）、吴慧军（其余章节）。他们在繁忙的工作之余，牺牲个人的时间编写此书，朱华元教授更是在百忙之中参与校审，在此谨表示最诚挚的感谢。

随着催化技术的不断进步，催化剂制备工艺不断创新，催化剂制造设备也必将不断地改进和完善，我们相信，催化剂制造行业的广大科技工作者将继续不懈努力，研发出更多更先进的催化剂制造设备，本书也将在不久的将来得到修订和完善。

由于作者才疏学浅，编写组的同志们时间和精力有限，理论水平和实践经验不足，书中难免错误之处，还望各位读者批评指正，不吝赐教，我们将深表感谢。

编　者

目　　录

第一章　绪论

20 世纪 50 年代后，石油加工工业和高分子化学的发展促进了催化剂和催化工艺技术的发展，特别是稀土 Y 型分子筛催化剂用于瓦斯油催化裂化，铂催化剂用于石脑油催化重整，烯烃催化聚合的大规模工业化，形成了以石油烃为原料生产有机原料和三大合成材料与精细化学品生产的石油化工体系，催化过程则成为 80% 以上工艺技术的基础。60 年代，我国许多科学研究机构、高等院校和工厂企业开始从事石油化工催化剂的研究开发。许多催化剂已在当时的中小型石油化工装置上得到广泛的应用，并在引进技术消化吸收的基础上取得了一定的进步。为了取代引进化工装置使用的 200 多种进口催化剂，跟踪当时新催化剂材料研究，以进口催化剂性能为赶超目标，在“探索一代、开发一代、应用一代、推广一代”的指导思想下经过不懈的努力，国产化率为 80% 以上，基本实现了进口催化剂的国产化替代。未来我国石油化工催化剂的开发和生产，除了继续跟踪国外先进水平，还将不断创新，不断探索新的催化材料，更新现有的催化剂生产设备，提高收率、提高质量、降低消耗、降低成本，进一步提高催化剂市场竞争力，让国产催化剂进入国际市场。

催化剂是一种能够改变化学反应速度而本身不进入最终产物分子组成中的物质，催化剂不能改变热力学平衡，只能影响反应达到平衡的速度。加快反应速度的催化剂称为正催化剂，反之则称为负催化剂。工业催化剂则是特指具有工业生产实际意义的催化剂，它们必须能适用大规模工业生产过程，可在工厂生产所控制的压力、温度、反应物流体速度、接触时间和原料中含有一定杂质的实际操作条件下长期运转。工业催化剂必须具有能满足工业生产所要求的活性（activity）、选择性（selectivity）和耐热波动、耐毒物的稳定性（stability）。此外，工业催化剂还必须具有能满足反应器所要求的外形与颗粒度大小的阻力、耐磨蚀性、抗冲击和抗压碎强度。对强放热或吸热反应用催化剂还要求具有良好的导热性能与比热，以减少催化剂颗粒内的温度梯度与催化剂床层的轴向温差与径向温差，防止催化剂过热失活。对某些因中毒或碳沉积而部分失活或选择性下降的催化剂可以用简单方法使之恢复到原有的活性及选择性水平，以延长其使用寿命。

中国对工业催化剂的分类方法大致与美国分类法相对应，一般将工业催化剂分为石油炼制、无机化工、有机化工、环境保护和其他催化剂五大类。催化剂主要由载体、催化剂活性组分及助催化剂三部分构成，催化剂载体可增加催化反应的有效表面并提供合适的孔结构，改善催化剂耐磨蚀性、抗冲击性和抗压强度，提高热稳定性和抗中毒能力，提供活性中心或与活性组分形成活性更高的新化合物，同时载体还可减少活性组分用量以降低催化剂成本。催化剂的生产过程应做到：①满足使用者对催化剂性能的要求；②催化剂制备方法应有良好的重复性；③生产装置要具有较强的适应性，可生产不同的品种以适应市场的需求；④制备过程相对绿色环保、节能低碳，避免污染环境。

石油化工催化剂的技术发展代表了石油化工产业的最高水平，因此可以将石油化工催化剂形象地比喻为石油化工的“芯片”。催化剂的技术水平与催化剂制造设备密不可分，催化剂制造设备随着催化剂生产工艺的不断提高而不断进步。20世纪，催化剂生产中一些高能耗、低效率的设备已经被淘汰，或者在生产使用中不断地进行技术改造和升级换代。同时，一批先进设备得到广泛的应用。本书介绍的催化剂制造设备主要是指石油化工催化剂生产过程中使用的设备。

第一节　催化剂制备过程中的典型工序

催化剂制备的多种化工单元操作组合了不同的生产流程，每一种代表性流程可以生产一类催化剂，因此形成多种形式的催化剂制备方法。催化剂制备方法可分为沉淀法、浸渍法、混合法、离子交换法及熔融法。催化剂及其载体生产常用的工序包括合成晶化、成胶、交换、洗涤、过滤、干燥、成型、焙烧、浸渍、还原、研磨和筛分等。

本书只对过滤、干燥、成型、浸渍、焙烧作简要介绍。

1. 过滤

过滤是化工生产中常用的固液分离技术，是一种在外力作用下悬浮液通过多孔介质截留住固体粒子而让液体通过，使固液分离的方法。所处理的悬浮物称为浆液，所用多孔介质称为过滤介质，通过介质的浆液称为滤液，被截留的物质称为滤饼，实现过滤操作的外力，可以是重力、机械压力、真空抽力和离心力，以克服过滤介质的阻力。

催化剂的工业生产中，常用的过滤设备有真空带式过滤机（包括移动盘带式过滤机和橡胶带式过滤机）、板框式过滤机、自动厢式压滤机、离心式过滤机、转鼓过滤机、圆盘式真空过滤机、无机膜过滤器等。

2. 干燥

在催化剂生产中，干燥操作通常用于沉淀物（水凝胶）过滤后物料蒸发脱水及浸渍后产品的蒸发脱水，干燥是催化剂制备中最常见的物理过程。

干燥是采用某种方式将热量传给含水物料，并将此热量作为潜热而使水分蒸发分离的单元操作过程。干燥一般在60～200℃下进行，目的是脱除吸附水。干燥是一种传热、传质过程，对流、传导和辐射三种传热方式在干燥中相互伴随、同时存在。干燥推动力使湿物料表面水蒸气分压超过干燥介质（热空气）中水蒸气分压，使湿物料表面水蒸气向干燥介质中扩散，湿物料内部水分再继续向表面扩散，进而被汽化。

干燥设备按不同准则进行分类：第一类按传热方式划分为传导加热器、对流加热器、辐射加热器、真空干燥器及微波加热器。冷冻干燥可认为是传导加热类型的一种特殊情况；第二类按干燥器类型划分为托盘、转鼓、流化床、气流干燥器和喷雾干燥器；第三类按照产品在设备中的停留时间分类，停留时间短（<1min）的有闪蒸干燥器、喷雾干燥器、转鼓干燥器，停留时间长（>1h）的有隧道窑、推板窑及带式干燥器等。

3. 成型

成型是各类粉体、颗粒、溶液或熔融原料在一定外力作用下互相聚集，制成具有一定形状、大小和强度的固体颗粒的单元操作过程。成型技术在粉末冶金、陶瓷、建材、橡塑材料、医药、化工等工业已得到广泛的应用。对于固体催化剂，不管以任何方法制备，最终总要以不同形状和尺寸颗粒在工业催化反应器中应用。成型是催化剂生产中必不可少的工序，其对催化剂活性、机械强度及寿命都有很大影响。

催化剂成型常用的方法包括压缩成型、挤出成型、转动成型、喷雾成型、油氨柱成球及冷却造粒、异型载体成型等。催化剂成型常用设备包括压片机、切粒机、挤条机、齿球机、糖衣机、油氨柱成球成套设备等。

4. 浸渍

将载体放入含有活性组分的溶液中浸泡称为浸渍，用这种方法制备的催化剂称为负载型催化剂。浸渍法是制备多组分催化剂的一种常用方法，它包括三个过程：①浸渍过程，即将干的或湿的载体在一定条件下与溶有活性组分的浸渍液接触浸泡；②干燥过程，即在一定温度下，将浸渍后催化剂中的溶剂挥发掉；③活化过程，即在一定温度下用空气焙烧或用氢气等还原剂使催化剂活化。

浸渍包括过饱和浸渍和饱和浸渍，过饱和浸渍分为间歇式浸渍和连续浸渍。间歇式浸渍通常在一定容积的搪瓷釜或不锈钢釜内配制浸渍液浸泡载体，在一定的浸渍条件下(如温度、时间、液固比等)完成浸渍操作。这种浸渍方法生产效率不高，常用的间歇浸渍设备是搪瓷釜或不锈钢釜。连续浸渍是将载体以连续运行的方式通过配置好的浸渍液，并在浸渍液中停留一定的时间，确保活性组分吸附于载体的表面及内部，常用的连续浸渍设备包括吊篮式浸渍机、网带式浸渍机、滚筒式浸渍机等。饱和浸渍又称干法浸渍或喷淋拌合法浸渍，它是将载体投入转鼓内，然后将浸渍液不断喷洒于翻腾的载体上，这种方法易于控制活性组分的含量。饱和浸渍设备包括双锥回转真空干燥机、V 型真空浸渍机、倾斜式浸渍机等。

5. 焙烧

载体或催化剂在不低于其使用温度下，在空气或惰性气流中进行热处理，称为焙烧。一般在 300 ~ 600℃时称为中温焙烧，高于 600℃时称为高温焙烧。在焙烧过程中，催化剂发生以下物理和化学变化。

(1)热分解反应。除去载体物料中易挥发组分和化学结合水，使载体形成稳定结构。分解负载在催化剂上的某些化合物，使之转化成有催化活性的化合物。

(2)不同的催化剂组分或载体之间发生固相反应，产生新的活性相。

(3)发生晶型变化。

(4)再结晶。热分解产物再结晶使其获得一定的晶粒大小、孔结构及比表面积。通过高温下离子热移动，可能形成晶格缺陷，或因外来离子的嵌入，使催化剂具有活性。

(5)烧结。使微晶适当烧结，提高催化剂机械强度。

催化剂焙烧的常用设备包括回转式焙烧炉、网带式焙烧炉、箱式焙烧炉、辊道窑、梭式窑、立管式焙烧炉等。

第二节　催化剂生产的常用设备

催化剂的生产设备种类繁多，各企业使用的设备也不尽相同，根据生产工序进行分类的常用催化剂生产设备如图 1 - 1 所示。下面以催化裂化催化剂、加氢催化剂、连续重整催化剂及常规分子筛的生产为例介绍催化剂生产中的常用设备。

（1）催化裂化催化剂生产工序及常用设备

催化裂化是石油炼制中最重要的二次加工过程，是生产轻质油品特别是高辛烷值汽油的重要手段，当前使用的催化裂化催化剂主要组分是含 Y 型分子筛的催化剂，是催化裂化工艺的核心。各种分子筛催化裂化催化剂都是由活性组分和基质组成的，基质由载体和黏结剂两部分组成；活性组分以 Y 型分子筛为主，择形分子筛（如 ZSM－5 分子筛）也作为活性组分加入催化裂化催化剂中。

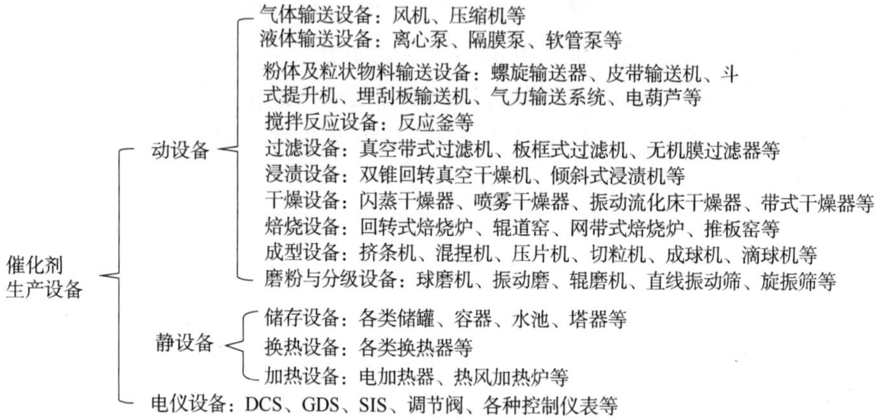

图 1－1　催化剂生产常用设备

我国各企业的催化裂化催化剂的生产工艺略有差异，但基本上都包含以下工艺过程：成胶（连续法或间歇法）、喷雾成型、焙烧、洗涤过滤、干燥等工序，催化裂化催化剂生产工序和常用设备见表 1－1。

表 1－1　催化裂化催化剂生产工序和常用设备

序号	工序名称	常用设备
1	成胶	搅拌反应器
2	喷雾成型	喷雾干燥器
3	焙烧	回转式焙烧炉
4	洗涤过滤	板框式过滤机、真空带式过滤机等
5	干燥	气流干燥器

（2）加氢催化剂生产工序及常用设备

加氢催化剂包括加氢精制催化剂和加氢裂化催化剂。加氢精制的主要反应是脱硫、脱氮、脱氧、烯烃饱和、芳烃饱和及脱金属，加氢裂化实质上是催化加氢和催化裂化两种反应的综合。加氢催化剂的制备包含成型、干燥、切粒、焙烧、浸渍等工序，常用设备见表 1－2。

表 1－2　加氢催化剂生产工序和常用设备

序号	工序名称	常用设备
1	成型	混捏机、挤条机、成球机等
2	干燥	带式干燥器

续表

序号	工序名称	常用设备
3	切粒	转鼓式切粒机、立型切刀式切粒机
4	焙烧	回转式焙烧炉、网带式焙烧炉
5	浸渍	双锥回转真空干燥机、倾斜式浸渍机、吊篮式浸渍机、V 型真空浸渍机

(3)连续重整催化剂生产工序及常用设备

催化重整是将低辛烷值(40～60)石脑油转化为高辛烷值(90～100)的马达燃料，或者是将直链烷烃或环烷烃转化成芳烃，并在转化过程中副产氢气的过程。所以，催化重整工艺既能生产高辛烷值汽油调合组分，又能生产苯、甲苯、二甲苯等化工原料，同时还能提供大量高纯度的氢气，因此在石油炼制和石油化工中占有十分重要的地位。

我国生产的重整催化剂包括半再生重整催化剂和连续重整催化剂，目前以连续重整催化剂为主。重整催化剂一般以 $\gamma-Al_2O_3$ 小球或短条为载体，通过浸渍法将贵金属 Pt 高度分散在载体上作为活性组分，并加入一定量的稀土元素作为催化剂的第二组分，经过浸渍干燥，最后将催化剂进行还原处理，将氧化态的贵金属 Pt 还原为单质。

连续重整催化剂生产工序和常用设备见表 1－3。

表 1－3　连续重整催化剂生产工序和常用设备

序号	工序名称	常用设备
1	浸渍	双锥回转真空干燥机、V 型真空浸渍机
2	干燥	带式干燥器、振动流化床干燥器等
3	焙烧	网带式焙烧炉、立式焙烧炉等
4	赶酸	网带式焙烧炉、立式赶酸活化炉等
5	还原	立式还原反应器

(4)常规分子筛制备工艺及常用设备

分子筛，又称沸石分子筛或沸石，是一种具有骨架结构的微孔晶体材料，其孔径和一般分子大小相当，能对大小不同的流体分子起筛分作用。构成分子筛骨架的最基本结构单元为 TO_4 四面体，四面体的中心原子 T，常见的是 Si 和 Al。最常见的分子筛有 A 型分子筛、Y 型分子筛、八面沸石、丝光沸石、β 分子筛、ZSM－5 分子筛等。分子筛的主要用途有以下四个：①吸附剂和干燥剂；②催化材料；③洗涤剂；④其他(包括污水处理、土壤改良剂、牲畜饲料添加剂等)。

由于分子筛催化剂具有优良的活性、选择性和稳定性，使许多石油化工工艺中产品的产率和质量均得到提高，操作运转费用有所降低，如采用分子筛的 FCC 催化剂显著提高了裂解效率。各种类型的分子筛因其结构特点的不同在石油化工催化剂中发挥着特定的作用，因此分子筛得到越来越广泛的应用。

工业合成分子筛的主要原料包括硅源、铝源、碱、水和模板剂等，常用的硅源包括水玻璃、硅溶胶、白炭黑、正硅酸钠和硅酸酯，其中硅酸酯纯度最高，其他原料均或多或少地含有 Al 和 Fe 等杂质。常用的铝源包括偏铝酸钠、假一水氧化铝、三水铝石、硝酸铝、硫酸铝和氧化铝。硅源和铝源的品种和纯度对产品质量和理化性质影响很大，多数沸石是在碱性条件下合成的。模板剂对分子筛骨架结构的形成具有导向作用，采用不同的模板剂可以得到不同品种的分子筛。

分子筛生产工序和常用设备见表1－4。

表1－4　分子筛生产工序和常用设备

序号	工序名称	常用设备
1	合成晶化	搅拌反应釜
2	交换与过滤	板框式过滤机、带式过滤机、离心式过滤机、无机膜过滤器等
3	干燥	带式干燥器、闪蒸干燥器、热风循环干燥箱、SK 干燥器、微波干燥器等
4	焙烧	回转式焙烧炉、网带式焙烧炉、箱式焙烧炉、辊道窑等
5	磨粉	球磨机、气流粉碎机、胶体磨等

(5)催化剂生产中的环保设备

清洁生产是一种可持续发展的生产途径，它充分、合理地利用资源与能源，并把整个预防污染的环境战略持续地应用到生产全过程和产品生命周期全过程中，以减少对人类和环境的危害。催化剂生产过程中，难免伴随产生一定量的“三废”(废气、废水、废渣)，它们是在工业生产过程中排放的烟尘、臭气、刺激性气体及其他有害气体，以及排放并退出循环系统的含有各种有机物、无机物和有毒物质的污水和固体废弃物，其中也含有一定量流失的各种原材料、副产品、部分中间产品以及少量成品。例如，催化裂化催化剂以及作为加氢催化剂载体的原材料(干胶粉)本身就是粉状物料，生产尾气中难免有少量细微粉尘外溢，将这些粉尘捕集下来回收利用，不但可以避免环境污染，而且可以产生一定的经济效益。

催化剂制造厂有义务严格执行保护环境的法律法规，开好环保设备，确保“三废”得到合理处置后达标排放，履行好应履行的社会责任。

催化剂生产中的常用环保设备见表1－5。

表1－5　催化剂生产中的常用环保设备

序号	类别	常用环保设备
1	粉尘	布袋除尘器、旋风除尘器、云式除尘器、湿式电除尘器、超重力除尘器
2	废气	催化氧化装置、脱硝装置、RTO 氧化焚烧炉、紫外光氧化
3	废水	热泵汽提脱氨系统、生化处理系统、电渗析装置、反渗透装置、电催化氧化
4	废渣	板框式过滤机、沉降系统、刮泥机

参考文献

[1]赵骥，白尔铮，胡云光．催化剂[M]．北京：中国物资出版社，2001.
[2]张继光．催化剂制备过程技术[M]．2版．北京：中国石化出版社，2011.
[3]高滋，何鸣元，戴逸云．沸石催化与分离技术[M]．北京：中国石化出版社，1999.

第二章　气体输送设备

第一节　概论

压缩空气、氮气、氢气等气体介质是催化剂生产中常用的气体介质，如工业炉的运行需要工业风进行传热或降温；工业风有时用于液体的搅拌与冷却；仪表、气动阀、调节阀等需要使用仪表风进行驱动和控制；气流输送系统需要使用仪表风作为物料的传送介质；氮气是催化剂生产中常用的惰性气体；氢气作为还原剂用于连续重整催化剂等产品的生产；工业尾气排放需要使用风机，这些气体介质的输送都离不开气体输送设备，因此各种不同型号的通风机、鼓风机、压缩机的使用非常广泛。在催化剂生产中，由于工艺条件不同对气体的要求也不同，有时需要高压，有时又需要真空操作，有时需要的压力虽不高但有特殊的操作要求，因此需要有各种不同类型的气体压缩与输送设备来满足生产需要。

一、气体的特性

与固体相比，气体和液体的分子排列松散，分子间的引力较小，分子运动较强烈，不能抵抗拉力和剪切力，因而不能保持一定的形状，也很容易流动，所以气体和液体统称为流体。

气体与液体相比有不同的特性。由于气体分子之间的距离较大，引力很弱，因此它既不能保持一定的形状，也不易保持一定的体积，受热后很容易膨胀，没有自由面，可以完全地充满任何几何形状的容器；由于气体分子之间的斥力很弱，因而也很容易被压缩。正因为气体具有压缩性和膨胀性，气体的体积很容易随着压力和温度的变化而变化，单位质量气体的压力、体积、温度三者在变化时的相互关系符合气体状态方程式的描述。对于理想气体，当温度不变时，体积与压力成反比；当压力不变时，体积与绝对温度成正比。

二、气体压力的表达方式以及各数值之间的关系

工程技术中，气体压力包括大气压、绝对压力、相对压力、真空度等几种描述方式。大气压是指大气的压强，其大小与海拔、温度等有关。大气压通常随着距离海面的高度增加而减小，如高空大气压比地面上的大气压小，其值可用气压计测出。绝对压力是指设备内部或某处的真实压力，即作用在单位面积上的全部压力，其中包括流体本身的压力和大气压力，即以绝对真空度为基准的实际压力，工程上称为绝对压力或绝对压强。相对压力是指流体本身的压力，即设备内部或某处的真实压力与大气压力之间的差值，通常用仪表（压力计或压力表）测得的压力都是相对压力，工程上又称为表压力或表压强，即：

$$P_{相对} = P_{绝对} - P_{大气}$$

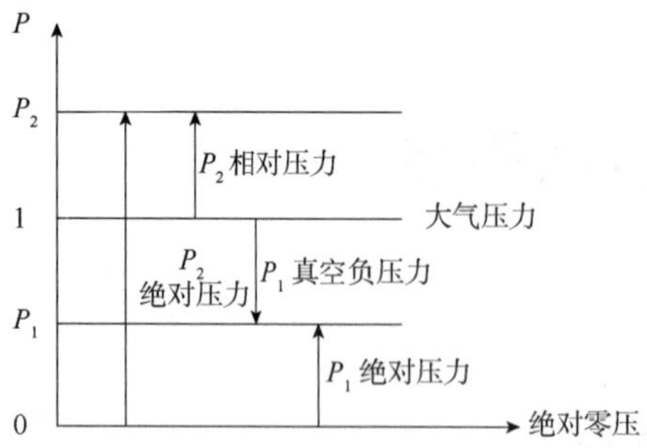

图 2-1 真空、绝对压力、相对压力与大气压力之间的关系

当容器内的压力低于大气压力时，我们把低于大气压力的部分称为真空，而容器内的压力称为绝对压力，实际上真空就是负压。真空是有程度不同之分的，当容器内没有压力，即绝对压力等于零时，称为完全真空，其余的称为不完全真空。真空、绝对压力、相对压力与大气压力之间的关系为：$P_{真空} + P_{绝对} = P_{大气}$，各压力值之间的关系如图 2-1 所示。

真空用百分比表示时，称为真空度，就是用测得的真空除以大气压力再转化为百分数，即：

$$真空度 = \frac{P_{真空}}{P_{大气}} \times 100\%$$

三、理想气体及其状态方程

在气体压力较低，而温度又不太低的状况下研究气体时，可以不考虑气体分子之间的作用及分子本身的大小，在热力学上把这种气体作为理想气体进行研究。理论上，我们将通风机中的输送气体视为理想气体。

气体的特征之一是能压缩，气体压缩后的压力、温度、体积之间存在一定关系。由波义耳—马略特定律得知：温度不变，一定质量的气体的压力(压强)与它的体积成反比。当温度不变时，一定质量的气体的压力(压强)与它的体积的乘积是不变的。用公式表示为：

$$P_1V_1 = P_2V_2 = nRT$$

如果气体的温度、体积及压力同时改变，那么一定质量的气体的温度(T)、体积(V)及压力(P)之间的关系为：

$$\frac{P_1V_1}{T_1} = \frac{P_2V_2}{T_2} = nR$$

式中 R——气体常数，J/(kg·K)，它与气体的状态无关；

n——气体的物质的量，mol。

四、风机的分类

气体压缩和气体输送机械是把旋转的机械能转化为气体压缩能和动能，并把气体输送出去的机械。风机是我国对气体压缩和气体输送机械的习惯简称，通常我们所说的风机包括通风机、鼓风机、压缩机及罗茨风机，但不包括活塞式压缩机等容积式鼓风机和压缩机。

世界各国对风机产品的分类方法不一，我国目前按工作原理和排气压力范围进行分类。

1. 按工作原理分类

风机的分类如图 2-2 所示。

离心式，气流轴向进入叶轮后主要沿径向流动，也称径流式。

轴流式，气流轴向进入风机叶轮后近似地在圆柱形表面上沿轴线方向流动。

混流式，在风机叶轮中气流的方向处于轴流式与离心式之间，近似地沿锥面流动，或称斜流式。

离心式、轴流式、混流式统称透平式。

罗茨式，靠两个叶形转子在气缸内做相对运动来压缩和输送气体。

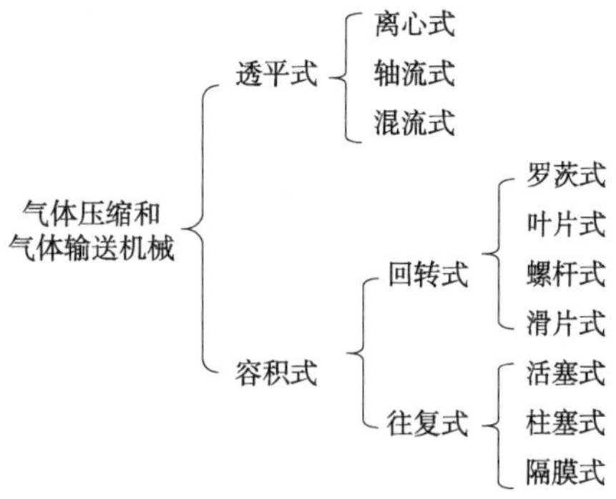

图2-2　风机的分类

叶片式，靠鼓风翼和阻风翼的两个转子在机壳内做相反方向旋转，将吸入的气体排出去。

2. 按排气压力范围分类

风机按排气压力范围通常分为以下三类，不同的资料排气压力的数值略有不同。

(1)通风机：排出气体压力≤0.015MPa；

(2)鼓风机：0.015MPa＜排出气体压力≤0.2MPa；

(3)压缩机：排出气体压力＞0.2MPa。

压缩机排气压力范围分类如下。

(1)低压压缩机：0.2MPa＜排出气体压力≤1.0MPa；

(2)中压压缩机：1.0MPa＜排出气体压力≤10MPa；

(3)高压压缩机：10MPa＜排出气体压力≤100MPa；

(4)超高压压缩机：排出气体压力＞100MPa。

3. 鼓风机与引风机的区别

风机根据作用不同可分为鼓风机和引风机。鼓风机的作用是向设备内送风，即向内输送气体(一般是空气)。引风机的作用是把设备内的气体抽出来，即向外抽出气体。鼓风机与引风机的作用原理与基本结构相同，但也存在一些区别。

(1)安装位置不同。例如，在空冷通风设备中，鼓风机位于进口端，工作状态属于正压。

(2)使用环境不同。鼓风机一般是将空气送入设备，工作温度通常在80℃以内；而引风机是将空气或烟气从设备中抽出，因此引风机输送的气体一般比较苛刻，如工业烟气引风机的工作温度可达到300℃。引风机在高温烟气、含粉尘气体、腐蚀性气体的环境下使用时，其叶轮容易受到磨损和腐蚀。在一般情况下，引风机叶轮等材料需要使用耐高温耐腐蚀材料，轴承箱设有冷却水道，使用时需通水冷却，因此引风机的制造工艺比鼓风机更加严格。

五、风机的选型原则

(1)催化剂制备常用的风机既有鼓风机，也有通风机，一般离心式风机最为常见。风机选型时，需根据送气或排气的特点、被输送气体性质(如清洁空气、高温烟气、含尘气体、有腐蚀性气体等)，选取不同用途的风机。

(2)根据伯努利方程计算输送系统所需的实际风压。考虑计算中的误差及漏风等因素，加上附加余量(约10%)，并换算成操作条件下的风压。

(3)根据输送气体的性质与风压范围确定风机类型。

(4)将实际风量(以风机进口状态计)乘以安全系数(约1.1)，并换算成操作条件下的风量。

(5)按操作条件下的风量和风压，从风机产品样本中的特性曲线或性能表选择合适的型号。

(6)根据风机安装位置确定风机旋转方向和风口角度。

(7)若输送气体的密度大于常温下空气密度，则需核算风机的轴功率。

第二节　离心式通风机

通风机根据作用原理不同，可分为离心式、轴流式、混流式、罗茨式和叶片式，催化剂生产中使用较为广泛的通风机是离心式和轴流式通风机。离心式通风机用于压力较高的条件下输送气体，而轴流式通风机则用于压力较低的条件下输送气体。离心式通风机和轴流式通风机的应用范围之间的大体界限，可依据比转数来划分。

比转数(n_s)是常用于通风机计算中一个非常重要的参数，n_s与转速n、流量$Q(q_v)$的二次方根成正比，与压力$P(P_t)$的3/4次方根成反比，n_s可表示为：

$$n_s = n\frac{Q^{\frac{1}{2}}}{P^{\frac{3}{4}}}$$

式中　n——转速，r/min；

Q——流量或称风量，m^3/s；

P——全压，mmH_2O。

可以看出，当n不变时，n_s大的通风机，P较小的变化将引起Q较大的变化；n_s小的通风机，Q较小的变化将引起P较大的变化。n_s全面反映了通风机的特性，它综合了通风机的流量、压力和转速三者的关系。n_s大，说明通风机的流量大，压力低；n_s小，说明通风机的流量小，压力高。

相似的一系列通风机，即同一类型通风机，不管尺寸的大小如何，其比转数是相等的。也就是说一种类型的通风机，有一个比转数，不同类型的通风机，比转数也不同。离心式通风机的n_s一般小于100，轴流式通风机的n_s一般大于100。

一、离心式通风机的结构

离心式通风机由叶轮、机壳、集流器、传动装置、支承部件等组成，叶轮由轴盘、后盘、前盘和叶片组成(见图2-3)。叶轮和主轴组合在一起称为转子。机壳由蜗壳、进风口和出风口组成，传动部件由主轴、轴承和带轮组成。有些风机则采用联轴器连接传动。支承部件由轴承座和底座组成。

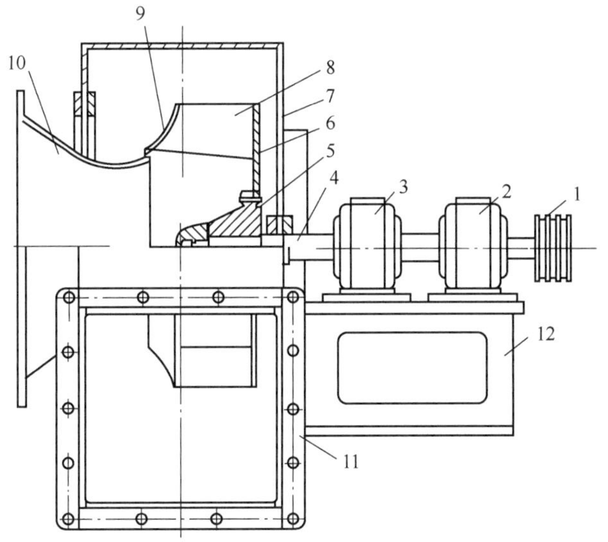

图2-3　离心式通风机结构示意

1—带轮；2、3—轴承座；4—主轴；5—轴盘；6—后盘；7—蜗壳；
8—叶片；9—前盘；10—集流器(进风口)；11—出风口；12—底座

进风口、叶轮、蜗壳、出风口均为通风机的通流部件，即通风机吸入和输送气体的部件。

1. 叶轮

叶轮是离心式通风机最主要的部件，其作用是将机械能传递给气体，使气体在轮通道中增加静压能和动能。它的尺寸和几何形状对通风机的特性有重大的影响。离心式通风机的叶轮由前盘、后(中)盘、叶片和轴盘等组成，其结构有焊接和铆接两种形式。

离心式通风机的叶轮一般为6个或6个以上，最多时可达到64个。由于叶片出口安装角和叶片形状不同，叶片的结构形式也不同。根据叶片出口角的不同，可分为前向、径向和后向三种。叶片出口角 $\beta_{b2}>90°$ 的称为前向叶片，等于90°的称为径向叶片，小于90°的称为后向叶片(见图2-4)。

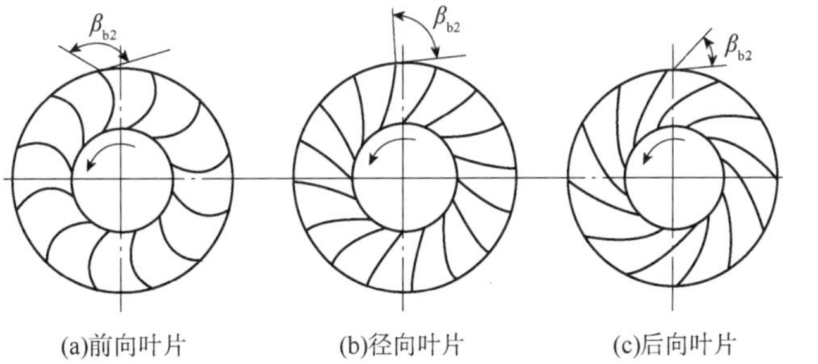

图2-4　离心式通风机叶片示意

后向叶片间的气体流通符合流体的流动轨迹，当叶轮在一定转速范围内旋转时，气体流经叶道，不会产生倒流，因此其空气效率较高。前向叶片间的气体流通不符合流体的流动轨迹，当叶轮旋转时气体流经叶道很容易产生倒流，而且转速越高倒流越大，即涡流区越大，因此其空气效率较低。

2. 机壳

机壳为包围在叶轮外面的外壳，断面沿叶轮转动方向渐渐扩大，在气流出口处断面最大。机壳可以用碳钢、不锈钢、塑料、玻璃钢等材质制成。机壳断面有方形及圆形。低、中压通风机的机壳多呈方形断面，高压通风机多呈圆形断面。蜗壳是离心式通风机机壳的主要组成部件，其作用是将离开叶轮的气体集中、导流并输送到管道中或排到大气中去。

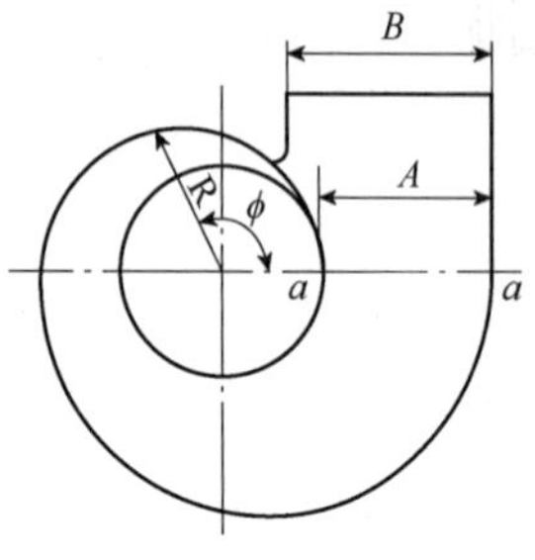

图2－5　对数螺旋线机壳

蜗壳的蜗板是一条对数螺旋线，为了制造方便，一般将蜗壳设计成等宽的矩形断面，如图2－5所示。

由图2－5可以看到，蜗壳的主要参数是蜗壳宽度 B 及其内壁形线。B 的选取十分重要，B 与张开度（扩张度）A 有着直接关系。

3. 集流器

通风机的集流器也称壳体喇叭口，是风机的入口。其作用是将气体均匀地导入叶轮，目前常用的集流器结构有圆筒形、圆锥形、圆弧形和喷嘴形。

4. 传动装置

离心式通风机的传动结构形式有以下六种（见图2－6）。

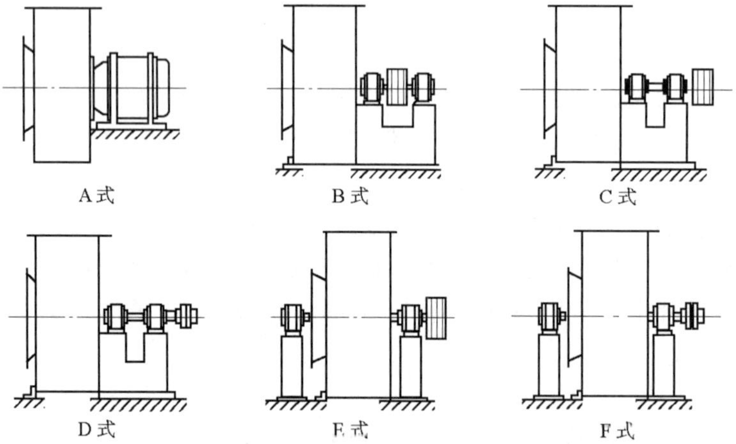

图2－6　离心式通风机的传动结构形式

（1）A式：悬臂式，无轴承，风机叶轮直接装在电动机轴上，风机与电动机的转速相同，适用于小型通风机，结构紧凑，机体小。

（2）B式：悬臂式，带传动结构，带轮装在两支承轴承座中间，适用于中型以上且转速可变的风机。

（3）C式：悬臂式，带传动结构，带轮装在两支承轴承座外侧，适用于中型以上且转速可变的风机，带轮拆卸比较方便。

（4）D式：悬臂式，采用联轴器将通风机和电动机主轴连接起来的传动结构，联轴器装在两支承轴承座外侧，风机转速与电动机转速相同，适用于中型以上的风机。

（5）E式：带传动结构，两支承轴承分别装在机壳两侧，即叶轮放在两支承轴承中间，为双支承式，带轮装在风机一侧，适用于双吸或大型单吸且转速可变的离心式通风机，其优点是运转比较平衡。

(6)F式：采用联轴器将通风机和电动机主轴连接起来的传动结构，两支承轴承分别装在机壳两侧，为双支承式，联轴器装在一轴承座外侧。适用于双吸或大型单吸且转速与电动机转速相同的离心式通风机，其优点是运转比较平稳。

离心式通风机的传动部件包括轴和轴承，有的还包括联轴器或带轮，它们是通风机与电动机连接的构件。机座一般用铸铁制造或用型钢焊接而成。通风机叶轮用键或沉头螺钉固定在轴上，轴安装在机座上的轴承中，然后与电动机相连接，通风机轴承一般采用滚动轴承。

二、离心式通风机转子的临界转速与共振

离心式通风机转子上各个部件的制造都非常精密，转子装配后需经过平衡校正。即使这样，离心式通风机转子的重心仍然不可能与主轴中心完全吻合。由于轴的中心和转子重心之间存在偏心，因此主轴旋转时就会产生离心力，这是离心式通风机振动和主轴弯曲的主要原因。

转子旋转时，重心随着轴中心线而转动，离心力也随着转动。当轴每转一周，就产生一次振动。这是离心力引起的对转子的强迫振动，每秒产生强迫振动的次数称为强迫振动频率。

任何弹性体本身都有一定的自由振动频率。例如，把一根钢丝两端固定，在中间用锤敲一下，钢丝就开始上下往复地振动，这时钢丝每秒振动的次数就称为其自由振动频率。高转速风机的转子也具有一定的自由振动频率，而离心力则会引起转子的强迫振动。当转子的强迫振动频率和转子的自由振动频率相重合时，也就是离心力方向变动的次数，引起转子强迫振动频率和转子自由振动频率相同或成比例时，就产生了共振，此时转子的振动达到最大，这一转速就称为转子的临界转速。因为轴有多阶的固有频率，所以轴有多阶的临界转速，分别称为一阶临界转速、二阶临界转速等。

由于转子的临界转速与转轴的几何尺寸、转盘的位置以及支点的跨度、弹性等因素有关，所以当转子在远小于或远大于其临界转速运转时，均能平稳地工作而挠度很小。而当接近或等于临界转速工作时，转子的挠度较大，若不采取措施使其减小或加以限制，就可能使转子产生很大的振动，使叶片损坏或密封机构损坏，甚至使轴承遭到破坏，以致造成严重的机器故障。因此，离心式通风机制造厂都非常注意使转子的工作转速比临界转速低25%或高20%，以防止共振的产生。

三、离心式通风机噪声的控制

离心式通风机噪声的辐射，主要通过离心式通风机本体进风口、出风口和与之相连接的管道传递。针对离心式通风机产生的各种噪声源，通常采取的措施有三种，即消声、隔声和减振。

1. 消声与消声器

在离心式通风机的进风口、出风口装设消声器，是控制离心式通风机噪声的主要途径。消声器是一种阻止声音传播，而允许气流通过的装置。在离心式通风机的进风口或出

风口，安装一个合适的消声器，可以使进风口、出风口的噪声降低 20～40dB，相应地，响度降低 75%～90%，主观感觉有明显的效果。

如果离心式通风机进风口、出风口连接有除尘器或其他处理气体设备时，由于这些设备的隔声作用，以及风道、弯头及设备本体对声能的自然衰减作用，可以不装消声器。

2. 隔声与吸声

离心式通风机装设消声器后，如果离心式通风机壳体的辐射噪声仍对周围环境有较大的干扰，就需采取隔声措施。隔声是指在声源与离开声源的某一点之间，设置一个隔声板，或者把声源封闭，抑或使人在一个控制室内工作，使噪声与人的工作环境隔绝开。一般采用的隔声措施有隔声罩（或隔声层）和隔声间。

3. 减振

振动是主要的噪声源之一，离心式通风机的振动会产生低频噪声。因此，控制离心式通风机噪声最根本的方法是减轻离心式通风机振动。

离心式通风机的减振措施包括两个方面：一方面是在离心式通风机与风道之间采取隔振措施，以避免离心式通风机振动传递到风道上产生辐射噪声，一般采取的办法是在离心式通风机进风口前和出风口后连接一段柔性接管；另一方面是在离心式通风机与它的基础之间安设减振构件（如弹簧、橡胶、减振器等），使从离心式通风机传到基础上的振动得到一定程度的减弱，在许多风机的地脚支撑上都有这种装置。

四、离心式通风机的型号与命名

各国对离心式通风机的命名尚无统一规定，我国以离心式通风机的型号对其进行命名，风机行业已作了明确规定。

离心式通风机的型号内容包括名称、型号、机号、传动方式、旋转方向和出风口位置六部分，其排列顺序如图 2－7 所示。

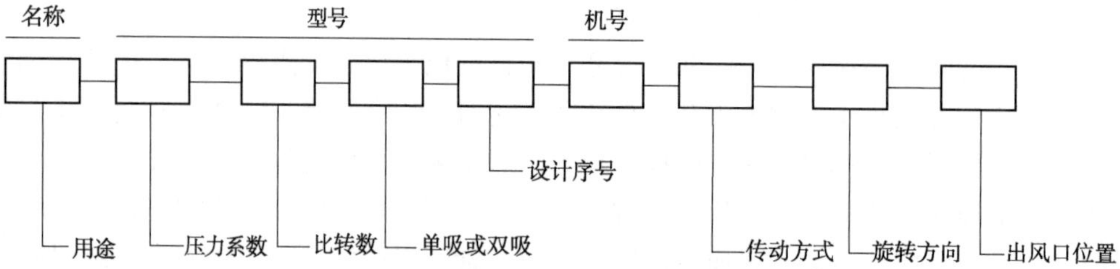

图 2－7　离心式通风机的型号

（1）名称：指通风机的用途，以用途字样汉语拼音字母的首字母来表示（大写），对一般用途的通风机则省略不写，字母“Y”代表引风机，“G”代表鼓风机。

（2）型号：由基本型号和补充型号组成，共分为三组，中间用横短线隔开。基本型号占两组，用通风机的压力系数乘以 10 和比转数（取两位整数）表示。如通风机为两个叶轮串联结构，则其压力系数用 2×压力系数表示。补充型号占一组，表示通风机的进气形式和产品设计序号。例如风机型号 Y4－73－11 中的“4”，表示通风机的压力系数 0.43 乘以 10 后化成的整数，“73”表示该通风机的比转数，“11”中的第一个数字“1”，指该通风机采用单侧进气结构，第二个数字“1”，指该通风机为第一次设计。

(3)机号：用通风机叶轮直径的分米数表示，尾数四舍五入，数字前冠以 No，“No18”指该通风机叶轮外径为 18dm，即 1.8m。

(4)传动方式：如“D”表示悬臂支承，用联轴器传动。

(5)旋转方向：“右”字表示从原动机一端看，叶轮旋转为顺时针方向，习惯上称为右旋。

(6)出风口位置：“90°”，表示出风口位置在 90°处。常用压力系数和比转数作简略型号。

五、离心式通风机的常见故障分析与处理方法

离心式通风机的常见故障分析与处理方法见表 2－1。

表 2－1　离心式通风机的常见故障分析与处理方法

故障现象	故障原因	处理方法
风量不足	管道或过滤网堵塞	清理管道
	转速降低	检查电源
	阀门开度不够	调节阀门开度
	密封漏	修理
风压降低	系统阻力过大	修正系统设计
	介质密度变化	进口叶片调整
	叶轮变形	更换
振动大	风机轴与电动机轴不同心	重新找正
	叶片与机壳摩擦	调整间隙
	主轴承严重变形	更换
	叶轮严重变形	更换
	叶轮有积灰、结垢	清除
	地脚螺栓松动	紧固地脚螺栓
	转子不平衡	做动平衡
轴承温度过高	轴承冷却水未开或开度小	增大冷却水量
	润滑剂质量不良	更换
	轴承游隙偏小	调整
	轴承装配不符合要求	重装
	滚动轴承损坏或轴弯曲	更换轴或轴承
	轴承箱振动剧烈	检查处理
电动机电流过大或温升过高	进、出口风门未关	关闭进、出口风门
	电动机输入电压低和电源单相断电	检查处理
	受轴承箱振动剧烈影响	消除轴承振动
	主轴转速超过额定值	调整主轴转速

第三节　轴流式通风机

轴流式通风机的种类很多，规格尺寸相差也比较悬殊，大的叶轮直径可达到20m，小的直径仅几十毫米，轴流式通风机广泛应用于厂房等建筑物的通风换气、大功率设备的散热、干燥箱或加热炉的气体输送。

一、轴流式通风机的结构

轴流式通风机的叶轮安装在圆筒形机壳中，当叶轮旋转时，空气由集流器进入叶轮，在叶片的作用下，空气压力增加，并接近于沿轴向流动，由排出口排出。

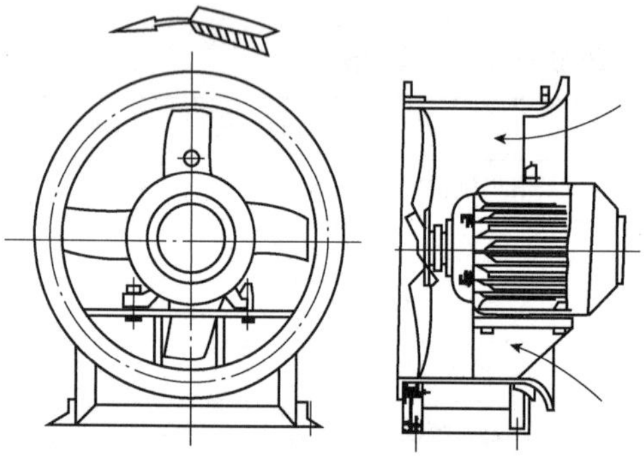

图2-8　轴流式通风机结构形式

在构造上，轴流式通风机的叶轮直接安装在电动机轴上。为了减小气流运动的阻力，常在叶轮前面设置一个流线型整流罩，并把电动机用流线罩罩起来，也可起到整流作用。轴流式通风机结构形式如图2-8所示。

轴流式通风机的集流器与离心式通风机的集流器的作用相同。轴流式通风机的机壳和叶轮、叶片根据不同用途，采用不同材质制作。目前，常用的材质包括普通碳钢、不锈钢、工程塑料、玻璃钢、铝合金等。

由于气流在轴流式通风机内部是近似沿轴向流动的，因此轴流式通风机在通风系统中成为通风管道的一部分，既可垂直安装，也可倾斜安装。

二、轴流式通风机的工作原理

按我国风机行业现行的规定，低压轴流式通风机的压力在490Pa以下，高压轴流式通风机的压力为490~4900Pa。相对离心式通风机而言，轴流式通风机具有流量大、体积小、压头低的特点。单级轴流式通风机结构示意如图2-9所示。

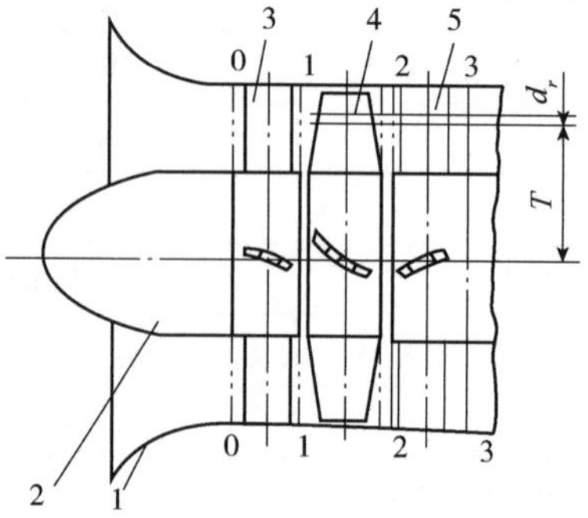

图2-9　单级轴流式通风机结构示意

1—集流器；2—流线罩；3—前导流器(P)；4—叶轮(R)；5—后导流器(S)

轴流式通风机由集流器、流线罩、前导流器、叶轮、后导流器等部件组成，并由叶轮和前、后导流器组成一个完整的级。因轴流式通风机的压力较低，一般情况下都采用单级。叶轮由叶片和轮毂组成，叶片数为4～8个，其极限范围为2～50个。

轴流式通风机的工作原理是：气流从集流器进入，通过前导流器导叶和叶轮，使气体获得能量，然后进入后导流器导叶，导叶将一部分偏转的气流动能转变为静压能。最后，气流通过扩散筒将一部分轴向气流动能转变为静压能，然后从扩散筒流出，输入管道。

除了上述的典型结构外，轴流式通风机的形式和构造是多种多样的。目前，最大的轴流式通风机流量可达到$1.5\times10^7 m^3/h$。轴流式通风机的布置形式有立式、卧式和倾斜式三种。轴流式通风机大多是电动机直联传动的，也可通过其他装置进行变速传动，并且广泛采用滚动轴承。

轴流式通风机叶轮外径的圆周速度一般不大于130m/s，当圆周速度过高时，将产生比离心式通风机更大的噪声。

目前，轴流式通风机的动叶或导叶常做成可调节的，即其安装角可调，既扩大了运行工况范围，又提高了变工况下的效率，使其使用范围和经济性均比离心式通风机要好。尤其是近年来，动叶可调机构被成功地采用，使得轴流式通风机在大型电站、大型矿井、大型隧道等通风、引风装置中得到广泛的应用。目前，单级轴流式通风机的全压效率可达到90%，带有扩散筒的单级轴流式通风机的静压效率可达到85%。

三、轴流式通风机的传动方式

轴流式通风机的传动方式常用的有电动机直联、带轮传动和联轴器联动三种，其代表符号及结构示意如图2－10所示。

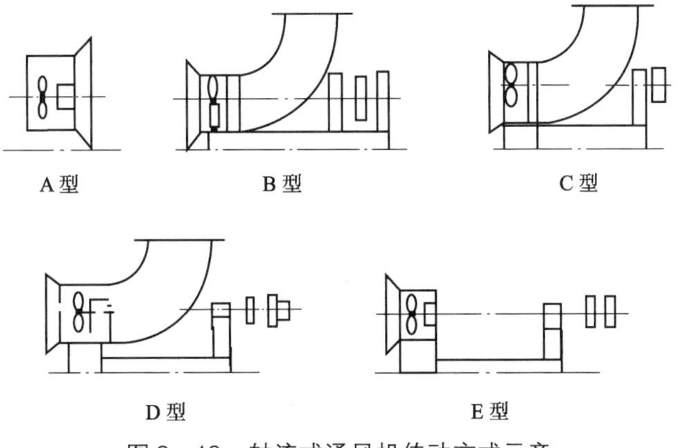

图2－10　轴流式通风机传动方式示意

A型：电动机直联。风机叶轮直接装在电动机轴上。一般小机号采用。

B型：带轮传动。带轮装在两轴承中间。

C型：带轮传动。带轮悬臂安装在主轴的一端，叶轮悬臂安装在主轴的另一端。

D型：联轴器联动。叶轮悬臂安装在主轴上(有风筒结构)。

E型：联轴器联动。叶轮悬臂安装在主轴上(无风筒结构)。

四、轴流式通风机的型号与命名

轴流式通风机的命名方式如图 2 - 11 所示。

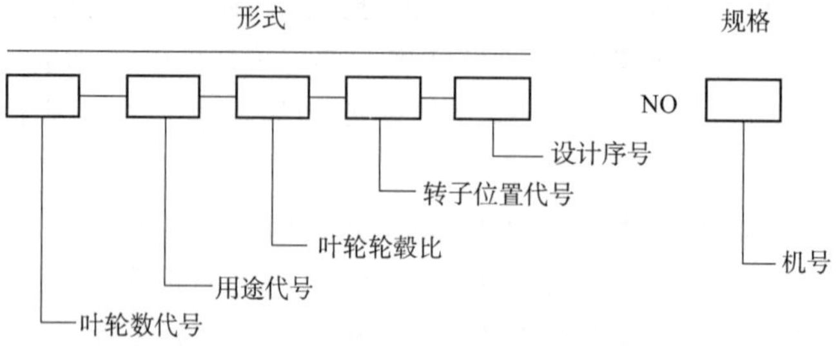

图 2 - 11　轴流式通风机的命名方式

(1)叶轮数代号：单级叶轮不表示，双级叶轮用“2”表示。

(2)用途代号：按行业相关规定。

(3)叶轮轮毂比：为叶轮底径与外径之比，取两位整数。

(4)转子位置代号：卧式用“A”表示，立式用“B”表示。同系列产品转子无位置变化则不表示。

(5)设计序号：若产品的形式中有重复代号或派生型时，则在设计序号前加注序号，采用罗马数字Ⅰ、Ⅱ等表示。设计序号用阿拉伯数字 1、2 等表示，以便对该型产品有重大修改时用。若性能参数、外形尺寸、地基尺寸、易损件等无更改时，则不宜使用设计序号。

(6)机号：用叶轮直径的分米(dm)数表示。

第四节　罗茨鼓风机

罗茨鼓风机是回转式鼓风机的一种，其特点是流量不随压力变化，而且压力可在用户要求允许的范围内加以调节。离心鼓风机在压力变化时，流量变化很大，而罗茨鼓风机在压力变化时，流量变化甚微，具有强制送风的特性。罗茨鼓风机与压缩机相比，又有经济耐用的特点，且风量较大。罗茨鼓风机还具有介质不含油以及结构简单、制造容易、维修方便等优点，故它广泛用于各种气体的输送、小高炉、化铁炉及水泥窑鼓风，也广泛用于污水生化处理中的充氧。

罗茨鼓风机适用于中、小排气量及低压力比的场合，一般排气量为 1 ~ 250m^3/min，最大可达到 1080m^3/min，单级压力比通常小于 1.7，最高可达到 2.1。

一、罗茨鼓风机的工作原理

罗茨鼓风机(罗茨风机)是一种容积式鼓风机，主要由机壳、轴、传动齿轮、同步齿轮以及一对“∞”字形转子组成。罗茨鼓风机的两个转子分别由主动轴和从动轴支承在两端的滚动轴承和止推轴承上。当电动机通过联轴器或皮带轮带动主动轴转动时，安装在主动轴上的齿轮便带动从动轴上的齿轮，按相反方向同步旋转，使啮合的转子转动，从而使机壳和转子之间形成一个空间，气体则从进气口进入此空间。然后气体受到压缩并被转子挤出排气口，而另一个转子则转到和第一个转子在压缩开始时的相应位置，与机壳的另一边形成一个新的空间，新的气体又进入这一空间，被挤压排出（图2－12）。

罗茨鼓风机结构简单，制造方便，适用于低压力场合的气体输送和加压，也可用作真空泵。

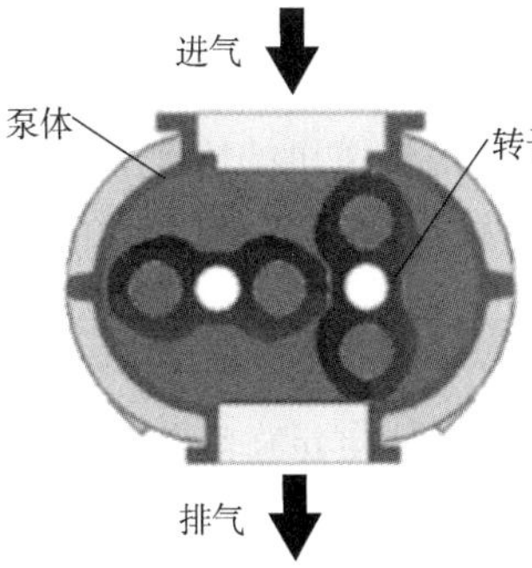

图2－12　罗茨鼓风机工作原理

二、罗茨鼓风机的结构形式

罗茨鼓风机的结构形式分为立式和卧式两种。立式两转子呈垂直方向，进风口、出风口为水平方向。输风量通常在0.25～60m³/min，风压为19～49kPa。卧式与立式相反，两转子呈水平方向，而进、出风口为垂直方向，输风量通常在80～630m³/min，风压为19～49kPa。

罗茨鼓风机与电动机的连接形式包括鼓风机与电动机直连或电动机通过减速（减速机或V型皮带轮）与鼓风机连接等方式。前者鼓风机的特点是转速高、体积小、无减速装置，制作需用材料少、安装与维修简便；但由于转速高，对转动部件的机械强度和密封结构的设计和制造均有较高的要求。而后者鼓风机的转速较低、体积大、制造消耗材料多，其优点是运行平稳、噪声较小，密封处的渗漏现象较少。

罗茨鼓风机冷却方式分为空冷和水冷两种：气体出口压力 $p \leq 40$kPa 时为空冷；气体出口压力 $p > 40$kPa 时为水冷。

罗茨鼓风机的材质，通常为铸铁和碳钢，如果用户需用其他材料，可与制造厂协商，也可采用其他材质，如不锈钢等。

三、罗茨鼓风机的结构特点

罗茨鼓风机主要由一对腰形渐开线转子、齿轮、轴承、密封和机壳等部件组成。其排风量大，效率高。

1. 转子

罗茨鼓风机的转子由叶轮和轴组成，叶轮可分为直线形和螺旋形，叶轮的叶数一般为两叶或三叶。

2. 齿轮

罗茨鼓风机壳内两叶转子的转动是靠各自的齿轮啮合同步传递扭矩的，所以其齿轮也称同步齿轮，同步齿轮既作传动，又有叶轮定位作用。同步齿轮结构较为复杂，由齿圈和齿轮毂组成，用圆锥销定位。同步齿轮又分为主动轮和从动轮，主动轮一端与联轴器连接。

3. 轴承

罗茨鼓风机一般选用滚动轴承，滚动轴承具有检修方便、缩小风机的轴向尺寸等优点，而且润滑方便。

4. 密封

罗茨鼓风机的密封部位主要在伸出机壳的传动轴和机壳的间隙密封，其结构比较简单，一般采用迷宫式密封、涨圈式密封或填料密封。轴承的油封采用骨架式橡胶油封。

5. 机壳

罗茨鼓风机的机壳有整体式和水平剖分式，结构简单，对于化工厂常用的煤气鼓风机及收塔鼓风机等功率较大的风机，大多采用检修、安装方便的水平剖分鼓风机机壳。

四、罗茨鼓风机的分类

罗茨鼓风机按结构特点分为立式罗茨鼓风机和卧式罗茨鼓风机。立式罗茨鼓风机两转子中心线在同一垂直平面内，气流水平进、水平出。卧式罗茨鼓风机两转子中心线在同一水平面内，气流垂直进、垂直出。

按传动方式分为风机和电动机直连式、风机和电动机通过带轮传动式、风机通过减速器和电动机传动式。

五、罗茨鼓风机的常见故障分析与处理方法

罗茨鼓风机的常见故障分析与处理方法见表2-2。

表2-2 罗茨鼓风机的常见故障分析与处理方法

故障现象	故障原因	处理方法
风压降低 风量不足	叶片磨损间隙增大	分析磨损原因，调整叶片间隙
	密封或机壳漏气	修理密封，机壳中分面更换填料
	传送带松动达不到额定转数	调整或更换皮带
	管道法兰漏气	更换法兰垫片
轴承发热	润滑系统失灵；油不清洁、黏度过大或过小	检修润滑系统，更换油品
	轴上甩油环没转动或转动慢，带不上油	修理更换
	轴与轴承偏斜，鼓风机与电动机的轴不同心	重新找正组装
	轴瓦刮研质量不良，接触角过小	检查刮研轴瓦
	轴瓦表面产生裂纹、磨痕或有夹渣等	检修或更换轴瓦
	轴承端与止推垫圈间隙过小	调整间隙
	轴承压盖过紧	调整压盖垫圈
	轴承的滚动件或支架破损	更换轴承
叶板 互相撞击	传动齿轮磨损，其啮合间隙过大	调整齿隙，磨损严重时应予更换
	齿轮键槽与键配合松动	更换新键
	气体夹有硬性颗粒杂质，使转子受过载冲击而损伤变形	检修转子，于进气管加过滤器
密封泄漏或 发热	组装不良使转子与壳体有接触点	调整转子位置，检测各部间隙
	机壳中分面垫片太薄	加厚垫片
	进气管或出气管重量引起的机壳变形	增设管路托架

续表

故障现象	故障原因	处理方法
密封漏气或发热	填料箱缺油	疏通油路或添新油
	胀圈折断	更换胀圈
	梳齿密封尖磨钝或倒尖	更换气封
	密封圈孔径不圆或轴向剖分面结合不良	刮研修理
	填料过紧、过松或倾斜不正	调整压盖螺钉；重装或更换填料
齿轮发热或磨损过快	齿轮啮合间隙过小	调整或修大间隙
	润滑油选用不当、变质；油量过多或过少	分析油品质量，必要时更换新油或调整油量
	油泵或油路系统发生故障或漏油	消除故障或泄漏点，确保供油压力、流量

第五节　离心式压缩机

离心式压缩机是压缩和输送气体的一种机械设备，通过高速旋转的叶轮把原动机能量传送给气体，使气体的压力和速度升高。随后，气体在机器内的固定元件中将速度能转换为压力能。离心式压缩机中的气体在压缩机中的运动是沿垂直于压缩机轴的径向进行的。离心式压缩机排气均匀，气流无脉冲、无油，性能曲线平坦，操作范围较宽。与其他形式的压缩机相比，离心式压缩机具有流量大、故障率低、日常维护工作量小、运行周期长等优点；其原有的压头低的不足也随着高速工业汽轮机的驱动得以解决，因此离心式压缩机已成为石化企业大型机组中的主力军，得到越来越广泛的应用。

离心式压缩机一般分为几段进行压缩，段与段之间设置冷却器，每一个段又由一个或几个压缩级组成。而每一个级是离心式压缩机升压的基本单元，它主要由一个叶轮及与其相配合的固定元件构成。由于级在压缩机(或压缩机段)中所处的位置不同，级又可分为首级、中间级和末级。离心式压缩机本体包括转子、定子和轴承等部件。转子由主轴、叶轮、联轴器、止推盘(有时还有平衡活塞和轴套)等组成。定子由机壳、隔板、级间密封和轴端密封、进气室、蜗壳组成。

一、离心式压缩机的工作原理

气体由吸气室吸入，在驱动机的作用下，通过高速旋转的叶轮对气体做功，使气体的压力、速度、温度提高，然后流入扩压器，使气体速度降低，压力提高。弯道、回流器主要起导向作用，使气体流入下一级继续压缩。由于气体在压缩过程中温度升高，而高温下压缩气体耗功大，所以在压缩过程中采用中间冷却。通过蜗壳(排气室)和排气管到中间冷却器进行冷却，冷却后的气体再经过高压侧吸气室进入下一级继续压缩，最后经蜗壳输出气体。

为平衡轴向力，离心式压缩机设有平衡盘，残余轴向力则由推力轴承承受。为防止级内、级间、段间漏气，设有轮盖密封、隔板密封、段间密封。气缸两端设有轴封(浮环密封、干气密封等），以防止气体外漏。水平剖分型离心式压缩机本体的剖面如图 2－13 所示。

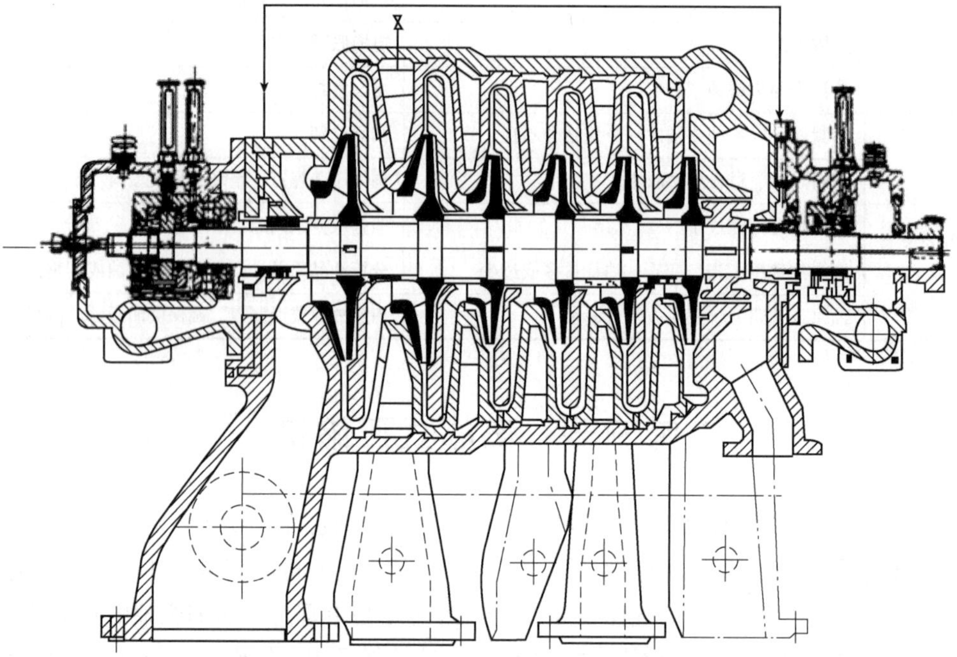

图 2－13　水平剖分型离心式压缩机本体的剖面

二、离心式压缩机的结构

离心式压缩机由于输送的介质、介质的压力、排气量不同，而有多种规格，但组成的基本元件大致相同。离心式压缩机的结构与汽轮机相似，也是由固定不动的定子与做高速旋转运动的转子组成。转子多为双支承柔性轴结构，主轴上安装有叶轮、平衡盘、止推盘、联轴器，有时还由平衡活塞、轴套或迷宫套筒等组成。叶轮叶片采用出口角 30°～60°的后向叶片结构。由于气体介质比液体密度小，所以，压缩机叶轮直径较大、转速较高，这样才能使气体介质获得较大的动能。定子由机壳、隔板、级间密封和轴端密封、进气室、蜗壳组成。隔板将机壳分为若干空间以容纳不同级的叶轮，并且还组成扩压器、弯道和回流器。有时叶轮进口还设有导流器。进气室用于把气体从进口管或中间冷却器引入叶轮中，一般有轴向、径向、径向环流三种结构形式。由于压缩机转速较高、承载力较大，压缩机轴承一般采用滑动轴承，如多油楔式径向轴承、止推轴承等，这对防止油膜共振有利。主机由汽轮机、压缩机低压缸、增速箱及压缩机高压缸四部分组成，并安装在同一个底座上。另外，还配置有段间或级间中间冷却器及进出口气液分离器、防喘振控制系统、振动和轴位移及瓦温等仪表监测系统以及润滑油系统。机组润滑、密封及调速可以共用一套系统，也可以使用单独的系统，依据实际需要和现场条件而定。离心式压缩机结构如图 2－14 所示。

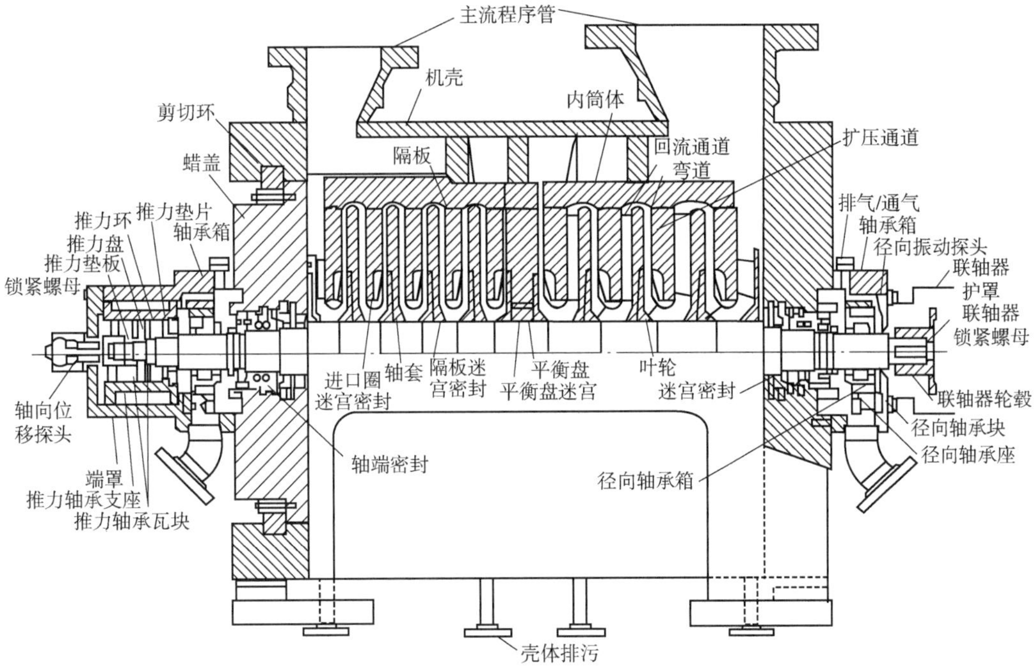

图 2－14　离心式压缩机结构

三、离心式压缩机的主要部件

(一) 转子

转子是离心式压缩机的主要部件，它通过旋转对气体介质做功，使气体得到压力和速度能。转子由主轴及套在轴上的叶轮、平衡盘、推力盘、联轴器、轴套、锁紧螺母等组成。

转子上的各个零件一般用热套法与轴连成一体，以保证在高速旋转下不致松脱，其中叶轮、平衡盘与轴的过盈量在 1.4‰左右，其他轴套等为 0.7‰左右。叶轮、平衡盘、联轴器等大零件往往还用键与轴固定，以传递扭矩和防止松动。而有的叶轮、平衡盘则使用销钉与轴固定。这样可以避免运行中发生位移，造成摩擦、撞击等故障。转子主要部件如轴、叶轮、联轴器、齿轮、平衡盘等都应单独进行动平衡，转子组装后还必须进行动平衡试验，以便消除不平衡引起的严重后果。

1. 叶轮

叶轮是压缩机中一个最重要的部件。叶轮通过叶片对气体做功，使气体获得能量，是对气体做功的唯一元件。叶轮设计的好坏，直接影响压缩机的性能。

叶轮根据结构特点可分为以下三种形式。

(1) 开式叶轮

开式叶轮结构简单，由轮毂和叶片组成，无轮盘、轮盖，气体通道直接由机壳构成，气体流动损失较大，叶片与机壳容易发生摩擦。因此，在大机组中很少使用。

(2) 半开式叶轮

半开式叶轮与开式叶轮相比，结构有所改进，其由轮盘和叶片组成，无轮盖、轮盘，应力较小，单级压比高($e>3$)，在小功率的机组中使用广泛，但其叶道中的气流会在叶片与固定壁面之间的间隔中泄漏，使其级效率要低于闭式叶轮，流动损失也较大。

(3)闭式叶轮

闭式叶轮结构比较完善，由轮盘、轮盖和叶片组成，轮盘套在轴上，通过叶片连接轮盖。这种叶轮轮盘应力大，气体被密闭于叶轮流道内流动，漏气损失小，级效率较高，压比小。

2. 主轴

主轴上安装所有的旋转零件，其作用是支持旋转零件及传递扭矩。主轴是阶梯轴，方便零件安装，各阶梯突肩起轴向定位作用。近来也有采用光轴的，它具有形状简单、加工方便等特点。

3. 平衡盘

在多级离心式压缩机中，由于每级叶轮两侧气体的作用力大小不等，使转子受到一个指向低压端的轴向合力，这个合力就称为轴向力。轴向力使转子产生轴向位移，严重时不仅会引起推力轴承磨损，甚至还会与缸体隔板相碰，造成灾难性事故，因此要设法平衡它。平衡盘的作用是平衡轴向力。

平衡盘总是设在转子的高压端处，平衡盘外缘与气缸间设有迷宫密封，其一侧为压力最高的末级叶轮，另一侧与压力最低的进气管相通。

4. 推力盘

转子上的残余轴向力通过推力盘传给推力轴承上的推力瓦块，实现力的平衡，推力盘两端面的粗糙度及平行度要求很高，安装到转子上后，必须进行相对于轴线的端面跳动检查，应小于 0.01 ~0.02mm。

(二)定子

定子中所有元件均不能转动。定子元件包括气缸、扩压器、弯道、回流器蜗室，另外还有轮盖密封、隔板密封、轴封、径向轴承和推力轴承等部件。对于定子，一般要求有足够的刚度，以免运行中出现变形；有足够的强度，以承受气体介质的压力；中分面与出入口法兰结合面要有可靠的密封性能，以免气体介质泄漏到机壳以外。

四、离心式压缩机的喘振及预防

离心式压缩机在运行中，进口容积流量的降低，会使叶轮或有叶扩压器叶片的非工作面上出现边界层分离，并进而产生旋转脱离。若进口容积流量仍继续降低，旋转脱离会进一步扩大，并由若干个团组成一个大团。当离心式压缩机的流道中大部分为脱离区时，流动状况严重恶化，气体压力无法得到提高，造成离心式压缩机出口压力突然下降。由于离心式压缩机总是与管网联合工作，此时管网中的压力还来不及下降(尤其是大容量管网)，管网压力高于离心式压缩机出口压力，管网中的气体倒流回离心式压缩机。离心式压缩机因倒流而增加了流量，分离消失，恢复正常工作，并向管网送气。送气后，离心式压缩机的进口流量又重新降低，管网中的气体再次倒流。这样周而复始，整个系统，即离心式压缩机与管网产生了周期性的低频、大幅度压力振荡，这种压力振荡会引起严重的噪声，并使机组发生强烈振动。这种现象称为喘振。

喘振是离心式压缩机的固有特性，是离心式压缩机损坏的主要原因之一。气流的强烈脉动引发激振，使转子、轴承、壳体、出口管线等发生振动。噪声由原来连续性的变为周期性的，且显著增剧，甚至有爆音出现。强烈的振动会引起轴承、密封的损坏，严重时将损坏转子。

每台离心式压缩机都有防喘振控制系统以保护压缩机，防喘振控制有以下三种方法。

1. 固定极限流量法

当转速一定时，根据离心式压缩机的特性曲线可知该转速下的最小安全流量 Q_{min}，运行时使防喘振调节器的给定值 $Q_{给} = Q_{min}$，$Q_{min} > Q_c$，当流量小于 Q_{min}时，开大回流阀，使实际流量一直不小于 Q_{min}，就不至于使离心式压缩机进入喘振区。

2. 可变极限流量法

为了减少离心式压缩机的能量损耗，在离心式压缩机的转速改变时，防喘振控制系统的给定值也应随之改变，这就是可变极限流量法防喘振系统。其实际方法是：计算各转速下的最小允许流量，把计算结果作为防喘振系统的给定值，这样不仅可以限制离心式压缩机进入喘振区，又可使循环气量最小，达到了提高离心式压缩机效率、降低能耗的目的。

3. 出口放空法

对于那些空气、二氧化碳或氮气等介质的压缩机，由于放空对周围环境影响不大，因此可采用出口放空法来解决机组喘振问题。对于有毒、有害、污染、易燃易爆类介质的压缩机出口放空需要考虑回收及处理。

五、离心式压缩机的分类

离心式压缩机可分为水平剖分型离心压缩机（如 MCL 型）、垂直剖分型离心压缩机（如 BCL 型）和多轴式离心压缩机等。

水平剖分型离心压缩机是指气缸被剖分为上、下两部分，通常被称为上、下机壳，上、下机壳用连接螺栓连成一个整体，便于拆装检修。上、下机壳均为组合件，由缸体和隔板组成，隔板组装于缸体内，并构成气体流动的环形空间。低、中压压缩机（一般低于 5MPa）多采用水平剖分型离心压缩机。

垂直剖分型离心压缩机即筒形压缩机，上下剖分的隔板（用连接螺栓连成一个整体）和转子装在筒形气缸内，气缸两侧端盖用螺栓紧固。隔板与转子组装后用专用工具送入筒形缸体。检修时，需要打开端盖，将转子与隔板同时由筒形缸体拉出，以便进一步分解检修。由于筒形气缸为圆筒形，因此抗内压能力强、密封性好、刚性好，对于温度与压力引起的变形也较均匀。这种压缩机安装困难，检修不便，对于压力较高或易泄漏的气体介质多采用垂直剖分型离心压缩机。

多轴式离心压缩机是指一个齿轮箱中由一个大齿轮轴驱动几个小齿轮轴，每个轴的一端或两端安装一级叶轮。这种压缩机的叶轮轴向进气，径向排气，通过管道将各级叶轮连接起来。通过不同齿数的齿轮，使从动轴获得不同的转速，从而使不同级的叶轮均能在最佳状态下运行，中间冷却器设在机体下面，每级压缩后的气体均经过一次冷却再进入下一级，机组运行效率较高。这种压缩机结构简单、体积小，适用于中低压力的空气、蒸汽或惰性气体的压缩。

六、离心式压缩机的常见故障分析与处理方法

离心式压缩机的常见故障分析与处理方法见表2－3。

表2－3　离心式压缩机的常见故障分析与处理方法

故障现象	故障原因	处理方法
喘振	中间段进气温度过高	开大冷却水阀，降低冷却水温度，停机清洗中间冷却器
	排气压力过高或空气压力设定值过高	如空气压力设定值过高，降低设定值
	最小电流设定值过低	提高最小电流设定值
	控制阀故障	停机拆下并检查阀座和阀芯，如有磨损应予以更换
	入口导叶动作不正常	检修入口导叶(进口阀)
	传感器读数错误	检修传感器
振动过大	振动探头系统松动或损坏	检查拧紧振动探头系统，更换损坏元件
	空压机发生喘振	调整操作，停机重新设定最小电流，消除空压机喘振
	润滑油温度高或润滑油温度太低，出现油膜振荡	调整润滑油温度至正常值
	空压机与电动机不对中	停机重新对中
	轴承润滑油压过低	调整轴承润滑油压至正常值
	叶轮脏或损坏	停机清洗或检修更换叶轮
	驱动联轴器异常	停机检查驱动联轴器
	轴承座损坏	停机清洗或检修更换轴承座
	电动机振动超标	停机检查电动机振动
空压机无法启动	控制盘电源开关未打开	打开控制盘电源开关
	控制盘故障	按控制盘故障排除表排除控制盘故障
	停机后控制系统未复位	按控制系统复位键对控制系统复位
	空压机出现故障停机	按控制盘的消音键，处理空压机停机故障，然后按控制系统复位键对控制系统复位
	主电动机启动盘无电或故障	联系电工给主电动机启动盘供电或处理故障
	电流互感器、电动机开关、空压机控制盘之间控制电缆接线松脱或断路	拧紧接线或接上断脱的接线
	主断路器未插上	将主断路器插上
	控制盘上的“紧急停机”按钮已按下	拔出“紧急停机”按钮

续表

故障现象	故障原因	处理方法
润滑油压下降或低	油管路控制装置安装不正确	检查止回阀
	油泵齿轮端面与泵体及侧盖间间隙过大	根据要求间隙重新修理
	油管路破裂或严重泄漏	检查并更换油管线
	油过滤器堵塞	清洗过滤网
	油泵吸入管路漏气	检查并清除
	油箱中油位低于最低液位线	添加润滑油
	压力表失灵或压力表导管有故障	检查并排除
润滑油出口温度高	油冷却换热管表面结垢，冷却效果变差	切换清洗油冷器
	冷却器外壳内存有空气	打开顶部放油螺栓，将空气排出
	系统冷却水温度高，水压低	降低冷却水温度，提高水压
	系统冷却水中断	恢复用水或改用化学水
	冷却水脏，造成冷却器堵塞	切换清洗油冷器
	润滑油变质	检查并更换润滑油
	由于管路出现故障使冷却水中断	检查并排除管路故障
	油温监测器不正常：监测器失灵或损坏	检查测试或更换油温监测器
	连接至控制盘内的线路故障	重新连接到控制盘内的线路
	油箱恒温器设定值偏高	重新设定油箱恒温器设定值
各级进口温度高	冷却水流慢或水中断	调节正确的水流速度
	冷却水温度过高	降低冷却水温度
	温度装置设定不合适	校正仪表
	冷却水管脏或堵塞	清洗冷却器

第六节　活塞式压缩机

活塞式压缩机又称往复式压缩机，属于容积式压缩机，在连续重整催化剂生产装置中使用的就是这种类型的压缩机。活塞式压缩机由活塞、气缸、进气阀、排气阀构成。进气阀和排气阀均为自动开启和闭合的单向阀。活塞式压缩机的工作循环是指活塞在气缸内往复运动一次，气体经过一系列状态变化后，又回到初始吸气状态的全部工作过程。

一、活塞式压缩机的工作原理

压缩机在电动机驱动下，动力经弹性联轴器带动曲轴转动，再借助连杆、十字头和活塞杆把曲轴的旋转运动变为活塞的往复直线运动。如图 2－15 所示，通过活塞在气缸内的工作循环说明活塞式压缩机的工作原理。

活塞式压缩机的气缸活塞往复一次，只能完成一次吸气和排气。当活塞式压缩机的活塞往左移动时，气缸容积增大，气缸压力降低。当气缸内的气压小于进气管的气压时，进

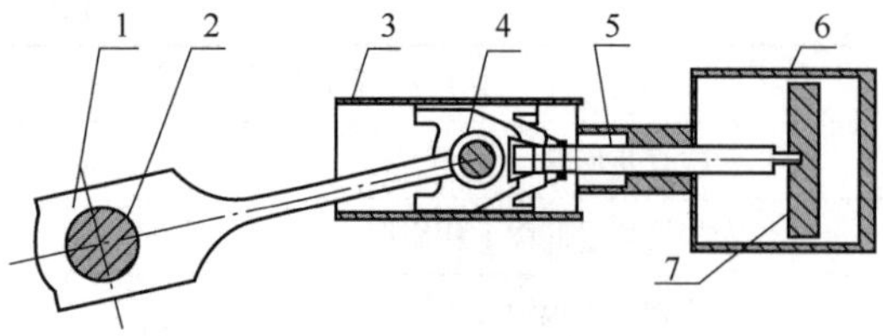

图2-15 活塞式压缩机工作原理

1—连杆；2—曲轴；3—滑道；4—十字头；5—活塞杆；6—气缸；7—活塞

气管的气体推开吸气单向阀进入气缸，而排气单向阀处于关闭状态。活塞左移行程中，气体持续进入气缸，直到活塞到达气缸的左侧末端，吸气过程完成。当活塞式压缩机的活塞往右移动时，气缸容积减小，气缸压力升高。当气缸内的气压大于排气管的气压时，气缸内的气体推开排气单向阀进入排气管，而进气单向阀处于关闭状态。活塞右移行程中，气体持续排出气缸，直到活塞到达气缸右侧末端，排气过程完成。压缩机的活塞再次往左移，重复上面的动作。缸内活塞的连续往复运动，使气缸连续地进行吸入、排出气体。每一次活塞的往复就是一个工作循环，活塞往复的距离称为冲程。

二、活塞式压缩机的主要部件结构（以中压对称平衡型活塞式压缩机为例）

1. 气缸

低压缸为铸铁（JT30－54）制成的带有气道和水道3层内壁的筒形铸件。高压缸为锻制，气缸水道是机加工形成的。低压缸和高压缸缸套均为合金铸铁制成（JT25－47C），缸套的工作表面进行了氮化处理，缸套与缸体采用过盈配合。气缸体的两端由缸盖和缸座封闭。轴侧缸座内设置填料函，阻止往复运动的活塞杆通过缸座时造成缸内气体外漏。

2. 气阀

气阀在气缸上为径向布置，双作用气缸在轴端和盖端都设有气阀孔。吸气阀布置在气缸体上部，排气阀安装在缸体下部。吸气阀、排气阀的阀片依据阀前后的气体压差与弹簧力的综合作用，自动实现打开与关闭。吸气阀、排气阀可以是环状阀，也可为网状阀。

3. 活塞组件

活塞组件包括活塞、活塞杆、活塞环和支承环等，如图2－16所示。

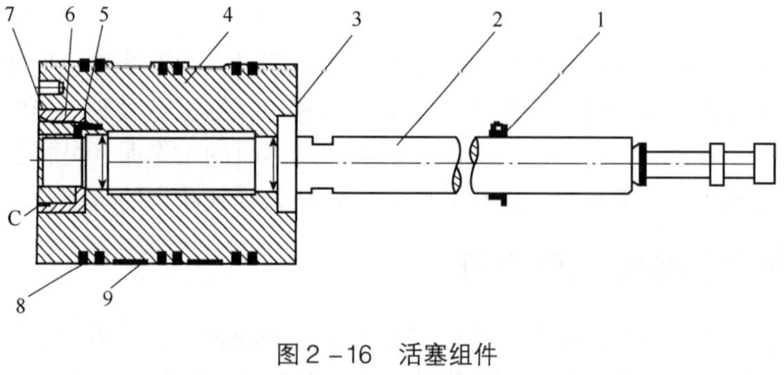

图2－16 活塞组件

1—挡油盘部件；2—活塞杆；3—销；4—活塞；5—螺钉；6—垫片；7—螺母；8—活塞环；9—支承环

一级活塞采用实心结构，多采用铸铝ZL401制成。活塞杆为42CrMo锻制。活塞杆与填料密封工作表面经特殊的淬火处理。活塞环分为3组，每组由两个靠近的、单独的活塞环组成。两个支承环安装在活塞底部两组活塞环间的凹槽内，支承环只占活塞圆周的1/3，每个支承环都由两个定位环定位。当活塞在气缸内往复运动时，支承环起导向作用。

活塞式压缩机在正常运行时，气阀、活塞环(包括支承环和导向环)，以及活塞杆填料密封所处的工作条件相当苛刻，出现失效的概率远高于其他部件。因此，在强制性的小修或中修维护中，这些易损件必须检查处理或更换。

4. 传动结构

活塞式压缩机的传动结构包括主轴承、曲轴(1个)、连杆(2个)和十字头(2个)；主轴瓦由上、下两部分组成。瓦背由钢制成、内表面衬轴承合金。主轴瓦组装于机身的轴承座内。轴瓦有肩部翻边，表面有轴承合金的对接凸缘。用两肩距离与轴承座宽度来实现轴瓦的轴向定位。主轴承为非中间开边，而是在轴承中心水平面下5mm。因此，上半轴瓦和轴承盖一起在轴承座内实现径向定位。轴承盖上的圆柱销用于上部轴瓦在轴承盖上正确定位。

轴承螺栓的预紧力是靠其伸长量保证的。每个螺栓中心都有一个圆孔，孔内装有测量圆柱棒。可用深度千分尺测量螺栓紧固前后的伸长量，从而保证轴瓦的紧固和轴承与轴颈的润滑间隙。

曲轴由35号钢锻制而成。它由主轴颈、曲柄颈、拐臂、带密封槽的主轴颈和联轴器法兰组成。密封槽与机身挡油盖配合，借助密封元件的作用，阻止油池润滑油外漏。由轴靠近联轴器侧的主轴颈，与轴向定位轴承配合，用于确定曲轴的轴向定位。其余的主轴颈和曲柄颈与轴承的配合可作轴向位移以适应曲轴温升后的轴向线膨胀。

三、活塞式压缩机的分类

活塞式压缩机有多种分类方法，每种分类方法都侧重于体现它们在结构、工作方式或其他某些方面的特点。

1. 按气缸排列方式分类

(1)立式压缩机：气缸中心线与地面垂直。

(2)卧式压缩机：气缸中心线呈水平，且气缸只布置在机身一侧。

(3)角度式压缩机：气缸中心线互呈一定角度。按气缸排列的形状，又可分为L型、V型、W型、扇型等。

(4)对置式压缩机：气缸水平置于机身两侧，在对置式压缩机中如相对列的活塞运动方向相反，又称为平衡式。

2. 按压缩机的级数分类

气体经一级压缩达到终压的，称为单级压缩机。经两级压缩达到终压的，称为两级压缩机。经三级以上压缩达到终压的，称为多级压缩机。

3. 按活塞在气缸内压缩气体的方式分类

活塞在气缸内仅在一端压缩气体的，称为单作用式压缩机。活塞在气缸内两端进行同一级次压缩循环的，称为双作用式压缩机。活塞在气缸内一端或两端进行两个或两个以上不同级次压缩循环的，称为级差式压缩机。

4. 按压缩机的列数分类

气缸配置在机身同一条中心线上的压缩机，称为单列压缩机。气缸配置在机身一侧或两侧的两条中心线上的压缩机，称为两列压缩机。气缸配置在机身一侧或两侧的两条以上中心线上的压缩机，称为多列压缩机。

5. 其他分类

除上述分类方法以外，还可以按有无十字头分为有十字头压缩机和无十字头压缩机；按冷却方式可分为风冷式压缩机和水冷式压缩机；按机器工作地点可分为固定式压缩机和移动式压缩机；按气缸是否有油润滑，可分为有油润滑压缩机和无油润滑压缩机；按压缩气体的种类，又可分为空气压缩机、氧气压缩机、氢气压缩机、氨气压缩机、天然气压缩机、二氧化碳压缩机等。

四、活塞式压缩机的常见故障分析与处理方法

活塞式压缩机的常见故障分析与处理方法见表2－4。

表2－4　活塞式压缩机的常见故障分析与处理方法

故障现象	故障原因	处理方法
电动机振动/不正常的响声	启动器故障	检修或更换
	基础螺栓松动	紧固基础螺栓
	其他机械部件松动	紧固松动部件
	电压过高或电压不平衡	联系相关专业处理
	润滑不足或润滑过度	检查电动机润滑系统
	冷却风扇上有脏物	停机处理脏物
	在空气缝隙处有脏物	停机清理
	轴承磨损	更换
	对中不良	停机重新进行对中
	驱动联轴器磨损	更换或联系钳工处理
电动机过热	环境温度过高	强制冷却
	通风不足	强制通风
	电压低、高或不平稳	联系相关专业处理
	电动机过载	停机检查过载原因并做相应处理
	控制设定值不当	检查电动机修正设定值
	润滑不足或润滑过度	将润滑调整到要求之内
	接地不良、接线不当	重新处理接地
	启动器故障	检修或更换
	在空气缝隙处有脏物	停机清理
	电动机绕组短路或其他电动机故障	检修电动机
	空压机设定值不当	重新调整设定值

续表

故障现象	故障原因	处理方法
曲轴箱润滑油漏	油箱放空过滤器堵塞	清理过滤器或更换
	剖分密封垫坏	更换密封垫
	油封坏	更换油封
	其他密封垫损坏	更换垫片
压缩机振动	传感器读数错误	检测传感器或更换
	控制盘内的接线有误	重新接线
	油温过高、过低，油压过低	检查油冷器或更换
	润滑油牌号选错	选用正确润滑油
	润滑油受污染	更换润滑油
	喘振	重新设置喘振参数或检查排空阀
	对中不良	重新对中
	驱动联轴器损坏磨损	更换或联系钳工处理
压缩机不能开机	驱动电动机启动器没有装好	检修或更换
	紧急停车按钮没有拉出来	将停机按钮拉出
	控制系统没有复位	检查后复位
	主电源保险烧坏或有故障	更换保险，检查原因
	驱动电动机启动器故障：包括热过载继电器、主接触器、电源保险、控制电源变压器和接线	检修或更换
	开机、停机电路故障	查清原因并处理
	电流互感器电路故障	检修或更换
	压缩机出现跳闸状态	停机全面检查并做相应处理
	电动机绕组短路	检修电动机
	电动机被卡住	检修电动机
	辅助油泵系统问题	检查油泵和油路
控制盘上出现紧急停车信息	驱动电动机启动器没有装好	检修或更换
	紧急停车按钮被压到停车位子上	将停机按钮拉出
	主电源保险烧毁或有故障	更换保险，检查原因
	驱动电动机启动器故障	检修或更换
	电动机过载	检修电动机
	电动机绕组短路	检修电动机
传感器读数错误	控制系统的接线有误	重新接线
	振动探头的安装间隙有误	调整间隙
	压力传感器导线故障	更换导线，检查传感器
	传感器故障	检查传感器，并更换故障传感器

续表

故障现象	故障原因	处理方法
空气温度过高	至冷却器的冷却水流量不足	检查冷却水泵和管线
	冷却水温度过高	检查管线和冷却器，更换冷却器
	传感器读数错误	检查传感器
	冷却器结垢	更换冷却器或清理结垢
	气阀泄漏	检修气阀或更换
	喘振	重新设置喘振参数或检查排空阀
润滑油温度过高	至冷却器的冷却水量不足	检查冷却系统
	冷却水温度过高	检查管线和冷却器，更换冷却器
	油冷器结垢	更换冷却器或清理结垢
	传感器读数错误	检查传感器或更换
润滑油油压偏低	油泵或电动机故障	检查润滑油系统，并更换配件
气量不足	气阀的阻力损失过大	检修或更换气阀弹簧
	气缸与缸盖、缸座连接螺母松动，填料筒和安全阀密封不严等故障，气体外漏	上紧螺母，检修研磨
	气阀磨损或受阻碍，活塞环磨损或折断	检查清洗或更换
	电动机转速下降	检查电动机或电网电压

第七节　螺杆式压缩机

螺杆式压缩机是用途比较广泛的回转式压缩机，属于容积式压缩机的一种，它具有在较低压力下流量幅度较宽的操作特性，常用于天然气输送，燃料气的增压、冷冻、压缩（丙烷/丁烷）、放火炬气体压缩以及空气压缩等场合。与活塞式压缩机相比，螺杆式压缩机有以下特点：

(1)结构简单，运动部件少，没有活塞式压缩机需要经常维修的气阀、活塞环、填料密封等零部件，维护简单，费用较低，使用寿命较长；

(2)减少或消除气流脉动；

(3)能适应压缩湿气体以及含有液滴的气体；

(4)在有冷却润滑剂连续流动的情况下，允许较高的单级压力比（可高达20~30），并且排气温度较低；

(5)由于不存在往复惯性力，可在高转数、高压比下工作，特别是喷油或喷液的螺杆式压缩机，由于压缩气体内部冷却效果好于活塞式压缩机的外部冷却，因而功率利用充分；

(6)转子型线复杂，加工要求高，不适用于高压压缩机，特别是干式螺杆压缩机为减少内部温度上升，必须用增速齿轮提高其转数，因此机械损失大，运行中气流噪声较大。

一、螺杆式压缩机的分类与结构

螺杆式压缩机可分为干式(无油润滑)螺杆压缩机和湿式(喷油或喷液式)螺杆压缩机两类。

干式(无油润滑)螺杆压缩机为保障转子间必不可少的间隙，通常采用同步齿轮。干式螺杆压缩机中阳转子(主动转子)靠同步齿轮带动阴转子(从动转子)，转子啮合过程中互不接触，靠有一定间隙的一对螺杆高速旋转，达到密封气体和压缩气体的目的。干式螺杆压缩机的气缸上带有冷却水套，用来冷却被压缩的气体。其主要由气缸，阴、阳转子，同步齿轮，轴承，密封装置以及气量调节装置等部件组成。

喷油式(湿式)螺杆压缩机通常不设同步齿轮，阳转子直接带动阴转子，并且靠喷入的润滑油在转子间形成油膜，起到密封、润滑和冷却的作用。螺杆式压缩机结构如图2－17所示。

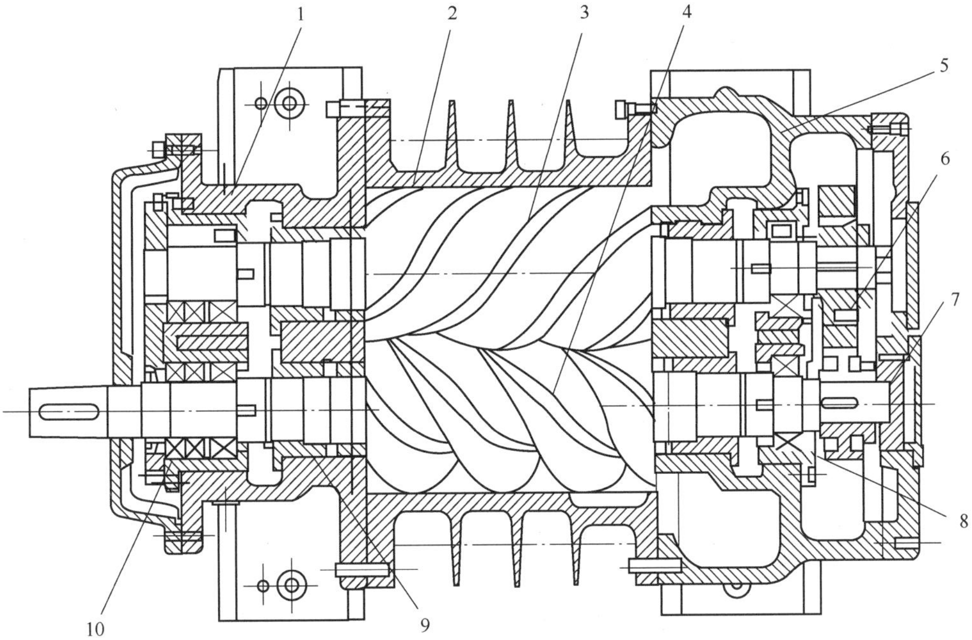

图2－17　螺杆式压缩机结构

1—排气端座；2—气缸体；3—阴转子；4—阳转子；5—吸气端座；
6—同步齿轮；7—平衡盘；8—径向轴承；9—密封组件；10—止推轴承

喷液式(湿式)螺杆压缩机靠喷入制冷剂或喷水起到冷却和密封的作用。它改变了单纯喷油(喷油量甚至高达机器容积排量的1%)而必须增加庞大的油处理、回收系统。但是喷液也不宜全部代替喷油，油的润滑作用是制冷剂所不能取代的。

二、螺杆式压缩机的工作原理

通常螺杆式压缩机的主动转子节圆外具有凸齿，从动转子节圆内具有凹齿。如果将阳转子的齿当作活塞，阴转子的齿槽视为气缸(齿槽与机体内圆柱面及端壁面共同构成的工作容积称为基元容积)，这就如同活塞式压缩机的工作过程，随着一对螺杆旋转啮合运动，转子的基元容积由于阴、阳转子的相继侵入而发生改变。

在吸气端设置同步齿轮，由厚齿和薄齿叠合在一起，通过调整厚齿和薄齿的相对位置，可以调整阴、阳转子的啮合间隙，保障阴、阳转子即使在反转时也不接触，减少了磨损，延长了使用寿命。

螺杆式压缩机的吸、排气口分别位于机体两端，呈对角线布置。气体经吸入口进入基元容积对(阴、阳转子各有一基元容积组成一对基元容积)，由于转子的回转运动，转子的齿连续地脱离另一转子的齿槽，齿槽的空间容积不断增大，直到最大时，吸气终了。基元容积对与吸入口隔开，压缩过程中，随着基元容积对的推移，容积在逐渐地缩小，气体被压缩。转子继续旋转，在某一特定位置(根据工况确定的压力比而求取的转角位置或螺杆某一长度)，基元容积对与排气口连通，压缩终了。排气过程直到气体排尽为止。基元容积对由于空间接触线分割，排气的同时，基元容积对在吸气端再次吸气，然后又是压缩、排气。

三、螺杆式压缩机的主要部件结构

1. 气缸

气缸结构采用整体垂直剖分，可分为前端盖、吸气端座、气缸体、排气端座、后端盖。各垂直面都经过精密加工，无须任何垫片，安装时只需涂一薄层气缸密封胶即可(为调整间隙，也可以加垫片)。气缸采用高强度铸铁制成，表面经特殊防腐处理。一般情况下气缸无须解体。

2. 转子

转子采用标准单边非对称型线，阳转子为四齿，阴转子为六齿。阳转子一端通过叠片挠联轴器与电动机直联，轴伸处设有油封，防止后端盖油外泄。阳转子另一端设有一油压平衡活塞(供油压力为0.75MPa)，用以平衡一剖分转子的轴向力，延长止推轴承的使用寿命。转子采用优质钢制造，表面经防腐处理。

阴转子一端设有六角头，打开前端盖上的小闷盖，可以进行盘车。转子采用优质钢制成，表面经防腐处理。

在螺杆齿顶和齿根设计了密封筋和卸污槽，不仅增加了密封效果，而且把气体中的粉尘和细微杂质输送到排气端，避免在机体内沉积。

3. 油封

转子每一端都有一组阻水密封和机械密封。阻水密封齿设在轴上，与其相配合处均有巴氏合金衬套，以求泄漏量尽可能减少。检查气封时，只需顶出轴承座即可用拉力杆方便取出，无须拆下气缸和拉出转子。

4. 轴承

径向轴承采用进口 NU 系列向心短圆柱滚子轴承，止推轴承采用一对向心推力球轴承。径向止推轴承游隙正常值为0.01~0.03mm，可承受双向推力。

四、螺杆式压缩机的主要技术参数

螺杆式压缩机的主要技术参数见表2-5。

表 2-5　螺杆式压缩机的主要技术参数

序号	参数类型	单位	参数描述
1	功率	kW	设备能力的主要参数
2	排气量	m^3/min	设备能力的主要参数
3	排气温度	℃	
4	齿顶圆周速度	m/s	
5	螺杆转速	r/min	
6	螺杆公称直径	mm	
7	压力比和级数	—	
8	总重量	t	

1. 齿顶圆周速度和转速

螺杆齿顶圆周速度是影响螺杆式压缩机性能的重要参数，圆周速度的改变又对压力比、机器的泄漏损失和流动损失产生影响。最佳齿顶圆周速度通常用阳螺杆的齿顶圆周速度来表示，见表 2-6。

表 2-6　螺杆式压缩机最佳齿顶圆周速度　(m/s)

齿　形	干式螺杆压缩机	喷油式螺杆压缩机
对称齿形	80～120	30～45
不对称齿形	60～100	15～35

压缩机为高压力比时，最佳齿顶圆周速度可取表 2-6 中上限，反之取下限。当圆周速度确定后，转速也随之确定。排气量相同时，不对称齿形螺杆式压缩机的转速远低于对称齿形螺杆式压缩机的转速。通常喷油式螺杆压缩机若为不对称齿形时，其转速为 730～4400r/min，可与电动机直联。无油式压缩机转速为 2960～15000r/min，甚至更高。

2. 螺杆公称直径和长径比

我国规定的螺杆公称直径系列为(mm)：(63)、(80)、(100)、125、160、200、250、315、400、500、630、(800)(带括号的公称直径只适用于不对称齿形)，其中以 160mm、200mm、250mm、315mm 最为常用。

长径比即螺杆长度与螺杆直径之比，通常为 0.9～1.5。排气量相同时，长径比小的机器螺杆直径大，吸气口、排气口面积也大，气体流动损失小。长径比小的螺杆短而粗，刚性好，增加了运转可靠性，用于高压差级中，结构更为紧凑。排气量大的压缩机一般长径比较大。较大的制冷螺杆式压缩机长径比通常取 1.60～1.65。

3. 压力和级数

压力和级数是影响压缩机尺寸和性能的重要参数。表 2-7 所示为螺杆式压缩机各级压力和级数的关系。

喷油式螺杆压缩机一般按实际流量选择级数，$200m^3/min$ 及以下选择单级，$200m^3/min$ 以上可选择两级。

表2-7　螺杆式压缩机各级压力和级数的关系

压缩机类型	级数	压力/MPa
无油	1	≤0.4
	2	0.4~1.0
	3	1.0~2.0
	4	2.0~3.0
喷油	1	0.7~1.7
	2	1.3~2.5

五、螺杆式压缩机的常见故障分析与处理方法

螺杆式压缩机的常见故障分析与处理方法见表2-8。

表2-8　螺杆式压缩机的常见故障分析与处理方法

故障现象	故障原因	处理方法
空压机不能启动	没有主电源或控制电压	检查供电
		检查控制线路熔丝
	星形三相计时器损坏	更换
系统压力低	分离器芯受污染	更换新的分离器芯
	最小压力阀功能失灵	更换最小压力阀
	加载电磁阀损坏	更换加载电磁阀
	排气阀故障	更换排气阀
	皮带打滑	安装新皮带或调整张紧轮
	进气阀功能失灵	更换进气阀
	系统要求超过空压机能力	减低用气要求或增加空压机
	空气系统泄漏	修补泄漏处
空压机温度超高	空压机高于额定压力操作	按机器额定设置压力
	预滤器脏	清洗或更换预滤器
	冷却器受阻	更换冷却器
	冷却剂剂量不足	添加冷却剂
	环境温度高	强制冷却
	冷却器气流受阻	确保空压机机油正确的气流
冷却剂消耗大	分离器芯泄漏	更换新的分离器芯
	分离器芯排放管受阻	拆卸并清理干净
	空压机低于额定压力操作	按机器额定设置正确压力
	冷却剂系统泄漏	处理泄漏

续表

故障现象	故障原因	处理方法
噪声过大	空气系统泄漏	处理泄漏
	主机有故障	更换主机
	皮带打滑	更换皮带和张紧轮
	电动机故障	维修或更换
	部件松动	拧紧松动部位
安全阀开启	最小压力阀功能失灵	更换最小压力阀
	加载电磁阀有问题	更换加载电磁阀
	放气阀故障	更换放气阀

参考文献

[1]王福利，田吉新，戴有桓．压缩机组[M].1版．北京：中国石化出版社，2020.
[2]乐庚熙，石雪松，徐常武，等．风机技术知识问答[M].1版．北京：机械工业出版社，2013.

第三章　液体及浆状物料输送设备

第一节　概论

化工生产中的液体物料既包括纯液体物料(如水、盐酸、硫酸、硫酸铵、氢氧化钠水溶液等)，又包括含一定固体颗粒的浆状物料或胶体(如分子筛浆液、硅胶浆液等)。液体物料输送通常采用的设备是泵，泵是化工生产中最常使用的设备之一，在催化剂生产中也大量使用。

在催化剂生产过程中，液体的性质多种多样。液体原材料的输送、胶体或浆液物料的输送、中间产品的转移、成品的输送等都离不开泵。有强腐蚀性的(如硫酸、盐酸、硝酸)，黏度大的(如水玻璃溶液、硅铝胶溶液)，也有含固体悬浮物的(如 Y 型分子筛浆液)等。为了适应输送各类液体的需要，要求我们必须合理选择和使用各种不同类型与性能的泵。

一、泵的分类

(1)泵的种类和型号很多，用途各不相同。根据其工作原理，可分为三大类，即叶片泵、容积泵和其他类型的泵。

①叶片泵：利用叶片和液体的相互作用来输送液体的泵类产品，如离心泵、混流泵和漩涡泵等。

②容积泵：利用工作室容积的周期性变化来输送液体的泵类产品，如活塞泵、柱塞泵、齿轮泵、滑板泵和螺杆泵等。

③其他类型的泵：包括只改变液体位能的泵(如水车等)和利用流体能量来输送的泵(如射流泵和水锤泵等)。

(2)按原动机分：蒸汽往复泵、电动往复泵、电动离心泵。

(3)按输送介质分：水泵、油泵、酸泵、碱泵等。

(4)按轴的安装位置分：立式泵、卧式泵。

(5)按输送介质温度分：热介质泵与冷介质泵。

(6)按叶轮级数分：单级泵、多级泵。

(7)按叶轮进料方式分：单吸式、双吸式。

二、物料的物理性质

1. 物料的颗粒特性

粒径是指被测物料的单个颗粒固体在自由状态下的空间等效尺寸，或者称为“当量尺寸”，用来表示颗粒的大小。通常球体颗粒的粒径等于直径，对不规则的矿物颗粒，通常将与矿物颗粒有相同行为的某一球体直径作为该颗粒的等效粒径。

根据颗粒的大小和性质上的差异，以及对物料性质产生的影响，把物料的颗粒分成若干组，每组就是一个粒级，组内颗粒的大小、成分及基本性质相近，而组间则有明显的差异。不同粒径的颗粒组合称为粒度级配。颗粒直径的大小和粒度级配是物料各种性能的综合性指标，是物料可输送含固量界限及黏稠物料流变特性、输送特性的主要影响因素之一。

测试粒径和粒度分布的方法有多种，其中常用的是直接测量法与间接测量法。直接测量法是直接通过颗粒的几何尺寸进行测量，最常用的有显微镜粒度分析法和筛分法；间接测量法是通过确定和颗粒尺寸相关的性质参数，然后用理论公式或经验公式计算颗粒的大小，如沉降分析法等。

2. 物料的浓度

物料的浓度可分为质量浓度、体积浓度和质量—体积浓度三类，最常用的是前两种。

(1)物料的质量浓度

物料的质量浓度指单位质量的物料中所含固体的质量分数，亦称为含固量，用符号 C_w 表示，而相应的水分占有的质量分数称为含水率。两者的关系为：含固量 = 1 - 含水率。

含固量在工业应用中方便测定，因此工业上对黏稠物料浓度的表示通常指质量浓度。浓度直接影响摩阻损失，是输送过程中非常重要的参数。目前，实验室通过测定物料含水率来得到含固量。含水率通过水分仪来测定。工业现场输送的物料的质量浓度均为现有固液分离工艺所能达到的最大值，但由于颗粒组成和生产工艺的区别，不同物料的质量浓度数值各异，甚至相差较大。

(2)物料的体积浓度

对于同种黏稠物料，即使质量浓度相同，由于颗粒特性的差异，物料的流变及阻力特性也会相差很大，因此科学研究中常用体积浓度表示固体含量。

体积浓度，指固液混合物中所含固体体积与固液混合物体积之比。体积浓度 C_v 与质量浓度 C_w 的关系(%)符合式(3 - 1)：

$$C_v = \frac{C_w}{\frac{\rho_s}{\rho} - C_w\left(\frac{\rho_s - \rho}{\rho}\right)} \tag{3-1}$$

式中　ρ_s——物料颗粒密度，kg/m^3；

ρ——水密度，kg/m^3。

3. 物料的黏度

黏度又称黏性系数、剪切黏度或动力黏度，是流体黏滞性的一种量度，是流体流动力对其内部摩擦现象的一种表示。黏度越大，内摩擦力越大，分子量越大，碳氢结合越多，这种力量也越大。由于黏度的作用，使物体在流体中运动时受到摩擦阻力和压差阻力，造成设备能的损耗。非牛顿流体的黏度在一定的温度和压力下不是常数，而是剪切速率的函数，在公式推导及工程应用中较为常用的非牛顿流体的黏度有以下几种。

(1)表观黏度

表观黏度是指边壁处的剪切应力与速度梯度的比值，用符号 η 表示，其表达式为：

$$\eta=\frac{\tau_{\omega}}{\Gamma_{\omega}}=\frac{\tau_{\omega}}{\mathrm{d}u/\mathrm{d}y} \tag{3-2}$$

式中 τ_{ω}——边壁剪切应力；

Γ_{ω}——速度梯度。

表观黏度只是对流动性好坏进行一个大致的比较。真正的黏度应当是不可逆的黏性流动的一部分，而表观黏度还包括可逆的高弹性变形那一部分，所以表观黏度一般小于真正黏度。表观黏度又可分为剪切黏度和拉伸黏度。

(2)有效黏度

有效黏度是指剪切应力与边界处平均切变速率之比，用符号η_{e}表示。对于圆管中的流动，其表达式为：

$$\eta_{\mathrm{e}}=\frac{\tau_{\omega}}{8v/D} \tag{3-3}$$

式中 v——管内平均流速，m/s；

D——管路直径，mm。

一般来说，如果黏度计直接测出的是剪切应力和应变速度 $\mathrm{d}u/\mathrm{d}y$，则使用表观黏度 η。

对于由固相与液相组成的悬浮体，还有相对黏度这一概念。悬浮体由连续液相和固体颗粒组成，以单纯液相的黏度作为参考黏度，加入固体物后，悬浮液黏度与液相黏度的比值称为相对黏度，即$\eta_{\mathrm{r}}=\eta/\eta_0$，一般认为其值与固体所占体积分率有一定的关系。研究相对黏度的意义是：当获得这一关系后，对任何固体百分比的悬浮液都可以方便地估算出黏度。

三、浆液输送技术

1. 低浓度浆液输送

传统的低浓度浆液输送设备为离心式低浓浆泵，其结构与离心水泵相同。由泵体、泵盖、叶轮、轴、轴密封及轴承体悬架部分组成。分为单吸式和双吸式浆泵，单吸式浆泵采用悬臂式结构，而双吸式浆泵则为水平中开式结构。为适用输送不同特性的浆料，将叶轮设计为闭式、开式和半开式。

2. 中浓浆料输送

中浓浆料输送设备有容积式中浓浆泵、输送螺旋等。

(1)容积式中浓浆泵

容积式中浓浆泵按其容积变化的方式可分为往复式与回转式两大类。目前用于中浓浆输送的设备主要有单螺杆和双螺杆中浓浆泵及齿轮式中浓浆泵。

容积式中浓浆泵是靠其工作腔容积的变化来输送中浓浆料的，当泵工作腔容积增大时，工作腔压力降低，泵吸入室与工作腔相连，吸入浆池中的中浓浆在压力差作用下克服吸入管路与吸入阀等阻力损失进入工作腔；当泵工作腔容积减少时，工作腔压力增大，排出室与工作腔相通，中浓浆被压出排出室，泵工作腔容积由大至小再至大，循环往复变化，从而实现对浆料的吸入与排出的脉动输送。由于中浓浆已失去自由流动性，因此，吸入浆池必须有足够的静压力，或由输送螺旋将中浓浆料送入容积式中浓浆泵的工作腔，这也是容积式中浓浆泵输送的关键。

容积式中浓浆泵按结构原理分为软管泵、螺杆泵、隔膜泵、活塞泵等几种。

软管泵是利用转动的滚轮挤压软管中的物料进行泵送。一根内壁光滑、强度可靠的特制橡胶软管安装在泵体内部，通过一对压辊沿着软管旋转挤压，这样的旋转使得介质往一个方向输送而不会有倒流，软管在输送介质后，在自身弹性和侧导辊的强制作用下恢复原状，此时，软管内产生高真空将介质再次吸入管腔；然后介质在随之而来的压辊挤压下从软管内排出。如此周而复始，介质不断地被吸入和排出。在 20 世纪 60 年代和 70 年代，这种泵由于结构简单，一度很受欢迎，但由于排量小，出口压力低，输送距离短，目前使用数量趋于减少。

螺杆泵是一种回转式容积泵，其具有结构简单、体积小、重量轻、自吸能力强等特点。但由于流量小，螺杆和衬套运动副的制造工艺复杂，使用寿命短等缺点，目前已很少使用。

隔膜泵的工作原理是利用曲柄滑块机构推动活塞做往复直线运动，以实现吸料和排料。隔膜泵具有结构紧凑、输送压力高、运行成本低、工作平稳等优点，在黏稠物料输送中已越来越受到重视，但是由于结构原因，其输送介质以中低浓度黏稠物料为主，在高固黏稠物料输送中的应用较少。

活塞泵是一种负压吸料泵，正常工作时，活塞不断地做往复运动，工作室交替地吸料、排料，通过活塞将能量以静压能的形式传递给所输送物料。

(2)输送螺旋

输送螺旋即螺旋输送机，是一种广泛应用的散体物料输送设备。输送螺旋由螺旋壳体、进出料口、转子部分及驱动装置四部分组成；其中转子部分由头部轴承、尾部轴承、悬挂轴承、螺旋等组成；驱动装置由电动机、减速器、联轴器及底座组成。根据螺旋叶片的形状不同可分为实体螺旋面型、带式螺旋面型和叶片螺旋面型三种型式。根据螺旋旋转方向分为左旋和右旋两种旋向。根据安装形式及物料输送需要分为水平固定式输送螺旋和垂直式输送螺旋。水平固定式输送螺旋的倾角 $\beta \leqslant 20°$，输送长度小于 40m；而垂直输送螺旋只用于短距离提升物料，输送高度小于 8m，螺旋叶片为实体面型，它必须有水平螺旋喂料，以保证必要的进料压力。

四、泵的选型原则

(1)催化剂制备采用泵输送的工艺物料种类很多，需根据介质的物化特性(密度、浓度、黏度、腐蚀性、毒性、饱和蒸汽压等)、介质的特殊性能(是否含固体颗粒、固体颗粒的粒度、固体含量)、操作条件、操作方式(间断或连续)等选择基本泵型，确定泵的型号和过流部件的材料及密封。

(2)均一的液体可选用任何泵型；悬浮液宜选用泥浆泵、隔膜泵；夹带或溶解气体时应选用容积式泵；黏度大的液体、胶体可选用往复泵，最好选用齿轮泵、螺杆泵；输送腐蚀性介质，选用相应的抗腐蚀材料或衬里的耐腐蚀泵；输送昂贵液体、剧毒的液体，选用完全不泄漏、无轴封的屏蔽泵；流量小而扬程高的宜选用往复泵；流量大而扬程不高时应选用离心泵。

第二节　离心泵

离心泵是叶片式泵的一种，在催化剂厂的生产中大量使用，这种泵主要靠一个或数个叶轮旋转时产生的离心力而输送液体，所以称为离心泵。

一、离心泵的工作原理

离心泵是一种流体机械，其工作方式主要依赖于叶轮的旋转产生的离心力来抽取和输送液体。在径流式结构中，装有叶片的叶轮把机械能量传递给叶轮流道中的液体，并通过离心力把液体排出叶轮。液体一旦离开了叶轮流道，能量传递就结束了。能量传递造成输送介质的压力升高和速度增大。在离心力的作用下叶轮中压力升高。离心泵工作原理示意如图 3－1 所示。

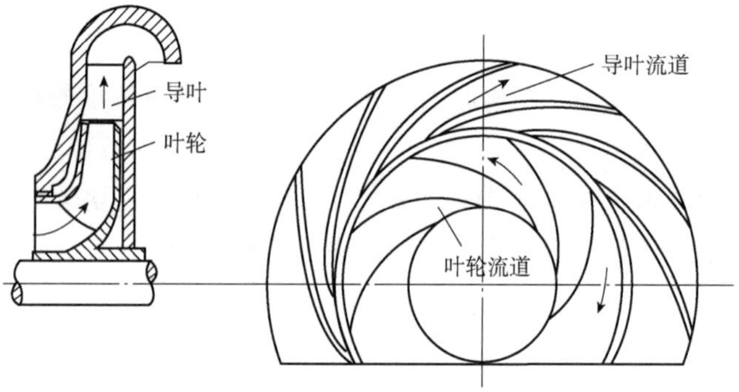

图 3－1　离心泵工作原理示意

在输送介质流动过程中，相对速度在不断地减小，圆周速度同时增大，这是离心力增大的必然现象。在叶轮出口完成能量传递后，较大的速度将带来较大的水力摩擦损失。因此，剩余的速度能就必须进一步转换为压力能。在固定安装的泵系统中，即在一种以环形围绕叶轮外周的渐扩流道中，导叶可以实现这种能量转换。无叶片的环形室和压水室这两种装置同样适用于把速度能转换为压力能。在多级泵中，叶轮和导叶可组成为泵的一个级段。由于叶轮压出液体时在泵的进口产生了低压区，与外侧形成压差产生吸引力作用，相同体积的液体通过吸入管进入泵吸水室内，因此在叶轮旋转时能保持连续的介质流动。

二、离心泵的结构

离心泵的结构形式很多，主要由叶轮、泵体、泵盖、密封环（口环）、轴封装置、托架和平衡装置等组成。图 3－2 所示为最常见的离心泵。当叶轮在电动机带动下旋转时，液体便从泵盖侧面吸入口吸入并从泵体出口排出。

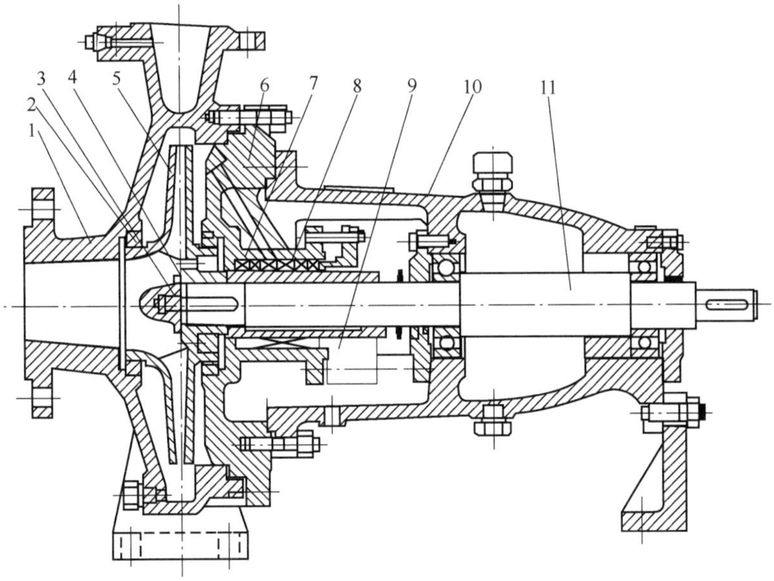

图3－2　单级单吸底脚支撑悬臂式轻型泵结构

1—泵体；2—密封环；3—叶轮螺母；4—止动垫圈；5—叶轮；6—泵盖；7—轴套；8—填料密封；9—机械密封；10—悬架部件；11—泵轴

1. 叶轮

叶轮是离心泵中最重要的水力元件。它将来自原动机的能量传递给输送介质液体，液体流经叶轮后能量增加。叶轮由前盖板、后盖板、叶片和轮毂组成，如图3－3(a)所示为闭式叶轮。如果叶轮没有前盖板，则称为半开式叶轮，如图3－3(b)所示。没有前盖板也没有后盖板的叶轮，称为开式叶轮，开式叶轮一般很少使用。

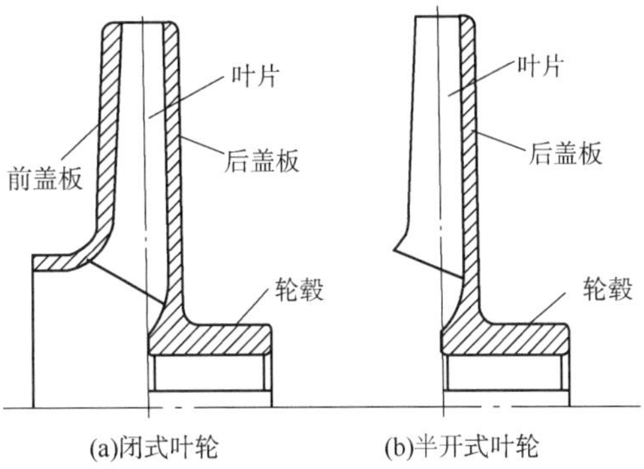

图3－3　离心泵的叶轮

2. 泵体

泵体又称泵壳。其主要作用是将叶轮封闭在一定空间内，汇集由叶轮甩出来的液体导向排出管路，并将一部分动能转变为势能，即增加它的压力。它是一个承受压力的零件，泵体一般有以下三种：

(1)蜗壳形泵体。形状像蜗牛壳，蜗壳内具有不等截面逐渐扩大的流道，因此它不仅能引导液体从叶轮流入排出管，而且也可以使速度能转变为压力能。流道的形状和尺寸对泵的性能影响很大。催化剂厂内的绝大多数泵都使用这种泵体。

(2)具有导叶装置的泵体。泵体旋转形状，泵体内安装叶轮的外围有数个导叶片构造的流道。

(3)双层泵体。在一般泵体外再加一个圆筒形外壳的泵体称为双层泵体。

3. 密封环

密封环又称口环，一般装在泵体上，与叶轮吸入口外圆构成很小的间隙。由于泵体内液体压力较吸入口压力高，所以泵体内的液体总有流向叶轮吸入口的趋势。密封环的主要作用是防止叶轮与泵体之间的液体漏损。密封环还起到对泵体和叶轮的保护作用，密封环是泵的易损件，当间隙磨大后可更换新的密封环以延长叶轮和泵体的使用寿命。密封环和叶轮吸入口外圆间隙为0.1～0.5mm。

4. 轴封装置

离心泵的旋转轴从固定的泵体中伸出，为了防止泵体内的高压液体泄漏，同时防止空气进入泵体内，泵体与轴之间必须设有密封装置，通常称这种密封装置为轴封装置。轴封装置主要有填料密封、机械密封和浮动密封三种。

(1)填料密封：主要由填料箱、填料、水封环、填料压盖等组成。

(2)机械密封：又称端面密封，主要依靠静环和动环的端面摩擦来密封。机械密封比填料密封密封性好，泄漏少，寿命长，功率消耗小。但机械密封结构复杂、精度要求高、价格贵，同时对安装技术要求也高。目前在催化剂生产装置使用的绝大多数机泵都采用机械密封，且种类繁多。

(3)浮动密封：这种密封泄漏量介于前两者之间，一般在高温高压下采用，目前在催化剂生产装置中很少应用。

5. 平衡装置

由于叶轮两侧作用力不相等，存在一个将叶轮推向吸入口侧的轴向力，这个轴向力如不受制约将使泵的转动部分发生轴向窜动，从而引起磨损、振动和发热，最终导致泵不能正常运转，因此必须采用平衡装置以抵消这个轴向力。离心泵的轴向平衡装置最常见的有平衡孔、平衡管和平衡盘等。

三、性能特点

目前，离心泵在生产数量和使用范围等方面都超过了其他类型泵，其优点如下：

(1) 离心泵的流量范围很大，常用离心泵的流量在5～2000m^3/h，目前国外最大的可达到10000m^3/h。另外，离心泵的流量和压力都比较平稳，波动很小。

(2) 离心泵的转速较高，可以与电动机和汽轮机直接相连，传动机构简单紧凑。

(3)操作方便可靠，调节和维修容易，并易于实现自动化和远距离操作。

(4)离心泵与同一指标的往复泵相比，结构简单紧凑、体积小、重量轻、零部件少、制造方便、造价低，而且占地面积小，因此它的设备和维修费用都较低廉。

离心泵主要有以下缺点：

(1) 在一般情况下，离心泵启动前需先灌泵或用真空泵将泵内空气排出，自吸离心泵启动前虽然不必灌泵，但目前使用上还有局限性。

(2) 液体黏度对泵的性能影响较大。当液体黏度增加时，泵的流量、扬程、吸程和效率都会显著降低。

(3) 离心泵在小流量、高扬程的情况下应用，会受到一定限制。因为小流量离心泵的泵体流道很窄，制造困难，同时效率也很低。

四、分类与型号

离心泵具有转速高、体积小、质量少、效率高、流量大、结构简单、性能平稳、操作容易和维修方便等特点，广泛应用于国民经济建设的各个领域。

离心泵的结构形式较多，分类的标准和依据也较多，具体分类方法有以下几种。

(1)按主轴方向分类

①卧式泵：主轴水平方向放置。

②立式泵：主轴垂直方向放置。

(2)按吸入方式分类

①单吸泵：安装单吸叶轮，叶轮具有一个吸入口。

②双吸泵：安装双吸叶轮，叶轮具有两个吸入口。

(3)按级数分类

①单级泵：安装一个叶轮。

②多级泵：同一根轴上安装两个或两个以上的叶轮。

(4)按壳体剖分形式分类

①分段式泵：壳体按与主轴垂直方向进行的平面剖分。

②节段式泵：在分段式多级泵中，每一级壳体都是分开式的。

③中开式泵：壳体在通过轴心线的平面上分开。

④水平中开式泵：在中开式中，剖分面是水平的。

⑤垂直中开式泵：在中开式中，剖分面是垂直的。

(5)按壳体形式分类

①蜗壳泵：叶轮排出侧具有蜗壳形状的压水室壳体的泵类产品。

②双蜗壳泵：叶轮排出侧压水室具有两个腔体的蜗室壳体的泵类产品。

③透平泵：带导叶的离心泵。

④筒式泵：内壳体外安装具有圆筒状的耐压壳体的泵类产品。

⑤双壳泵：指筒式泵之外的双层壳体的泵类产品。

(6)按特殊结构分类

①潜水电泵：驱动泵的原动机与泵一起放在水中使用的泵类产品。

②贯流式泵：泵体内装有原动机等驱动装置的泵类产品。

③屏蔽泵：泵与电动机直连(共用一根轴)，电动机定子内侧装有屏蔽套，以防液体进入。

④自吸式泵：在一般的自吸泵中起抽送液体作用的叶轮同时能起到灌水作用，泵启动时无须灌水。

⑤管道泵：泵作为管路的一部分，无须特别改变管路即可安装泵。

⑥无堵塞泵：抽送液体中所含有的固体颗粒或纤维不会在泵内造成堵塞的泵类产品。

(7)按驱动方式分类

①手动泵：用手驱动的泵。

②机动泵：以水轮机、风车、汽轮机或内燃机作为原动机的泵类产品。

③电动泵：由电动机驱动的泵类产品。叶片泵是高速机械，几乎全是电动机驱动的泵类产品。

(8)按用途分类

①清水泵：输送介质为清水的泵类产品。

②石油化工泵：应用于石油化工行业的泵类产品，输送介质为某些油品和化学介质，介质具有易燃、易爆、有毒等特点。

③电站用泵：应用于电力行业的泵类产品。

④井泵：主要用来提取(或排出)地下水的泵类产品。

⑤潜水泵：电动机与泵做成一体，潜入水下工作的泵类产品。

⑥杂质泵：输送介质是机械混合物液体(含有固体颗粒的液体)的泵类产品。

⑦其他特殊用途的泵。

五、离心泵的性能曲线

离心泵的主要参数有流量、扬程、转速、功率与效率，还有比转数和气蚀余量。各参数间具有一定的联系，通常把表示主要性能参数之间关系的曲线称为离心泵的性能曲线或特性曲线。实质上，离心泵性能曲线是液体在泵内运动规律的外在表现形式。

离心泵的性能曲线包括扬程与流量性能曲线($H-q_V$)、效率与流量性能曲线($\eta-q_V$)、轴功率与流量性能曲线(P_a-q_V)和气蚀余量与流量性能曲线($NPSH-q_V$)，不同的转速对应不同的性能曲线，如图3-4所示。

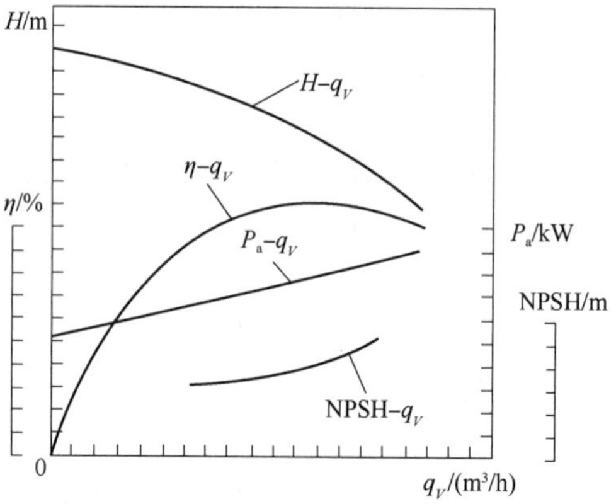

图3-4 离心泵的性能曲线

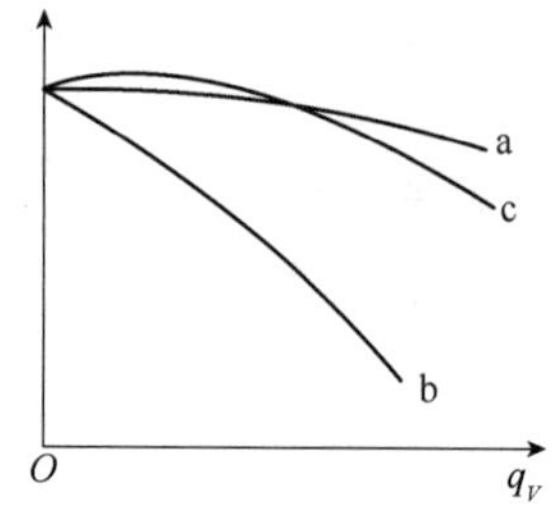

图3-5 常见类型的离心泵性能曲线

a—平坦的性能曲线；
b—陡降的性能曲线；
c—有驼峰的性能曲线

从扬程与流量性能曲线($H-q_V$)上看出，流量和扬程的关系是：流量增大时，扬程下降，但变化很小，说明流量不变时，则泵内的压力稳定，流量变化后，泵的操作压力变动不大，但为了保证泵有足够大的压力，排液量不能任意增大。

扬程与流量的关系曲线称为扬程特性曲线，在这4种特性曲线中，扬程特性曲线通常为主导曲线，利用这些性能曲线，可以完整地了解一台泵的性能，正确掌握泵的运行情况，以及正确地选择和经济合理地使用泵。图3-5所示为常见的几种类型的性能曲线。

(1)平坦的性能曲线。这种性能曲线适用于流量调节范围较大，而压力要求变化较小的系统中。

(2) 陡降的性能曲线。这种性能曲线适用于在流量变化不大时，要求压头变化较大的系统中，或在压头有波动时，要求流量变化不大的系统中。

(3) 有驼峰的性能曲线。具有这种性能曲线的泵在运行中可能出现不稳定工况。对有驼峰的性能曲线，一般规定工作点必须小于关死扬程(小于流量等于0时的扬程)，以免泵在不稳定工况下运行。

离心泵的特性曲线都是通过试验方法测得的，设备制造厂出产的离心泵都要在厂内进行试验，把测得的特性曲线绘在同一曲线图中，注以不同的纵坐标，以便选用泵时参考。在选择离心泵时，首先要根据输送液体的性质，确定采用哪一类，一般的水泵还是耐腐蚀泵，然后根据输送系统所要求的流量及扬程，到有关泵的产品目录或样本上，按照各类泵的特性曲线或特性数据，找出符合上述要求的离心泵。

六、离心泵的叶轮切割定律

在离心泵运行过程中，经常遇到离心泵的流量和扬程设计超过实际需要的情况。为了使该泵的运行经济合理，在保证一定的备用扬程条件下，需要设法消除多余扬程。泵行业经常采用且可行的方法为切割叶轮的外径。为了增加泵的使用范围，设计工程师也经常采用这种方法，在泵的性能曲线图上画出切割后的性能曲线，便于使用单位参照选取泵的型号。

在泵的转速不变的情况下，车削叶轮外径后泵的性能可以按照式(3-4)~式(3-6)进行计算：

$$q'_V = q_V \frac{D'_2}{D_2} \tag{3-4}$$

$$H' = H\left(\frac{D'_2}{D_2}\right)^2 \tag{3-5}$$

$$P'_a = P_a\left(\frac{D'_2}{D_2}\right)^3 \tag{3-6}$$

式中　D_2、D'_2——车削前、后的叶轮外径，m；

q_V、q'_V——车削叶轮前、后离心泵的流量，m^3/s；

H、H'——车削叶轮前、后离心泵的扬程，m；

P_a、P'_a——车削叶轮前、后离心泵的轴功率，kW。

需要指出的是，叶轮直径不是任意车削的，车削量太大，会影响泵的效率，叶轮直径的允许车削量与比转数 n_s 有关。

七、离心泵的气蚀现象与危害

泵输送介质的液态和气态是能够互相转化的，其转化条件是压力和温度。在一定温度下，液体开始汽化的临界压力称为汽化压力。温度越高，液体的汽化压力越高。泵在运转中，当其过流部分的局部区域(如叶轮叶片进口稍后处)液体的绝对压力下降到所输送液体当时温度下的汽化压力时，液体便在该处开始汽化，形成气泡，气泡内部的压力约等于汽化压力。这些气泡随着液流向前运动至高压区时，气泡周围的高压液体使气泡急剧地缩小以至凝结，在气泡消失的同时，液体质点以高速(由于气泡破裂)填充空穴，发生互相撞击而形成强烈的水击，使过流部件受到腐蚀和破坏。实测结果表明，这种水击可使局部压力高达49MPa。上述过程称为气蚀。

不但离心泵中有气蚀现象，轴流泵和其他类型的泵也有气蚀现象。由于它对泵有严重的破坏作用，所以它是影响泵的使用寿命的一个重要因素。泵的气蚀现象，轻则使泵叶轮的叶片表面出现麻点，呈蜂窝状，严重的使泵的效率、流量和扬程都下降。同时，叶轮盖板和叶片还会被击穿，在气蚀猛烈时泵完全不能工作。在气蚀现象发生时，泵还会发出振动和噪声。严格地说，泵是不允许在气蚀状态下工作的。气蚀现象往往随着泵的吸上真空度的增大，大气压的下降，输送液体温度的提高和泵的转数的增加而加剧。允许吸上真空度越大，则说明泵的气蚀性能越好。两台相同吸上真空度的泵，转数越高的泵则气蚀性能越好。想提高泵的扬程，就要增加泵的转数，增加泵的转数即可减少泵的级数，减小体积，减轻重量，从而提高泵的技术经济指标。因此，研究泵的气蚀问题，对提高泵的气蚀性能有着重要的意义。离心泵的气蚀现象主要有以下危害：

(1)产生噪声和振动。泵气蚀时，由于强烈的水击，相应地产生噪声和振动，可以听到噼噼啪啪像爆豆似的声音。实测结果表明，气蚀引起的振动频率为600～2500Hz。如果该频率接近装置的固有频率，可能引起共振。

(2)过流部件的气蚀破坏。如果上述气泡在金属表面凝结，金属表面受到连续强烈的水击，出现麻点，金属晶粒会松动并剥落而形成蜂窝状，甚至穿孔。气蚀破坏除机械力作用外，还伴随电解、化学腐蚀等多种复杂的作用。实际破坏情况表明，泵过流部件气蚀破坏的部位，正是气泡消失的地方。

(3)泵性能下降。泵开始气蚀时，对泵的外特性并无明显影响(称此为初生气蚀)。当气蚀发展到一定程度后，由于叶轮和液体的能量交换受到干扰和破坏，泵的流量、扬程、效率、轴功率曲线均下降，严重时会使液流中断，泵不能工作。

泵在运转中气蚀与否是由泵本身的气蚀性能和吸入装置的特性共同决定的，其中装置是外界条件，泵是矛盾的主要方面。所以，解决泵气蚀问题的根本措施是提高泵本身的抗气蚀性能。此外，合理地选用吸入装置也有助于预防泵的气蚀。

(1)选择合适的几何参数，包括：①增大叶轮进口有效面积；②适当地增大叶片进口宽度；③合理地确定叶轮前盖板的形状；④合理地确定叶片进口边的位置和叶片进口部分形状；⑤合理地确定叶片进口冲角；⑥叶片进口厚度越薄，越接近流线型，泵的抗气蚀性能越好。

(2)采用双吸泵或降低转速。

(3)采用诱导轮。诱导轮通常采用小型轴流式叶轮，装在泵首级叶轮进口的前面。

八、操作与维护

(1)离心泵开动前必须使泵壳内和吸入管路内充满液体，否则就打不出液体。这是由于离心泵在打空气时产生的离心力很小，不足以把空气打出去，液体就不能吸入。同样，在运转时如果空气漏入泵内，亦会使操作中断。此外在运转时，填料函或机械密封会因干磨而很快损坏，所以，离心泵在开车之前和运转时必须充满液体。

(2)在启动离心泵之前，应首先检查各运动部件处润滑油是否充足，管路是否有泄漏之处。其次要检查电动机的转动方向是否正确。如果离心泵反转，将会增大电动机的负荷，甚至烧坏电动机。

(3)离心泵开车常采用空车启动，即先将排出阀门关闭，然后开动电动机，待泵内压力达到稳定时再慢慢开启排出阀，直至达到所需流量为止。这是因为离心泵在流量等于0时所需的功率最小，如带载荷启动易烧坏电机。需要注意的是，不允许水泵在出口阀关闭的情况下继续运行2~3min以上，以免因温度过高造成零部件的损坏。

(4)离心泵在运转时，应随时检查轴承、填料函或机械密封、电动机是否发热、填料函是否泄漏、泵内有无杂音、排液是否正常。

(5)离心泵在停车时，应先关闭排出阀门，再停电动机，以避免液体倒流泵内造成冲击和叶轮背帽松动。若在严寒天气停车，应将泵和管路内的液体排尽，以免冰冻。长期停车时，应将泵拆开，擦干水分，涂上防锈油。

(6)离心泵流量的调节主要是靠调节排出阀门的开闭程度。

九、常见故障分析与处理方法

离心泵的常见故障分析与处理方法见表3-1。

表3-1 离心泵的常见故障分析与处理方法

故障现象	故障原因	处理方法
流量不足	泵内有空气	重新灌泵
	泵入口阀门未打开或罐出口阀门未开或阀门损坏	打开进、出口阀门，阀门如果有损坏的则更换新阀门
	容器内液面低于泵入口	等液面增高后再开泵
	泵叶轮堵塞、磨损、腐蚀	清理或更换叶轮
	入口管线堵塞	检查清理入口管路
	泵体或入口管漏气	堵漏
异常振动	支架不牢引起管路振动	支架加固
	叶轮故障	检查更换叶轮
	地脚螺栓松动	紧固地脚螺栓
	对轮弹性块损坏	更换弹性块
	基础不牢	基础加固
	泵发生气蚀	进行工艺调整
	泵抽空或憋压	立即停车
轴承温度高	油量不足或过多，油质不良	加适量合格的润滑油或彻底换油
	轴承损坏	检查更换轴承
	负荷过大	进行工艺调整

第三节 软管泵

软管泵属于蠕动泵的范畴。蠕动泵是转子式容积泵的一种，因其工作原理类似消化道以蠕动方式输送气、固、液三相介质而得名。

软管泵应用于工业领域已经很多年了，软管泵的原始设计甚至可追溯到半个多世纪前在美国康涅狄格州的消防员使用这种泵输送石灰浆料。

软管泵与蠕动泵之间没有严格的区分。蠕动泵指小流量(以 mL/min 计)、低出口压力(不超过 3MPa)，多用于实验室计量。而软管泵是指大流量(最大可达到 $80m^3/h$)、高输出压力(最大可达到 16MPa)，多用于工业场合大流量输送及计量。

软管泵的设计者和使用者首要看重的是它输送强研磨性介质的能力。它无阀、无密封，与介质接触的唯一部件是橡胶软管的内腔，压缩软管的转子完全独立于介质之外，主要用来输送强研磨性和强腐蚀性介质。

此外，软管泵还有许多独到之处：软管泵比其他泵种具有更好的自吸能力，几乎可以产生完美的真空来吸液；输送含气液、泡沫液而无气阻；输送高黏度、剪切敏感性介质也是强项；每转固定的排量与出口压力无关，是天生的计量泵。因此，软管泵越来越广泛应用于黄金冶炼、有色冶炼、化工、采矿、食品加工、酿造、陶瓷及水处理等行业。

一台高质量的软管泵寿命为 7 ~ 10 年，最大的挑战在于软管泵的软管，它是软管泵的核心部件，其使用寿命直接关系到泵的使用成本。软管泵的设计是围绕软管使用寿命最大化进行的。

介质的研磨性并不能决定软管的使用寿命。研磨性介质确实对软管内壁有磨损，使已知的软管壁由厚变薄，从而因压缩不严产生内泄或倒流及流量下降；内泄进一步增大了内壁的磨损速度；但高质量的软管泵都应具备软管压缩的调节装置，在泵的使用过程中需不断地调整以阻止内泄和流量下降。在不考虑输送介质和软管材料相容性的前提下，输送强研磨性介质和非研磨性黏液，软管的使用寿命是相同的。

一、结构与工作原理

软管泵属于转子式容积式泵，它是靠泵中挠性元件(胶管)的弹性和转子上的滚轮或滑靴工作的。

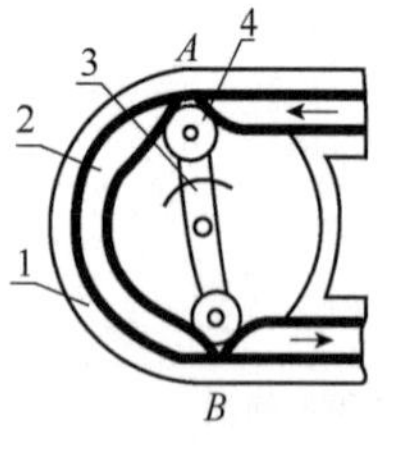

图 3 -6 软管泵的工作原理

1—泵壳；2—软管；3—转子；4—滚轮

被输送物料由软管包围，不与其他零件接触。泵的通进容积、进出断容积和通出容积都被挠性管内表面所限制，并为滚轮与泵体壁面在管上的压合点的位置所确定。如图 3 -6 所示，从泵入口至第一压合点 A 之间的管内容积为通进容积；第一压合点 A 与第二压合点 B 之间的管内容积为进出断容积；第二压合点 B 与泵出口之间的管内容积为通出容积。当转子转动时，随着滚轮位置的变化，软管被压缩和回弹，使泵产生吸入和压出作用，周而复始，物料不断被吸入和排出，达到输送物料的目的。

转子在轴承安装时已充入润滑脂，一般不需要特别维护。泵壳内充入一半容积的特制甘油，作为滑靴与软管的润滑剂。泵在安装时应使用调节垫片对滑靴进行精密调整，以保证泵的性能并延长软管使用寿命。

软管为特制的用编织尼龙加强的高弹性厚壁橡胶管，根据输送介质的不同可分为天然橡胶管和丁腈橡胶管两种。在一定的速度、出口压力和介质温度的条件下，软管的使用寿命为 1000 ~ 8000h。使用温度一般低于 80℃。

转子的旋转方向可逆，即进出口可以转换。转子可以用各种动力机驱动。因受软管弹性的影响，管子受压后回弹需要一定时间，转子转数一般低于 160r/min，小规格泵最高转速高，大规格泵最高转速低。

软管泵主要由泵体、驱动盘、挤压轮、复原轮和软管等组成，如图 3 -7 所示。

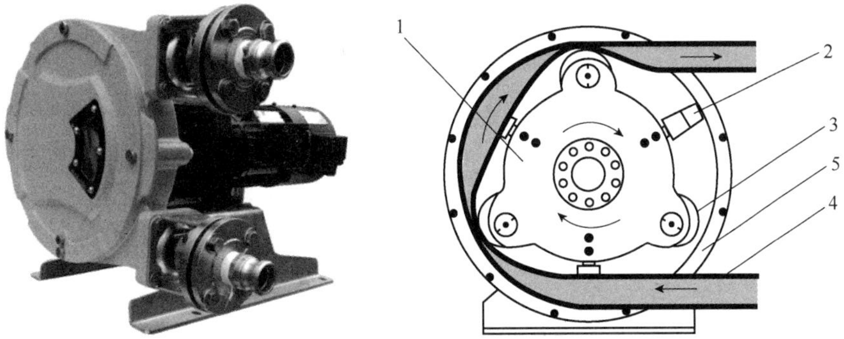

(a)软管泵的外形　　(b)软管泵的结构

图 3 -7　软管泵的外形及结构

1—驱动盘；2—复原轮；3—挤压轮；4—软管；5—泵体

二、型号

型号按用途、结构特点、基本参数等特征由大写英文字母和阿拉伯数字表示，表示方法如图 3 -8 所示。

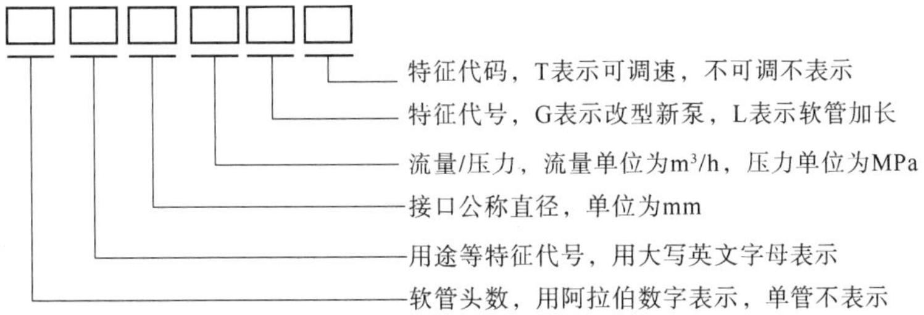

图 3 -8　软管泵的规格与型号

标记示例：

2IHP65/25/0.6GLT 表示两管、接口公称直径为 65mm、流量为 $25m^3/h$、压力为 0.6MPa、改进型加长软管、速度可调式工业用软管泵。

三、分类

使用蠕动软管泵是为得到需要的流量。因此，根据软管泵的操作和使用，可分为调速型软管泵、流量型软管泵、分配型软管泵。

从压缩软管的方式来区分有以下三种。

第一种是滑靴式设计(滑靴式软管泵)。软管在泵腔中呈U形或弓形；两个或两个以上的滑靴(滑块)被固定在转轮(转臂)上，以滑动的方式压缩软管。转轮每旋转一周压缩软管两次或多次(取决于滑靴数量)。因为产生摩擦热，为保证正常运行，泵腔中约一半充满润滑剂，一方面是降低摩擦系数，另一方面是将产生的摩擦热传递到泵体从而排出泵外，以保证泵的正常运转。这种滑靴式设计的优点可达到更高的出口压力(最高可达到1.6MPa)。

第二种设计是在滑靴式设计的基础上，将滑靴改为小直径压辊(多压辊式软管泵)。转臂旋转一周，压辊也同样压缩软管两次或多次(取决于压辊数量)。这种压辊式设计与滑靴式设计相比，降低了对软管的损害，也产生少得多的摩擦热；延长了软管使用寿命，最高可达到20%(以转数计)。相应地降低了启动扭矩和运转扭矩，降低了能耗。但每转两次或两次以上的压缩次数和摩擦热依然限制了转速。一台2″泵在高压下最高只能以40~50r/min转速连续运行。

综上所述，虽然泵速越低对延长软管使用寿命越有利，但低速限制了流量，使得用户为取得相应的流量不得不选择较大的规格，同时也需要更大的占地面积。

第三种设计是软管在泵腔中围成一个整圆，利用一个大直径压辊来压缩软管，这是软管泵发展史上的一个重大突破。其优势如下。

(1)最低的能量消耗

在所有软管泵中，此类软管泵能量消耗是最低的。滑靴式泵自不必说，现对多压辊泵与单压辊泵进行比较。多压辊泵由于结构限制，压辊直径最大只能为泵腔直径的30%；而单压辊泵的压辊直径可达到泵腔直径的60%~70%。因此，大直径压辊压缩软管需要更小的扭矩，消耗更小的功率。可比滑靴式泵功耗降低1/2以上；可比多压辊泵降低10%~20%。如多压辊泵匹配4kW电动机，实际消耗功率满荷的话，同样匹配4kW电动机，实际消耗功率也就是3kW左右。

(2)超长的软管使用寿命

决定软管使用寿命的首要因素是压缩软管的次数，其次是压缩软管的方式、力度和摩擦热。延长软管使用寿命的办法是减少压缩软管的次数、采用对软管损害最小的压缩方式及精确的压缩力度。

①软管泵压辊每转只压缩软管一次，这决定性地延长了软管使用寿命。

②从对软管的损害程度来看，大直径压辊要强于小直径压辊和滑靴。传统U形泵软管使用寿命之所以低是因为压辊或滑靴对软管进、出口处的冲击。软管的其他部分还远未疲劳老化，但进、出口处和转子接触的部位，却因转子强烈的冲击而破损、爆裂，从而使整根软管报废。泵的大直径压辊开启和闭合软管内腔时较缓和；在进、出口处切换时，减轻

了对软管的冲击，降低了脉动的强度。并且，每转只进行一次切换，只产生一次脉动。

③消除了滑动摩擦。软管泵的大直径压辊与软管接触的面积比多压辊泵小直径压辊大2倍以上，就像大直径的宽轮胎抓地性能更好一样，完全消除了滑动摩擦，即使高压、高速运转也仅产生微量的滚动摩擦热。在同等条件下，泵体温度比多压辊泵低5℃。

④最小的压缩力度。压辊或滑靴压缩软管必须有一定的过盈量，使软管内腔完全闭合，才能保证抗得住出口的高压力而不内泄。压缩不足会产生倒流，从而导致容积效率下降、自吸能力下降、流量下降；同时，介质中的杂质会剧烈地冲刷、磨损压缩处的软管内壁，使软管使用寿命急速下降。而过度压缩会使轴承负载加大，能量消耗加大。即使多过盈压缩1mm，软管寿命也会降低25%。因此，正确的压缩力度是延长软管使用寿命的一个重要因素。

在同等压缩过盈量的情况下，大直径压辊压在软管上，使软管内腔形成的密封面几倍于传统U形泵。这样，在保证介质不内泄的前提下，大直径压辊压缩软管的过盈量只为其他压缩方式的1/3～1/2。这代表更长的软管使用寿命和更低的摩擦热。

综上所述，软管使用寿命在相同转速下是传统U形软管泵的4～5倍。

(3)更大的流量——产生同规格传统泵2倍的流量(连续运行)

同等条件下，单压辊泵每转产生的流量要比传统U形软管泵大50%左右，这说明在同等流量下，单压辊泵可以取得更低的转速；或者在相同转速下取得更大的流量。

高转速连续运行的能力：因只产生极微量的摩擦热，可以高速连续地运转，而无泵过热的隐患，没有间歇与连续运转之分。

传统U形软管泵由于大量摩擦热的产生，对泵的转速有极大的限制。例如，一台1 $\frac{1}{2}$″口径的传统U形软管泵可连续运转的转速不能超过50r/min，否则就会因过热产生严重的问题。而1 $\frac{1}{2}$″口径的单压辊泵能连续运行的转速可达到110r/min。

与传统U形软管泵参数对比可知，O形软管泵产生同规格传统泵约2倍的流量(可连续运行的流量)。在多数情况下，小规格的泵可以取代更大规格的传统U形软管泵。例如，要取得7m^3/h的可持续流量，传统U形软管泵则需选2″(50)甚至2 $\frac{1}{2}$″(65)的规格；而单压辊只需要1 $\frac{1}{2}$″规格(40口径)即可。

(4)更少的润滑剂消耗

因只产生微量的摩擦热，压辊与软管间仅需轻度润滑。单次润滑剂的消耗仅为传统滑靴式泵的1/10～1/5；加之软管的长寿命，使润滑剂的消耗总量更显得微乎其微，降低了使用成本。

(5)泵结构设计紧凑——更小的占地空间

①减速机与泵直连，取消外部联轴器。

②小地脚设计，泵座与泵体一体铸造。满足同一流量下，占用的安装面积为传统软管泵的1/4～1/3。

总的来说，单辊软管泵有更长的软管使用寿命、更低的能量消耗和润滑剂消耗、更长的停工期间隔、更少的人工维护费、更小的占地面积。

随着使用与维护成本的增加，用户在选择设备前越来越多地考虑全寿命周期成本。对于软管泵来说，全寿命周期成本包括初置费、电费、维护费(含软管和润滑剂的消耗)、停工造成的间接损失等。实际上，一台传统软管泵的初置费在全寿命周期成本中只占很小的比例，一般在20%左右，而电费和维护费约占80%。

四、软管泵的特点

(1)由于无设备密封和压盖填料等密封部件，因此不必担心密封部分的泄漏。

(2)由于没有密封部分，因此可以空运转，作为真空泵使用。

(3)因为流体只在特制胶管中通过，叶轮、转子、圆筒等运转部分不接触液体，不搅拌起泡，所以可在原状态直接输送。

(4)无论排出、吸入哪个方向都可以输送。因此，通过反转可以轻而易举地把管内残留的流体排走。

(5)接触液体的部件只是橡胶，耐磨性好且低速运转，适合于浆体的输送。

五、软管泵的选择

软管泵由三个部分组成：驱动器、泵头、泵管。

(1)选择泵管

①具有一定的弹性，即软管径向受压后能迅速恢复形状；

②具有一定的耐磨性；

③具有一定承受压力的能力；

④不渗漏(气密性好)；

⑤吸附性低、耐温性好、不易老化、不溶胀、抗腐蚀、析出物低等。

(2)选择泵头

①选择单、多通道输送流体；

②是否易于更换软管；

③是否易于固定软管；

④压管间隙通过棘轮微调，以适应不同壁厚的软管；

⑤滚轮选择：6滚轮结构相对流量稍大，10滚轮结构流体脉动幅度较小；

⑥扳机结构是否灵巧，开启是否便捷。

(3)选择泵驱动器

①是否需要进行流量控制；

②是否需要液量分配；

③流量范围大小如何；

④整体构造是否合理、操作是否便捷；

⑤流量精度、液量精度是否达到要求；

⑥特殊需求：防护等级、防爆等级等。

六、主要技术参数

软管泵的基本参数见表3-2。

表3－2　软管泵的基本参数

参数名称	参数值
额定排出压力/MPa	0.4、0.5、0.6、0.8、1.0
额定流量/(m^3/h)	0.3、0.75、1.00、1.60、2.0、3.0、4.0、6.0、10.00、12.50、16.00、20.00、25.00、30.00、35.00、40.00、50.00、60.00、70.00、80.00、90.00、100.00、110.00、120.00、150.00、170.00、200.00
软管内径/mm	10、20、25、32、40、50、65、70、75、80、90、100、125、140、150

适用于输送温度≤80℃、黏度≤10Pa·s、粒度≤3mm、固体颗粒浓度(质量分数)≤75%的液体介质，其额定流量≤200m^3/h，额定排出压力≤1.0MPa。

七、技术要求

1. 一般要求

(1)泵应按经规定程序批准的图样及技术文件制造。

(2)用户对泵有特殊要求时，泵可按合同制造。

(3)泵应满足额定工况下的连续工作制(连续工作是指泵在额定工况下每天连续运转8～24h)。

(4)当泵连续工作时，流量应不大于泵的额定流量；如果要求流量能调节，可选用带变频调速的泵。

(5)在软管泵出口处可加载脉动缓冲装置，以减小泵的流量脉动和压力脉动。

(6)泵的进、出口应在同一方向，进、出口应可以互换。

(7)输送有溶解橡胶特性的介质时不能使用主要成分为天然橡胶和丁基橡胶的软管。

(8)泵体温度不应超过75℃，温升不应超过40K。

(9)轴承处最高温度不应超过80℃。

2. 性能要求

(1)泵在额定排出压力下，流量应为泵额定流量的94%～115%。

(2)泵效率应符合表3－3的规定。

表3－3　软管泵的效率

流量 Q/(m^3/h)	额定压力 P/MPa	泵效率 η/%
>2～3	0.6～1.0	≥20
>3～8		≥30
>8～30		≥40
>30～50		≥50
>50～200		≥60

注：介质为常温清水。

3. 制造要求

(1)泵应便于起吊，以便安装、维修。

(2)除另有规定，泵的进、出口法兰应符合 GB/T 9124.1《钢制管法兰 第1部分：PN系列》的规定。

(3)零部件检验合格后方可装配，外协件、外购件应有合格证方可装配。

(4)装配前，泵壳及所有零部件应清洗干净，清洁度指标应符合 JB/T 6913—2008《泵产品清洁度》的规定。

(5)转子装入壳体内，用手盘动时应转动灵活无卡阻。

(6)软管壁厚偏差应不超出 ±1mm。

(7)软管应紧贴壳体内壁装配。

(8)电动机装配前应测试空载电流是否在标准规定范围内。

(9)减速机轴端跳动量在 ±0.01mm 范围内。

(10)减速机和电动机装配后，测定电动机空载电流；减速机、电动机和泵头装配后，应测定整泵的空载电流；前后电流增加值应在该型号泵装配工艺规定范围内，整机运行应无异常刮擦、磕碰声。

(11)泵的涂装应符合 JB/T 4297—2021《泵产品涂漆技术条件》的规定。

4. 寿命与可靠性

(1)泵体设计寿命不低于10年，轴承设计寿命不低于25000h。

(2)泵的易损件——软管，其累计寿命不应低于表3－4的规定。

表3－4 软管泵的寿命要求

管径/mm	额定排出压力/MPa	额定转速/(r/min)	介质温度/℃	软管累计寿命/h
10～75	≤0.6	≤50	≤80	800
90～100		≤26		600
125～150		≤22		600
10～75	>0.6～1.0	≤50		500
90～100		≤26		400
125～150		≤22		400

注：介质为清水。

八、操作与维护

1. 开停机

(1)开机前的准备与检查

①准备必要的开车工具：阀门钩、扳手等。

②检查泵的各连接部分的螺钉是否紧固，电动机接地线是否良好，阀门是否灵活好用，压力表是否正常。

③盘车检查泵的正、反转是否轻重均匀，并注意听泵内压辊和侧辊滚动有无杂声，如有，应检修排除后方可开车。

④检查减速机润滑油，油位应控制在油位管1/3～1/2高度；给橡胶软管表面适当加

注润滑脂，以便减少胶管磨损，保证软管泵运转良好。

⑤检查电动机运转方向是否与标牌方向相同，以防软管泵不上量。

(2)开机步骤

①打开出口阀。

②打开进口阀，启动机泵。

③调节出口阀、循环阀或频率控制出口压力。

(3)停机步骤

①关闭泵入口阀，同时开启入口扫线水阀。

②待软管内物料彻底冲洗转净，关闭软管泵电源。

③关闭扫线水阀和软管泵出口阀门。

④对于冬季停用的泵，应放净泵内积水，或用蒸汽进行扫线。

2. 日常巡检

软管泵的巡检标准见表3－5。

表3－5　软管泵的巡检标准

序号	检查项目	合格标准	检查方式
1	泵体、基础	泵体、基础完好，地脚螺栓没有松动，表面清洁，软管无泄漏	目视
2	压力表	压力表完好，上下限指示正确，检测标签清晰	目视
3	润滑	减速机润滑油油位在指示线内，油质符合要求，软管上有一定量的润滑脂	目视
4	振动、异响	运行平稳，声音连续规律，振动值在合格范围内	听、测振仪
5	温度	轴承和电动机温度不超温	测温仪、手摸

3. 日常维护

(1)当班操作人员做好设备表面卫生的清理工作，包机人员做好设备卫生的深度清理，保持设备表面清洁。

(2)发现设备及其附件有不完好的情况，及时联系处理。

(3)做好设备润滑工作，保证润滑油(脂)的油量和油质。

(4)做好备用设备的定期盘车和维护保养，保证备用设备可随时启用。

九、常见故障分析与处理方法

软管泵的常见故障分析与处理方法见表3－6。

表3－6　软管泵的常见故障分析与处理方法

故障现象	故障原因	处理方法
泵不上量	入口管或阀被物料沉淀堵塞，入口阀头脱落	用水冲入口管沉淀物料或更换阀门
	入口抽空	检查罐液位
	电动机反转	联系电工改向

续表

故障现象	故障原因	处理方法
减速机过热	润滑油缺油或乳化	补充油量或更换新油
	设备振动	联系钳工检修处理
	减速机机件损坏	联系钳工检修处理
泵体振动	地脚螺栓松动	紧固地脚螺栓
	电动机及减速机机件损坏	联系钳工检修处理
	压辊和侧辊轴承损坏	联系钳工检修处理
	软管内有异物	联系钳工检修处理
电动机超负荷	使用范围超过设计能力	更换
	介质密度超过设计值	配置合适的电动机
	设备零部件损坏，运行阻力增大	检查检修

第四节　螺杆泵

一、结构与工作原理

螺杆泵依靠相互啮合的螺杆与泵壳间形成的封闭空间容积的变化来完成吸、排液体。当输入轴通过万向节驱动转子绕定子做行星回转时，定子与转子副连续啮合形成密封腔，这些密封腔容积不变地做匀速轴向运动，输入介质从吸入端流经定子与转子副输送至压出端。

螺杆泵主要由壳体(泵盖、泵体等)、转子(螺杆、万向节、轴承等)、轴封和安全阀等组成。单螺杆泵结构示意如图 3－9 所示。

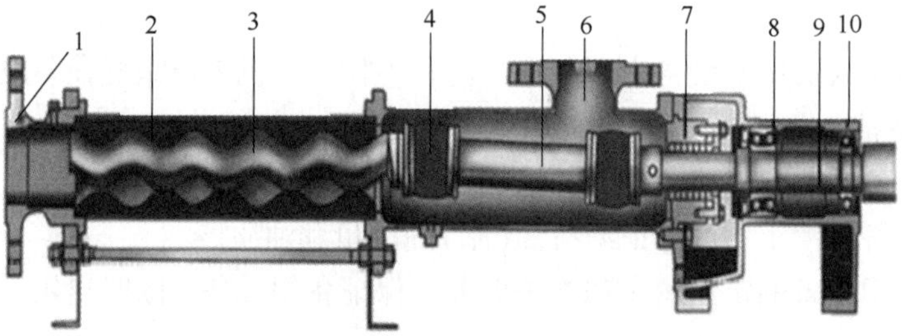

图 3－9　单螺杆泵结构示意

1—排出室；2—定子；3—转子；4—万向节；5—中间轴；6—吸入室；7—轴封件；8—轴承；9—传动轴；10—轴承体

螺杆泵除可以输送各种可流动的介质外，还可以输送高黏稠介质、含有硬质悬浮颗粒或固体颗粒的介质、含有纤维的介质等。

二、型号

1. 单螺杆泵

泵型号中的大写英文字母分别表示单螺杆泵、用途、输送介质、形式，数字表示泵的转子——螺杆(以下均称螺杆)名义直径和定子——衬套(以下均称衬套)螺孔导程个数，如图3－10所示。

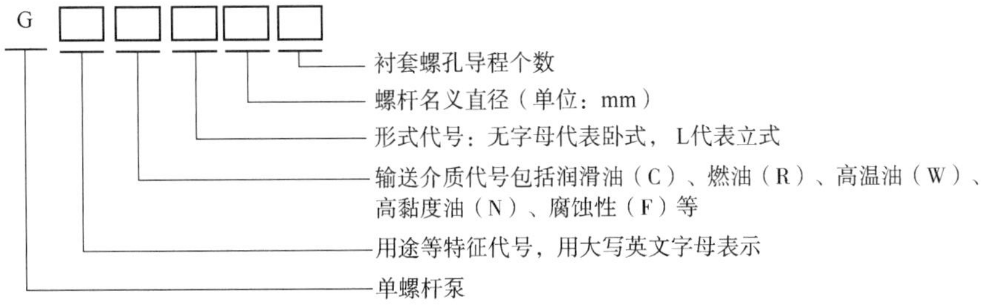

图3－10　单螺杆泵的规格与型号

2. 三螺杆泵

型号中的大写英文字母分别表示螺杆泵、用途、输送油品种类、立式或卧式、单吸或双吸，如图3－11所示。

型号中的数字3表示螺杆根数，其余数字表示螺杆几何参数。

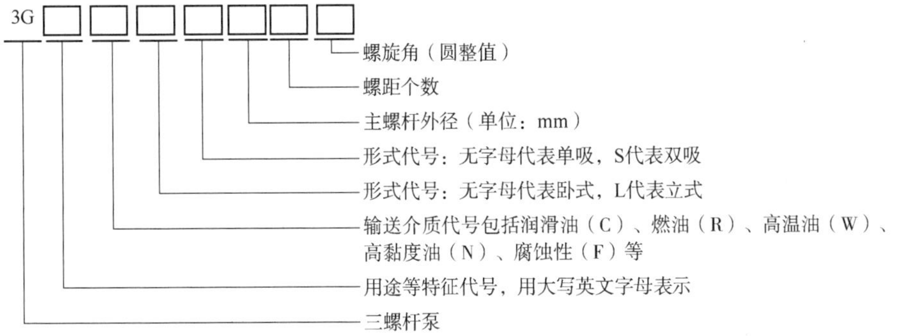

图3－11　三螺杆泵的规格与型号

型号标记示例如下：

(1)螺杆螺旋角为46°、螺距个数为4、主螺杆外径为25mm，输送油品为润滑油或液压油、单吸卧式陆用三螺杆泵标记为：3GC25×4－46。

(2)螺杆螺旋角为38°、螺距个数为2、主螺杆外径为100mm、输送油品为润滑油或液压油、双吸立式船用三螺杆泵标记为：3GCLS100×2－38。

三、螺杆泵的分类

螺杆泵包括卧式螺杆泵和立式螺杆泵。

螺杆泵按螺杆数量可分为：单螺杆泵、双螺杆泵、三螺杆泵和多螺杆泵。单螺杆泵，是指单根螺杆在泵体的内螺纹槽中啮合转动的泵；双螺杆泵，是指由两个螺杆相互啮合输送液体的泵；三螺杆泵，是指由三个螺杆相互啮合输送液体的泵；多螺杆泵，是指多个螺杆相互啮合输送液体的泵。下面主要介绍单螺杆泵和三螺杆泵。

(1)单螺杆泵

单螺杆泵是一种单螺杆式输运泵，其主要工作部件是偏心螺旋体的螺杆(称转子)和内表面呈双线螺旋面的螺杆衬套(称定子)。其工作原理是：当电动机带动泵轴转动时，螺杆一方面绕本身的轴线旋转，另一方面它又沿衬套内表面滚动，于是形成泵的密封腔室。螺杆每转一周，密封腔内的液体便向前推进一个螺距，随着螺杆的连续转动，液体以螺旋形方式从一个密封腔压向另一个密封腔，最后挤出泵体。螺杆泵是一种新型的输送液体的机械，具有结构简单、工作安全可靠、使用维修方便、出液连续均匀、压力稳定等优点。

(2)三螺杆泵

三螺杆泵主要由固定在泵体中的衬套(泵缸)以及安插在泵缸中的主动螺杆和与其啮合的两根从动螺杆组成。三根互相啮合的螺杆，在泵缸内按每个导程形成一个密封腔，造成吸、排口之间的密封。泵工作时，由于两从动螺杆与主动螺杆左右对称啮合，所以作用在主动螺杆上的径向力完全平衡，主动螺杆不承受弯曲负荷。从动螺杆所受径向力沿其整个长度都由泵缸衬套来支承，因此不需要在外端另设轴承，基本上也不承受弯曲负荷。在运行中，螺杆外圆表面和泵缸内壁之间形成的一层油膜，可防止金属之间的直接接触，使螺杆齿面的磨损大大减少。

螺杆泵工作时，两端分别作用着液体的吸排压力，因此对螺杆要产生轴向推力。对于压差小于 $10kgf/cm^2$ 的小型泵，可以采用止推轴承。此外，还通过主动螺杆的中央油孔将高压油引入各螺杆轴套底部，从而在螺杆下端产生一个与轴向推力方向相反的平衡推力。螺杆泵和其他容积泵一样，当泵的排出口完全封闭时，泵内的压力就会上升到使泵损坏或使电动机过载的危险程度。所以，在泵的吸排口处必须设置安全阀。

螺杆泵的轴封通常采用机械轴封，并可根据工作压力的高低采取不同的形式。

四、螺杆泵的特点

(1)与叶片泵相比，螺杆泵具有以下优点：

①转速低(一般为 20～90r/min)，机械磨损小，不会发生气蚀。

②流道宽，可以输送含有固体物的水。

③泵体结构是半开的，可以观察到泵内的运行情况。

④吸入侧流态对水力性能影响甚微，对吸水池无特殊要求，基础开挖深度小，水工建筑物施工简单，土建费用少。

(2)螺杆泵的缺点如下：

①尺寸大，占地面积也大。

②受机械加工条件限制，泵轴不能太长，因而扬程较低，一般不超过 10m。

③吸水面、出水面高度变化不能太大，否则会影响工作效率，增加能耗。

五、螺杆泵的选型

螺杆泵具有可变量输送、自吸能力强、可逆转、能输送含有固体颗粒的液体等特点。在污水处理厂中，在输送水、湿污泥和絮凝剂药液方面得到广泛的应用。螺杆泵选用应遵循经济、合理、可靠的原则。如果在设计选型方面考虑不周，会给以后的使用、管理及维修等方面带来麻烦。因此，选用一台按生产实际需要、合理可靠的螺杆泵既能保证生产顺利进行，又可降低修理成本。

1. 螺杆泵的转速选用

螺杆泵的流量与转速呈线性关系，相对于低转速螺杆泵，高转速螺杆泵虽能增加流量和扬程，但功率明显增大，高转速螺杆泵加速转子与定子间的磨耗，必定使螺杆泵过早失效，而且高转速螺杆泵的定子、转子很短，极易磨损，因而缩短了螺杆泵的使用寿命。

通过减速机构或无级调速机构来降低转速，使其转速保持在300r/min以下较为合理的范围内，与高速运转的螺杆泵相比，使用寿命能延长几倍。

2. 螺杆泵的品质

螺杆泵的种类较多，相对而言，进口螺杆泵设计合理，材质精良，但价格较高，服务方面有的不到位，配件价格高，订货周期长，可能影响生产的正常运行。

国内生产的螺杆泵大多仿制进口产品，产品质量良莠不齐。在选用国内生产的螺杆泵时，应选用低转速、长导程、传动部件材质优良、额定寿命长的产品。

3. 确保杂物不进入泵体

湿污泥中混入的固体杂物会对螺杆泵的橡胶材质定子造成损坏，因此确保杂物不进入泵的腔体很重要。很多污水处理厂在泵前加装了粉碎机，也有的安装格栅装置或滤网，阻挡杂物进入螺杆泵，对于格栅应及时清捞以免造成堵塞。

4. 避免断料

螺杆泵决不允许在断料的情形下运转，一经发生，橡胶定子由于干摩擦，瞬间产生高温而烧坏。所以，粉碎机完好，格栅畅通是螺杆泵正常运转的必要条件之一。为此，有些螺杆泵还在泵身上安装了断料停机装置，当发生断料时，由于螺杆泵具有自吸功能的特性，腔体内会产生真空，真空装置会使螺杆泵停止运转。

5. 保持恒定的出口压力

螺杆泵出口端受阻以后，压力会逐渐升高，以至于超过预定的压力值。此时，电动机负荷急剧增加。传动机械相关零件的负载也会超出设计值，严重时会发生电动机烧毁、传动零件断裂。为了避免螺杆泵损坏，一般会在螺杆泵出口处安装回油阀，用以稳定出口压力，保持泵的正常运转。

六、螺杆泵的基本参数

螺杆泵的基本参数如下。

(1)安装倾角(θ)：指螺旋泵轴对水平面的夹角。它直接影响泵的效率和流量。据有关资料介绍，倾角每增加1°，效率降低3%左右。一般认为倾角在30°~40°为经济。

(2)间隙：指螺旋叶片与外壳之间的间隙。间隙越小，水漏损失就越小，泵的效率就越高。

(3)转速(n)：螺旋泵的转速较慢，一般为20~80r/min。实验证明：螺旋泵的外径较大时，转速宜减小。

(4)提升高度(H)：螺旋泵只有提升高度，而没有压水高度。它的提升高度一般为3~8m。

(5)螺旋叶片直径(D)：泵的叶片直径越大，其效率越高，螺旋泵的叶片直径与泵轴直径的最佳比例为2∶1。

(6)头数(Z)：指螺旋叶片的片数，一般为1～4片。它们相隔一定的间距环绕泵轴螺旋上升。头数越多，泵效率也越高。对于一定直径的螺旋泵，每增加一个叶片头数，提升能力约增加20%。

(7)导程和螺距：螺旋叶片环绕泵轴螺旋上升360°所经轴向距离，即为一个导程λ。螺距S和导程λ的关系如下：$S=\frac{\lambda}{Z}$。

(8)流量(Q)和轴功率(N)。流量可按下式计算：

$$Q=\frac{\pi}{240}(D^2-d^2)\alpha Sn(\mathrm{m^3/s})$$

轴功率为：

$$N=\frac{\rho HQ}{102\eta}(\mathrm{kW})$$

式中 D——叶片外径，m；

d——泵轴直径，m；

S——螺距，m；

α——提水断面率，%；

n——转速，r/min；

η——泵的效率，%；

ρ——所提升的液体密度，$\mathrm{kg/m^3}$；

Q——流量，$\mathrm{m^3/s}$；

H——提升高度，m。

七、技术要求

(1)泵在下列输送介质条件下应能连续正常运行：

①温度小于或等于80℃，特种定子衬套(以下简称衬套)可达到150℃；

②黏度小于或等于2×10^5 mPa·s；

③悬浮物含量按体积计不超过40%(如为粉状微粒可达到70%)，最大粒径不超过转子螺杆(以下均称螺杆)的偏心距，最大纤维长度不超过0.4倍的螺杆螺距。

(2)泵的振动值应符合GB 10889—1989《泵的振动测量与评价方法》的规定。

(3)泵的噪声值应不超过80dB(A)。机组的噪声值应不超过原动机或传动装置的噪声值(取大者)加3dB(A)。

(4)泵主要零、部件的材料应根据输送介质的化学、物理性能和泵的导程数的不同，按下列规定进行选择：

①过流零、部件(吸入室、排出室、密封箱等)，可分别选用铸铁、铸钢和不锈耐酸钢等材料；

②轴选用45号优质碳素钢、40Cr合金结构钢或不锈耐酸钢等材料；

③螺杆、衬套的材料按输送介质或工作条件选用。对经过试验验证确实不影响使用性能的材料也可使用。材料均须有检验合格证。

(5)轴承盒和方向联轴器密封套内应填充约2/3空腔的润滑脂。

(6)轴承的温升应不超过环境温度35℃，其极限温度不应超过80℃。

(7)泵轴采用机械密封或填料密封，两种密封装置应能互换。轴封处应设有泄漏回收装置。

(8)整台泵或较重的零、部件，应考虑装配、安装和检修时起吊方便可靠。

(9)新泵出厂的空载容积效率不得低于95%。

八、常见故障分析与处理方法

螺杆泵的常见故障分析与处理方法见表3-7。

表3-7 螺杆泵的常见故障分析与处理方法

故障现象	故障原因	处理方法
压力波动大	吸入管路漏气	检查吸入管路
	溢流阀没有调好或工作压力过大	调整溢流阀或降低工作压力
流量不足	吸入压头不够	增高液面
	泵体或入口管线漏气	进行堵漏，消除漏气现象
	入口管线或过滤器堵塞	清理系统杂物
	螺杆间隙过大	调整或更换螺杆，使间隙符合要求
	泵体出口溢流阀回流	调整和检查溢流阀
	转速达不到额定值	检查电动机，调整转速
轴功率急剧增大	排出管路堵塞	停泵清洗管路
	螺杆与衬套内严重摩擦	检修或更换有关零件
	介质黏度太大	将介质升温
泵振动大	联轴器对中不良	重新对中
	轴承磨损或损坏	更换轴承，并调整间隙
	泵壳内进入杂物	清除杂物
	同步齿轮磨损或错位	调整、修理或更换同步齿轮
	螺杆与壳体碰磨	解体检修
	地脚螺栓松动或管线共振影响	打开出口阀
盘车不动	泵内有杂物卡住	解体清理杂物
	螺杆弯曲或螺杆定位不良	调直螺杆或进行螺杆定位调整
	同步齿轮调整不当	重新调整
	轴承磨损或损坏	更换或调整轴承
	螺杆径向轴承间隙过小	调整间隙
	螺杆轴承座不同心而产生偏磨	解体，检修
	泵内压力大	打开出口阀
泵发热	泵内严重摩擦	检查调整螺杆和衬套间隙
	机械密封回油孔堵塞	疏通回油孔
	油温过高	适当降低油温

续表

故障现象	故障原因	处理方法
机械密封泄漏	密封安装不良	按要求重新装配
	密封零件损坏	更换已损坏的零件
	轴颈密封处磨损或有缺陷	修复或更换
	联轴器对中不良	重新对中
	轴承损坏	更换轴承
	封油压力太低	调整封油压力

第五节　气动隔膜泵

一、结构与工作原理

气动隔膜泵是以压缩空气或氮气为动力，用于输送流体的一种泵型。它是一种气动双室隔膜、正向位移泵。对含有颗粒、腐蚀性、黏度高、容易挥发及有毒液体，具有很好的抽吸作用。

气动隔膜泵由中间支架、气动马达、隔膜组件、球阀组件、连接杆、配气执行机构等部件构成。

图 3－12 所示为气动隔膜泵外形。

图 3－13 所示为气动隔膜泵结构示意。

图 3－12　气动隔膜泵外形

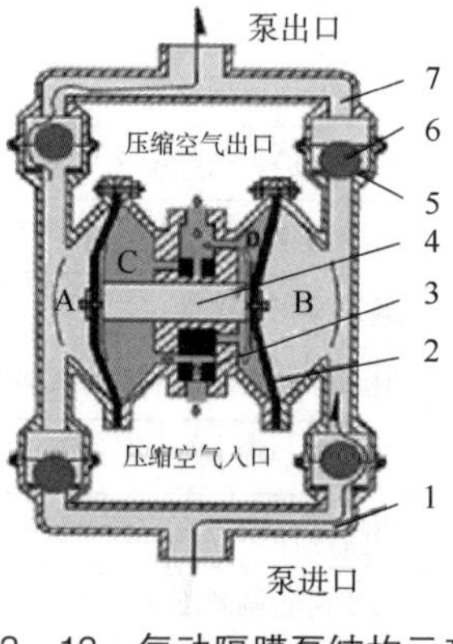

图 3－13　气动隔膜泵结构示意

1—进料管；2—隔膜；3—配气阀；4—连接杆；5—球阀座；6—球阀；7—排出管

气动隔膜泵工作原理：泵的两个对称工作腔中各安装一块隔膜，由中心连接杆将其连接成一体。压缩空气从泵的进气口进入配气阀，通过配气机构将压缩空气引入其中一腔，推动腔内隔膜运动，而另一腔中的气体排出。一旦到达行程终点，配气执行机构自动将压缩空气引入另一工作腔，推动隔膜朝相反方向运动，从而使两个隔膜实现连续同步的往复运动。隔膜的运动造成隔膜两侧物料腔体积的变化，当物料腔体积增大时压力减小，通过两个单向阀的控制，物料腔吸入物料；当物料腔体积减小时，压力增大，浆液物料从另一个方向排出，隔膜的连续运动实现物料的连续输送。

二、型号

泵的型号由大写英文字母和阿拉伯数字组成，表示方法如下：

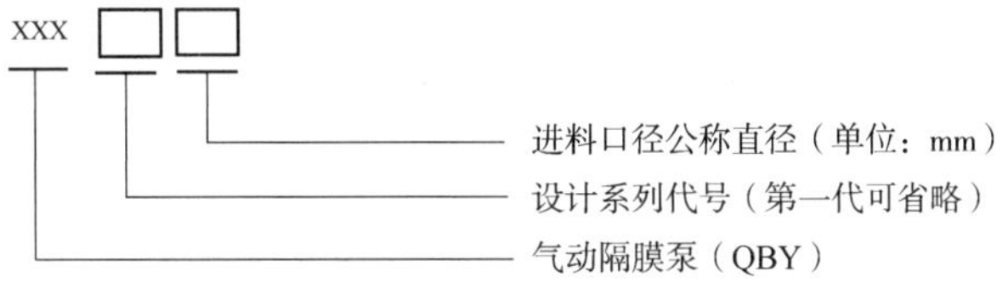

标记示例：

QBY3－40，表示该泵为第三代产品，进料口径公称直径为40mm。

注：对于定制产品或改进型产品，基本代号可用“BFQ”表示。

三、特点

气动隔膜泵具有以下优点：

(1)具有很强的自吸功能，开泵前无须灌泵，最大干、湿吸程分别可达到7m和9m。

(2)由于没有动密封，也无须润滑，所以避免了介质泄漏或润滑油泄漏对环境的污染。

(3)可以空载运行，也可以潜水运行。

(4)气动隔膜泵不用电力作动力，不会产生火花，且静电接地后又防止了静电火花，可用于易燃易爆环境中。

(5)对介质的剪切力低，可用于输送不稳定介质。

(6)结构简单，易损件少，便于操作和维修，体积小、重量轻、易于移动。

(7)没有复杂的控制系统。

(8)能始终保持高效，不会因为磨损而降低效率。

(9)性能可靠，开停泵只需打开或关闭气源控制阀门。

(10)流量可调节，即可通过调节空气流量来调节泵流量或在液体出口管处加装节流阀来调节流量。

(11)泵不会过热，因排气过程是膨胀吸热过程，所以泵在工作时温度是降低的。

综上所述，气动隔膜泵可用于化工、医药、喷漆、陶瓷、环保、废水处理、精细化工、建筑、煤矿及食品等行业。

气动隔膜泵的缺点如下：由于液体的排出是一股一股的，由此脉动引起的振动相对较大，根据需要可在泵的出口安装恒压阀或缓冲罐。

四、设备选择

1. 气动隔膜泵的工艺流程

气动隔膜泵的工艺流程如图3－14所示，由液体进、出口管道和压缩空气或氮气进、出口管道组成。进、出液管流体在泵体内仅起进与出的管道作用。在安装刚性管路时，应在泵和管路之间安装挠性金属软管，可以减少输送系统的振动和拉紧。气体入口需安装气源三联件，由过滤器、减压阀、油雾器组成，其用于分离压缩空气中凝聚的水分和油分等杂质，使压缩空气得到初步净化。过滤器主要负责过滤压缩空气中的杂质；减压阀主要负责控制系统的压力近于恒定；油雾器是将润滑油雾化后注入压缩空气中，对后端元件进行润滑。但现在由于很多产品都可以做到无油润滑，所以油雾器的使用频率越来越低。气体出口安装消音器，降低泵的噪声。

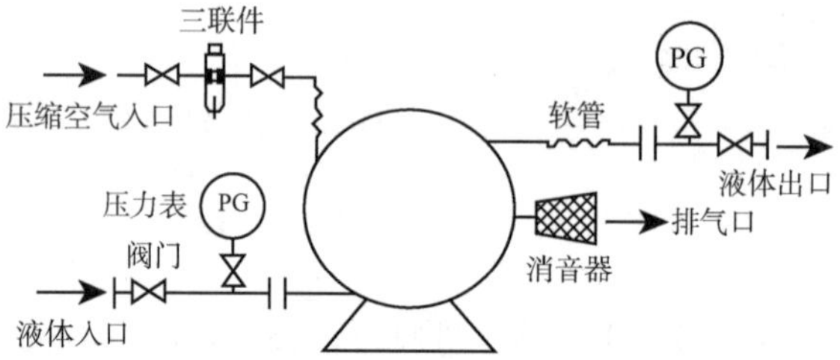

图 3 –14　气动隔膜泵的工艺流程

2. 气动隔膜泵的选型

气动隔膜泵的选型如下。

首先，根据介质的属性选择泵壳和隔膜的材质。

气动隔膜泵常用的壳体材料有工程塑料、铸铁、铝合金和不锈钢。工程塑料的强度、硬度、耐冲击性、耐热性及抗老化性和耐化学药品性等均好，可用于输送酸碱类和腐蚀性的液体；铸铁的硬度和减震性较好，适用于运输泥浆、瓦、瓷、砖器及陶器釉浆等；铝合金强度较高，塑性好，具有优良的导电性、导热性和抗蚀性，通常用于输运油漆、溶剂、橡胶、涂料类液体；不锈钢可耐空气、蒸汽、水等弱腐蚀介质和酸、碱、盐等化学浸蚀性介质的腐蚀，可用于输运食品、腐蚀性添加剂等。

隔膜材料包括聚四氟乙烯、丁腈橡胶、氯丁橡胶、氟橡胶、乙丙橡胶等，需根据介质的化学属性，来选择合适的隔膜。

其次，根据实际流程工艺需要的流量、进出口压力、黏度、密度等来选型，在性能曲线图上选取合适的性能点，然后选择合适的口径。

最后，根据泵的性能曲线计算所需的气源压力和消耗量。

五、主要技术参数

(1)隔膜泵的最大流量、最大排出压力、真空度、最大空气消耗量应不低于表 3 –8 的要求。

表 3 –8　隔膜泵的规格与参数

规格	最大流量/(L/min)	最大排出压力/MPa	真空度/MPa	最大空气消耗量/(m^3/h)
QBY3 –10	22	0.7	0.04	11
QBY3 –15	22	0.7	0.04	11
QBY3 –20	57	0.7	0.045	40
QBY3 –25	57	0.7	0.045	40
QBY3 –32	151	0.84	0.05	90

续表

规格	最大流量/(L/min)	最大排出压力/MPa	真空度/MPa	最大空气消耗量/(m^3/h)
QBY3－40	151	0.84	0.05	90
QBY3－50	378.5	0.84	0.05	180
QBY3－65	378.5	0.84	0.05	180
QBY3－80	568	0.84	0.05	252
QBY3－100	568	0.84	0.05	252
QBY3－125	1041	0.84	0.05	468
BFQ－25	116	0.84	0.05	70
BFQ－40	378.5	0.84	0.05	180
BFQ－50	568	0.84	0.05	252
BFQ－80	1041	0.84	0.05	468

(2)噪声。泵在额定工况下运行时，其噪声应不大于82dB(A)。

六、技术要求

1. 可靠性与寿命

(1) 泵在运行时应符合下列条件：

①正确使用泵，允许24h的空运转；

②各静密封面不得泄漏，贮液器不得渗漏；

③进气压力不超过气动隔膜泵的最大排出压力；

④气动隔膜泵的排气中可能含有固体物，应将排口接到远离工作区的安全区域。

(2) 泵在额定工况下累计连续运转时间应不小于600h。

2. 性能要求

隔膜泵的性能要求见表3－9。

表3－9　隔膜泵的性能要求

项目	额定排出压力/MPa		
	≤10	10～20	20～25
流量/(m^3/h)	(95%～110%)Q_r		
泵效率/%	≥82	≥80	≥78
必需的净正吸入压头/m	不大于额定值		
容积系数/%	≥87	≥85	≥83

注：①Q_r为泵的额定流量。

②气动隔膜泵的额定工况包括额定供气压力与供气量，输入功率为消耗动力气折算至泵供气口的功率。

七、操作与维护

1. 开停机

(1)开机前的准备与检查

①工具准备：阀门钩、扳手等；

②检查各连接部件、地脚螺栓是否齐全、紧固，检查进出口阀门(包括蒸汽扫线阀、工业水阀)开关位置是否正确，进出口管线是否畅通，管线是否有泄漏之处；

③稍开压缩风阀，并检查隔膜泵运行情况，开启泵出口压力表阀，并检查压力表指示是否准确好用，检查压缩风压力不小于0.3MPa。

(2)开机步骤

①开启隔膜泵出、入口阀，关闭水扫线排空阀；

②开启压缩风阀，观察出口压力表示数，微调进风阀门至所需开度。

(3)停机步骤

①关闭泵出、入口阀，开启进水阀和排空阀置换隔膜泵内物料，确保泵体内无物料后关闭进水阀；

②开出口阀后开蒸汽扫线阀，转料线蒸汽扫线；

③缓慢关闭压缩风阀，停止隔膜泵运行，关闭出口阀及压力表阀。

2. 设备巡检

隔膜泵的日常巡检内容见表3－10。

表3－10　隔膜泵的日常巡检内容

检查项目	合格标准	检查方式
泵体、基础	泵体、基础完好，地脚螺栓没有松动，泄漏不超标，表面清洁	目视
压力表	压力表完好，上下限指示正确，检测标签清晰	目视
振动、异响	隔膜泵运行平稳，声音连续规律，振动值在合格范围内	听、测振仪

八、常见故障分析与处理方法

隔膜泵的常见故障分析与处理方法见表3－11。

表3－11　隔膜泵的常见故障分析与处理方法

故障现象	故障原因	处理方法
泵不工作动作很慢	过滤器堵塞	清洗或更换过滤器
	空气阀卡住	用清洁液清洗空气阀
	中间体密封效果差，漏气	更换密封零件
	阀球磨损严重	更换阀球和阀座
	消音器堵塞，不排气	拆掉或更换消音器
	隔膜破裂	更换隔膜
泵虽动作，但流量小没有液体流出	阀球卡住	清理或更换阀球
	泵产生漩涡真空现象	降低泵的速度
	气源压力减小	调整减压阀开度
	隔膜变形，导致物料腔容积变小	更换隔膜
	入口管道堵塞	清理入口管道

续表

故障现象	故障原因	处理方法
泵的出口有气泡	隔膜破裂	更换隔膜
	泵体或管路泄漏	紧固泵体和管路
	液体侧隔板松动	紧固隔板
液体从气体出口流出	膜片破裂	更换膜片
	膜片内外盖损坏	更换膜片内外盖
	液体侧隔板松动	紧固隔板
泵的空气阀结冰	压缩空气含水量高	可安装空气干燥设备
泵发出嘎嘎声	阀球太硬	使用软性的阀球
	隔膜破裂	更换隔膜
泵运行无规律	进口管路松动	紧固进口管路
	阀球粘住或泄漏	清理或更换阀球
	出口管路受限	清理出口管路

第六节　隔膜高压泵

一、结构与工作原理

隔膜高压泵是直接或间接作用隔膜做往复运动，形成液缸隔膜腔容积变化，进而将工作介质吸入和排出。隔膜泵与柱塞泵最大的区别是完全无泄漏，主要用于输送各种剧毒、易燃、易挥发液体，以及各种强酸、强碱、强腐蚀液体，广泛应用在石油化工行业、食品和饮料行业、电力行业炉内、凝结水、循环水、废水处理、制药行业、环保行业、造纸行业、纺织行业、矿山矿井、陆地及海洋石油等行业。隔膜高压泵结构如图 3 – 12 所示。

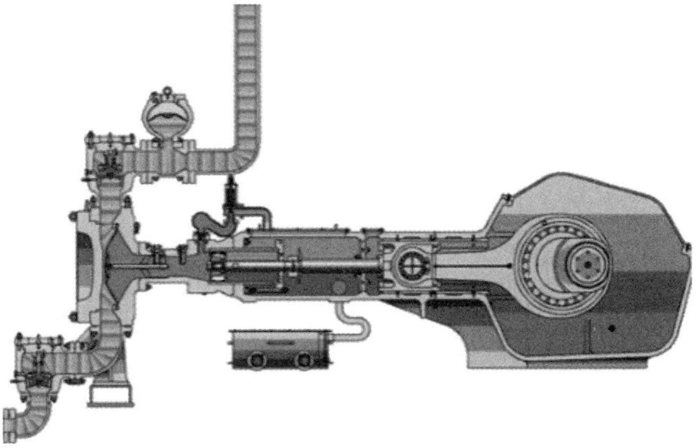

图 3 – 15　隔膜高压泵结构示意

隔膜高压泵主要由电动机、减速机、曲柄连杆机构、柱塞、隔膜、泵腔、补油阀组、安全阀和单向阀等组成。液缸组件与液压油系统如图 3 – 16 所示。

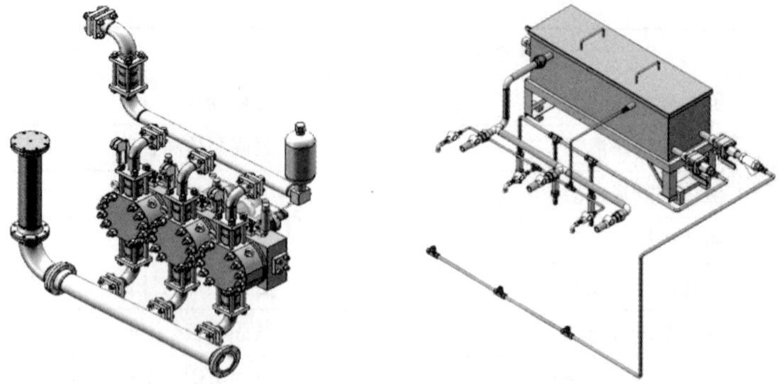

(a)液缸组件　　(b)液压油系统

图 3－16　液缸组件与液压油系统

电动机通过减速机减速，驱动曲柄连杆机构，将旋转运动转化为直线往复运动，带动十字头、活塞杆和活塞做往复运动。活塞的往复运动，驱动液压介质使隔膜凹凸运动，使介质容积发生变化从而形成压力的变化。隔膜向后运动时，吸入阀打开，排出阀关闭，介质吸入泵腔。反之，吸入阀关闭，排出阀打开，介质排出泵腔。

二、分类

为了保证隔膜高压泵输出介质的流量和压力平稳，隔膜高压泵通常有单缸、双缸、三缸和多缸。

三、特点

隔膜高压泵驱动方式包括电动和气动两种。

隔膜高压泵的液力端分为液压隔膜和机械隔膜两种。液压隔膜泵的液力端分为单隔膜和双隔膜两种。双隔膜泵可提供隔膜破裂报警，隔膜破裂报警装置和双重隔膜结构保证隔膜泵安全无泄漏运行，当一片隔膜破裂，另一片破裂前，隔膜破裂报警装置自动进行声光报警、报警信号远传或自动停车，从而避免了介质外漏所造成的污染。

四、技术要求

泵首次启动或检修后首次启动，应空载运行半小时以上，确保液力端无异常，方可加载。

五、基本操作

(1)开机前的准备与检查

①工具准备：阀门钩、扳手等。

②检查电动机接地线是否良好、地脚螺栓是否紧固、对轮罩是否扣好。

③检查润滑情况：润滑油油位、油质，油位在油窗 1/2～2/3 高度，且清亮无杂质；润滑脂油杯须有一定的储油量。

④盘车轻松无卡涩。

⑤点试，确认转向是否正确。

⑥观察隔膜报警压力表指针是否回0。

(2)开机步骤

①首次开车是指设备更换膜片检修完后开车。由于新安装的膜片需要有一个将两膜片之间的空气排尽以及贴合的过程，且隔膜腔也有一个排气以及补油的过程，因此首次开车必须在低频喷水状态下运行。

②联系内操人员在DCS界面将泵的运行状态改为手动，外操人员在现场控制面板上点击“自动启动”；联系内操人员在DCS界面打开“喷水阀”，外操人员确定现场喷水阀处于开启状态下，再缓慢打开泵入口阀，入口阀缓慢打开直到听到管线内水声消失再将阀门全部开启。

③外操人员确定泵出、入口无泄漏点后，先查看现场管线流量计，正常情况下即便不运行高压泵，流量也应有$2m^3$左右。

④联系内操人员缓慢提频，首次提频，因隔膜间存在空气同时隔膜腔油量不足等问题，泵效率较低，可能出现提频后流量与压力不匹配的情况，现场操作人员应时刻关注现场泵运转情况。

⑤提频正常后，外操人员需注意油路的吸入管与排出管丝接处有无渗油情况。

⑥当喷水流量与压力达到稳定10min后即可改喷胶，同样地，提频须缓慢。

⑦频率提到位后，外操人员应与内操人员确认压力是否稳定，若反馈压力稳定且现场无泄漏、无异常响声，则可将柱塞箱盖板复位，离开现场。

(3)停机步骤

①DCS内操人员将压力降至喷水所需压力。

②打开喷水阀，关闭喷胶阀。

③喷水10min后将泵频率降至0，并在现场控制柜按“停止”按钮将泵停运。

④关闭泵入口阀，打开泵入口处排空阀和出口排空泄压阀，将泵内压力卸除，介质排空。

⑤清理现场卫生。

六、常见故障分析与处理方法

隔膜高压泵的常见故障分析与处理方法见表3－12。

表3－12　隔膜高压泵的常见故障分析与处理方法

故障现象	故障原因	处理方法
电动机无法启动	电源无电	寻查电源无电的原因
	电源一相或两相断电	检查熔丝及接触点并接通
	电控柜接线不正确	根据电控柜说明书重新接电
	排出管道阀门未打开，负载过重	打开排出管道阀门或旁路管道阀门
	控制柜联锁	找出联锁报警原因

续表

故障现象	故障原因	处理方法
泵的流量达不到规定要求	泵初次运行或检修后初次运行	正常现象，隔膜泵有补油和排气的过程，流量会逐渐提高至额定数值
	双隔膜间有空气未排净	检查隔膜破裂报警装置是否正常排气
	隔膜腔内有气体残留	检查补油阀总阀门是否开启，补油阀、排气阀、滑阀是否正常
	隔膜片损坏	立刻停车，更换隔膜片
	吸入管路阀门没有完全开启	立刻停车，检查并开启阀门
	吸入管路漏气	停泵检查是否有漏气的地方
	吸入管路或过滤器堵塞	清洗管路和过滤器
	阀、阀座表面损坏或有固体夹杂物	检查、清洗阀和阀座
	填料箱泄漏严重	调整填料压盖或更换填料
压力达不到要求、压力表指针摆动	双隔膜间有空气未排净	检查隔膜破裂报警装置是否正常排气
	隔膜腔内有气体残留	检查补油阀总阀门是否开启，补油阀、排气阀、滑阀是否正常
	隔膜片损坏	立刻停车，更换隔膜片
	吸入或排出阀不工作	检查、清洗阀和阀座
	填料箱泄漏严重	调整填料压盖或更换填料
泵阀产生不规则敲击杂声	双隔膜间有空气未排净	检查隔膜破裂报警装置是否正常排气
	隔膜腔内有气体残留	检查补油阀总阀门是否开启，补油阀、排气阀、滑阀是否正常
	隔膜片损坏	立刻停车，更换隔膜片
	阀密封面损坏	更换阀和阀座
传动部分和减速机过热	润滑油油位低	加注润滑油至正常油位
	润滑油不够清洁	更换润滑油
	曲轴瓦间隙不合适，十字头销间隙大	调整间隙重新安装或更换新轴瓦(衬套)
	强制润滑系统没有有效工作	检查稀油站油压及管路阀门是否正常

参考文献

张继光. 催化剂制备过程技术[M]. 2版. 北京：中国石化出版社，2011.

第四章　粉体及粒状物料输送设备

第一节　概论

人类最早搬运物体都是靠双手，然后开始使用最简单的工具及多人合作的方式进行搬运，如多人利用绳索拉、木棍抬，还有将物体放在圆木上滚动搬运。后来人类学会了利用天然资源来提供能量远距离地输送物体，如使用水和风。

19 世纪，随着工业革命和新技术的到来，各种输送设备的使用不但减轻了劳动者的工作强度，同时也提高了运输效率。如我们熟悉的带式输送机、螺旋式输送机，都是在 19 世纪中期出现的。输送的物体开始变得多样，如气体和液体等，输送距离也从车间内部变成城市与城市之间，甚至是国家与国家之间的运输。随着现代科技及装备制造技术的发展和进步，物料输送设备行业产品不断更新，技术不断创新，特别是引进、吸收、消化了国外的先进技术，新材料、新工艺、新产品及新的设计方法不断出现。同时，随着人类对环境保护的日益重视，输送设备技术更是得到了快速发展和广泛应用。物料输送设备已成为众多工艺流程中的关键设备或重要的辅助设备，其应用十分广泛。

在催化剂生产过程中存在大量工序之间物料输送，相应的物料输送设备必不可少。催化剂生产中的原材料、分子筛、载体、半成品或成品，很大一部分物料的形态为粉状、颗粒状(球形或条状)，这些物料在生产过程中需要在工序之间、车间之间进行相互输送。随着企业对环保要求和操作自动化程度要求的提高，物料输送基本上都是以连续自动的输送机械设备为主，仅少数车间之间特殊物料的输送采用车辆运输等间断式输送方式。

粉状、颗粒状物料统称为散状物料，常用的输送方式见图 4 -1。

- 散状物料输送
  - 连续输送
    - 机械输送
      - 循环输送
        - 带式输送机
        - 斗式提升机
        - 埋刮板输送机
      - 槽式输送
        - 摇曳式输送机
        - 振动输送机
        - 螺旋输送机
    - 流体管道输送
      - 气力输送
        - 负压式气力输送
        - 正压式气力输送
        - 筒式气力输送
        - 带轮集装容器式气力输送
      - 水力输送
        - 水力输送
        - 浆体输送
        - 带轮集装容器式水力输送
  - 间断输送——容器输送
    - 散装运输——专业船、货车、罐车
    - 容器运输——箱、袋

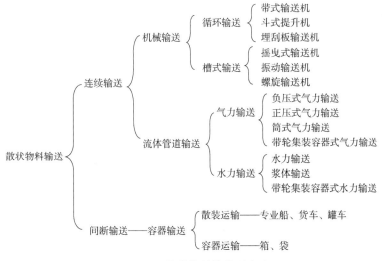

图 4 -1　散状物料的输送方式

连续输送设备是现代化工业企业物料输送设备的一种主要类别，它是以形成连续物流方式沿一定线路输送一定种类物料的设备。技术人员根据物料的粒度、硬度、质量、温度、堆密度、湿度和腐蚀性，同时考虑输送的连续性和稳定性的要求及输送量等工艺参数选择适当的设备形式和规格。一般来说，颗粒状、粉状、条状物料输送常用气力输送系统、斗式输送机、振动输送机、链式输送机、埋刮板输送机等连续输送设备。

一、连续输送设备的特点

连续输送设备与间歇作业设备相比，具有以下特点。

连续输送设备的优点如下：

(1)输送能力大。连续输送设备可以不间断地连续进行物料输送，其装载和卸载是在输送过程不停顿的情况下进行的，不必因空载回程而导致输送间断。同时由于不经常启动和制动，所以可采用较高的工作速度。连续而高速的输送能达到的输送能力远非间歇作业的起重设备所能比拟。

(2)结构比较简单。连续输送设备沿一定线路全长范围内设置并输送货物，动作单一，结构紧凑，自身重量较轻，造价较低。因受载均匀、速度稳定，工作过程中消耗的功率变化不大。在相同输送能力的条件下，连续输送设备所需功率较小。

(3)输送距离可以较长。不仅单机长度日益增加，且可由多台单机组成长距离的输送线路。

(4)便于实现程序化控制和自动化操作。

连续输送设备的缺点如下：

(1)通用性较差。每种机型只适用于输送一定种类的物料。

(2)必须沿整条输送线路布置。输送线路固定不变。在输送线路变化时，要按新的线路重新布置。在需要经常改变装载点及卸载点的场合，须将输送机安装在专门机架或臂架上，借助它们的移动来适应作业要求。

(3)大多不能自动取料。除少数连续输送设备能自行从料堆中取料外，大多要靠辅助设备供料。

(4)不能输送笨重的大件物品。不宜输送质量大的单件物品或集装容器。

二、连续输送设备的分类

(1)按用途分类

连续输送设备按用途可分为通用输送设备、专用输送设备和辅助装置。

将多台输送设备按生产工艺流程的要求，相互衔接，形成货物输送与生产工艺紧密结合的输送系统，便成为生产加工与装配作业一条龙的流水生产线。

输送系统中的若干衔接部位，如转载、分拣、分流和合流等也可实现设备化，以期减轻工人劳动强度，提高作业速度与精度，提高整个系统的输送能力。

与工艺过程相匹配的输送设备的重要特征是：它的速度取决于生产工艺过程，仅用于装卸作业的输送设备，一般具有较高的工作速度和较大的输送能力。

(2)按输送对象分类

连续输送设备按输送对象可分为输送散粒物料、输送成件物品和输送人员(如自动扶梯及自动人行道）三类。其中，输送散粒物料的连续输送设备形式最多，应用最广，输送能力也最大。输送人员的设备必须具备多种安全装置。

(3)按安装形式分类

连续输送设备按安装形式可分为固定式、移动式和移置式三类。大多数连续输送设备均沿输送线路安装在固定的机架上。移动式仅适用于输送距离短、作业地点多变的场合。移置式则适用于输送设备在使用一段时间后需要移动一定距离以继续使用的场合。

(4)按结构形式分类

连续输送设备按结构形式不同可分为两类，分别为有挠性牵引构件和无挠性牵引构件。

有挠性牵引构件输送机的特点是：物料放在牵引构件上或与牵引构件连接的承载构件上，利用牵引构件的连续运动来输送物料。这类输送设备除具有牵引构件、承载构件、驱动装置、张紧装置以外，还具有装载、卸载、改向等装置，它包括带式输送机、斗式提升机、板式输送机、自动扶梯等，它们分别采用输送带或链条作为牵引构件。

无挠性牵引构件输送设备的特点是：利用工作构件的旋转运动或往复运动使货物沿封闭的管道或料槽移动。它们输送货物的工作原理不同，且共性的零部件也很少，如螺旋输送机、振动输送机、滚柱输送机等。

(5)按输送机理分类

连续输送设备按输送机理可分为设备式和流体式两类。设备式的依靠工作构件的设备运动进行输送；流体式的则利用空气或水等的流体动力通过管道进行输送。有挠性牵引构件和无挠性牵引构件的输送设备以及连续装卸设备属于设备式的，而气力输送装置和液力输送装置则属于流体式的。

三、被输送物料的主要特性

物料特性对连续输送设备的选型、主要参数的确定等影响颇大。

连续输送设备大多用于输送散粒物料，也就是不进行包装而成批堆积在一起的块状、颗粒状、粉末状物料。这些物料的主要特性如下。

(1)粒度和颗粒组成

单一散粒体的尺寸大小称为物料粒度，以长度单位表示。对球形或类似球形颗粒，其粒度以球体直径表示；对椭圆球体颗粒以其长径表示；对长方体颗粒或不规则形体颗粒则以其最大对角线长度表示。

大多数散粒物料均含有大小不等的颗粒。物料中所含的不同粒度颗粒的质量分布状况称为物料的颗粒组成。它反映散粒物料颗粒尺寸大小的均匀程度。

物料的颗粒组成可用物料颗粒级配百分率和典型颗粒粒度来表示。物料颗粒级配百分率有分计级配百分率和累计级配百分率两种表示法。前者指物料样品中各个不同粒度级别的颗粒的质量占该样品全部颗粒总质量的百分比；后者指物料样品中大于某粒度的各个粒度级别的颗粒的累计质量占该样品全部颗粒总质量的百分比。

典型颗粒粒度是表示物料试样的粒度大小的特征指标，应根据物料的粒度组成情况不同而分别确定：

对于颗粒尺寸大小较均匀的分选物料，即在整批物料中，颗粒的最大粒度 d_{max} 与最小

粒度 d_{min} 之比，即 $d_{max}/d_{min} \leq 2.5$ 时，物料的典型颗粒粒度用平均粒度 d_0 表示：

$$d_0 = \frac{d_{max} + d_{min}}{2}$$

对于原装物料，即在 $d_{max}/d_{min} > 2.5$ 时，如果最大粒度级别 $(0.8 \sim 1)d_{max}$ 的物料质量大于该批试样总质量的10%，其典型颗粒粒度用最大粒度 d_{max} 表示。如果最大粒度级别 $(0.8 \sim 1)d_{max}$ 的物料质量小于该批试样总质量的10%，则取 $0.8d_{max}$ 为典型颗粒粒度。

散粒物料的物料特性分为8级，见表4－1。

表4－1　散粒物料的物料特性

级数	粒度 d/mm	粒度级别
1	>100	特大块
2	50～100	大块
3	25～50	中块
4	13～25	小块
5	6～13	颗粒状
6	3～6	小颗粒状
7	0.5～3	粒状
8	0～0.5	尘状

对于粒度大于0.5mm的物料常用筛分法，并以筛网的目数来表示其粒度范围。我国常用的泰勒标准筛与美国、日本、英国的标准筛大致相同。

(2)堆积密度

堆积密度是指散粒物料在自然堆放的松散状态下，含颗粒间间隙在内的单位体积物料所具有的质量，其单位为"t/m^3"或"kg/m^3"。

由于物料颗粒之间存在间隙，当物料处于储存状态，下层物料会被上层物料压实，而物料在设备式输送过程中因受振动同样可能被振实。物料在压实或振实状态下的堆积密度大于松散状态下的堆积密度，前者与后者之比用压实系数 K 表示，各种不同物料的压实系数 $K = 1.05 \sim 1.52$。此外，当物料从容器中倾斜流出，物料受到充气流态化或经气力输送后，物料的松散程度和堆积密度也将发生变化，处于充气状态的堆积密度明显减小。物料在上述不同状态下，堆积密度数值变化反映了物料的流动性和能否被充气流态化的特性，与所需存仓装置、供料器等的容积以及输送设备的输送能力有关。

物料的堆积密度数值还与其湿度(含水率)有关。

(3)湿度(含水率)

物料除了本身以形成化合物的方式而存在的结构水以外，还有物料颗粒从周围空气中吸收的湿存水和存在于物料颗粒表面和颗粒间的表面水。仅含有结构水的散粒物料称为干燥物料。

散粒物料的湿度(含水率) W 是指物料试样中所含湿存水和表面水的质量与该物料试样经烘干后的质量之比，即：

$$W=\frac{G_1-G_2}{G_2}\times 100\%$$

式中　G_1——物料试样在烘干前的质量；

G_2——干燥的物料试样质量，通常是在(105 ±5)℃温度下将物料试样烘干至恒重时的质量。

除了物料的含水率外，还要注意物料的吸湿性。有些物料如硝酸钠、硝酸铵、氢氧化钠等容易从大气中吸收水分而潮解；有些物料如苏打粉、奶粉、盐等则容易从周围吸收水分而结块。

(4)安息角(自然坡度角)

安息角(自然坡度角)是指物料从一个规定的高度自由均匀地落下时，所形成的能稳定保持的锥形料堆的最大坡角，即自然堆放的料堆表面与水平面之间的最大夹角。它反映了物料的流动性，也就是在四周无侧壁限制的条件下，散粒物料所具有的向四周自由流动的特性。安息角越小则流动性越好，而物料的流动性又与其颗粒之间的黏性和内摩擦力有关。对于同一种物料，安息角大小随其湿度、粒度和形状等不同而变化，粒度越小则安息角越大，颗粒形状越接近球形则安息角越小。粉末状物料充气时的安息角显著地减小。安息角分为静态和动态，在静止平面上自然形成的称为静安息角 ρ，在做振动的平面上测得的称为动安息角 ρ_d。一般动安息角 $\rho_d=(0.65\sim0.8)\rho$，可取 $\rho_d=0.7\rho$。

(5)外摩擦系数

物料的外摩擦系数是指散粒物料对与之接触的某种固体表面材料之间的摩擦系数，其数值等于该物料对该固体表面之间的摩擦力与法向正压力之比值。外摩擦系数是该物料对该固体表面的外摩擦角的正切函数。外摩擦系数不仅与固体表面的材料有关，而且与固体表面的形状和粗糙度有关。

外摩擦系数分为静态和动态：静态是指在物料与固体表面相对静止状态下测得的数值；动态是指该物料与该固体表面之间以一定速度相对滑移时测得的数值。试验结果表明，动摩擦系数值为静摩擦系数的 70% ~90% 。

(6)其他特性

除了以上列举的散粒物料基本特性以外，有时还要考虑对连续输送设备选型和部件结构等有重要影响的散粒物料其他方面的特性，如散粒物料(以下简称物料)的磨琢性、爆炸危险性、腐蚀性、有毒性、黏附性、脆性以及物料的溢度等。

物料对输送设备的磨琢性可用其莫氏硬度来表示：莫氏硬度共分为 10 级。最软的矿石是滑石，其莫氏硬度定为 1；最硬物料的莫氏硬度为 10，以金刚石为代表。物料越硬，其磨琢性越大。对各种被输送的物料，可按其莫氏硬度值分为磨琢性不同的 4 类。物料的磨琢性除取决于硬度外，还受粒度和形状等因素影响。对同一种物料，粒度越大、表面棱角越尖锐则其磨琢性越大。

物料粉尘的爆炸危险性取决于粉尘的性质、粉尘的表面积和粉尘在空气中的浓度，同时还要有引爆源。可燃粉尘因表面积较大，很易受热起火。当空气中的含尘量达到一定浓度并遇到具有一定能量的火种时，粉尘便会急剧氧化燃烧，瞬间释放出大量的热能，同时产生的大量气体来不及扩散，使压力急剧升高而引起剧烈爆炸。

粉尘的粒度越小，其表面积越大。对粉尘爆炸来说，最危险的粉尘粒度为5～70μm，如粒度大于150μm，其危险性大为减小，如粒度大于420μm，一般在空气中不爆炸，除非其化学性质不稳定。

空气中含尘浓度很低时，粉尘之间的距离较大，即使一些粉尘着火后也不易传递到其他粉尘上，因而不会引起爆炸。含尘浓度过高时，由于氧气数量相对减少，粉尘不能完全燃烧，也不会引起剧烈爆炸。由此可知，每种易爆粉尘在空气中均有其最低浓度和最高浓度。

对于粉尘的性质来说，其爆炸性可用它的爆炸危险级别来表示。按粉尘的起爆敏感性、爆炸猛烈性和爆炸危险性将各种粉尘分为弱、中、强、剧烈4级。在爆炸危险性强或剧烈的粉尘中，煤尘、硫黄等是燃烧热能大的物质；镁粉、铝粉等是氧化速度快的物质；淀粉、谷物、塑料类粉末是导电性不良、容易积聚静电而产生电火花的物质。

物料的腐蚀性取决于其酸碱度，用pH值表示。酸碱度pH值为0～14，pH值等于7表示中性；小于7表示酸性，数值越小表示酸性越大；大于7表示碱性，数值越大表示碱性越大。对于具有腐蚀性的物料，应详细了解该物料对不同金属的腐蚀程度。

有毒性的物料其毒性有大小之分，有的毒性物料与人体接触会引起疾病，如皮肤发炎、呼吸道疾病等；有的毒性剧烈的物料可能使人中毒死亡。这类物料在输送过程中必须严格防止外泄。

物料的黏附性表现为其颗粒之间不仅有内摩擦力，还存在黏聚力，致使颗粒相互黏结或黏附在输送设备上。影响物料黏附性的因素很多：有的物料是粒度极小的细粉，由于分子之间的作用力而黏附，如炭黑、氧化锌等；有的物料会吸收周围的水分而黏附，如某些盐类、芒硝等；有的物料因带静电而黏附，如某些塑料类粉末；还有的物料受热熔融软化而黏附，如石蜡等。应根据不同情况采取相应的措施。

脆性物料在输送过程中容易发生破碎影响质量甚至报废。因此，在设计中应选择低速输送或采用适当的防止冲击碰撞措施，避免物料破碎损失。

四、输送设备的主要参数

连续输送设备的主要参数包括输送能力、水平运距和提升高度、工作速度、主要工作构件的特征尺寸和驱动功率等。

(1)输送能力

输送能力的单位用“t/h”“m^3/h”表示，一般根据生产需要、建设规模确定，它是设计或选用连续输送设备的主要依据。

连续输送设备的输送能力取决于每米输送长度物料的质量、输送工作速度和供料的情况。加大工作构件尺寸、增大物料堆积断面面积和充填系数可以提高每米输送长度物料的质量和输送设备的输送能力，而提高工作速度可使同样输送能力的输送设备断面尺寸减小。由于连续输送设备大多不能自行取料，所以实际物料堆积断面面积的大小、输送设备实际输送能力的大小在很大程度上取决于能否均匀而充分地供料。

(2)水平运距和提升高度

水平输送距离和垂直提升高度的单位用“m”表示。它反映不同机型输送线路的特点以及同一机型输送机的规格大小，关系着所需驱动功率的计算，因而也是重要的参数。

(3)工作速度

有挠性牵引构件的连续输送设备的工作速度指牵引构件的速度，即带速、链速、牵引索运行速度等，其单位用“m/s”表示；无挠性牵引构件的连续输送设备，其工作速度因机型而异，如螺旋输送机的螺旋转速，其单位用“r/min”表示；气力输送装置的输送风速，其单位用“m/s”表示等。

工作速度不仅对输送能力起决定性作用，而且还影响连续输送设备运行的可靠性、经济性和工作质量等。例如，增加带式输送机带速可提高其输送能力，或在同样输送能力条件下采用较小的带宽，而输送带的线载荷和张力减小又可取较少的衬垫层数，这些都可降低输送带的成本以及减小输送机的尺寸和自重。由于输送带的价格在带式输送机的造价中占很大的比例(一般占整机成本的40% ~50%)，因此，提高带速有很大的经济意义。但是，增加带速可能会扬起粉尘、造成被运物料的破损，还会在装载段、清扫段等处增加对输送带的磨损。又如，气力输送装置的输送风速若选用过低，容易造成管道堵塞；若选择过高，则会增加动力消耗及管道和部件的磨损，增大部件的尺寸，还可能造成物料破碎。

因此，必须根据不同的机型、被输送物料的特性和具体的输送条件来选取合理的工作速度。

(4)主要工作构件的特征尺寸

主要工作构件的特征尺寸是表征连续输送设备特点和规格大小的参数，通常是指带式输送机的带宽、斗式提升机料斗的宽度和深度、埋刮板输送机机槽的宽度和高度、螺旋输送机的螺旋直径、气力输送装置的输料管径等，上述各特征尺寸可用长度单位“mm”表示。一般根据设计输送能力进行计算和选定。

(5)驱动功率

驱动功率是反映能耗大小的参数，它直接关系着连续输送设备动力装置的尺寸、重量、投资和运营成本。驱动功率用“kW”表示。一般以输送量和输送距离平均的功率消耗数值，即单位功率消耗指标作为评价各种输送设备的指标之一。

驱动功率取决于输送设备的运行阻力。选用合理的输送参数、改进输送设备部件的结构、尽量减小运行阻力可降低所需的单位功率消耗。

五、选型原则

1. 连续输送设备选型的基本原则

连续输送设备选型的基本原则是满足生产与工艺的要求。在选型时应使所选机型符合被输送物料的特性、输送量、输送线路以及现场的具体条件和要求，并考虑以下几项具体原则：

(1)先进性和可靠性原则

尽量采用国内外先进技术，使所选机型结构先进、性能可靠，便于操作和维护管理，便于程序化和自动化控制。

(2)合理性和经济性原则

在满足生产工艺要求的条件下，尽量选用投资小、能耗低、效率高、维修简便的机型。

要根据国家和行业标准优先选用定型的系列产品，以便减少备件的数量，降低维修费用。

(3)安全性和环保性原则

所选机型应保障操作人员的安全、健康以及保证物料的质量，避免粉尘、噪声等污染环境。此外，还应考虑所选机型供货的可能性以及对今后进一步发展生产的适应性等。

2. 输送设备选型的影响因素

影响连续输送设备选型的因素，除了设备投资等经济因素以外，还有以下几方面。

(1)输送物料的种类和特性

由于各种连续输送设备都受其自身工作原理、结构特点的限制，不可能对所有物料的输送都很适应，如果所选机型对被输送物料不适应，就会引起故障甚至不能工作。因此，被输送物料的种类和特性对连续输送设备的选型至关重要，不只关系到连续输送设备的主要参数的确定、结构的设计和零部件材料的选择，而且关系到连续输送设备的正常运转。

连续输送设备所输送的物料种类繁多。大多数连续输送设备可适用于多种物料的输送。各种物料的特性差异很大，一般来说，承载构件敞开的带式、板式等输送机可输送较大粒度的物料。微细粉料因容易扬起粉尘，宜采用气力输送、螺旋输送、埋刮板等输送方式，因为这些输送方式输送线路封闭，可以输送易扬尘甚至有毒的物料，但被输送物料的粒度受到管径、机槽和弯道尺寸的限制。

不仅物料的粒度，而且物料的颗粒组成也与连续输送设备的选型有关。一般颗粒越细越易结块。物料中如含有较多的细粉就容易黏附和起拱。通常，颗粒较大且粒度分布较均匀的物料有利于流动，而粒度分布不均即多种不同粒度颗粒混合的物料在储存和输送过程中容易发生堵塞。此种情况与气力输送装置、辅助装置等的选型密切相关。

散粒物料的其他诸多特性对连续输送设备的选型同样有较大影响。

1)物料颗粒形状的影响

通常均匀球形颗粒的流动性较好，安息角较小，而多角形颗粒的摩擦阻力较大。表面多棱角的颗粒容易破碎，磨琢性较强。这对采用机槽或管道的输送设备选型影响较大。

2)物料堆积密度的影响

物料堆积密度的大小直接影响输送设备以质量计的输送能力和存仓等辅助装置所需的容积。一般堆积密度较大的物料对部件的冲击磨损较剧烈，要求选用工作部件耐磨的机型。

3)物料含水率和吸湿性的影响

含水率较高的物料扬尘性小，可以减小带静电或发生爆炸的可能性。但有些物料容易从周围环境中吸收水分使黏性增大，从而引起结块，这些性质对利用机槽或管道的输送设备的选型影响更为显著。实践表明，有的物料随着含水率升高而黏附机梢、管道、供料器，或在料斗出口处起拱，选型时就要考虑该机型或部件能否采用。含水率高低对连续输送设备的输送能力也可能产生影响，以气力输送黏土为例，当黏土含水率在0～3%范围时，含水率每增加1%，输送能力就降低15%。此外，某些粮谷会因含水率增高减弱脆性，从而降低输送过程中的破碎率。

4)物料腐蚀性的影响

由于物料的酸碱度对不同金属各有一定的腐蚀作用，选型时，要根据物料的腐蚀性强弱考虑是否需要采用不锈钢或其他特种材料。

5)易燃易爆性的影响

对易燃易爆物料要选择能保障操作安全的机型，如采用惰性气体的气力输送装置。

由于物料特性千差万别，上面仅列举了某些特性对连续输送设备选型的影响。需要注意的是，有些物料具有同样的名称和相似的外观，但其特性如堆积密度、含水率、酸碱度等却相差甚多；有时同一物料因粒度及颗粒组成不同而具有完全不同的输送性能。

因此，在连续输送设备选型时必须认真调研和周密考虑。

(2)输送量

在连续输送设备选型时，应使所选机型的输送能力满足生产工艺对输送量的需要。这是输送设备选型的基本要求，是保证该生产项目达到预期效果的关键。

各种连续输送机的输送能力适应范围很广。以输送散粒物料的连续输送机为例，轻小型的输送能力不足0.1t/h，大型的甚至超过10000t/h。

随着连续输送技术的快速发展，一方面向高输送能力发展，另一方面出现了许多新颖的机型，如多种形式的特种带式输送机、多种能耗较低的气力输送装置等。这就为各种不同输送量要求的选型提供了更多的可选方案。

对于一定的输送量要求，应考虑哪种连续输送设备可以与之相适应，如果多种机型的输送能力可达到工艺要求，则应根据选型原则进一步比较后择优选定。

常用散粒物料连续输送机的输送能力范围见表4-2。

表4-2 常用散粒物料连续输送机的输送能力

设备类型		输送能力/(t/h)							
		≤10	10~100	100~300	300~500	500~1000	1000~2000	2000~6000	>6000
带式输送机		√	√	√	√	√	√	√	√
斗式提升机		√	√	√	√	√	√		
刮板输送机		√	√	√					
埋刮板输送机			√	√	√	√	√		
螺旋输送机		√	√	√	√	√	√		
振动输送机		√	√	√					
气力输送	吸送	√	√	√	√	√			
	压送	√	√	√	√				

(3)输送距离和线路布置

对输送距离和线路布置的要求也直接影响连续输送机的选型。

在多种多样的连续输送机中，有的适用于简单线路，仅用于水平输送或仅用于垂直提升；有的可适应复杂的输送线路，按需要做水平、倾斜、弯曲或垂直布置。各种机型的输送线路大致可分为以下4类。

①适用于沿水平或与水平呈小倾角输送的，如通用带式输送机。

②适用于垂直或与水平呈大倾角输送的，如斗式提升机、埋刮板输送机。

③可方便地改变输送方向，灵活地布置线路的，如气力输送装置。

④只允许向下输送的，如空气斜槽。

能够实现长距离输送是连续输送设备的一个特点，其中以带式输送机最为突出，最大单机长度目前可达到15km。

连续输送设备通过倾斜向上输送或垂直向上提升达到一定高度，一般提升数十米，用于矿井的大型斗式提升机的提升高度可达数百米。

常用连续输送机的水平运距和提升高度范围参数见表4-3。

表4-3 连续输送机的水平运距和提升高度范围参数

设备	水平运距/m						对水平的允许倾角	垂直提升/m	
	≤10	10~100	100~200	200~1000	1000~2000	>2000		<50	>50
通用带式输送机	√	√	√	√	√	√	小		
特种带式输送机	√	√	√	√	√	√	任意	√	√
斗式提升机							大	√	√
板式提升机	√	√	√				小		

(4)供料点与卸料点的要求

供料点的供料方式、对卸料以及与其他生产环节的衔接要求等也影响连续输送设备的选型。对于普通货船或铁路敞车的卸载，由于物料无法从供料点自行流出，必须选择具有取料功能的机型，如吸送式气力输送装置等。又如，卸料终点的情况关系到卸料点可能是一个或者多个，这也影响选型，对于需要多点卸料可选择压送式气力输送装置等。

(5)现场条件及要求

在连续输送设备选型时应掌握的现场情况包括：安装使用地点的环境温度、湿度、风、雨雾、冰雪等自然条件，附近是否存在有害粉尘、腐蚀性介质，当地对粉尘、噪声防治的要求，当地的供电、供水情况以及其他生产环节对所选机型的要求等。这些条件和要求对选用机型及其结构材料和电动机形式等都有一定影响。

(6)连续输送设备的其他性能特点

除了上述连续输送设备适用物料种类、输送能力、输送线路等性能特点以外，还有其他方面对连续输送设备的选型有重要影响的因素。

1)结构方面

有挠性牵引构件的带式、板式、刮板等输送机不但有输送物料的有载分支，还有空载的回程分支，因而输送段的横断面尺寸较大；螺旋输送机无挠性牵引构件，没有回程分支，输送段横断面尺寸也较大；气力输送装置的输送段为输料管，其横断面占用空间小且可灵活布置，对于现有工程的改造项目、现场空间狭窄的情况下选用更加有利。

2)能耗方面

几种常用连续输送设备的能耗以带式输送机的单位功率消耗为最小；垂直螺旋输送机、埋刮板输送机等能耗较大；传统的悬浮式气力输送装置的能耗最大。所以，一般对大宗散粒物料的输送应优先选用带式输送机等能耗低的机型，而对小批物料则可以更多考虑其他因素。

3）安全、环保方面

对于易燃易爆的物料，采用气力输送比采用设备式输送更为安全；对于脆性、怕碎的物料等，采用高速气流输送或螺旋输送机等会使被输送物料受损；对操作人员的安全来说，统计资料表明，采用设备式输送导致的工伤等安全事故比例高于采用气力输送；对容易扬尘的细粉末物料，采用封闭式机槽或气力输送可减少粉尘对环境造成的污染，同时减小因粉料外扬造成的经济损失；对靠近居民生活区等要求安静的地带，尽量不要选用高噪声的机型，如气力输送装置等。

4）与加工过程的其他工艺操作相结合方面

有些连续输送设备在输送过程中能够与其他加工工艺操作很好地结合。如气力输送过程中可进行一些通风、除尘、风选、冷却及干燥等工作。输送设备在这方面的特点同样对选型有一定的影响。

第二节　斗式提升机

一、结构与工作原理

斗式提升机是一种用于竖向提升物料的连续输送机械。斗式提升机利用一系列固接在牵引链或胶带上的料斗在竖直或接近竖直方向向上运送散料，分为环链、板链和皮带三种。

斗式提升机适用于低处往高处提升，供应物料通过振动台投入料斗后机器自动连续运转向上运送。根据传送量可调节传送速度，并随需要选择提升高度，料斗为自行设计制造，PP 无毒料斗使该型斗式提升机使用更加广泛，所有尺寸均按照实际需要设计，为配套立式包装机，电脑计量机设计，适用于食品、医药、化学工业品、螺钉、螺帽等产品的提升上料，可通过包装机的信号识别来控制机器的自动停启。斗式提升机的外形及结构示意如图 4－2 所示。

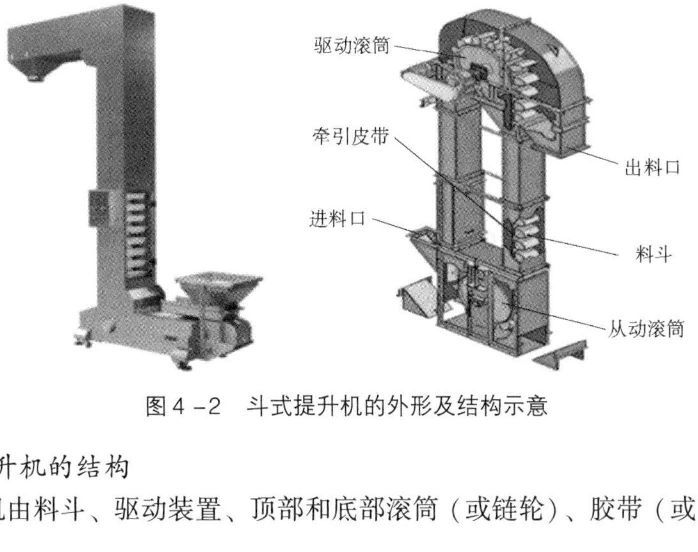

图 4－2　斗式提升机的外形及结构示意

1. 斗式提升机的结构

斗式提升机由料斗、驱动装置、顶部和底部滚筒（或链轮）、胶带（或牵引链条）、张紧装置和机壳等组成。

2. 斗式提升机的工作原理

料斗把物料从下面的储槽中舀起，随着输送带或链提升到顶部，绕过顶轮后向下翻转，斗式提升机将物料倾入接收槽内。带传动的斗式提升机的传动带一般采用橡胶带，装在下面或上面的传动滚筒和上、下面的改向滚筒上。链传动的斗式提升机一般装有两条平行的传动链，上面或下面有一对传动链轮，下面或上面是一对改向链轮。斗式提升机一般装有机壳，以防止斗式提升机中粉尘飞扬。

二、主要部件结构

1. 牵引构件

(1)橡胶带：用螺钉和弹性垫片固接在带子口，带比斗宽35～40mm，一般胶带输送温度不超过60℃的物料，耐热胶带可以输送温度达到150℃的物料。

(2)链条：单链条固接在料斗后壁上；双链与料斗两侧相连。当料斗宽度为160～250mm时链式提升机采用单链，当料斗为320～630mm时采用双链，主要缺点是链节之间磨损大，增加检修次数。

(3)链轮：斗式提升机上的传动链轮。链轮用以与节链环或缆索上节距准确的块体相啮合，是一种实心或带辐条的齿轮，与滚子链啮合以传递运动。

链轮齿形的设计：链轮齿形必须保证链节能平稳自如地进入和退出啮合，尽量减少啮合时链节的冲击和接触应力，而且要易于加工。链轮材料应保证轮齿有足够的强度和耐磨性，因此链轮齿面一般都经过热处理，使之达到一定硬度。

2. 料斗

(1)圆柱形斗：深斗、斗口呈65°倾斜，深度大，用于干燥、流动性好、易于撒落的粒状物料的输送。

(2)浅料斗：斗口呈45°倾斜，深度小，用于潮湿的和流动性的粒状物料。

(3)深料斗：一般深斗中物料比较干燥，流动性好。

(4)三角形料斗：物料一般是定向自流式卸料。

(5)尖角形斗：其侧壁延伸到底板外，成为挡边，卸料时，物料可沿一个斗的挡边和底板所形成的槽卸出，适用于黏稠性大和沉重的块状物料运送。

三、分类

斗式提升机作为一种常用的提升设备，在得到广泛应用的同时，根据不同行业的不同要求有不同的分类。

1. 按结构分类

斗式提升机按照传动结构可分为以下几种系列：

(1)TD系列斗式提升机

TD系列斗式提升机的规格有TD100(不常用)、TD160、TD250、TD315、TD400、TD500、TD630、TD800、TD1000等型号，其中TD160、TD250、TD315等型号为普遍采用型号。

(2)TH 系列斗式提升机

TH 系列斗式提升机是一种常用的提升设备，该系列斗式提升机采用锻造环链作为传动部分，具有很强的机械强度，主要用于提升机粉体和小颗粒及小块状物料，区别于 TD 系列斗式提升机，其提升量更大、运转效率更高。其常用于较大比重的物料的提升。

(3)NE 系列板链斗式提升机

NE 系列板链斗式提升机是一种新型的斗式提升机，其采用板链传动，区别于老型号 TB 系列板链斗式提升机，其命名方式采用提升量而非斗宽。如 NE150 是指提升量为 150t/h 而不是斗宽 150。NE 系列斗式提升机具有很高的运转效率，根据提升速度不同还分为 NSE 型号及高速板链斗式提升机。

(4)TB 系列斗式提升机

TB 系列斗式提升机是一种较老型号的斗式提升机，其传动部分采用板链传动，现已经被相应的 NE 系列斗式提升机产品替代。

(5)TG 系列斗式提升机

TG 系列斗式提升机是一种加强型胶带斗式提升机，其区别于 TD 系列斗式提升机，TG 系列斗式提升机采用钢丝胶带作为传动带，其具有更强的传动能力。该系列斗式提升机多被应用于粮食输送上，又常被称为粮食专用斗式提升机。

(6)其他型号斗式提升机

常见的斗式提升机型号还有 HL 系列环链斗式提升机、GTD 系列斗式提升机、GTH 系列斗式提升机等，均为以上型号的不同叫法和演变形式。

2. 按运行速度分类

根据料斗运行速度的快慢，斗式提升机可分为离心式卸料、重力式卸料和混合式卸料三种形式。

(1)离心式卸料的斗速较快，适用于输送粉状、粒状、小块状等磨琢性小的物料。

(2)重力式卸料的斗速较慢，适用于输送块状的，比重较大的，磨琢性大的物料，如石灰石、熟料等。

(3)混合式卸料的斗速介于上述两种形式斗速之间，结合了两种形式的优点，但设计较复杂，适用于流动性不强的散状或潮湿物料。

3. 牵引构件

斗式提升机的牵引构件有环链、板链和胶带等几种。

环链的结构和制造比较简单，与料斗的连接也很牢固，输送磨琢性大的物料时，链条磨损较小，但其自重较大。

板链结构比较牢固，自重较轻，适用于提升量大的提升机，但铰接接头易被磨损。

胶带结构比较简单，但不适宜输送磨琢性大的物料，普通胶带物料温度不超过 60℃，夹钢绳胶带允许物料温度达到 80℃，耐热胶带允许物料温度达到 120℃，环链、板链输送物料的温度可达到 250℃。

四、特点

斗式提升机是一种垂直升运物料的输送设备，其具有结构简单、维护成本低、输送效率高、升运高度高、运行稳定、应用范围广等优点。

(1)驱动功率小，采用流入式喂料、诱导式卸料、大容量的料斗密集型布置，在物料提升时几乎无回料和挖料现象，因此无效功率少。

(2)提升范围广，这类提升机对物料的种类、特性要求少，不但能提升粉状、小颗粒状物料，而且可提升磨琢性较大的物料，密封性好，环境污染少。

(3)运行可靠性好，先进的设计原理和加工方法，保证整机运行的可靠性，无故障时间超过 2 万 h。

(4)使用寿命长，提升机的喂料采取流入式，无须用斗挖料，材料之间很少发生挤压和碰撞现象。斗式提升机在设计时保证物料在喂料、卸料时少有撒落，减少了机械磨损。

五、设备选型

斗式提升机的主要参数包括：输送量、提升高度、转速和功率等。

作为常用的提升设备，斗式提升机的选用受很多方面因素的制约，选错型号会给使用方带来不尽的麻烦。一般斗式提升机的选型取决于以下几个要素。

(1)物料的形态：物料是粉状、颗粒状还是小块状。

(2)物料的物理性质：物料是否具有吸附性，黏稠度大小，是否含水。

(3)物料的比重：一般斗式提升机参数都是针对堆积比重在 1.6 以下的物料设计和计算的，太大的物料比重需要进行牵引力和传动部分抗拉强度的计算。

(4)单位时间内的输送量。一般来说，物料的形态直接决定物料的卸料方式，通常粉状物料采用离心抛射卸料、块状物料采用重力卸料，而卸料方式的不同决定斗式提升机采用的料斗形式的不同，离心抛射卸料多采用浅斗和弧形斗，而重力卸料需采用深斗。

斗式提升机采用料斗的类型不同，则单位时间内提升的物料输送量也不同。

斗式提升机最终的输送量是取决于料斗形式、斗速、物料比重、物料性质、料斗数量的一个综合参数。选型过程如下：物料比重→传动方式(斗式提升机型号)→物料性质→卸料方式→料斗形式→该系列斗式提升机的提升量→确定机型。

六、技术要求

1. 基本要求

(1)提升机应符合 JC/T 460—2018《水泥工业用胶带斗式提升机》标准的要求，并按照经规定程序批准的设计图样和技术文件制造、安装和使用，图样和技术文件未规定的技术要求，按建材机械、机电行业等有关通用标准执行。

(2)图样上未注公差尺寸的极限偏差应符合 GB/T 1804—2000《一般公差　未注公差的线性和角度尺寸的公差》的规定，其中机械加工表面为 IT13 级；焊接件非机械加工表面为 IT16 级；模锻件非机械加工表面为 IT15 级制造。

(3)焊接件应符合 JC/T 532—2007《建材机械钢焊接件通用技术条件》的有关规定。

(4)灰铸铁应符合 GB/T 9439—2010《灰铸铁件》的规定。

(5)锻件不得有夹层、折叠、裂纹、锻伤、结疤、夹渣等缺陷。

(6)提升机应设置料位计、速度检测器和胶带防跑偏装置。

2. 安装要求

(1)斗式提升机必须牢固地安装在坚固的砼基础上。砼基础表面应平整，并呈水平状态，保证斗式提升机安装后达到垂直要求。

高度较高的斗式提升机在其中部机壳和上部机壳的适当位置应与其相邻的建筑物(如料仓、车间等)连在一起以增加其稳定性。安装时先安装下部部件，固定地脚螺栓，然后安装中部机壳，最后安装上部机壳。机壳安装成功，校正垂直度。在全高上下用铅直线测量，误差应小于10mm。上下轴应平行，其轴心线应在同一平面内。

高度较低的斗式提升机安装时，可以在地平面把上、中、下机壳全部连接并校正好，然后整体吊直固定在砼基础上。

(2)机壳安装好后，安装链条及料斗。料斗链接用的U形螺钉，既是链条接头，又是料斗的固定件。U形螺钉的螺母一定要扭紧并可靠防松。

(3)链条及料斗安装好以后，进行适当张紧。

(4)给减速机及轴承座分别添加适量的机油和黄油。减速机用工业齿轮油润滑。轴承座内用钙基或钠基黄油均可。

(5)安装完成后应进行空车试运转。空车试运转应注意：不能倒转，不能有磕碰现象。空车试运转不小于2h，不应有过热现象，轴承温升不超过250℃，减速机温升不超过300℃。空车试运转一切正常即可进行负荷试车。带负荷试车时喂料应均匀，防止喂料过多，堵塞下部造成“闷车”。

七、操作与维护

1. 开机前的准备与检查

(1)查看传动系统、传动链的松紧程度，有无跳链现象，检查传动电动机皮带的完好情况。

(2)张紧链条装置应完好齐全，调整灵活。检查电动机接地线是否良好(漏电可能导致触电事故)、对轮罩是否扣好(存在机械伤害风险)。

(3)链板及其连接轴不应损坏、变形，链板孔不过度磨损，无掉道，销子无脱落。

(4)料斗应无严重变形、损坏和缺少。

(5)斗式提升机前、后溜槽应通畅，无损坏变形等现象，进料闸板应调节灵活。

(6)检查电动机接地线是否良好、连接螺栓是否紧固、润滑是否符合要求。

(7)点试启动(首次运行)，观察电动机旋转方向是否与标志相同。

2. 开机步骤

(1)开启卸料输送机。

(2)启动斗式提升机。

(3)开启进料机进料。

3. 停机步骤

(1)停止进料。

(2)待所有物料输送完毕后停卸料输送机。

(3)停机。

八、常见故障分析与处理方法

1. 链条打滑

(1)斗式提升机利用链条与头轮传动轴间的摩擦力矩升运物料，如链条张力不够，将导致链条打滑。此时应立即停机，调节张紧装置以拉紧链条。若张紧装置不能使链条完全张紧，说明张紧装置的行程太短，应重新调节。

正确的解决方法是：解开链条接头，使底轮上的张紧装置调至最高位置，将链条由提升机机头放入，穿过头轮和底轮，并首尾连接好，使链条处于将张紧而未张紧的状态。然后使张紧装置完全张紧。此时，张紧装置的调节螺杆尚未利用的张紧行程不应小于全行程的50%。

(2)提升机超载时，阻力矩增大，导致链条打滑。此时应减小物料的喂入量，并力求喂料均匀。若减小喂入量后，仍不能改善打滑，则可能是机座内物料堆积太多或料斗被卡住，应停机检查，排除故障。

(3)头轮传动轴和链条内表面过于光滑，使两者间的摩擦力减小，导致链条打滑。可在传动轴和链条内表面涂一层胶，以增大摩擦力。

(4)头轮和底轮轴承转动不灵，阻力矩增大，引起链条打滑。此时可拆洗加油或更换轴承。

2. 链条跑偏

(1)头轮和底轮传动轴安装不正主要体现在以下几个方面：

①头轮和底轮的传动轴在同一垂直平面内且不平行；

②两传动轴都安装在水平位置且不在同一垂直平面内；

③两传动轴平行，在同一垂直平面内且不水平。

链条跑偏易引起料斗与机筒的撞击、链条的撕裂，应立即停机，排除故障。做到头轮和底轮的传动轴安装在同一垂直平面内，而且都在水平位置上，整机中心线在1000mm高度上垂直偏差不超过2mm，累计偏差不超过8mm。

(2)链条接头不正。链条接头不正是指链条结合后，链条边缘线不在同一直线上。工作时，链条一边紧一边松，使链条向紧边侧向移动，产生跑偏，造成料斗盛料不充分，卸料不彻底，回料增多，生产率下降，严重时造成链条卡边、撕裂。此时应停机，修正接头并接好。

3. 回料过多

提升机回料是指物料在卸料位置未完全卸出机外，而有部分物料回到提升机机座内的现象。

在提升作业中，若提升机回料太多，势必降低生产效率，增大动力消耗和物料的破碎率。回料多的原因有以下两点：

(1)料斗运行速度过快。提升机提升不同的物料，料斗运行的速度不同：一般提升干燥的粉料和粒料时，速度为1~2m/s；提升块状物料时，速度为0.4~0.6m/s；提升潮湿的粉料和粒料时，速度为0.6~0.8m/s。速度过大，卸料提前，造成回料。此时应根据提升的物料，适当降低料斗的速度，避免回料。

(2)机头出口的卸料舌板安装不合适，舌板距料斗卸料位置太远，会造成回料。应及时调整舌板位置，避免回料。

4. 料斗脱落

料斗脱落是指在生产中，料斗从链条上掉落的现象。料斗掉落时，会产生异常的响声，要及时停机检查，否则将导致更多的料斗变形、脱落；在连接料斗的位置，链条撕裂。

料斗脱落的原因主要有：

(1)进料过多，造成物料在机座内堆积，升运阻力增大，料斗运行不畅，是产生料斗脱落、变形的直接原因。此时应立即停机，抽出机座下的插板，清除机座内的积存物，更换新料斗，再开车生产。此时减小喂入量，并力求均匀。

(2)进料口位置太低。一般提升机在生产时，料斗自行盛取从进料口进来的物料。若进料口位置太低，将导致料斗来不及盛取物料，而物料大部分进入机座，造成料斗舀取物料。而物料为块状，就很容易引起料斗变形、脱落。此时，应将进料口位置调至底轮中心线以上。

(3)料斗材质不好，强度有限，料斗是提升机的承载部件，对它的材料有较高的要求，安装时应尽量选配强度好的材料。一般料斗用普通钢板或镀锌板材焊接或冲压而成，其边缘采用折边或卷入铅丝以增强料斗的强度。

(4)开机时未清除机座内的积存物。在生产中，经常会遇到突然停电或其他原因而停机的现象，若再开机时，未清除机座内的积存物，就易引起料斗受冲击太大而断裂脱落。因此，在停机和开机之间，必须清除机座内的积存物，避免料斗脱落。另外，定期检查料斗与链条连接是否牢固，发现螺钉松动、脱落和料斗歪斜、破损等现象时，应及时检修或更换，以防更大的事故发生。

第三节　振动输送机

一、结构与工作原理

振动输送机是利用激振器使料槽振动，从而使槽内物料沿一定方向滑行或抛移的连续输送机械。振动输送机采用电动机作为优质振动源，使物料被抛起的同时向前运动，达到输送的目的。结构形式可分为开启式、封闭式；输送形式可分为槽式输送或管式输送，电动机可在上、下或侧面安装。

振动输送机一般用于水平输送，生产率小于150t/h，输送距离小于80m，倾斜上运时，生产率随着倾角增大而下降。除激振机构某些零部件外，相对转动部件很少，结构简单，可输送各种粒度的物料，能对灼热的、易燃易爆的、有毒的、多尘的物料实行封闭输送，在运送过程中可同时完成筛分、脱水和冷却等工艺操作，但不宜输送黏性物料。常用于化工和建材工厂。振动输送机的外形如图4－3所示。

图4－3　振动输送机的外形

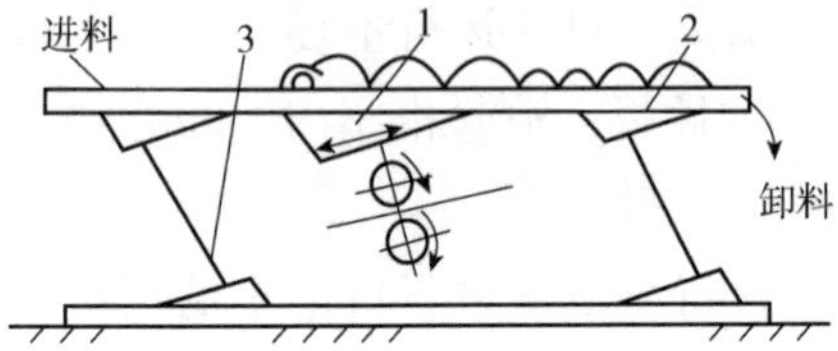

图4－4　振动输送机运动图解

1—激振器；2—输送槽；3—主振弹簧

如图4－4所示，通过激振器产生的激振力作用于工作输送槽体时，槽体在主振弹簧的约束下做定向强迫振动。当槽体向前振动时，依靠物料与槽体间的摩擦力把运动能量传递给物料，使物料加速运动，此时物料的运动方向与槽体的振动方向相同。

当槽体向后振动时，物料因受惯性作用，仍将继续向前运动，槽体则从物料下面往后运动，由于运动中阻力的作用，物料越过一段槽体又落回槽体上。当槽体再次向前振动时，物料又因受到加速而被输送向前。如此重复循环，实现物料的输送。

二、主要部件的结构

(1)输送槽和平衡底架

输送槽(承载体、槽体)和平衡底架(底架)是振动输送机系统中的两个主要部件。槽体输送物料，底架主要平衡槽体的惯性力，并减小传给基础的动载荷。

(2)激振器

激振器是振动输送机的动力来源及产生周期性变化的激振力，使输送槽与平衡底架产生持续振动的部件，可分为机械式、电磁式、液压式及气动式等类型。其激振力直接影响输送槽的振幅。

(3)主振弹簧和隔振弹簧

主振弹簧和隔振弹簧是振动输送机系统中的弹性元件。主振弹簧的作用是：主振弹簧支撑输送槽，通常倾斜安装，斜置倾角为β(振动角)，其作用是使振动输送机有适宜的近共振工作点，便于系统的动能和势能相互转化，有效地利用振动能量。隔振弹簧的作用是支承并能减小传给基础或结构架的动载荷。

(4)导向杆

导向杆的作用是使槽体与底架沿垂直于导向杆中心线做相对振动，它通过橡胶铰链与槽体和底架连接。

(5)进料装置与卸料装置

进料装置与卸料装置用来控制物料流量，通常与槽体软连接。

三、分类

(1)按激振机构分为机械式和电磁式两类，机械式又可分为弹性连杆式和惯性式。

①弹性连杆式。由偏心轴、连杆、连杆端部弹簧和料槽等组成。偏心轴旋转使连杆端部做往复运动，激起料槽做定向振动。促使槽内物料不断地向前移动。一般采用低频率、大振幅或中等频率与中等振幅。

②惯性式。由偏心块、主轴、料槽等组成，偏心块旋转时产生的离心惯性力激起料槽产生振动。一般采用中等频率和振幅。

③电磁式。由铁心、线圈、衔铁和料槽等组成。整流后的电流通过线圈时，产生周期变化的电磁吸力，激起料槽产生振动。一般采用高频率、小振幅。

(2)按参与振动构件数目可分为单质体、双质体和多质体三种类型。

单质体的只有输送槽产生振动，因而振动力传至地基，大多为轻型的；双质体和多质体的除输送槽外，还有对重架参与振动，结构稍复杂，但可以基本上消除对地基的振动力，还可利用共振原理使所需激振力最小。

四、特点

振动输送机的特点如下：

(1)在输送中可以多点进料和多点排料。

(2)可以定量给料，配料，自动计量。

(3)密封性能好。输送槽可以制成圆管形、矩形，进出料口采用柔性密闭连接方式，可以防止物料对环境的污染，也可防止环境对物料的污染。因此可以输送有毒、有害及需要保护的物料。

(4)可输送热料。钢制密封输送槽采用风冷方式时，可以输送500℃的物料，采用循环水冷却可以输送1000℃以下物料。

(5)在输送过程中，可以实现多种工艺要求，如完成脱水、干燥、冷却、筛分、加热保温、混匀等工艺过程。

(6)结构简单、安装维修方便、能耗低、无粉尘溢散、噪声低。电磁振动输送机还易于实现自动控制。

(7)不适宜输送黏湿粉状物料，向上输送角度一般不超过10°。

五、基本参数

振动输送机振动频率是由激振电动机的转速决定的。

激振力使槽体沿某一倾斜方向产生振动，将槽中的物料向前输送。

物料在槽中的运动形式取决于槽体振动加速度的大小，此加速度在垂直槽底方向上的分量与重力加速度分量的比值(D)称为抛掷指数。

当$D<1$时，物料在槽中做滑移运动，此时物料始终与槽底接触，每振动一次，物料向前滑动一个距离。

当$D>1$时，物料做抛掷运动，此时物料在槽中跳跃前进，以连续跳跃实现连续输送。

大多数振动输送机都选取抛掷运动状态，D 值选取 1.5 ~3.3。

六、操作与维护

1. 开机前的准备与检查

(1)检查各部件是否完好齐全：安全护罩等齐全好用；接地完好。

(2)检查机械各部位并空载运行试验，确认符合使用要求。

(3)检查设备润滑情况。

(4)确保筛体内无物料。

2. 开机步骤

(1)开启振动输送机，空载运行 10min。

(2)开启进料机构进料，逐步增加进料速度，进料要均匀。

3. 停机步骤

(1)停止进料。

(2)待所有物料输送完毕后停机。

七、常见故障分析与处理方法

振动输送机的常见故障分析与处理方法见表 4 -4。

表 4 -4　振动输送机的常见故障分析与处理方法

故障现象	故障原因	处理方法
堵料	进料不均	保持均匀连续进料
	排料不畅	加大出料口或加长料槽端部
	大杂物或纤维性杂质进入机内	清理
设备主体晃动	弹簧出了故障	更换不合格弹簧
电流过大	箱体内壁黏结物料，阻力增大	清理干净
	箱体内进入异物，卡住螺旋叶片	检查排除
	激振电动机轴承缺油或损坏	加油或换轴承
	激振电动机轴弯曲，发生互相摩擦	调整调直
噪声大	设备各连接处相互摩擦	检查修理
	轴承缺油，发生干磨损	增添新油
	输送量过大，摩擦阻力增大	减轻负载
	激振电动机的偏心角发生移动	重新调整

第四节　板链式输送机

一、结构与工作原理

板链式输送机结构示意如图 4 -5 所示。电动机通过减速机带动驱动滚筒转动，驱动滚筒与输送带之间的摩擦力带动输送带移动。物料由喂料端喂入，落在转动的输送带上，依靠与输送带的摩擦力运送到卸料端卸出。驱动滚筒一般都安装在卸料端，以增大牵引力，有利于拖动。

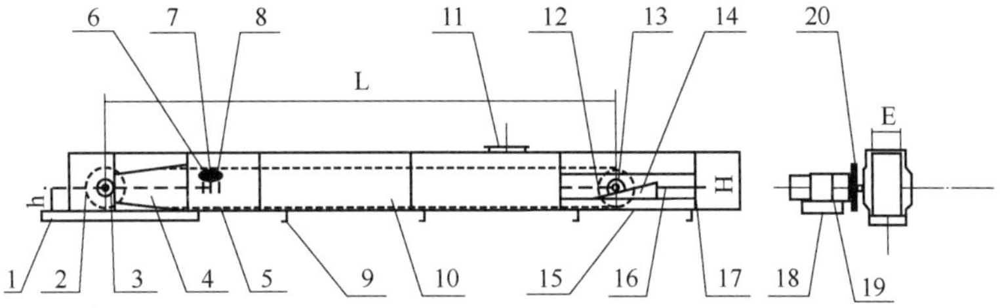

图4-5 板链式输送机结构示意

1—头部出料口；2—头部链轮；3—头部轴承座；4—头部机壳；5—输送链条；6—托轮；7—托轮轴；8—托轮轴承座；9—中间支座；10—中间机壳；11—进料口；12—尾部链轮；13—尾部轴承座；14—尾部轴承座托架；15—尾部机壳；16—张紧丝杠；17—丝杠托板；18—动力底座；19—减速电动机；20—动链轮

二、设备的分类

根据链条上安装的承载面的不同可分为：链条式、链板式、链网式、板条式、链斗式、托盘式、台车式。此外，也常与其他输送机、升降装置等组成各种功能的生产线。

1. 链板输送机

链板输送机可以满足饮料贴标、灌装、清洗等设备的单列输送的要求，同样也可以使单列变成多列并行走缓慢，从而产生储存量，满足杀菌机、储瓶台、冷瓶机的大量供料要求，可以将两条链板输送机的头尾部做成重叠式的混合链，使得瓶(罐)体处于动态过渡状态，使输送线上不滞留瓶子，可以满足空瓶及实瓶的压力和无压力输送。

链板材质：碳钢、不锈钢、热塑链，根据产品的需要可选取不同宽度、不同形状的链板来完成平面输送、平面转弯、提升及下降等。

链板规格：直输链板宽度有63.5mm、82.5mm、101.6mm、114.3mm、152.4mm、190.5mm、254mm、304.8mm；转弯链板宽度有82.5mm、114.3mm、152.4mm、190.5mm、304.8mm。

2. 悬挂链机

悬挂链机是一种三维空间闭环连续输送系统，适用于车间内部和车间之间成件物品的自动化输送。根据输送物件的方法，可分为通用和轻型的牵引式悬挂输送、通用积放式和轻型积放式的推式悬挂输送。采用滚珠轴承作为链条走轮，导轨均选用16Mn材质经过深加工而成，使用寿命在5年以上。

链条节距常用的有150mm、200mm、240mm、250mm等，单点承重也各不同。同时通过选择吊具类型，可增加链条的单点承重。该输送线能随意转弯、爬升，能适应各种地理环境条件。该输送线主要用在车间内的物料空中配送上，设计合理的方案，能将仓库、装配线等相关节点有机结合，可最大限度理顺车间的物流，产生更大的效益。该输送线也能用作摩托车车架的部装，以及喷涂设备的烘干输送设备。

3. 网带输送机

网带输送机：模块式网带用延伸在输送带整个宽度上的塑料铰接销，把注塑成型的网带组装成互锁单元。这种方法增加了输送带强度，并可以组接成任何需要的宽度和长度。挡板和侧板也可以用铰接销互锁，成为输送带整体部件之一。

输送带的材质包括：碳钢、不锈钢、热塑链，根据产品的需要可选取不同宽度、不同形状的链板来完成平面输送、平面转弯、提升及下降等。

网带输送机结构有水平直线输送、提升爬坡输送等形式，输送带可增设提升挡板、侧挡板。

4. 插件线输送机

插件线输送机采用专用铝合金导轨，靠近操作面一侧的导轨固定，另一侧可调节移动，保证操作每一次拾取元件距离最小，提高生产效率。该设备对于电子基板的流水作业非常适合，其导轨间可调，各式基板悬空流动。带动基板引走的链条包括不锈钢链条、碳钢链条、塑钢链条。导轨及机架有铝型材、不锈钢、碳钢等多种材质。

三、特点

(1)输送能力大，高效的输送机允许在较小空间内输送大量物料，输送能力在 6 ~ 600m^3/h。

(2)输送能耗低，借助物料的内摩擦力，变推动物料为拉动，使其与螺旋输送机相比节电 50%。

(3)密封和安全，全密封的机壳使粉尘无缝可钻，操作安全，运行可靠。

(4)使用寿命长，用合金钢材经先进的热处理手段加工而成的输送链，其正常寿命 >5 年，链上的滚子寿命(根据不同物料)≥2 ~3 年。

(5)工艺布置灵活，可高架、地面或地坑布置，可水平或爬坡(≤15°)安装，也可同机水平加爬坡安装，可多点进出料。

(6)节电且耐用，维修少，费用低(约为螺旋机的 1/10)，能确保主机的正常运转，以增加产出、降低消耗、提高效益。

(7)系列齐全，FU 系列包括 FU150、FU200、FU270、FU50、FU410、FU500、FU600 和 FU700 等各种型号，并均可提供两种形式的双向输送。

四、基本参数

板链式输送机的主要技术参数见表 4 -5。

表 4 -5　板链式输送机的主要技术参数

序号	参数类型	单位	参数描述
1	驱动形式		
2	输送距离	mm	设备能力的主要参数
3	板链宽度	mm	设备能力的主要参数
4	电动机功率	kW	

续表

序号	参数类型	单位	参数描述
5	输送速度	m/min	输送能力的主要参数
6	总重量	t	

五、常见故障分析与处理方法

板链式输送机的常见故障分析与处理方法见表4-6。

表4-6 板链式输送机的常见故障分析与处理方法

故障现象	故障原因	处理方法
链条跑偏	滚筒位置偏斜	调整滚筒位置
	托滚与运输机纵向中心线不垂直	调整托滚位置
	机架不平或变形	找平或校正机架
链条打滑	链条张紧不够	调整张紧度
	滚筒外皮磨损严重	修复或更换滚筒外皮
	负荷过大或下料不均	控制负荷
链条磨损严重	托滚转动不灵活或停止转动	检查修理
	滚筒和托滚表面不平	检查修理或更换
	链条张力太大	调整张紧装置
轴承温度高	间隙过小	调整间隙
	润滑油不够或质量不合格	检查润滑油

第五节 埋刮板输送机

埋刮板输送机出现于20世纪20年代，是英国Arnold Redler发明的。由于在物料输送过程中刮板始终被埋在物料中，因而被称为“埋刮板输送机”。埋刮板输送机除可进行水平、倾斜输送和垂直提升外，还能在封闭的水平或垂直平面内的复杂路径上进行循环输送。埋刮板输送机在催化剂的生产中得到广泛应用，如裂化催化剂生产装置常使用这种设备输送粉状物料。

一、结构与工作原理

埋刮板输送机主要由封闭断面的壳体(机槽)、刮板链条、驱动装置、张紧装置及安全保护装置等部件组成，如图4-6所示。

埋刮板输送机是借助于在封闭的壳体内运动着的刮板链条而使散体物料按预定目标输送的运输设备。其具有体积小、密封性强、刚性好、工艺布置灵活、安装维修方便并能多点加料和多点卸料等优点，可显著改善工人的劳动条件，防止环境污染。

埋刮板输送机的工作原理是：利用散粒物料具有内摩擦力以及在封闭壳体内对竖直壁产生侧压力的特性来实现物料的连续输送。

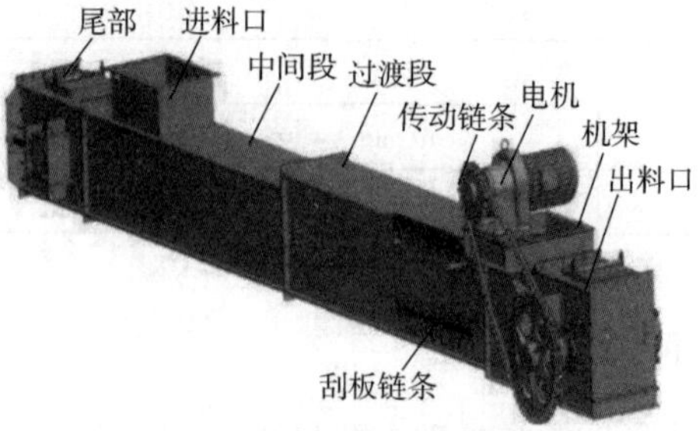

图 4 –6　埋刮板输送机结构示意

对于水平输送，物料受到刮板链条在运动方向上的推力，使物料被挤压，于是在物料自重及两侧壁的约束下，物料间产生了内摩擦力，它保证了料层之间的稳定状态并足以克服物料在机槽中移动时受到的外摩擦阻力，形成连续整体的料流随着刮板链条向前输送。

对于垂直提升，物料受到刮板链条在运动方向上的提升力。由于物料的起拱特性、物料的自重及机槽四壁的约束，物料中产生了横向侧压力，形成阻止物料下落的内摩擦力。同时，下部的不断给料也给上部物料施加了一个连续不断的推移力，迫使物料向上运动。当这些作用力大于物料和槽壁之间的外摩擦阻力及物料自身的重力时，物料就会形成连续整体的料流，从而被提升。因为刮板链条运动中的振动，料拱会时而被破坏，时而又形成，使物料在提升过程中相对刮板链条产生一种滞后现象。这对输送效率和速度略有影响，但并不妨碍正常工作。

埋刮板输送机属于具有挠性牵引构件的输送机械。其输送原理与刮板输送机不同。刮板输送机是利用固定在链条上的埋刮板一份一份地向前刮运物料，物料是断续的。

二、型号

埋刮板输送机的型号表示方法为：

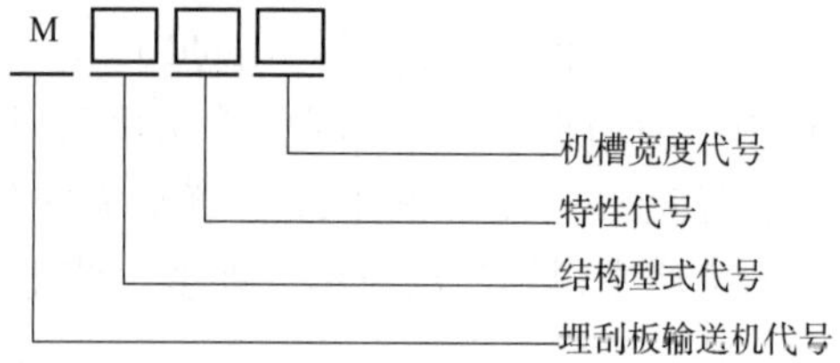

标记示例：

(1)机槽宽度 $B=320$mm，用于输送物料温度在 100～450℃的水平型输送机：埋刮板输送机 MSR32。

(2)机槽宽度 $B=320$mm，用于输送常用物料的垂直型输送机：埋刮板输送机 MC32。

三、分类

1. 按结构分类

埋刮板输送机按结构分为 6 种型式，各个型式及参数见表 4 –7，图 4 –7 为各结构型式简图。

表 4-7　埋刮板输送机的结构型式及参数

型式	水平型	垂直型	Z 型	平面环型	立面环型	扣环型
代号	S	C	Z	P	L	K
倾斜角度	0°～25°	0°～90°	60°～90°	—	—	60°～90°

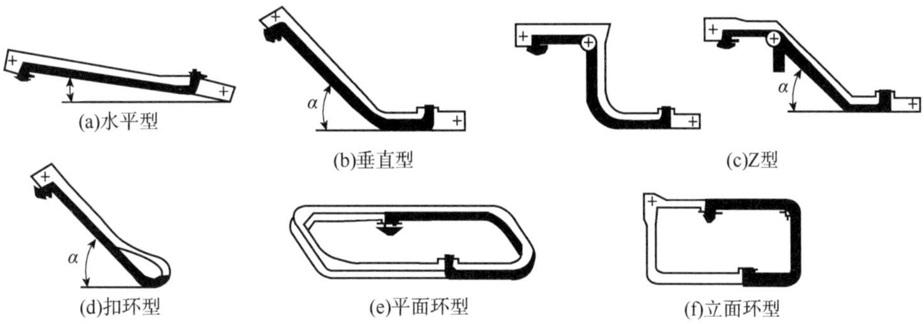

(a)水平型　(b)垂直型　(c)Z型　(d)扣环型　(e)平面环型　(f)立面环型

图 4-7　埋刮板输送机的结构型式简图

2. 按对输送物料的适应性分类

埋刮板输送机按对输送物料的适应性(特性)分为 4 种型式，其型式和代号应符合表 4-8 的规定。

表 4-8　埋刮板输送机对物料的适应性分类

型式	普通型	热料型	耐磨型	气密型
特性	常用物料	100～450℃	磨琢性物料	有毒性渗透性物料
代号	不表示	R	M	F

四、特点

(1)优点

①应用范围广，可输送多种物料，如粉沫状(水泥和面粉)、颗粒状(谷物和砂)、小块状(煤和碎石)以及有毒、腐蚀性强、高温(300～400℃)、飞扬性、易燃、易爆等各种物料。

②工艺布置灵活，可水平、垂直、倾斜布置。

③设备简单，体积小，占地面积小，重量轻，可多点装卸料。

④实现密封输送，特别适用于输送扬灰的、有毒的、易爆的物料，改善劳动条件，防止污染环境。

⑤可沿两个分支，按相反方向输送物料。

⑥安装方便，维修费用低。

(2)缺点

①料槽易磨损，链条磨损严重。

②输送速度较低(0.08～0.8m/s)，输送量小。

③能耗大。

④不宜输送黏性、易结块的物料。

五、基本参数

埋刮板输送机的基本参数有4个：机槽宽度B、承载机槽高度H、刮板链条节距t、刮板链条速度v，这4个参数中B、H、t是结构参数，v是工作特性参数。埋刮板输送机的机槽宽度和高度如图4-8所示。

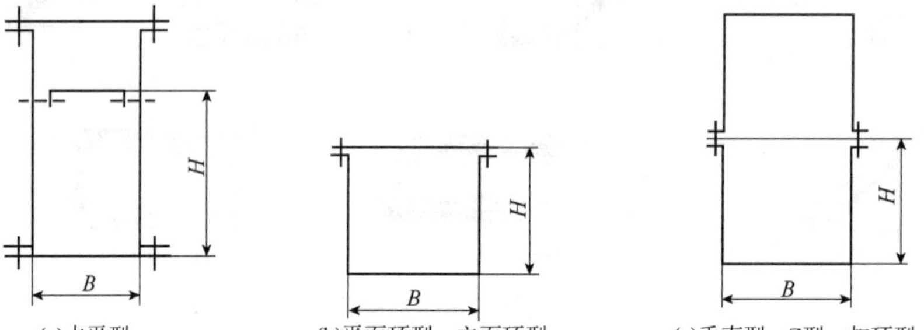

图4-8 埋刮板输送机的机槽宽度和高度

机槽宽度B的宽度代号见表4-9。

表4-9 埋刮板输送机的机槽宽度代号

基槽宽度B/mm	160	200	250	320	400	500	630	800	1000	1250
宽度代号	16	20	25	32	40	50	63	80	100	125

六、设备选型

1. 埋刮板输送机选型

(1)埋刮板输送机可以安装在室内或室外。室外埋刮板输送机的驱动装置需采取防雨措施，以防电动机受潮；各接口法兰处应密合，以防雨水渗入机槽中。

(2)在埋刮板输送机的选型设计中，功率超过15kW的驱动装置应设置液力耦合器，以满足重载启动要求，并保护电动机；电器部分应设置过电流保护装置，以防设备过载或故障(电器部分一般由选用单位自行设计)；在选型设计中，还应考虑选用断链保护装置以及料位开关，以防止牵引链条断链和堵料造成的设备损坏。

(3)埋刮板输送机应考虑设置检修通道或平台，并在建筑物上设有吊装孔及起吊设施。

(4)埋刮板输送机的支架，一般由选用单位自行配置，其支架间距、埋刮板输送机与支架的固定方式以及支架的受力情况等，可向选定的埋刮板输送机生产厂家进行咨询。

(5)在埋刮板输送机各部位的安装支架处，应在建筑物中预埋钢板或地脚螺栓，以便安装固定。在头部及驱动装置支架与地基基础的连接处，必须采用基础预埋，决不允许采用膨胀螺栓进行固定。在埋刮板输送机安装调试后，其头部支架应与地基基础焊牢，尽量不用螺栓固定。头部与驱动装置也应牢固地安装在具有足够刚度、强度的支架上，以确保运行中不产生较大的振动和位移。

(6) 当埋刮板输送机置于地坑内时，应设置地坑的防水、排水、防尘及照明等设施。应留有适当位置以清理环境和检修保养设备。

(7) 埋刮板输送机应在控制室集中启动，并且应配有灯光指示运行情况的模拟盘。

(8) 为了控制对埋刮板输送机的给料并达到稳定供料的目的，应在贮料斗或料仓下部设置闸门或给料器，这对流动性较好或密度较大的物料尤为重要，否则物料将对刮板产生很大压力，并且使加料段及尾部充满物料，造成输送机过载。在不太大的贮料斗或料仓下，可设置螺杆闸门；在较大的贮料斗或料仓下可设置齿条平闸门或气动闸门。

(9) 对连接在埋刮板输送机上的贮料斗、料仓、进料溜管及卸料溜管等，要求其溜角大于物料的安息角，以便物料顺利通过。溜角一般为 55°～60°。

(10) 数台埋刮板输送机串接使用或与其他设备相衔接时，应设有电气联锁装置。

(11) 埋刮板输送机如在控制室内集中控制，控制室内应配置由灯光指示的运行模拟屏或计算机。埋刮板输送机各操作岗位与控制室应有声光信号联系。无控制室时，启停开关、电流表及电流保护装置应设在头部。在埋刮板输送机旁，应设置事故紧急停止开关与控制室联锁。

(12) 在埋刮板输送机的头部、尾部或弯曲段附近，应设置 36V 的低压照明检修灯插座或单相电源插座，以便于维修设备。

2. 输送机承载机槽高度

承载机槽高度 H 应符合图 4－8 和表 4－10 的规定。

表 4－10　埋刮板输送机的机槽高度代号

<table>
<tr><td colspan="3">基槽宽度 B/mm</td><td>160</td><td>200</td><td>250</td><td>320</td><td>400</td><td>500</td><td>630</td><td>800</td><td>1000</td><td>1250</td></tr>
<tr><td rowspan="6">MF</td><td>S</td><td rowspan="8">承载机槽高度 H</td><td rowspan="2">160</td><td rowspan="2">200</td><td rowspan="2">250</td><td rowspan="2">320</td><td rowspan="2">360</td><td rowspan="2">400</td><td rowspan="2">500</td><td rowspan="2">600</td><td rowspan="2">700</td><td rowspan="2">700</td></tr>
<tr><td>P</td></tr>
<tr><td>C</td><td rowspan="4">120</td><td rowspan="4">130</td><td rowspan="4">160</td><td rowspan="4">200</td><td rowspan="4">250</td><td rowspan="4">280</td><td rowspan="4">320</td><td rowspan="4">400</td><td rowspan="4" colspan="2">—</td></tr>
<tr><td>Z</td></tr>
<tr><td>L</td></tr>
<tr><td>K</td></tr>
<tr><td rowspan="2">R</td><td>S</td><td></td><td colspan="2">250</td><td colspan="2">360</td><td colspan="2">500</td><td colspan="3">—</td></tr>
<tr><td>C</td><td></td><td>130</td><td>160</td><td>200</td><td>250</td><td>280</td><td>320</td><td colspan="3">—</td></tr>
</table>

注：S、C、Z、P、L、K 为输送机结构型式代号；M、R、F 为输送机特性代号。

3. 刮板链条速度

刮板链条速度 v 的系列为：0.04m/s、0.063m/s、0.08m/s、0.10m/s、0.125m/s、0.16m/s、0.20m/s、0.25m/s、0.315m/s、0.40m/s、0.50m/s、0.63m/s、0.80m/s、1.00m/s。

七、技术要求

1. 性能基本要求

(1) 普通型输送机应能在 －25～80℃ 的环境下安全可靠地工作。热料型输送机应能在

100～450℃的环境下安全可靠地工作。

(2)输送机所有原材料、外购件、协作件均应有制造厂的合格证明文件。

(3)输送机的钢板不应有裂纹、夹层、凹陷、皱纹等缺陷，冲剪件应清除尖棱和毛刺。

(4)主机运行应平稳，无刮、卡、碰现象及异常噪声，驱动装置部分不应有异常振动。

(5)刮板链条运行方向应与规定方向一致，进入头轮时应啮合正确，离开头轮时不应出现卡链、跳链现象。

(6)尾部张紧装置调节应灵活。

(7)安全辅助装置应反应灵敏，动作准确可靠。

(8)在防爆场合选用的电气设备应符合 GB/T 3836.1—2021《爆炸性环境　第 1 部分：设备　通用要求》中的有关规定。

(9)物料在输送过程中不应泄漏，卸料口无堵塞现象。

(10)主机轴承温升不应大于 40℃。

(11)负载运行时，在距输送机周围 1m 处的最大噪声声压级不应超过 85dB(A)。

(12)普通型、气密型输送机在第一次大修前正常工作时间不应少于 8000h；热料型、耐磨型输送机在第一次大修前正常工作时间不应少于 5000h。

2. 主要部件的要求

(1)刮板链条

①链杆(板)应采用力学性能不低于 GB/T 699—2015《优质碳素结构钢》中 45 号钢的材料制造，并进行调质处理。调质硬度应为 217HB～255HB，销轴孔公差带为 H11。

②销轴应采用力学性能不低于 GB/T 699—2015 中 45 号钢的材料制造，并进行调质处理。调质硬度应为 200HB～235HB，轴径公差带为 c11。

③套筒、滚子应采用力学性能不低于 GB/T 699—2015 中 15 号钢的材料制造，并进行渗碳处理，其渗碳层深度应为 0.3～1.0mm，热处理硬度应为 50HRC～60HRC，套筒、滚子孔径公差带为 H11，套筒外径公差带为 h11。

④链杆(板)的节距公差带应符合 Js12 的规定。

(2)安全辅助装置

①料层指示装置。挡板轴组在壳体上安装调整好后，应转动灵活。当挡板下沿距壳体底板高度达到规定要求时，应保证摇柄与行程开关的触头接触。

②料层高度调节装置。调节手轮及闸板应调节灵活，闸板沿导槽的移动不应有卡、扭等现象。丝杆上的刻度指示盘所对准的指示尺上的刻度值应与闸板下沿距壳体隔板的距离相一致。

③过载保护装置和断链报警装置。当输送机产生的冲击载荷使其过载电流超过规定要求时，过载保护装置应能使电动机在规定的时间内停止工作。

当输送机出现断链事故时，断链报警装置应能在规定的时间内使电动机停止工作，并同时发出报警信号。

④输送机清扫装置。清扫装置应能有效地防止物料在机槽内积压和防止返料。

⑤输送机防护装置。防护装置应设置在操作人员容易接近的运动部件上或其附近，但不妨碍运动部件的正常工作。

(3)整机安装和调试

①输送机在正式使用前应进行空载和负载试验。

②驱动装置应在出厂前组装，大链轮或半联轴器应与头部装配好后方能出厂。

③刮板链条运行方向指示箭头应与头部头轮旋转方向的指示箭头一致。

④刮板链条应松紧适度，尾部张紧装置已利用的行程不应超过全行程的50%。

⑤各段机槽法兰内口的连接应平整，如有错位，只允许比刮板链条运行前方的法兰口稍低，其值不应大于2mm。

⑥耐磨型输送机内的耐磨材料粘接应牢固可靠。

⑦除刮板链条销轴外，所有螺杆、滑轨、轴承、传动部件以及减速器内应有足够的润滑油或润滑脂。

八、常见故障分析与处理方法

埋刮板输送机的常见故障分析与处理方法见表4－11。

表4－11 埋刮板输送机的常见故障分析与处理方法

故障现象	故障原因	处理方法
链条跑偏	整机左右不平	联系钳工处理
	头轮、尾轮及导轨、托轮不对中	
	各轮轴不平行	
断链	选型计算错误或选型错误	重新选型
	链条制造质量没达到设计要求	重新加工和采购
	链条开口销磨损	更换开口销
	异物卡死链条	联系钳工处理
	链条严重变形与导轨或机槽卡死	联系钳工处理
	链轮磨损严重	更换链轮
轴承温度高	油量不足或油质不良	加适量合格的润滑油或彻底换油
	轴承损坏	联系钳工检查处理
	负荷过大	进行工艺调整

第六节 螺旋输送机

螺旋输送机(俗称绞龙)是一种不具有挠性牵引构件的连续输送设备，用于短距离输送物料。根据输送物料的特性要求和结构的不同，螺旋输送机可分为以下几种型式：普通螺旋输送机、垂直螺旋输送机、可弯曲螺旋输送机和螺旋管输送机等。

螺旋输送机在催化剂生产中的应用比较广泛，但主要用于短距离直线输送，如膏状物料向闪蒸干燥器的输送、回转式焙烧炉的进料装置、碾压机及混碾机的进料等都采用这种输送方式。

一、结构与工作原理

螺旋输送机结构示意如图4－9所示。螺旋输送机主要由驱动装置、螺旋叶片、机槽等组成，等螺距的螺旋叶片焊接在主轴上，当主轴旋转时，螺旋叶片同步旋转。电动机带动螺旋输送机主轴旋转，旋转的螺旋叶片连续推动物料向前移动，实现物料输送的目的。螺旋输送机的主要技术参数包括螺旋叶片直径、螺距、长度、转速、功率、输送量等。

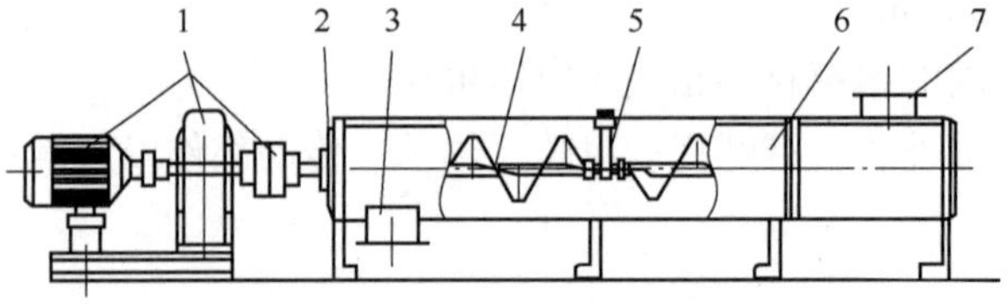

图4－9　螺旋输送机结构示意

1—驱动装置；2—两端轴承；3—下料口；4—螺旋；
5—中间支撑轴承；6—密封槽体；7—进料口

二、主要组成部件及工作特点

螺旋输送机的主要组成部件包括电动机、螺旋轴、轴承、机座等。

螺旋输送机的优点是：结构简单，装置密封性较好，便于在任何位置上加料或卸料，维护方便，操作安全，外形尺寸小，布置紧凑等。其缺点是：动力消耗大，生产效率低，物料易受损伤和破碎，对过载敏感，螺旋及轴承易磨损等。

三、基本形式

螺旋输送机常用螺旋的基本形式主要有以下四种。

(1)带式螺旋：由于门撑条把型的带状螺旋叶和轴之间有较大的间隙，适用于输送中等块状(＞60mm)及黏性大、容易结块的固状物料。其与实体螺旋相比，生产率低，但不易堵塞卡料。

(2)叶片式螺旋：将单个桨叶沿螺旋线布置在轴上。

(3)成形式螺旋：将螺旋叶片制成一定形状，然后直接焊在轴上。叶片式螺旋和成形式螺旋多在输送一些实体性物料或在输送过程中需要同时进行搅拌、混合等工艺要求时采用。

(4)实体螺旋：是把一块整体板材经冲截成型制成螺旋叶片，然后直接焊在轴上，其适用于输送粉状、粒状、小块状物料。

四、主要应用范围

螺旋输送机横截面积小，故不宜输送大块物料及易变质、黏性大、易结块的物料，因为这类物料在输送时会黏结在螺旋上，造成物料积塞而使螺旋输送机无法工作。因此它适用于运送距离短，输送量不大，无磨琢性或磨琢性小，无黏结性或黏结性较小，不怕破碎而又要求密封输送的粉状或小块状物料。

由于螺旋输送机功率消耗大，因此多用在较低或中等输送量及输送长度不大的情况下（<70m，50m 以下较佳）。螺旋输送机还可以用于水平或倾斜输送（倾斜 < 20°），输送物料的温度应低于 200℃。

五、操作与维护

螺旋输送机的操作与维护如下：

（1）在输送物料过程中，严禁过载荷运行，造成电动机烧毁或将螺旋叶片卡坏。

（2）按时检查各部位（轴承、减速机等）的润滑点，要及时加润滑油（脂），按润滑管理制度的规定，保持润滑良好。

（3）检查槽体是否变形，若与输送件（螺旋叶片）产生摩擦，应立即交维修处理。

（4）经常检查各部件的紧固螺钉有无松动，及时紧固。

六、常见故障分析与处理方法

螺旋输送机的常见故障分析与处理方法见表 4－12。

表 4－12　螺旋输送机的常见故障分析与处理方法

故障现象	故障原因	处理方法
堵料	进料不均	保持均匀连续进料
	排料不畅	加大出料口或加长料槽端部
	大杂物或纤维性杂质进入机内	清理
机壳晃动	各螺旋节中心线不同心	重新安装找正中心
电流过大	箱体内壁黏结物料，阻力增大	清理干净
	箱体内进入异物，卡住螺旋叶片	检查排除
	轴承缺油或损坏	加油或换轴承
	箱体或轴承弯曲，发生互相摩擦	调整调直
螺旋轴断裂	螺旋轴材质强度不够，焊接残余应力未消除	重新制造或修理
	箱体的物料堆积过多，螺旋阻力剧增	清除一些物料
	螺旋轴疲劳损坏或严重弯曲	更换螺旋轴
噪声大	螺旋叶片与箱体相互摩擦	检查修理
	轴承缺油，发生干磨损	增添新油
	输送量过大，摩擦阻力增大	减轻负载
	螺旋轴严重变形或弯曲	调直或更新

第七节　气力输送系统

气力输送是在管道中利用气流能量来输送粉粒状物料的一种方法，也就是利用具有一定压力和一定流速的气流来输送粉粒状物料的一种连续输送装置，其在塑料颗粒、水泥、粮谷、面粉、矿砂、煤炭等散装物料的装卸输送中应用广泛。

气力输送装置在催化剂生产中的应用比较晚，由于其密闭输送中具有安全环保的优势，且具有操作方便、自动化程度高等优点，越来越受到人们的重视，应用也越来越多。

一、结构与工作原理

气力输送装置按工作原理可大致分为吸送式(也称负压输送，一般工作压力为 -0.04 ~0.08MPa)、压送式(也称正压输送，一般工作压力为 0.1 ~0.5MPa)和混合式气力输送三种类型，其工作原理见图4-10。负压输送装置是将大气与物料一起吸入管道内，用低于大气压力的气流进行输送，因而又称为真空吸送；正压输送装置，用高于大气压力的压缩空气推动物料进行输送。正压输送系统又可根据初始输送压力的大小分为高压输送和低压输送，高压输送用于输送粒度不均匀、黏度大、流化效果差的粉粒，低压输送用于输送粒度均匀、质量轻、流化效果好的物料。

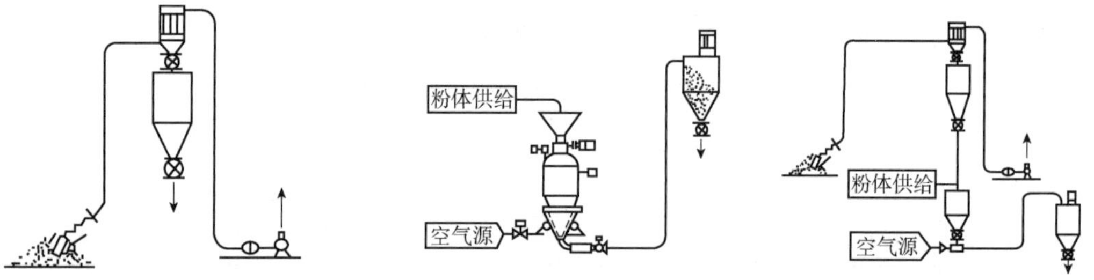

(a)吸送式气力输送　(b)压送式（高压式）气力输送　(c)混合式气力输送

图4-10　三种气力输送装置工作原理示意

气力输送系统按粉粒流动方式(以粉料浓度、输送量为主要依据)可分为稀相输送、浓相动压输送、浓相静压输送和筒式气力输送系统。稀相输送速度大、物料分布均匀，但能耗大、物料易破碎；浓相动压输送速度小、管道磨损低、物料破碎程度小；浓相静压输送浓度大、能耗低，但距离不宜太长；筒式气力输送利用空气的静压使物料在管道内飞速滑行，适用于难以悬浮且本身无法形成料栓的物料。

气力输送系统由气源部分、脉冲部分、管道部分、物料接收及除尘部分、控制部分五大部分组成，如图4-11所示。

具体工作原理如下。

(1)进料阶段：封料阀、密气阀、排气阀打开，其他阀门关闭，物料由人工投入发送器内，当发送器内物料达到设定值时，封料阀、密气阀、排气阀关闭，完成进料过程。

(2)输送阶段：打开进气阀，脉冲输送开始，压力变送器发出信号，出料阀自动开启，输送开始，发送器内物料逐渐减少，压力变送器显示由高位逐步回落。在此过程中，仓内物料始终处于输送状态。压力下降到管道阻力时，进气阀关闭，脉冲停止，关闭出料阀，打开进料阀、密气阀、排气阀完成一次输送循环。

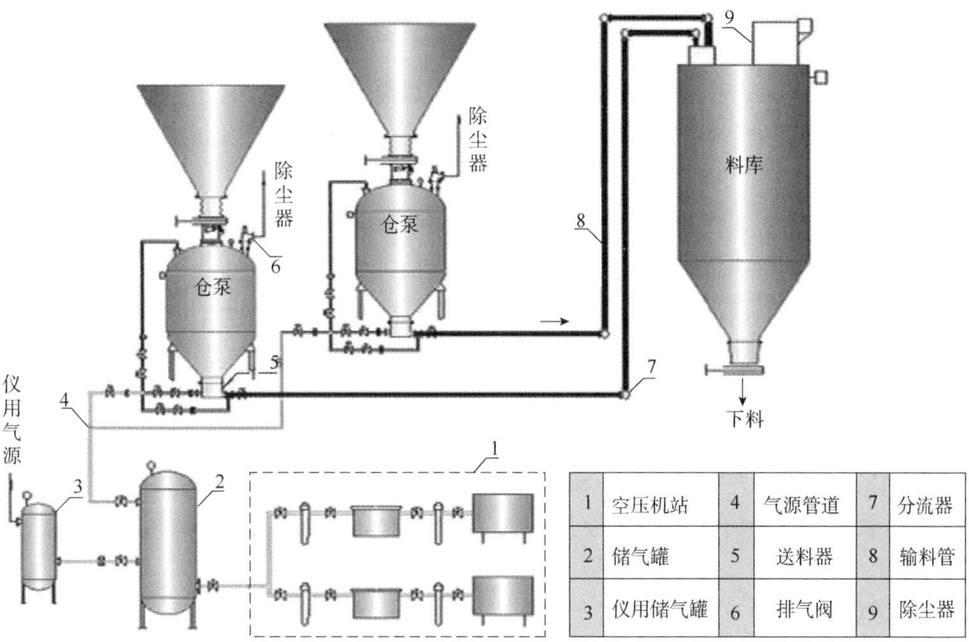

1	空压机站	4	气源管道	7	分流器
2	储气罐	5	送料器	8	输料管
3	仪用储气罐	6	排气阀	9	除尘器

图 4 –11　气力输送系统

二、特点

1. 优点

气力输送系统的优点如下：

(1)对物料粒度的要求较低。既适用于小颗粒物的连续输送，又适用于大颗粒物的间歇输送。对于化学性质不稳定的物料，可使用惰性气体进行保护输送。

(2)操作方便、自动化程度高。气力输送系统采用的仪表、输送泵、开关阀门等装置均统一由一个中心控制系统控制，工作人员只需操作该中心控制系统即可实现对整个系统的控制。

(3)空间利用率高。由于采用了管道运输，输送的方向不受限制，管路可灵活布置，不受空间、其他装置的影响，可以绕设备、建筑进行输送，大大提高了空间利用率。

(4)安全，污染小。气力输送系统的密封性能很好，可以有效地避免物料逸出，提高工作的安全性，同时减少污染。

2. 缺点

(1)能耗高：气力输送系统的能耗是带式输送机的 15 ~ 40 倍，随着输送距离的增加，能量消耗也逐步上升。

(2)易出现管道堵塞等问题。在工厂实际操作中，由于操作不当或其他因素，经常出现料口结块、进料不顺、管道堵塞等问题，对物料的输送产生不良影响。

(3)运输距离受限。由于技术受限以及能耗需求，气力输送系统的运输距离有一定的限制。

3. 吸送式气力输送与压送式气力输送的区别

吸送式气力输送具有以下特点：

(1)适用于从几处向一处集中输送。供料点可以是一个或几个，料管可以装一根或几根支管。既可以将几处供料点的物料依次输送至卸料点，也可以同时将几处供料点的物料输送至卸料点。

(2)在负压作用下，物料很容易被吸入，因此喉管处的供料装置简单。料斗口可以敞开，能连续地供料和输送。

(3)物料在负压下输送，水分容易蒸发，因此对水分较高的物料，比压送式易于输送，对加热状态下供给的物料，经输送可起到冷却作用。

(4)部件要保持密封，因此分离器、除尘器、锁气器等部件的构造比较复杂。

(5)风机设在系统末端，对空气净化程度的要求比较高。

(6)与压送式相比，物料浓度与输送距离更小。因为浓度与输送距离加大，阻力也不断加大，这就要求提高管道内的真空度。而真空度太高，空气变得稀薄，携带能力也就下降。

压送式气力输送具有以下特点：

(1)适用于从一处向多处进行分散输送。即供料点是一个，而卸料点可以是一个或多个。

(2)与吸送式相比，浓度与输送距离可大为增加。从机理上讲，当物料浓度与输送距离增加时，管道阻力加大，这就需要相应提高管道内空气压力。空气压力增高，空气重度增大，携带物料的能力增强。采用压送式气力方式的输送距离可长达数公里。

(3)在正压情况下，物料从排料口卸出，因而分离器、除尘器的构造简单，一般不需要锁气器。

(4)鼓风机或空气压缩机设置在系统首端，对空气净化程度要求低。

(5)在正压作用下，物料不易进入输料管，因此供料装置构造比较复杂。间歇式压送不能连续供给物料。

(6)与吸送式相比，管路上不严密处的漏气会对环境造成一定的影响，但是根据漏气处喷射出的灰尘很容易发现漏气部位。

三、基本参数

由于每种气力输送系统都有其特定的适用范围，因此在实际应用中，根据物料的特性、输送量、输送距离以及输送的经济性等因素来选择合适的气力输送系统。

1. 料气输送比

料气输送比是指通过管道截面的物料与空气的流量比，简称料气比，可表示为：

$$\mu = \frac{G_s}{G}$$

式中 G——空气流量；

G_s——物料流量。

料气比也可用体积分数 σ 表示，即 1m 管道上物料与空气的容积比，计算公式如下：

$$\sigma = \frac{G_s/\gamma_s}{G/\gamma} = \frac{G_s\gamma}{G\gamma_s} = \mu\frac{\gamma}{\gamma_s}$$

G、G_s 可采用流量的瞬时值，也可采用某一时间段的平均值。

若管中物料的平均速度为 u，则处于1m 管道长度上的物料量 q_s 为：

$$q_s = \frac{G_s}{u}$$

对于1m 管长以上的空气流量 q 为：

$$q = \frac{G}{v}$$

式中　v——气流速度。

在1m 管长以上的物料与空气的流量比，称为管道内的真实料气比 μ_0，即：

$$\mu_0 = \frac{q_s}{q} = \frac{G_s}{G}\frac{v}{u} = \mu\frac{1}{u/v} = \frac{\mu}{\phi}$$

式中　ϕ——料气速度比。

2. 管内气流速度

气流速度 v 是气力输送的另一个重要参数。空气量确定后，一旦选定管内的气流速度，便可算出输送管径。

考虑物料占据了一定的截面 A_s，设管道的截面积为 A，则空气实际通过的净面积为 A_p，对应的真实速度为 v_a。视在速度 v 和真实速度 v_a 的表达式及关系式如下：

$$v = \frac{G}{\gamma A}$$

$$v_a = \frac{G}{\gamma(A - A_s)}$$

$$\frac{v}{v_a} = \frac{A}{A_P} = 1 + \frac{A_s}{A_P} = 1 + \mu\frac{\gamma}{\gamma_s}\frac{v_a}{u}$$

$$v = \frac{v_a}{1 + \mu\frac{\gamma}{\gamma_s}\frac{v_a}{u}}$$

由上式可知，气流的真实速度 v_a 总大于视在速度 v。当管道某一截面上物料增多时，物料占据的面积增加，气流速度增加，物料自动加速。

3. 管内混合物的比重和空隙率

管内物料比重：

$$\gamma_{as} = \frac{G}{Au} = \frac{q_s}{A} = \frac{\mu v\lambda}{u}$$

管内空气比重：

$$\gamma_a = \frac{G}{Au} = \frac{q}{A} = \lambda\frac{A_p}{A}$$

管内混合物比重：

$$\lambda_m = \lambda_{as} + \lambda_a = \frac{G_s}{Au} + \frac{G}{Av} = \frac{G}{A}\left(\frac{\mu}{u} + \frac{1}{v}\right) = \gamma\frac{A_p}{A}(\mu_0 + 1)$$

管内空隙率：

$$\varepsilon = 1 - \frac{\mu_0 \gamma}{\gamma_s} = 1 - \frac{\mu \ \gamma}{\phi \ \gamma_s}$$

四、常见故障分析与处理方法

气力输送系统的常见故障分析与处理方法见表 4－13。

表 4－13　气力输送系统的常见故障分析与处理方法

故障现象	故障原因	处理方法
输送时间较长	排空阀漏气	更换仪表阀门
	入口阀漏气	更换仪表阀门
	出口阀漏气	更换仪表阀门
	沸腾风压力小	更换沸腾风处过滤网、疏通风管线
	气源压力低	调节气源压力
仓泵入口蝶阀轴密封漏风	密封盘根失效	更换盘根
气缸联动柱销断裂	柱销失效	更换柱销

参考文献

[1]王鹰．连续输送机械设计手册[M]．北京：中国铁道出版社，2001.
[2]胡庆喜．浆料输送设备与技术[J]．造纸科学与技术，2009，28(6)：129－135.
[3]张小刚．物料输送技术与设备[J]．黑龙江冶金，2013，33(2)：33－34.
[4]张科，李兰兰，张春早，等．新型机械物料传动设备设计研究[J]．中国设备工程，2021(3)：99－100.
[5]JB/T 12753—2015，软管泵[S].
[6]GB 10884—1989，单螺杆泵型式与基本参数[S].
[7]GB 10885—1989，单螺杆泵型技术条件[S].
[8]GB 10886—1989，三螺杆泵型式与基本参数[S].
[9]GB 10887—1989，三螺杆泵技术条件[S].
[10]JB/T 8697—2014，隔膜泵[S].
[11]T/ZZB 2345—2021，气动隔膜泵[S].
[12]张国钊，张恩勇．气动隔膜泵的选用[J]．化工设计，2015，25(4)：23－25.
[13]李诗久，周晓君．气力输送理论与应用[M]．北京：机械工业出版社，1992.
[14]李勇．气力输送的技术进展和方式比较[J]．塑料加工应用，2002，24(3)：20－28.
[15]郭云舟．化工中气力输送技术概述[J]．广东化工，2016，43(13)：135－136.
[16]JB/T 3926—2014，垂直斗式提升机[S].
[17]GB/T 10596—2011，埋刮板输送机[S].
[18]GB 40159—2021，埋刮板输送机 安全规范[S].

第五章　搅拌设备

第一节　概论

搅拌通常是指液体介质或浆状物料的混合过程，其目的主要有三个方面：①使两种或多种不同的物质在彼此之中互相分散，从而达到均匀混合的效果；②制造乳浊液或悬浮液；③促进化学反应和加速物理变化过程，如促进溶解、吸收、吸附、萃取、加速传热和传质过程的速率。实际生产中，搅拌可能需要同时实现上述几个目的。例如，在液体的催化加氢反应中，采用搅拌操作一方面能使固体催化剂颗粒保持悬浮状态，另一方面将反应生成的热量迅速从换热面移除，同时还能使气体均匀分布在液相中。

搅拌设备在工业生产中的应用范围很广，不同的生产过程对搅拌效果(混合物的均匀程度)有不同的要求。在有些生产过程中，如炼油厂大型油罐内原油的搅拌，只要求罐内原油宏观上混匀，这样的搅拌任务比较容易完成。而在另一些过程中，如两种液体的快速反应，不但要求混合物宏观上混匀，而且希望在小尺度上也获得快速均匀的混合，因此对搅拌操作有着更高的要求。针对不同的搅拌目的，选择恰当的搅拌器构型和操作条件，才能获得最佳的搅拌效果。在精细化工生产中，不少化工生产过程都需要将搅拌设备作为主要反应设备。在催化剂生产行业，搅拌设备是多种类型的催化剂生产过程中不可或缺的生产设备之一。

实现液体搅拌和混合的方法很多，最早使用且仍在广泛使用的方法是机械搅拌(或称叶轮搅拌)。另外，在某些特殊场合下，有时也采用气流搅拌、射流搅拌和管道混合。气流搅拌是利用气体鼓泡通过液体层，对液体产生搅拌作用，或使气泡群密集上升，借上升作用促进液体产生对流循环。与机械搅拌相比，仅气泡的作用对液体进行搅拌是比较弱的，对于几千 mPa·s 以上的高黏度液体是难以使用的。但气流搅拌无运动部件，所以在处理腐蚀性液体、高温高压条件下的反应液体的搅拌时比较便利。在工业生产中，大多数的搅拌操作系机械搅拌，以中、低压立式钢制容器的搅拌设备为主。本章主要介绍催化剂生产过程中常用的安装于反应釜上的机械搅拌设备。

一、搅拌设备的作用

搅拌设备在石油化工生产中被用于物料混合、溶解、传热、制备悬浮液、聚合反应、制备催化剂等，搅拌设备具有以下作用：

(1)使物料混合均匀；

(2)防止高黏度物料沉降；

(3)使气体在液相中很好地分散；
(4)使固体粒子(如催化剂)在液相中均匀地悬浮；
(5)使不相溶的另一液相均匀悬浮或充分乳化；
(6)强化相间的传质(如吸收等)；
(7)强化传热。

二、搅拌设备的分类

搅拌设备的分类有很多方法。按加热(冷却)方式可分为水加热搅拌釜、蒸汽加热搅拌釜、其他介质加热搅拌釜(导热油等)等。按釜体材质可分为金属搅拌釜、非金属搅拌釜、钢衬搅拌釜等。按工作时釜内压力可分为常压搅拌釜、正压搅拌釜、负压搅拌釜等。

1. 按加热(冷却)方式分类

(1)水加热搅拌釜

当对温度要求不高时，可采用这种加热方式。其加热系统有敞开式和密闭式两种。敞开式较简单，它由循环泵、水槽、管道及控制阀门的调节器组成。当采用高压水时，对设备的机械强度要求较高，搅拌釜外表面需焊上蛇管，蛇管与釜壁有间隙，使热阻增加，传热效果降低。

(2)蒸汽加热搅拌釜

加热温度在100℃以下时，可用小于0.1MPa的蒸汽进行加热；当加热温度为100～180℃时，需要使用饱和蒸汽进行加热；当温度更高时，可采用高压过热蒸汽。

(3)其他介质加热搅拌釜

若工艺要求必须在高温下操作，或欲避免采用高压的加热系统时，可用其他介质来代替水和蒸汽，如导热油。

2. 按釜体材质分类

(1)金属搅拌釜

金属搅拌釜可进一步分为碳钢搅拌釜、不锈钢搅拌釜及稀有金属搅拌釜。

1)碳钢搅拌釜

碳钢搅拌釜适用于不含腐蚀性液体的环境，如部分水罐、油罐等。

2)不锈钢搅拌釜

常用的不锈钢搅拌釜有304、316、321、904等材质，根据介质的腐蚀性可选用不同材质的不锈钢搅拌釜。不锈钢搅拌釜具有优良的机械性能，可承受较高的工作压力，也可承受块状固体物料的冲击。不锈钢搅拌釜除了具有优良的耐腐蚀性能外，耐热性能好，工作温度范围广，传热效果好，具有升温和降温速度快的优点，同时具有优良的加工性能，可按不同的工艺要求，制成各种不同形状结构的反应釜，在催化剂行业是应用最广泛的搅拌釜。

3)稀有金属搅拌釜

催化剂制备中常用的稀有金属搅拌釜有锆釜、钽釜、哈氏合金釜等。稀有金属一般价格昂贵、成本高，在某些强腐蚀等特殊工况下，不锈钢等材质不能满足需求时，需要选用稀有金属搅拌釜，如硫酸铝反应釜等。

(2)非金属搅拌釜

催化剂制备中常用的非金属反应釜有水泥搅拌釜、玻璃钢搅拌釜、PE 搅拌釜等，应用于各种浓度的酸、碱、盐、强氧化剂、有机化合物及其他具有强腐蚀性的化学介质。

(3)钢衬搅拌釜

钢衬搅拌釜用碳钢或不锈钢做基体材料，内衬橡胶、PTFE、玻璃钢等，以实现纯钢材无法避免的问题，如腐蚀介质、高温或低温介质。常见的有钢衬 PE 反应釜、钢衬 PTFE 反应釜、钢衬搪瓷反应釜等。

3. 按工作时釜内压力分类

按工作时釜内压力可分为常压搅拌釜、正压搅拌釜、负压搅拌釜。

(1)常压搅拌釜

工作时搅拌釜内压力为常压，如各种打浆罐、成品储罐等。

(2)正压搅拌釜

工作时搅拌釜内压力为正压，各种反应设备基本采用正压搅拌釜，在催化剂行业应用广泛，如晶化釜等。

(3)负压搅拌釜

工作时搅拌釜内压力为负压，在催化剂行业应用较少，某些特殊工况下应用，如 MACC 固体溶解釜等。

第二节　搅拌设备的结构

搅拌设备主要由搅拌容器、轴封和搅拌装置三大部分组成，如图 5-1 所示。

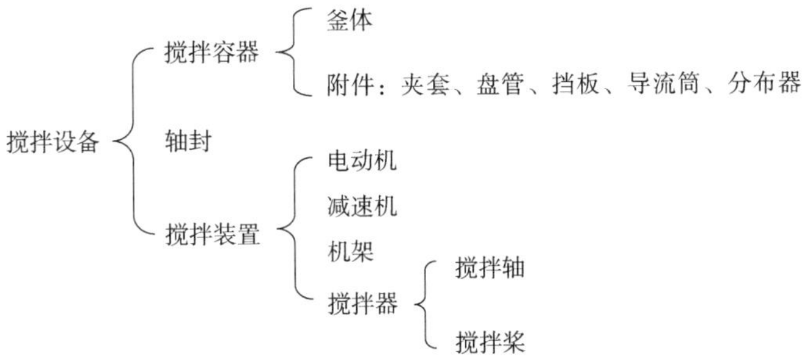

图 5-1　搅拌设备的构成

搅拌容器包括釜体、传热装置(外夹套、盘管等)、内构件(如挡板、导流筒、分布器等)以及各种用途开孔接管等；搅拌装置包括电动机、减速机、机架、搅拌轴、搅拌桨及底支撑等部件；轴封的常用形式有填料密封、机械密封和磁力密封等。常规搅拌釜结构如图 5-2 所示。

一、釜体

釜体提供反应所需空间。由圆柱筒体和上、下封头组成，其高度与直径之比(长径比)一般在 1～3。在加压操作时，上、下封头多为半球形或椭球形；而在常压操作或压力不高时，上封头可做成平顶，为了放料方便，下底也可做成锥形。上封头与筒体连接有两种方

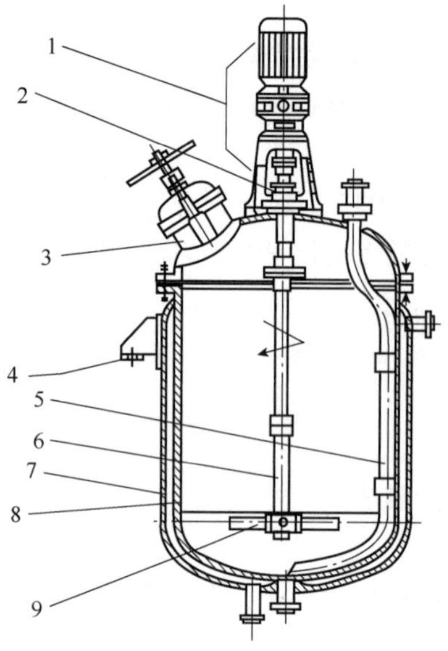

图5-2 常规搅拌釜结构
1—传动装置；2—密封装置；
3—人孔(或投料口)；4—支座；5—压出管；
6—搅拌轴；7—夹套；8—釜体；9—搅拌桨

法：一种是封头与筒体直接焊死构成一个整体；另一种是考虑拆卸方便，可用法兰连接。上封头开有人孔、手孔和工艺接管等，下封头设有出料阀、底套和工艺接管等。

二、传热装置

传热装置的作用是为搅拌釜提供热源(或冷源)，满足生产所需温度，传热介质和传热方式有多种形式。

1. 夹套传热

夹套是指在容器壁外面增加的一个外套，外套与内壁之间形成一个密闭的空间，可通过加入热介质如蒸汽、热水或高温导热油等来加热容器内(或管道内)的物料，也可通入冷却介质如冷却水或其他冷却流体来冷却容器内(或管道内)的物料。

2. 盘管传热

有时候釜内的化学反应需要的热量较大，夹套传热不足以满足釜内物料升温速度的要求，为了加快反应速度，通常还需要在反应釜内增加盘管，增大传热面积。反应器内衬有橡胶的反应釜，也需要增设盘管。

3. 列管传热

对于大型反应釜，需要高速传热时，可在釜体内安装列管换热器。列管传热具有换热面积大、传热效果好、结构简单、操作弹性大的优点。

三、轴封

轴封装置的作用是保证工作时形成密封条件，阻止介质向外泄漏。可分为填料箱密封、机械密封和磁力密封。

1. 填料箱密封

填料箱密封是反应釜常用的轴封之一，一般将软质密封填料放入填料箱内，用压盖压紧，使填料产生变形紧贴在轴上起到密封作用，该密封结构简单，制造方便，成本低。

填料箱密封由衬套、填料箱体、填料环、压盖、压紧螺栓等组成。其工作原理为：被装填在搅拌轴和填料函之间环形间隙中的填料，在压盖压力的作用下，沿搅拌轴表面会产生径向压紧力。填料中的润滑剂在径向压紧力的作用下被挤出，在搅拌轴的表面形成一层极薄的液膜。这层液膜一方面使搅拌轴得到润滑，另一方面起到阻止设备内流体漏出或外部流体渗入的作用，而达到轴向密封的目的。图5-3所示为常见填料箱密封结构。

2. 机械密封

机械密封是一种比较新型的密封结构，它由一个随轴转动的圆环(动环)和一个固定在釜体上的圆环(静环)配对组成，动环和静环在与轴垂直的平面上紧密贴合接触，在转动过程中起到密封作用。机械密封结构比较复杂，圆环端面加工要求较高，但其密封性能、使用寿命、摩擦功率损耗等均优于填料箱密封，目前已得到比较广泛的使用和推广。

机械密封的泄漏量少，使用寿命长，摩擦功率损耗小，轴或轴套不受磨损，耐振性能好，常用于高低温、易燃易爆有毒介质的场合，但机械密封结构复杂，密封环加工精度要求高，安装技术要求高，装拆不方便，使用成本高。常用的釜用机械密封包括单端面机械密封和双端面机械密封，图5－4所示为釜用双端面机械密封结构。

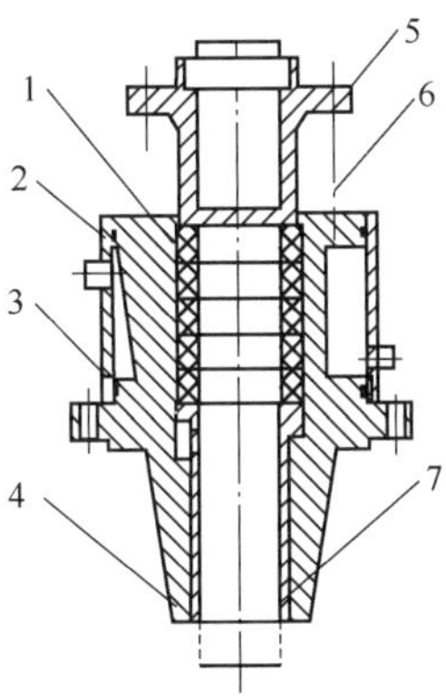

图5－3　常见填料箱密封结构

1—填料环；2—水夹套；
3—O形密封圈；4—填料箱体；
5—压盖；6—压紧螺栓；7—衬套

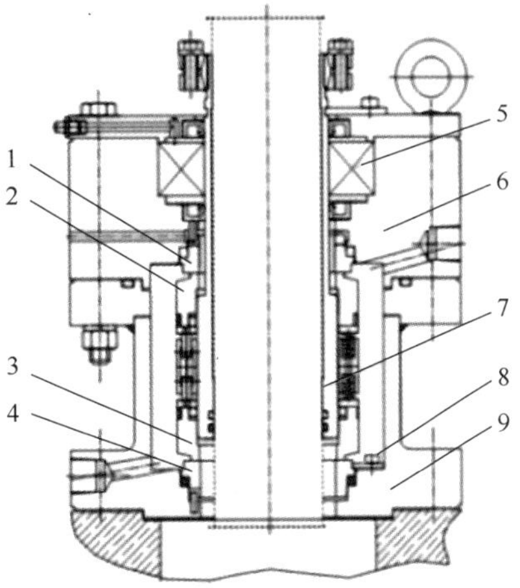

图5－4　釜用双端面机械密封结构

1—静环；2—动环；3—动环；4—静环；
5—轴承；6—压盖；7—轴套；
8—挡板；9—压盖

机械密封分为内装型机械密封和外装型机械密封，内装型机械密封又分为平衡型机械密封和非平衡型机械密封，催化剂生产中的反应釜用机械密封一般都采用内装型，因为这种结构的机械密封受力更合理、弹簧的防腐性能好、泄漏量少、冷却效果较好、使用寿命长。

平衡型：能部分或全部平衡液体压力对密封端面的作用，但通常采用部分平衡载荷系数$0 \leqslant K < 1$，端面比压随着液体压力增高而缓慢增加，改善端面磨损情况。平衡型机械密封结构比较复杂，适用于液体压力较高的场合，使用压力一般为0.7～4.0MPa，最高可达到10.0MPa，对于润滑性较差、黏度低、密度小于600kg/m^{3}的液体(如液化气等)，可采用平衡型机械密封。

非平衡型：不能平衡液体压力对密封端面的作用，端面比压随着液体压力增加而增加，载荷系数$K > 1$，在较高的液体压力下，由于端面比压增加，容易引起磨损。非平衡型机械密封结构简单，适用于液体压力低的场合，一般液体压力≤0.7MPa，对于润滑性差及腐蚀性液体的压力≤0.3～0.5MPa。

机械密封的主要密封元件是动环和静环，动、静环做相对运动，它们之间通过接触面形成密封，因此需要适当的压力和润滑。动、静环接触面之间的压力来自机械密封的弹簧和反应釜内介质的压力，密封面的压力过大可能导致动、静环之间的摩擦力过大，加快密封面的磨损，影响机械密封的使用寿命。当反应釜的工作压力较高时，釜用机械密封应考虑使用压力平衡罐，机械密封借助密封冷却液的压力平衡部分介质的压力，使机封摩擦副的端面比压的绝对值不致过高，保证摩擦副的使用寿命。机械密封平衡罐安装示意如图 5 -5 所示。

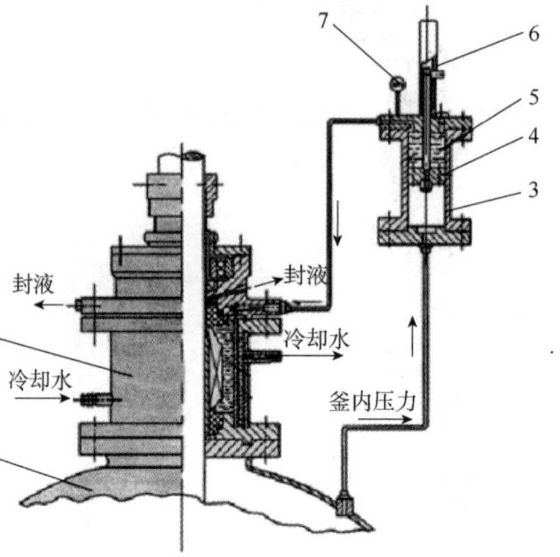

图 5 -5　机械密封平衡罐安装示意

1—反应釜；2—机械密封；3—平衡罐；4—活塞；
5—平衡液；6—活塞标杆；7—压力表

平衡罐的作用：一是工作状态下提供带压的密封冷却液，对机封进行润滑冷却循环；二是用取自釜内介质的压力来进行压力平衡，达到密封的目的。

3. 磁力密封

磁力密封装置继承了机械密封的设计原理，并简化结构完善功能，具有较高的可靠性和较长的使用寿命。磁力密封是指利用磁性材料的磁场作用，使补偿环组件与非补偿环组件相互吸引，实现补偿环与非补偿环摩擦面紧密贴合。与普通弹簧加载端面密封装置一样，磁力端面密封的主要结构也是由动环、静环和二次密封环等组成，动环与静环相互接触组成摩擦副，承受高速摩擦，实现了转子结构与静子结构之间的密封。

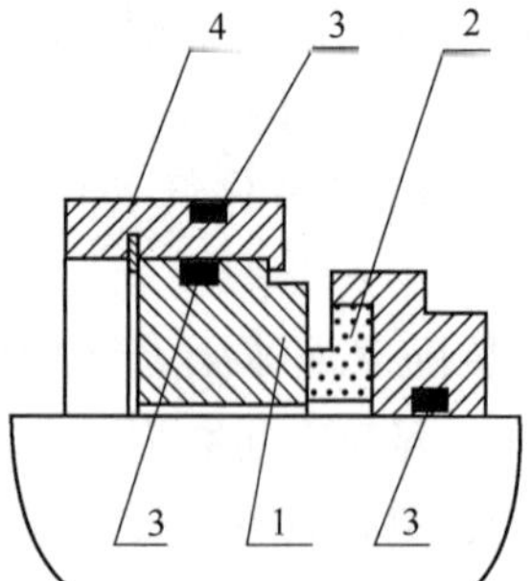

图 5 -6　磁力密封结构

1—磁性静环；2—动密封环；
3—O 形圈；4—安装座

磁力密封装置主要由三部分组成，具体结构如图 5 -6 所示。第 1 部分为磁性静环，其表面光滑，热稳定性好，耐磨能力强，有较强的磁力；第 2 部分为动密封环，主要材料为耐磨及润滑性良好的石墨，它环嵌在具有磁性的金属座里；第 3 部分为 O 形圈，其作用是对径向配合面进行密封，防止泄漏。

与普通弹簧加载端面密封装置不同，磁力端面密封装置取消了弹簧元件，动环与静环的紧密贴合是靠自身的磁性吸引力实现的。静环是永磁材料，动环是由碳石墨环镶入软磁材料环中构成的。静环（磁材料）与动环（软磁材料）之间依靠磁性吸引力保证石墨环与动环紧密贴合，防止工作流体泄漏。动环与轴之间实现相对移动的密封，并可轴向和角向浮动，自动补偿密封面的磨损。

与普通弹性加载端面密封相比，磁力端面密封的主要优点是结构元件少、紧凑、安装方便。以磁力代替弹性元件的弹性力，克服了由制造、安装误差以及工作过程中轴向位移带来的影响而使接触负荷变化大的问题。

磁力密封常见的故障主要有以下几个方面：①密封端面磨损。在实际使用过程中受振动、清洁度等因素的影响，磁性静环的密封表面常常会沿圆周方向发生轻微的磨损，并导致泄漏。②磁性静环磁力衰退。磁性材料长期在高温下运行，容易产生磁性衰减，降低动、静环密封面之间的吸合力。③石墨表面划伤。虽然动密封环上的石墨具有较好的耐磨性，但是脆性也同样较强，工作过程中石墨环边角处可能出现石墨颗粒剥落的现象，当剥落的颗粒进入磁性静环与动密封环之间密封端面并经过长时间工作后，动密封环石墨密封端表面很容易被划伤，造成泄漏，降低使用寿命。

4. 密封装置使用条件

密封装置使用条件如下：

①通常在常压或低压条件下采用填料密封，一般工作压力小于0.2MPa。

②在一般中等压力或抽真空情况下采用机械密封，一般工作压力为负压或1.0～4.0MPa。

③在高压或介质易燃易爆、挥发性较强的情况下应考虑采用磁力搅拌釜，如工作压力超过1.5MPa。

④除了磁力密封采用水降温外，其他密封形式在温度超过120℃时应增加冷却水套。

四、搅拌装置

搅拌装置包括传动装置(电动机、减速机、机架)、搅拌器(搅拌轴、搅拌桨)及底支撑等部件。搅拌器是实现搅拌操作的主要部件，其主要的组成部分是桨叶，它随旋转轴运动将机械能传递给液体，液体运动包括轴向旋转运动和轴向翻转运动，在搅拌器附近形成高湍动的充分混合区，并产生一股高速射流推动液体在搅拌容器内循环流动。

1. 传动装置

传动装置的作用是提供搅拌的动力，主要部件是电动机和减速机，传动装置一般安放在釜体顶部，采用立式布置。电动机转速较高，通过减速机可将转速降至工艺要求的搅拌转速，再通过联轴器带动搅拌轴转动。电动机一般采用变频器控制，目的是使搅拌装置能够平稳启动，并实现无机调速。

2. 搅拌器

搅拌装置的作用是推动静止的液料运动，维持搅拌过程所需的流体流动状态，以达到搅拌的目的。搅拌器的种类有很多，其中桨式、推进式、涡轮式和锚式搅拌器在搅拌反应设备中应用最为广泛，据统计占搅拌器总数的75%～80%。

第三节　搅拌器

一、工作原理

搅拌器的工作原理是使搅拌介质形成适宜的流动状态而向其输入机械能的装置。不同介质通过搅拌，彼此间互相分散，达到均匀混合，提高化学反应、传质和传热速率的目的。

当搅拌器以一定的转速旋转时，从桨叶排出的高速流体将吸引挟带周围的液体，使静止液或低速流卷入高速流中，从而使流体在搅拌设备内发生体积循环作用。液体的这种循环流动是达到物料混合必不可少的流动状态。当要求有效地混合或进行传热、传质等搅拌操作时，必须提高液流速度以形成强烈的湍流扩散及剪切流动。搅拌器的主要部件是搅拌桨，它随轴旋转而将机械能施加于液体，并促使液体运动。搅拌操作的效果和所消耗的功率，不仅取决于搅拌桨的形状、大小和转速，也取决于被搅拌液体的特性、搅拌槽的形状和大小，以及槽壁上有无挡板等因素。

二、分类

为了适应不同的介质、不同的化学反应，选择合适的搅拌器形式及相应的附属装置非常重要。为了选择适当的搅拌器，我们必须对各种搅拌器的优缺点、适用范围以及它们对液体所产生的流型有所了解。

根据桨叶形状按搅拌器的运动方向与桨叶表面的角度可分为三类：平叶、折叶和螺旋面叶。桨式、涡轮式、锚式和框式的桨叶都是平叶或折叶，而推进式、螺杆式等的桨叶为螺旋面叶。不同桨叶在搅拌过程中所产生的流型不完全相同。平叶的运动方向与桨面垂直，桨叶低速运动时，流体的主要流场为水平环流，当桨叶转速增大时，液体的径向流就逐渐增大。折叶的桨面与运动方向呈一定倾斜角，所以在桨叶运动时，除有水平环流外，还有轴向流，在桨叶速度增加时，还会有径向流。螺旋面叶的桨面与运动方向的倾斜角是逐渐变化的，它产生的流向有水平环向流、径向流和轴向流，其中以轴向流的流量最大。

针对不同的物料系统和不同的搅拌目的，出现了许多型式的搅拌桨。各种类型的搅拌桨在液体中旋转时，使搅拌桨附近的液体发生高度湍动，同时还有一股高速液流推动全部液体沿一定途径在槽内做循环流动，循环流动的途径称为"流型"。搅拌器的型式很多，常用的搅拌器有桨式、涡轮式、推进式、锚板式、螺杆式、螺带式等。为了区分桨叶排液的流向特点，根据主要排液方向将桨叶分为径向流搅拌器和轴向流搅拌器两种类型。平叶桨式和涡轮式为径向流型搅拌器，螺旋面叶的推进式、螺杆式等则属于轴流型搅拌器，折叶桨则介于二者之间，一般认为它更接近于轴流型。6 个平片的涡轮式搅拌器是径向流搅拌器的代表，其工作原理与离心泵叶轮相似。搅拌桨的叶片对液体施以径向离心力，液体在惯性离心力作用下沿搅拌桨的半径方向流出并在槽内循环。由于涡轮的转速高，搅拌桨除了对液体产生较高的剪切作用外，还能在槽内造成较大的液体循环。正因如此，涡轮式搅拌器能有效地完成几乎所有的化工生产过程，并能处理黏度范围很广的液体；对不互溶液体的混合、气体的溶解、固体的溶解、固体在液体中的分散悬浮、溶液中的反应和传热等操作都有较好的搅拌效果。

平叶桨式搅拌器也属于径向流搅拌桨，其叶片较长，转速较慢，液体的径向速度较小，产生的压头也较低，它适用于以宏观调匀为目的的搅拌过程，如简单的液体混合、固体的溶解、结晶和沉淀等操作。锚式搅拌器、框式搅拌器实际上是平叶桨式搅拌桨的变形，但旋转半径更大，故叶片扫过的范围更大。这几种搅拌器不产生高速液流，适用于较高黏度的液体的搅拌。

螺旋式搅拌器是一种高速旋转且能引起轴向流动的搅拌器，具有流量大、压头低的特点。液体在槽内做轴向和切向运动，产生高度湍动，由于液体能持久渗及远方，因此对搅拌低黏度的液体有良好的效果，它主要用于互溶液体的混合、搅拌槽传热等。螺带式搅拌器的工作原理与螺旋式搅拌器相似。

三、桨式搅拌器

桨式搅拌器结构最简单，叶片用扁钢制成，焊接或用螺栓固定在轮毂上，叶片数是2片、3片或4片，根据叶片的形状特点不同可分为平桨式搅拌器和斜桨式搅拌器。平桨式搅拌器产生的是径向力，斜桨式搅拌器产生的是轴向力，桨式搅拌器适用于低黏度的液体、悬浮液及溶解液搅拌。桨式搅拌器如图5-7所示。

特点：平桨式以水平环流为主，当设有挡板时，为上下循环流，流动状态比较单一。斜桨式包括轴向分流、径向分流和环向分流。适用范围：一般用于层流状态下，低黏度混合均一、调和、均相、溶解及结晶，高黏度时多层大直径低速搅拌。

四、开启式涡轮搅拌器

涡轮搅拌器也称透平式叶轮，是使液体、气体介质强迫对流并均匀混合的器件。其有多种样式，主要部分是涡轮。此轮在旋转时产生很大的离心力。它可把液体抛向四周。普通的涡轮可产生辐射液流及切线液流，转速加快时辐射液流则占优势。不论液体的黏度高低，涡轮搅拌器均可很好地搅拌。

(1)开启式涡轮直叶桨搅拌器

开启式涡轮直叶桨搅拌器如图5-8所示。

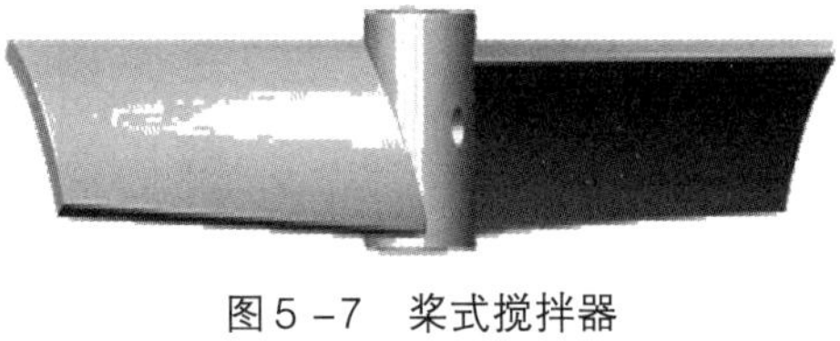

图5-7　桨式搅拌器

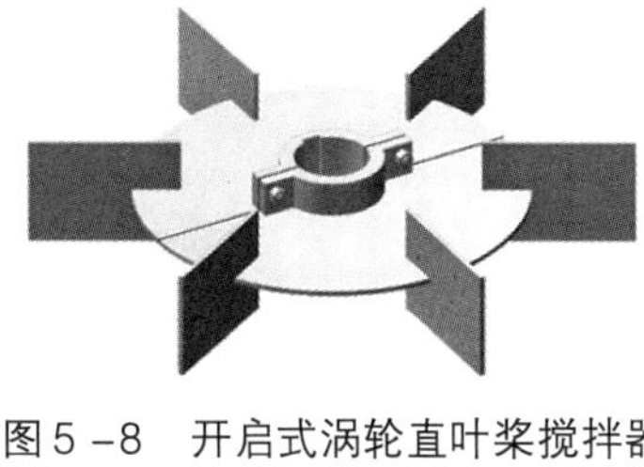

图5-8　开启式涡轮直叶桨搅拌器

特点：径流型桨叶，湍流扩散和剪切力大，有挡板时可形成较大的上下环流，适用转速和黏度范围较大。适用范围：适用于剪切分散操作，也可用于一般的反应、溶解、悬浮、传热、乳化及结晶等操作。

(2)开启式涡轮斜叶桨搅拌器

开启式涡轮斜叶桨搅拌器如图5－9所示。

特点：轴流型桨叶，有较好的对流循环能力和湍流扩散能力。适用范围：适合混合、微黏结晶、分散、反应、悬浮、溶解及传热等操作。

(3)开启式涡轮弯叶桨搅拌器

开启式涡轮弯叶桨搅拌器如图5－10所示。

图5－9　开启式涡轮斜叶桨搅拌器

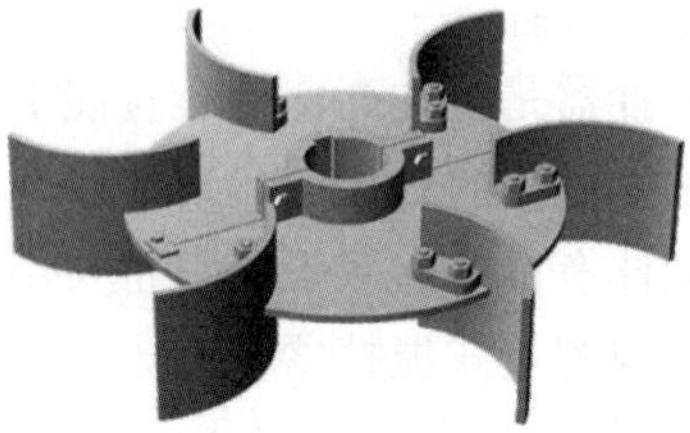

图5－10　开启式涡轮弯叶桨搅拌器

特点：径流型桨叶，弧形弯曲桨叶，并有较大的后退角，排出量大，功耗低，桨叶不易磨损。

适用范围：在配有挡板的条件下，适用于固体悬浮操作，也可用于一般的分散、传热、混合及反应。

五、推进式搅拌器

推进式搅拌器是典型的轴流型搅拌器(见图5－11)，排液量高，低剪切性能，流体从轴向进入搅拌器的叶片，而后又从轴向流出。轴向流型的混合流体的运动方向是和搅拌轴平行的，在运行方向上撞到罐壁或罐底，形成上下循环流，与轴向流同时存在，结合不同挡板后，可实现更为复杂的混合效果。

特点：轴流型桨叶，循环速率高、剪切力小。适用范围：一般适用于低黏度的混合、溶解、悬浮及传热操作。

六、框式搅拌器

框式搅拌器可视为桨式搅拌器的变形(见图5－12)，其结构比较坚固，搅动物料量大。如果这类搅拌器底部形状和反应釜下封头形状相似，通常称为锚式搅拌器。

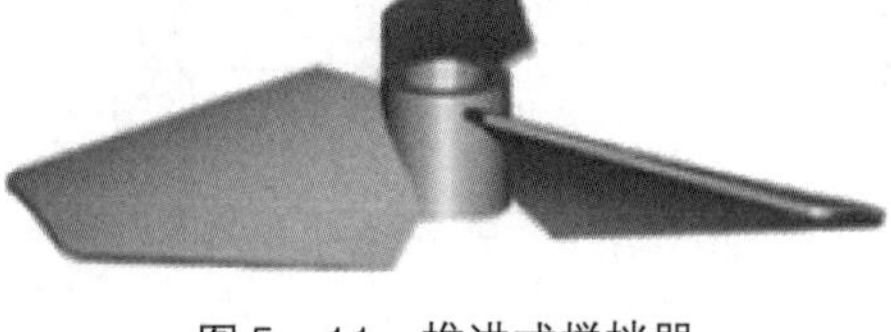

图5－11　推进式搅拌器

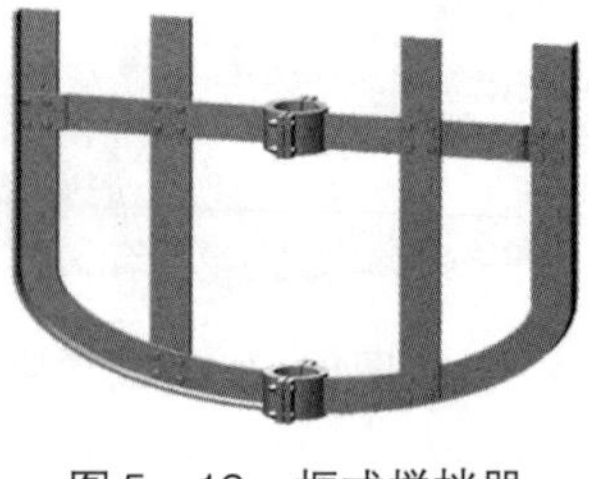

图5－12　框式搅拌器

锚式、框式搅拌器属于同一类，统称锚框式搅拌器，该种搅拌器的叶轮桨径对罐径之比较大。使用于低黏度液体时，锚式叶轮的叶径与罐径比为0.7～0.9，对于高黏度液体则为0.8～0.95，转速通常为10～50r/min。为了增大搅拌范围和带走罐壁上的残留物或液层，锚框式搅拌器的外廓要接近搅拌罐的内壁，其底部形状为适应罐底的轮廓也有椭圆形、锥形等。为了增大对高黏度物料的搅拌范围以及提高叶轮的刚性，还常常要在锚式及框式上增加一些立叶和横梁，这样使得锚框式的结构形状多样化。

特点：低速径流型，各种形式搅拌器可适应各种罐体形状，搅拌时以水平环流为主，不同位置的横梁和竖杆可增加附近的涡流、扩大搅拌范围，一般适合在层流工作。

适用范围：适用于低黏度液位任意变动或中、高黏度的混合、传热、溶解、非均相的传质及反应操作。

七、螺带式搅拌器

螺带式搅拌器的叶片为螺带状(见图5－13)，螺带的数量为2～3根，安装在搅拌器中央的螺杆上，螺带式搅拌器的螺距决定了螺带的外径。

螺带式搅拌器螺带的外径与螺距相等，专门用于搅拌高黏度液体(200～500Pa·s)及拟塑性流体，通常在层流状态下操作。

特点：轴流型，一般物料沿内壁螺旋上升，向中心凹穴汇合，形成上下对流循环。同时具有较高的防附着效果。适用范围：适用于高黏度或粉状物料的混合、传热及反应溶解操作。

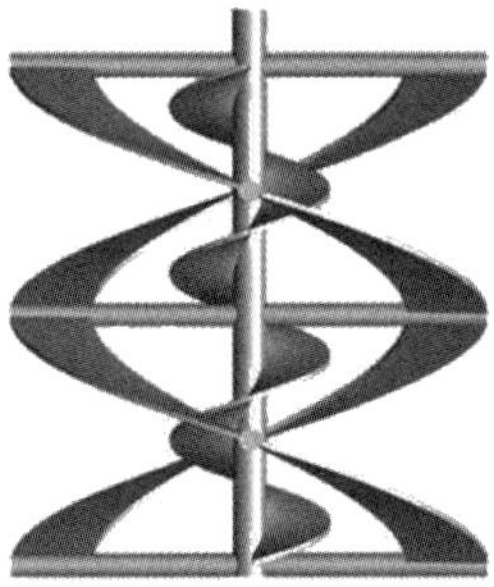

图5－13　螺带式搅拌器

第四节　特殊搅拌釜

一、搪瓷搅拌釜

搪瓷搅拌釜是将含高SiO_2的玻璃，衬在钢制容器的内表面，经高温灼烧而牢固地密着于金属表面成为复合材料制品，所以它具有玻璃的稳定性和金属强度双重优点，是一种优良的耐腐蚀设备，已广泛地应用于化工、石油、医药、农药和食品等工业，同时也是催化剂生产的常用设备。

搪瓷搅拌釜分为开式和闭式两种结构，开式为体盖分离，中间用垫子和卡子连接，容积一般不超过5000L；闭式为体盖一体，容积在5000L以上。这两种结构各有优势，开式拆卸比较方便，如果罐盖上的管口出现问题，则易于拆下单独修理，而闭式则密封性能要好。

1. 搪瓷搅拌釜的结构

搪瓷搅拌釜由釜体、釜盖、夹套、搅拌器、传动装置、轴封装置、支承等组成，如图5－14所示。搪瓷反应釜轴封装置通常采用机械密封。

2. 搪瓷搅拌釜的技术规范

搪瓷搅拌釜的技术规范如下。

(1)使用压力：不大于0.4MPa。

(2)耐酸性：对各种有机酸、无机酸、有机溶剂均有较好的抗蚀性。

(3)耐碱性：对碱性溶液抗蚀性较酸溶液差。

(4)操作温度：设备加热和冷却时，应缓慢进行，搪瓷釜搪瓷层遇冷、热急变，极易爆瓷。

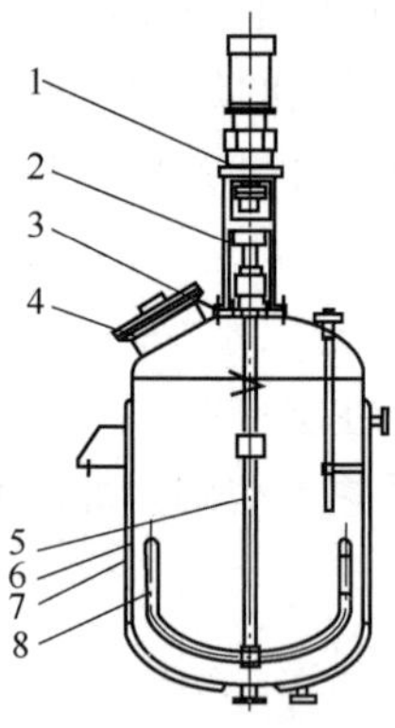

图5－14　搪瓷搅拌釜结构
1—传动装置；2—机架；
3—机械密封；4—人孔；
5—主轴；6—夹套；
7—釜体；8—桨叶

搪玻璃设备使用温度为0～200℃。

(5)瓷层厚度：搪瓷设备的瓷层厚度为0.8～2.0mm，搪瓷设备附件的瓷层厚度为0.6～1.8mm。

(6)耐冲击性：搪瓷层的内应力越小，弹性越好，硬度越大，抗弯抗压强度越高，则耐冲击就越好。

3. 搪瓷搅拌釜的日常维护

搪瓷搅拌釜经常要处理一些具有腐蚀性的物料，若是操作不当很容易出现问题，只有做好搪瓷反应釜的周期性检查和日常维护才能及时发现这些问题，避免生产事故的发生。搪瓷搅拌釜的日常维护如下：

(1)健全的周期性检查和日常维护制度。

(2)搪瓷反应釜的衬里是最容易受到损坏却又最难发现的部位，传动部件、密封情况、搅拌器等部件都需要仔细检查，因为任何一个部件发生故障都会影响搪瓷反应釜系统的正常运行。

(3)搪瓷层的杂物及时清理，在清理过程中，切忌使用坚硬、尖锐的金属棍棒，应当选择木棒、完整的竹棒、塑料棒等柔韧性较好的辅助工具来进行杂物清理。

(4)经常性地检查搅拌器。搅拌器是负责搅动物料的动力机构，因为长时间旋转会造成一定的离心力，因此搅拌器上的螺钉和其他连接性装置一定要检查是否结合紧密，若是出现松脱现象，应及时处理并且试运行，确保搅拌器安全可靠。

4. 搪瓷搅拌釜的损坏原因

搪瓷搅拌釜是将含硅量高的瓷釉喷涂到低碳钢胎表面，经900℃左右的高温焙烧，使瓷釉密着于金属钢胎表面而形成，由于这两种材料的机械性能和物理性能各不相同，因此搪瓷搅拌釜的破损原因也多样。投入正常使用的搪瓷搅拌釜，主要损坏原因有以下两种。

(1)机械损坏

搪瓷抗冲击力非常差，任何金属、硬物对其进行撞击均会导致搪瓷破损。因此，搪瓷搅拌釜使用过程中严防任何金属、硬物掉入釜内，如遇堵料，必须用塑料棒疏通，检修时做好人孔封闭，严防焊渣熔化瓷面出现小坑或爆瓷。

(2)热应力损坏

搪瓷搅拌釜经900℃高温焙烧，冷却后搪瓷与钢板黏结在一起。由于搪瓷的线膨胀系数和延伸率小于钢板，因此冷却后搪玻璃设备的变形量小于钢板的变形量，搪瓷受到钢板的约束产生压应力。搪瓷搅拌釜制成后，其搪玻璃设备即存在预压缩应力，而钢板则存在预拉伸应力。由于预应力与线膨胀系数和延伸率相关，线膨胀系数和延伸率与温度又密切相关，因此搪瓷搅拌釜的工作温度对搪瓷搅拌釜的使用影响很大。如果因温度变化大而使搪瓷产生的应力超过其使用应力，搪瓷将被破坏，搪瓷搅拌釜搪瓷层遇冷或热急变都容易发生爆瓷现象。所以，搪瓷搅拌釜有耐温限制：温度一般不超过200℃，耐温急变：冷冲击小于110℃，热冲击小于120℃。投料时物料温度与釜体温差太大以及升温速度过快、降温太急都可能导致爆瓷，因此搪瓷搅拌釜在使用中升、降温要缓慢、均匀，分级冷却。

二、磁力搅拌釜

磁力搅拌釜与前面所述的搅拌釜采用磁力密封是两个不同的概念，磁力搅拌釜主要是指搅拌轴的扭矩的传动方式是通过磁钢之间的磁力传递的，而磁力密封是指反应釜的动密封面是通过磁力吸合在一起的。磁力搅拌釜（或称磁力搅拌反应釜）与传统搅拌釜的传动方式不同，传统搅拌釜的电动机输出扭矩是通过联轴器传递到搅拌轴和桨叶的，而磁力搅拌釜则是将电动机输出扭矩通过内外磁钢耦合产生的磁力传递给搅拌轴的。由于磁力搅拌釜无接触的传递力矩，以静密封取代动密封，能彻底解决以前机械密封与填料箱密封无法解决的泄漏问题，使整个介质各搅拌部件完全在绝对密封的状态中工作。因此，磁力搅拌釜被广泛应用于石油、化工、橡胶和农药等行业，用于完成烃化、聚合、缩合等工艺过程的反应。

1. *磁力搅拌釜的结构与原理*

磁力搅拌釜利用永磁体同极相斥、异极相吸的特性来完成力矩的空间传递，其机械机构为磁力驱动器，结构如图5－15所示。磁力驱动器通常由3个主要部件组成：内磁钢组件、外磁钢组件、隔离罩。外磁钢组件作为动力源，在电动机和减速机的带动下做回转运动，而内磁钢组件动力源来自其同外磁钢部件的空间磁场作用，依靠空间磁场的磁力作用达到与外磁组件同步回转的目的，隔离罩则是把外磁钢组件、内磁钢组件隔离在两个工况完全不同的腔体内，隔离罩是一个静止的部件，内、外钢磁组件分别置于其两侧，以此完成它们之间空间距离的力矩传递。由此可见，通过隔离罩内外磁钢组件完成力矩传递，将传统的搅拌轴的动密封改变为静密封，真正意义上实现了无泄漏搅拌。

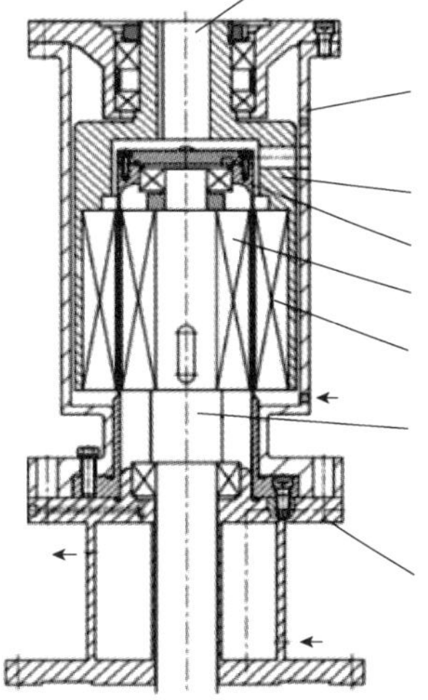

图5－15　磁力搅拌釜结构示意

1—支架；2—外磁钢座；3—隔离罩；4—内磁钢组件；5—外磁钢组件；6—传动轴

这种传动方式使其由原先的动密封（填料密封或机械密封）变为完全无泄漏的静密封，在能量传递的过程中，磁力传动静密封保持了容器密封的完整性，保证了密封性能的安全可靠，而且能量传递平稳可靠、效率高，无任何振动及电磁和噪声污染，是一种安全可靠的传动密封技术，同时也具有过载保护功能。当搅拌装置过载时，内外磁钢组件会发生相对错动，由于内、外磁钢组件不是通过机械连接的，因而对电动机、减速机等部件有较好的保护作用。

磁力搅拌釜将动密封转变为无泄漏的静密封，密封性能明显优于普通机械传动的搅拌釜，基本上实现反应过程中的零泄漏，所以磁力搅拌反应釜常用于工作压力高，易燃、易爆的危害介质。

磁力搅拌釜也有一些弊端：第一，由于磁力搅拌釜采用全封闭结构，其内部的滚动轴承、内转子等发生故障时，在釜外是无法发现的。内磁钢组件的滚动轴承在隔离罩内，平时无法加润滑脂，釜内如果产生高温蒸汽很容易造成油脂跑损，滚动轴承因润滑不良长期处于干磨状态，磨损很快，严重时甚至造成事故。第二，磁性材料长期在高温下容易产生退磁现象，磁钢的磁性减弱，传递扭矩的能力降低。第三，磁力搅拌釜的检修和润滑比常规机械搅拌釜稍复杂，特别是隔离罩内的润滑相对来说比较困难。

2. 开车准备

(1)出水口接管最高点应低于出水口，不允许反向抬高，以免阻碍出水。

(2)开车前确保支架和下法兰进出水口水流通畅。

(3)当转速低于 80r/min 时，支架进水口不需要通水；当转速高于 80r/min 时，应保证连续通水，且加水量应随着出水温度的升高逐步加大。最大水量以溢流孔有少量水溢出为准。当出水温度高于 70℃时应立即停机，以免造成设备损坏。工作结束后，先停机后关水，并应等待 15min 或磁传动本体温度降至 40℃以下，才能停止供水，否则将损坏设备内部组件。

3. 操作维护注意事项

(1)严禁超温、超压运行，以免造成危险。

(2)凡带变频器的，都必须采用变频启动，即开机时手动变频提高转速到使用转速，设备停机后手动变频降低转速。

(3)定期添加锂基(牌号按温度选择)润滑脂。

(4)确保冷却水畅通，做好设备的维护和保养。

(5)运转时如密封罩内部有异常响声，应立即停机检查并检修，以免造成设备损坏。

(6)严禁磁传动本体在安装了下搅拌的情况下空转，最上层桨叶低于液面至少要有 150mm 的距离。

4. 常见故障分析与处理方法

磁力搅拌釜常见故障分析与处理方法见表 5 - 1。

表 5 - 1　磁力搅拌釜常见故障分析与处理方法

故障现象	故障原因	处理方法
釜口密封面处泄漏	螺栓螺纹松动或密封面损伤	重新更换密封垫片，将螺栓按对角顺序均匀拧紧
磁传动搅拌器内部有摩擦的噪声	轴承磨损，间隙过大，内磁钢组件转动出现跳动	更换轴承
过渡法兰处轴承咬死	支架进水过多，超过溢流孔，以致有水漫到减速器轴头位置	更换过渡法兰处轴承
传动轴弯曲	不正确操作会导致搅拌不稳定，从而破坏传动轴的同心度	校准后不影响使用后再开机，传动轴弯曲严重需重新加工

第五节　搅拌釜的设计与选型

搅拌釜的设计和选型应与搅拌工作的目的紧密结合。搅拌釜设计选型的目的是满足工业生产需要，选型前要充分考虑处理量、物料特性、工艺要求等，同时还应考虑设备使用操作维护的便捷性、设备运行的稳定性、设备检修的方便性及配件的通用性等方面。

一、搅拌釜设计选型的基本步骤

各种搅拌过程都需要由不同的搅拌装置运行来实现，在设计选型时要先根据工艺条件、搅拌工作目的和要求，确定搅拌器形式、电动机功率和搅拌的速度，釜体容积及材质，然后选择减速机、机架、轴封等各部件。具体步骤如下：

(1)根据工艺条件、搅拌目的和要求，选择搅拌器形式时应充分掌握搅拌器的动力特性和在搅拌过程中所产生的流动状态与各种搅拌目的的因果关系。

(2)按照所确定的搅拌器形式和搅拌过程中的流动状态，工艺对搅拌的混合时间、沉降速度、分散度的控制要求，通过实验手段与计算机的模拟相结合进行设计，确定电动机的功率、搅拌速度、搅拌器直径。

(3)按照工艺要求确定搅拌釜容积、材质及传热方式。

(4)按照电动机功率、搅拌转速及工艺条件，从减速机选型表中选择确定减速机机型。如果按照实际工作的扭矩来选择减速机，那么实际工作的扭矩应小于减速机许用的扭矩。

(5)按照减速机的输出轴头和搅拌轴系支承方式选择和轴径相同型号规格的机架、联轴器。

(6)按照机架搅拌轴头尺寸、安装容纳空间及工作压力、工作温度选择轴封类型。

(7)按照安装形式和结构要求，设计选择搅拌轴结构的型式，并校检它的强度和刚度。

(8)按照机架的公称尺寸、搅拌轴的各轴型式及压力等级，选择安装底盖、凸缘底座或凸缘法兰。

(9)按照支承和抗振条件，确定是否配置辅助的支承。

搅拌装置配置过程中各部件间连接的关键尺寸是轴头尺寸，轴头尺寸一致的各部件原则上可互换、组合。

二、搅拌釜设计选型的注意事项

1. 搅拌容器的设计选型

(1)反应釜内部液体加入量不能超过反应釜总容积的2/3，反应釜容积设计要留有余量。

(2)反应釜高与直径之比为1～3。根据设备现场安装位置选择合适的高径比。

(3)反应釜在加压操作时，上、下封头多为半圆形或椭圆形；而在常压操作时，上、下封头可做成平盖，为了放料方便，下底通常做成锥形或半圆形。

(4)反应釜的材质要满足工艺要求的压力、腐蚀等条件，优先选用高等级的材质。

(5)根据工艺条件要求确定是否配备传热装置，并选用合适的传热装置。

(6)采用挡板可削弱切向流，增强轴向流和径向流。在能设置挡板的条件下优先设置挡板。

(7)无挡板的容器内，流体绕轴做旋转运动，流速高时液体表面会形成漩涡，流体从桨叶周围周向卷吸至桨叶区的流量很小，混合效果很差。因此要在工艺允许条件下尽量降低转速。

(8)开孔接管在满足工艺需求的条件下要设置余量，为后续改造提供条件。

2. 传动装置的设计选型

(1)根据现场条件决定是否选取防爆电动机，电动机能效应为2级及以上。

(2)传动装置优先选用减速机，尽量避免采用带轮传动。

(3)在条件允许的情况下，机架优先选用双轴承座支架，可以提高设备稳定性，同时取消罐底支撑及轴承，降低设备故障率及检修难度。

3. 轴封装置的设计选型

(1)在常压或低压条件下采用填料密封，一般使用压力小于0.2MPa。

(2)在中等压力或抽真空情况下会采用机械密封，一般中等压力为负压或4MPa。

(3)在高压或介质挥发性高的情况下会采用磁力密封，一般压力超过1.4MPa。

4. 搅拌器的设计选型

(1)按物料黏度选型

对于低黏度液体，应选用小直径、高转速搅拌器，如推进式、涡轮式；对于高黏度液体，应选用大直径、低转速搅拌器，如锚式、框式和桨式。

(2)按搅拌目的选型

对于低黏度均相液体混合，主要考虑循环流量，各种搅拌器的循环流量按从大到小顺序排列为：推进式、涡轮式、桨式。

对于非均相液-液分散过程，首先考虑剪切作用，同时要求有较大的循环流量，各种搅拌器的剪切作用按从大到小的顺序排列为：涡轮式、推进式、桨式。

(3)搅拌轴及搅拌器的材质应与搅拌容器内壁材质一致，或高于搅拌容器内壁材质。

(4)搅拌轴及搅拌桨叶为易损件，要求便于更换与维修。

(5)在满足工艺要求的前提下，优先选用悬臂轴。

第六节　搅拌设备的维护

一、搅拌釜的完好标准

1. 搅拌釜的零部件

(1)釜体(包括内部衬里层)及传动、搅拌、密封等装置的零、附件完整齐全，质量符合要求。

(2)压力表、温度计、安全阀、爆破片、液面计、自动调节装置等齐全、灵敏、准确，并定期校验。

(3)基础、机座稳固可靠，螺栓紧固、齐整，符合技术要求。

(4)管线、管件、阀门、支架安装合理、牢固，标志分明。

(5)防腐、保温、防冻设施完整有效。

(6)盛装易燃或有毒介质的釜体上的安全阀及防爆装置的排放管必须按有关规定执行。

2. 运行性能

(1)设备润滑系统清洁畅通，润滑良好。

(2)空载盘车时，无明显偏重及摆动，零部件之间无冲击声。

(3)运行时无杂音，无异常振动。各部位温度、压力、转速、流量、电流等符合要求。滚动轴承温度不超过70℃，滑动轴承温度不超过65℃。

(4)生产能力达到铭牌能力或额定能力。

3. 技术资料

(1)设备档案齐全，有产品合格证、产品使用说明书。

(2)检修及验收记录齐全。

(3)运行时间和累计运行时间有统计、记录。

(4)有装配总图及易损配件零件图。

(5)操作规程、维护检修规程齐全。

(6)压力容器档案资料齐全并符合有关规定。

4. 设备及环境

(1)岗位整洁，设备见本色。

(2)动、静密封点统计准确，无跑、冒、滴、漏。

二、搅拌釜的维护

搅拌釜的日常维护包括以下内容：

(1)经常观察釜体及零部件是否有变形、裂纹、腐蚀等现象。保持紧固件无松动，传动带松紧适当。

(2)保持润滑系统清洁、通畅，按润滑图表所示位置加注润滑油或润滑脂，严格执行“五定”“三级过滤”的规定。

(3)按操作规程开停车，认真控制各项工艺指标，如压力、温度、流量、时间、转速、物料配比等，严禁超温、超压、超负荷运行。

(4)保持密封装置的冷却液清洁；通畅，温度符合要求，密封性能良好。

(5)及时消除跑、冒、滴、漏。

(6)保持周围环境整洁，设备见本色。

(7)停车后做好设备的维护保养。

三、搅拌釜常见故障分析与处理方法

搅拌釜常见故障分析与处理方法见表5－2。

表5－2　搅拌釜常见故障分析与处理方法

故障现象	故障原因	处理方法
搅拌轴摆动量过大	搅拌轴端部螺母松动	检查轴向定位，紧固松动螺母
	搅拌轴弯曲	调直或更换
	轴承、衬套间隙过大	更换衬套
	搅拌器变形严重或损坏	修复或更换
超温超压	物料配比不当，导致反应剧烈	正确控制物料配比及时降压
	仪表失灵	检查，修复
釜内出现异常杂音	搅拌器刮壁	检查、修复搅拌器
	搅拌器摩擦、碰撞釜内附件	检查、修复搅拌器
	中间轴承，底部轴承损坏	更换轴承

续表

故障现象	故障原因	处理方法
填料密封泄漏	填料少量磨损	适当压紧
	填料老化或损坏	更换填料
	轴颈磨损	微量机加工修复
机械密封泄漏	转子轴向窜动，动环不能补偿位移	将轴向窜动减小到允许范围内
	操作不稳，密封腔内压力波动	稳定操作，控制压力波动
	转子周期性振动	排除振动
	端面比压过大，或过小	修复或更换密封环减小或增加端面比压
	安装中受力不均匀	正确安装，使动、静环与压盖的配合均匀
	密封副内混入杂质	拆卸清理，重新安装
	密封副表面损伤	更换密封副
	动、静环的密封面与轴的垂直度超差	重新安装，使符合规定要求
	弹簧断开	更换弹簧
	防转销断落或失去作用	更换或重新紧固
搪瓷釜体法兰泄漏	法兰瓷面损坏	修补、涂防腐漆或树脂
	垫圈材质不合理，安装接头不正确，空位，错位	正确选择垫圈材质，垫圈接口要搭齐，位置正确
	卡子松动，数量不足，分布不均匀	按规定要求安装足够的卡子，且要均匀、紧固

四、紧急情况停车

发生下列异常现象之一时，必须紧急停车：

(1)反应釜工作压力、介质温度或壁温超过许用值，采取措施仍不能得到有效控制；

(2)反应釜的主要受压元件发生裂缝、鼓包、变形、泄漏等危及安全的缺陷；

(3)安全附件失效；

(4)接管、紧固件损坏，难以保证安全运行；

(5)发生火灾等意外情况，直接威胁到反应釜安全运行；

(6)过量进料；

(7)液位失去控制，采取措施仍不能得到有效控制；

(8)反应釜与管道发生严重振动。

参考文献

[1]孙新杰，王恩双．磁力密封装置的应用与研究[J]．机电信息，2011(18)：65－67.

[2]金浩，曲家惠，岳明凯．磁力密封装置的研究与应用[J]．制造业自动化，2011，33(18)：114－116.

[3]许德勤，朱海英，施磊，等．2000L高压磁力釜的研制和应用[J]．江苏化工，2006(4)：1－2.

[4]胡国桢，石流，阎家宾，等．化工密封技术[M]．北京：化学工业出版社，2002.

第六章　过滤设备

第一节　概论

过滤是化工生产中将不同物相的混合物进行分离操作的统称，是通过特殊的装置将流体提纯净化的重要手段。常见的过滤包括固－液过滤和固－气过滤。过滤的方式很多，其原理都是借助推动力或者其他外力，使悬浮液（或含固体颗粒发热气体）中的液体（或气体）透过介质、固体颗粒及其他物质被过滤介质截留，从而使固体及其他物质与液体（或气体）分离。本章主要对固－液分离的过滤进行阐述。

一、过滤的基本原理

简单地说，过滤就是利用滤材（过滤介质）两面的压差将浆液中的固体颗粒从液体中分离出来的过程（见图6－1）。

（1）对固－液进行分离的多孔介质称为过滤介质；所处理的悬浮液称为滤浆；滤浆中被过滤介质截留的固体颗粒称为滤饼或滤渣；通过过滤介质后被分离出的液体称为滤液。

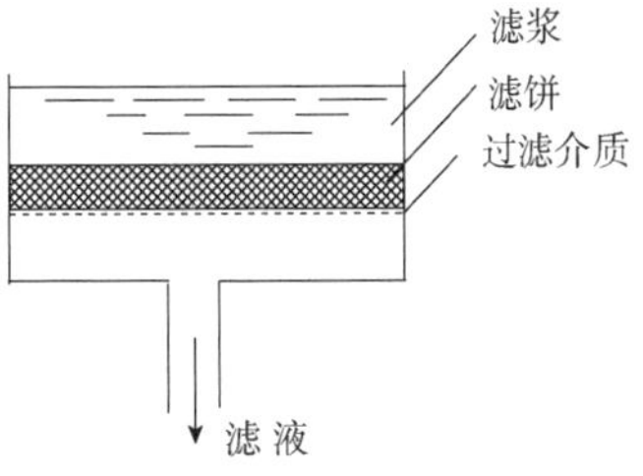

图6－1　固液分离过滤的基本原理

（2）驱使液体通过过滤介质的推动力可以是重力、机械压力（或压差）、真空抽力和离心力，也可以是多种力的混合，目的是使滤液克服过滤介质的阻力穿透到它的另一面。

（3）过滤操作可能是为了获得清净的液体产品，也可能是为了得到固体产品。

（4）对过滤后获得的滤饼进行洗涤，目的是回收滤饼中残留的滤液或除去滤饼中的可溶性盐。

二、过滤过程的特点

从物理学观点来看，过滤操作属于流动过程，即复相流体通过多孔介质的流动过程，该过程具有以下特点。

（1）流体通过多孔介质（包括过滤介质和滤饼）的流动属于极慢运动（也就是滞留运动）。影响这种流动的因素有两类：一类为宏观的流体力学因素，如过滤介质特性、滤饼结构、压差、滤液的黏度等；另一类为微观物化因素，如电动现象、毛细现象、絮凝现象等。固体粒径越大，宏观的液体力学因素影响越占主导地位。反之，则微观物化因素占主导地位。

(2)悬浮于流体中的固体粒子是连续不断地沉积在过滤介质内部孔隙或表面的，沉积在介质表面的滤饼不断受到压缩，因此随着过滤的进行，流动阻力不断增加。

(3)过滤过程的推动力。为了过滤能够进行并获得通过过滤介质的液流，必须在过滤介质两侧保持一定的压差以克服过滤过程的阻力。过滤操作中的推动力有四种类型：重力、真空抽力、压力和离心力。相应地，过滤操作分别称为重力过滤、真空过滤、加压过滤、离心过滤。

①重力过滤，是指悬浮液借助本身的净液柱高度来作为过程推动力而进行的操作方式。由于浆料液柱所能提供的压差一般较低，约为 4.9×10^4Pa，所以应用较少。

②真空过滤。借助过滤介质两侧的真空度大小不同来完成，通常是接触滤浆的一侧为大气压，而过滤面的背后侧与真空源相通。常用真空度为 $(5.33\sim8.00)\times10^4$Pa。

③加压过滤的压力通常由压缩机或泵来提供。若用压缩机供压，常用过滤压差为 $(4.9\sim29.4)\times10^4$Pa。

④离心过滤的压差则由载有过滤介质的离心机来提供。常用强度为 1.5×10^6Pa。

三、过滤过程分类

工业上过滤操作过程主要有两种形式：滤饼过滤和深层过滤。

1. 滤饼过滤

(1)滤饼过滤的特点

滤浆通过过滤介质后，固体颗粒被过滤介质截留，在介质表面形成一层厚度约 6mm 的滤饼。工业上的过滤过程大多属于滤饼过滤。

滤饼过滤实质上是一种表面过滤机制，其过滤分为两个步骤：一是清洁过滤介质起作用，固体颗粒和液体均以 90°流向过滤介质，通过过滤介质的筛分作用，将颗粒粒径相当于或略大于介质孔隙的固体颗粒截留下来，沉积于介质表面，并形成许多窄小的通道，将液流中更小的颗粒截留下来，而使得越来越多的颗粒沉积于介质表面，形成滤饼；二是形成的滤饼在继续加入的悬浮液的过滤过程中起到过滤介质的作用。

滤饼过滤主要适用于固体颗粒物浓度较高(体积分数大于 1%)的悬浮液。这是因为在滤饼过滤过程中，对于浓度很稀的悬浮液，其中颗粒粒径较小的固体物料有可能穿过过滤介质的孔隙，或沉积于孔隙内造成堵塞。为了有效地防止这一现象，需要采取一定措施，通常使用助滤剂在过滤介质表面形成一层预敷层(初始滤饼层)来解决。

在过滤过程中，滤液流动的阻力会逐渐增大，因而使得过滤一定量的料浆时，必须增加过滤时间，或者提高过滤推动力。为了克服这一缺点，产生了许多新的滤饼过滤方式，借以限制滤饼层形成或增厚。比较典型的是通过水力学或机械的方法阻止滤饼层的形成或保持一层薄的滤饼，如 Tiller 和 Cheng 提出的“延迟滤饼过滤”方式，利用刷子、液体喷射或刮刀等机械排除法使固体颗粒不断被扰动并返回悬浮液中，从而使悬浮液不断增浓，达到固－液分离的目的。此时，颗粒的运动方向平行于过滤介质表面，而液体以一定的角度朝过滤介质运动。其他限制滤饼增厚或形成的方法，随其在工业上的利用范围而定，一般有以下几种：

①通过与过滤介质相切或断离的重力、离心力或电泳力使滤饼移走；

②利用间歇的逆向流动除去滤饼；

③通过振动作用阻止滤饼沉积；

④利用十字流过滤法，让料浆与过滤介质做切向运动，从而使滤饼受到连续的剪除。

研究表明，这些措施能够有效地提高过滤效果。

(2)滤饼的结构及特点

综上所述，在滤饼过滤过程中，滤饼的结构特性对过滤产生决定性的影响。滤饼可分为两类：不可压缩滤饼与可压缩滤饼。不可压缩滤饼是指滤饼的特征参数不受固粒压缩力的影响；可压缩滤饼是指滤饼的特征参数受固粒压缩力的影响。

当滤饼呈不可压缩性时，一定体积的滤饼所产生的流体阻力，既不显著地受固粒压缩力的影响，也不明显地受固粒沉积速度的影响，对过滤相对有利。实际过程中，不可压缩滤饼是一种理想状态，由不易变形的固体粒子组成的滤饼，由于颗粒受压缩时重新排列，也可能显示出某些压缩性。

对于可压缩滤饼，滤饼两端的压差或流动速率增加时，都将促使形成更为紧密的滤饼，因而具有较大的阻力。所以，可压缩性很大的物料，只能略微增加压强，使过滤速率做有限地增加，如果超过某一临界压强，过滤速率反而减少，而影响过滤效果。

(3)滤饼过滤步骤

一个完整的滤饼过滤操作包括过滤、洗涤、脱水及卸料 4 个步骤，如此循环进行。下面重点介绍滤饼洗涤和脱水过程。

1)滤饼洗涤

当过滤结束时，由过滤得到的滤饼，往往会有一部分滤液借表面张力的作用而保持在滤饼颗粒之间，这部分滤液一般均需用另一种不含杂质或接近于不含杂质的液体(又称洗液，且能与滤液完全互溶，通常为水)穿过滤饼层而将其置换出来，这一操作称为滤饼洗涤过程。工业生产上洗涤滤饼的目的是回收有价值的滤液，此时滤液是产品；或除去滤饼中的杂质，此时产品是不允许被滤液污染的滤饼。滤饼洗涤有两种方式：一种是滤饼在过滤机上直接用洗液进行洗涤；另一种是将滤饼从过滤机上卸下来，放在储罐或贮槽中用洗液混合搅拌洗涤，然后再用过滤方法除去洗液。滤饼洗涤通常采用以下三种方法：

①单纯的置换洗涤。置换洗涤包括洗涤液直接洗涤滤饼表面，以及随后渗入滤饼孔隙内进行置换与结合的过程，从而将被溶解的物质排除。

②逆流洗涤。是使滤饼和洗涤液处于逆向流动系统中的一种方法，通常用于有效地利用有价值的洗涤液的场合。

③滤饼用洗涤液再制成料浆，而后进行二次过滤。在某些情况下，如液流通过滤饼的阻力太大以致不可能进行置换洗涤；或置换洗涤需要的时间太长，以致无法达到预期的被溶解的物质排除的程度；或因滤饼龟裂，而无法使用置换洗涤时，可采用此法。

2)脱水过程

经洗涤后的滤饼含湿量较高，一般均需脱水(或称去湿)。是将去饱和的力加于滤饼，排除截留在滤饼孔隙内的洗涤残液的过程，又称为滤饼脱水。脱水的基本方法有以下几种：

①在滤饼的一侧用真空抽吸或用空气(不能用空气的场合可考虑用其他气体或过热的蒸汽)吹过滤饼，靠气体带走滤饼中的液体。

②压榨法。使用机械力、水力、机械和水力联合及流变水力作为推动力将滤饼中的液体压榨出来。

③使用毛细管带脱水。任何一种过滤机都必须能很好地完成过滤、洗涤、去湿及卸料这4个操作。过滤的方式既可是间歇进行，也可是连续进行，根据生产上的需要而选定。

2. 深层过滤

深层过滤是利用过滤介质的内表面(孔隙)进行过滤的一种方式，固体粒子被截留于过滤介质的内部孔隙中，而不是在介质表面形成滤饼。

深层过滤介质一般采用0.4~2.5mm的砂粒或其他多孔介质。料浆流动方向通常都是向下的。深层过滤大多采用间歇操作。

深层过滤常用在料浆浓度极稀、固体粒子粒径极细的场合，如饮水净化以及从合成纤维纺丝中除去极细固体粒子等均属于此类。使用深层过滤时，料浆浓度一般低于0.1%(体积分数)。此外，深层过滤时，固体颗粒粒径小于过滤介质孔隙直径。

深层过滤过程的缺点是过滤介质容易堵塞，因此，为维持所需流量，须不断地增大能量以克服不断增长的阻力，当所需能量增大到可用的最大数值时，就应采取措施清洗(或反冲)过滤介质。深层过滤包括两个过程，即过滤和清洗。

四、催化剂生产中的过滤

过滤是催化剂生产中最常见的工序之一。几乎所有的分子筛的生产过程都离不开过滤，一些催化剂和载体(如干胶粉)的生产需要通过过滤工序分离滤液，这些生产过程主要是得到滤饼，滤饼是产品或半成品的主要组分；水玻璃、硫酸铝、偏铝酸钠等工作液的制备过程中，需要采用过滤设备除去未反应和溶解的固体杂质，获得高质量的滤液；环保方面，有时需要通过过滤得到固体滤渣，将滤渣变废为宝，不仅提高产品收率，降低成本，还可以实现清洁生产；过滤也是提高物料固含量、降低干燥工序的能耗的重要手段。催化剂生产中常用的过滤机的分类见图6-2。

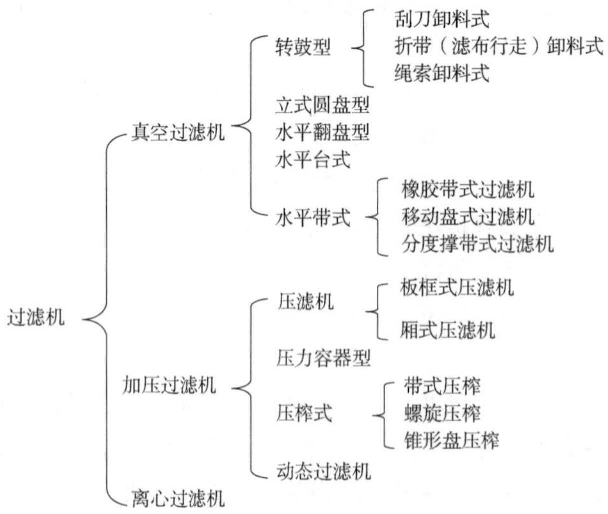

图6-2 过滤机的分类

第二节 移动盘水平带式真空过滤机

水平带式真空过滤机是在借鉴、吸收和消化国外先进水平过滤机技术的基础上，我国研制的一种连续自动操作的高效固液分离机械。水平带式真空过滤机以循环移动的环形滤布作为过滤介质，利用真空设备提供的负压和重力作用，达到固液两相快速分离的目的，其加料、过滤、洗涤、卸渣、清洗滤布等均实现自动、连续作业，达到了相对较高的生产效率。水平带式真空过滤机既可进行薄层快速过滤，也可进行平流洗涤和逆流洗涤。机型可以灵活组装，既可任意变更过滤区、洗涤区、吸干长度，又可无级变更带速，能够广泛地适应各种物料固有的过滤性能的差异及其不同的分离工艺要求。真空滤盘、真空切换阀等均采用气动控制，运行平稳可靠，真空平衡排液罐采用定时释放真空的方法排放液体，排液分离效果可靠，不需要长期维修。该设备与其他真空过滤机相比，滤饼含湿量可降低6% ~7%，设备使用寿命长，维修方便，操作简单，大大降低了劳动强度，设备运行的能耗较低，洗涤用水量也较低。

目前水平带式真空过滤机已在黄金、选矿、饲料添加剂、铬盐、莹石、沸石、柠檬酸、稀土等行业广泛应用，在工矿条件下显示了其独特的优点，取得了显著的经济效益。由于进行了多次改进，过滤机从加料到卸渣、从过滤到洗涤、从分段集液到分离排液、从滤带的纠偏防皱到工艺操作，以及制造工艺等方面都趋于完善，能在更大范围内满足工作要求。

我国的水平带式真空过滤机有移动盘水平带式真空过滤机、橡胶带式真空过滤机和分度撑带式真空过滤机三种结构形式，本章主要介绍移动盘水平带式真空过滤机和橡胶带式真空过滤机，本节介绍移动盘水平带式真空过滤机。

移动盘水平带式真空过滤机具有以下特点：

(1)结构紧凑，重量轻，总重量减少20% ~30%；

(2)滤盘与滤带保持同步运动，同步误差小于2mm；

(3)滤盘返回速度快，有效作业时间长；

(4)控制系统通过变频器实现真空滤盘无级调速，真空滤盘既可低速运行又可高速运行，可以适应各种过滤工艺要求。系统运行稳定可靠且维护保养简单，使用寿命长。

一、工作原理

移动盘水平带式真空过滤机是一种充分利用物料重力和真空吸力实现固液快速分离的设备，它与橡胶带式真空过滤机结构最大的不同点是真空盒随着水平滤布一起移动，当真空盒移动到一定位置时，系统除去真空，真空盒迅速返回初始位置，再重新恢复真空，吸住含物料的滤布，进入下一个过滤循环。移动盘水平带式真空过滤机主要包括进料装置、驱动装置、滤布、过滤洗涤装置、滤饼、卸料装置、洗布装置、张紧装置、真空盒、真空罐、真空泵、纠偏装置、往复气缸等。移动盘水平带式真空过滤机的结构原理见图6－3。

移动盘水平带式真空过滤机进行料浆液固两相分离采用真空吸滤方法，过滤进行时，在过滤介质(滤布)的一侧形成真空，另一侧需要进行分离的料浆处在大气常压中，在过滤介质两侧的压力差作用下，液体通过过滤介质流向真空一侧，固体(滤饼)则截留在滤布上，从出料端卸出，其基本过滤过程可分为以下两个行程：

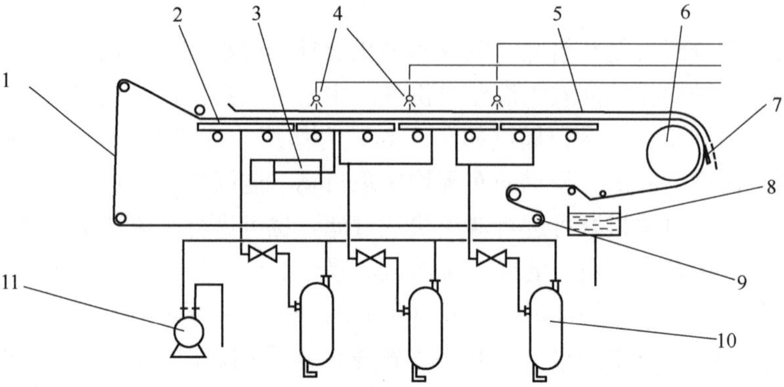

图6-3　移动盘水平带式真空过滤机的结构原理

1—滤布；2—真空盒；3—往复气缸；4—过滤洗涤装置；5—滤饼；
6—驱动辊；7—卸料装置；8—洗布装置；9—张紧装置；10—真空罐；11—真空泵

1. 真空行程

如图6-4所示，过滤开始时，真空切换阀将真空系统经过集液管连通滤室，使滤室形成真空，料浆从高位槽经阀门由折板式加料斗均布在滤带上。由于真空吸力的作用，滤带紧贴在滤盘上，在真空吸力的作用下进行抽滤，滤带与滤盘同步向前移动。滤带由变频调速器经减速机通过头轮传动机构驱动并调速，真空滤盘在真空吸力的作用下随着滤布同步向前移动，由于滤带、滤盘移动均由同一传动机构驱动，滤带、滤盘的速度相等，滤带与滤盘相对静止，并保持同步运行。当滤盘运行到设定位置感应到感应开关时，真空切换阀动作，关闭真空，这时大气切换阀接通大气在先，主气缸换向在后，然后进行返回行程。

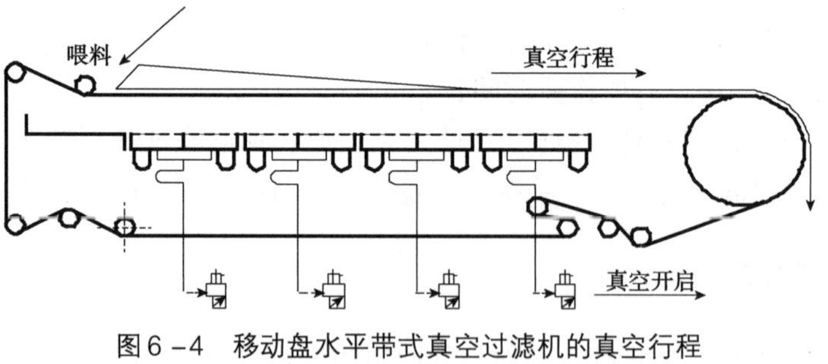

图6-4　移动盘水平带式真空过滤机的真空行程

2. 返回行程

如图6-5所示，滤盘返回过程中，当运动到设定的返回行程止点时，滤盘感应到另一个感应开关，这时真空切换阀动作，关闭大气接通真空，同时主气缸换向，真空滤盘随着滤布向前移动并开始下一个真空行程。无论是真空行程还是返回行程，滤带始终向前运动，这样便实现了过滤机的连续工作。

洗涤、吸干、卸料在真空行程中分段同时进行，各区段之间用隔离器分开，集液系统可以与此相对应分别集液。洗涤可采用液柱置换法或喷射翻动法，也可二者混合使用，由于洗涤可分区段完成，因此可以实现逆流洗涤。这样不但可以将滤饼洗净，还大大降低洗水耗量，从而提高母液浓度。滤饼洗涤后经吸干段被吸干，降低滤饼的含湿量。

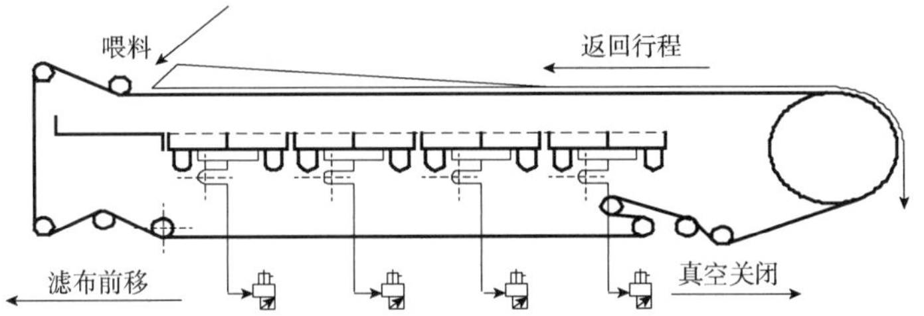

图6－5 移动盘水平带式真空过滤机的返回行程

滤饼的排卸在过滤机前端，利用头轮处滤饼的曲率半径的变小和刮料钢丝及薄片刮刀将滤饼从滤带上剥离卸除，滤布经清洗再生后，再加料连续进行过滤程序。

二、主要部件结构及工作原理

1. 加料装置

移动盘水平带式真空过滤机采用折板式加料斗，使料浆均布在滤带上，安装时应注意以下事项：

(1)在加料口上加装阀门来控制加料速度；

(2)加料方向应向后，可以充分利用托盘形成自然沉降区，避免破坏滤饼，提高过滤的速率和质量；

(3)加料装置一般在出厂时已经调试好，可以满足大多数物料布料均匀的要求，但对某些特殊物料(液固比、比重差异较大)，会出现布料稍不均匀，用户可以在加料斗上增加导向筋。

2. 洗涤装置

洗涤装置的作用主要是加入洗涤液，一般有以下两种形式：

(1)淋洗装置，用于采用液柱置换法进行洗涤的场合，其结构采用溢流堰的锯齿栅，安装时必须保持淋洗装置与滤带横向水平，以各锯齿口中能均匀溢水为准，保证洗涤水均布于滤饼表面，调整好后固定，不要晃动，注意安装位置不宜过高，以免冲坏滤饼；

(2)喷淋装置，用于采用喷射翻动法进行洗涤的场合。洗涤液需要一定的压力，喷射出的洗涤液呈平面扇形，安装时喷嘴距离滤饼约100mm，喷射方向应调节一致。

以上两种形式也可混合搭配使用。

3. 头轮

头轮是驱动滤带运行的主动轮，它通过滤布拖动滤盘前移，头轮由钢质滚动筒外包耐酸橡胶制成，由变频调速器控制经电动机驱动(可在0～50Hz范围内调整)，减速器经二级减速后低速转动，或由变频调速器经行星摆线针轮减速机及蜗轮蜗杆减速，由张紧的滤带与橡胶层之间的摩擦力带动滤带滤盘连续移动，在滤带转向处排卸滤饼。

头轮的转速应根据所需的转速加以调节，过滤机在出厂时，为了广泛适用，其调速范围较大，而对于某一种料浆，过滤机的调速范围不会太大，如果在成熟的工艺条件下使用，电动机长期处于较低速度会影响其使用寿命。要改善这一状况，用户可根据具体需要，更换合适传动比的减速机，使电动机在较佳的转速状态下运转。

头轮运转必须注意以下事项：

(1)为了防止滤布与头轮打滑，一方面要将滤带张紧，另一方面头轮表面必须保持清洁，不允许沾染杂物，尤其细小颗粒状固体物，这样可以延长滤布的使用寿命；

(2)头轮的表面圆柱线应与导轨垂直。当滤布经常向固定一侧跑偏时，一方面可调节细调拉紧装置使滤带两边的松紧程度大体相同；另一方面检查头轮是否与导轨垂直，调整头轮与导轨的垂直度可起到对滤带纠偏的作用。

4. 刮刀装置

滤带连同上面已经吸干的滤饼脱离滤室继续向前移动，当运行到头轮处时，由于曲率半径变小，滤饼较易从滤带上剥离，再用薄板型刮刀或钢丝刮刀将滤饼剥离排卸。刮刀一般用聚丙烯(或硬聚乙烯)加工成形，具有耐磨、富有弹性的优点。

滤饼在一定干燥程度下是比较容易卸料的，但是在滤饼含湿量太高的情况下却比较困难，这时可以通过增加滤盘吸干区长度、延长吸抽滤时间等方法将滤饼吸干，这在过滤机上可以很方便做到。

安装刮刀必须注意以下事项：

(1)调节刮刀装置两侧的辊轮，使其压住滤布且刮刀的刀口与滤布平行，距离保持在0.3～0.5mm，刮刀既不直接接触滤带，又能刮卸滤饼，延长了滤布使用寿命；

(2)两侧的压力不要调得过大，以滤布搭接处通过刮刀时能够弹出(且能弹回)，不卡住滤布为准。

5. 自动纠偏装置

自动纠偏装置由纠偏辊、气缸(双活塞杆气缸)、二位五通阀和感应开关等组成。其作用是纠正滤布跑偏，其原理是通过改变纠偏辊的角度来达到纠正滤布跑偏的目的。其工作原理如下：

(1)如图6－6所示，当滤布处于中间位置时，滤布不与拨杆接触；感应开关无感应信号输出，此时二位五通阀Ⅰ、Ⅱ均处于A位置，纠偏辊与滤布垂直。

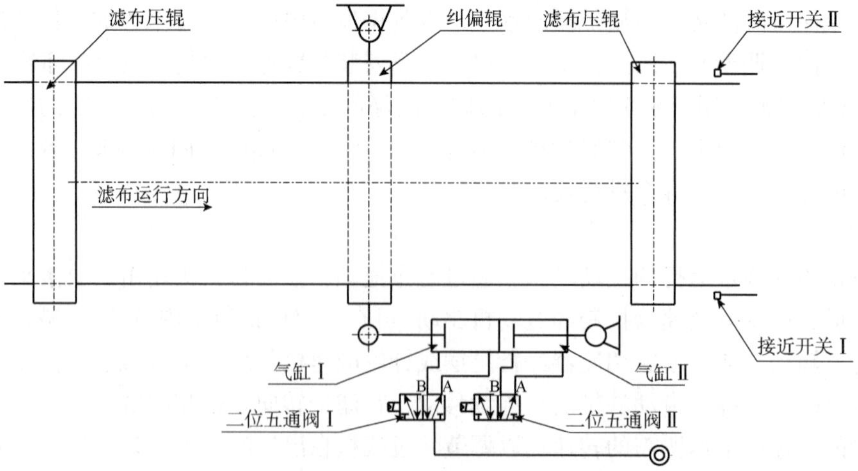

图6－6 滤布处于中间位置时纠偏装置的状态

(2)如图6－7所示，当滤布向接近开关Ⅰ方向跑偏时，滤布触动拨杆使感应板向接近开关Ⅰ靠近，当达到感应距离时，接近开关Ⅰ输出信号，使二位五通阀Ⅰ通电换向，二位五通阀Ⅰ处于B位置；气缸Ⅰ活塞杆缩回；此时纠偏辊偏转一定角度，在纠偏辊作用下，滤布跑偏迅速纠正，向接近开关Ⅱ方向移动；当到达中间位置时，接近开关Ⅰ感应信号消失，气缸Ⅰ又重新回到图6－6的状态。

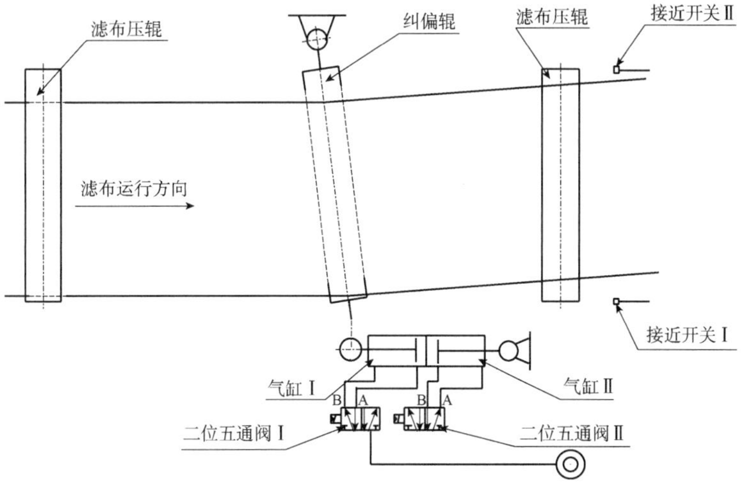

图6－7 滤布跑偏时纠偏装置的状态(一)

(3)如图6－8所示，当滤布向接近开关Ⅱ方向跑偏时，滤布触动拨杆使感应板向接近开关Ⅱ靠近，当达到感应距离时，接近开关Ⅱ输出信号，使二位五通阀Ⅱ通电换向，二位五通阀Ⅱ处于B的位置，气缸Ⅱ活塞杆伸出；此时纠偏辊偏转一定角度，在纠偏辊作用下，滤布跑偏迅速纠正，向接近开关Ⅰ方向移动；当到达中间位置时，接近开关Ⅱ感应信号消失，气缸Ⅱ又重新回到图6－6的状态。滤布跑偏是很难避免的，这是由于连接滤布时难免有松紧程度不同、长短误差，各改向辊存在平行误差等因素影响，虽然调节改向辊(范围有限)能纠正滤布向一侧跑偏的现象，但对于发生在瞬间的不稳定跑偏(工艺上参数的变化、布料等引起的)，则必须由纠偏装置来纠正，因此，自动纠偏装置是带式过滤机最重要的部件之一。

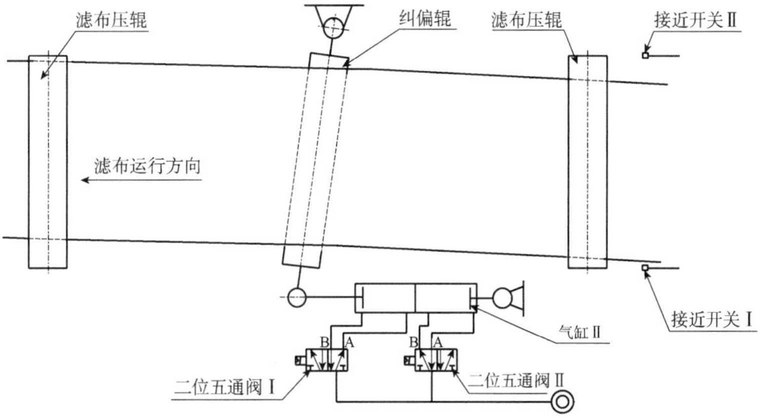

图6－8 滤布跑偏时纠偏装置的状态(二)

操作时应注意以下事项：

(1)纠偏辊的偏转方向是否正确及接近开关感应信号与二位五通阀的对应关系，否则不但不能起到纠偏作用，还会使滤布更加跑偏。

(2)自动纠偏装置是保证过滤机正常运行的重要部件，因此在设备运行前必须检查自动纠偏装置功能是否正常，不正常的情况下不能开机，排除故障后方可开机。

(3)自动纠偏装置工作压力不宜过高，一般为0.15～0.25MPa，以能推动纠偏辊为准，过高的压力会使纠偏辊偏转速度太快且噪声太大。

(4)对于滤布朝一固定侧跑偏的现象，不能以固定纠偏辊偏转一定角度来纠正(必须调整改向辊等)。否则，会使接近开关、电磁阀线圈长时间通电影响使用寿命，影响正常纠偏功能。

(5)必须保证纠偏辊滑道的清洁，经常清理滑道异物，加少量润滑油。

6. 滤盘

滤盘通常采用整张薄板压制而成，用螺栓连成一体，横断面为槽形，抽滤时有良好的气密性，可获得较高的真空吸动力。滤盘内水平地放置多孔滤板，一般情况下用1Cr18Ni9Ti薄板制成，对于有特殊耐腐蚀要求的则可用聚丙烯材料或团状树脂纤维BMC制成多孔滤板，供用户选择。1Cr18Ni9Ti多孔滤板由加工成横竖向槽的不锈钢条支撑，形成真空室，其具有强度高、通道舒畅、气液两相能充分流通等优点。整个滤盘由钢性框架支撑，框架上设置有滚轮及行程控制装置等。

安装滤盘时，滤盘多孔板必须平整，无高低，呈水平状态。如果多孔板高低不平，在滤盘返回时就有可能使滤饼裂开，从而降低洗涤和吸干效果。如果横向不水平，容易使滤饼厚薄不均匀，使过滤效率降低。

7. 洗涤装置

洗涤装置用以清洗卸渣后的滤布，通过滚刷与滤布移动方向反向转动来洗刷滤布(滚刷与头轮反向转动)，同时辅以前后二次压力水的冲刷，使滤布每经过一次过滤，卸渣后都得到再生性的清洗，从而保证获得较好的过滤速率和滤布使用周期，安装使用清洗箱时应注意以下事项：

(1)滤布经张紧后要压过滚刷上的尼龙丝3～5mm。

(2)压力水冲刷正好在滚刷前后，接管时要注意不要使冲刷管角度变动，并注意角度的调整。

(3)在开车加料前要先检查滚刷转动和喷水是否正常，正常才能加料，如有故障要排除后才能加料。

(4)在停止加料，滤布洗完后，需继续刷洗滤布若干圈，待滤布阻力下降至100mmHg左右才能停止洗刷箱的运行并停车。

滤布不能有效再生，没有洗刷干净，会在滚筒上逐渐粘上滤渣，造成滤布打皱和严重跑偏，滤布也会严重堵塞，过滤速率很快下降，滤饼含湿量增加，排卸更为困难，也更难洗净滤布，如此形成恶性循环，致使不能正常运行。所以，必须注意清洗装置的运行工作情况，在整个操作过程中，要经常检查滤布是否洗净。洗刷下来的水，尚有少量固体(滤渣)如滤饼价格昂贵或不易存放，可用水泵抽出洗液返浇在滤饼上来回收。

8. 张紧装置

环形滤布只有在张紧状态下才能正常运行，它的张紧是由张紧气缸活塞杆伸出来控制的，活塞杆缩进是放松滤布，它的换向是由气控柜的手控二位五通推拉式换向阀来控制的。

张紧气缸的操作压力不宜过高，以滤布与头轮不打滑为限，在开机时，通压力气后，活塞杆伸出行程时，应将滤布张紧，因为在运行过程中滤布会逐渐伸长，以免在当班操作过程中发生滤布张不紧而不得不中途停车进行调整。调整方法是移动细调装置的滚筒，直到滚筒移到最后极限位置；如果滤布还是继续伸长，则要剪去一段，重新搭接；搭接后细调装置的滚筒要在最前位置；张紧气缸置于放松位置，并均匀地用力将滤布拉紧。

张紧气缸的操作压力过高是有害的，主要体现以下两个方面：

(1)滤布承受的拉力较大，易伸长甚至损坏。

(2)一开始就把活塞杆行程用完，不利于操作。

工作时常出现以下情况：总压力在 $5kgf/cm^2$ 左右，张紧气缸离压力气源较远，管道很长，通径较小；这样，即使张紧气缸操作压力调高至 $3.5 \sim 4kgf/cm^2$ 以上，在滤盘返回的瞬间，由于真空切换阀和主气缸同时用气，供气不足，气压骤降，致使张紧力突然减少，滤布松弛、停滞甚至被滤盘带回，不能正常运行。这种现象有时被误认为张紧气缸“漏气”，解决办法如下：加大气源管道通径，增加储气包以及增加气源总压力等。停机时，滤布应处于完全松弛状态，所以过滤完毕后，经清洗滤布停止运行，必须操作换向阀，使张紧气缸换向，放松滤布；对于在滚筒上装有止退装置的过滤机(如 PBF－2500 系列)，在张紧气缸松开后，尚需人工拉动滤布，使其均匀地处于松弛状态，否则由于滤布不能倒转往往在头轮前后，滤布还是绷紧的。

9. 主气缸的控制

主气缸的作用是真空行程时，缸体后腔进大气，滤盘在滤布拖动下前移，并带动活塞杆慢慢伸出，其速度是通过变频器进行调整的；当缸体前腔进压缩空气时，活塞杆缩回，并将滤盘快速拉回，其速度是由单向节流阀调节的。

主气缸的换向是由气控柜内的二位五通阀来完成的，气源换向由感应开关控制，过滤机上装有两只控制行程的感应开关，控制主气缸和真空切换。运行中，当滤盘上的感应板接近感应开关时，感应开关接通(指示灯亮)，二位五通阀线圈接通，二位五通阀在电、气作用下换向。当滤盘上感应板接近另一端的感应开关时，感应开关接通(指示灯亮)，断开二位五通阀的线圈电源，二位五通阀在电、气作用下换向(原有的为常通向)。一般二位五通阀断电，常通向应用在控制主气缸的真空行程(滤盘前移)；通电换向端应用在返回行程(滤盘后退)，这是因为后退速度快，电磁线圈通电时间短，有利于延长二位五通阀的使用寿命。

主气缸的控制应注意以下事项：

(1)必须按照工艺要求即滤饼厚度、洗涤效果、滤液质量、滤饼含湿量等重要参数，合适调节带速，以获得较佳的过滤效果。

(2)必须注意主气缸操作时的压力：空车运转时操作压力小于 0.2MPa；生产运行时为 0.6MPa。压力过高，返回速度很快，会引起撞击振动的现象。

(3)停车时，主气缸的活塞杆应尽量不要伸出，且必须注意感应板不要接近感应开关。

这样，在下次开车时，滤盘先缓慢移动，确保安全。

(4)为了减少返回时的撞缸现象，可以用稍微缩短行程的方法来实现，即在返回时行程还未到底时，便提前换向动作，办法是调节感应开关提前接近感应板。

10. 切换阀

切换阀包括大气切换阀和真空切换阀，其作用为真空行程时开启真空切换阀，关闭大气切换阀，保持真空滤盘真空状态，返回行程时，关闭真空切换阀开启大气切换阀，实现真空滤盘的大气平衡状态。大气切换阀和真空切换阀开启和关闭是由二位五通阀控制的，其控制原理与主气缸的控制原理相同。一般来说，二位五通阀的断电常通向应用于大气切换阀关闭(真空行程)、真空切换阀开启(真空行程)；线圈通电换向应用于大气切换阀开启(返回行程)、真空切换阀关闭(返回行程)，这样有利于延长电磁阀使用寿命。大气切换阀和真空切换阀的控制应注意以下事项：

(1)大气切换阀和真空切换阀与主气缸控制存在着程序关系，即要求在真空行程终了，必须先释放真空(大气切换阀开启，真空切换阀关闭)，然后主气缸才能进行返回行程，在返回行程终了必须先主气缸换向，然后才能开启真空切换阀，关闭大气切换阀，以免发生意外。

(2)真空切换阀在没有真空负压时，应在小于0.1MPa的压力气作用下动作正常，在有真空负压时随着真空度的提高，气源压力也需随着提高，当真空度达到600～650mmHg时，操作压力为0.25～0.3MPa。有时真空度维持在较高的数值真空切换阀会出现打不开的现象，这时可以稍提高真空切换阀的操作压力就可使真空切换阀工作正常，但是操作压力也不宜过高，以能够顺利打开真空口为准，否则会振动较大且易损坏零件。

11. 电气控制柜

过滤机的控制包括电控系统和气控系统两部分；电控系统应用了变频调速器先进控制元件，整个系统控制稳定可靠。变频调速器主要用于控制主电动机。

气控系统比较简单，具体布置情况如下：压缩空气进入气控柜后，依次和球阀、气源处理三联体(包括分水器、调压阀、油雾器)相接，然后并联接各分路，分路上的减压阀控制分路的操作压力。在各分路上接有各自的控制元件，即二位五通推拉式换向阀、二位五通双电控滑阀。其中，二位五通推拉式换向阀是控制张紧气缸的，二位五通双电控滑阀是控制主缸和自动纠偏装置的，气源三联体中油水分离器的作用是净化压缩空气，除去压缩空气中的水分及不干净的油，以免以后的元件受到锈蚀，油水分离器在使用若干时间后，要打开底部开关将分离出的水放掉，油雾器中加入干净机油，略微打开一点，使压缩空气经过时带去少量的油，用以润滑在此以后的气动元件。油用完后要及时补充加入。

气动元件、气缸等都是高精度的元件，压缩空气的质量好坏都将影响其使用寿命和性能的稳定性与可靠性。因此，建议用户在压缩空气进入气控柜之前装上油水分离装置，以提高压缩空气质量。

气控系统操作必须注意以下事项：

(1)调节各分路压力时，不要用力过猛，调节完成后应置于自锁位置。

(2)停车时，应将各分路压力依次调到零值，然后再关总气源，切忌将总气源一关了事，这样易造成设备事故。

(3)检修气缸、气路管道、气控元件时，应先切断压力气源。

(4)控制柜在停车期间要关上锁，以确保安全。

三、设备的主要技术参数

1. 过滤机的主要技术参数

移动盘水平带式真空过滤机的主要技术参数见表6-1。

表6-1 移动盘水平带式真空过滤机的主要技术参数

序号	参数类型	单位	参数描述
1	过滤面积	m^2	决定过滤能力的主要参数
2	主机长度	mm	过滤机的主要参数
3	有效过滤宽度	mm	过滤机的主要参数
4	主机功率	kW	
5	真空泵功率	kW	

2. 过滤机的型号、系列规格说明

型号的表示方法采用字母和数字编组，如 PBF-5m²/625

P：表示过滤机制造厂的英文缩写(荷兰潘纳维斯—Pannevis)；

B：表示过滤机为带式；

F：表示过滤机；

$5m^2$：表示滤室过滤面积为$5m^2$；

625：表示滤室过滤宽度为625mm。

其中第五项是滤布有效宽度代号，目前定型的有625mm、1250mm、1600mm、2000mm、2500mm、3000mm六个系列，每个系列有不同滤室面积的若干规格(每个系列有若干种不同的有效过滤面积)，同一系列的过滤机的机身是相同的。在同一系列中规格不同，其机身长度也不同，不同系列的过滤机宽度不同，在同一系列中，编号越大其规格也越大，过滤能力也越强。同一系列不同规格的过滤机，其作用也不同，主要表现在以下几个方面：

(1)适应不同分离工艺的要求。由于各种物料过滤性能差异很大，对分离要求也不同，在工艺上表现为对吸滤、洗涤、吸干等过程的时间分配都有不同要求，所以将集液系统根据需要进行分段隔离，再加上调节滤布速度，便能满足不同的工艺要求。

(2)可获得高质量的滤液和滤饼。根据需要增加过滤机的长度适应对透滤较多的滤浑液返浇在滤饼上，以滤饼作为过滤介质，从而得到澄清的滤液。有时也可将洗刷滤布的水返浇在滤饼上，这样可避免不同集液段之间的二次污染，也可实现水量平衡。

(3)适应在过滤机上添加预涂层。

(4)可以根据特殊需要按等差关系增长过滤机，增加滤室面积。

四、常见故障分析与处理方法

移动盘水平带式真空过滤机的常见故障分析与处理方法见表6-2。

表6-2 移动盘水平带式真空过滤机的常见故障分析与处理方法

故障现象	故障原因	直接原因	处理方法
滤布跑偏和打皱	滤布两侧受力不均匀	滤布拼接长短松紧不等	重新缝接
		压辊压力张力不同	调整
		隔离器倾斜	调整到与滤盘垂直
		滤盘左右倾斜引起滤饼厚度相差较大	校正滤盘水平
		布料不均，引起滤饼厚度不均匀	改进布料方法
		滤布没洗干净导致滚筒带渣	解决滤布洗涤问题
	有使滤布横向位移的驱动力	头轮倾斜、导轨不垂直	校正使之不倾斜
		某一滚筒倾斜	校正使之不倾斜
		相对的自动纠偏辊倾斜到一侧	调节位置或角度
	自动纠偏装置失灵	感应板卡住(无法感应)	调整安装位置
		气路管道堵塞或泄漏	检修气路管道
		接近开关损坏(灯不亮)	更换
		二位五通单电控阀线圈烧坏	更换
		气缸内漏气	检修或更换密封圈
		纠偏辊磨损后，滤布无法移动	重新包胶
		纠偏辊滑道有杂物	清洗、加润滑剂
滤布不能连续移动甚至倒回	滤布与头轮打滑	张紧力不够	加大张紧缸操作压力
		滤布超长至极限	裁短后重新缝接
		头轮表面有异物	清除
		真空阀的切换时间不对，返回时太慢，推进时太快	校正接近开关的位置
		滤布搭接处被刮刀卡住	调小刮刀压力间隙或检修滤布的缝接
		滚筒卡住不转动	检修加润滑油
		头轮表面橡胶太光滑	使之粗糙
	返回时滤室处于真空状态	切换阀工作失常，通气口没打开	先导气缸检修
		切换阀切换时间太迟	行程开关向后调节
		切换阀的真空关不密闭	检查阀口密封座平面是否正常
	滤布压力超重	加料过多	减慢加料速度
		滤室没有真空不进行抽滤	加大切换阀的工作压力
滤布洗不净	滤饼卸不净	滤饼含湿量太高	加长吸干区长度
		淌浆液	调节隔离器
		刮刀与滤布间隙太大	调节间隙及压紧力
		滤布选择不当	更换

续表

故障现象	故障原因	直接原因	处理方法
滤布洗不净	洗刷情况不好	喷头堵塞	清理
		洗刷水水源不足	提高水压
		喷水角度不正确	调整好
		滚刷接触不好	提高刷辊位置
		刷辊毛刷磨损失效	更换
滤盘不能继续运行	主气缸的压力气源失常	压缩空气气源断了	检查重新接通
		二位五通阀不换向	更换后检修
		行程接近开关失效	更换
		行程接近开关没有感触到感应板	调整其位置
		主气缸密封圈损坏，失效	更换
	推动力太小	主气缸工作压力太低	调高操作压力
		返回时滤盘没有释放真空	检查切换阀的工作
		磨块卡住导轨	校正磨块位置
		滚轮或滤盘被异物卡住	清除
		单向节流阀被堵死	检修或更换
滤盘中真空度不足	切换阀失常	真空口没有打开	提高操作压力到0.25～0.3MPa
		大气阀密封面泄漏	检修大气口密封座或更换
		真空阀密封面泄漏	更换阀座
		真空口的密封座脱落	拆装
		气控失灵	检查行程接近开关、二位五通电控阀
	抽气速度太低	真空泵吸气不足	检修真空泵
		真空通道阀门开启太小	阀门开大些
		管道太小或堵塞	加大或清理
		布料不均，吸取大气	改进布料方法
		滤饼严重开裂	加快带速或检查多孔板是否平整
		滤布堵塞或选择不当	检查清洗情况，更换滤布
	真空系统存在泄漏	滤盘连接处泄漏	改善泄漏处密封状况
		橡胶管开裂	更换
		橡胶管承插处泄漏	更换
		各连接法兰泄漏	重新紧固
		滤布两侧翘起	填没多孔滤板两侧与滤盘的间隙

续表

故障现象	故障原因	直接原因	处理方法
滤液变浑浊	透滤	滤布密度不够	采用合适滤布
		滤布有孔洞	查明有洞的原因并排除，补洞或更换
		加料或洗涤时冲坏滤饼	改进加料、洗涤方法，尽量减少冲击
		料浆变化	控制工艺条件
	带料	加料过多，溢出滤布	注意操作，减少加料
		滤布跑偏，料浆从一侧滤布溢出	解决跑偏问题
		卸料不尽或滤布没有洗净	是前述该故障的排除
滤饼洗涤不净	洗涤不够或洗涤不均匀	洗涤区段太短	重新调各区段
		浆液与洗涤水互相混流	调节隔离器
		洗涤水淋或喷不均匀	调节淋水装置水平度或清理被堵塞的喷头
		洗涤水太少或洗涤次数不够	重新确定工艺
		洗涤水未吸干又加洗涤水	增加隔离器

第三节　固定室橡胶带式真空过滤机

固定室带式真空过滤机也称橡胶带式真空过滤机，我国在引进、吸收、消化国外同类产品技术的基础上，针对橡胶带式真空过滤机的具体特点研制的一种新型、高效、连续操作的固液分离设备；橡胶带式真空过滤机(简称胶带式真空过滤机)采用固定真空盒，胶带在真空盒上移动，真空盒与胶带间构成运动密封的结构形式。与移动室式真空过滤机相比，固定室带式真空过滤机克服了移动室式真空过滤机每工作一个行程都要卸掉真空一次，导致能耗较高的缺点，实现了真正意义上的连续运行、连续过滤。生产过程的过滤、洗涤、卸渣、滤布清洗随着胶带的运行可依次完成，从而过滤效率得到提高，能耗下降。胶带式真空过滤机的真空盒与胶带之间的两侧各设置了一根环形摩擦带，并以水作为密封介质，同时密封水既可作密封装置的润滑剂又可作冷却剂，形成一个非常有效的真空密封。在整体结构上采用可拆式框架结构，确保了环形胶带的安装维护和整个设备保养的顺利进行。胶带式真空过滤机经过多次改进和完善，较好地结合了英、美、法、日等国同类产品的优点。胶带式真空过滤机已广泛应用于冶金、矿山、化工、造纸、食品、制药及环保等工业部门。

胶带式真空过滤机具有过滤效率高、生产能力大、洗涤效果好、应用范围广、操作简单、运行平稳、维护保养方便等优点。

一、结构和工作原理

1. 胶带式真空过滤机的工作原理

胶带式真空过滤机由橡胶滤带、真空箱、驱动辊、胶带支承台、进料斗、滤布调偏装置、驱动装置、滤布洗涤装置、机架等部件组成。它是充分利用物料重力和真空吸力实现固液分离的高效设备，其工作原理如图 6－9 所示。

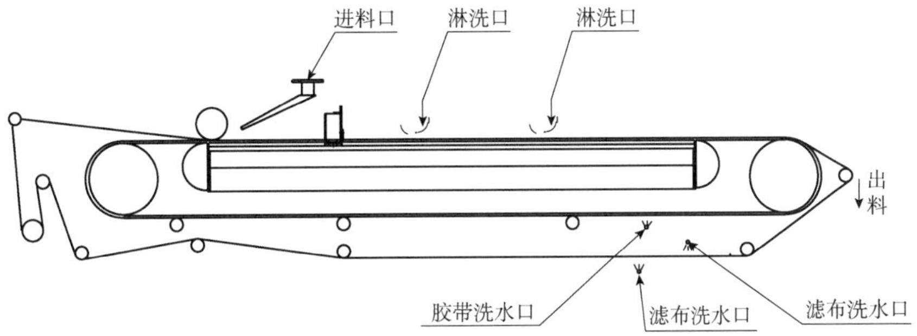

图 6－9　胶带式真空过滤机工作原理

环形胶带由电动机经减速拖动连续运行，滤布铺敷在胶带上与之同步运行。胶带与真空室滑动接触，真空室与胶带间有环形摩擦带并通入水形成密封。当真空室接通真空系统时，在胶带上形成真空抽滤区。料浆由布料器均匀地分散并平铺在滤布上，在真空作用下，滤液穿过滤布经胶带上的横沟槽汇集并由小孔进入真空室，固体颗粒被截留在滤布上形成滤饼。进入真空的液体经气水分离器排出，随着橡胶带移动已形成的滤饼依次进入滤饼洗涤区、吸干区，最后滤布与胶带分开，在卸滤饼辊处将滤饼卸出。卸出滤饼的滤布经清洗后获得再生，再经过一组支承辊和纠偏装置后重新进入过滤区。

2. 结构特点

环形胶带采用伸缩性能良好的波浪形裙边与平胶带粘接结构，造价低、寿命长且裙边可更换。真空箱和胶带间设有环形摩擦带并以水密封、润滑、冷却，真空密封可靠，环形摩擦带摩擦阻力小、使用寿命长且更换方便、快捷。胶带采用气垫式或者水膜支承，胶带漂浮在气垫或者水膜上，减少了运行阻力，有利于延长胶带的使用寿命。胶带支承滤布、承受真空吸力、传递功率及重力，并在真空箱上滑动，滤布不与真空箱接触，滤布的使用寿命较长，实现了连续运行、连续过滤、洗涤等作业，可以维持稳定的真空度，降低滤饼的含湿量且有利于稳定操作工艺条件。易损件少，故障率低，长期连续稳定运行可靠，处理量大。

二、主要部件的结构及工作原理

1. 橡胶滤带

橡胶滤带两侧均带有环形裙边，以防止料液从两侧流出。橡胶裙边与平面橡胶带采用组合结构，即波形裙边与平行胶带黏合而成。这种结构裙边伸缩性好，可以避免裙边经过辊筒改向时造成破裂，且可有效防止料浆跑漏。橡胶滤带是胶带过滤机的关键部件，滤带上表面中间分布规整的排水沟槽，滤布安装在橡胶带上部。滤液在重力和真空吸力作用下，自排液沟槽经橡胶带和滑台上的小孔流至真空箱，最后排入真空罐（见图 6－10）。橡胶滤带的寿命取决于橡胶材质和现场的使用与维护。需要特别指出的是，过滤的物料如果对橡胶有强烈的腐蚀性，不宜采用胶带式真空过滤机，因此橡胶滤带材质的选取必须结合物料的性质来确定。现场安装时必须先安装平面胶带，使其运行正常后才黏结波纹裙边，设备运行时必须保证胶带的清洁，减缓橡胶老化。

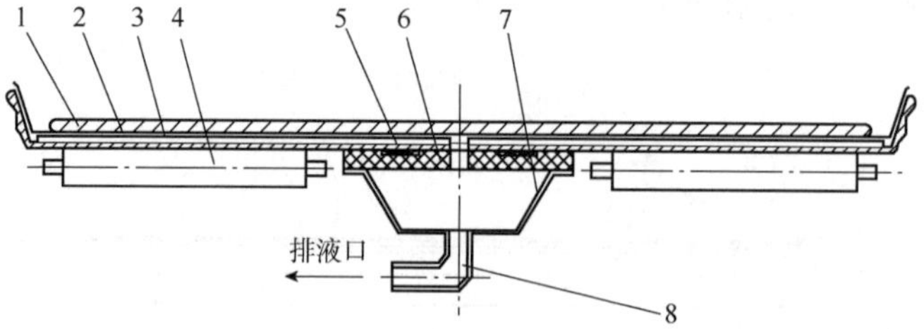

图6－10 胶带式真空过滤机的截面图

1—滤饼；2—滤布；3—橡胶滤带；4—托辊；5—摩擦带；6—滑台；7—真空箱；8—排液管

橡胶滤带是带式过滤机最关键的部件，使用过程中应尽可能减少橡胶带的老化和磨损。橡胶带下方用托辊支撑，形成滚动摩擦，中部通过摩擦带与真空箱上的滑台形成密封，滑台光滑耐磨，通常由高分子材料制造而成。摩擦带与橡胶滤带在滑台上同步运行，避免橡胶滤带的磨损，摩擦带采用水进行润滑和密封。

2. 真空箱

真空箱是排液胶带底面滤液的汇集处，其中心线应与排液带及中心排孔的中心线相重合。真空盒断面呈 V 形，采用耐腐蚀材料制成。过滤机运行时，真空箱固定不动，胶带在上面运行。真空箱采用分节连接成整体，每节均有管口与集液总管相连形成真空集液系统。在真空箱与运行胶带间设置有环形摩擦带并以水进行密封(摩擦带在真空盒上的摩擦块上随着胶带运行)，水既可作密封装置的润滑剂又可作冷却剂，形成非常有效的真空密封；环形摩擦带随着胶带一起运动，避免水平胶带受磨损。环形摩擦带在滑块上运行尽管有水的润滑作用但仍会有一定的磨损，运行一定时间后需要更换。为了便于更换摩擦带，环形摩擦带设计成可更换的结构，真空盒也设计了一套升降机构，更换摩擦带时真空箱处于低位，有利于方便快捷地完成更换。

3. 加料装置

安装时注意以下事项：

(1)在加料口上加装阀门来控制加料速度；

(2)加料方向应向后，这样可以充分利用真空区形成自然沉降区，避免破坏滤饼，提高过滤的速率和质量；

(3)加料装置出厂时已经调试好，能满足大多数物料布料均匀的要求，但对某些特殊物料(液固比、比重差异较大)，会出现布料稍不均匀，用户可以在加料斗上增加导向筋。

4. 洗涤装置

洗涤装置用于加洗涤液，一般有以下两种形式：

(1)淋洗装置，用于需要用液柱置换法进行洗涤的场合，其结构采用溢流堰的锯齿栅(一般以此供货)，安装时必须保持淋洗装置与滤带横向水平，以各锯齿口中能均匀溢水为准，保证洗涤水均布于滤饼表面，调整好后固定，不要晃动，注意安装位置不宜过高，以免冲坏滤饼；

(2)喷淋装置，用于采用喷射翻动法进行洗涤的场合，可以根据要求供货。洗涤液需要一定压力，喷射出的洗涤液呈平面扇形，安装时喷嘴距离滤饼100mm，喷射方向应调节一致。

以上两种形式可混合搭配使用。

5. 驱动辊

驱动辊是驱动胶带运行的主动轮，由钢质滚筒外包耐酸橡胶制成，由变频调速器控制经电动机驱动(可在0~50Hz范围内调整)，减速器减速后低速转动，或由变频调速器经行星摆线针轮减速机减速，借助已经张紧的胶带与橡胶层之间的摩擦力，带动胶带、滤布连续移动，在滤布转向处排卸滤饼。

驱动辊的转速应根据所需的转速加以调节，为了适应广泛应用的要求，驱动辊的调速范围一般较大，而对于某一种料浆，过滤机使用的调速范围不会太大，如果在成熟确定的工艺条件下实际使用时，电动机长期处于较低速度的情况下，会影响电动机的使用寿命。要改善这一状况，根据具体需要，更换合适传动比的减速机，使电动机在较佳的转速状态下运转。

驱动辊运转必须注意以下事项：

(1)为了防止胶带与驱动轮打滑，一方面要将胶带张紧，另一方面驱动辊表面必须保持清洁，不允许沾染杂物，尤其细小颗粒状固体物，这样可以延长胶布的使用寿命。这需要操作者细心加以调节。

(2)驱动辊的表面圆柱线应与从动辊平行。有时胶带经常向固定一侧跑偏，一方面可以调节细调拉紧装置使胶带两侧的松紧程度一致；另一方面也可检查驱动辊是否与机架中心垂直，调整驱动辊与机架中心的垂直度可实现对胶带的防偏。

6. 刮刀装置

滤布连同上面已经吸干的滤饼脱离胶带继续向前移动，当运行到卸料轮处时，因其曲率变大(曲率半径变小)使滤饼较易剥离滤布，再用薄板型刮刀或钢丝刮刀将滤饼剥离排卸。刮刀用聚丙烯(或硬聚乙烯)加工成形，具有耐磨、富有弹性的优点。

在一定干燥程度下，滤饼的卸料是比较容易实现的，但是当滤饼含湿量太高时，很难采用干法卸料。在这种情况下可以采用增加滤盘吸干区的长度、延长吸抽滤时间的方法将滤饼吸干，这在过滤机上可以很方便地实现。

安装刮刀必须注意：

(1)调节刮刀装置两侧的安装位置，使其压住滤布且刮刀的刀口与滤布平行，距离保持在0.3~0.5mm，刮刀不直接接触滤布，同时能刮卸滤饼，这样可以延长滤布的使用寿命。

(2)两侧的配重压力不宜过大，以滤布搭接处通过刮刀时能够弹出(且能弹回)不卡住滤布为准。

7. 自动纠偏装置

纠偏装置由纠偏辊、囊式气缸、三位五通阀和两个感应开关等组成。其作用是滤布跑偏时对滤布进行纠正，其原理是通过改变纠偏辊的角度来达到纠正滤布跑偏的目的，具体如下：

(1)如图6-11所示，当滤带处于中间位置时，滤布不与拨杆接触；感应开关无感应信号输出，此时三位五通阀使压缩空气处于关闭状态，纠偏辊与滤布垂直。

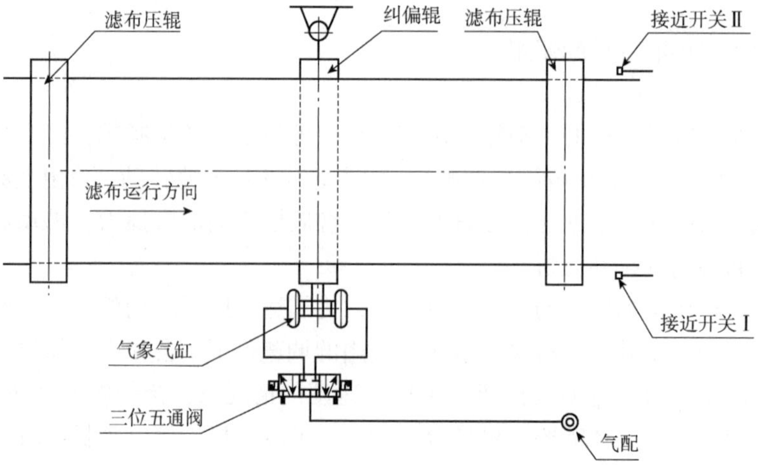

图6-11 胶带式真空过滤机滤布正常位置

(2)如图6-12所示，当滤带向接近开关Ⅰ方向跑偏时，滤布触动拨杆使感应板向接近开关Ⅰ靠近，当达到感应距离时，接近开关Ⅰ输出信号，使三位五通阀通电换向，三位五通阀处于A位置，输入压缩空气，此时纠偏辊偏转一定角度，在纠偏辊作用下，滤布跑偏迅速纠正，向接近开关Ⅱ方向移动；当到达中间位置时，接近开关Ⅰ感应信号消失，气缸又重新回到图6-11的状态，即纠偏辊与滤布垂直。

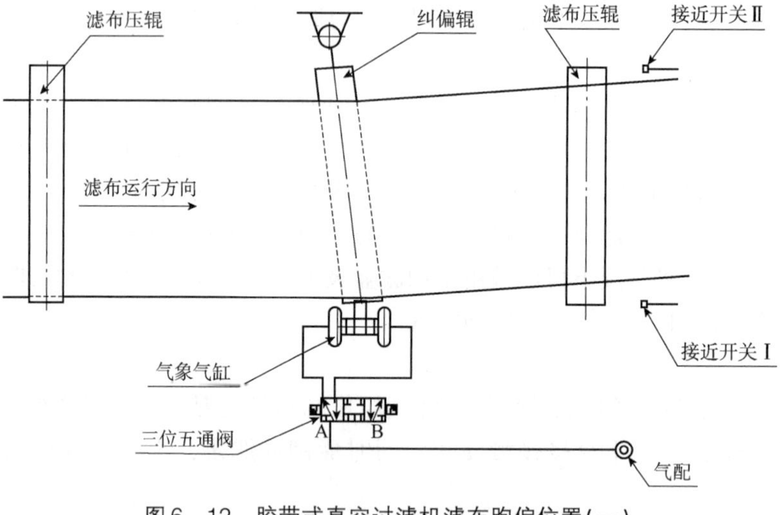

图6-12 胶带式真空过滤机滤布跑偏位置(一)

(3)如图6-13所示，当滤布向接近开关Ⅱ方向跑偏时，滤布触动拨杆使感应板向接近开关Ⅱ靠近，当达到感应距离时，接近开关Ⅱ输出信号，使三位五通阀通电换向，三位五通阀处于B位置，输入压缩空气，此时纠偏辊偏转一定角度，在纠偏辊作用下，滤布跑偏迅速纠正，向接近开关Ⅰ方向移动；当到达中间位置时，接近开关Ⅱ感应信号消失，气缸又重新回到图6-11的状态，即纠偏辊与滤布垂直。

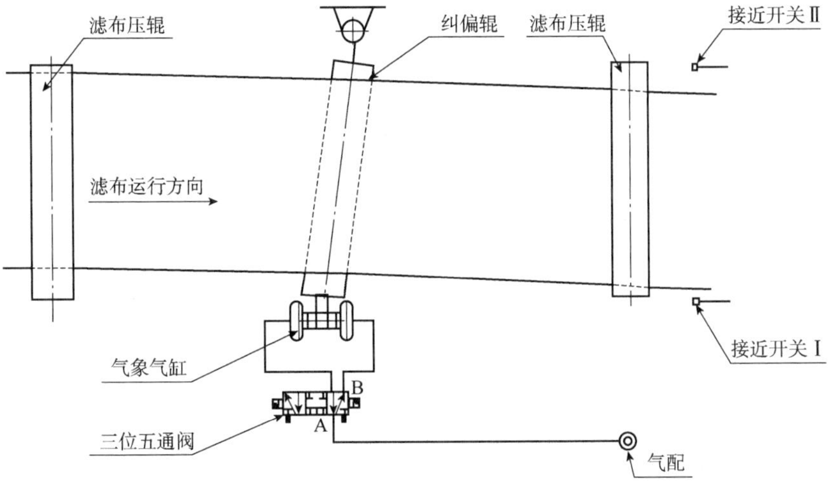

图6－13　胶带式真空过滤机滤布跑偏位置(二)

滤布跑偏是在所难免的，这是由于滤带难免有松紧不一、长度有误差，改向辊存在平行度误差等因素影响。虽然调节改向辊(范围有限)能纠正滤布向一侧跑偏的现象，但对于瞬间发生的不稳定跑偏(工艺上参数的变化、布料等引起的)，则必须由纠偏装置来纠正。因此，自动纠偏装置是带滤机非常重要的部件。

操作时应注意：

(1)必须注意纠偏辊的偏转方向是否正确及接近开关感应信号与三位五通阀的对应关系。否则，不但不能起到纠偏作用，还会使滤布更加跑偏。

(2)自动纠偏装置是保证带滤机正常运行的重要部件，因此在设备运行前必须检查自动纠偏装置功能是否正常，不正常情况下不能开机，必须排除故障后方可开机。

(3)自动纠偏装置工作压力不宜过高，一般为0.15～0.25MPa，以能推动纠偏辊为准，过高的压力会使纠偏辊偏转速度太快且产生噪声。

(4)对于滤带朝某固定的一侧跑偏的现象，不能以固定纠偏辊偏转一定角度来纠正，必须调整改向辊，否则会使接近开关、电磁阀线圈长时间处于通电状态，影响使用寿命，影响正常纠偏功能。

(5)必须保证纠偏辊滑道的清洁，经常清理滑道上的异物，加少量润滑剂。

8. 洗涤装置

洗涤装置的作用是清洗卸渣后的滤布和胶带。通过前后两次压力水的冲刷，使滤带每经过一次过滤及卸渣后都得到再生性的清洗，从而保证其获得较高的过滤速率以及较长的滤带使用周期。

安装使用清洗箱时注意以下事项：

(1)压力水冲刷正好在滚刷前后，接管时要注意不要使冲刷管角度变动，并注意角度的调整。

(2)开车加料前先检查喷水是否正常，喷水正常才能加料，如有故障要排除故障后才能加料。

(3)停止加料，滤布清洗完成后，需继续刷洗滤布若干圈，待滤布阻力降至100mmHg

左右才能最后停止洗刷箱的运行并停车。

滤带如果不能有效再生，或者没有洗刷干净，滚筒上可能会逐渐粘上滤渣，造成滤布打皱和严重跑偏，滤布也会很快严重堵塞，过滤速率很快下降，造成滤饼含湿量增加，排卸更为困难，滤带更难洗净，如此形成恶性循环，致使设备不能正常运行。所以必须密切关注清洗装置的运行工作情况，在整个操作过程中，要经常检查滤带是否洗净。洗刷下来的滤液，如含有少量固体(滤渣)，如果滤饼价格昂贵或不易存放，可用水泵抽出洗液返浇在滤饼上进行回收。

9. 电气控制柜

胶带式真空过滤机的控制包括电控系统和气控系统两部分，电控系统用变频调速器控制主电机。

气控系统比较简单，具体布置情况如下：压缩空气进入气控柜后，依次与球阀、气源处理三联体(包括分水器、调压阀、油雾器)相接，然后连接三位五通阀。三位五通阀的作用是控制自动纠偏装置，气源三联体中油水分离器的作用是净化压缩空气，除去压缩空气中的水分及不干净的油，以免以后的元件受到锈蚀，油水分离器使用一段时间后，应打开底部的开关将分离出来的水及时放尽；油雾器中加入干净机油，出口稍微打开，使压缩空气经过时带去少量的机油，用以润滑在此以后的气动元件。机油用完后要及时补充加入。

气动元件、气缸等都属于高精度元件，压缩空气的质量对设备的使用寿命以及性能都有影响，因此压缩空气进入气控柜之前应安装油水分离装置，以提高压缩空气的质量。

操作气控阀时必须注意以下事项：维修气缸、气路管道、气控元件时，应先切断压力气源。控制柜在停车时期应关闭上锁，以确保安全。

10. 真空自动排液罐

真空自动排液罐由一个分隔为上下两腔的筒体、封头、气液进出口、内外排液阀、大气切换阀和真空切换阀及液位计等组成，如图6-14所示。

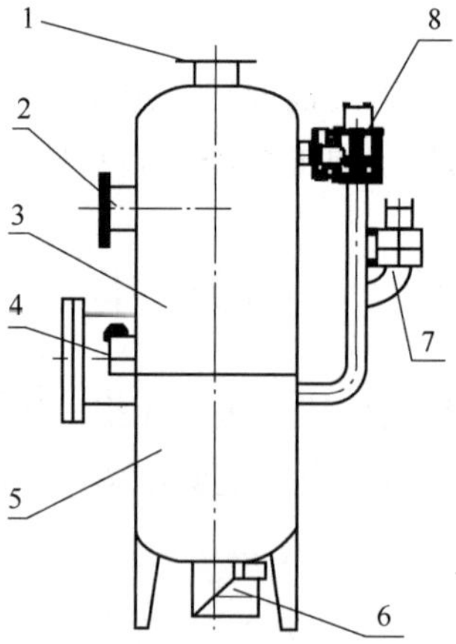

图6-14　真空自动排液罐结构

1—真空接口；2—进液口；3—上腔；4—排液阀；5—下腔；6—排液口；7—大气切换阀；8—真空切换阀

真空自动排液罐工作原理：设备开始工作时，大气切换阀关闭，真空切换阀开启，排液口关闭，上下腔真空一致，液体由进液口进入上腔，由上腔通过排液阀进入下腔。进液一定时间后，大气切换阀开启，真空切换阀关闭，这时排液阀关闭，上腔继续处于真空状态，下腔通入大气，这时下腔液体在重力作用下由排液口排出。排液一定时间后，大气切换阀关闭，真空切换阀开启，排液口关闭，重新进入下一循环。在此过程中进排液的时间由时间继电器控制，现场可以根据排液情况进行调节。通常设置进液时间10s，排液时间5s。

三、设备安装与调试

1. 设备安装前的存放

设备安装前应按正常运行的方位存放，尽可能存放在干燥、通风良好的室内。如果只能在室外存放，则应盖上篷布，并保证足够的通风。胶带在存放期间应处于松弛状态。

2. 安装后的存放

设备安装后，如果短期不使用，则可以保持电源连接，并定期试运，确保设备各润滑点得到适当的润滑。设备易锈蚀处都应施以适当的防锈剂，并经常检查结构的锈蚀情况。

3. 安装程序

只有少数小型胶带式真空过滤机可进行整机安装，而大多数是在安装现场组装部件。其安装程序如下：机架：机架与框架同时找平，将机架就位，机架之间按说明书中的规定进行连接。在校正水平后，机架应固定牢固。安装胶带辊筒：将支承胶带的托辊固定在机架上，找平后，把橡胶滤带铺到托辊上。将主动辊、从动辊吊到中部，即橡胶滤带中间，再分别移至两端，安装支架及轴承座等。真空箱部件的组装与就位：将真空箱按顺序连接，与小托辊、升降机构摆平、绞车框架等一并装到机架上，并用螺栓将框架等与机架固紧。安装进料装置、洗涤装置小托辊，滤布张紧装置，滤布调偏装置，刮刀装置。安装连接胶管，要求连接紧密不得漏气。驱动装置：使驱动装置机架就位，安装减速机和联轴器，要保证驱动辊与电动机轴的同轴度。气路系统：气控与调偏气缸用高压软管连接。管路系统：连接进料、洗涤、清洗及真空系统管路。电控系统：连接电控柜与驱动电动机、气控柜、接头及管线阀门。滤布：将滤布重力辊置于滤布最松的位置，找出滤布运动方向箭头，然后使滤布穿过进料箱、洗涤箱、驱动辊、滤布重力和调偏辊、托辊等，将其拉平整，将滤布两头拉链对接，穿入钢丝。在装滤布前先检验一下冲洗管路，保证所有喷嘴出水能将滤布冲洗干净(待调试后再装滤布)。

4. 安装后的检查

安装后应做以下检查：检查电动机的电线是否都已经接好，运行方向是否正确。检查过滤机的压缩风源是否处于正常状态，检查主风阀是否处在关闭状态。检查所有的润滑点是否已加注润滑油。检查浆液的供给管与料槽或进料器是否均已完好连接。检查刮刀是否正确安装，接触滤布是否平直。检查过滤机的真空排液器与滤液泵之间的所有连接是否处于正常状态。接通驱动装置并调整滤带速度。检查供给真空泵的液流是否正确连接。

5. 设备调试

胶带式真空过滤机调试的重点是使各部分动作连续平稳，胶带和滤布的跑偏能够得到有效控制，真空系统密封良好无泄漏；在胶带式真空过滤机正常运转情况下，再进行裙边的粘接和胶带打孔。

(1)气路系统的调试

主要调试滤布纠偏的气缸动作，要求达到在手动操作时相应的气缸能够动作。自动操作时能够按照要求自动控制动作。应注意，过滤机在起始位置时，滤布是否处于松弛状态。自动操作时，可用片状物挡住传感器对滤布自动调偏装置进行试验。当传感器被遮挡时，调偏气缸能够灵活动作，推动调偏辊活动端向前或向后运动，移开遮挡物时，调偏辊能够自动回位，说明调试系统工作正常。

(2)电控系统和传动系统的调试

先调试手动操作，依次按下各阀门的“启动”按钮，模拟板上相应指示灯亮。各泵和阀均相应启动。按照开启的相反顺序，按下各泵和阀的“停止”按钮，各阀门均相应停止或关闭，模拟板上相应指示灯灭。再调试自动操作，按“自动启动”按钮，过滤机能够按照自动操作程序开启(或关闭)各阀门，应按设定的时间间隔有序地进行操作。操作程序如下：启动真空箱密封水并张紧滤布→启动过滤机→打开洗涤布水阀→打开真空阀→打开进料阀和洗涤水阀，过滤机正常运行。过滤机停车程序与启动相反，即关闭进料阀→关闭洗涤水阀→关闭真空阀→关闭洗涤布水阀→停过滤机→关闭密封水阀和松弛滤布，只是在进料阀关闭后，应使过滤机连续运行5min左右，以保证过滤机停车后滤布洗涤干净。检验紧急停机开关装置，按电控系统及现场紧急停机开关，主机停。检验过滤机的调速，使传动系统在设计调速范围内运行。

(3)真空系统的密封性验证

测定真空箱及真空管路连接处的密封状况时，可选用下列两种方法之一：

1)橡胶滤带上的排液孔先不打孔，对胶带上加载负荷，使摩擦带和胶带紧密贴合，并在滑台通水密封情况下，抽真空，要求能保持设计的操作真空度。

2)在焊缝处进行煤油渗漏试验，保持15min，不得有渗漏。移动室胶带式真空过滤机的调试内容与固定室胶带式真空过滤机基本相同，只是隔离器的调整和区段的划分不同。隔离器的作用是划分过滤、洗涤、吸干等区段，其位置视工艺需要而定。

四、设备的维修

1. 滤布及调整装置的维护

应经常检查滤布是否跑偏、皱褶，确保滤布在停机时松弛，检查滤布是否破损。定期检查滤布托辊，使托辊在轴承上能灵活转动。

2. 胶带及调整装置的维护

检查胶带的使用情况，校对从动辊的张紧度，以得到适当的张紧力。定期检查胶带的运行情况。定期检查胶带的磨损情况，清理淤积在胶带与驱动辊、从动辊或真空箱之间的磨损物。

3. 真空及管路的维护

可采用听声音等办法检查真空及管路接头是否泄漏。管路清洗，定期检查清洗管路的冲水方向及清洗状况，如果喷嘴被阻塞，则需将喷嘴拆卸下来进行清洗。

4. 驱动装置的维护

检查所有润滑情况，包括驱动装置、胶带润滑密封水、轴承座等。

在进行润滑及调好胶带张紧度之前，不要启动过滤机。真空泵运行时，不要启动过滤机驱动装置。检查传动是否对正，传动方向是否对正，定期检验电动机接地情况。

5. 停机检查

在一般情况下，过滤机应在停机期间进行彻底清洁，检查主机的各项运动条件，并洗刷水管及接水槽、给料箱。应定期检查接头及管路的松动情况。

五、主要技术参数

胶带式真空过滤机的主要技术参数见表6-3。

表6-3　胶带式真空过滤机的主要技术参数

序号	参数类型	单位	参数描述
1	过滤面积	m^2	决定过滤能力的主要参数
2	主机长度	mm	过滤机的主要参数
3	有效过滤宽度	mm	过滤机的主要参数
4	主机功率	kW	
5	真空泵功率	kW	

型号的表示采用字母和数字编组方法，即 DU - $13m^2$/1300。DU 表示固定室带式真空过滤机；$13m^2$表示过滤面积即有效过滤宽度×主机长度；1300 表示有效过滤宽度。

目前定型的有效过滤宽度包括 1300mm、1800mm、2000mm、2500mm、2800mm 五个系列。其中每个系列有不同过滤面积，若干种规格（以 2m 过滤长度增减）；同一系列机身的宽度是相同的，同一系列的不同规格其长度是不同的；同一系列过滤面积越大过滤能力越强。同一系列不同过滤面积的过滤机主要满足以下两方面的要求：

（1）处理量要求。增大过滤面积（增加有效过滤长度）可通过提高速度（可保持一定过滤时间）实现。

（2）适应不同分离工艺的要求。由于各物料的过滤性能差距很大，对分离要求也不相同，在工艺上表现为对抽滤洗涤、吸干等过程的时间分配都有不同要求，所以将集液系统根据需要进行分段隔离。控制一定的过滤长度，再通过调节胶带速度，便能满足不同的工艺要求。除表6-3中所列的常用规格外，还可以根据要求按等差关系（以两米为单元）增加过滤长度来增加过滤面积。用户如果对工艺有特殊要求，也可以重新设计，以满足特殊工艺的要求。

六、常见故障分析与处理方法

胶带式真空过滤机常见故障分析与处理方法见表6-4。

表6-4　胶带式真空过滤机常见故障分析与处理方法

故障现象	故障原因	处理方法
滤液变浑浊	滤布宽度不够	采用合适的滤布
	滤布有破洞	修补或更换
	滤布密度不够	采用合适的滤布
	进料太多，溢出滤布	注意操作，减少加料
	卸料不净，滤布没洗净	详见滤布不净的有关内容
	料浆变化，造成透滤	控制工艺条件
滤饼洗涤不净	洗涤区段太短	增加洗涤槽
	洗涤水槽流水不均匀	调节洗涤水槽水平度
	洗涤水太少或洗涤次数不够	重新确定工艺

续表

故障现象	故障原因	处理方法
滤布跑偏	滤布宽度发生变化	调整传感器位置
	调偏气缸推力不足	提高气源压力
	气路接错	重新接
	电磁换向阀失灵	检修或更换
	气路管路堵塞或泄漏	检修气路管路
	布料不均引起滤饼不均	改进布料方法
滤布出现褶皱	滤布跑偏	详见该故障的排除有关内容
	橡胶滤带跑偏	调整
	调偏装置工作不正常	按滤布及橡胶滤带跑偏的内容处理
	扩布装置失灵	修理和调整
滤布不净	滤饼含湿量太高	加长吸干区或吸干时间
	刮刀和滤布间隙太大	调节间隙及压紧力
	滤布选择不适当	更换
	喷水管或喷头堵塞	清理
	清洗水水源压力不足	提高水压
	水箱堵塞	清理

第四节　板框及厢式压滤机

压滤机按照滤室结构可分为板框压滤机和厢式压滤机两大类，它们都属于间歇式加压固液分离设备，应用于工业生产已有较长的历史。它们具有分离效果好、适应性广的特点，特别对于浆状黏稠物料的过滤，有着独特的优越性。压滤机具有单位过滤面积大、占地面积小、对物料的适应性强、过滤面积的选择范围宽、过滤压力高、滤饼含湿量低、结构简单、价格便宜、操作维修方便、故障少、使用寿命长等特点，是所有加压过滤机中结构最简单、应用最广泛的一种过滤设备。

压滤机的规格型号很多，范围也很宽。过滤面积有：1～1060m^2，滤板的结构有板框式、厢式；耐热温度为－10～100℃；滤液流出方式包括明流、暗流、明流外接管道、可洗、不可洗、外接管道洗涤；压紧方式为液压压紧；过滤压力为0.2～2.5MPa，隔膜压力为1.0～3.5MPa；滤板的材质包括铸铁、增强聚丙烯、不锈钢、优质合成橡胶等。机架部分的压紧板、止推板和机座均采用钢板焊接而成。

一、结构及工作原理

压滤机的形式虽然很多，但结构基本一致，主要由头板、尾板、滤板滤框、主梁和压紧装置组成。两根主梁将尾板和压紧装置连接起来构成机架。机架上靠近压紧装置的一端放置头板，在头尾板之间依次排列着滤板和滤框，板框间夹着滤布。

板框压滤机工作时，首先将板框压紧，滤框与其两侧的滤板闭合形成密闭滤室，进料泵将料浆送入滤室，在料泵压力下，料浆中的液相穿过滤布经板框上的排液孔流出，固相被滤布阻隔留在滤室内，形成含水量较低的滤饼。

厢式压滤机工作时，先将滤板压紧，然后启动进料泵将物料压入各个滤室内进行过滤，固体颗粒留在滤室内，滤液穿过滤布，经过滤板的排液沟槽流到滤板排液口，排出机外。过滤结束后，如工艺有洗涤要求，可启动洗涤泵将洗涤液通入滤室洗涤滤饼，然后通入压缩空气进行吹风干燥；吹风结束后(有此种功能的压滤机滤板结构上应有相应的设置)，将滤液槽从压滤机底部移开，主油缸启动，将压紧板拉回，第一滤室的滤饼从张开的滤布上落下，当压紧板到达预定位置时，位于横梁两侧的开板装置将滤板一块接一块地依次拉开，因滤板间的滤布呈“八”字形张开，滤饼在重力作用下自然下落。对于难以剥离的黏性滤饼，可借助滤布振打装置使滤饼迅速剥离卸料。滤饼全部卸除后，主油缸启动，推动压紧板将全部滤板重新合在一起压紧，进入一个新的工作循环。

压滤机的结构见图 6－15。

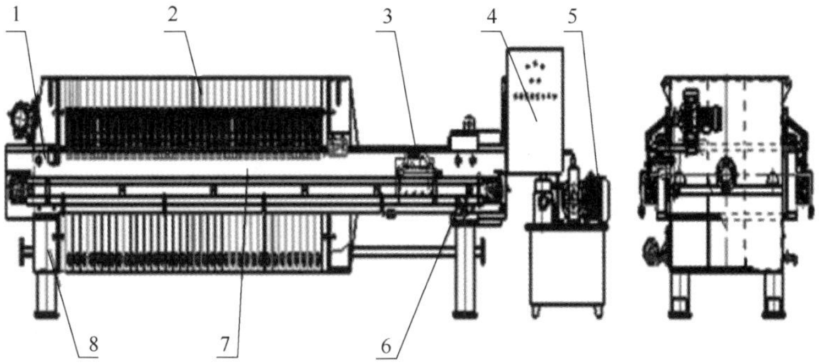

图 6－15　压滤机的结构

1—机架部分；2—过滤部分；3—自动拉板部分；4—电气控制部分；
5—液压部分；6—压紧板；7—主梁；8—机座

二、主要部件结构

1. 滤板

滤板的结构形式多种多样，其进料形式不同，效果及使用寿命也不同，选用时应慎重。滤板的进料形式主要有以下 4 种，见图 6－16。

图 6－16(a)所示为上边角进料。其优点是当有压榨时，隔膜能对滤饼进行充分压榨，死角少，压榨效果好，隔膜使用寿命长；缺点是进料孔小，易堵塞。该形式适用于黏度小、流动性好的物料。

图 6－16(b)所示为上部进料。其优点是进料孔大，不易堵塞。缺点是当给气进行隔膜压榨时上部有死角，压榨效果比边角进料差，隔膜使用寿命较短，适用于物料沉降速度较快、颗粒质量较重的物料。

图 6－16(c)所示为中心进料。其优缺点介于边角与上、下进料之间，适用物料的范围较宽，用量较大。

图 6－16(d)所示为下部进料。其优缺点与上部进料的相同，适用于悬浮液中固体颗

粒沉降速度较小、质量较小的物料。

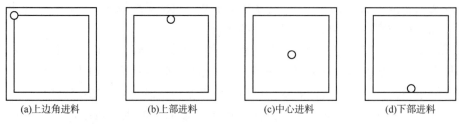

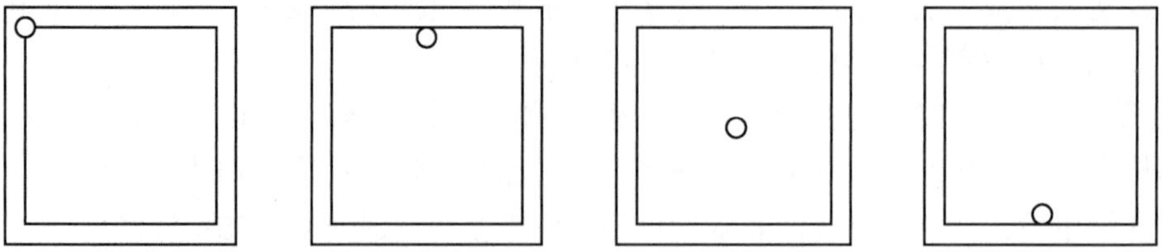

图6－16　滤板的进料形式

目前，制造滤板滤框的材料主要有：工程塑料(聚丙烯和超高分子量聚乙烯)、铸铁，或以金属为骨架的橡胶材料。

滤板的结构有以下几个突出的特点：

(1)滤板的两个大面均呈凹形，在凹形面上有由小凸台组成的排液沟。排液沟的分布有同心圆形、格子形、平行形和放射形等多种形状。小凸台一般有圆台形、方台形，其中圆台形及方台形的有效过滤面积最大。

(2)滤板两侧的把手分为整体式与组合式两种，整体式连接强度高，但损坏后无法修复；组合式可简化模具，损坏时易于更换。

(3)塑料厢式滤板在每个凹面的四角内侧都设有一个圆形凸台，以提高滤板的刚度，增强其抗弯性能，这是塑料厢式滤板的特有构造。

隔膜滤板又称隔膜压榨滤板，是压榨型厢式压滤机特有的部件，通常为平隔膜滤板，它由两块橡胶隔膜和一块光面滤板组合而成，橡胶隔膜分别固定在光面滤板的两个面上，橡胶隔膜的一个面上由小凸台组成的排液通道与滤布接触，另一个面是光面，与光面滤板接触。排液沟凸台包括圆台形和条台形两种，其中圆台形的过滤面积较大。橡胶隔膜是用软橡胶或聚丙烯材料压制而成的。平隔膜与光面滤板上的进料口和排液口处需密封，常用的密封方式有三种：一是锁母密封，即用正反锁母将平隔膜开口处与光面滤板卡紧；二是压板密封，主要用于进料口处，即用压板压在平隔膜开口处，然后用平头螺钉固定；三是用平头螺钉固定，压紧时密封，主要用于平隔膜的固定，即用平头螺钉将橡胶隔膜固定在光面滤板的周边上，当滤板压紧时才能产生密封。排液口多采用锁母密封。

2. 机架

机架是厢式压滤机的承重部件，主要由压紧板、止推板和横梁组成，用以支承滤板、移动滤板和连接其他部件。

(1)压紧板

压紧板又称头板，位于滤板与主油缸活塞杆之间。它的两个侧面均装有滚轮，可在横梁导轨上滚动。压紧板靠活塞杆一面设计有球形凹面槽，供活塞杆端部凸球面对中顶紧时使用，可以保证压紧板各处处于均匀受压状态。压紧板通常采用铸钢、铸铁制成，或以钢板焊接而成。为了提高压紧板的整体强度，将压紧板带有凹面槽的一面设计成带筋板，筋板面上的筋又分为开式、暗式和半开半暗式三种。压紧板的另一面一般做成凹形过滤面，但对于防腐型厢式压滤机则做成平面并衬以塑料滤板。

(2)止推板

止推板又称尾板，位于厢式压滤机的尾部，直接与基础相连。它不仅起到止推滤板和支承主梁的作用，而且是进料、进气和进水的通道。止推板中部设有进料孔，上边两角分设有洗涤液孔和压缩空气孔。止推板选用的材料、制造工艺及结构特征与压紧板的相同。

(3)横梁

横梁又称主梁。在厢式压滤机左右两侧各有一根横梁，两端部分别固定在压紧装置和止推板上，使压滤机连成一体。横梁除支承滤板、压紧板、滤板移动装置等部件的重量外，还要承受滤板压紧装置产生的推力。因此横梁材料宜使用优质碳钢，一般可直接采用圆钢、型钢、钢管或用钢板焊接而成。

3. 压紧装置

压紧装置的功能是将滤板紧密地压紧在一起以形成密闭的滤室，常见的压紧装置包括机械压紧和液压压紧两种形式。机械压紧也就是螺旋压紧，螺旋的动作可由电动机带动或手动，螺旋旋转到位后用螺母锁死。目前比较先进的采用液压压紧并带自动保压功能。其工作原理为：油泵启动后，液压电磁换向阀进入工作油缸后腔，推动活塞杆带动头板组件前进，当滤板全部闭合后，后腔压力憋压并逐步升高，当油压达到设定的压力值时，油泵停转。在过滤过程中，当油压下降到电接点压力表的下限值时，电接点压力表便会启动油泵进行补压，达到所需压力以防止料浆外漏，以此达到保压的目的。

4. 滤板移动装置

厢式压滤机卸除滤饼前，首先用滤板移动装置将滤板拉开，滤板移动装置由拉板小车和传动装置两部分组成，一般是平行配置在两根横梁上或机架上部，工作时通过拉板小车的往复运动将滤板一块一块或一组一组依次拉开，开板方式有间歇式单拉开、双拉开或三拉开。对于拉板小车的往复运动可采用多种传动装置进行控制，常见的有定力矩减速机、液压压力继电器传动装置等。定力矩减速机为蜗轮减速装置，蜗杆轴向可窜动，用一根弹簧顶着，使其保持原始位置。当定力矩减速机传递的力矩超过给定值时，因蜗杆的轴向力超过弹簧的顶紧力，蜗杆轴向窜动，触动电气开关可达到换向的目的。液压压力继电器传动装置由液压马达、电磁换向阀和压力继电器组成。滤板移动装置将最后一块滤板拉开后，向前运行受阻，使液压系统压力升高，压力继电器控制电磁换向阀，使液压马达反向运转。

5. 滤布

滤布的选择很重要，在过滤过程中起着很关键的作用，滤布性能的好坏，直接影响过滤的效果，为了达到比较理想的过滤效果和速度，需根据物料的颗粒大小、密度、黏度、化学成分和过滤工艺条件进行选择。

滤布有丙纶、涤纶、尼龙及全棉等多种类型，丙纶滤布质轻、强度高、弹性好、耐酸、耐碱、耐磨损，质地坚固耐用，而且无毒。涤纶滤布耐酸不耐碱。尼龙滤布耐碱不耐酸，用户应根据实际过滤要求进行选择。在裁剪滤布时，孔距、孔径尺寸要比滤板大一些，孔径不能太小，否则会堵塞进料孔，滤布上的尼龙扣要排列均匀，滤布要用电烙铁等专用工具烫料，以免滤布起毛边。

6. 滤布清洗装置

滤布清洗装置按喷水嘴是否运动分为喷嘴移动式和喷嘴固定式。喷嘴移动式按其在机体上所处的位置又分为上清洗式和下清洗式两种。

喷嘴移动上清洗式滤布清洗装置一般由移动支架、气缸、喷水头、水管等组成，装在压滤机上部。用气缸带动喷水头做上下垂直运动。移动支架上装有4个滚轮，可在导轨上移动，气缸则固定在支架上。需要冲洗时用插销将移动支架与滤板移动装置上的链条连接起来，支架随着链条移动并与滤板的张开同步，喷水头随着气缸活塞杆上下运动，形成移动喷射水流对滤布和滤板进行清洗。不需要冲洗时可将插销拔出，将移动支架推到过滤机的端部。

喷嘴移动下清洗式滤布清洗装置实际上是一个清洗小车，位于压滤机下部，车上有一根喷水管，平时倒下，工作时喷水管立起，并可在滤布幅宽范围内左右行走，以适宜的水压和水量对滤布进行喷射清洗。清洗结束后，滤布清洗车返回压紧板下面。为了避免清洗水喷溅到压滤机以外，还需在滤板旁设置简单水帘作为水挡。

7. 接液盘

接液盘用来承接滤液、滤板边缘的渗出液和滤布再生时的清洗水，并将其引入排水槽排出。接液盘通常用钢板制成，主要有抽屉型和翻板型两种。

抽屉型接液盘底面为一坡面，盘底部装有车轮可在导轨上行走。过滤时，将接液盘放在滤板下承接滤液，卸料时则需移至侧面。移动接液盘可采用手动、液压传动或电动等方式。

翻板型接液盘由两个可转动的单坡接液盘组成。过滤时将两个接液盘对合，底面就形成类似“人”字形屋面的两坡面，可将接液从两个侧面迅速排出，卸料时亦需将接液盘转动到外侧，接液盘的开闭可采用液压或气动方式，通过电磁换向阀控制限位开关来实现。

8. 电气控制部分

电气控制部分是整个系统的控制中心，它主要由变频器、PLC可编程控制器、热继电器、空气开关、断路器、中间继电器、接触器、按钮、信号灯等组成。

自动压滤机工作过程的转换是靠PLC内部计时器、计数器、中间继电器及PLC外部的行程开关、接近开关、电接点压力表(压力继电器)、控制按钮等的转换而完成的。

工作过程可分为高压卸荷、松开、取板、拉板、压紧、保压和补压等，其过程见图6－17。

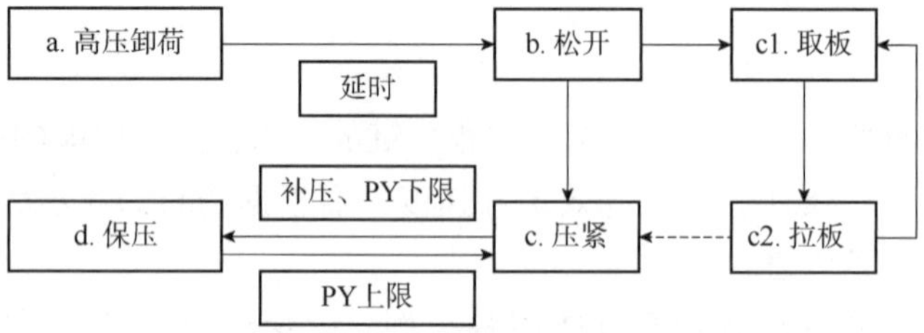

图6－17　压滤机的控制流程

高压卸荷：当投料过滤过程完成后，按“程序启动”按钮，启动压滤机开始卸料，高压卸荷阀将油缸内的高压卸掉，以防止压紧板松开时液压系统受冲击(63mL/r以下泵站无电磁球阀)，高压卸荷时间由PLC控制，当延时时间达到后，压滤机自动转入压紧板松开状态。

松开：油泵电动机启动，松开阀得电，液压站往油缸前腔供油，活塞杆带动压紧板后退，滤室被打开，开始卸料，当压紧板接触到松开限位开关后，压滤机自动转入取、拉板状态。

取、拉板：拉板电动机启动，带动拉板器开始取板，变频器发出过载信号后自动反转进入拉板状态，在拉板过程中如果变频器发出过载信号则转入取板状态，此为取、拉板循环，完成卸料过程。

压紧：取、拉板动作完成接触到小车限位后，油泵电动机运转，压紧电磁阀得电，液压站往油缸高压腔供油，活塞杆带动压紧板前进，从而推动滤板执行压紧动作，当滤板与止推板相接触时，液压系统压力上升，当达到设定压力上限值时，压滤机自动转入保压状态。

补压：由于泄漏等原因会使液压系统压力逐渐下降，当其下降到压力下限值时，压滤机油泵电动机自动启动，压紧补压，使压力表恢复上限值。

三、压滤机的安装与维护

1. 压滤机的安装

压滤机的安装地基结构应由建筑工程人员按负荷的情况进行设计，以两次灌浆法为宜。现场应检查混凝土的基础平面，要求平整、坚固，人行通道要求畅通，需留 1.5m 左右的宽度，以保卸料时便于操作；地脚中心线两端要在同一水平线上，按对角线调正；用地脚螺栓固定止推板的支腿，普通压滤机机座支腿直接平放在基础上，将滤板放置在主梁上，带 V 形轮的一端放置在主梁上焊有 V 形导轨的一侧定位，另一端放置在主梁上焊有平导轨的一侧，并用压紧板回位螺栓将压紧板调正。

检查压滤机机架各连接螺栓是否紧固。电动机等电气接线应用金属软管或塑料电线管保护，并将其固定在适当位置上且保证其不易被碰撞。

在有较严重腐蚀气体或湿度较大或有较多灰尘的环境中，应将电箱隔离，电箱应可靠接地，接入电箱内的所有导线应对应电气原理图，按标号接入元件或接线端子上检查电动机接线的相序，以保证电动机实际转向与所表示的转向一致。

滤板要整齐排列在机架上(尤其是板框式滤板，一定要按顺序整齐排列)，不允许出现倾斜现象，以免影响压滤机的正常使用；滤布一定要保持平整，不能有折叠，否则会出现料浆泄漏的现象；有夹布器的一定要拧紧，使滤布贴紧在进料口处，否则料浆进入滤布和滤板之间，也会影响压滤机的正常使用。要保持整齐，使各孔位对正，明流压滤机要将出液水嘴安装在滤板下端，并拧紧；如用户要求使用接液盘的，机架上的支腿应比基础面高出一定的尺寸，以能放下附属设备为准。调整液压站，并检查各液压元件及油路连接处的密封性。液压站安装时要保留一定空间，保证液压站电动机的通风散热，以及保养维修时的方便。

主要部件安装到位，按要求进行调整、检验，符合精度要求，零部件保证齐全、完好。电源及电动机等接线正确无误，电动机运转正常，液压站应加满清洁的液压油。安装好进料管、压缩空气管、水管、油管等管路及所有阀门，并保证其畅通无阻，避免返工。

辅助设备(如压力容器、泵、空气压缩机等)均安装齐全完好。应准备足够的滤浆、气源、水源等，满足试车条件。

2. 维护与保养

压滤机在使用过程中的保养非常重要，需要对配合部件和传动部位进行润滑和保养，尤其是自动控制系统的反馈信号位置（电接点压力表及行程开关等）和液压系统液压元件动作的准确性和可靠性必须得到保证，这样才能保持正常工作。具体应做到以下几点：

①随时仔细检查各连接处是否牢固，各零部件使用是否良好，发现异常情况要及时通知维修人员进行检修。②对拉板小车、链轮、链条、轴承、活塞杆等零件要定期进行检查，使各配合部件保持清洁，润滑良好，以保证动作灵活，对拉板小车的同步性和链条的悬垂度要及时调整。③对电控系统要定期进行绝缘性和可靠性试验，发现由电气元件引起的动作准确度差、不灵活等情况，要及时修理或更换电气元件。④对液压系统的保养，主要是对液压元件及各接口处密封性的检查和维护。⑤要经常检查滤板的密封面，以保证其光洁、干净；压紧前，要对滤布进行仔细检查，保证其无折叠、无破损、无夹渣，使其平整完好，以保证过滤效果；同时要经常冲洗滤布，保证滤布的过滤性能。

如果过滤机长期不使用，应将滤板清洗干净后整齐排放在压滤机的机架上，用 1 ~ 5MPa 压力压紧。滤布清洗后晒干；活塞杆的外露部分及集成块应涂抹黄油。液压油使用 HM46 号或 HM68 号，而且必须保持清洁。新设备第一次运行一周时要更换一次液压油，换油时要把油箱和油缸内使用过的液压油放尽并把油箱擦净。继续使用一个月后再更换一次，以后半年更换一次，这样可保证压滤机的正常使用。

四、设备规格与主要技术参数

(1)我国压滤机的规格型号表示方法如下：

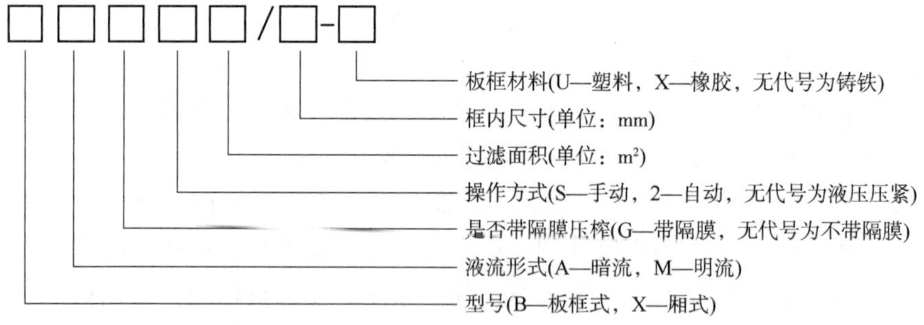

(2) 压滤机的主要技术参数

压滤机的主要技术参数见表 6 – 5。

表 6 – 5　压滤机的主要技术参数

序号	参数类型	单位	参数描述
1	过滤面积	m^2	设备过滤能力的主要参数
2	滤板尺寸	mm	设备过滤能力的参数，影响油缸的压力选择

续表

序号	参数类型	单位	参数描述
3	滤板材质		
4	滤板数量	张	设备过滤能力的主要参数
5	设备外形尺寸	mm	

五、常见故障分析与处理方法

压滤机的常见故障分析与处理方法见表6-6。

表6-6 压滤机的常见故障分析与处理方法

故障现象	故障原因	处理方法
压力不足	溢流阀损坏	维修或更换
	油位不够	补充液压油
	油泵损坏	更换油泵
	阀块和接头处泄漏	拧紧或更换O形圈
	油缸密封圈磨损	更换密封圈
	阀内漏油	调整或更换
保压不佳	活塞密封圈磨损	更换密封圈
	油路泄漏	检修油路
	液控单向阀堵塞或磨损	清洗或更换
	电磁球阀堵塞或磨损	清洗或更换
滤板之间漏料	料泵压力流量超高	调整回流阀
	滤板密封面夹有杂物	清理干净
	滤布不平整，有折叠	整理滤布
	压力不足	调整压力
滤板破裂	过滤时进料压力过高	调整进料压力
	进料温度过高	换高温板或滤前冷却
	进料速度过快	降低进料速度
	滤板进料孔堵塞	清理进料孔
	滤布破损、出液口堵塞	更换滤布、清理干净
滤板向上抬起	安装基础不平整	重新修整地基
	滤板下部除渣不净	清除干净
滤液不清	滤布破裂	更换滤布
	滤布选择不当	重新试验，更换滤布
	滤布开孔过大	更换滤布
	滤布缝合处开线	重新缝合

续表

故障现象	故障原因	处理方法
液压系统有噪声	吸入空气	打开放气阀放气
	紧固件松动	将紧固件紧固
	液压油黏度过大	降低液压油黏度
主梁弯曲	油缸端地基粗糙自由度不够	重新安装
	滤板排列不平行，拉板小车不同步	重新排列滤板，调整拉板小车同步性
油缸压力上升，但达不到设定范围	压力表损坏	更换压力表
	管路漏油	修理管路
	油缸内密封圈漏油	更换油缸内密封圈
	电气有故障	重调溢流压
	油泵工作不正常	检修电路及油泵
	液压油有杂物	更换干净的液压油
	过滤网堵塞	更换过滤网
保压不好	油管接头泄漏	检查、修复、更换油管接头
	油缸活塞密封元件磨损	更换油缸活塞密封圈
介质泄漏	压紧力未达到要求	调整压紧力达到要求
	滤布褶皱	滤布处理平整
	板框表面碰伤	更换板框
	滤布孔偏歪	调整滤布孔
	进料压力过高	适当调低进料压力
	滤布密封面上夹有残渣或杂物	清洗滤布
滤液浑浊	滤布破损，介质泄漏	更换滤布
板框变形	杂物堵塞孔道，造成相邻滤室的压力差	清除杂物
	压紧力不够	调整压紧力
	介质温度超过滤板极限温度	降低介质温度，更换板框
头板与支架，尾板与支架背面漏油	橡胶密封圈损坏	检查、更换橡胶密封圈
	螺栓未压紧密封圈	压紧螺栓
	头板或尾板严重变形	更换严重变形的头板或尾板

第五节　立式板框压滤机

压滤机通常指卧式结构的压滤机，对于近年出现的立式压滤机，其结构和工作原理与卧式压滤机并不完全相同，为了区分，这类压滤机名称需特别冠以“立式”二字。

2009 年 5 月，西安航天发动机厂下属华威生物化工工程有限公司自主研发的全自动立式板框压滤机获得成功，我国首台立式全自动板框压滤机问世。同期，核工业部烟台同兴实业集团有限公司也开发了同类产品。与传统的卧式板框压滤机及离心分离设备相比，立式板框压滤机具有节能环保、滤饼含水率低等特点，可广泛应用于淀粉加工、淀粉糖、化工、医药、污水处理、矿山和冶金等领域。

一、设备结构

立式板框压滤机主要由机体、进料系统、高压循环水站、气动站、液压系统、自动控制检测系统等组成。立式板框压滤机的特点是滤板上下叠置，滤布分布在滤板之间。滤板的运动由液压油缸驱动；滤布纠偏机构采用电动控制；设备采用全自动液压控制。液压系统具有自动保压功能；设计独特的导向柱，对滤板板框组进行定位与运动导向，滤板板框组闭合可靠；围绕板框运动的范围设置了防护罩，避免浆料溅出污染环境。立式板框压滤机外形结构如图 6－18 所示。

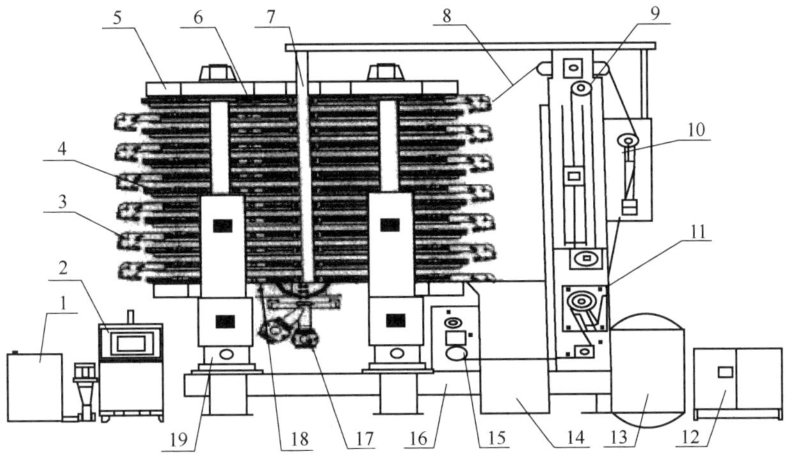

图 6－18　立式板框压滤机外形结构

1—挤压水站；2—控制系统；3—改向辊；4—滤板组；5—上压板；6—高压挤压管；7—导向柱；8—滤布；9—张紧装置；10—纠偏装置；11—驱动装置；12—液压系统；13—风干及气动系统；14—下料斗；15—清洗装置；16—机架；17—进料管；18—下压板；19—液压油缸

二、工作原理

立式板框压滤机、卧式板框压滤机和带式压滤机的共同点是利用滤布形成的压力差，液体穿过滤布而固体则被滤布拦截阻挡在滤布上，使浆液“脱水”。立式板框压滤机和卧式板框压滤机的过滤结构都是由一块一块的滤板有序排列而成，但排列的方向不同，卧式板框压滤机竖直放，而立式则是水平重叠布置。卧式板框压滤机的滤板是一张一张的方形滤布做成的，也就是说，有多少块滤板就有同样数目的滤布。而立式板框压滤机的滤板则只有一张，也就是一张头尾相连的滤布带，它来回地穿梭在立式板框压滤机的每一块滤板之间。全自动立式板框压滤机的工作原理见图 6－19。

全自动立式板框压滤机利用高压挤压与高压气吹干的作用，将浆料中的滤液压出而达到固液分离的目的，它同时具备洗涤、脱水和风干三大功能。立式板框压滤机的工作模式有 6 个过程：过滤、一次挤压、滤饼洗涤、二次挤压、滤饼干燥、滤饼排出。

(1) 过滤

当过滤板框关闭后，料浆同时通过进料管进入每个滤腔。滤液通过滤布进入滤液收集器，最后通过排放管排出。过滤出的物质被收集在滤布表面，形成了滤饼。

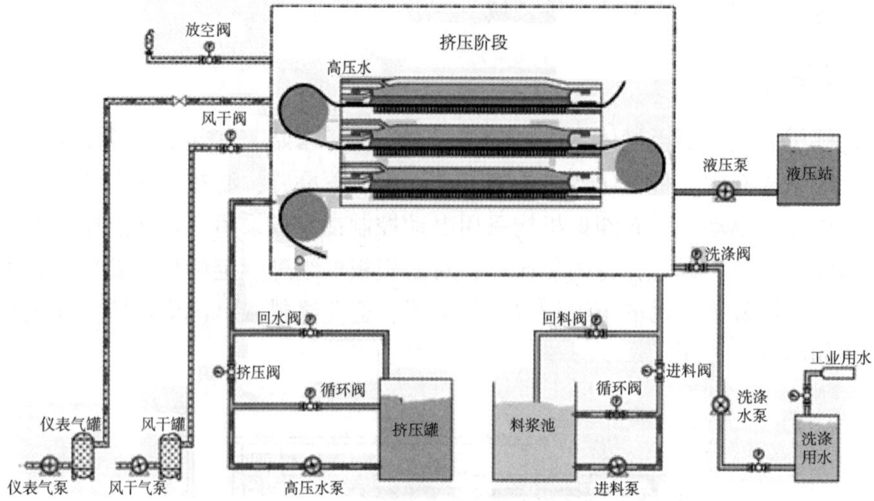

图 6 -19　全自动立式板框压滤机工作原理示意

(2)一次挤压

高压水/高压空气通过高压水软管进入隔膜上方，隔膜向滤布表面挤压滤饼，从而将滤液挤出滤饼。

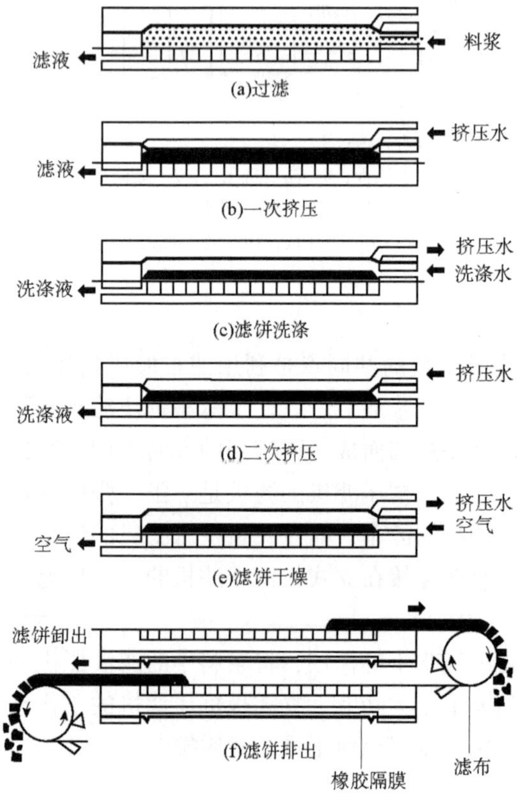

图 6 -20　立式板框压滤机的工作流程

(3)滤饼洗涤

洗涤液通过和料浆相同的方式被泵送到过滤腔；由于液体注满滤腔，隔膜被抬起，一次挤压水/压缩空气被从隔膜上方挤出；洗涤液在通过滤饼和滤布后流入排放管。

(4)二次挤压

在洗涤阶段之后留在滤腔里的洗涤液用上述第二阶段中的方法被挤压出去。

(5)滤饼干燥

滤饼最后的干燥是由压缩空气完成的。通过分配管进入的压缩空气充满了过滤腔，撑起隔膜，将隔膜上方的高压水和压缩空气挤出压滤机。通过滤饼的气流将含湿量减少到最佳程度，同时排空滤液腔。

(6)滤饼排出

当干燥过程完成后，板框组件打开，滤布驱动机构开始运行，滤布上的滤饼从压滤机两端排出。

立式板框压滤机的工作流程如图 6 -20 所示。

三、主要部件的结构与原理

全自动立式板框压滤机的核心部件是若干个水平放置的板层组，彼此间用悬挂板连接。板框的基本机构主要有上压板、下压板、滤板组、活塞杆、液压缸、液压阀、框架和控制柜等，如图 6－21 所示。

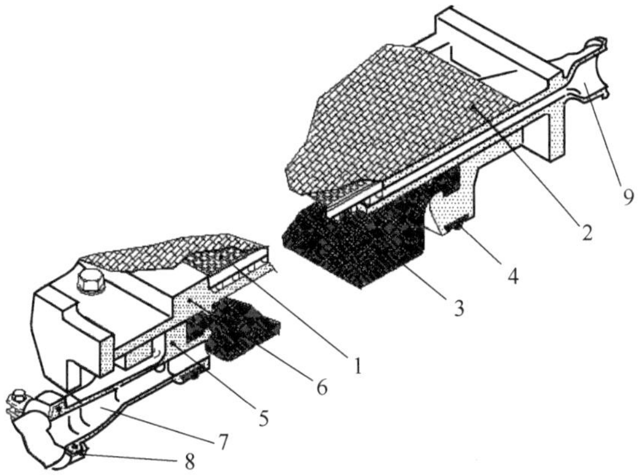

图 6－21　板框的主要结构

1—格子板；2—滤布；3—隔膜；4—密封条；5—框架；
6—底板；7—进料连接管；8—管卡；9—挤压连接管

板层组包括主板、滤液框和料浆腔等，滤液框用于收集和排放滤液。部分组件的功用如下：

(1)格子板。格子板用来支撑滤布，同时起到滤液收集器的作用。

(2)隔膜。橡胶隔膜在高压水的作用下挤压滤饼，将滤饼中的液体挤出。挤压压力可达到 1.6MPa，但是考虑隔膜的承受能力，从 0.8MPa 开始；观察增加压力对挤压时间和滤饼水分的影响，以此来确定每个过滤工艺所需的最佳压力。橡胶隔膜的工作温度不宜超过 60℃。虽然天然橡胶在 60℃以上开始失去其机械性能，但如果料浆不具腐蚀性，即使在更高的温度条件下天然橡胶仍然是最好的选择。因为同在高温下，橡胶的韧度比其他材质强；风干空气、高压水和滤饼排放也会使温度降低。如果温度高于 60℃时(可使用其他材质的橡胶)，隔膜有严重老化趋势；被过滤料浆温度高于 60℃，应注意温度，并遵循操作手册工作，以确保安全。定期检查隔膜状况。如果某一滤腔的滤饼比其他滤饼水分明显升高，或者高压水站的水位急剧上升或下降，应更换此滤腔的隔膜。检查高压水状况，清洁水槽；如有必要，更换高压水站的水。

(3)密封条。密封条镶嵌在框架中，位于滤布上方，用来防止料浆漏出。滤布下方设有密封条，滤布与滤液框表面直接接触。如果有物料压在其进入一侧，会引起滤液泄漏。顶紧力过大会给密封区太大的压力，逐渐使密封条损坏。

(4)板框。每天必须用水清洗板框，同时清洗刮刀和导辊，以保证滤布调偏功能正常，板框关闭紧密。

(5)滤布。滤布的功能既是过滤介质，又是滤饼传输带。除了良好的过滤性能外，滤布还应承受高强度抻拉。滤布的材质只能选用特殊纤维。最常用的是多重纤维，经线比纬线更牢固。如果滤布出现破洞，应马上缝补。如果有固体钻到滤布下方，会使导辊变脏，磨损滤布，滤布褶皱。

立式板框压滤机的工作原理如图6-22所示。

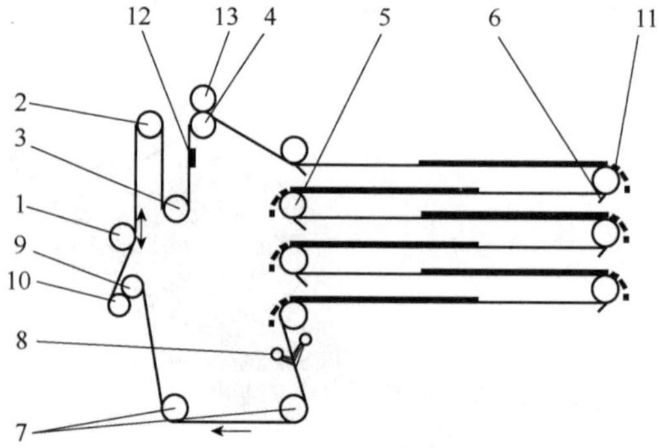

图6-22　立式板框压滤机的工作原理

1—调偏辊；2、3—顶紧机构导辊；4—脉冲辊；5—导辊；
6—刮刀；7—槽导辊；8—滤布清洗喷头；9—驱动辊；10—挤压辊；
11—滤饼；12—接缝探测器；13—译码器

四、特点

全自动立式板框压滤机与传统的卧式板框压滤机相比具有以下特点：

(1)单面过滤，透滤时间短，成饼效果好，过滤面不完全重复，防腐能力强。

(2)生产能力大，自动化程度高。过滤、一次挤压、滤饼洗涤、二次挤压、风干及卸饼6个程序全部采用全自动控制，连续工作，同等过滤面积设备的产能是卧式板框压滤机的4~6倍。

(3)滤饼含水率低，由于最大挤压压力达到1.6MPa，再经压缩空气风干，可得到含水率较低的滤饼，考虑介质结晶水，滤饼含水率可实现<10%。

(4)增加了洗涤工序，洗涤效果好，滤布正、反面可交替过滤，有自洁再生性能。滤布为水平放置，滤饼厚度均匀，最高可达到45mm。

(5)结构紧凑。由于设备是四柱立式结构，充分利用高度方向的空间，而平面占地面积很小。

(6)设备运行可选用独立的PLC控制，触摸屏显示，构成高智能的全自动控制系统，具有自动诊断和自动报警功能。

五、主要技术参数

立式板框压滤机的主要技术参数见表6-7。

表6-7　立式板框压滤机的主要技术参数

序号	参数类型	单位	参数描述
1	过滤面积	m^2	设备过滤能力的主要参数
2	滤板数量	张	

续表

序号	参数类型	单位	参数描述
3	滤板尺寸	mm	长×宽
4	板布尺寸	mm	长×宽
5	电动机功率(液压装置)	kW	
6	油加热器功率	kW	
7	高压水槽容积	m^3	
8	设备外形尺寸	mm	
9	设备主机重量	t	

六、操作

1. 滤布驱动装置

在过滤循环之间，驱动辊带动滤布运行来排放滤饼和清洗滤布。驱动辊是由液压马达驱动的。一个弹簧挤压辊将滤布顶向驱动辊，通过改变包角以增加摩擦力。

2. 滤布自动调偏装置

通常滤布在板框间运行时不会越过导辊边缘，但如果滤布运行时向左或向右偏离得太厉害，自动滤布调偏装置会使滤布回到正常运行位置。滤布调偏通过上下摆动调偏辊一端来进行，调偏辊通过改变导角实现纠偏；根据滤布侧面传感器发出的信号来摆动调偏辊，以及通过自动控制来操作。传感器在滤布越过导辊边缘之前就会给出信号。这两个传感器位于滤布纠偏辊运行方向的后端，及时调节好位置。滤布自动调偏装置如图6－23所示。

3. 滤布张紧装置

在板框打开时，滤布长度发生变化。滤布运行可由张紧装置的转矩加以补偿。液压马达将使固定于张紧辊上的一组链条张紧，产生转矩。观察滤布张紧马达所使用的压力，并与启动时设定的压力进行比较。可通过提升压力来增大转矩，或降低压力来减小转矩。滤布张力来自液压马达和张紧辊。张紧辊固定于链条上。滤布张紧装置如图6－24所示。

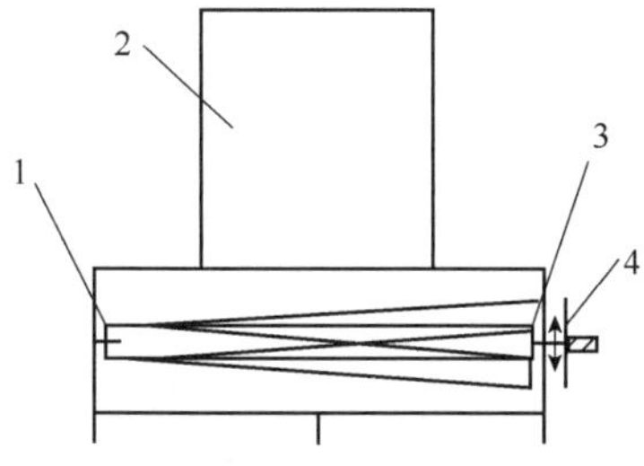

图6－23　滤布自动调偏装置

1—左传感器；2—滤布；3—右传感器；4—驱动辊

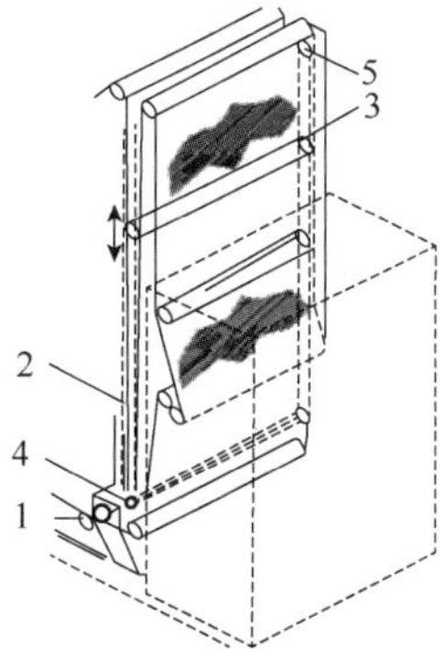

图6－24　滤布张紧装置

1—液压马达；2—链条；3—张紧辊；4—轴；5—链轮

液压马达转动张紧装置下部的驱动轴。张紧装置上附有链轮，在张紧装置上部也有个链轮，当液压马达逆时针旋转时，张紧辊向下运动，因此张紧滤布。液压马达的操作压力是预设的，滤布张紧力是可调的。当液压马达的转矩保持不变时，滤布张紧力也不会因张紧辊的位置而改变。

关闭板框时，液压马达的旋转方向由控制阀改变。张紧辊向上转动，给滤布所需的额外长度。滤布在运行中和板框关闭时，滤布的张紧和放松都是自动完成的。

4. 接缝定位

滤饼排出后，滤布钳压接缝应在滤板密封表面的外面。这样能够定位接缝，使它保持在板框的同一侧或另一侧位置上。如果希望得到尽可能纯净的滤液，应注意选择滤饼排放距离(滤板)，这样接缝总被定位于板框的同一面。卸饼距离(滤板)应为滤布运行至少4块滤板的长度。这样，在正常情况下，所有被刮下来的残留物才有足够的时间进入滤饼槽。

如果接缝在密封表面的里面，有可能在顶紧时被压坏，使更换滤布变得困难；料浆也因此直接进入滤液腔，影响滤液纯度、产量和滤饼水分；还有可能出现密封不好导致物料泄漏等情况发生。滤布接缝传感器位于张紧辊上方一侧。传感器位置示意如图6－25所示。

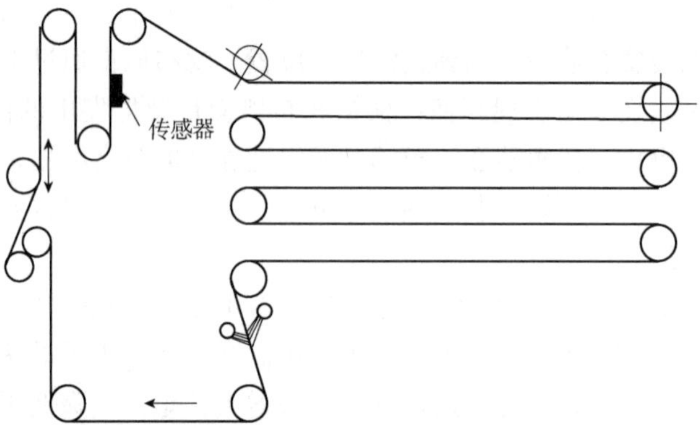

图6－25　传感器位置示意

只有在自动驱动时自动接缝定位才起作用。滤布试运行不包括定位功能，因此在回到自动驱动(滤饼排放了程序)时(注意：如果接缝不正常，无法关闭板框时接缝传感器报警启动。)由于安全原因，只有在程序重设后才能被确认。

当滤饼排出开始时，滤布起初以卸饼的速度向前驱动一个滤板的长度。当运行完第一块滤板的长度后，余下的滤饼排出都是以滤布洗涤速度进行的。滤布的定位只在滤布全部被洗涤后才进行。循环运转圈数可以在参数屏幕上更改。通常运转一圈就足够了。

滤布长度在操作者界面上是以“米”来计算的，所测量的数值是整个滤布长度的脉冲数。如果在上述脉冲数之后，传感器没有接收到接缝的脉冲信号，传感器钳压接缝报警启动。如果滤布已更换，之前的滤布接缝定位正常工作，则无须改变参数。

如果由于给压滤机增加了滤板组而使滤布长度改变，操作者界面即会显示新的滤布长度的米数，之后应重新设置压滤机程序并在自动方式下启动。然后PLC会测量滤布，与已显示的滤布长度进行比较，并定位钳压接缝。这项操作最多需要两个完整的滤布长度以后完成，并视钳压接缝位置和操作开始时间而定。滤布接缝示意如图 6－26 所示。

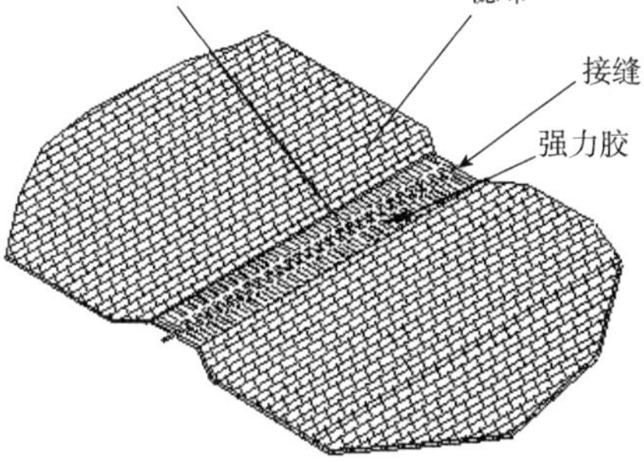

图 6－26　滤布接缝示意

5. 滤布清洗

为保证滤布良好的性能，在每个过滤循环结束后都用高压水喷头进行清洗。滤布清洗在滤布运行时自动同时进行。

要确保喷嘴不堵塞：喷头对着滤布的角度正确，这样才能保证彻底的清洗。洗涤液应该每月进行检查，如果需要，则进行清洁。

洗涤水的消耗量取决于水压。为了保证洗涤，水的压力应不低于 0.6MPa，即喷嘴有效工作的压力不得低于 0.6MPa，只有在滤布运行时才消耗洗涤水，滤布洗涤时间根据不同物料特性应用而不同。

七、常见故障分析与处理方法

立式板框压滤机的常见故障分析与处理方法见表 6－8。

表 6－8　立式板框压滤机的常见故障分析与处理方法

故障现象	故障原因	处理方法
油压起不来	滤芯变脏	清洗或更换滤芯
	油的黏度太大	让系统运行一段时间后压力表复位
油变脏	过滤精度不当	检测颗粒尺寸并选用精度适当的过滤器
	不适当地更换滤芯	改进维护方法、增加旁通指示
	过滤器失效	更换过滤器
系统压力不足	系统溢流阀压力调得不够高	调节溢流阀出口压力，使之达到所需的工作压力
	油液从旁路流回油箱	顺次检查回路，注意阀和油管的连接
	压力表损坏或压力表管路不通	在直通泵的压力管上安装一个好的压力表
	主阀调定值低	调整
	阀芯在开启状态下卡住	使阀芯自由活动
	弹簧调节不当或卡住	调整或更换

续表

故障现象	故障原因	处理方法
噪声过大	泵安装不同心	查泵与机体连接处是否有不当处
	油位低	给油箱加油
	吸油管路、壳体的泄漏管路和轴密封漏气	拧紧或更换零件
	油箱没有透气孔或透气孔堵塞	使油箱能够透气
	吸油管路不畅	检查吸油管及接头，吸油管不应被外来物堵塞
	吸油管中有气泡	检查油箱是否有振动，检查过滤器滤网
	零部件磨损或损坏	更换
	阀选型不当	更换
	系统内有空气	排放系统内的空气
系统过热	泵在高于所需的压力下工作	溢流阀卡住
	泵排出的液压油经溢流阀溢出	调高溢流阀压力
	泵内部泄漏太大	检查泵元件
	冷却不足	检查溢流阀压力，检查是否有内泄漏
	环境温度过高	隔开热源
	油箱内油太少	将油加到规定油位
	泵的回油管距泵的吸油口太近	把回油管放到远处
	系统泄漏太多	顺次检查系统泄漏情况
	连接不当	检查连接管路
阀门故障	仪表气压低	调高仪表气压，使之高于最小工作压力
	电磁阀不工作	检查并更换故障电磁阀
	阀门卡死	检查阀门的限位开关工作状况，调整其安装位置； 排除阀门内异物卡涩
电动机故障	机械不动作	排除电机过载引起的过热
	跳闸	排除电机短路发生； 具体电机保护器的设定值是否小于电机的额定值
滤布纠偏故障	滤布跑偏	检查纠偏限位开关，排除损坏或卡住故障； 检查并调整纠偏限位开关的安装位置； 检查并调整滤布的安放位置； 检查滤布限位开关，确保动作无误
驱动故障	辊子带料	调整辊子张紧力
	滤布不动作	滤饼较厚，减薄滤饼
	系统不动作	减小“驱动故障脉冲”的设定值

第六节　无机膜过滤器

无机膜的发展始于20世纪40年代，其主要用于分离或反应。由于无机膜的优异性能和无机材料科学的发展，无机膜的应用领域日益扩大，将无机膜与催化反应过程相结合而构成膜催化反应过程被认为是催化学科的未来三大发展方向之一，将使传统的化学工业、石油工业、生物化工等领域发生变革性的发展，因此世界各国都对无机膜的研究及应用技术开发予以很高的重视。

一、无机膜过滤的基本理论

无机膜是一种固体膜，它是由无机材料如金属、金属氧化物、陶瓷、多孔玻璃、沸石、无机高分子材料等制成的半透膜。无机膜具有以下优点：①化学稳定性好，无机陶瓷膜能耐酸、耐碱、耐有机溶剂；②机械强度大，担载无机膜可承受几十个大气压的外压，并可反向冲洗；③抗微生物能力强，不与微生物发生作用；④耐高温，一般均可在400℃下操作，最高可达到800℃；⑤孔径分布窄，分离效率高。

无机分离膜从表层结构上可分为致密膜和多孔膜两大类，致密膜中主要的一类是各种金属及其合金膜，另一类则是氧化物膜。多孔无机膜按孔径范围可分为三大类：①孔径大于50nm的称为粗孔膜；②孔径为2～50nm的称为介孔膜；③孔径小于2nm的称为微孔膜。目前已经工业化的无机膜均为粗孔膜和介孔膜，处于微滤和超滤范围内，而微孔膜尚在实验室研制和工业化试用阶段，这种孔径接近分子尺度的微孔膜在气体分离、渗透汽化以及膜催化反应领域有着广泛的应用前景。

无论无机膜的作用是分离或反应，无机膜的结构和特性都是至关重要的。以无机陶瓷膜为例，其分离性能与其结构、材料性质密切相关。多孔陶瓷膜的结构参数主要包括平均孔径和孔径分布、膜厚度、孔隙率、孔形状、曲折因子等，它们主要决定了膜的渗透分离性能；无机陶瓷膜的传递性能主要是指渗透速率和渗透选择性；膜材料性质则包括膜的化学稳定性、热稳定性、表面性质及机械强度等，它们不仅影响膜的渗透分离性能，更与膜的使用寿命密切相关。

无机膜的结构和传递性能密切相关。孔径及孔径分布是膜结构表征最重要的参数，是膜分离过程的基础。无机膜的过滤与分离过程，主要是依据无机膜孔道的“筛分”效应进行的，利用膜两侧的压力差作为推动力，在一定孔径范围内，由于物质分子直径的不同，小分子物质可以通过，大分子物质则被截留，从而实现分离。而气体物质的分离，则主要依据气体分子在膜孔中扩散速率的差异，引起渗透速率的不同，从而达到分离目的。因此，孔径大小及其分布直接影响着流体在膜孔的传递特性，控制流体通过膜的流动方式，决定了流体的渗透特性和分离选择性。孔隙率是孔体积与整个膜体积之比，是衡量膜渗透通量的重要指标，实际应用中希望无机膜在合适的渗透选择性下具有较高的渗透通量。

二、主要结构

1. 无机膜元件

从几何外形来看，无机膜元件有多种形式，包括平板、管式、多通道以及中空纤维等，工业应用需要较大的膜过滤面积，所以管式或管束式，尤其是多通道或蜂窝体在工业过程中得到广泛应用。多通道无机膜由于具有安装方便、易于维护、单位体积的膜过滤面积大、机械强度比管束式高等优点，适合于大规模的工业应用。多通道膜元件中流体的流动示意如图 6-27 所示。

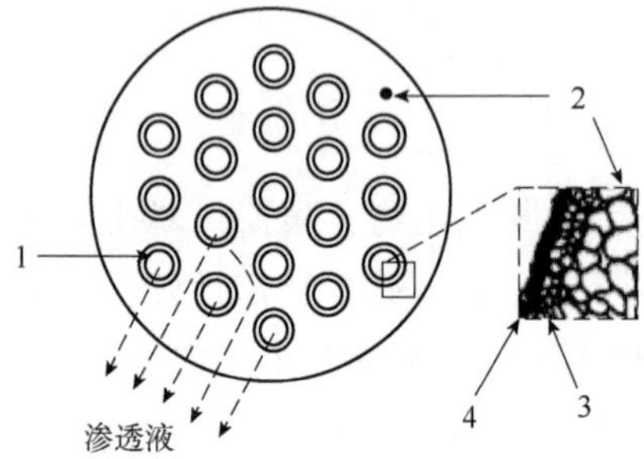

图 6-27　多通道膜元件中流体的流动示意
1—通道；2—支撑层；
3—过滤层；4—无机膜

2. 无机膜组件

工业上常用的无机膜组件是由单管或 7 根、19 根、36 根或更多通道膜元件构成的工业化膜组件，见图 6-28。膜组件的设计和制造通常要考虑较大的装填密度，装填密度是指单位体积的壳体中装填的膜面积，装填密度越大，对减小设备体积、提高成套设备处理能力越有利。

膜组件的密封是应用过程中的主要问题，密封材料的选用与使用条件有密切的关系。在密封材料的选择中，需要注意以下因素：热稳定性，化学相容性、密封材料与膜材料之间热膨胀系数的匹配，避免在使用过程中挤碎。性能良好的膜组件应具备以下条件：

①对膜能提供足够的机械支撑和耐压强度，并可使高压原料和低压渗透物严格分开。

②在能耗最小的条件下，使原料在膜面上的流动状态均匀合理，尽可能减少浓差极化。

③具有尽可能高的装填密度，并使膜的安装和更换简便。

④装置牢固、安全可靠、价格低廉并容易维护。

图 6-28　工业应用无机膜组件

三、主要参数

(1)膜孔径

膜孔径是指无机膜微孔道的平均孔径，膜孔径是影响膜通量和截留率等分离性能的主要因素。一般来说，孔径越小，对粒子或溶质的截留率越高，而相应的通量往往越低。

(2)渗透系数与渗透选择性

渗透系数反映流体在膜中的传输速率，而渗透选择性则反映了流体中不同组分在膜中透过能力的差异。渗透系数与渗透选择性取决于膜的结构特性，如孔径大小及其分布、孔隙率、孔形状等，它决定了无机膜的分离效率及分离特性。

(3)孔隙率

孔隙率是指无机膜的孔体积与整个膜体积之比，它是衡量膜渗透通量的重要指标。

(4)膜通量

介质在单位时间、单位面积内通过无机膜的总量，它是无机膜分离能力的主要指标之一。

四、结构

无机膜过滤器是将无机膜元件与泵、浆液罐、清液罐、反冲罐通过管道、阀门组成一套完整的过滤系统，并对过滤操作过程进行自动化控制。浆液经泵送至无机膜过滤装置，无机膜采用动态“错流过滤”方式进行过滤。原料液在压力驱动下，在膜管内侧膜层表面以一定的流速高速流动，小分子物质(液相)沿与之垂直方向透过微孔膜，大分子物质(或固体颗粒)被膜孔道截留，使流体达到分离浓缩和纯化的目的。由于流体在膜管内流动是湍流状态，因此在膜表面拦截的杂质不会停留附着在膜表面堵塞膜孔，而是随湍流液体由表面带走，经过循环送至循环泵入口，进一步截留浓缩到一定的浓度，随浓缩液排出系统。

浆液在无机膜通道中流动，通过无机膜壁进行分离，渗透液(清液)穿过无机膜微孔，含物料的滤余液穿过通道，浓度得到提升，达到物料与液体分离的目的，见图 6－29。

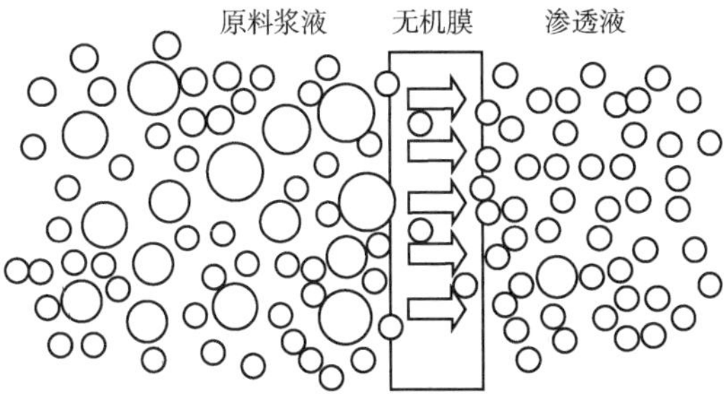

图 6－29　无机膜组件过滤原理示意

无机膜过滤的工艺流程从 20 世纪 60 年代的错流过滤，发展到恒压差微滤，浓差极化减小，膜的清洗周期增长，总的渗透通量得到提高。用于浆料过滤的陶瓷膜微滤和超滤过程的成套装置基本方式有开发系统、封闭系统和半开半闭系统。半开半闭系统是工业中最常用的系统，它不仅克服了开发系统能耗高的缺点，也可以防止膜组件内因料液浓度不断升高而堵塞膜管通道，一般可采用 3 种操作方式：间歇、连续和多级连续。

无机膜过滤一段时间后膜通量逐渐减小，过滤能力降低，此时必须对膜孔道进行反向冲洗，简称反冲，目的是清通孔道，恢复膜通量和过滤能力。

图 6－30 所示为成套无机膜过滤装置常用的工艺流程。

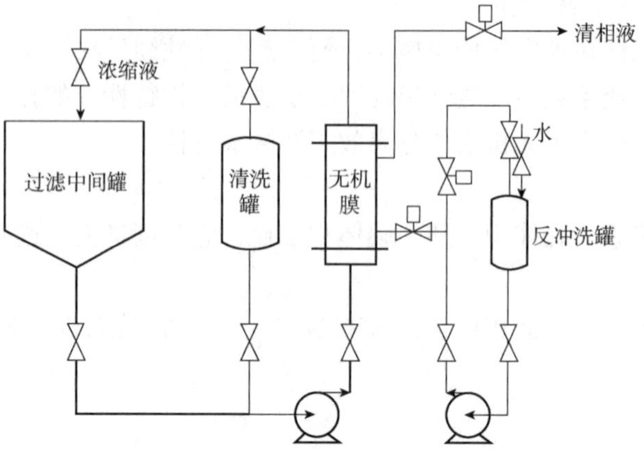

图 6－30　无机膜过滤装置常用的工艺流程

图 6－31 所示为成套无机膜过滤装置现场实物。

图 6－31　无机膜过滤装置现场实物

1—反冲液储罐；2—进料泵；3—清相液出口；4—无机膜组件

无机膜过滤装置主要由主循环泵（离心泵）、反冲洗泵（立式管道泵）、无机膜膜管、无机膜筒体等组成。设备的主要参数包括：主循环泵、反冲洗泵功率、扬程、流量和无机膜管过滤面积、过滤精度等。无机膜本体属于静设备，浆液料在主循环泵作用下在系统内循环流动，在无机膜管内、外压差的作用下将滤液与滤渣进行分离，分离出的液体称为清相，从清相液出口排出，系统内的浆液被提浓，称为浓相（或重相），在系统内继续循环，达到一定浓度后排出。从某种意义上来说，无机膜过滤装置实际上也是浆液的提浓装置。反冲洗泵每间隔一定时间后对膜管进行反向冲洗，目的是保持滤孔畅通。

严格地说，无机膜过滤器的作用是将浆液进行提浓，因为它不能像传统的过滤机一样将浆液中的滤液与滤渣百分之百地分离，更不能像板框式过滤机和带式过滤机一样，滤渣在过滤介质上形成滤饼。因无机膜孔道较小，当浆液提浓达到一定浓度时，频繁反冲难以恢复膜通量和过滤能力，应停止继续过滤，防止无机膜孔道堵塞。

五、常见故障分析与处理方法

无机膜过滤系统常见故障分析与处理方法见表6－9。

表6－9　无机膜过滤系统常见故障分析与处理方法

故障现象	故障原因	处理方法
清相液混料	膜管破裂或密封圈失效	停机，拆膜管查原因，更换密封圈及破损膜管
膜管入口压力异常	来料管线或过滤器堵塞	清理过滤器或管线淤积料
	膜管入口阀门开度异常	调节阀门开度
	管线，泵内有空气，泵抽空	排空系统内空气
无机膜孔道堵塞	浆液浓度过高	停止进料
过滤量低	膜管孔道堵塞	清洗膜管或者更换
	循环泵抽空	排尽系统内空气

参考文献

[1]唐伟强．食品通用机械与设备[M]．广州：华南理工大学出版社，2010.
[2]姚公弼．过滤设备进展概况[J]．化工设备设计，1997(3)：25－30.
[3]王锡初，严方，程德富．对盘式过滤机与带式过滤机的新认识[J]．化肥工业，2000(3)：43－44，61.
[4]樊佳杰．DU型水平带式真空过滤机动力传动系统优化设计[D]．乌鲁木齐：新疆大学，2018.
[5]杜超．厢式压滤机常见故障分析与解决措施[J]．化工管理，2020(6)：164.
[6]吴鹏云．厢式压滤机存在的问题及改进措施[J]．矿山机械，2013，41(3)：140－142.
[7]徐南平，邢卫红，赵宜江．无机膜分离技术与应用[M]．1版．北京：化学工业出版社，2003.
[8]金宝书．无机膜过滤技术处理电脱盐排水的研究[J]．炼油与化工，2020，31(3)：67－69.

第七章　催化剂成型及相关设备

第一节　概论

化工工业生产中，固体催化剂一般以颗粒状(柱状、球状、网状或膜状)放置在反应器内，为了使反应物达到较高的转化程度，通常需要有一个合适的由一定数量的催化剂颗粒堆砌形成的床层高度。这些由催化剂颗粒堆砌起来的床层因催化剂颗粒的形状和密度不同，产出的堆比也不同，当反应器内的流体以一定的流速流经颗粒床层时对催化剂产生一定的冲刷和冲击，并产生一定的压降。为满足反应需要，催化剂颗粒必须具备较为均匀合适的形状、粒度、堆比和机械强度，所以固体催化剂成型是催化剂生产中必不可少的工序，它对催化剂活性、机械强度及使用寿命具有很大的影响。催化剂成型是将粉体原料、溶液或黏合剂等在一定外力及分子之间的结合力的作用下互相聚集，制成具有一定形状、大小和强度的固体颗粒催化剂的生产过程，其目的是与相应的催化反应和反应器相匹配，并使催化剂充分发挥其催化性能。

一、常见的固体催化剂颗粒的形貌

1. 条形催化剂

条形催化剂是常见的固定床催化剂，根据其横截面的形状还可以细分为圆柱条形催化剂、三叶草条形催化剂、四叶草条形催化剂等(见图7－1)。条形催化剂一般采用挤出成型的方式，具有产量高、截面规则均匀等特点。条形催化剂常用的生产设备有单螺杆挤条机和双螺杆挤条机、活塞式挤条机等。

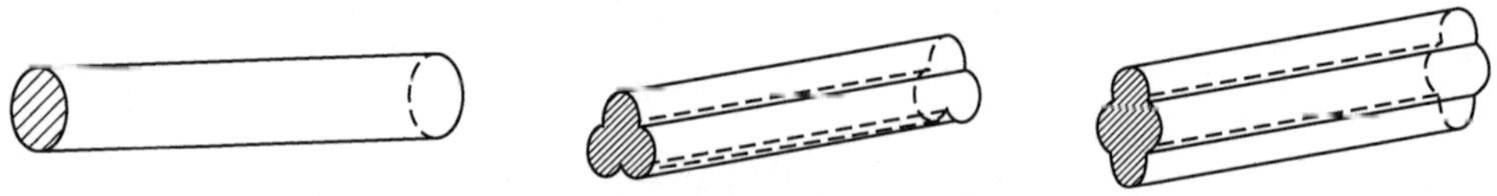

(a)圆柱条形催化剂　(b)三叶草条形催化剂　(c)四叶草条形催化剂

图7－1　条形催化剂的常见形貌

2. 球形催化剂

球形催化剂也是一种较为常见的固体催化剂，根据外形可分为齿球形催化剂、圆球形催化剂、微球形催化剂(见图7－2)；根据粒径大小可分为固定床球形催化剂、沸腾床球形催化剂等。球形催化剂没有如其他形状催化剂中尖锐容易被撞碎的边角，耐磨性好于条形催化剂。球形催化剂常用的生产设备有转动成球机、滴球机等。

(a)齿球形催化剂　(b)圆球形催化剂　(c)微球形催化剂

图7-2　球形催化剂的常见形貌

3. 异型催化剂

为满足工业反应中对催化剂的堆比和比表面积，提高催化性能的要求，固定床催化剂有时设计成特异的形状，如拉西环形、多孔蜂窝圆柱形、内齿圆柱形、无孔外齿形等，异型催化剂常用的生产设备有压片机、挤条机等。

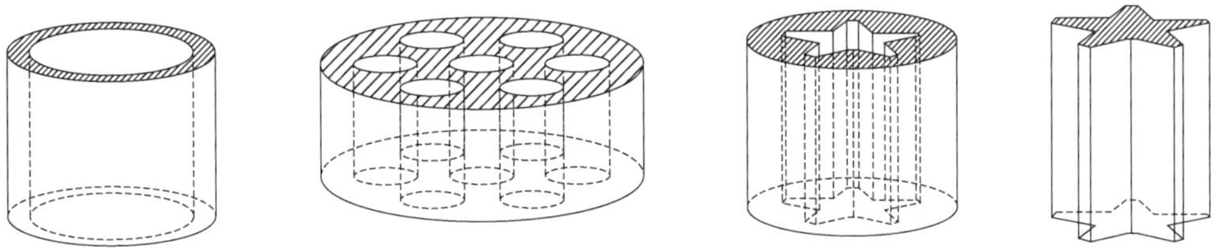

(a)拉西环形　(b)多孔蜂窝圆柱形　(c)内齿圆柱形　(d)无孔外齿形

图7-3　异型催化剂

二、催化剂成型的机理

1. 粒子间的结合力

Rumpf 提出，多个粒子聚合成颗粒时，粒子间的结合力分为以下 5 种：

(1)固体粒子间的引力。这种引力来自分子间的引力(范德华力)、静电引力和磁力。

(2)可自由流动液体产生的界面张力和毛细管的吸附力。以可流动液体作为架桥剂成型时，粒子之间的结合力由液体表面张力和毛细管力产生，因此液体的加入量对成型有较大的影响[见图7-4(a)]。

(3)不可流动液体产生的黏结力。不可流动液体包括高黏度液体和吸附于颗粒表面的少量液体层。高黏度液体的表面张力很小，易涂布于固体表面，靠黏附性产生强大的结合力；吸附于颗粒表面的少量液体层能消除颗粒表面粗糙度，增加颗粒间接触面积或减小颗粒间距，从而增加颗粒间引力。

(4)粒子间的固体桥。固体桥的结合力直接影响颗粒的强度及颗粒的溶解速度或瓦解能力，如图7-4(b)所示。

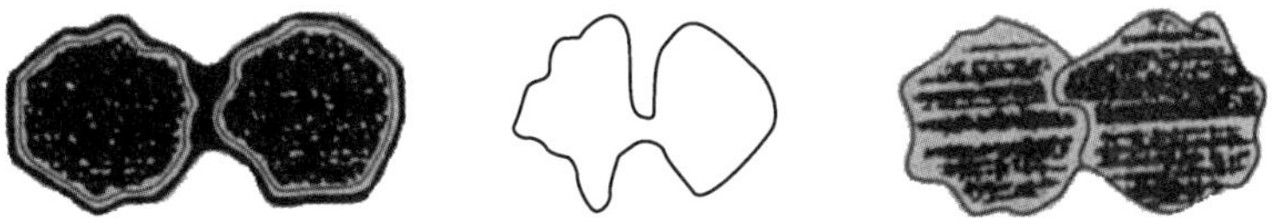

(a)粒子表面附着液层的架桥　(b)粒子间的固体桥　(c)粒子间机械镶嵌

图7-4　粒子之间的架桥方式

(5)粒子间机械镶嵌。机械镶嵌发生在块状颗粒的搅拌和压缩操作中，结合强度较大，如图7－4(c)所示。

2. 液体的架桥机理

自由液体在两个粒子间附着形成液桥时，由于液体内部的毛细管负压和界面张力作用，使颗粒聚结在一起。因此，粒子间结合力不仅与液体的加入量S(饱和度)有关，而且与液体的表面张力、粒子的大小、粒子间距离等参数有关。

水是湿法成型过程中的常用液体，成型时，液体首先将粉粒表面润湿，然后聚结成粒。结果表明，物料的润湿程度对颗粒的成长非常敏感，相应地影响颗粒的粒度分布。如采用转动成型造粒，液体在一级粒子间以毛细管状存在时，可得到均匀的球形颗粒。成型所需含水量，可根据疏松充填空隙率，以及干、湿条件下振动充填空隙率进行预测。

3. 颗粒的成长机理

粉状粒子在黏结剂的作用下聚结成颗粒时，其成长机理有以下不同方式。

(1)粒子核的形成

一级粒子(粉末)在液体架桥剂的作用下，聚结在一起形成粒子核，此时液体钟摆状存在。这一阶段的特征是粒子核的质量和数量随时间变化。

(2)聚合

如果粒子核表面具有微量多余的湿分，粒子核在随意碰撞时，发生塑性变形并黏结在一起，形成较大颗粒。聚合作用发生时，粒子核的数量明显下降，而总量不变。

(3) 破碎

有些颗粒在磨损、破碎、震裂等作用下变成粉末或小碎块。这些粉末或碎块重新分布于残存颗粒表面，并聚结在一起形成大颗粒，成型过程中经常伴随粉末和碎块的产生和再聚结。

(4)磨蚀传递

由于摩擦和相互作用，某颗粒的一部分掉下后黏附于另一颗粒表面，这一过程的发生是随意的，没有选择性。虽然在此过程中，颗粒大小不断地发生变化，但颗粒的数量和质量不发生变化。

(5)层积

粉末层黏附于已形成的芯粒子表面，从而使颗粒成长。加入的粉末干、湿均可，但粉末的粒子必须远小于芯粒子，以使粉末有效地黏附于芯粒子表面。在此过程中，虽然颗粒的数量不变，但颗粒逐渐变大，因此成型系统的总量发生变化。

任何一种成型过程都伴随着多种成长机理，但成型方法不同主导的成型机理有所不同。如流化成型过程中，粒子的成长以粒子核产生、聚合、破碎为主；而在转动成型过程中，在制备芯粒子基础上，以层积、磨蚀传递为主。

4. 从液体架桥到固体架桥

在湿法成型时产生的液体桥经干燥后，最终以固体桥的形式存在，以保证颗粒的强度，保持颗粒的形状与大小。从液体架桥到固体架桥的过渡，主要有以下三种形式：

(1)架桥液中被溶解(包括可溶性黏结剂)的物质经干燥后，析出结晶而形成固体架桥，如 HPMC、PVP、HPC 等高分子溶液作为黏结剂成型。

(2)高黏度架桥剂在干燥时，其中溶剂蒸发，残留的固体成分固结成为架桥，如淀粉浆作为黏结剂成型。

(3)溶液作黏结剂时，冷却凝固成固体桥。

5. 成型助剂

工业常用的催化剂载体所用的粉体物料一般为氢氧化铝、分子筛、二氧化硅等，这些粉体都属于瘠性物料，在挤条成型时需要掺入适量的水和黏结剂经过充分的混合碾压或捏合才能形成湿料团(块)。为了达到满意的成型效果，粉料混合过程中还需要加入一定的润滑剂以降低物料与模具之间的摩擦力；为了改进催化剂载体的微孔结构，提高活性金属负载，粉料混合过程中还会加入一定的孔结构改性剂。

三、催化剂成型的常用设备

工业上，催化剂成型方法和设备多种多样，催化剂成型方法和设备的选择对催化剂的活性和强度有着很大的影响。目前，对于重整催化剂和加氢催化剂两类催化剂成型的方法包括挤条成型法、压片成型法、滚动成型法、滴球成型法等。相应的成型设备包括旋转压片机、转鼓成型机、转盘滚球机、滴球成型机、螺旋挤条机(分为单螺杆和双螺杆)、活塞式挤条机等。催化剂颗粒形状不同选择的成型方法也不同，选择最佳成型方法来改善催化剂的物理结构，是提高催化剂性能的重要途径之一。另外，工业生产中选择成型方法时还要考虑成型技术的可行性和经济性。

挤条成型过程一般分为粉料混(捏)合、块状物料碾压、湿料团成型、挤条、切粒等步骤。针对成型的各环节，常用的成型设备见表 7－1。

表 7－1　催化剂成型常用的设备

成型环节	主要功能	常用设备	备注
粉料混(捏)合	粉料及助剂均匀混合	双 Z 形捏合机	
		犁刀式混捏机	
块状物料碾压	混合料压实	碾压机	
成型	制备条形载体	单螺杆卧式挤条机	
		单螺杆立式挤条机	
		液压柱塞式挤条机	
	制备球形载体	转动成球机	糖衣机
		齿球机	
		抛丸机	
		滴球机	油柱成球
	制备异型载体	压片机	
		切粒机	

第二节 双Z形捏合机

条状催化剂成型是通过挤条机将物料通过孔板挤出来实现的，但是在物料投入挤条机之前必须将物料按一定的工艺配比进行调混和捏合，使之形成团状泥料。常用的辅助设备有双Z形捏合机、犁刀式混捏机、碾压机等。

一、结构与工作原理

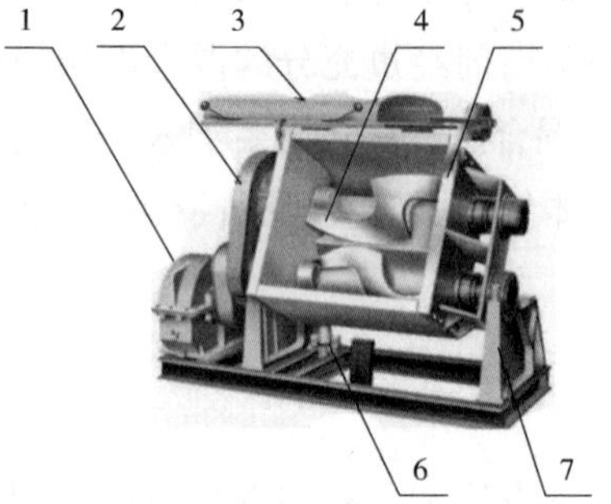

图7－5 双Z形捏合机示意
1—主传动机构；2—传动齿轮组；3—捏合机上盖；4—Z形曲臂；5—捏合机料箱；6—料箱翻转机构；7—捏合机底座

图7－5所示为典型的双Z形捏合机，捏合机主要由主机料箱、料箱翻转机构、主传动机构等组成。根据不同的生产企业现场需要，该设备还可配套安装液体自动称量投加系统、除尘系统等外置设备设施。

其主要工作原理为：粉体物料由人工从捏合机底料箱上的投料口投加至料箱内部，两根Z形曲臂对向旋转，曲臂旋转的角速度与传动齿轮组的速比有关，曲臂与物料接触面具有一定斜度，转动过程中对物料产生搅拌和捏合作用。设备运行过程中，可以向料箱内投加一定量的水、黏结剂、润滑剂及孔结构改性剂以提高物料的可塑性，满足后续生产的需要。双Z形捏合机料箱翻转机构的结构不尽相同，常见的翻转机构包括液压升降式和丝杠升降式两种，捏合机底座处安装有翻转限位开关，防止翻转机构将料箱倾覆。当物料在捏合机内混捏结束，可开启翻转机构的开关，使料箱前倾以便于将捏合好的物料卸出。

双Z形捏合机结构如图7－6所示。

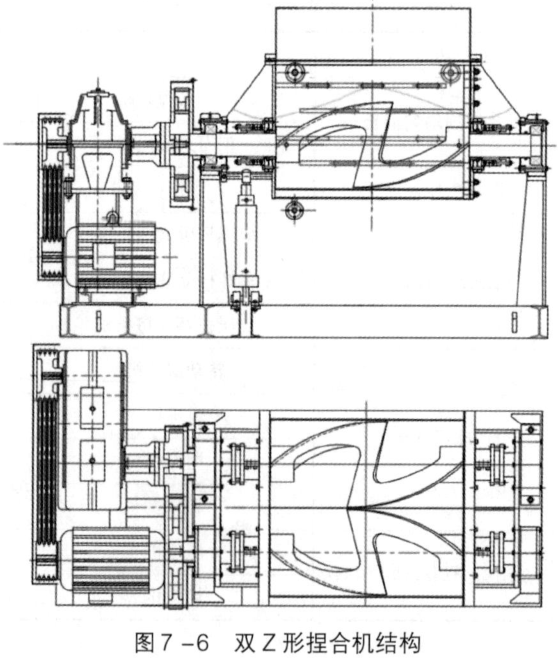

图7－6 双Z形捏合机结构

桨叶是捏合机的关键部件，有多种形式，其中 Z 形桨叶最为常见，如图 7－7 所示。桨叶一般为整体铸造后加工而成。

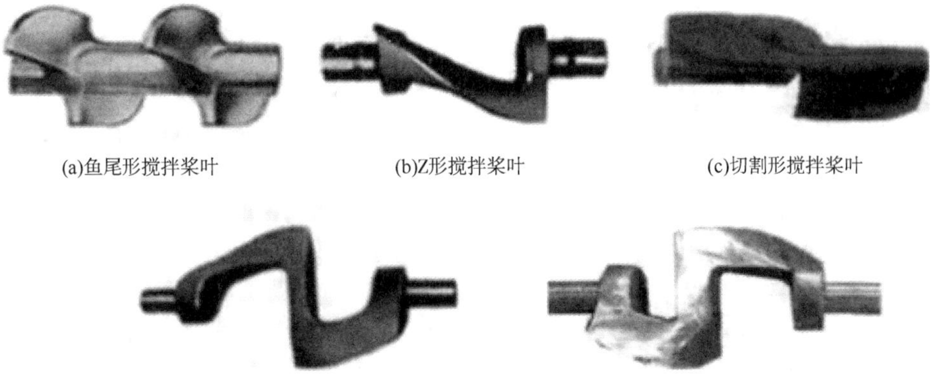

(a)鱼尾形搅拌桨叶　(b)Z形搅拌桨叶　(c)切割形搅拌桨叶

(d)Σ形搅拌桨叶，对称　(e)Σ形搅拌桨叶，对称

图 7－7　多种形式的捏合机桨叶

实验证明，单位功(单位物料接收的功)与催化剂的机械强度具有一定的关联性，捏合过程中桨叶对物料做的单位功越大，其捏合后制备的催化剂强度也越高。

二、设备的主要技术参数

双 Z 形捏合机的主要技术参数见表 7－2。

表 7－2　双 Z 形捏合机的主要技术参数

序号	参数类型	单位	参数描述
1	容积	L	捏合箱体体积，设备处理能力的主要参数
2	主机功率	kW	设备处理能力的主要参数
3	搅拌桨叶转速	r/min	
4	设备安装尺寸	mm	
5	设备重量	kg	

三、设备应用特点

双 Z 形捏合机的 Z 形曲臂回转轮廓与料箱内壁贴合度高，搅拌过程中物料翻滚均匀、无死角；曲臂机械强度高，与物料接触面积大，适用于高黏度、高剪切力的物料捏合。另外，双 Z 形捏合机结构简单，便于维修和适用性改造，如配套安装自动粉体投料系统、液体自动称量投加系统、除尘系统等外挂设备设施。

但双 Z 形捏合机也存在以下不足：

(1)由于需要为设备预留出足够的料箱倾倒区域，设备整体空间利用率不高；

(2)设备每批次操作，均需人工介入，难以实现无人控制，不适用于连续化、自动化生产装置；

(3)设备属于敞开式，密闭程度较低，在处理粉尘含量较大的物料时作业环境较为恶劣。

四、常见故障分析与处理方法

双Z形捏合机的常见故障分析与处理方法见表7-3。

表7-3 双Z形捏合机的常见故障分析与处理方法

故障现象	故障原因	处理方法
Z形曲臂轴承损坏	轴端填料密封失效，导致物料从密封处进入轴承	及时更换轴承和填料密封
翻缸不到位	液压系统故障	定期对液压系统进行维护保养
	系统限位开关失灵	应及时调整或更换系统限位开关，确保其工作灵活
衬板磨损或脱落	粉料在高压、捏合、搅拌过程中与衬板发生物理磨损，导致固定螺栓失效脱落	定期更换衬板
填料密封磨损	填料长期磨损或填料内进入固体粉末导致填料或轴磨损严重而失效	定期更换填料，清理填料箱
使用温度偏高	冷却水系统不畅	检查冷却水系统，是否堵塞，阀门是否失灵
联轴器失效	联轴器由于使用疲劳或安装精度不够，导致连接柱销失效	提高安装精度，定期对联轴器进行维护

第三节　犁刀式混捏机

犁刀式混捏机(又称犁刀式混合机)作为粉粒状物料混合的关键设备，在饲料工业、食品、制药、化工、新能源锂电材料、工程塑料等领域具有非常广泛的应用。犁刀式混捏机是一种粉体混合设备，在催化剂生产中多用于加氢催化剂挤条成型前的粉体预混。犁刀式混捏机结构形式一般为卧式圆筒形，主要由腔体组件和安装于腔体组件内的搅拌轴、飞刀等组成。工作时搅拌轴在减速电动机驱动下将两种以上不同的物料经过充分混合达到均匀分布的目的。

一、结构及工作原理

1. 犁刀式混捏机的结构

犁刀式混捏机通常为筒状卧式，水平轴传动，筒内沿轴向安装有若干组犁刀。犁刀式混捏机主要由驱动装置(电动机及减速机)、主轴及犁刀、飞刀组、机壳(含进出料口)等组成。主轴在电动机的驱动下带动犁刀旋转。犁刀臂和犁刀沿搅拌主轴轴向间断式安装(见图7-8)，它是犁刀式混捏机的关键零部件之一。犁刀的翻转使腔体内物料颗粒发生扩散、对流、剪切及混合作用。飞刀轴安装在机壳上并与壳体水平面呈一定的角度，飞刀轴在驱动电动机带动下高速旋转，起到剪碎物料颗粒中的块状物料并强烈扩散物料、加强物料颗粒的混合等作用。

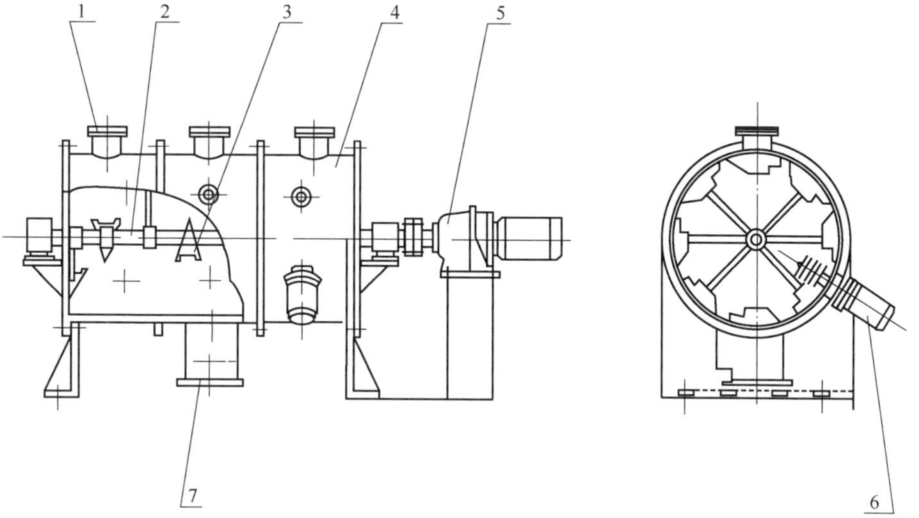

图 7-8 LDH 型犁刀式混捏机结构

1—进料口；2—主轴；3—犁刀；4—机壳；
5—电动机及减速机；6—飞刀组；7—出料口

搅拌主轴主要由主轴、搅拌臂、犁刀组成，见图 7-9。搅拌主轴工作时主要承受物料颗粒对其施加的摩擦力矩(轴承施加的摩擦力矩忽略不计)。

犁刀对物料混合起主要作用，飞刀对物料混合仅起辅助作用。飞刀由 3 个或 4 个简单叶片组成，类似电风扇的轮叶，飞刀组由多层飞刀组成(见图 7-10)，呈宝塔状，置于混合器壁的侧下方，安装在腔体上并与腔体水平面呈一定的角度，在驱动电动机带动下高速旋转(约 3000r/min)。飞刀的作用是使物料沿轴向发生剧烈的对流运动，飞刀组的多层刀片剪碎物料颗粒中的块状物料并强烈扩散物料，加强物料颗粒的混合。飞刀的个数依据其作用范围而定。

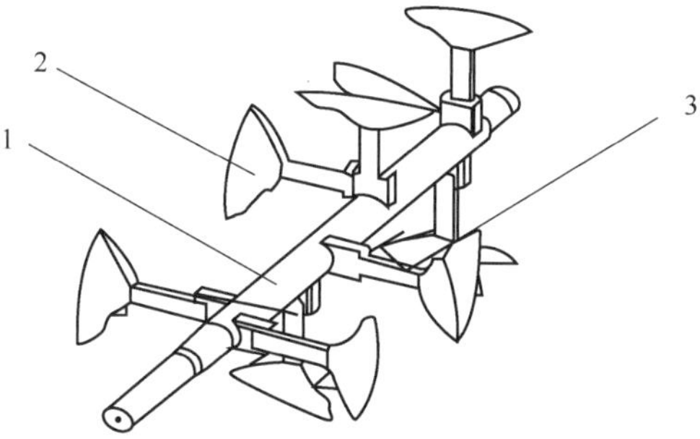

图 7-9 搅拌主轴结构

1—主轴；2—犁刀；3—搅拌臂

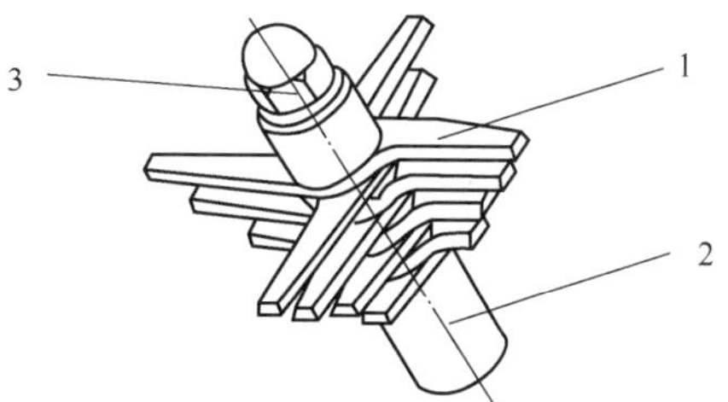

图 7-10 飞刀组的结构

1—刀片；2—飞刀轴；3—锁紧螺母

2. 犁刀式混捏机的工作原理

犁刀式混捏机是兼具扩散混合、对流混合和剪刀混合三种作用的混合机。粉体物料分别从上部的进料口投入混捏机主体内部，犁刀式混捏机腔体物料颗粒填充系数为 0.5 ~ 0.7。物料达到预设的重量后，动力传动系统主电动机提供动力，带动犁刀主轴旋转，多组犁刀垂直安装在主轴上，随着主轴做圆周运动，粉体物料在犁刀的作用下一边沿筒体做周向湍动，一边沿犁刀两侧的法线方向抛出；犁刀头可根据物料性状调整仰角以降低运行阻力。犁刀在粉体中运动，将物料推向两侧，尾部出现一暂时性沟槽，然后被上部物料填充起来，形成物料的径向循环。犁刀式混捏机飞刀工作示意如图 7－11 所示。

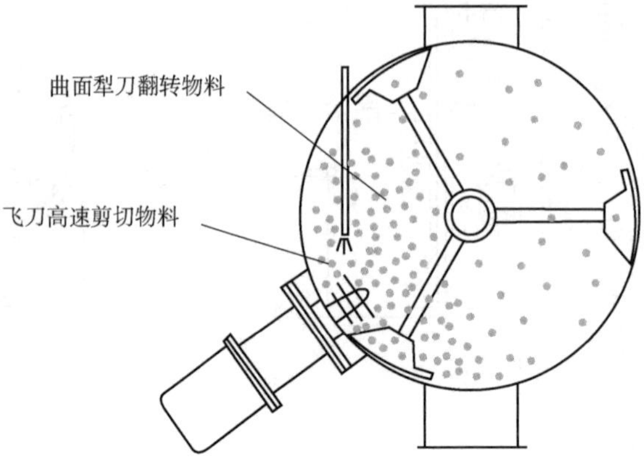

图 7－11 犁刀式混捏机飞刀工作示意

飞刀装在混合器筒状器壁侧下方，与铅垂线呈一定的夹角。飞刀没于物料之中，高速运转起来，使物料发生强烈地远距离迁移，即对流。高速旋转的飞刀剪切搅拌湿物料并强烈地抛散，物料在犁刀和飞刀的复合作用下，不断更迭、扩散、混合，完成湿物料捏合过程，并从出料口排出。

二、设备的主要技术参数

犁刀式混捏机的主要技术参数见表 7－4。

表 7－4 犁刀式混捏机的主要技术参数

序号	参数类型	单位	参数描述
1	装机容积	L_1	主机腔体的容积，是设备外形尺寸的主要参数
2	有效容积	L_2	主机腔体内可以装填物料的容积，是设备处理能力的主要参数
3	主机功率	kW	设备处理能力的主要参数
4	搅拌桨叶转速	r/min	
5	飞刀转速	r/min	
6	设备重量	kg	
7	设备主要尺寸	mm	长×宽×高

三、设备的特点

设备主轴上安装有多组连续错位排布的犁刀，搅拌过程中无死角；其主轴转速最高可达到 130r/min，并且在飞刀的作用下，物料流不断重叠、击散、翻腾，使犁刀式混合机对物料预混合速度显著高于其他类型的混合机。犁刀式混捏机具备上部进料、下部卸料结构，且自带称重计量设施，适用于连续化、自动化的生产装置。

犁刀式混捏机也存在一些不足：①由于犁刀本体与物料接触面非常小，犁刀式混捏机的捏合作用较差，经犁刀式混捏机混合后的物料一般为湿颗粒状，均匀度不高；②犁刀及支撑杆的结构强度远低于双Z形捏合机，所以在处理含水量大、运动剪切力大的物料时，设备故障率较高；③犁刀式混捏机在运转过程中，由于物料翻滚、设备振动等导致称重计量系统精度较差。

四、常见故障分析与处理方法

常见故障分析与处理方法：

(1)犁刀头仰角调整不到位或固定螺栓松动，可能使犁刀与物料接触阻力变大，导致主传动轴憋停或犁刀支撑杆变形。

(2)飞刀运行过程中，物料进入填料密封使填料密封磨损失效，混捏机内物料(粉尘)逸散，或物料进入轴承箱导致轴承抱死。

(3)物料进入主轴密封系统，使密封系统失效，混捏机内物料(粉尘)逸散。

(4)其他常见故障分析与处理方法见表7－5。

表7－5　犁刀式混捏机常见故障分析与处理方法

故障现象	故障原因	处理方法
主轴不能转动	轴承损坏卡死	检修更换轴承
	主电动机故障	电气线路及电动机检查维修
	负荷过大	打开检修门进行清理
异常振动	平台不牢引起振动	平台加固
	气动阀连接不牢固	检查并维修气动阀连接
	称重模块故障	检查并加固模块支撑件
	三角带故障	更换三角带
轴承温度高	油量不足或过多，油质不良	加适量合格的润滑油或彻底换油
	轴承损坏	检查更换轴承
	负荷过大	进行工艺调整
异响	犁头变形	修复或更换犁头
	润滑不足	设备润滑
	轴承损坏	更换轴承
	电动机故障	维修或更换
减速机异常	电动机温度过高	联系电工检查电动机
	减速机漏油	联系维修人员检查
	轴承箱温度偏高	检查润滑油的质量、检查轴承情况
粉尘泄漏	主轴密封不严	更换主轴盘根
	飞刀密封不严	更换飞刀密封
	观察口密封不严	更换观察口密封

第四节 双轮式碾压机

催化剂制备行业所用的双轮式碾压机是由建筑行业的碾轮式混砂机演化而来的，在建筑行业，碾轮式混砂机主要用于黏土、砂石、碎石等建筑材料的搅拌混合。在催化剂制备行业，不仅要对粉状物料进行搅拌和混合，更重要的是需要利用碾轮的重力，对物料进行碾压，使之达到一定的强度，所以经过改造后形成了目前常见的双轮式碾压机，主要用于将经过混捏机预处理后的湿料团进一步"碾熟"，使干粉与水、黏结剂充分均匀混合、压实。

一、设备结构及工作原理

1. 设备结构

双轮式碾压机主要由传动系统（电动机、减速机）、碾压系统（碾轮、底盘、十字头、曲臂、刮板系统等）、出料系统（卸料底阀，气动拉杆、卸料门）和控制系统等部分组成，如图 7－12、图 7－13 所示。

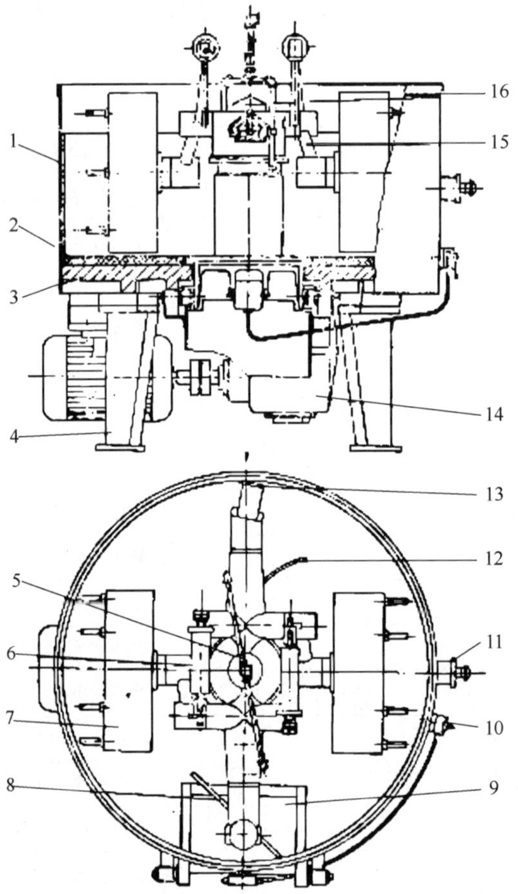

图 7－12 双轮式碾压机结构

1、2—碾压机机盆；3—底盘；4—支撑腿；5—十字头；6—弹簧加减压装置；7—碾轮；8—外刮板；9—卸料口；10—气阀；11—取样器；12—内刮板；13—壁刮板；14—减速机；15—曲臂；16—溶液投加装置

2. 设备的工作原理

双轮式碾压机的工作原理是：减速机输出轴连接碾压机主轴，主轴顶端安装有十字头，两个碾轮通过碾轮轴及曲臂安装在十字头两侧。十字头的另外两侧固定着壁刮板、内刮板、外刮板，另外，部分碾压机曲臂上还安装有碾轮刮板。物料从投料口加入碾压机内，在底盘上形成一定厚度的料层，碾轮一方面随主轴公转，另一方面由于与物料层接触又绕碾轮轴自转。碾轮利用自重，将物料碾实；同时，外刮板将碾压机机盆内壁物料刮向碾轮底部、内刮板将碾压机中心部位的物料刮向碾轮底部、壁刮板将附着在机盆内壁的物料刮下、碾轮刮板将附着在碾轮上的物料刮下。在刮板的共同作用下，物料团连续在碾轮下混碾均匀，从而实现物料捏合。

碾轮的碾压和搓研作用是提高碾压的关键，碾轮在运行过程中，使物料颗粒产生相对运动，互相摩擦；在压力作用下，团聚物料中富集的水分被挤出，使得干粉得到充分的润湿达到“碾熟”的目的。

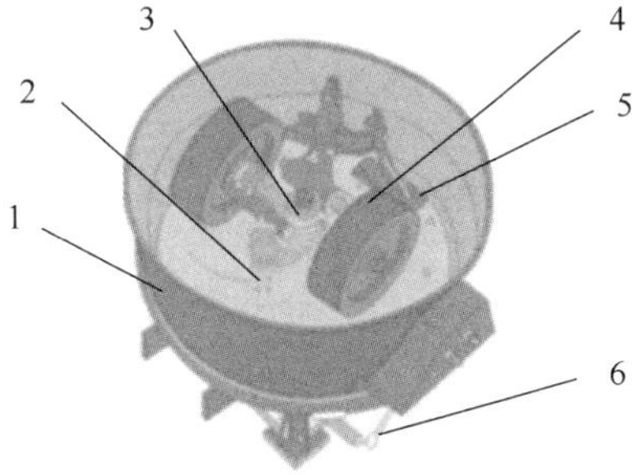

图7－13　双轮式碾压机外形

1—机盆；2—刮板；3—主轴；4—碾轮；5—卸料口；6—气动拉杆

3. 关键部件

碾轮是双轮式碾压机的关键部件，碾轮的尺寸和重量对设备的处理能力以及催化剂的碾压效果（催化剂强度）起重要作用。催化剂原料经过混捏机的预混合后还需要在碾压机中通过刮板的翻炒再次混合，并经过碾轮的碾压团聚成一定强度的“面团”，因此碾轮需要有足够的重量。碾轮的毛坯通常采用铸造的方法成型，碾轮铸造时需要在其芯部灌注一定的金属铅，目的是增加碾轮的重力。

二、设备的主要参数

双轮式碾压机的主要参数见表7－6。

表7－6　双轮式碾压机的主要参数

序号	参数类型	单位	参数描述
1	机盆容积	L	设备处理能力的主要参数
2	碾轮重量	kg	设备处理能力的主要参数
3	主机功率	kW	设备处理能力的主要参数
4	主轴转速	r/min	
5	设备重量	kg	

三、设备应用的优、缺点

早在20世纪70年代，我国就已经开始研制碾轮式混砂机（碾压机）并推广应用。经过多年的改进优化，目前此类设备在主轴转速、碾压机构、刮板形状等方面已经有了大幅的改进。碾压机具有混合性能好、物料适用范围宽等优点。

双轮式碾压机的缺点如下：①碾压效果与碾轮和底盘的高度差、物料料层厚度有直接关系，但碾轮高度无法实现自动调节；②碾压机内部构件磨损率非常大，催化剂制备过程中，碾压机内粉尘含量大，腐蚀性介质多，导致十字头、曲臂、曲臂轴、轴承等配件损坏率高。

四、常见故障分析与处理方法

双轮式碾压机的常见故障分析与处理方法见表 7 -7。

表 7 -7　双轮式碾压机的常见故障分析与处理方法

故障现象	故障原因	处理方法
十字头不转	电动机跑单相	联系电工检修
	刮刀与碾压机底盘或筒体壁卡死	联系钳工及管铆工检修
	减速机齿轮磨损或轴断	检修减速机
	对轮销脱落或剪断	重装或更换对轮销
	中轴键脱落或磨损	重装或更换中轴键
	中轴扭断	更换中轴
电动机发热，电流长时间过大	中轴轴承损坏	更换中轴轴承
	物料积团太大，负荷大	开盖铲拆积团物料
	减速机部件磨损	检修更换部件
	减速机油少	加油
	对轮同心度偏差较大	调整减速机位置
减速机发热、有响声	润滑油过少	加油至适当位置
	润滑油过多	放油至适当位置
	减速机轴承损坏	检修减速机
	减速机部件磨损	更换磨损的部件
料桶腔内有异常声响	内外刮板或曲臂松动	紧固内外刮板或曲臂
	碾轮脱落	重装碾轮
	曲臂轴或曲拐轴磨损大	更换曲臂轴或曲拐轴
	碾轮左右晃动大	更换碾轮轴承
	外刮刀碰到出料门接口处	调高外刮刀
	内外刮刀太低、与底盘摩擦	调高内外刮刀
出料门打不开、关不严。出料门漏粉	控制气缸漏风	检修气缸
	风压不足	提高风压
	出料门错位	重新调紧、紧固出料门
	出料门密封垫坏	更换垫片

第五节　单螺杆挤条机

挤条成型机是近年来广泛采用的一种新的技术。挤条成型法就是将粉末或湿料不加或加入适当的黏合剂，充分混合后，从孔板中挤出到适当的长度，用刀切断或自然断裂，得到圆形或特殊端面形状的条形半成品。

常见的挤条设备包括螺杆挤条机、钝齿轮挤条机和活塞式挤条机。螺杆挤条机包括单螺杆挤条机和双螺杆挤条机，都有立式和卧式两种结构，它们的结构虽然不同，但工作原理基本相同，都是利用螺杆在密闭的圆筒内回转时物料在螺杆的推动下形成的高压，将物料从圆筒的另一端孔板中挤出。双螺杆挤条机的两根螺杆等外径、等螺距、旋向相反、转速相同，两根螺杆互相啮合，有利于避免“抱杆”，形成更高的挤出压力。但是双螺杆挤条机结构复杂，特别是双螺杆在出料端需要的两个支撑轴承难以润滑，磨损很快，所以双螺杆挤条机的应用越来越少，生产上更倾向于单螺杆挤条机。本节重点介绍单螺杆挤条机。

一、结构及工作原理

1. 单螺杆挤条机的结构

单螺杆挤条机分为卧式单螺杆挤条机和立式单螺杆挤条机。

(1)卧式单螺杆挤条机

卧式单螺杆挤条机是条形催化剂生产中重要的成型设备，其主要结构包括主传动电动机、减速机、齿轮变速箱、喂料箱(内置两根压料辊)、挤出筒等，如图7－14所示。其中，挤出筒筒体外壁为中空结构，中空部分通冷却循环水用以冷却物料；挤出筒水平两侧等距安装多组成对的助挤螺钉，防止物料“抱杆”；挤出筒端部安装有固定多孔孔板的装置。

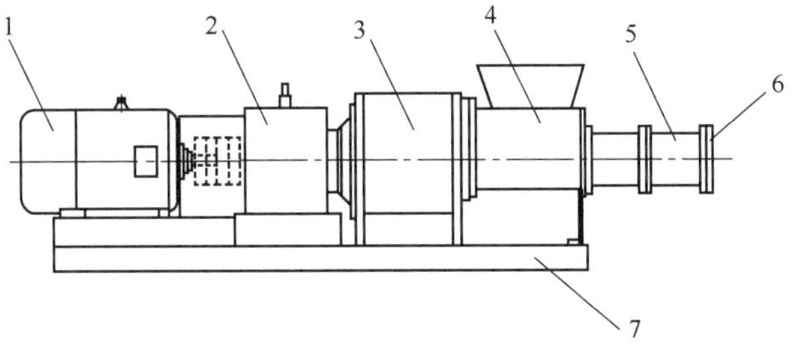

图7－14　卧式单螺杆挤条机示意

1—电动机；2—减速机；3—齿轮变速箱；4—喂料箱；5—挤出筒；6—挤出板；7—基础底座

(2)立式单螺杆挤条机

立式单螺杆挤条机是卧式单螺杆挤条机结构的改变，两者的工作原理基本相同，由于立式单螺杆挤条机的挤出筒垂直放置，挤出的物料出料方向垂直向下，挤出的条受重力的牵引作用，弯曲变形较小，产品外形更直更美观。立式单螺杆挤条机外观如图7－15所示。

图7－15　立式单螺杆挤条机外观

但立式单螺杆挤条机也存在以下不足：①立式单螺杆挤条机可以近似看作两台互相垂直的螺旋输送机联动运行，其中水平螺杆为物料输送机，物料的适应范围更狭窄，当物料黏度大或挤出压力大时返料现象更加严重；②喂料端源源不断地进料，立式挤出部分缺少返料空间，当挤出不顺畅时，回流的物料可能冲破立式挤出端的密封组进入轴承箱，导致设备抱死；③立式单螺杆挤条机相较卧式单螺杆挤条机结构更为复杂，维修难度更大。

2. 单螺杆挤条机的工作原理

单螺杆挤条机的工作原理是：挤出成型是在外力作用下，原始微粒间重新排列而使其密实化的过程。催化剂坯料经过充分混捏后投入挤条机，物料在推进器的挤压力作用下，从挤出筒端部的孔板处挤出，形成与开孔相同截面形状(圆柱、三叶草、四叶草等)的条状物料。条状物料再经过适当的切粒、筛分可获得一定直径、长度的催化剂载体。挤出过程分为三个步骤：一是输送过程，粉体在喂料箱处投入，喂料箱处安装有两根对向旋转的压料辊将块状物料破碎并压入螺杆推进器的螺纹处；二是压缩过程，螺杆推进器一般为等外径、等根径、不等螺距的螺杆，喂料段螺距大、挤出段螺距小，螺杆推进器旋转时，物料随螺纹向前推进，物料被压缩紧密度增加；三是挤出过程，物料经压缩、推进至挤出筒端部时，经多孔板挤出呈条状。卧式单螺杆挤条机工作原理如图7－16所示。

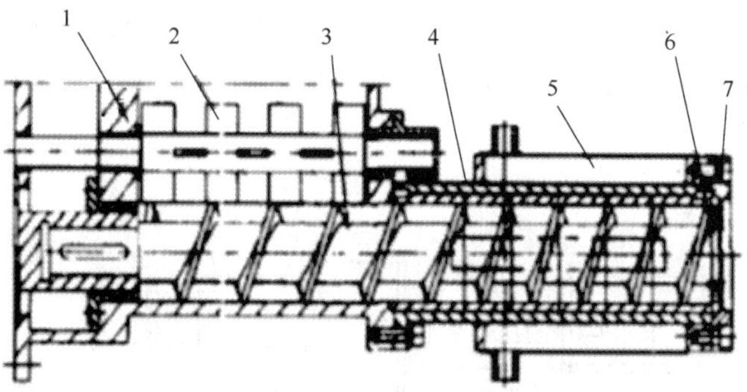

图7－16　卧式单螺杆挤条机工作原理

1—进料箱；2—压料辊；3—螺杆；4—挤出筒；5—冷却水套；6—模具孔板；7—挤出板

二、主要部件结构及工作原理

1. 螺杆

图7－17所示为挤条机螺杆结构，从左至右，螺杆的前半段为物料输送段，后半段为挤出段。输送段为等外径、等根径、等螺距的连续螺纹，其作用是为挤出段提供物料。后半段为物料挤出段，其外径和根径与输送段一致，区别是挤出段为不连续螺纹，螺距比输送段的小，以形成较高的挤出压力，提高产品致密度。

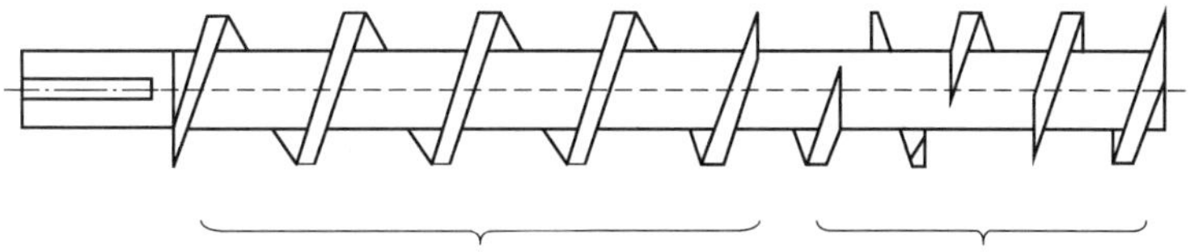

图7－17 挤条机螺杆结构

目前，国内催化剂生产使用的挤条机螺杆多为奥氏体不锈钢如1Cr18Ni9Ti，也可使用马氏体不锈钢如3Cr13，表面经辉光离子氮化处理，增加耐磨性。近年来，部分国内催化剂生产企业与挤条机制造厂家开展攻关合作，尝试使用沉淀硬化钢17－4ph材质的挤条机螺杆，取得了较好的应用效果。17－4ph的国产牌号为0Cr17Ni4Cu4Nb，该合金是由铜、铌/钶构成的沉淀、硬化、马氏体不锈钢，具有高强度、硬度和耐腐蚀性。

2. 挤出筒

挤出筒是物料输送、压缩、挤出的重要部件，对挤条机的生产能力、挤出压力、催化剂产品的表面质量和强度有直接影响。由于物料挤出压力大，物料与螺杆及挤出筒内壁摩擦产生的热量较大，因此挤出筒结构的设计必须考虑冷却方式，目前挤条机挤出筒的冷却方式均采用夹套水冷。

由于催化剂粉体的摩擦系数较大，导致物料与挤出筒内壁摩擦力非常大，成型助剂等成分对金属也有一定的腐蚀性，所以挤出筒内壁的磨损较快，正常的使用寿命周期较短。为了降低维修成本，通常采用衬套式的挤出筒，即在挤出筒内壁增加衬套，检修时只需更换磨损失效的衬套，维修和备件的成本较低。衬套可分为两种基本型式：一种是衬套与基体采用相同材料的单一材料衬套，另一种是衬套含有与基体不同材料的“双金属”型衬套，相应的挤出筒称为“双金属挤出筒”。对于双金属挤出筒，由于衬套可针对不同的催化剂类型，采用相应的抗磨损和耐腐蚀性能良好的特殊材料，而主体采用普通的不锈钢，一方面大大提高挤出筒的使用寿命，另一方面节省贵重材料。

3. 孔板

孔板使成型物料由螺旋运动变为直线运动，同时产生必要的成型压力，保证产品密实度。氧化铝条成型取决于多方面的因素，更主要取决于孔板的排列。在保证一定强度的条件下，成型后的条径越小，则其比表面积越大，浸渍的活性金属离子量越多，催化剂的活性就越高。

同样是因为催化剂粉体对孔板的摩擦较大，物料中的成型助剂等成分对金属有一定的腐蚀性，孔板的消耗非常快。所以，整体式的孔板因成本太高基本上被淘汰，目前都采用镶嵌的方式，将孔板均匀分布镶嵌在挤出板上。孔板采用强度较好、耐磨性较强的高分子材料制造。

孔板的截面形状与所需的催化剂成品断面形状一致，有圆形、三叶草形、四叶草形等。

三、特点

卧式单螺杆挤条机具有结构简单、设备强度高、挤出压力大、噪声小、价格便宜等优点，其进出料连续化程度高，产品质量较为稳定。但也存在以下不足：

(1)单螺杆挤条机的物料输送及挤出过程摩擦力是其主要作用力，因此物料性质是挤条工艺流程的决定性因素，即物料的水粉比、黏度决定能否制备出合格的产品；

(2)单螺杆挤条机的物料适应范围较窄，当物料黏度大、机头模板压力升高时，物料逆流增大致使返料现象比较严重，而返料严重时挤出筒内温度会进一步升高，物料内的水急剧汽化，更加剧了机头模板压力；

(3)挤条机挤出筒内物料为“全通过”，所有物料内的杂质只有两种状态，即强行通过挤出孔板或堵塞孔板，两种状态均对产品有不同程度的影响；

(4)卧式单螺杆挤条机挤出的物料会在重力作用下发生弯曲，特别是位于多孔板下半区的条形物料会被上半区的物料盖住，产生波浪形弯曲，导致物料外观质量变差。

四、主要技术参数

单螺杆挤条机的主要技术参数有生产能力、主电动机功率、螺杆公称直径、螺杆长径比、螺杆转速范围等，见表7－8。

表7－8 单螺杆挤条机的主要技术参数

序号	参数类型	单位	参数描述
1	螺杆公称直径	mm	设备生产能力的主要参数
2	主电机功率	kW	决定挤出力的主要参数
3	螺杆转速	r/min	
4	螺杆长径比		影响挤出力的参数
5	生产能力	kg/h	
6	设备质量	t	
7	外形尺寸	mm	

五、设备常见故障分析与处理方法

单螺杆挤条机常见故障分析与处理方法见表7－9。

表7－9 单螺杆挤条机常见故障分析与处理方法

故障现象	故障原因	处理方法
电动机电流长时间过大，电动机发热	电动机轴承磨损	检修更换轴承
	减速机部件磨损	检修更换部件
	齿轮箱内部件磨损、负荷大	检修更换部件
	物料堵板较严重	停机更换孔板
	减速箱、齿轮箱油少	给减速箱、齿轮箱加油
	挤条频率过高、负荷大	降低电动机频率
	电动机散热效果不好	增加强制散热设施

续表

故障现象	故障原因	处理方法
减速箱发热、有响声	减速机部件磨损	检修更换部件
	齿轮箱内部件磨损、负荷大	检修更换部件
	物料堵板较严重	停机更换孔板
	减速箱油少	给减速箱加油
	减速箱油多	减速箱放油到适当位置
	挤条频率过高、搅油速度快	降低电动机频率
耙料螺杆不转	安全销断裂	更换安全销
	耙料螺杆筒体顶丝松动或脱落	紧固或重装顶丝
耙料螺杆轴承温度过热	轴承少润滑脂	加润滑脂
	轴承进粉尘	检修更换轴承
	轴承磨损或散架	检修更换轴承
挤出螺杆抱杆	清根螺栓磨损或断裂	更换清根螺栓
	物料过稀	清挤出螺杆后更换物料
出料料温过高	螺杆、筒体冷却水不足	开大冷却水阀
	孔板堵塞严重	停机换板
	挤条频率过高	降低电动机频率
出料毛刺多	螺杆与孔板间隙过小	调整螺杆与孔板间隙
	塑料孔板端面受损	更换塑料孔板
	物料含小粒硬杂物堵孔板孔	更换塑料孔板
挤条出料慢	挤出螺杆磨损	更换螺杆
	筒体磨损	更换筒体
	物料过干或过湿	调整物料干湿程度
电动机跳闸	筒体内物料里有硬物	停机处理
	孔板堵死	更换孔板
物料含水量徒增	筒体出现内裂纹漏水	更换或修补筒体

第六节　立式液压柱塞式挤条机

液压柱塞式挤条机也是催化剂生产中使用的成型设备之一，它利用挤出筒中活塞的推力形成高压，将物料从模具(孔板)中挤出。由于它的非连续性生产方式，使该设备的使用受到局限。

一、结构及工作原理

液压柱塞式挤条机由主机、控制机构及模具三大部分组成，通过管路及电气、油泵系统装置连接起来构成整体。主机部分由机身、主油缸、冲模组等部分组成(见图 7 – 18),控制机构包括动力机构、充液装置、限程装置、液压油管路、现场操作站等。

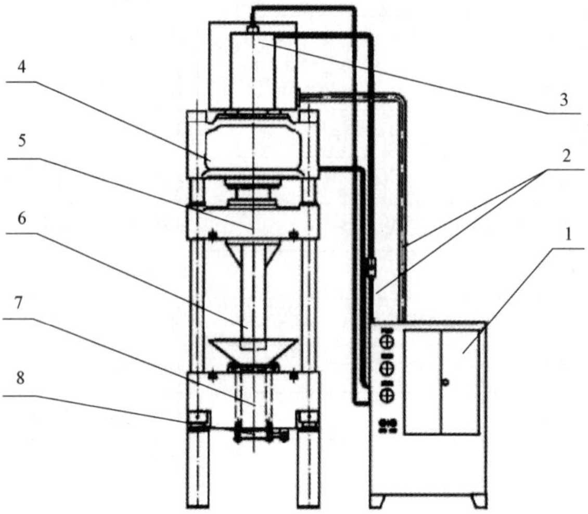

图 7 – 18　液压柱塞式挤条机结构

1—控制柜;2—液压油管;3—主油缸;4—机身(上横梁,下工作台);
5—滑块;6—冲模组;7—挤出筒;8—孔板

(1)机身:由上横梁、滑块、工作台、立柱、锁紧螺母及调节垫片组成。设备依靠 4 根立柱作为骨架,滑块与主油缸活塞杆连接,以 4 根立柱作为导轨上下运动,滑块及工作台表面有 T 形槽,便于模具安装。

(2)主油缸:输出压力的主要装置,依靠缸口台肩及锁紧螺母固定于上横梁内,活塞下端面与滑块相连。

(3)动力机构:由油箱、高压泵、电动机、阀组等组成。

图 7 – 19　立式液压柱塞式挤条机外形

立式液压柱塞式挤条机外形如图 7 – 19 所示。

立式液压柱塞式挤条机的工作原理是:物料投入挤出筒内,油泵系统提供动力使液压缸的挤压柱向下运动,挤压挤出筒内物料,致使物料紧密度增加,挤出筒内压力逐渐增大;当物料接触挤出模具时,物料从带孔模具挤出,形成密实的条状物完成挤出过程。液压缸完成一次挤出后,开始回程,等待下一次进料。

二、特点

液压柱塞式挤条机的特点是:挤出力均衡,出料均匀,挤出压力大(可达到 25MPa),操作方便安全,操作和维护均很简单方便。柱塞式挤条机对物料性状适应范围宽,适用于传统螺杆挤条机无法生产的高剪切力、高黏度物料,通过调整活塞与挤出筒的间隙,可有效地避免物料回料。

液压柱塞式挤条机存在以下不足：

(1)挤条过程操作非连续性，生产效率较低，间歇性操作导致无法实现连续化、自动化运行，不适合大批量产品的生产；

(2)该设备运动部件均裸露在外，且操作过程中人工干预较多，存在一定的安全隐患。

三、主要技术参数

液压柱塞式挤条机的主要技术参数见表7－10。

表7－10　液压柱塞式挤条机的主要技术参数

序号	参数类型	单位	参数描述
1	挤出筒直径	mm	设备生产能力的主要参数
2	油缸压力	kgf/cm^2	决定挤出力的主要参数
3	柱塞挤出速度	mm/min	
4	生产能力	kg/h	
5	设备重量	t	
6	外形尺寸	mm	

四、常见故障分析与处理方法

液压柱塞式挤条机的常见故障分析与处理方法见表7－11。

表7－11　液压柱塞式挤条机的常见故障分析与处理方法

故障现象	故障原因	处理方法
柱塞动作失灵	电线接触不良或行程开关接触不良	检查线路，消除接触不良
挤出压力过低	系统压力设定有误	重新设定系统压力
	充液阀渗漏、油缸密封圈损坏	更换充液阀和油缸密封圈
滑块移动不顺畅	液压系统内存有空气	排出液压系统内存的空气
	高压泵吸油口漏气	排出漏气点
高压泵振动、噪声大	油箱内油位不足	增加液压油至规定油位
设备停机时滑块下溜	油缸密封圈损坏	更换油缸密封圈
	压力阀关闭不严	更换压力阀
压力表指针剧烈摆动	液压油管路内存有空气	排出液压油管路内存的空气
挤出过程中高压形成速度慢	高压泵流量调整不当	重新调整高压泵流量
	系统内漏严重	检查并排除内漏点

第七节　转鼓式切粒机

采用挤条方式成型的催化剂经干燥后，条状催化剂长短不均，必须经过切粒工序，使其长度尽可能集中在一定的范围内，达到一定的堆比要求，这样才能有利于将来在反应器床层中进行装填。为使催化剂充分发挥效率，还要求催化剂在反应器床层中的颗粒形状、大小、装填情况等处于最佳状态，才能使催化剂的效率因子在实际工业应用中达到最大值，提高催化剂的使用效果。

条状催化剂经过切粒后，有四点好处：①条状催化剂经过切粒后，长度较短，条长度比较均匀，在催化剂的装填过程中不易产生“架桥”现象，床层孔隙率比较均匀，可有效防止沟流产生。②催化剂长度减短后相当于颗粒变小，对于同一反应器来说，装填量增加，在装置处理量不变的情况下，催化剂活性提高，使产品质量提高。③长条经切粒变短后，条状催化剂在操作过程中不会因为物流冲击或紧急放空产生大的压差使条再次折断出粉，避免产生新的粉尘引起床层堵塞。④由于切粒工艺在载体挤条后进行，被切粒条状物只需稍加干燥就被切成均匀条，这时条状物的强度最薄弱部分易被切断，因而可避免催化剂制备过程中后续工序中重新断裂出粉，有利于操作和减少含金属组分的粉尘量。

与挤条机配套的切粒设备常见的有旋转钢丝切粒机、旋转刀片切粒机、圆盘式切粒机、转鼓式切粒机等。旋转钢丝切粒机和旋转刀片切粒机一般安装于挤条机的出口，对刚挤出的催化剂湿条进行湿切，圆盘式切粒机和转鼓式切粒机通常安装在催化剂干燥设备之后，对催化剂长条进行干切。转鼓式切粒机和钢丝式、刀片式等其他切粒机相比，不但结构简单，易于制造，而且操作时可随时根据物料实际情况调节操作参数，从而达到所希望的切粒效果。

一、结构及工作原理

转鼓式切粒机(又称转鼓式切条机)是一种专门为改善条形催化剂条长而制造的专用设备，该设备由底座、转鼓、托轮、切刀及传动机构组成，如图 7 - 20 所示。切刀组同心安装于转鼓内部，并分别由两台变频器通过电动机控制其转数。本设备除机架采用碳钢制造外，转鼓及切刀等与物料接触部分均采用不锈钢制造。

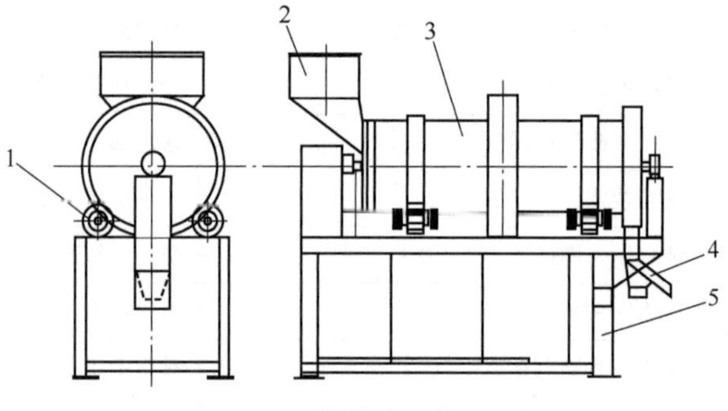

图 7 - 20　转鼓式切粒机结构

1—托轮；2—进料斗；3—转鼓；4—出料口；5—机架

设备工作原理：转鼓在变频调速电动机通过减速机及传动装置的驱动下，匀速旋转；另一台变频调速电动机驱动转鼓刀片轴反向旋转。设备工作时，物料通过进料斗进入转鼓内，由于转鼓调速后做匀速旋转，带动物料在转鼓内抛向旋转的刀片，物料被刀片切成颗粒状。转鼓式切条机的转鼓从入口到出口有约 1°的安装倾角，物料在不断地抛起、切断的过程中缓慢向出口移动，直至排出。通过调整两台变频调速电动机的转速，可得到产品所需的长度规格。转鼓的转速决定物料的行进速度，切刀转速是物料长度的主要决定因素。一般来说，转鼓的转速越高，刀片转速越低，得到的成品条长度越长；反之，转鼓的转速越低，刀片转速越高，得到的成品条长度越短。转鼓式切粒机工作原理如图 7－21 所示。

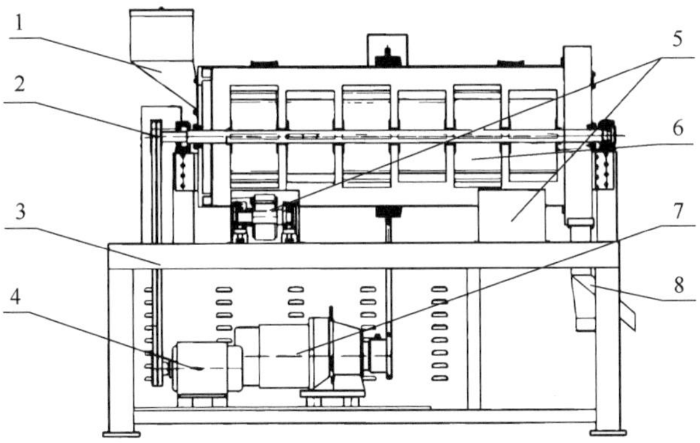

图 7－21 转鼓式切粒机工作原理

1—进料口；2—切刀组主轴；3—机架；4—切刀组电动机；5—转鼓托轮；6—切刀；7—转鼓电动机；8—出料口

转鼓式切粒机内部结构如图 7－22 所示。物料从进料口进入转鼓内部，转鼓内壁设置有类似于膛线的结构，转鼓旋转过程中，物料流随膛线的“阴线”凹槽旋转向前运动直至流出。切刀组由 6 组同轴水平排布的切粒刀片组构成，每个切粒刀片组又由 4 个刀片组成，刀片之间呈 90°分布。物料随转鼓运动过程中，当转鼓把条状物料带到转鼓的最高点下落时被刀片切断，将长条形催化剂载体切断以得到所需的长度。

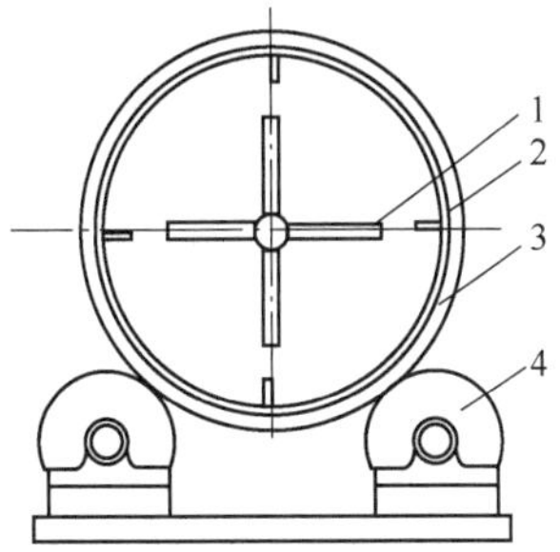

图 7－22 转鼓式切粒机内部结构

1—刀片；2—托板；3—转鼓；4—托轮

二、设备特点

转鼓式切粒机为定制化设备，针对条形催化剂适用性良好；具有设备结构简单、可靠性强等特点。

转鼓式切粒机的缺点如下：①转鼓式切粒机的运行参数，包括转鼓转速、切刀组转速等在处理不同牌号催化剂时数据不同，需根据出料的条长实时调整，目前尚无法实现自动反馈。②由于条形催化剂在转鼓中运动呈随机状态，所以经转鼓式切粒机切出的断条长度集中度欠佳。③切粒后的出粉率也是切粒机的重要指标，转鼓式切粒机的出粉率约为 3%。

三、常见故障分析与处理方法

转鼓式切粒机的常见故障分析与处理方法见表 7－12。

表 7－12　转鼓式切粒机的常见故障分析与处理方法

故障现象	故障原因	处理方法
链条跑偏	大链轮与小链轮未调平	调整链轮丝杆
转鼓体摩擦端盖	托轮未调水平	调整托轮丝杆
出料不畅	刀轴与转鼓方向不正确	调整转鼓方向，刀轴与转鼓必须相对旋转(标识箭头方向为正确)
	进料闸板开度过大	调小闸板开度
	转鼓与刀轴运行速度不匹配，卸料不完全	调节转鼓与刀轴运行速度
	出料口有异物堵塞	清理转鼓出料口
电动机跳闸	内有污物	清除污物
	安装不当	重新校正安装
	润滑油量不足	添加润滑油
	转向不对	重新接线
	链条卡死	检查链条及轨道情况

第八节　转动成球机

20 世纪 50 年代，糖衣机在我国制药、食品等行业广泛使用，糖衣机是一种结构简单的机械产品，其作用是在药丸或食品表面均匀涂上包衣，并起到抛光的作用。锅体顺时针旋转，对锅内芯片分次喷复糖浆加混浆料，使糖衣片在锅内翻滚，滑移摩擦研磨使其在全部芯片上均匀分布，同时向锅内通以热风，迅速除去片剂表层水分，最后得到合格的糖衣包衣药片等成品。这种设备通过手工操作，对操作者的经验要求较高。最早的糖衣机外形以荸荠式较为常见，后来经过改进出现了圆盘式，它们统称为转动成球机。因转动成球机生产的小球球形度较好，人们将它用于化工生产中的造粒。

转动成球机的主体部分是一个倾斜的回转式容器(又称转盘)，在电动机的带动下绕主轴旋转。转盘的转速可调，倾角可以在 30°～60°范围内调节，转盘常见的形式有圆盘式和荸荠式。成球方式是将粉体、适量水(或黏结剂)送入转盘中，粉体微粒在液桥和毛细管力作用下团聚在一起，形成微核(又称“种子”)，在容器转动所产生的摩擦力和离心力的冲击作用下，不断地在粉体层回转、长大，最后成为一定大小的球形颗粒而离开容器。随着物料增加，新的微核不断形成，长大后的小球经筛分得到所需粒径的球形产品。成球粒径的大小与转盘直径、深度、倾角、转速、滚球时间等因素相关。转动成型处理量大，设备投资少，运转率高，但颗粒密度不高，难以制备粒径较小的颗粒，操作时粉尘较大。

转动成球机的主要优点是：设备结构简单、安装方便，操作直观，操作者可以直接观察成球情况，根据需要随时调节操作参数。缺点是：①生产效率较低，单台设备产能较小；②操作过程有一定的粉尘，需要采取措施进行控制；③对操作者的操作经验要求较高，不利于自动化生产。黏合剂的加入时间、加入量、最佳喷液位置、粉末加入位置等需要根据小球成长情况加以调节。

一、结构及工作原理

转动成球机由转盘、电动机、减速机、支架等组成。减速机带动圆盘转动，使固体颗粒物在盘内翻滚滑移摩擦，是一种转动成型法。具体原理是：将催化剂或载体粉料和适量水(或黏合剂)送至转动的锅体，由于摩擦力和离心力的作用，转盘中的物料时而被举升到转盘上方，时而又借重力作用滚落到转盘下方，这样通过不断滚动作用，润湿的物料互相黏附，逐渐长大成为球形颗粒，根据成型时所使用的转盘形式不同，又有不同类型的转动成型机。转动成型法也是催化剂常用成型方法之一，可生产由2~3mm至7~8mm的球形颗粒，该设备也可作为浸渍设备使用。两种不同外形的转动成球机如图7-23所示。

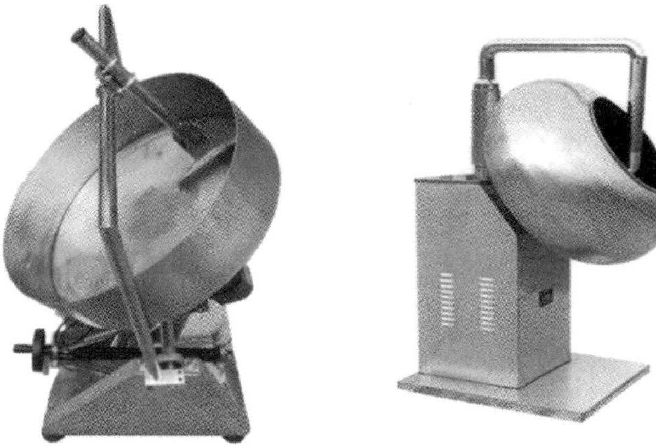

(a)圆盘式成球机　　(b)荸荠式成球机

图7-23　两种不同外形的转动成球机

转动成球机主要参数包括：转盘直径、深度、倾角、转速、生产能力及功率等。

转动成球机的规格型号如下。

锅体形状：圆盘形、荸荠形、抛物线形。

锅体直径：Φ800mm、Φ1000mm、Φ1200mm、Φ1400mm等。

电动机功率：2.2kW、3kW、5.5kW、7.5kW、11kW等。

锅体转速：25r/min、28r/min、30r/min、32r/min、36r/min等。

二、滚球成型原理

滚球操作时，先调整好锅体的倾斜角，启动电机调整锅体的旋转速度，然后在倾斜的锅体中加入粉体原料，同时在锅体上方通过喷嘴喷入适量水分或黏合剂，或者向锅内投入合适量水分的物料。如图7-24所示，原料粉体一般由A处或C处供给，大型转盘常设在C处，B为喷液区。将成球过程分为三个阶段，称为α、β、γ三部分，在γ部分，粉体的含水率低，其中一部分和成长的球粒相结合，另一部分也由于局部喷入过量水分(或黏合剂)而和附近的粉末结合，它就成为球粒成长的核(或称作种子)。这部分球的成长速度快，一般是作种子。除非有特殊情况，一般不宜在这部位喷水(或黏合剂)，而粉体在这部分位置加入最好。在β部分，呈阴历初三月牙状态的部位，喷入水(或黏合剂)时得到最稳定状态。由于粉体-液体表面张力及负压吸引力作用，粉体直接附着在润湿的球表面，使球不断增长，处于旋转运动，球不断进行固结，将水分本身挤到球表面，使粉体互相压紧。如在这部分自动连续加入粉体时，就一边长种子，一边出料，成为连续生产的最佳位置。在 α 部分，由于球表面压力及负压液柱作用，使干粉黏结在表面含有水分的球上，并促使球内部水分不断减小，使球进一步固结。当球粒成长到一定大小时，将大粒从锅内边缘取出。这部分球表面湿润，有时会产生互相聚结现象，而呈不稳定状态，需要粉碎后使用。

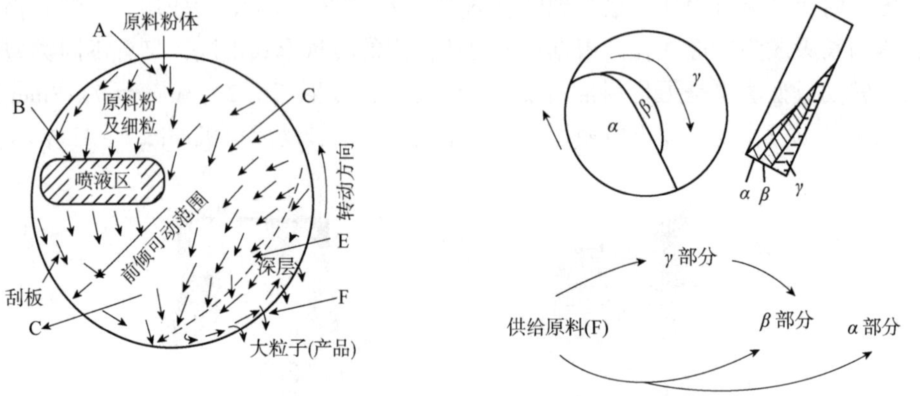

图 7－24　滚球原理示意

三、技术特点

1. 转动滚球机的主要优点

(1)操作直观，操作者可以直接观察成球情况，根据需要调节操作参数。

(2)产品球形度好，外观较光滑，强度也较高。

(3)成型产品依靠分级作用出料，所得产品粒度也比较均匀。

(4)设备占地面积较小。

2. 转动滚球机的缺点

(1)操作时粉尘较大，操作条件较差。

(2)操作者的操作经验对产品质量有一定影响，特别是黏合剂的最佳喷液位置，粉末加入位置需要根据球成长情况加以调节。

(3)噪声大，对人体的听力有一定的影响。

四、主要技术参数

转动成球机的主要技术参数见表 7－13。

表 7－13　转动成球机的主要技术参数

序号	参数类型	单位	参数描述
1	转鼓有效体积	m^3	设备处理能力的主要参数
2	转速范围	r/min	
3	转鼓倾角	°	
4	设备总重量	t	

五、转动成球机的常见故障分析与处理方法

转动成球机的常见故障分析与处理方法见表7－14。

表7－14　转动成球机的常见故障分析与处理方法

故障现象	故障原因	处理方法
内衬变形、开裂	内衬材料老化或磨损	经常检查和更换非金属衬垫
	物料温度超过使用温度	严格按照工艺操作要求使用
减速机过热	润滑油缺油或乳化	补充油量或更换新油
	机械振动	联系机修处理
	减速机机件损坏	联系检修
锅体振动、倾覆	地脚螺栓松动	重新紧固地脚螺栓
	电动机及减速机机件损坏	联系钳工检修处理

第九节　滴球机

铝胶、硅胶、硅铝胶等溶胶物料在适当的pH值和浓度下具有凝胶特性，把溶胶物料以小液滴形式滴入盛有煤油等介质的油柱中，由于表面张力的作用，溶胶液滴收缩成球，再凝胶化形成颗粒小球。将小球老化、洗涤、干燥，最后经过高温焙烧制成具有一定强度的球形载体，这种制备载体的方法称为滴球成型法。采用这种方法制备的小球结构均匀，磨损低，强度高，广泛用作固定床和移动床催化剂、催化剂载体以及吸附剂等。滴球成型也称为油中成球，通常分为油氨柱成球和油柱成球。油柱成球一般不使用氨水，用六次甲基四胺水解放出的氨中和溶胶中的酸性铝盐，使液滴凝固。本节重点介绍油氨柱成球。

一、油氨柱成球原理

油氨柱成球法是制备氧化铝、氧化硅、硅铝等小球的一种常用方法。油氨柱的上层为煤油，下层为氨水，另外还有表面活性剂。油层的作用是成型，溶胶液滴进入油层后，依靠液面的表面张力收缩成球。氨水层的作用使从油层来的球状溶胶在电解质的作用下发生胶凝，使小球固化到一定强度。表面活性剂的作用是降低油－液界面的表面张力，使溶胶在油中成球后顺利地通过此界面，同时还可以防止小球干燥后发生破碎。

溶胶从滴头滴入油氨柱的煤油层和氨水层，在溶胶表面张力作用下收缩成球，由传输网带送入干燥器中进行干燥。油氨柱成球法制备的小球圆度均匀，适合于球形催化剂的制备。这种方法对设备的要求较高，而且产能和效率不及挤出成型。

二、设备结构及工作原理

油氨柱成球机主要包括滴球器、成球装置、传输系统、干燥箱。滴球器包括滴球盘、滴头等；成球装置包括成球柱、水槽、储液罐及循环系统；传输系统包括电动机、链轮、链条、网带等；干燥箱包括箱体、电加热系统及循环风机等，见图7－25。

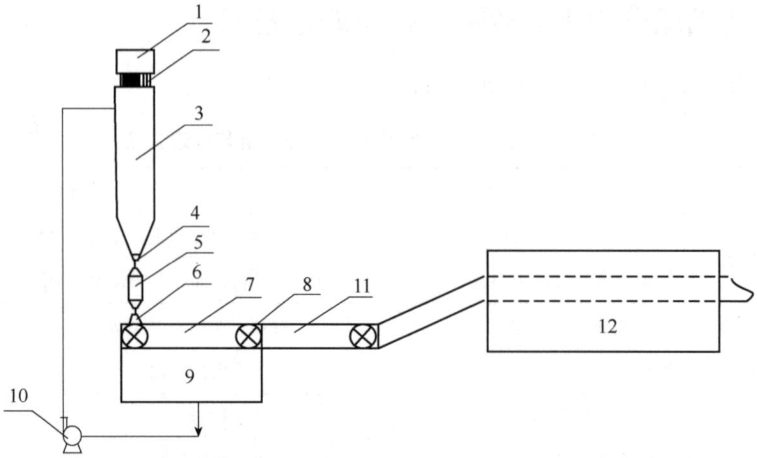

图7－25　油氨柱成球机结构原理

1—浆液罐；2—滴球器；3—成球柱；4—球形阀；5—收集罐；6—球形阀；7—传送网带；8—传动轴；9—储液罐；10—流体循环泵；11—干燥带；12—干燥箱

氢氧化铝溶胶在微正压作用下从成球盘滴头滴入油氨柱中，在煤油层中收缩成球，穿过油氨界面进入氨水层发生胶凝、固化，此时的小球强度较低，湿球在重力及液体的浮力共同作用下缓慢落在传送网带上。传送网带缓慢向上移动，将小球缓慢提升出液面，进入干燥箱，氨水则进入储罐内循环利用。在干燥箱内，热空气从传送网带底部穿透网带本体与小球进行热质交换，使小球缓慢干燥。小球在干燥过程进一步固化，最后将小球进行高温焙烧，得到具有一定强度的球形固体颗粒。

油氨柱成型法的滴球设备主要有三类：①滴球盘做变速直线往复运动的滴球设备；②滴球盘做匀速转动的滴球设备；③滴球盘静止的滴球设备。催化剂生产中采用滴球盘静止的滴球设备。滴球设备由滴球盘、滴头等构成。根据生产需要滴球盘可采用不锈钢或树脂等材质，滴头一般采用不锈钢材质。

三、主要部件结构

1. 成球柱

成球柱通常为长方形或圆柱形钢制敞口容器，顶部开口尺寸与滴球盘配套，滴球设备安装在油氨柱顶部。为了便于观察和操作，成球柱侧面设置了有机玻璃观测窗，便于观察成球过程。成球柱下部与水槽连接。成球柱设置有溢流孔，保持液位稳定。

2. 滴球盘与滴头

滴球盘一般采用不锈钢或树脂等材质制造，滴头的材质通常采用不锈钢，一个滴球盘上分布多个滴头。滴头的孔径需要根据所需制备的小球直径和溶胶液体的黏度进行选择和调整。为了防止滴球过程中滴头堵塞，浆液进入滴球盘前必须经过精密的过滤。

3. 干燥箱

干燥箱为带保温的长方形箱式结构，采用对流传热方式。前期干燥单元，热风自下而上穿流式循环，后期干燥单元，热风自上而下穿流式循环，循环风道为单面侧墙式。每个干燥单元设有独立的加热器和循环风机、温度检测元件、检修门和泄爆口。干燥箱设置有排湿口和新风补充口，排湿口上连接排风机，排风机通过排风管连接尾气处理系统，排湿口与排风机的连接处均设置保温层，防止产生冷凝水。

四、常见故障分析与处理方法

油氨柱成球机的常见故障分析与处理方法见表7－15。

表7－15　油氨柱成球机的常见故障分析与处理方法

故障现象	故障原因	处理方法
滴头堵塞	浆液中含有杂质颗粒	清理精密过滤器
	溶胶在滴头内凝固	更换滴头
链条跑偏	整机左右不平	联系钳工处理
	头轮、尾轮及导轨、托轮不对中	
	各轮轴不平行	
链条断裂	选型计算错误或选型错误	重新选型
	链条制造质量没达到设计要求	重新加工和采购
	链条开口销磨损	更换开口销
	异物卡死链条	联系钳工处理
	链条严重变形与导轨或机槽卡死	联系钳工处理
	链轮磨损严重	更换链轮

参考文献

[1]Rumpf C E. Particle size enlargment. Elsevier scientific publishing company，1980.

[2]邹俊伟，姜方鸿，王勋华．犁刀式混合机搅拌主轴结构设计及临界转速计算[J]．机械研究与应用，2022，35(4)：47－19，54.

[3]吴颐伦，冯捷．犁刀式混合机内的物料混合过程[J]．消防技术与产品信息，2005(6)：19－23.

[4]石亚华，杜秀珍．转鼓式切粒机的研制及应用[J]．石油化工，1987(3).

[5]范炳洪，王建新，夏萌梁．催化剂载体成球干燥设备，CN 211964212 U.

第八章　浸渍设备

浸渍是固体催化剂制备常用的重要步骤，如乙烯氧化制环氧乙烷银催化剂、加氢精制催化剂、重整催化剂等诸多催化剂活性组分的负载都离不开浸渍工艺。以浸渍为关键和特殊步骤制造催化剂的方法称为浸渍法，浸渍法也是目前催化剂工业生产中广泛应用的一种方法。浸渍法是将活性组分(含助催化剂)，以盐溶液形态浸渍到多孔载体上并渗透到内表面而制备高效催化剂的一种重要方法。工业生产中，通常将含有活性物质的液体浸渍到各类载体中，当浸渍平衡后，去掉剩余液体，再进行干燥、焙烧、活化等后处理工序。浸渍后的载体经干燥脱去水分后，活性组分的盐类遗留在载体的内表面，这些金属和金属氧化物的盐类均匀地分布在载体的细孔中，再经加热焙烧及活化后，即得高度分散的负载型催化剂。

第一节　概论

一、浸渍的基本原理

具有多孔结构的载体在含有活性组分的溶液中浸渍时，溶液在毛细管力的作用下，由表面吸入载体细孔中，活性组分向细孔内壁渗透、扩散，进而被载体表面的活性点吸附，或沉积、离子交换，甚至发生反应，使活性组分负载在载体上，这些都伴随着传质过程。当催化剂被干燥时，随着溶剂的蒸发，也会造成活性组分的迁移。这些传质过程不是单纯、孤立地发生的，大部分是同时进行而又相互影响，所以浸渍过程必须同时考虑吸入、沉积、吸附与扩散的影响。

液体与多孔载体接触时，毛细管力 P_k 可以按照下式计算：

$$P_k = 2\sigma\cos\theta / r \tag{8-1}$$

式中　σ——表面张力；

r——细孔半径；

θ——液体与固体的浸润角。

液体在毛细管力的作用下，沿着载体的细孔内壁渗透，其与载体、溶液本身的性质有关；与载体的细孔结构、大小、形状和孔径有关；与溶液的黏度、浓度等物理性质有关。通常使用氧化物载体，浸渍溶液为水溶液时，毛细管力足够大，载体不需要事先进行抽真空排气处理，即可顺利地进行浸渍。活性炭－水的浸润角为60°～86°，需要对活性炭载体进行排气处理，才能有效地进行浸渍操作。使用疏水性载体时，$\cos\theta < 0$，浸渍操作在常压下不能进行，除考虑进行加压浸渍外，还可以利用某些有机溶剂来调整浸润角。例如，

松田等利用甲醇溶液在聚四氟乙烯(PTFE)上负载钯。

二、浸渍过程的影响因素

1. 载体表面性质

浸渍过程伴随着吸附，载体对于活性组分的溶质都具有一定的吸附能力。不同载体对同一种活性组分的溶质的吸附能力不同，同一种载体对不同活性组分的溶质的吸附能力也不同。然而，一种载体对一种活性组分的溶质，在给定条件下(温度、溶剂固定)都有一个确定的饱和吸附量。在达到饱和吸附量之前，吸附量随着溶液浓度的提高而增加，达到饱和吸附量以后，吸附量趋于平稳，不随溶液浓度的增加而变化。在恒定温度下，吸附量与液体浓度的关系曲线称为吸附等温线。它是根据吸附前和吸附达到平衡后溶液中溶质浓度的变化而绘制的。由于载体对溶剂也有吸附作用，所得到的吸附等温线可能有偏差，但对稀溶液其偏差可忽略不计。

2. 浸渍时间

浸渍时间是浸渍工艺的一个重要参数，对于活性组分的分布亦是一个关键因素，在不同类型浸渍中可以从理论上进行半定量的描述。

研究人员对负载型催化剂制备中的浸渍步骤作了定量分析。在载体上浸渍液传质达到平衡时，溶质吸附量与毛细管内溶液中溶质的组分之比取决于吸附等温线、溶液平衡浓度，即载体孔结构特征(孔体积 V_p、比表面积 S)。吸附量为 a 时载体活性组分浓度总量 b 为：

$$b = a + c_{eq}V_p(1 - V_f) \tag{8-2}$$

式中　V_f——溶质组分不能进入的孔体积分数。

若采用实验标度参数 P 来确定催化剂活性组分负载特征，即载体细孔中溶质吸附量与细孔溶液中所含溶质量之比，则：

$$P = \frac{a}{b - a} = \frac{a}{[c_{eq}V_p(1 - V_f)]} = k_v/[V_p(1 - V_f)] \tag{8-3}$$

式中，$K_v = a/c_{eq}$，为吸附等温线的斜率。

当 $P \ll 1.0$ 时，浸渍中溶质的吸附作用可忽略，所制催化剂称为“浸渍型”催化剂；当 $P \gg 1.0$ 时，浸渍中溶质的吸附作用起主要作用，所制催化剂称为“吸附型”催化剂；吸附在载体表面的活性组分较稳定，在干燥时不会发生转移，受焙烧、还原等条件影响小。

如果载体已被溶剂饱和，这时浸渍过程变为活性组分向载体孔中的扩散，同时伴随着吸附作用，浸渍速率取决于活性组分向载体毛细管内(并伴有吸附)的扩散速率，称为“扩散浸渍”。扩散浸渍所需时间 t_d：

$$t_d = \frac{R^2(1 + P)}{D_e} \tag{8-4}$$

式中　R——载体颗粒半径；

　　D_e——活性组分在孔内的有效扩散系数；

　　P——按式(8-3)计算的比值。

对于未被饱和的载体，浸渍过程包括因毛细管压力而引起溶液向毛细管中渗透（毛细管浸渍）和扩散浸渍。毛细管浸渍所需时间 t_{cap}：

$$t_{cap}=2R^2\mu/r\sigma\cos\theta \tag{8-5}$$

式中 R——毛细管长度，即颗粒半径；

r——毛细管半径；

μ、σ、θ——溶液的黏度、界面张力和浸润角。

综上，从理论上描述了浸渍过程毛细管浸渍时间和扩散浸渍时间，而实际上浸渍是比较复杂的传质过程。在生产中，浸渍时间的确定以实验室工作为依据，考察浸渍时间对载体上活性组分负载量及催化剂颗粒内活性组分浓度分布的影响来确定，最后以所制催化剂的催化性能来衡量。通常大部分催化剂要求活性组分均匀分布，还原后金属粒子高度分散，以有利于催化剂活性。当浸渍时间大于扩散浸渍时间时，活性组分可以均匀分布。同时还要考虑生产周期，对于某些催化剂需要过长浸渍时间，可以利用竞争吸附剂等方法来加以调整。

3. 浸渍液浓度

浸渍液浓度决定催化剂中活性组分的含量。根据配方要求，按催化剂活性组分的含量、载体孔体积、浸渍时液固比、载体对活性组分的吸附量等参数，可以从理论上估算出所需配制的浸渍液浓度，然后在实验室进行工作，加上校正系数，摸索出经验公式来指导工业生产。

当催化剂要求活性组分含量较高时，需用高浓度浸渍液进行浸渍。但浸渍液浓度过高，不易浸透粒状载体的微孔，使载体颗粒内外金属负载量不均匀，同时还会将载体微孔阻塞；而高浓度浸渍液受化合物溶解度的限制，需要通过加热将活性组分金属盐类溶解。在制备金属负载型催化剂时，用高浓度浸渍液容易得到较粗的金属晶粒，并使催化剂中金属晶粒的粒径分布变宽。为了克服这些缺点，常采用低浓度浸渍液多次浸渍的方法。在每次浸渍后，经干燥、焙烧，使可溶的活性组分化合物转变成不易溶解的氧化物，以免下一次浸渍时，把上一次已沉积在载体上的活性组分冲刷掉。

在确定浸渍次数时要注意没有必要过多地增加浸渍次数，因为许多大孔载体能够很快地被活性组分饱和，而对微孔载体，每次浸渍增加的活性组分量并不多，但增加浸渍次数会使浸渍流程和操作大为复杂。另外，浸渍次数过多时，细孔易被活性组分堵塞而使活性降低。

4. 浸渍液用量

工业上有两种浸渍方法：过饱和浸渍和饱和浸渍。过饱和浸渍就是浸渍液用量远大于载体吸水率，工业生产中液固比大于1，通常为1.5～2.0，载体全部淹没在浸渍液中。过饱和浸渍时，溶液稀、浸渍时间长，有利于活性组分均匀分布，特别是在活性组分用量较少时更加有利。该过程是活性组分在载体上的负载达到吸附平衡后，再滤掉（而不是蒸发掉）多余的溶液，此时活性组分的负载量需要重新测定。其缺点是：有较多的浸后液需要回收处理，尤其生产品种较多时，浸后液种类多，占较多储罐，而且生产周期长。饱和浸渍指浸渍液用量恰好等于载体吸水率。工业生产中浸渍液刚好能完全进入孔里面，其液固比等于或略小于1。喷淋浸渍就是采用饱和浸渍，把载体置于一个旋转设备中，然后把配制好的浸渍液用泵抽出，经喷嘴喷成雾状洒到载体上，进行浸渍。浸渍液喷完后，让载体再继续左右转动，使浸渍更加均匀。饱和浸渍时，浸渍时间较短，生产效率高，没有浸后液处理的问题。缺点是：易出现浸渍不均匀现象，操作条件不稳定，会造成活性组分的分散度较低。

技术人员需要根据不同浸渍方法所制备催化剂的活性组分分布情况与催化剂性能，来选择是采取过饱和浸渍还是饱和浸渍。

5. 浸渍次数

有些催化剂的制备，通过一次浸渍，所有的活性组分都可以负载完毕；而有些催化剂的制备，不同的活性组分或助剂，需要通过多次浸渍才能负载完毕。

一次浸渍即浸渍、干燥、焙烧只进行一次，这是最常见的浸渍方法。而只有在以下情况才采用多次浸渍：一是浸渍化合物的溶解度很小，一次浸渍不能得到足够的负载量，需要重复浸渍多次；二是为避免多组分浸渍化合物各组分之间的竞争吸附，应将各组分按顺序先后浸渍。每次浸渍后，必须进行干燥和焙烧。

6. 浸渍方式

在催化剂的制备工艺中，浸渍可分为间歇式浸渍和连续式浸渍两种方式。其中，间歇式浸渍的过程按批次完成，即将制备好的催化剂载体和浸渍液放进同一容器中浸渍，达到吸附平衡后，再对该催化剂载体进行干燥、焙烧、活化等工艺，制备出催化剂产品。而连续式浸渍是采用吊篮、链条等方式，将催化剂载体连续放入含有活性组分的金属盐浸渍液中浸泡一定的时间，达到吸附平衡后将剩余的液体除去的连续性浸渍工艺，但是对于微小颗粒或粉末状的催化剂载体而言，因颗粒较小、抗压强度差，难以实现连续浸渍工艺；对于贵金属、吸附困难的催化剂也因负载量均匀性而很少使用连续浸渍工艺。

三、浸渍法制备的特点

浸渍法制备催化剂具有以下几个特点：①工艺简单，尤其粒状载体浸渍法处理量大，生产能力高；②采用质量合格载体不会产生整批催化剂报废的现象；③活性组分分散比较均匀，利用率高，可降低催化剂成本；④载体先经高温处理，对提高催化剂活性和稳定性特别有利；⑤只要更换不同的浸渍液，就可制成各种类型催化剂，方法灵活方便。浸渍法是一种简单易行且经济的方法，广泛用于制备负载型催化剂，尤其是低含量的贵金属负载型催化剂。

四、浸渍设备

工业生产中的浸渍操作单元设备大多为专用设备，由工厂自行设计、制造。根据浸渍工艺的不同，选用不同类型的浸渍设备，甚至有的浸渍工艺和专用设备组合成专利技术与商业秘密。

（一）浸渍设备的分类

1. 过饱和浸渍

(1) 间歇式浸渍

工业生产常采用一定容积的搪瓷罐或不锈钢罐作为浸渍罐。载体经称重后放入罐内，浸渍液来自计量罐，从罐上部进口管线分几层多路快速进入，浸泡载体，在一定的浸渍条件(温度、时间、液固比等)下完成浸渍操作。浸后残液从罐底部流至储罐。浸渍后的催化剂待滤出浸渍液后进入干燥设备(有的直接在罐内进行干燥)。

(2)连续式浸渍

1)吊篮浸渍

载体计量后放入耐腐蚀的栅形吊篮中，并连接在传动带上，慢速地送到浸渍槽中，吊篮浸泡在浸渍液里停留一定时间，以保证金属负载量，然后吊篮随传送带送出浸渍槽，边走边滤出残留的浸渍液，输送到倾斜装置处卸出催化剂。

2)网带浸渍

载体经皮带秤计重后进入网带上扁平的料盘，料盘底部为不锈钢网，若干个料盘连接起来形成带状。由传动装置使网带慢速运行。当料盘往下运行进入浸渍槽后，保证浸渍时间，然后料盘往上运行，滤尽浸渍残液，在网带转折处卸出催化剂颗粒。料盘随下层网带运行回到进料处，整个机组可用微机控制。浸渍液自成系统由计量罐加入浸渍槽，定时采样分析浸后液浓度，低于工艺指标时人工切换，浸后液放入储罐进行回用。由于浸渍液浓度的在线分析技术难度大，国内浸渍液系统尚未实现自动控制。

3)滚筒浸渍

载体经皮带秤计重与计量的浸渍液同时顺流进入滚筒浸渍机，机内由叶片组成若干隔槽，由传动装置使滚筒慢速旋转。载体在隔槽内浸泡在浸渍液中，又不断往前输送到出料口，与浸渍液同时出来。经固液分离后，催化剂进入下一干燥工序，浸后液返回储罐，由泵循环输送至浸渍液调配系统，整个机组自动控制。

2. 饱和浸渍

(1)回转浸渍

回转浸渍的原理是：将浸渍液不断喷洒在翻滚的载体上，液固相充分混合，使浸渍液全部附着在载体上，没有过剩的浸渍液。根据载体量和吸水率控制好浸渍液体积，在一定的液固比下使载体既完全被浸渍液润湿又保证催化剂中活性组分的含量达到要求；而且载体在转动的容器内翻滚，使浸渍液均匀地喷洒在载体颗粒上，但要保证催化剂颗粒(尤其条状)翻滚时磨损少，粉化率低，这些是饱和浸渍的技术要点。

(2)流化床浸渍

流化床浸渍是一种喷淋浸渍法，将浸渍液直接喷洒到流化床中处于流化态的载体上，在流化床内依次完成浸渍、干燥、分解和活化过程。在流化床内放置一定量的多孔载体颗粒，通入气体使载体流化，再通过喷嘴将浸渍液向下或切向喷入床层，附着在载体上。当溶液喷完后，再用热空气对浸渍后载体进行流化干燥，使负载盐类分解，高温烟气活化，再通入冷空气进行冷却，最后卸出催化剂。流化床浸渍法适用于多孔载体浸渍，如制备丁烯氧化脱氢等催化剂，具有流程简单、操作方便、周期短、劳动条件较好等优点，同时也存在催化剂成品收率较低(80% ~90%)、易结块、不均匀等问题，有待完善。

(二)浸渍设备选型

在催化剂浸渍设备选型中，一定要综合考虑技术及经济因素。首先要根据实验结果，选择浸渍工艺和方式；浸渍工艺和方式确定后，再根据浸渍需求，确定采用间歇式浸渍还是连续式浸渍；最后选定浸渍设备。同时在生产中要充分考虑生产的清洁化、自动化和连续化，尽可能减少操作工人接触浸渍液的机会，实现浸渍工艺的清洁化。

多年来，随着催化剂浸渍工艺的优化提升，浸渍设备也随之进行改进。为了提高绿色生产能力，减少浸渍后液处理等问题，逐步确定以饱和浸渍为主导、过饱和浸渍辅助的环保型浸渍生产理念。由于连续式浸渍存在活性组分分布不均匀、产品质量不稳定、原材料浪费等因素，因此目前催化剂公司大多采用间歇式浸渍。用于浸渍生产的设备主要有双锥回转真空干燥机、V 型真空浸渍机、倾斜式浸渍机等。

第二节　双锥回转真空干燥机

一、结构及工作原理

双锥回转真空干燥机是集混合、真空干燥于一体的干燥设备，是目前催化剂生产使用最多的浸渍设备之一。真空浸渍的过程是先将催化剂载体置于密封的转鼓内，然后用真空系统抽真空将转鼓形成真空状态，同时转鼓不停旋转，有利于浸渍液完全均匀地附着在催化剂载体表面。真空干燥的过程就是将浸渍完成的物料不断加热干燥，同时通过抽真空系统，使物料内部的水分通过压力差或浓度差扩散到表面，水分子(或其他不凝气体)在物料表面获得足够的动能，在克服分子间的相互吸引力后扩散到真空室的低压空间，被真空泵抽走而完成与固体的分离。双锥回转真空干燥机结构示意如图 8－1 所示。

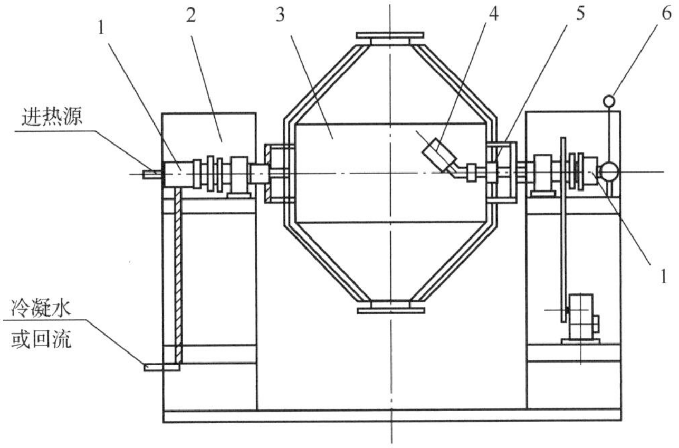

图 8－1　双锥回转真空干燥机结构示意

1—旋转接头；2—机架；3—转鼓；4—真空过滤器；5—密封座；6—真空压力表

双锥回转真空干燥机主要由转鼓、传动系统、真空系统、冷却加热系统和控制系统组成。

转鼓是催化剂载体浸渍和干燥的主要部件，通过传动系统的驱动，转鼓进行往复回转运动，带动载体不停地翻滚。真空系统由伸入转鼓的真空过滤器、真空管及真空泵组成，既保证转鼓内浸渍过程粉尘的清除和转鼓内负压状态的形成，又能在干燥过程将转鼓内的水汽抽走，实现浸渍和干燥一体化。喷淋系统主要是一根位于转鼓内部上侧用于均匀喷洒浸渍液的喷淋管，喷淋管上均匀分布有 6～8 个方向朝下的喷嘴，实现浸渍液均匀喷洒。加热系统主要在干燥阶段在转鼓夹套内通入蒸汽或导热油等其他热源进行加热，使转鼓均匀受热，既保证了载体干燥的均匀性，同时也保证了载体干燥过程不受污染。转鼓的回转运动使载体不断地翻动，达到浸渍液在载体上均匀分布和载体均匀干燥的目的。

二、设备特点

双锥回转真空干燥机具有以下特点：

(1)真空干燥的过程中，转鼓内的压力始终低于大气压力，气体分子数少，密度低，含氧量低，因而能干燥容易氧化的催化剂。

(2)由于湿分在汽化过程中温度与蒸汽压力成正比，故真空干燥时，物料中的湿分在低温下就能汽化，达到低温干燥，特别适用于有热敏性物料的催化剂生产。

(3)真空干燥可消除常压热风干燥易产生的表面硬化现象，这是因为真空干燥物料内部和表面之间压差大，在压力梯度作用下，水分很快移向表面，不会出现表面硬化。

(4)由于真空干燥时，物料内部和外部之间温度梯度小，由于逆渗透作用使得湿分能够独自移动并收集，有效克服热风干燥所产生的失散现象。

三、主要技术参数

双锥回转真空干燥机的主要技术参数见表 8－1。

表 8－1　双锥回转真空干燥机的主要技术参数

序号	参数类型	单位	参数描述
1	有效容积	m^3	设备处理能力的主要参数
2	填充率	%	物料体积与转鼓容积之比
3	干燥温度	℃	通常指干燥过程中的最高温度
4	锥体角度	°	60～90
5	转鼓转速	r/min	
6	真空度	%	影响干燥效率
7	外形安装尺寸	mm	
8	设备总重量	t	

四、设备选型

双锥回转真空干燥机选型时应考虑以下几个方面：

1. 物料特性

物料的酸碱性。物料酸碱性、腐蚀程度直接决定设备内部转鼓的材质选用。催化剂生产中常用的双锥回转真空干燥机转鼓的材质通常采用 304、316L 等不锈钢，对于含强腐蚀性介质的浸渍液需要选取搪瓷、钛合金等耐腐蚀材质。

2. 干燥温度

物料的物性要求不同，干燥温度也不同。一般使用蒸汽作为热源进行干燥。如果对升温速率有特殊要求，需要缓慢升温的可选用导热油作为热源，有时也在转鼓外壁使用电加热。

3. 充填率

双锥回转真空干燥机的装料量与载体的堆密度(指单位体积的载体质量)有关，在一般情况下，干燥机设计时载体比重按0.6g/cm³来计算，如果超出这个比重，一方面会影响载体的干燥效率；另一方面长时间运转，会降低电动机、涡轮减速机以及链轮、链条、轴承等的使用寿命。双锥回转真空干燥机充填率(实际填充容积与干燥转鼓容积之比)通常为30%～50%，且不能盖住双锥回转干燥机内的真空过滤器，否则影响干燥速率。

4. 锥体角度

当载体堆斜面与底面间夹角增大到某个角度时，将发生侧面载体下滑的现象，这个发生滑落的斜度面与底部的夹角称为滑移角(又称静止角)。滑移角与载体组成、含湿量、粒度和黏度有关。双锥回转真空干燥机的顶角为60°～90°(视载体的滑移角而定)，故设计和选择时，应根据载体的滑移角选择转鼓双锥体的角度。

5. 转速

设备转速一般按 $N \leqslant 42.3D^{1/2}$ r/min 确定(D 为最大回转直径)。

干燥机转鼓应按压力容器的相关规范进行设计。双锥回转真空干燥机的技术参数如表8－2所示。

表8－2　双锥回转真空干燥机的技术参数

规格	单位	机型										
		100	200	350	500	750	1000	1500	2000	3000	4000	5000
总容积	L	100	200	350	500	750	1000	1500	2000	3000	4000	5000
工作容积	L	50	100	175	250	375	500	750	1000	1500	2000	2500
加热面积	m²	1.16	1.5	2	2.63	3.5	4.61	5.58	7.5	10.2	12.1	14.1
转 速	r/min	4～8										
功 率	kW	0.75	1.1	1.5	1.5	2	3	3	4	5.5	7.5	7.5
回转高度	mm	1810	1910	2090	2195	2500	2665	2915	3055	3530	3800	4180
整机重量	kg	825	1050	1350	1650	1800	2070	2250	3000	4500	5350	6000
罐内设计压力	MPa	≤0.25										
夹层设计压力	MPa	≤1.6										
工作温度	℃	罐内≤95　夹套≤180										

五、操作与维护

(1)使用操作

①检查双锥回转真空干燥机内部附件、密封系统、过滤系统、内壁是否完好。检查真空系统管路连接处密封是否存在泄漏，容器出投料口密封是否良好，真空表反应是否灵敏。检查介质管道各静密封点、旋转接头是否存在泄漏。压力表、温度表反应是否灵敏。检查仪表、按钮、指示灯是否正常。检查润滑部位润滑油(脂)油质油位情况。

②将经过计量的载体加入双锥回转真空干燥机内，然后关闭进料孔盖。开启真空系统，使容器内呈工艺规定的负压值。启动设备，干燥机按工艺要求匀速旋转工作。进行喷淋浸渍流程，检查浸渍工艺的各项指标是否达到要求。待浸渍完成后开启加热阀门，让加热介质进入双锥回转真空干燥机夹套内，开始对载体进行干燥，同时真空系统将水汽抽走。

③载体干燥完成后，关闭干燥介质阀门→关闭真空系统→停止双锥回转真空干燥机旋转→打开出投料盖出料。

(2)维护保养

①双锥回转真空干燥机使用完毕后，应将干燥容器内的残留物清洗干净，保持整机的整洁，真空管道的畅通。

②对出料口蝶阀必须保证每次出料后将蝶阀体内的残留物清理干净，以免损坏蝶阀阀门的密封圈。罐内的真空过滤器，干燥一次后，需及时清除周围吸附的粉末，使过滤器畅通。

③对传动链条每周检查一次、至少每月加油一次。轴承每月至少应检查一次，发现润滑脂变干时，应立即清洗，并换上新脂。减速机(或无级变速箱)应根据其说明书保养，定期更换润滑油。

④经常检查真空表、出料蝶阀及管路上的阀门是否灵活密封，并检查各连接处是否有泄漏现象。

⑤定期检查双锥回转真空干燥机真空管与干燥机罐体之间的密封措施。

⑥双锥回转真空干燥机实行定期检修，检修时应按原位置装配，并调整各部位间距和公差，且按规定更换或补充相应的润滑脂(油)。

六、常见故障分析与处理方法

(1)真空度过低或过高

双锥回转真空干燥机在干燥过程中经常会出现真空度过低或过高的问题，可能有4个方面的原因：①真空管与干燥机罐体的机械密封泄漏；②真空管泄漏或堵塞；③真空过滤器堵塞；④因热源或蒸汽温度过低，载体溶剂难以蒸发。在使用过程中定期进行检查，并进行维护保养、清洗等，同时需要考虑干燥机的热源和蒸汽的温度等。

(2)放空时气流过大

双锥回转真空干燥机会出现如真空管弯曲、密封套损伤、过滤头变形乃至断裂等现象。这是因为在干燥过程中放入空气进入罐体反冲过滤头，此时罐体内已达到较高的真空度，会引起正负气流的强大冲击而损坏真空系统。所以，在载体干燥完毕后需要放空罐体，排空时一定要用排空阀来控制其流量，即先把阀门打开少许，待罐内真空度逐渐降低后再慢慢加大；或者是添加减压阀，进而控制放入空气的流量。

(3)噪声过大

在干燥机使用过程中，由于干燥机的地脚松动、蜗轮减速机(变速箱)损坏、轴承损坏、链条太松或太紧等原因而引起的噪声过大，对于减速机、轴承和链条等的损坏，需要定期检查，注意补加或更换润滑油，及时排除故障，做好预防性维护。

(4)进、出料口泄漏

进、出料口泄漏一般是由法兰或阀门密封条粘料或损坏所致，需要将表面的载体清理干净或者是更换阀门。在实际生产管理中，需做好预防维护工作，提前更换易损件。

(5) 其他常见故障分析与处理方法

双锥回转真空干燥机的常见故障分析与处理方法见表 8 -3。

表 8 -3　双锥回转真空干燥机的常见故障分析与处理方法

故障现象	故障原因	处理方法
干燥机无法运转	变频器故障	重新设置变频器或维修更换
	皮带脱落或断裂	张紧皮带或更换
电动机过载	电动机轴承损坏	更换轴承
	减速机和电动机装配质量差或电动机与减速机不同心	检查装配质量
	转鼓两端支撑轴承损坏	更换轴承
减速机振动	减速机对中不好	调整机组对中
	连接件松动，配合精度破坏	紧固松动螺栓
	联轴器柱销磨细或断裂	更换联轴器柱销
	底座螺钉损坏或金属套磨小	更换底座螺钉或金属套
噪声过大	润滑不良	检查更换润滑油
	齿轮啮合不良	检查调整齿轮啮合
	轴承损坏	检查更换转鼓两端轴承

第三节　V 型真空浸渍机

一、结构及工作原理

V 型真空浸渍机采用 V 型非对称回转筒体对催化剂载体进行浸渍，混合无死角，混合效率高。设备结构合理，筒体外表面和物料接触部分均采用不锈钢制造，内壁光滑，便于清洁，主要适用于颗粒状物料的混合。当 V 型回转筒体的连接处(底部)旋转至下部位置时，物料向底部汇聚；当 V 型回转筒体的连接处旋转至上部位置时，汇集在底部的物料被分流到两个斜筒体内，使得每个斜筒体的物料都有可能经连接口进入另一个斜筒。随着筒体的不断旋转，位置的不断改变，V 型真空浸渍机的物料被反复错位、平移、扩散，这样物料进行横向、径向分散，组合交替进行，使物料实现均匀混合。V 型真空浸渍机结构示意如图 8 -2 所示。

V 型真空浸渍机主要由 V 型转鼓、传动系统、真空系统及控制系统等部件组成。

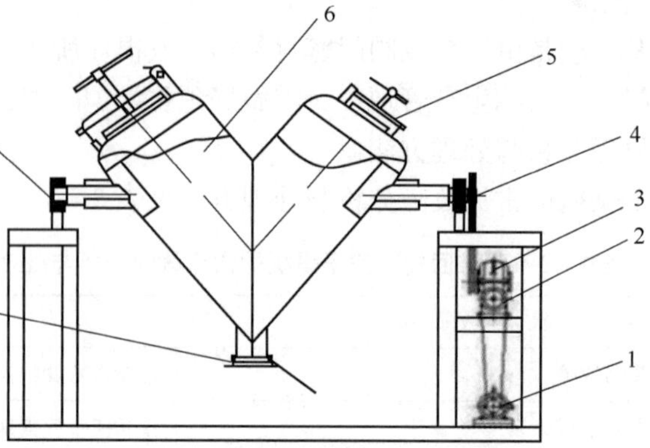

图 8－2　V 型真空浸渍机结构示意

1—驱动电动机；2—带轮；3—减速机；4—链轮；
5—进料口；6—转鼓；7—轴承座；8—出料蝶阀

V 型转鼓是催化剂载体浸渍的主要部件，它通过传动系统的驱动做往复回转运动，带动转鼓内的载体不停地翻滚。真空系统由真空过滤器、真空管及真空泵组成，保证浸渍过程转鼓内粉尘的清除和负压状态的形成。喷淋系统由用于浸渍液均匀喷洒的喷淋管和两个羊角头组成，羊角头位于喷淋管末端，整个管线上均匀分布着方向朝下的喷嘴，实现均匀浸渍。

二、设备特点

V 型转鼓的特点如下：

(1) V 型转鼓由两个不对称回转筒体组成，物料可以做纵横方向流动，混合均匀度达到 99%。回转筒体旋转一周，约使 25% 的物料从一个筒流向另一个筒，同时筒体旋转时又使物料产生径向流动。这样物料进行横向、径向分解，组合交替进行，使物料达到非常均匀的混合效果。

(2) 增加了羊角喷淋，使浸渍面积更广，浸渍更均匀。V 型真空浸渍机连续旋转时，带动筒体内物料在筒内上、下、左、右进行混合，浸渍喷淋的范围增大，浸渍时间变短。

(3) 转鼓内外壁抛光处理，内部和物料接触部分不产生偏析，同时 V 形筒体角度大，放料无残留，不会发生交叉污染现象。

三、主要技术参数

V 型真空浸渍机的主要技术参数见表 8－4。

表 8－4　V 型真空浸渍机的主要技术参数

序号	参数类型	单位	参数描述
1	有效容积	m^3	设备处理能力的主要参数
2	填充率	%	物料体积与转鼓容积之比
3	干燥温度	℃	

续表

序号	参数类型	单位	参数描述
4	V 形筒体角度	°	
5	转鼓转速	r/min	
6	真空度	%	
7	外形安装尺寸	mm	
8	设备总重量	t	

四、使用操作及维护保养

1. 使用操作

(1)检查 V 型真空浸渍机内部附件、密封系统、过滤系统、内壁是否完好。检查真空系统管路连接处密封是否存在泄漏，容器出、投料口密封是否良好，真空表反应是否灵敏。检查介质管道各静密封点、旋转接头是否存在泄漏，压力表反应是否灵敏。检查仪表、按钮、指示灯是否正常。检查润滑部位润滑油(脂)油质油位情况。

(2)将经过精确计量的载体加入 V 型真空浸渍机内，然后关闭进料孔盖。开启真空系统，使容器内呈工艺规定的负压值。启动设备，V 型真空浸渍机按工艺要求匀速旋转工作。进行喷淋浸渍流程，检查浸渍工艺的各项指标是否达到要求。待浸渍完成后关闭真空系统，停止双锥回转真空干燥机旋转，打开出料盖出料。

2. 维护保养

(1)V 型真空浸渍机使用完毕后应将干燥容器内的残留物清洗干净，保持整机的整洁，真空管道的畅通。

(2)对出料口蝶阀必须保证每次出料后将蝶阀内的残留物清理干净，以免损坏蝶阀阀门的密封圈。筒体的真空过滤器，干燥一次后，即清除周围吸附的粉末，使过滤器畅通。

(3)对传动链条每周检查一次、至少每月加油一次。轴承每月至少应检查一次，发现润滑脂变干时，应立即清洗，并换上新脂。减速机(或无级变速箱)应根据其说明书保养，定期更换润滑油。

(4)经常检查真空表、出料蝶阀及管路上的阀门是否灵活密封，并检查各连接处是否有泄漏现象。

(5)定期检查 V 型真空干燥机真空管与干燥机罐体之间的密封措施。

(6)V 型真空浸渍机实行定期检修，检修时应按原位置装配，并调整各部位间距和公差，且按规定更换或补充相应的润滑脂(油)。

五、常见故障分析与处理方法

1. 噪声过大

在 V 型真空浸渍机使用过程中，由于地脚松动、蜗轮减速机(变速器)损坏、轴承损坏、链条太松或太紧等原因而引起噪声过大，对于减速机、轴承和链条等的损坏，需要定期检查，注意添加润滑油，及时排除故障，做好预防性维护。

2. 进、出料口泄漏

进、出料口泄漏一般是由法兰或阀门密封损坏所致，需要将表面的载体清理干净或者是更换阀门。在实际生产管理中，需做好预防维护工作，提前更换易损件。

3. 启动时困难

V 型真空浸渍机对满载且超载启动时，机体会明显地振动，并出现打滑、跳齿甚至跳闸等现象，需要减少负载后重新启动。

第四节　倾斜式浸渍机

倾斜式浸渍机是从商砼搅拌车改进演变而来的浸渍设备，该设备具有物料破碎率低、生产能力大、可自动控制等优点，在条形载体浸渍中得到应用。

一、结构及工作原理

倾斜式浸渍机包括倾斜设置的转鼓，转鼓的内壁设有单头或双头螺纹的螺旋叶片。浸渍机正向转动时，对载体进行混合浸渍；当浸渍机反向转动时，螺旋叶片对载体料进行搅拌、混合，载体同时发生径向和轴向运动，从而与溶液充分接触混合，使载体浸渍均匀，载体的破碎率较低。

喷淋装置包括喷淋管和喷嘴，喷淋装置固定设置并且伸入筒体的内部空间。喷淋管穿过转鼓筒体的筒口倾斜延伸到另一端，喷淋管上设有多个喷嘴。喷淋管位置固定，不随转鼓的转动而旋转，转鼓转动对载体料进行搅拌混合时，喷淋装置喷洒溶液到筒体内的载体料上，使载体的浸渍更加均匀。浸渍后的载体通过出料箱排出。倾斜式浸渍机结构示意如图 8－3 所示。

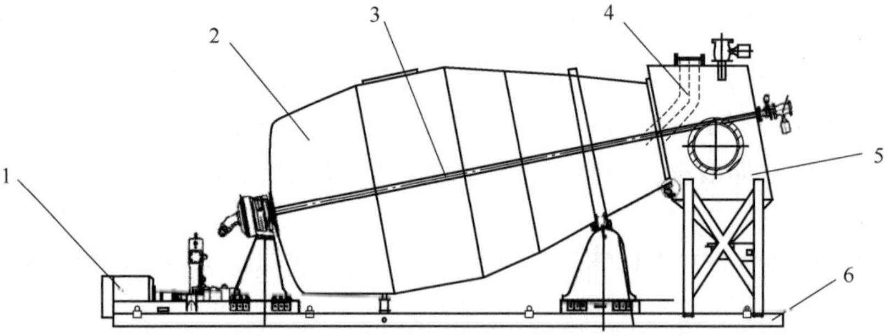

图 8－3　倾斜式浸渍机结构示意

1—驱动装置；2—倾斜转鼓；3—喷淋管；4—进料口；5—出料箱；6—底座

倾斜式浸渍机主要由驱动装置、倾斜转鼓、喷淋系统和真空干燥系统组成。

倾斜转鼓是催化剂载体浸渍的主要部件，转鼓内壁设有螺旋叶片。转鼓的旋转带动连续的螺旋叶片做螺旋运动，使载体获得既有切向又有轴向的复合运动，转鼓因此具有搅拌和卸料的功能。驱动装置带动转鼓转动，通过调整转鼓的转向和转速实现载体的均匀浸渍。真空系统由真空过滤器、真空管及真空泵组成，保证浸渍过程转鼓内粉尘的清除和负压状态的形成。喷淋系统主要是一根深入转鼓中下部的、均匀带孔的喷淋管，在真空状态下，浸渍液充分喷洒在催化剂载体表面，使载体浸渍均匀。

二、主要的操作参数

1. 进料

转鼓以 5 ~ 10r/min 的转速转动，载体经进料口进入转鼓，并在螺旋叶片引导下，流向转鼓的中下部。

2. 搅拌

转鼓按进料方向以 8 ~ 10r/min 的转速转动，载体在转动的筒壁和螺旋叶片带动下翻跌推移，进行搅拌。

3. 出料

当转鼓按出料方向以 5 ~ 12r/min 的转速转动时，载体在叶片螺旋运动的推力作用下向转鼓筒口移动，最后流出筒口，通过出料口卸出并收集。

三、主要技术参数

倾斜式浸渍机的主要技术参数见表 8 – 5。

表 8 – 5 倾斜式浸渍机的主要技术参数

序号	参数类型	单位	参数描述
1	有效容积	m^3	设备处理能力的主要参数
2	填充率	%	
3	干燥温度	℃	
4	转鼓倾斜角度	°	
5	转鼓转速	r/min	
6	外形安装尺寸	mm	
7	设备总重量	t	

四、操作与维护

1. 操作使用

(1) 检查减速机、轴承的润滑是否合格，并按量给各润滑点加润滑油(脂)。检查真空系统是否堵塞、泄漏，阀门是否灵活，真空表是否完好。检查溶液喷淋管线系统是否堵塞、泄漏，阀门是否灵活。检查进出料阀门、管线系统的密封状况，发现泄漏及时处理。

(2) 清除腔体内的杂物，打开放料阀并点试设备使放料阀朝上正对计量罐出料口，放下经过精确计量的物料后关闭放料阀。按“运行”按钮，启动抽真空系统，通过风压将浸渍液输送并均匀喷洒在载体上，进行浸渍。

(3) 完成后缓慢降低频率待放料阀正朝下时停机，关闭真空系统，打开放料阀放料。

2. 维护保养

(1) 检查浸渍机整体完好情况，每周检查并紧固托轮锁紧螺母、设备基础螺栓等。

(2) 检查液压系统是否完好，定期检查并拧紧液压管路接口，定期检查并清扫散热器等。

(3)每周使用润滑脂对转鼓支撑圈进行润滑。

(4)定期检查转鼓内的螺旋叶片，及时处理裂纹。

(5)检查托轮运行情况，定期检查并调整与滚筒外壁滚道的接触位置，避免线接触。

(6)检查润滑油(脂)是否符合要求。如不足或变质，应及时补充或更换。要严格按润滑油(脂)的型号更换，不能混用。

五、常见故障分析与处理方法

1. 油泵异响

(1)检查液压油位。从油箱或减速机上的油位计，检查是否缺油。

(2)检查油液是否变脏，查看负压表指针，如果压力表读数大于0.02MPa，应立即更换液压油及滤芯。

(3)检查系统内是否有空气。用手握住高压油管检测是否有间断的颤抖，有颤抖现象须进行放气处理。

(4)检查液压油的品质。拧开放油螺堵，检查油品是否变质或乳化。

(5)检查转鼓内是否有剩料结块，进行清除处理。

(6)检查油泵补油阀是否堵塞，进行清理。

(7)油泵吸空，吸油滤清器堵塞，清洗或更换油滤清器。

(8)油泵里面有铁屑等杂物，清洗或检修。

2. 油路系统漏油

(1)检查管路密封圈是否破损。

(2)螺纹连接部位漏油，检查是否松动，须进行紧固。

(3)油泵偏心轴处漏油，检查限位螺栓是否松动。

(4)控制阀漏油，检查固定螺栓是否松动。

(5)油泵油封漏油，进行更换。

3. 散热器风扇电动机不转

(1)测量油温，是否高于65℃。

(2)检查散热电路线路连接是否良好。

(3)检查散热电路保险是否完好。

(4)检查散热电路继电器是否完好。

(5)检查温控开关是否完好(检查温控开关两端电阻，温控开关为常开式)。

4. 转鼓不能转动

(1)液压油脏，手动伺服阀中有内泄或阻尼孔堵塞，造成液压泵压力不足，液压马达内泄。更换液压油，清洗液压油箱、液压泵、液压马达，更换密封圈。

(2)手动伺服阀内销轴或反馈阀杆被剪断，液压管路损坏，操纵失灵。

5. 转鼓提速慢

(1)液压油品质下降，液压油脏，吸油不足，清洗或更换液压油箱吸油滤清器。

(2)液压系统漏油，检修或更换密封垫或涂密封胶。

6. 转鼓不能换向

(1)油泵控制阀损坏(偏心轴或反馈杆)。

(2)检查高压溢流阀是否受堵。

7. 托轮异响、抱死

(1)与轨道摩擦，托轮表面涂适量润滑脂。

(2)油(脂)润滑后未进行卸压处理：拧开黄油嘴转动转鼓，排气后安装。

参考文献

[1]张继光．催化剂制备过程技术[M].2版．北京：中国石化出版社，2011.

[2]翟羽伸．催化活性组分在载体上的分布形式及其控制[J]. 石油化工，1983(11)：53－60.

[3]负载型多酸光催化材料及应用．读秀网．2015. 03.

[4]梁维军，于向真，等．一种用于制备催化剂的浸渍机，实用新型专利 CN202376997 U.

[5]许越．催化剂设计与制备工艺[M]. 北京：化学工业出版社，2003(5)：213－215.

第九章 干燥设备

第一节 概论

人类对干燥技术的应用已有非常悠久的历史，干燥就是采用热物理方式将热量由干燥介质传给含水的物料并将此热量作为潜热而使水分蒸发、分离的过程，其特征是采用加热、降温、减压或其他能量传递的方式使物料中的水分产生挥发、冷凝、升华等相变过程与物料分离，从而达到去除物料中的水分、获得固体产品的目的。干燥介质向物料传递热量的方式有对流、传导、热辐射，或三种方式的联合作用。这种热量的传递方式是热量由物料外部向物料内部传递，但是能量的传递方式也可能是介电、射电或微波，能量由物料内部向外部传递。

干燥在化工生产中的应用非常广泛，其主要目的是使物料便于包装、运输、储藏、加工和使用。催化剂生产过程中使用的干燥设备种类很多，经常涉及一些过程产品(如分子筛、干胶粉、挤出成型的湿条等)和成品的干燥。在干燥过程中，涉及湿物料的性质、干燥介质的性质、干燥速率以及基本干燥流程等概念，掌握这些基本知识，对于深入理解各种干燥过程的特点是必不可少的。

一、干燥的基本理论

(一)湿空气的性质和湿度图

1. 湿空气的基本性质

含有水蒸气(水汽)的空气称为湿空气。表示空气中水汽含量多少有以下几种方法。

(1)水蒸气分压 p_w

当总压 p 一定时，空气中水蒸气分压越大，水汽含量就越高。根据分压定律，水蒸气分压 p_w 与干空气分压 p_a 之比(p_w/p_a)等于水汽分子数n_w与干空气分子数n_a之比，即

$$\frac{p_w}{p_a}=\frac{n_w}{n_a}$$

(2)空气的湿含量 H(简称湿度)

在干燥过程中，由于物料中的水分蒸发到空气中，湿空气的质量不断增加，但干空气质量始终不变。因此，为便于作物料衡算，空气的湿含量以每千克的干空气中含有若干的水蒸气计算，以 H 表示：

$$H=\frac{n_w m_w}{n_a m_a}$$

式中　m_w——水蒸气相对分子质量；

m_a——干空气平均相对分子质量。

(3)空气的相对湿度 φ

在一定温度下，含有最大水蒸气量的空气称为饱和空气。在一定温度下，饱和空气中的水蒸气分压称为饱和蒸汽压(p_s)，可由实验测定，也可从手册中查得。在某一温度下，空气中水蒸气分压 p_w 与同一温度下的饱和蒸汽压p_s之比称为相对湿度，以 φ 表示：

$$\varphi = \frac{p_w}{p_s}$$

(4)湿空气的焓 I

湿空气的焓等于空气的焓(c_a)与水蒸气的焓(iH)之和。以 1kg 干空气作为基准，则湿空气的焓 I(单位为 kJ/kg 干空气，简写为 kJ/kg)为：

$$I = c_a + iH$$

式中　c_a——干空气比热容；

i——在温度为 t℃时水蒸气的焓。

干、湿球温度计如图 9－1 所示。

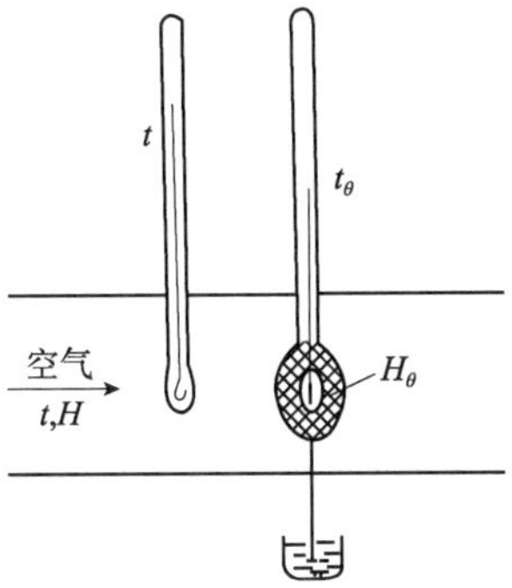

图 9－1　干、湿球温度计

(5)干球温度 t 和湿球温度t_θ

在湿空气中用普通温度计所测得的温度称为干球温度 t，通常称为温度。将普通温度计的水银球包上湿纱布，纱布的一端浸入水中，以保持纱布经常处于湿润状态，此时所测得的温度，称为湿球温度t_θ。湿纱布表面的空气湿度H_θ比空气主流中的湿度 H 大，于是湿沙布表面水分汽化，湿度下降，即湿球温度计的指示下降，从而使气流与纱布之间产生温度差而引起热交换。湿纱布从空气中取得热量供给水分汽化。当达到稳定状态时，空气传给湿纱布的显热等于水分汽化所需的潜热，湿球温度计的指示维持不变，此温度称为湿球温度t_θ。

(6)露点t_d

空气在其湿含量 H 不变的情况下，冷却到饱和状态时的温度称为露点。空气冷却到露点以下就会有水冷凝下来。

2. 湿度图

为应用方便，把湿空气的各项性质之间的关系做成图，称为湿度图。目前常用的是

$I-H$ 图(焓－湿图)，也有用 $t-H$ 图(温－湿图)表示湿空气性质的。下面以图 9－2 来说明 $I-H$ 图的使用。

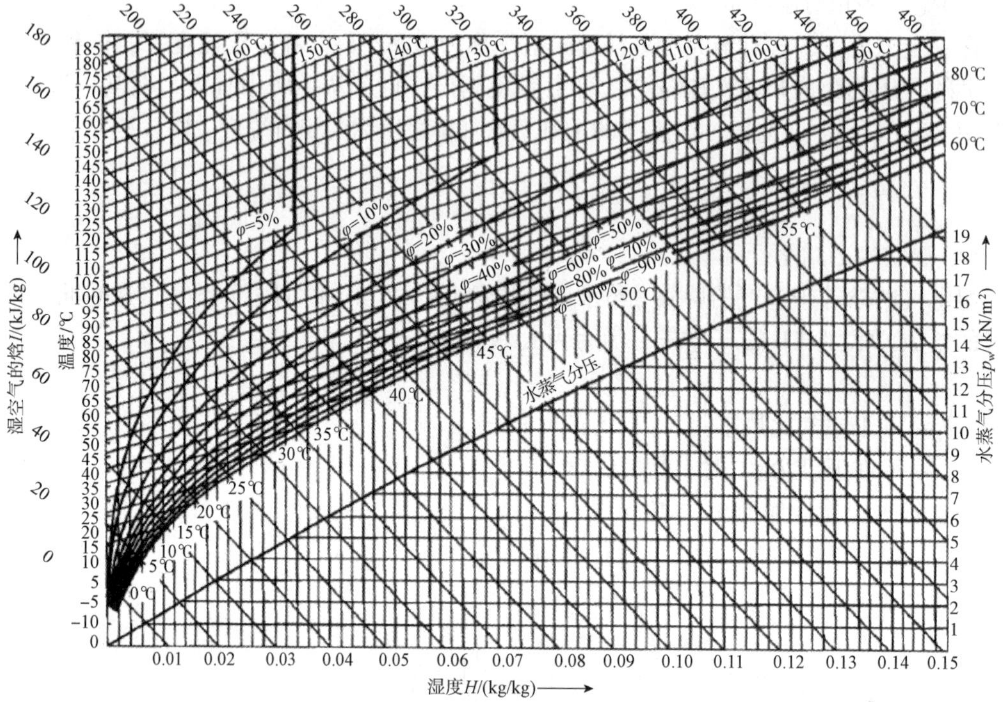

图 9－2　空气、水系统的焓－湿图

$I-H$ 图是斜角坐标系，横轴表示空气的湿含量 H，纵轴表示湿空气的焓 I(均按 1kg 干空气作为基准)。为了避免 $I-H$ 图中线条挤在一起不便读数，故两轴不成正交，其夹角为 135°。

$I-H$ 图包含 6 种线，说明如下：

(1)等焓线。是平行于斜轴的若干直线，在每根线上焓值相等，其单位为 kJ/kg 干空气。

(2)等湿含量线(等 H 线)。为应用方便，H 的数值不在斜轴上，而是另作一辅助水平轴，并在水平轴上标出 H 的读数。等 H 线是与纵轴平行的直线。

(3)等温线(等 t 线)。是指在某一温度值 t 下，I 与 H 呈直线关系，是一系列向上倾斜的直线。

(4)等相对湿度线(等 φ 线)。等 φ 线在 $I-H$ 图上是一系列曲线。在曲线以上的区域为不饱和湿空气的区域($\varphi<1$)，在这个区域中的空气可作为干燥介质。在 $\varphi=1$ 的饱和湿空气线下面的为过饱和区域，这时空气中水蒸气完全饱和，且含有未汽化的雾滴。

(5)绝热冷却线。对空气－水系统，就是等湿球温度线。在 $I-H$ 图上一系列向下倾斜的虚线是绝热冷却线。

(6)水蒸气分压线。即 p_w-H 线，p_w 的刻度在右侧的纵轴上，单位为 kN/m^2。

在 $I-H$ 图中，$\varphi=1$ 的湿空气线以上区域，任何一点都可以确定湿空气的各项性质。有了 $I-H$ 图，无须公式计算，只要依据任意两个独立参数，即可确定此湿空气状态在图上的位置，其他参数便可以从图中查得。

（二）湿物料的性质

干燥过程中涉及的物料种类繁多，干燥前的形态可以是液态，也可能是固态。湿物料的性质主要取决于物料中水分与“干骨架”的结合方式。

1. 湿物料中湿分的分类

湿物料中的湿分一般按干燥过程中水分移出的难易程度和水分与物料的结合方式来划分。按水分移出的难易程度来划分有以下几类：

(1)非结合水分。这种水分是干燥过程中最容易除去的，它与物料的结合强度极小，物料表面的水蒸气分压与液态水在同温度下产生的蒸汽分压是相同的。

(2)结合水分。这种水分与非结合水分相比，较难除去，因为它主要存在于物料内部。物料表面的水蒸气分压明显小于液态水的表面蒸汽压，使水蒸气扩散的推动力降低。

(3)平衡水分。平衡水分是物料在一定温度和湿度条件下的干燥极限水分。它不会因物料与干燥介质接触的时间延长而改变。平衡水分是确定干燥操作经济性的一个重要指标，对于不同物料、不同的干燥空气的湿度，其值是不同的。

物料中的湿分按水分与物料的结合方式划分有以下几类：

(1)化学结合水。这种水分与物料的结合有准确的数量关系，结合得非常牢固，如物料的结晶水。通常干燥是不能除去这种水分的。

(2)物理化学结合水。属于此类水分的有吸附、渗透和结构水分。其中吸附水分与物料的结合最牢固，这种水分只有变成蒸汽后，才能从物料中排出。渗透水分是由于物料组织的内外溶解物的浓度有差异而引起水分的渗透扩散，当组织外面的浓度大于内部浓度时，渗透水会自由析出。结构水分是胶体形成过程中将水分结合在物料组织内部的，它可以通过蒸发、外压或组织的破坏而被排出。

(3)机械结合水。属于这种水分的有毛细管水分、润湿水分和空隙水分。用机械的和加热蒸发的方法就可以除去。

2. 物料的湿含量表示法

物料的湿含量有两种基本表示法，即干基湿含量(x 或 C)和湿基湿含量(ω)。

干基湿含量：

$$x=\frac{m_{\mathrm{w}}}{m_{\mathrm{d}}}$$

湿基湿含量：

$$\omega=\frac{m_{\mathrm{w}}}{m_{\mathrm{d}}+m_{\mathrm{w}}}$$

式中　m_{w}——物料中的湿分含量，kg；

m_{d}——绝干物料量，kg。

干基湿含量和湿基湿含量之间有以下换算关系：

$$x=\frac{\omega}{1-\omega}$$

物料的湿含量用哪一种表示法都可以，工业生产中一般用湿基湿含量表示。

3. 干燥速率

干燥速率是指在单位时间内每单位面积上湿物料汽化的水分质量，以符号 U 表示，单位为 kg 水$(m^2 \cdot h)$。典型的干燥速率曲线如图 9－3 所示。不同的物料在不同的湿空气状态下有不同的干燥速率曲线。

(1)恒速干燥阶段。在这一阶段，物料表面被水所湿润，物料内部大孔隙中的非结合水分很容易向表面移动，足够补充表面汽化所失去的水分。因此，不论对何种物料，都表现为普通水面上汽化的特征，即物料表面的蒸汽压等于同温度下水的饱和蒸汽压。恒速干燥阶段的干燥速率取决于表面汽化速率，即取决于湿空气的性质(空气的温度、湿度及流速等)而与湿物料的性质无关。因此，恒速干燥阶段属于表面汽化控制阶段。对于空气－水系统，在绝热干燥情况下，物料表面始终保持为空气的湿球温度。

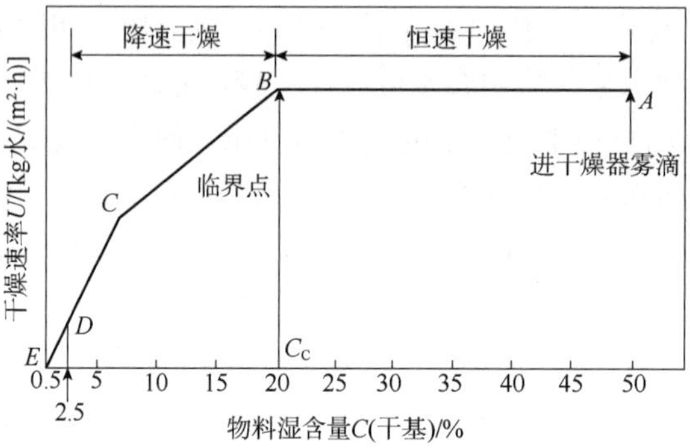

图 9－3　干燥速率曲线

(2)降速干燥阶段。在这一阶段，从物料内部向表面移动的水分已经不足以补充表面汽化的水分。因此，过了临界点以后，在这一阶段的前期(图 9－3 中的 *BC* 线)，一部分物料表面已不再维持其饱和湿润状态，逐渐变化到 *C* 点，全部表面都不为水所饱和，汽化面移向固体内部，在后期(图 9－3 中 *CD* 线)干燥速率下降更快。在整个降速阶段，干燥速率取决于物料性质，属于物料内部水分移动控制阶段。这时，物料表面的蒸汽压低于同温度下水的饱和蒸汽压。由于空气传给湿物料的热量大于水分汽化所需的热量，因此物料表面温度逐步上升并接近于空气的温度。

由于物料在干燥时，湿含量是逐渐减小的，在降低至临界湿含量以前，干燥速率最高，物料的温度也最低。因此，从干燥技术的角度考虑，应尽可能选择低临界湿含量的方法，缩短干燥时间，提高产品的质量。

二、干燥器的分类

干燥过程处理的物料种类极其繁多，物料特性千差万别，为了适应不同物料的干燥特性，干燥设备的类型必然多种多样。由于干燥装置组成单元的差别、供热方式的差别、干燥器内空气与物料的运动方式的差别，又决定了干燥设备结构的复杂性。

(1)按操作方法和热量供给方式分类，如图 9－4 所示。

(2)按物料进入干燥器的形式分类，如图 9－5 所示。

(3)按附加特征的适应性分类，如图 9－6 所示。附加特征是指物料具有着火、粉尘爆炸、毒性，物料对温度、氧化等敏感，产品具有特殊形式，等等。

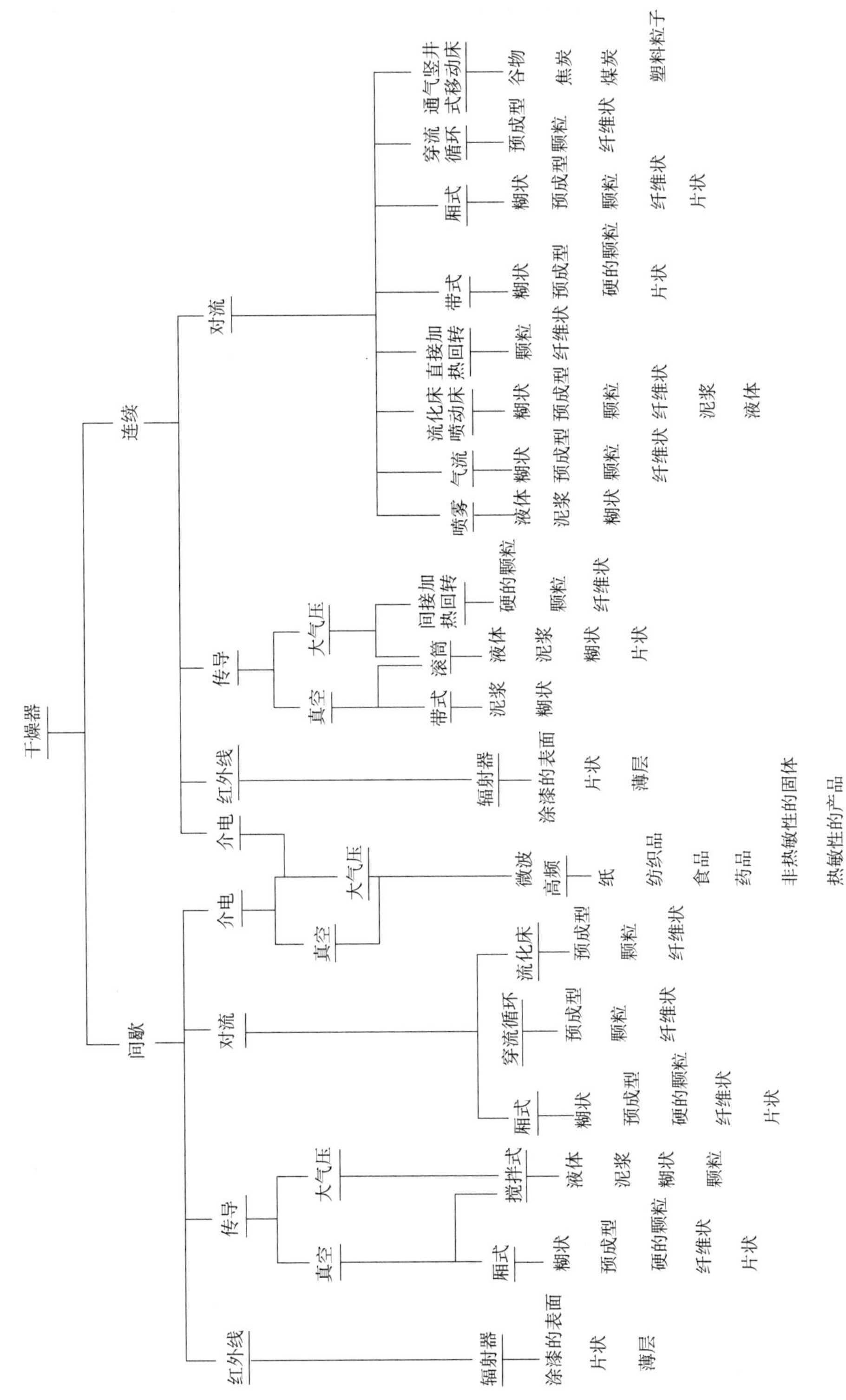

图9-4 按操作方法和热量供给方式分类

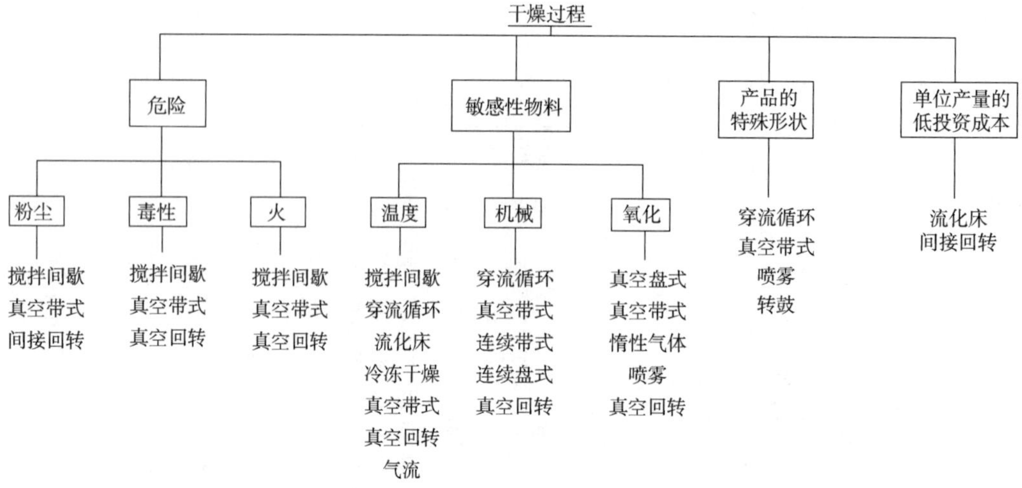

图9－5　按物料进入干燥器的形式分类

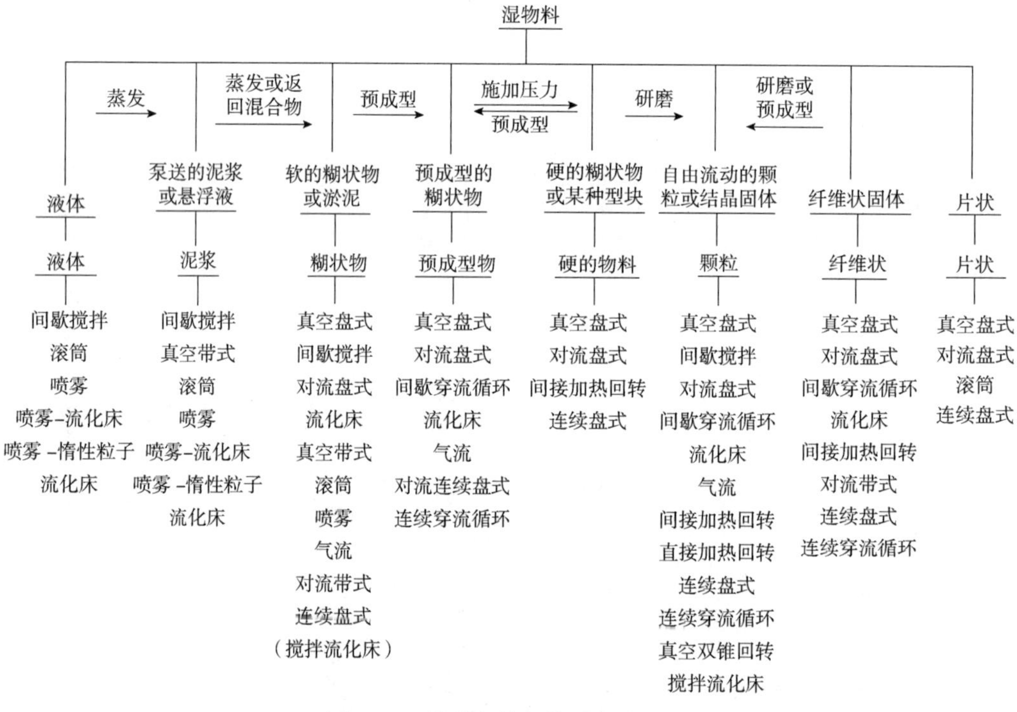

图9－6　按附加特征的适应性分类

三、干燥器选型的基本原则

由于被干燥物料种类繁多，要求各异，决定了不可能有一个万能的干燥器，只能选用最佳的干燥方法和干燥器形式。

1．干燥器选择需要考虑的因素

选择干燥器主要考虑以下因素：(1)被干燥物料的性质。包括湿物料、干物料的物料特性、腐蚀性、毒性、可燃性、粒子大小、磨损性等。

(2)物料的干燥特性。包括湿分的类型(结合水、非结合水或二者兼有)、初始及最终湿含量、允许的最高干燥温度、产品的粒度分布、产品的颜色等。

(3)回收问题。包括粉尘回收、溶剂回收。

(4)安装空间及配套条件。包括空间是否能容纳干燥器、加热空气的能源类型及供应、“三废”排放要求、前后工序的衔接等。

2. 干燥器选择的步骤

干燥器选择的起始点是确定或测定被干燥物料的特性，进行干燥实验，确定干燥动力学和传递特性，确定干燥设备的工艺尺寸，进行干燥成本核算，最后确定干燥器形式，如图9－7所示。

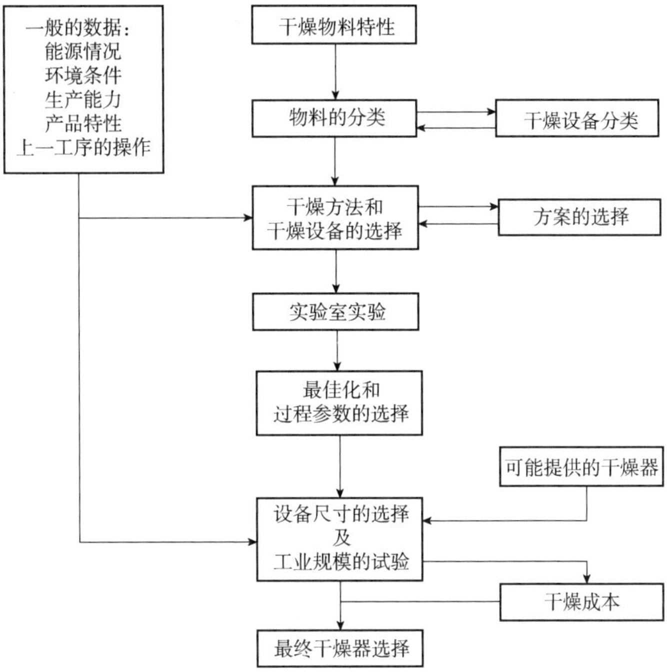

图9－7　干燥器选择步骤

干燥器(或干燥机)的类型有很多，目前催化剂生产行业常用的干燥设备有热风循环干燥箱、空心桨叶式干燥器、旋转闪蒸干燥器、喷雾干燥器、真空带式干燥器、流化床干燥器、微波干燥机等。随着不断地试验和探索，越来越多形式的干燥设备被应用于催化剂的生产，这些干燥设备可能表现出更高的干燥效率以及更低的能耗，因而也可能替代现有生产设备，并得到广泛的应用。

四、催化剂生产中常用的干燥设备

催化剂生产中干燥操作通常用于沉淀物(水凝胶)的干燥、成型后物料的干燥、浸渍后的产品干燥，干燥是催化剂制备中不可缺少的重要工序。催化剂生产过程中常用的干燥设备有厢式干燥器、带式干燥器、闪蒸干燥器、喷雾干燥器、气流干燥器、双锥回转真空干燥机、振动流化床干燥器、空心浆叶式干燥器、微波干燥器等。其中，有些干燥器的作用除干燥物料外，还兼有其他功能，如喷雾干燥器在裂化催化剂生产中兼有干燥和成型的功能，双锥回转真空干燥机兼有浸渍和干燥的功能。厢式干燥器因为连续生产性较差，仅在一些小品种小批量产品生产过程中使用。

第二节　厢式干燥器

厢式干燥器外壁绝热、外形如箱子，所以也称烘箱、烘房。其结构和原理都非常简单，人类使用这种干燥器已有非常悠久的历史，虽然人类已研发出多种结构形式的干燥器，但厢式干燥器作为结构简单、容易操作、造价低廉的干燥设备仍然在一些小批量的产品生产中得到使用。它适用于爆炸性和易碎的物料，胶黏性、可塑性物料，粒状物料，膏浆状物料，等等。

厢式干燥器的主要优点是：结构简单，设备投资少，适应性强，使用范围比较广，并且容易装卸，物料损失小，物料盘易清洗，因此适用于需要经常更换产品或小批量物料。主要缺点是：物料需要人工装卸，劳动强度大，设备利用率低；干燥不均匀，由于干燥条件的不断变化，即使同一个截面，其干燥的程度也有所不同，产品质量不够稳定；如需定时装卸或翻动物料，粉尘飞扬，环境污染严重；热效率较低，一般在40%左右。

一、结构及工作原理

厢式干燥器的外壁有绝热保温层，内部主要结构包括：多层盛放物料的料盘、料架、加热元件，如图9－8所示。由风机产生的循环流动的热风，吹到潮湿物料表面达到干燥的目的。

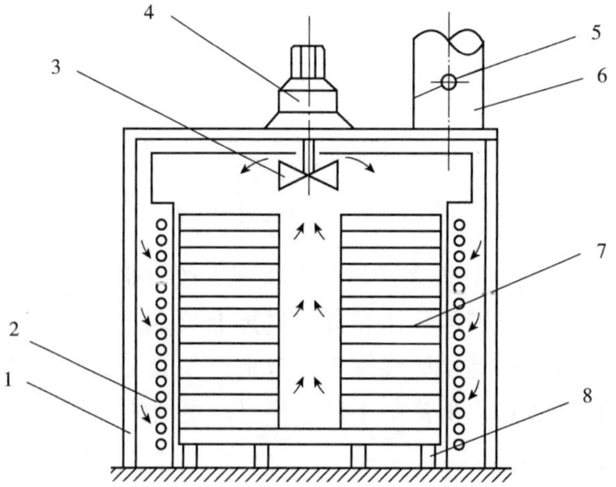

图9－8　厢式干燥器结构

1—箱体外壁；2—加热元件；3—风机叶轮；4—电动机；
5—尾气管道蝶阀；6—尾气排出管；7—料盘；8—料架(车轮)

物料均匀地平铺在料架上的料盘里，通过料车送入干燥器，启动风机，在风机的缓慢搅拌作用下，箱体内的热量形成内循环，热风与物料进行热交换，含湿物料水分通过尾气管道排出。加热元件可以选择蒸汽加热翅片管、电加热电阻丝或红外加热管，如果工厂有条件，干燥介质可以采用工厂的余热空气或烟道热风。

二、分类

根据物料的性质、状态和生产能力，可分为平行流厢式干燥器(见图9－9)、穿流厢式干燥器(见图9－10)、真空厢式干燥器。下面重点介绍平行流厢式干燥器和穿流厢式干燥器，其他干燥器的结构可参考相关资料。

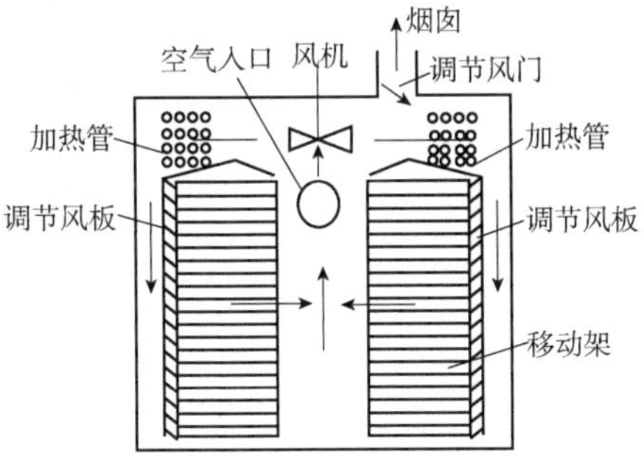

图9－9　平行流厢式干燥器

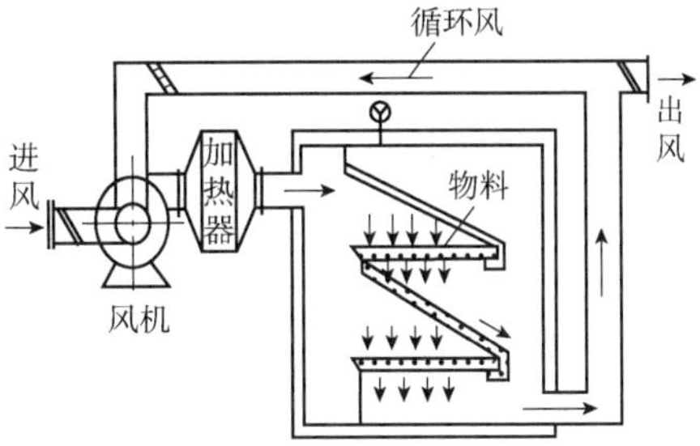

图9－10　穿流厢式干燥器

1. 平行流厢式干燥器

平行流厢式干燥器的气流方向与物料平行，热风在物料表面流动，以对流的方式与物料进行热量、质量交换。这种干燥器结构简单，适用于所有物料的干燥，但干燥时间长。设备设计时，一般根据生产能力和物料特性确定以下参数：

(1)热风速度。要想提高干燥速率，就必须提高对流传热系数，即提高空气的流速，但又必须小于物料的带出速度。因此，被干燥物料的密度、粒径和状态等因素决定了干燥器内的热风速度，根据物料的特性可在0.5～3m/s范围内选择。

(2)物料层厚度。恒速干燥阶段为表面蒸发控制阶段，干燥速率决定于外部条件，与物料层厚度无关。对于降速干燥阶段，干燥速率为物料内部扩散控制阶段，以及物料层厚度的增加，将引起干燥速率的下降，使干燥时间延长。因此在给定的干燥条件下，存在一个较佳的料层厚度，可由实验确定。

(3)蒸发速率。蒸发强度为0.12～1.5kg水/(h·m^2盘表面积)，单位蒸汽消耗量为1.8～3.5kg蒸汽/kg水，体积传热系数为230～350W/(m^3·K)。

2. 穿流厢式干燥器

穿流厢式干燥器的结构与平行流厢式干燥器相似，但料盘底部由金属网或多孔板制造，以便热风能够顺利地穿透料层，提高热量的使用效率。

(1)热风速度。通过物料层的风速为0.6～1.2m/s。

(2)物料层厚度。物料层厚度较大时，压力损失也大，所需风机的功率相应增加。根据经验，物料层厚度一般取25～50mm。当热风速度为7～10m/s时，物料层厚度可采用45～65mm。

(3)蒸发速率。蒸发强度为2.4kg水/(h·m^2盘表面积)，体积传热系数为3490～6970W/(m^3·K)。干燥速率是平行流的3～5倍，物料干燥时间较短，一般为20～60min。

(4)压力损失。压力损失取决于物料形状、物料层厚度及风速等，一般为 190～490Pa。

(5)穿流厢式干燥器只适用于干燥通气性好的颗粒状、条状和块状等物料，如加氢催化剂、乙苯催化剂成型后的物料。

三、设备特点

厢式干燥器为间歇操作，其广泛应用于干燥时间较长和数量不多的物料，也可用于有爆炸性和易生成碎屑的物料的干燥。

厢式干燥器结构简单，设备投资少，适应性强，故使用较多。缺点是：每次操作都要装卸物料，劳动强度大，设备利用率低。厢式干燥器操作上一个突出的问题是干燥不均匀，因为它是一种不稳定干燥，由于干燥条件的不断变化，即使同一个截面，其干燥的程度也有所不同。

四、主要技术参数

厢式干燥器的主要技术参数见表 9－1。

表 9－1　厢式干燥器的主要技术参数

序号	参数类型	单位	参数描述
1	有效体积	m^3	设备处理能力的主要参数
2	散热面积	m^2	
3	蒸汽耗量	kg/h	反映热能效率的主要参数
4	料层最大温差	℃	反映热量均匀性的指标
5	料盘尺寸	mm	
6	料盘数量	个	
7	厢体尺寸 直径×长度	mm	
8	设备总重量	t	

五、常见故障分析与处理方法

厢式干燥器的常见故障分析与处理方法见表 9－2。

表 9－2　厢式干燥器的常见故障分析与处理方法

故障现象	故障原因	处理方法
风机振动或异响	风机安装不稳，底座支架强度不够	增加风机支撑梁的强度
	轴承被热气腐蚀	更换轴承
箱体外壁温度过高	保温层过薄或保温材料不合要求	更换保温材料重新保温

第三节　带式干燥器

带式干燥器是由厢式干燥器发展而来的连续式干燥器，由若干个独立的单元段组成，每个单元段包括加热装置、循环风机、单独或共用的新鲜空气补充系统和尾气排出系统。被干燥物料是以静止状态置于输送带上进行干燥，因此物料无破碎等损伤，有利于防止粉尘飞扬。被干燥物料具有相同的干燥时间，能保证物料的色泽一致、含水率均匀。带式干燥器一般可制成双层或多层式，物料重力依次自上层落至下一层带上，直至干燥完毕离开干燥器。这样，既保证了物料在干燥器内有足够的停留时间，又能不断翻炒，达到均匀干燥的目的，而且还节省场地。这种干燥器适用于散粒状、块状等物料的干燥。

一、结构及工作原理

带式干燥器的主要结构包括干燥带、传输系统、箱体、风机等，见图9－11。

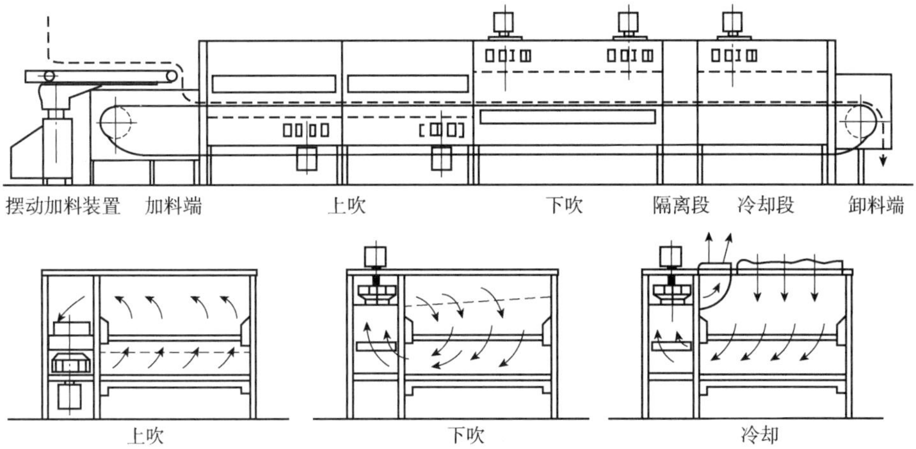

图9－11　单层带式干燥器的结构

被干燥物料通过加料装置均匀地平铺在干燥带上，干燥带经过若干个加热单元（干燥箱）组成的通道，每个加热单元均配有加热单元和循环系统，每个通道均配有排湿系统，物料在网带上通过通道时，热空气由上往下或由下往上穿过料层，热风与物料进行热交换，并将物料中的水分带走，达到物料均匀干燥的目的。

二、主要部件的结构与工作原理

1. 输送带

输送带有板式和网带式。板式输送带由不锈钢薄板制成，板上冲有长条孔，开孔率为6%～45%。网带式输送带常用不锈钢钢丝缠绕编织，网带的缠绕分为左旋和右旋两种，成网时，左旋和右旋要间隔交错使用，使网带平直。在干燥细小物料时，网带可由两层金属网组成，上层用目数大的，下层用目数小的。这样既可防止漏料，又可延长网带使用寿命。

输送带的负荷不超过600kg/m；干燥介质穿流空床流速为0.25～2.5m/s，一般为

1.25 ~ 2.5m/s；通过输送带和物料层的总阻力不超过 250 ~ 500Pa；输送带的宽度为 1.0 ~ 4.5m，长度相应为 3 ~ 60m。

输送带的承重段按一定间隔，需设置一滚动的托辊，两托辊之间有一角钢作为滑道，网带沿滑道运动。另外，需设置输送带的张紧机构，如图 9 - 12 所示。

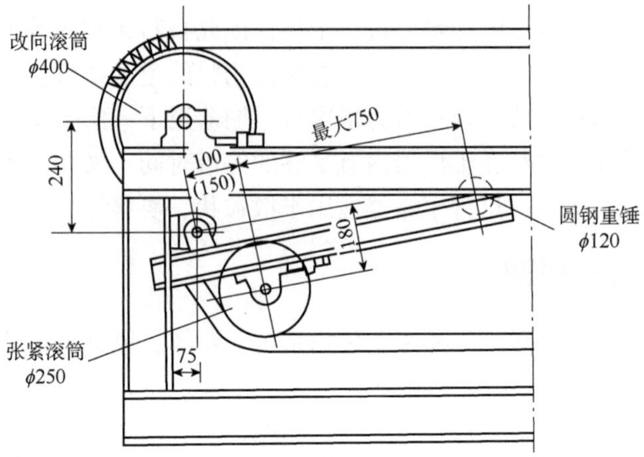

图 9 - 12　网带张紧机构

网带张紧机构是由圆钢重锤借助杠杆作用将一张紧滚筒压在网带上，使网带能持久地处于拉紧状态。

2. 加料装置

加料装置的作用是在带式干燥器入口处向输送带上供料，使之厚薄均匀。并可在加料装置内设置成型机构，对泥浆状物料进行成型加工。加料装置的各种形式如图 9 - 13 所示。

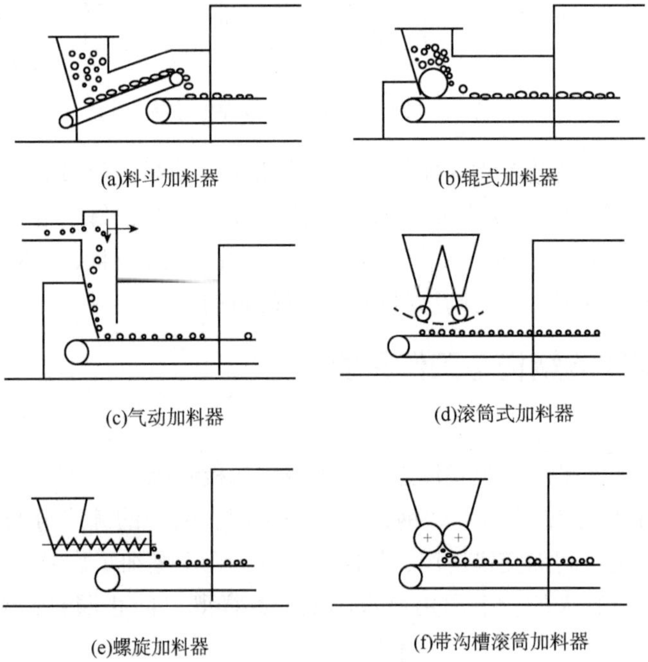

图 9 - 13　加料装置

图 9－13(a)所示的料斗加料器适用于颗粒状、块状物料。下料口宽度与输送带宽度相等，并在下料口装有闸板和小输送带，已调节和均布加料量。

图 9－13(b)所示的辊式加料器与料斗加料器相似，采用辊式结构，导引物料以一定的宽度，定量地均布在输送带上。

图 9－13(c)所示的气动加料器，用于有一定强度的已成型物料，采用气动控制吹动物料，以松散状加料，有利于提高干燥速率。

图 9－13(d)所示的滚筒式加料器，有一对能来回摆动和升降的滚筒，料斗固定在两滚筒之间，常在料斗内设有搅拌器，用于膏状物料的均匀进料。

图 9－13(e)所示的螺旋加料器，用于泥浆、滤饼等含高水分物料的成型供料，可调节螺旋的转速控制加料量，并可实现定量加料。

图 9－13(f)所示的带沟槽滚筒加料器适用于膏状物料。膏状物料在两滚筒之间，利用沟槽挤压成条状料，均布在输送带上。对于需要预热的湿糊状物料，可在滚筒内通入蒸汽，达到加热成型的目的。

3. 布料器

为了使输送带上的料层均匀平整，在网带的进料口设有耙式布料器，如图 9－14 所示。耙做往复运动把物料均匀布在网带上。耙的往复运动由可逆电动机自动控制，间隔时间取决于网带的运动速度；耙的高度由环形链条调节；耙的行程由限位器设定。

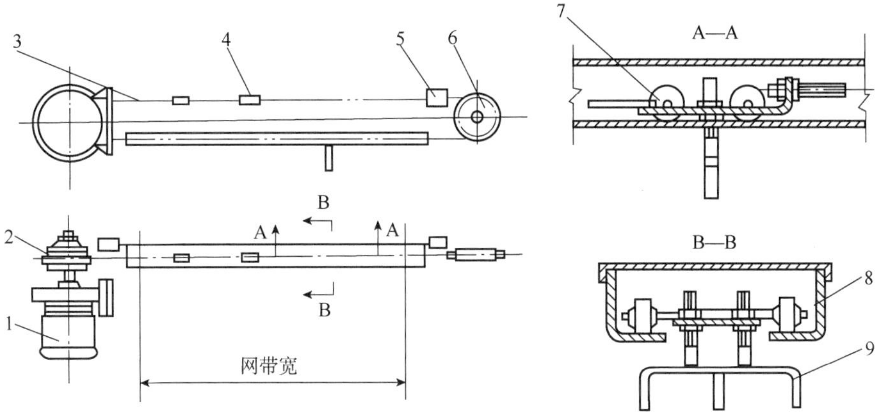

图 9－14　耙式布料器

1—可逆电动机；2—干式啮合器；3—链条；4—磁触头；
5—磁力限位器；6—链轮；7—滚轮；8—导轮；9—耙子

三、分类

1. 按输送带的层数分类

输送带的结构有多孔板或金属网的网带式和不锈钢薄板的板式两种。按输送带的层数分类，可分为单层带式型、多级带式型、多层带式型，如图 9－15 所示。

2. 按通风方向分类

按通风方向分类，可分为向下通风型、向上通风型、复合通风型，气流在物料层上方流动又称为水平气流型，气流穿过物料层的又称为穿流气流型，如图 9－16 所示。

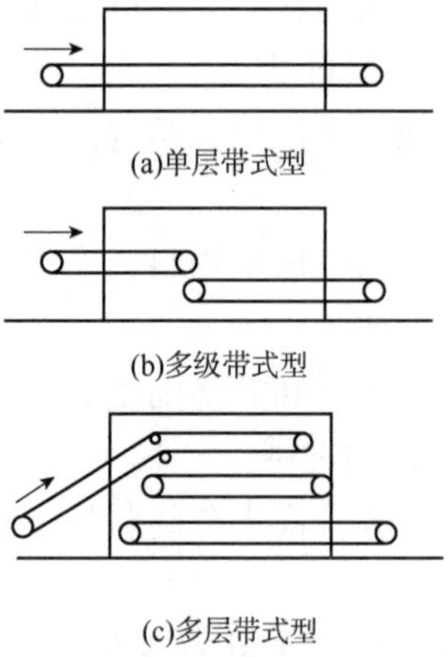

图 9－15　按输送带的层数分类

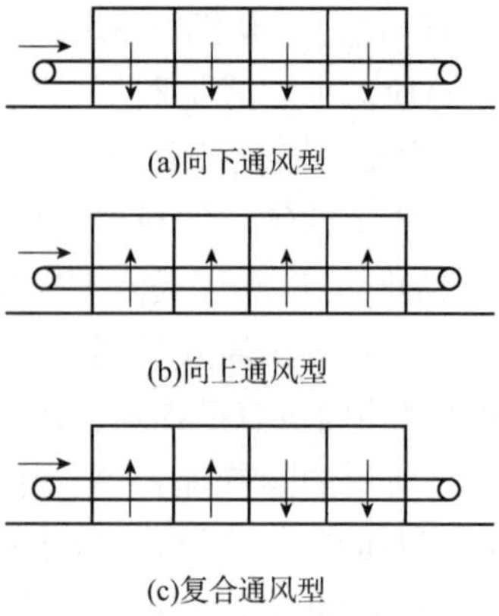

图 9－16　按通风方向分类

3. 按排气方式分类

按排气方式分类，可分为逆流排气型、并流排气型及单独排气型，如图 9－17 所示。

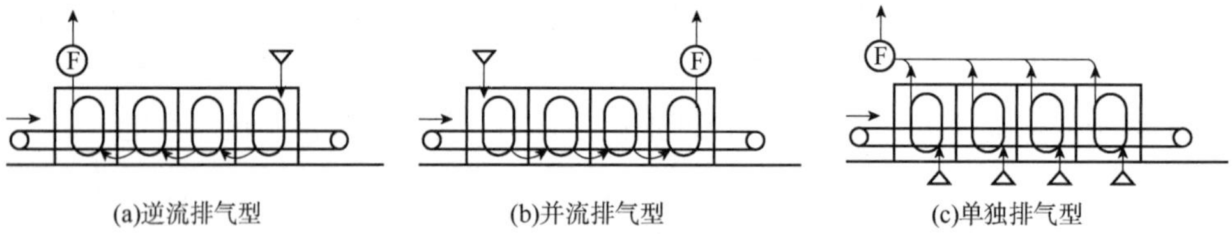

图 9－17　按排气方式分类

4. 单层带式干燥器

被干燥物料经加料器，由布料器在加料端以一定的厚度均匀地分布在输送带上，如图 9－18 所示。输送带可由薄平板、多孔板或金属网制成。为提高干燥效率，一般采用金属网制的输送带、气流穿过物料层的穿流气流带式干燥器。一般采用热空气或烟道气直接加热的方式干燥物料。被加热的空气经气流分布板均匀地通过物料层后，部分含湿空气经排气风机排出干燥器，余下部分在补充新鲜热空气后，经循环风机在干燥器内循环，使物料干燥均匀。干燥后产品经卸料端排出。

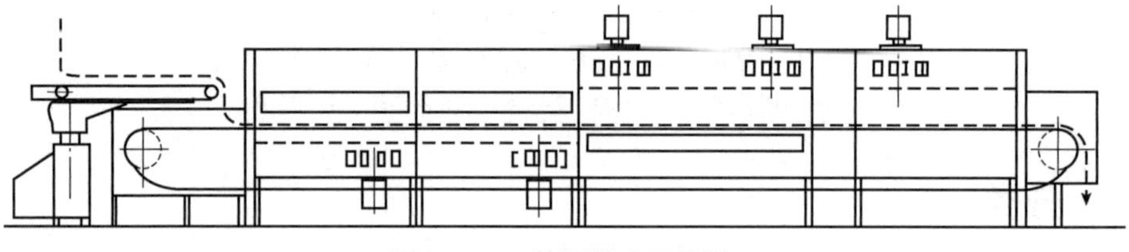

图 9－18　单层带式干燥器

5. 多级带式干燥器

多级带式干燥器由多台单层带式干燥器串联组成，如图 9－19 所示。物料在级与级转换时被翻动，空隙度增加，物料比表面积增大，有利于提高热空气流量和传热系数，提高干燥效果。

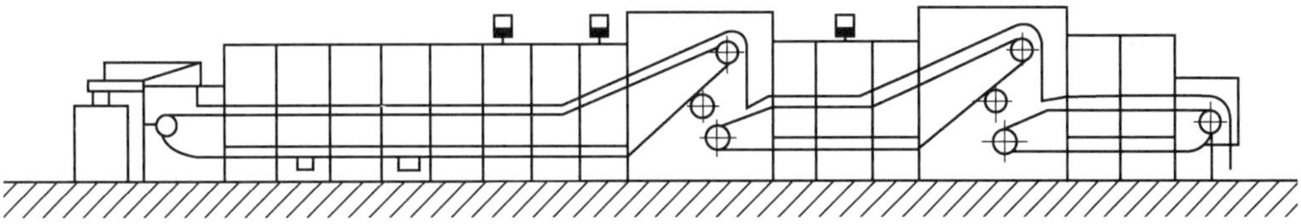

图9－19　多级带式干燥器

6. 多层带式干燥器

多层带式干燥器的干燥室是一个不隔成独立单元段的加热箱体。常用的层数为3～5层，最高可达到15层。输送带的宽度为1200～2600mm，长度为27～64m。控制降低最后几层的输送带移动速度，致使物料层增厚，让更多的热空气通过较薄的物料层，有利于提高总的干燥效率。常用于干燥速度较低，干燥时间较长，在干燥过程中干燥介质流速、温度及湿度等能保持恒定的场合。图9－20所示为三层带式干燥器。

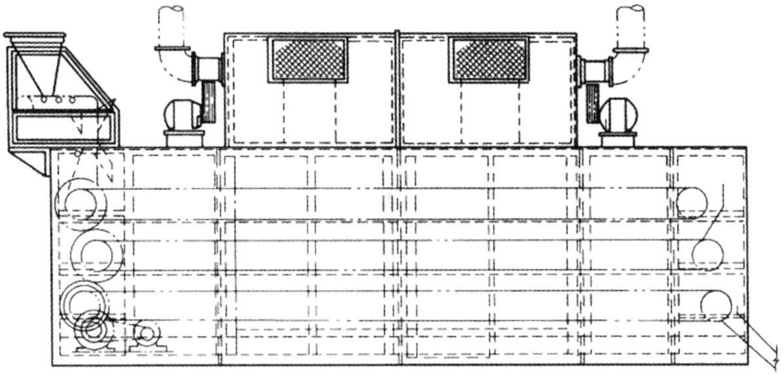

图9－20　三层带式干燥器

四、主要技术参数

带式干燥器的主要技术参数见表9－3。

表9－3　带式干燥器的主要技术参数

序号	参数	单位	参数描述
1	单元数	个	
2	干燥段长度	m	设备处理能力的重要参数
3	带宽	m	设备处理能力的重要参数
4	料层最大厚度	mm	
5	干燥温度	℃	
6	干燥时间	h	与物料含湿量和料层厚度有关
7	风机总功率	kW	
8	设备总功率	kW	

五、设备特点

带式干燥器的每个单元有独立的加热装置、单独或公用的新鲜空气抽入系统和尾气排出系统，因此，对干燥介质数量、温度、湿度和尾气循环量等操作参数可进行独立控制，从而保证带式干燥器工作的可靠性和操作条件的优化。

带式干燥器操作灵活，湿物料进料、干燥过程在完全密封的箱体内进行，劳动条件较好，避免了粉尘的外泄。

与转筒式、流化床干燥器和气流干燥器相比较，带式干燥器中的被干燥物料随着输送带移动时，物料颗粒间的相对位置比较固定，具有基本相同的干燥时间。对干燥物料色泽变化或湿含量均匀至关重要的某些干燥过程来说，带式干燥器非常适用。

物料在带式干燥器上受到的振动或冲击轻微(冲击式带式干燥器除外)，物料颗粒不易粉化破碎，因此也适用于干燥某些不允许碎裂的物料。

带式干燥器的结构并不复杂，安装方便，能长期运行，发生故障时可进入箱体内部检修，维修方便。

带式干燥器的缺点是占地面积大，运行时噪声较大。

六、常见故障分析与处理方法

带式干燥器的常见故障分析与处理方法见表9－4。

表9－4　带式干燥器的常见故障分析与处理方法

故障现象	故障原因	处理方法
传动电动机启动后网带不走	输入轴键脱落或磨损	拆开重装或更换
	减速机部件坏	更换部件
	网带不紧	调紧网带
	主传动轮处网带包角小	调大网带包角
	主从传动轮表面光滑	表面处理使之粗糙或衬胶
网带打滑	网带不紧	调紧网带
	主传动轮处网带包角小	调大网带包角
	主从传动轮表面光滑	表面处理使之粗糙或衬胶
网带跑偏	网带变形张口	更换网带
	网带口子撕裂	更换一节网带
	纠偏机构不动作	联系仪表工或电工处理
	纠偏机构联轴器未连接	连接上纠偏机构联轴器
	纠偏机构检测时间及动作时间设置错误	重新设定参数
	主从传动轮表面衬胶损坏严重	修复或更换主从传动轮
	轴承座燕尾槽轨道有异物或锈死	清除异物或撬松轴承座燕尾槽
	物料铺带严重不均匀	铺料均匀
	托辊不转且各处磨损程度不同	处理轴承、更换托辊

续表

故障现象	故障原因	处理方法
温度调不下来	热电偶坏	更换热电偶
	蒸汽调节阀不动作	联系仪表工处理
	温控联锁系统失效	联系仪表工处理
	循环、排湿风机开得太多	暂停几台风机
	带式干燥器太密封	打开几扇观察门
温度升不到位	热电偶坏	更换热电偶
	蒸汽调节阀不动作	联系仪表工处理
	温控联锁系统失效	联系仪表工处理
	循环、排湿风机开得太少	风机全部启动
	带式干燥器不密封	观察门全部关闭
	疏水器堵塞	处理疏水器
	蒸汽压力不足	提高蒸汽压力
物料干燥效果不好	传动电动机频率过高，物料停留时间短	降低频率
	循环、排湿风机反转	重新反向接线
	换热器换热效果不好	清除换热器表面结垢
	换热器腐蚀穿孔	修复
	进料量大	控制进料量
传动电动机电流过高	电动机轴承少油或磨损	加油或更换轴承
	减速机部件坏	更换部件
	减速机少油	加油
	网带崩得太紧	适当放松网带
	网带跑偏严重	调整
	大量托辊不转	处理轴承或更换托辊
	物料进料太多，负荷大	控制进料量
减速机发热	减速机部件磨损	更换部件
	减速机少油	加油
	减速机油多	放出适量的油
	网带崩得太紧	适当放松网带
	网带跑偏严重	调整
	大量托辊不转	处理轴承或更换托辊
	物料进料太多，负荷大	控制进料量

第四节　真空带式干燥器

真空带式干燥器可以简单地理解为将带式干燥器置于真空环境中，通过降低水分的汽化温度加快水分的汽化速度，从而加快物料的干燥速度，但是为了实现这一目的，需要解决一系列工程上的问题，一个最主要的问题是如何在真空密闭的环境中实现物料的连续进出，实现生产的连续化。

1985 年，在日本食品工业展览会上首次展出了由日本株式会社研制的真空带式干燥样机，当时预测此种干燥机可广泛用于液状、浆状和糊状物料的低温真空连续干燥和造粒，可供肉汤、蔬菜汁、氨基酸液、饮料、可可及咖啡制品、酶制剂、维生素、植物提取液等物料的干燥、造粒之用。前西德在 1990 年研制了用于生产果汁粉的真空带式干燥器，在无须添加麦芽糊精、果葡糖浆的基础上即可干燥苹果汁、橙汁。近 20 年来，真空带式干燥器取得了长足的发展，日本、德国等国家相继开发了实验机及工业用大中型真空带式干燥器。我国的真空带式干燥器研发较晚，2004 年广东省农业机械研究所自行研制开发了中国第一台 GZD－S 型真空带式干燥实验设备，随后温州鸿驰医药化工设备有限公司、上海敏杰机械有限公司、温州市金榜轻工机械有限公司、上海朗脉科技有限公司、上海远跃轻工机械有限公司等国内一些企业相继开发了各具特色的真空带式干燥器，主要用于中药浸膏、低聚糖、麦乳精、果汁等物料的干燥。尽管真空带式干燥器在食品、药品行业占有一定的市场，但是由于指导生产的理论基础较为缺乏，且真空带式干燥器的结构复杂，制造成本较高，其在干燥领域的优势未能充分发挥出来。

近年来，真空带式干燥器在催化剂生产领域的应用取得长足的发展，该设备在干燥速度快、效率高、节能、环保、连续自动化生产等方面的优势得到了充分体现。

一、真空干燥的理论基础

真空干燥的原理是基于传热传质理论，即在物料、物料与周围环境以及周围环境本身这三者之间的传热传质。式(9－1)是克拉珀龙－克劳修斯公式，它揭示了真空干燥的动力学特性：

$$p_s = 4.1868L\,(V'' - V')\,\ln T + C \qquad (9-1)$$

式中 V''，V'——气体和液体水的比容，m^3/kg；

L——汽化潜热，kJ/kg；

p_s——温度 T 时的饱和蒸汽压，MPa；

T——绝对温度，K。

由式(9－1)可得出以下结论：①水的汽化温度随着压力降低而降低，在真空条件下能实现低温汽化，这就是真空干燥的理论基础；②在压力 p_s 不变的情况下，对系统加热，会有更多的液体汽化，使干燥速度加快；③如果维持 T 不变，降低 p_s，同样会有更多的液体转化为蒸汽，这也可以加快真空干燥速度。

二、结构及工作原理

1. 真空带式干燥器的结构

真空带式干燥器由干燥室、真空系统、布料机构、履带输送装置、切料机构、CIP 清洗系统、PLC 控制系统、加热和冷却系统以及真空卸料系统组成，如图 9－21 所示。

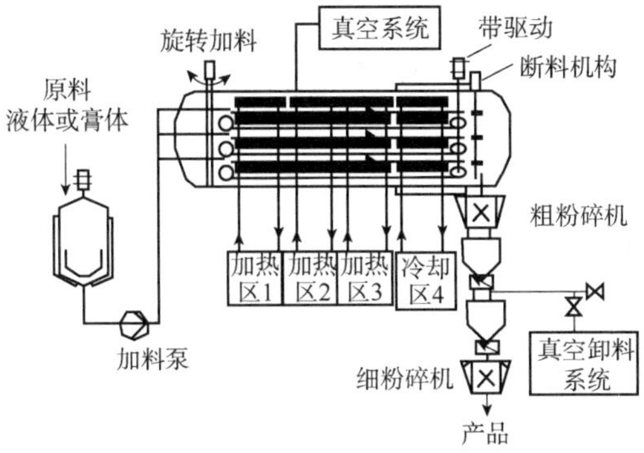

图9－21　真空带式干燥器简图

目前有关真空带式干燥器干燥特性及传热、传质机理的研究报道较少，难以指导工业设备的设计与生产，因此真空带式干燥器的设计主要是依靠经验，这使其节能降耗的优势不能充分体现。真空带式干燥属于薄层干燥。

真空带式干燥是指在真空条件下，由布料装置将湿物料均匀地分布在传送带上，通过传导与辐射传热向物料提供热量，使物料中的水分蒸发，被真空泵抽走；干燥后的物料由切料装置从传送带取下，经粉碎后得到干产品。

2. 真空带式干燥器的工作原理

物料经由加料泵和喷嘴均匀地平铺在履带上，履带按设定的速度携带物料依次经过各加热区，加热介质（蒸汽、热水）通过加热板将热量传递给履带上的物料，同时上一层加热板对物料进行辐射传热，物料吸收热量水分蒸发。为避免物料过热，同时考虑物料的热塑性，在加热区后设一冷却区，冷却区加热板内通冷水以对物料进行冷却。通过冷却区后物料温度降低、变脆，最后从履带上剥落下来，经切料装置落入粗粉碎机。整个干燥过程在真空条件下进行。粉碎后的干燥物料通过带有 2 个气动阀门的出料装置出料，如有必要，可再增加一台细粉碎机对产品进行进一步粉碎。

三、技术特点

真空带式干燥器的特点如下：

（1）产品品质好。在－3000～－1000Pa 的真空度下对物料进行干燥，物料温度在 30～60℃，干燥室内氧气浓度低，适用于热敏及氧敏性物料的干燥；物料内外温度梯度小，由于逆渗透作用使得物料内的湿分可独自移动，克服了溶质散失现象，可最大限度地保持产品的色、香、味，保证产品的品质。另外，物料在真空状态下发泡形成多孔结构，使单位体积物料的表面积显著增大，产品的溶解性得到明显改善。

（2）一种"绿色"干燥技术。干燥过程中的粉尘、有机挥发物、气味等可通过真空系统有效地分离出来，不会对环境造成影响，故真空带式干燥器是一种"绿色"干燥技术，即环保型干燥技术。

（3）适合高浓度高黏度（可达到300Pa·s）物料的干燥。物料在平滑的输送带上通过传导－辐射联合供热干燥，而不受其他机械力和气流作用力的影响，因此极适合普通干燥器难处理的高浓度、高黏度物料的干燥。

(4)干净卫生，可大规模生产。在密闭的系统中连续运行，适用于大规模的生产，并防止物料污染。配置 CIP 在位清洗系统，在批与批、产品与产品之间可以非常方便地进行清洗。

(5)热效率高。由于真空带式干燥器是传导干燥，避免了对流干燥中尾气所造成的焓流失，真空带式干燥器的热效率比普通对流干燥器高 20% ~50%。

四、主要技术参数

真空带式干燥器的主要技术参数见表9－5。

表9－5　真空带式干燥器的主要技术参数

序号	参数	单位	参数描述
1	设备本体直径	m	设备处理能力的重要参数
2	设备本体长度	m	设备处理能力的重要参数
3	加热面积	m^2	设备处理能力的重要参数
4	布料层数	—	
5	真空度	%	
6	干燥温度	℃	
7	干燥时间	h	与物料含湿量和料层厚度有关
8	主机功率	kW	

五、常见故障分析与处理方法

真空带式干燥器的常见故障分析与处理方法见表9－6。

表9－6　真空带式干燥器的常见故障分析与处理方法

常见故障	故障分析	处理方法
无法降低真空度	阀门泄漏	检查卸料、CIP 阀门
	真空泵断水、磨损	检查真空泵工作液、泵体
	门封视镜密封损坏	检查视镜
	真空泵冷却水温度高	检查真空泵工作液水温
	被动轮气缸漏气	检查气缸密封、气管接头
	管道龟裂	检查管道
	设备筒体连接漏气	检查端门密封情况
干燥带断裂	干燥带选型错误	更换干燥带
	干燥带粘接不良	检查干燥带端门粘接质量
	干燥带下托辊磨损	更改托辊，减少二次污染
	干燥带运行阻力大	检查被动轮轴承
	干燥带有划伤	摆动加浆喷头接触干燥带
	干燥带使用周期已过	更换干燥带

续表

常见故障	故障原因分析	处理方法
产量低、物料干燥不均匀	原料含水率高	检查原料含水率
	各温度设定不正确	调整工艺参数
	干燥带的带速不合理	调整干燥时间
	真空度设置不正确	调整真空度
	布料、摆幅不合理	调整摆幅
	物料的特性发生改变	检查原料品种
	加热平板结垢	人工清除热板上的污垢
	干燥带不洁净	加强 CIP 清洗
干燥器内粉尘飞扬	卸料蝶阀密封不良	检查、更换蝶阀密封件
	卸料阀门开启设置时间参数不合理	重新设置阀门开启参数
	放空阀漏气	更换放空阀
	滤器堵塞	更换过滤材料
	主动电动机轴机械密封漏气	更换主动电动机轴机械密封
	出料蛟龙电动机轴机械密封漏气	更换出料蛟龙电动机轴机械密封
	粉碎机密封圈损坏	更换密封圈
干燥带跑偏	自动纠偏工作不正常	检查纠偏动作
	纠偏传感器故障	更换纠偏传感器
	纠偏信号方向错误	调整信号位置
	纠偏传感器位置不正确，纠偏信号丢失	调整信号位置
	纠偏气缸故障，气路堵塞	检查纠偏气缸、气管
	纠偏气缸气压不合理	检查压缩空气压力
	主动轮橡胶磨损	更换主动轮
	干燥带粘接不良	重新粘接干燥带
	主动轮侧干燥带偏移量过大	主动轮与履带运动方向的垂直度、主动轮自身水平度误差偏大，进行调整
	主动轮或被动轮表面粘料	CIP 清洗时，检查清洗效果

第五节　气流干燥器

气流干燥器目前主要应用于裂化催化剂生产装置，气流干燥与流化床干燥相结合的旋转闪蒸干燥器在催化剂生产中的应用也非常普遍。

气流干燥也称“瞬间干燥”，是固体流态化中稀相输送在干燥领域的应用。气流干燥是使加热介质(如高温空气或其他热气体)与待干燥固体颗粒直接接触，并使待干燥固体颗粒悬浮于流体中。由于两相接触面积大，强化了传热传质过程，因而提供了加热效率并使物料快速干燥。

气流干燥器由加热器、热风管、加料器、气流干燥器、旋风分离器、除尘器、风机等组成加热系统。其中，气流干燥器可以是一根气流干燥管，也可以是一套带有其他辅助设施(如搅拌、粉碎设备)的加热器。气流干燥就是将泥状及粉体状等湿物料，采用适当的加料方式连续加入干燥管(或干燥器)内，在高速热气流的输送和分散中，使湿物料中的湿分蒸发得到粉状或粒状干燥产品的过程。

一、气流干燥器的基本原理

湿物料通过螺旋输送机连续投入干燥器内，在气流中呈悬浮状态，并与经加热器加热的热空气直接接触，达到干燥的目的。气流干燥器的基本工艺流程如图 9 – 22 所示。湿物料通过螺旋加料器进入气流干燥器，经加热器加热的热空气，与湿物料在气流干燥管内接触，热空气将热能传递给湿物料表面，直至湿物料内部。同时，湿物料中的水分从湿物料内部以液态或气态扩散到湿物料表面，并扩散到热空气中，达到干燥的目的。干燥后的物料经旋风除尘器和袋式除尘器回收，废气由抽风机抽入排气管排出。

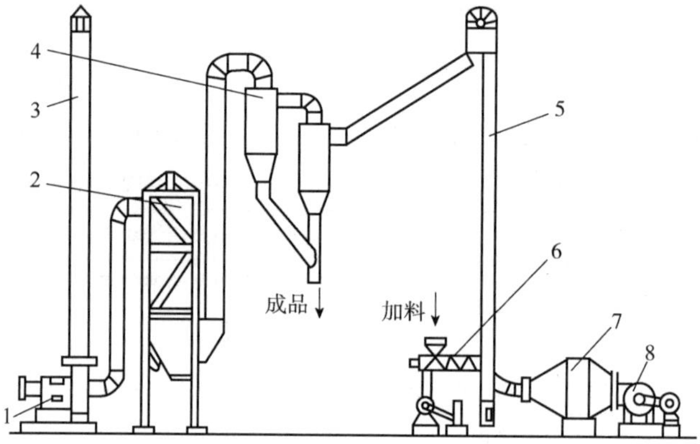

图 9 –22　气流干燥器的基本工艺流程

1—抽风机；2—布袋除尘器；3—排气管；4—旋风除尘器；5—气流干燥管；6—螺旋加料器；7—加热器；8—鼓风机

二、气流干燥器的特点

气流干燥器的特点如下：

(1)干燥效率高。在气流干燥器中，由于物料呈悬浮状态，粒子在热空气涡流的搅动下均匀分散，物料的比表面积大为增加。同时，其给热系数也提高，使传热更为有利。粉碎作用使物料表面不断更新和增加，这样物料与热空气的接触面积增大，因此干燥效率显著提高。带有粉碎设备的气流干燥器，在搅拌机中可除去65%的水分，在粉磨机中可达到70%以上。

(2)干燥时间短。干燥介质在气流干燥管中的速度为 10 ~ 20m/s，气 – 固两相间的接触时间很短，一般为 0.5 ~ 2s。物料与热空气并流操作，特别适用于热敏性物料的干燥。

(3)不会产生干燥过度问题。由于气流干燥是使被干燥物料呈单颗粒状态分散于热气流中进行瞬间干燥的方法，故水分全部变成表面水分，同时颗粒与热空气的接触面积大，水分几乎全部以表面蒸发方式被干燥，因此不会产生干燥过度问题。

(4)处理量大，热效率高。一根直径0.7m、长10～15m的气流干燥器，处理量可达到25t/h。直径1.5m的气流干燥器，最大处理量可达到80t/h，蒸发水分为8t/h。

(5)气流干燥器结构简单，占地面积小，易于建造和维修。

(6)系统阻力大。由于操作气速高，干燥系统压降较大，故动力消耗大。而且干燥产品需要用旋风分离器和袋式过滤器等分离下来，因此分离系统负荷较重。

(7)干燥产品磨损较大。由于操作气速高，因而物料易被粉碎、磨损。

三、气流干燥器的适用范围

气流干燥器的适用范围如下：

(1)气流干燥器适用于干燥粉状物料或颗粒状物料，粒子直径为0.5～0.7mm，最大不超过10mm。对于块状、膏糊状物料或滤饼状物料，应选用带有分散器、搅拌器或粉碎机等类型的气流干燥器。

(2)气流干燥器适用于进行物料表面蒸发的恒速干燥过程，物料中的水分应以润湿水、毛细管水为主的非结合水，此时可获得含水率低于0.3%～0.5%的干燥产品。对于吸附性或细胞质物料，若采用气流干燥器，干燥产品的含水率在2%～3%。对于水分在物料内部迁移以扩散控制为主的湿物料，一般不采用气流干燥器。

(3)气流干燥器压力损失大，不适宜干燥磨损性大的物料。由于气流速度较高，对颗粒有一定的磨损和粉碎，对于要求有一定形状的颗粒产品不宜采用。

四、分类

气流干燥器的类型很多，主要有直管式、脉冲式、旋风式、带竖式粉碎机的气流干燥器等。

1. 直管式气流干燥器

直管式气流干燥器的形式包括一级直管式气流干燥器、二级直管式气流干燥器、短管气流干燥器、倾斜直管式气流干燥器、倒锥式气流干燥器。图9－23所示为一级直管式气流干燥器工艺流程。

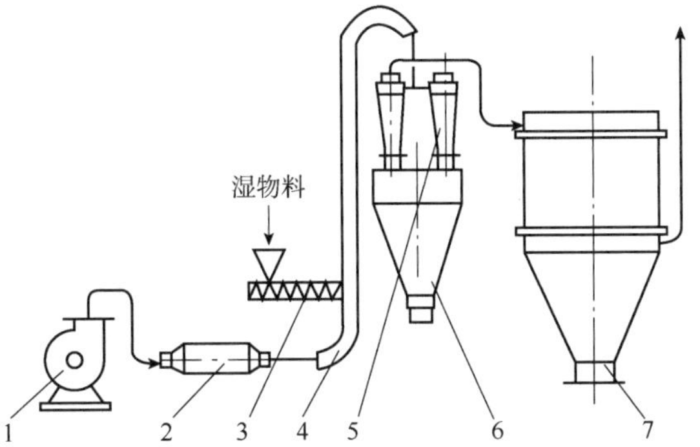

图9－23 一级直管式气流干燥器

1—鼓风机；2—加热器；3—螺旋加料器；4—气流干燥管；5—旋风除尘器；6—储料斗；7—布袋除尘器

直管式气流干燥器最大的优点是结构简单、容易制造。在干燥管的进料部位，湿物料颗粒与上升气流间的相对速度最大，随着颗粒不断加速，两者的相对速度随之减小。当其等于颗粒的沉降速度时，颗粒进入等速运动阶段，并保持到气流干燥管出口。在颗粒的加速运动阶段，气－固两相间的温差较大，单位干燥管体积内具有较大的传热与传质面积，因此这一阶段具有较大的干燥强度。在等速运行阶段，气－固两相间的相对速度不变，颗粒已具有最大的上升速度，相对于加速阶段，单位干燥管体积内具有的颗粒表面积较小，所以该阶段的传热与传质速率较低。加速运动阶段的长度为 2～3m。

2. 脉冲式气流干燥器

脉冲式气流干燥器是将气流干燥管的管径做成交替扩大和缩小的形式，使颗粒不断地被加速和减速，如图 9－24 所示。物料首先进入管径小的一段，高速气流使物料颗粒被加速，当加速运动接近终了时，干燥管径突然扩大，使气流速度骤然下降，而颗粒由于惯性进入扩大段。由于颗粒受到阻力的作用而不断被减速，直至气－固两相间的相对速度再一次等于颗粒的沉降速度时，干燥管径突然缩小，颗粒又被加速。如此反复，大大强化了传热与传质过程，提高了设备的干燥能力，从而可进一步缩短干燥管的长度。

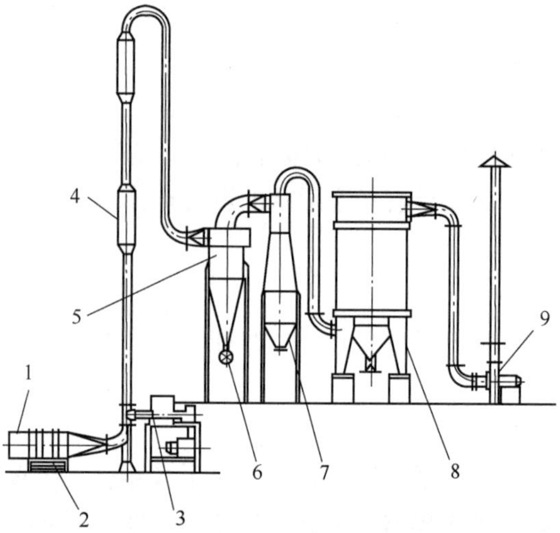

图 9－24　脉冲式气流干燥器

1—空气过滤器；2—电加热器；3—加料器；4—气流干燥管；5—一级旋风分离器
6—关风阀；7—二级旋风分离器；8—脉冲布袋除尘器；9—引风机

3. 带竖式粉碎机的气流干燥器

竖式粉碎机主要由焊在空心轴上的动牙、焊在锥体壁上的固定牙以及传动装置等组成。湿物料由立式定量加料器和卧式螺旋输送器将膏状物料挤压成直径为 5～8mm 条状或 2mm 的薄片，连续加入干燥器内，热风从竖式粉碎机底部进入主机。物料被竖式粉碎机粉碎，增加了传热与传质的表面积，把物料内部的结合水转变为表面水，物料被迅速分散干燥。同时，在竖式粉碎机的作用下，气流有足够的湍动，物料被加速，因而具有良好的传热和传质条件，条状物料迅速被干燥。由竖式粉碎机和气流干燥器组成的干燥设备适用于膏状物料的干燥（见图 9－25）。

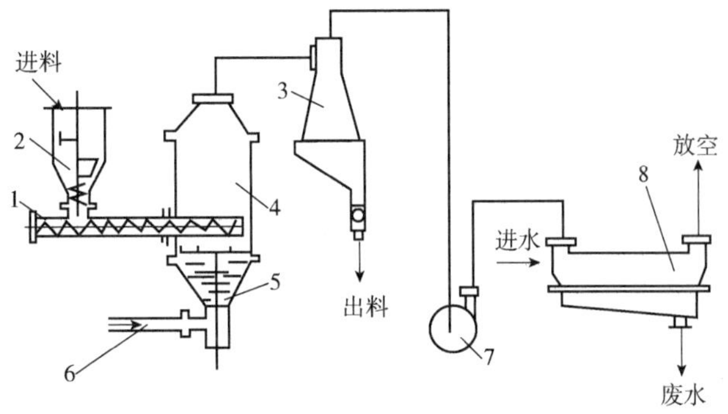

图9-25 带竖式粉碎机的气流干燥器

1—卧式螺旋输送器；2—立式定量加料器；3—扩散式旋风除尘器；
4—干燥器；5—竖式粉碎机；6—热风入口；7—风机；8—除尘器

4. 旋风式气流干燥器

旋风式气流干燥器根据流态化结合管壁传热原理，使气流夹带物料颗粒从切线方向进入，沿管壁产生旋转运动，使物料处于悬浮、旋转运动状态。因此，即使在雷诺数较低的情况下，颗粒周围的气体边界处也能呈高度湍流状态。由于切线运动，使气固相相对速度大大增加。此外，由于旋转运动使物料受到粉碎，气-固相接触面积增大，强化了干燥过程。旋风式气流干燥器特别适用于干燥憎水性强、不怕粉碎的热敏性散状物料。旋风式气流干燥器如图9-26所示。

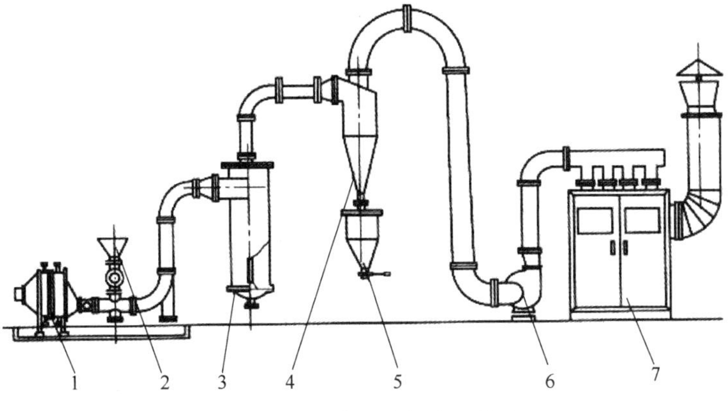

图9-26 旋风式气流干燥器

1—空气加热器；2—加料斗；3—旋风式气流干燥器；
4—旋风除尘器；5—储料斗；6—鼓风机；7—带式除尘器

第六节 旋转闪蒸干燥器

旋转闪蒸干燥器是气流干燥与流化床干燥相结合的一种新型干燥器，物料和气流在旋转状态下闪电般地蒸发水分，因而被形象地称为旋转闪蒸干燥器，工业上常简称闪蒸干燥器或旋闪干燥器。闪蒸干燥器是催化剂生产中常用的干燥设备之一，它具有生产连续、操作稳定、产量大、质量稳定等优点，在干胶粉、分子筛及一些化工催化剂的制备中被广泛应用。

20 世纪 70 年代，丹麦的尼鲁公司和安海达诺公司(ANHYDRO)首先成功研制了旋转闪蒸干燥器(Spin Flash Drver) 并投入生产。“闪蒸”(Flash)的意思是湿分如闪电般地蒸发，即瞬间快速干燥。该机型的特点之一是物料在干燥机进行分散、粉碎、分级和瞬间完成干燥过程。闪蒸干燥器是一种带有旋转粉碎装置的立式流化床干燥设备，能同时完成物料的干燥、粉碎、分级等操作。

一、工作原理

典型的旋转闪蒸干燥器工艺流程如图 9 – 27 所示。

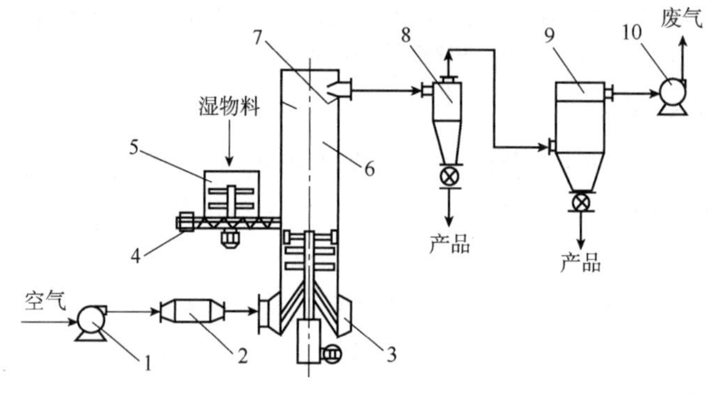

图 9 – 27　旋转闪蒸干燥器工艺流程

1—鼓风机；2—空气加热器；3—热风分布器；4—螺旋加料器；5—料罐；6—干燥器；7—分级器；8—旋风分离器；9—袋式过滤器；10—引风机

料罐中的湿物料通过螺旋加料器，被定量输送到干燥器内；空气经鼓风机和空气加热器后达到干燥要求的温度，进入热风分布器中；热风以很高的速度旋转向上进入干燥室，在搅拌齿的作用下，使湿物料在热风中充分分散、干燥。干燥好的细粉被气流输送到旋风分离器中收集下来作为产品，废气再经袋式过滤器捕集下粉尘后，经引风机排空。尚未达到干燥要求的湿颗粒团被分级器分离下来落入干燥器底部，继续干燥。

旋转闪蒸干燥器的工作原理如图 9 – 28 所示。

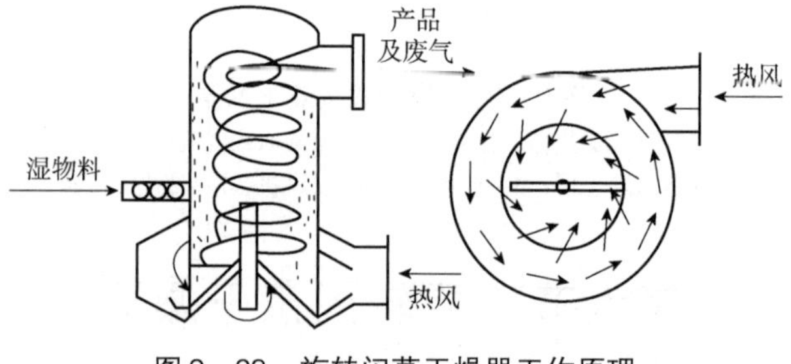

图 9 – 28　旋转闪蒸干燥器工作原理

旋转闪蒸干燥器的工作机理可分为 4 个过程：破碎、气固混合、干燥和细粉分级分离。高温热风(通常为 300 ~ 350℃)从主机底部环隙口高速切向进入混合室，绕塔体轴心线螺旋上升。物料从主塔中上部送入旋转闪蒸干燥器内，浆状物料通常采用软管泵输送，经过喷嘴以喷射的形式进入主塔；而膏状物料采用螺旋输送器送入塔内。物料进入主塔后下降，在此过程中与热风相遇进行预干燥，继续下降与搅拌器的铰刀进行碰撞、破碎，并与螺旋上升的热气流充分接触，物料表面水分迅速蒸发。不同粒径的物料在流化室的不同高度形成“沸腾”状态。经过流化干燥、离心、碰撞、剪切和摩擦等作用后，碎料变成了粒径不同、形态各异的颗粒。当这些颗粒被破碎、干燥到一定程度时，被气流卷起，离开混合室进入干燥室。干燥室的热风经过流化室的质热交换后，湿度增大，风速减小，物料在此停留干燥的时间相对延长，保证了物料的充分干燥。颗粒度较大的物料上升到塔顶分级环后，与淘析环碰撞，又回落重新干燥，直到干燥合格；颗粒度小的物料运动到分级环位置时，顺利地通过淘析环中心孔，离开干燥室进入分级室，从分级室出料口进入袋式除尘器进行分离。

根据干燥过程中发挥的作用可以把主体设备分为三部分，底部是流化段，中部为干燥段，上面是分级段，各段结构不同，所起作用也不同。

搅拌器铰刀设置在流化段物料入口的下部，它能破碎高黏性的物料，并使湿物料与干燥热空气充分接触，产生最大的传热系数。干燥热风从切线方向以一定风速进入干燥器底部环行通道，从壳底缝隙进入流化段。由于通道截面突然减小，使动能增加、风速增大，这样在干燥器内形成具有较大风速的旋转风场。

物料自螺旋输送器(或其他方式输送)进入干燥器后，首先承受搅拌器的机械粉碎，在离心、剪切、碰撞的作用下物料被打碎，与旋转热风充分接触形成流化床而被流态化。处于流化状态的颗粒表面完全暴露在热风中，彼此之间互相碰撞和摩擦，同时水分蒸发，使粒子间黏性力减弱，颗粒之间呈分散、不规则的运动。气－固两相充分接触，加速了传质、传热过程。

在流化段内冷热介质温差最大，大部分水分在此区域被蒸发，只有充分干燥后的微粒才能被热风带出流化段。流化段属于高温区，物料湿含量较大，当物料水分散失后，完全脱离了高温区进入干燥段。因为流化段物料颗粒内部保持一定水分，物料不会过热。经过流化床干燥后，物料被破碎干燥成粒度不同的球形颗粒和不规则颗粒，在旋转空气的浮力和径向离心力作用下，未干燥的颗粒在较大离心力作用下向塔壁运动，因具有较大的沉降速度而落回流化段重复流化干燥；较小颗粒向上进入干燥段进行下一步干燥。

干燥段是加料螺旋以上至分级器之间的空间，此时物料在旋转风场中继续干燥。较小颗粒继续向上进入分级段；较大颗粒下落重新干燥，直到达到干燥质量要求。

分级段是包括分级器在内的分级器以上部分，分级器是一个开孔圆挡板，通过改变孔直径和分级段高度，改变空气流速就可以改变离开干燥器的粒子尺寸和数量。在此段干燥完成、达到粒度要求的物料由热风带出进入旋风分离器(根据需要设置)或布袋分离器，经卸料阀卸出。较粗的颗粒被分级器挡住，降落到下部重新粉碎。

二、结构特点

旋转闪蒸干燥器是带有螺旋粉碎装置的立式流化床干燥机，能够同时完成物料的粉碎、干燥、分级等单元操作。旋转闪蒸干燥器包括塔体、搅拌器、机架、搅拌驱动装置、铰刀、八字刀杆组合、进料口、进风口、出料口，塔体、搅拌器以及搅拌驱动装置安装在机架上，驱动装置带动搅拌器旋转，搅拌器上设置有 5 ~ 7 组铰刀，铰刀安装在闪蒸塔内底部。旋转闪蒸干燥器的结构见图 9 – 29。

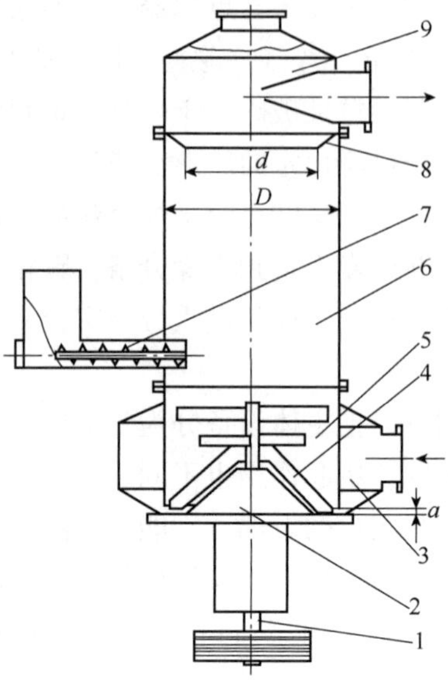

图 9 – 29　旋转闪蒸干燥器结构

1—旋转轴；2—锥形底；3—气流分配器；4—搅拌铰刀；5—流化段；6—干燥段；7—螺旋输送器；8—分级器；9—成品区

(1) 干燥室底部设有锥形结构，使热空气流通截面自下而上不断扩大，底部气速高，上部气速低，从而下部大颗粒与上部小颗粒都能处于良好的流化状态。锥形结构还缩短了搅拌轴悬臂的长度，增加运行的可靠性。轴承设在机外，避免轴承在高温区长期工作，延长了轴承的使用寿命。

(2) 湿物料在被搅拌齿粉碎的同时，又被甩向器壁，黏结在内壁上，如不及时刮下会影响产品质量，所以搅拌齿顶端设有刮板，能及时刮掉黏结在器壁上的物料以防过热。

(3) 干燥室上部设有分级环，其作用主要是将颗粒较大或没干燥的物料与合格产品进行分离，把不合格产品挡在干燥室内，能有效保证产品粒度和水分要求。

(4) 锥底热空气入口处设有冷风保护，防止物料与高温空气接触产生过热变质。

(5) 物料在热空气中高速分散，干燥时间短，特别适用于热敏性物料的干燥。

(6) 连续化操作，加料量、热空气温度、产品粒度可以在一定范围内自行控制，从而保证干燥产品的各项指标。

(7) 干燥系统为封闭式，而且在负压下操作，粉尘不外泄，保护生产环境，安全卫生。

(8) 设备结构紧凑，占地面积小，集干燥、粉碎、分级为一体。是流化技术、旋流技术、喷动技术及对流传热技术的优化组合，大大简化了生产工艺流程，节省了设备投资和运转费用。

三、主要部件的结构与工作原理

1. 锥形底

底部设计为锥形的目的是使物料集中在底部周围，此区域搅拌的切向速度大，热空气流速高，有利于物料的分散和粉碎。已粉碎的物料按粒径大小径向分布，中心为细料，沿壁处为粗粒，粗粒在离心力的作用下与筒壁碰撞而粉碎，较粗的粒子被分级环挡住下落到底部进行再粉碎。锥形底同时也改善了轴与支承的受力结构，可承受较高的轴转速和物料阻力。

2. 搅拌铰刀

在旋转闪蒸干燥器的流化段，物料入口的下部设置有多组搅拌铰刀，铰刀的高速旋转能使物料与干燥空气充分接触，物料因强烈的剪切、碰撞、摩擦而微粒化，形成较大的比表面积，强化了传质传热。旋转闪蒸干燥器铰刀的结构见图 9－30。

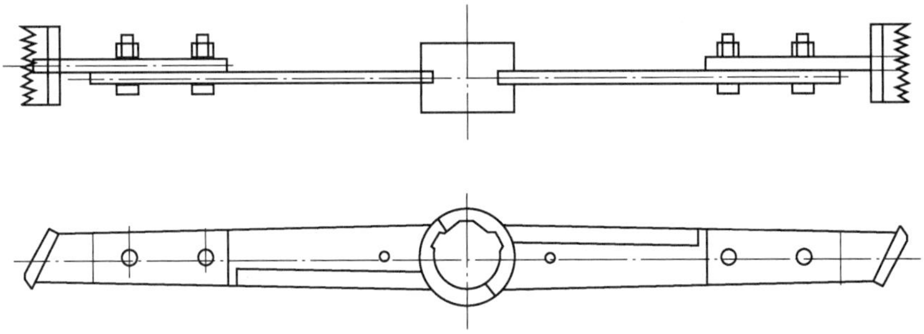

图 9－30　旋转闪蒸干燥器铰刀结构

旋转闪蒸干燥器的铰刀在使用前期一般磨损较小，设备运行稳定，设备运行一段时间后刀头出现明显磨损，物料粉碎效果变差，容易造成大块物料在塔底堆积。因此，铰刀的刀头与刀架做成分体结构，刀头采用强度较高的材质，如 2Cr13、3Cr13、40Cr 等高强度马氏体不锈钢，铰刀刀头表面进行淬火或渗氮、渗碳等热处理，提高材料的耐磨性。

3. 气流分配器

气流分配器为倒锥形结构的外圆环，与热空气入口相连。热空气从锥体底部狭缝以切线方向进入干燥器，形成旋转上升的气流。缝隙尺寸决定了旋转气流速度，直接影响干燥的质量和效率。气流速度为 30～60m/s，以保证物料在干燥器内达到流态化状态。

4. 分级器

分级器在干燥器顶部，其形状为短管状或圆环状。分级器的作用是将颗粒较大、未达到干燥要求的物料分离挡下，以继续进行粉碎和干燥。

四、设备特点

与其他结构形式的干燥器相比，旋转闪蒸干燥器具有以下特点：

(1)能处理非黏性和黏性的，甚至黏稠的膏状物料。湿物料能一次成为粒度均匀、湿分合格的产品，而无须进一步粉碎。

(2)设备紧凑，节省厂房空间。

(3)连续操作，物料在干燥器内停留时间长短可调(15～500s)，因此有利于热敏物料的干燥。

(4)干燥强度高。

五、主要技术参数

旋转闪蒸干燥器的主要技术参数见表9－7。

表9－7 旋转闪蒸干燥器的主要技术参数

序号	参数	单位	参数描述
1	主塔内径	mm	设备处理能力的主要参数
2	主塔高度	mm	
3	热风加热器功率	kW	
4	搅拌器电动机功率	kW	
5	输出能力	t/h	
6	设备重量	t	

六、主要操作参数

旋转闪蒸干燥器的主要技术参数如下：

(1)操作温度。选择适宜的操作温度，对于降低操作费用、提高产品质量和过程的经济性是非常重要的。一般来说，操作温度的选择依赖于物料的性质和实际的操作经验。在条件允许的情况下，尽可能提高干燥室入口热风温度，降低出口废气温度，对节能是有利的。

(2)操作气速。气体干燥介质在干燥室内的操作速度与物料性质及能耗等有关，通常由实验来决定。轴向表观速度为3～5m/s，热风分布器内环隙风速为30～60m/s。

(3)其他操作参数。干燥室底部搅拌铰刀的转速为50～500m/s。对于其他一些参数，目前只能根据实验和经验确定。

七、常见故障分析与处理方法

旋转闪蒸干燥器的常见故障分析与处理方法见表9－8。

表9－8 旋转闪蒸干燥器的常见故障分析与处理方法

故障现象	故障原因	处理方法
皮带打滑、断裂脱落	闪蒸环隙口堵死	清理环隙口
	闪蒸塔堵料	清理闪蒸塔
异常响声或振动	支架不牢引起管路振动	支架加固
	地脚螺栓松动	紧固地脚螺栓
	基础不牢	基础加固
	闪蒸铰刀、耙齿脱落	立即停车，联系钳工检查处理
	电动机故障	立即停车，联系电工检查处理
	法兰密封效果不良	立即联系维修人员处理
	塔体内有异物	立即停车，检查处理

续表

故障现象	故障原因	处理方法
轴承温度高	油量不足或过多，油质不良	加适量合格的润滑油或彻底换油
	轴承损坏	联系钳工检查处理
	负荷过大	进行工艺调整
	冷却水未开或堵死	打开冷却水或清通冷却水管
压差不平衡	系统漏气或堵塞	检查系统是否有漏气、堵塞
搅拌器不转或负荷过大	加料量过大造成物料堆积	减小进料量
	有坚硬杂物进入铰刀室	清除杂物
	环隙口堵死造成物料堆积	清通环隙口
	热风温度过低	提高热风温度
	引风量偏小	增大引风量
干燥室正压	鼓风量偏大(如有鼓风机)	降低进风量
	软连接漏风(如有鼓风机)	更换软连接或加固
	布袋堵塞	清除布袋粉尘
	引风量偏小	增大引风量

第七节　喷雾干燥器

喷雾干燥同时具有干燥和成型的作用，它不但能将浆状物料进行干燥，而且干燥后的固体颗粒能够形成具有一定粒径的微形小球。喷雾干燥在催化剂生产中最典型的应用是催化裂化催化剂、SMTO 催化剂和丙烯腈催化剂的喷雾成型。

喷雾干燥是采用雾化器将原料液分散为雾滴，并用热气体(空气、氮气或过热水蒸气)干燥雾滴而获得产品的一种干燥方法。喷雾干燥器属于热风直接加热、连续式的干燥设备，适用于溶液、悬浊液、糊状、胶体状物料。

一、工作原理

物料通过雾化器(离心式、压力式、气流式、压力-气流式)雾化成液滴直接喷入干燥塔内，分散地悬浮在热气流中，在气流内加速和输送的过程中完成对湿物料的干燥。因此，喷雾干燥器有效传热、传质面积大，干燥时间短，一般为 5～30s，能获得几微米到 ϕ2～3mm 的空心颗粒产品，操作温度为 150～500℃。喷雾干燥的热空气用量较大，后处理设备较多，自动化控制程度高，造成的环境污染较小。

在喷雾干燥器中，物料的干燥可分为两个阶段：恒速干燥阶段和降速干燥阶段。

(1)等速干燥阶段。水分蒸发是在液滴表面发生的，物料表面始终被水所润湿，物料内部大孔隙中的非结合水很容易向表面移动，足够补充表面汽化所失去的水。因此，不论何种物料在恒速干燥阶段的干燥速率与湿空气的性质(温度、湿度及流速等)有关，而与物料性质无关。此时，物料表面的温度始终保持为空气的绝热湿球温度。

(2)降速干燥阶段。在此阶段，从物料内部向表面移动的水分已经不足以补充表面汽化的水分，此时已过了临界含水率。在整个降速干燥阶段，干燥速率取决于物料性质，属于物料内部水分控制阶段。因此，物料表面温度逐步上升并接近出口空气的温度。

二、设备结构

工业上常用的喷雾干燥塔有卧式和立式两大类，催化剂生产中使用的干燥塔通常为立式，它是由多个单元组合而成的一个系统工程。包括空气过滤器、鼓风机、加热器、供料装置、雾化器、干燥塔、气 - 固分离器、卸料器、引风机、产品冷却、输送装置、干燥塔清洗及自动控制等。图 9 - 31 所示为一套离心式喷雾干燥塔示意。

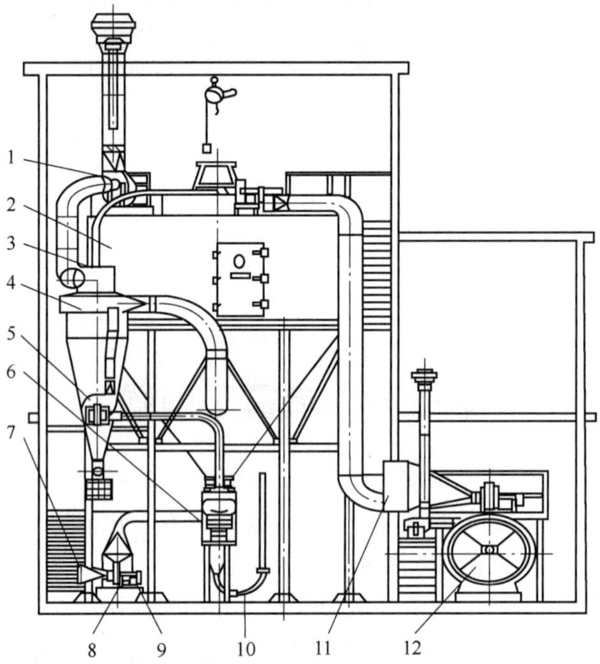

图 9 - 31　喷雾干燥塔示意

1—排风机；2—干燥塔；3—细粉风送管；4—主旋风除尘器；5—小旋风用风机；6—流化冷却床；7—冷却空气过滤器；8—冷风机；9—空气冷却器；10—成品输送管；11—空气过滤器；12—燃油热风炉

三、分类

1. 按生产流程分类

喷雾干燥器的流程，有开放式、封闭循环式、自惰循环式、半封闭循环式 4 种形式。本小节只介绍开放式、封闭循环式。

(1)开放式喷雾干燥系统如图 9 - 32 所示。开放式喷雾干燥流程的特点是：热风来自大气，干燥后仍排入大气，适用于废气中含水率较高，排入大气的气体为无毒、无臭味的水蒸气介质。塔内一般保持负压或微正压，为了保证压力稳定，整个系统一般采用 2 台风机。

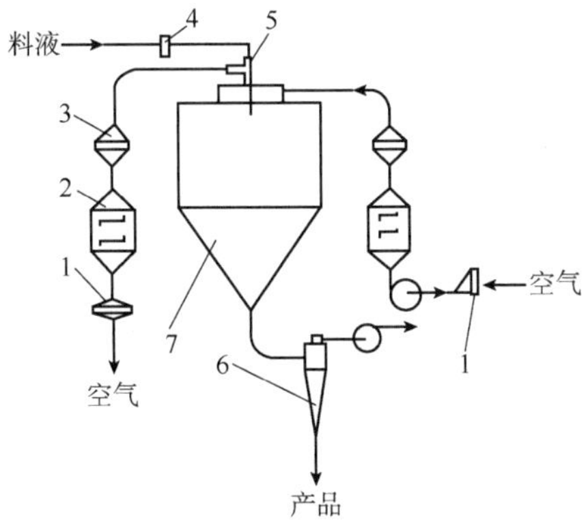

图 9－32　开放式喷雾干燥系统

1—空气过滤器；2—空气加热器；3—精过滤器；
4—物料过滤器；5—雾化器；6—旋风除尘器；7—干燥塔

（2）封闭循环式喷雾干燥系统如图 9－33 所示。其特点是热载体在整个系统中组成一个封闭的回路，比开放式系统增加一套溶剂冷凝回收装置，并需要充分考虑耐压性、气密性、防毒性以及氧浓度、压力、温度等。

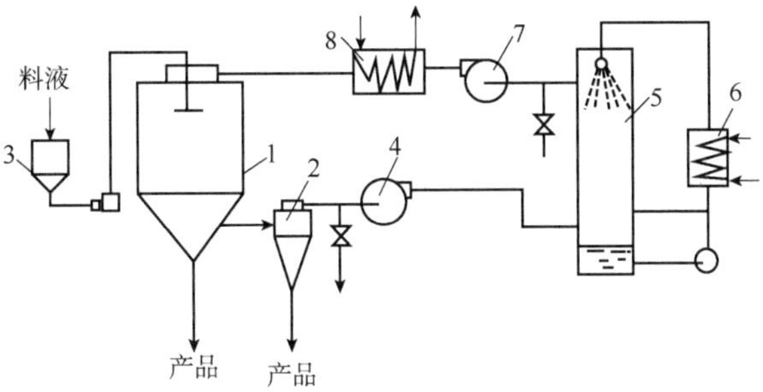

图 9－33　封闭循环式喷雾干燥系统

1—喷雾干燥器；2—旋风分离器；3—料罐；4—排风机；
5—湿式洗涤器；6—洗涤器冷却系统；7—鼓风机；8—加热器

2. 按空气－雾滴在喷雾干燥塔内的运动方式分类

在喷雾干燥塔内，空气（热风）和雾滴的运动方向和混合情况，直接影响干燥产品的性质和干燥时间。应根据具体的工艺要求，选择适宜的空气－雾滴的运动方向。

空气和雾滴的运动方向取决于空气入口和雾化器的相对位置。据此，可分为并流、逆流和混合流运动。由于空气－雾滴的运动方向不同，塔内温度分布也不同。

（1）空气－雾滴向下并流喷雾干燥。如图 9－34 所示，喷嘴安装在塔的顶部，空气也从顶部进入。空气－雾滴首先在塔顶温度最高区域接触，水分迅速蒸发，大量吸收高温空气的热量，因而空气温度急剧下降。当颗粒运动到塔的下部时，产品已干燥完毕，此时空气温度也已降到最低值。并流操作适用于热敏性物料的干燥，关键在于严格控制出口温度。

（2）空气－雾滴逆流运动。如图 9－35 所示，热风从塔底进入，由塔顶排出，料液从塔顶向下喷出，产品由塔底排出，空气－雾滴在塔内形成逆向流动。

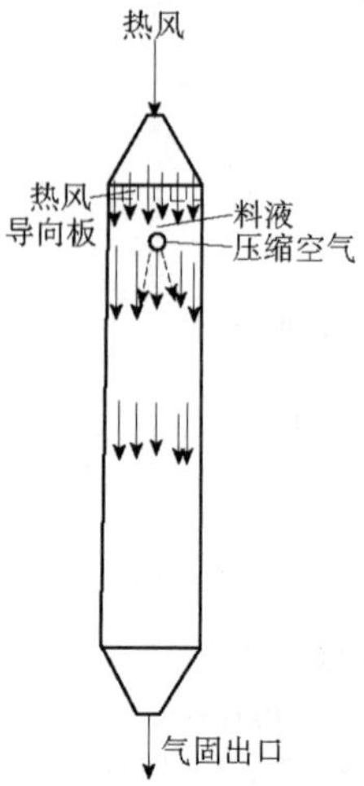

图 9－34　并流喷雾干燥

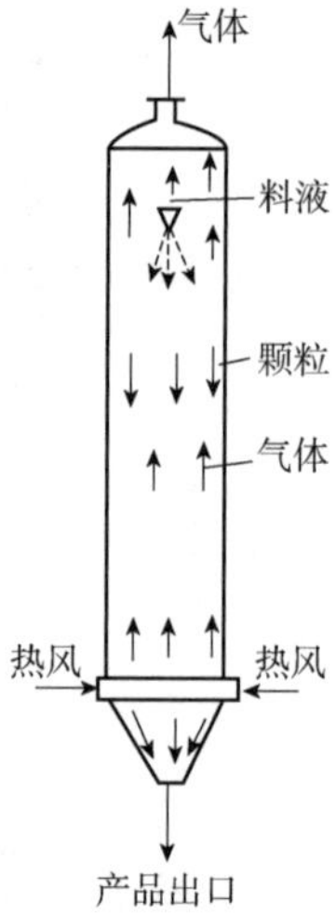

图 9－35　逆流喷雾干燥

逆流操作将干燥好的含水较少的产品与进口的高温空气接触，传热传质的推动力较大，可以最大限度地除掉产品中的水分；由于气流向上运动，雾滴向下运动，延缓了雾滴和颗粒的下降速度，在干燥室内的停留时间较长，有利于干燥。

逆流操作产品与高温气体接触，容易造成产品变质或分解，因此只适用于非热敏性物料的干燥。

逆流操作要保持适宜的空塔速度，若超过限度，将引起颗粒的严重夹带，增加回收系统的负荷。

(3)空气－雾滴混合流运动。混合流运动，是既有逆流又有并流的运动，分为以下两种情况。

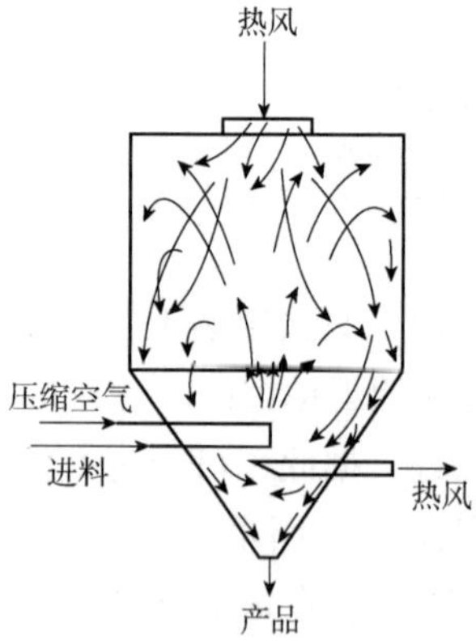

图 9－36　混合流运动情况(1)

①喷嘴安在干燥室底部，向上喷雾，如图 9－36 所示。热风从顶部进入，雾滴先与空气逆流向上运动，达到一定高度后又与空气并流向下运动，最后物料从底部排出，空气从底部的侧面排出。

②喷嘴安在塔的中上部，如图 9－37 所示。物料向上喷雾，与塔顶进入的高温空气接触，使水分迅速蒸发，具有逆流热利用率高的特点。物料干燥到一定程度后，又与已经降低了温度的空气并流向下运动，干燥的物料和已经降低到出口温度的空气接触，避免了物料的过热变质，具有并流操作的特点。这种流向延长了颗粒在塔内的停留时间，从而可降低塔的高度。在设计与操作时，要防止颗粒返回区域产生严重的粘壁现象。

3. 按雾化方式分类

按雾化方式分为压力式喷雾干燥器(见图 9－38)、离心式喷雾干燥器(见图 9－39)和气流式喷雾干燥器。

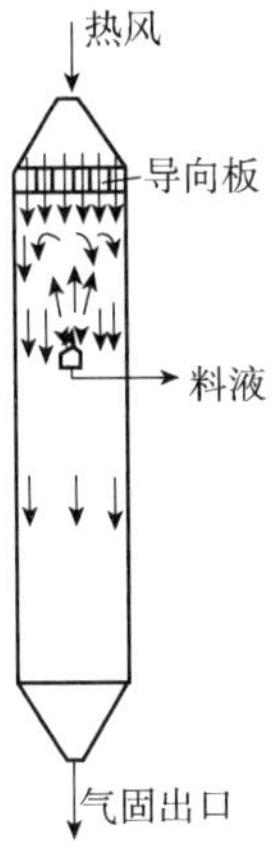

图 9－37　混合流运动情况(2)

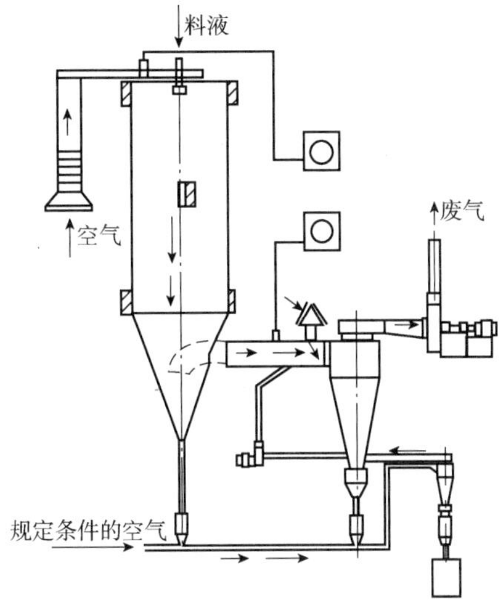

图 9－38　压力式喷雾干燥器

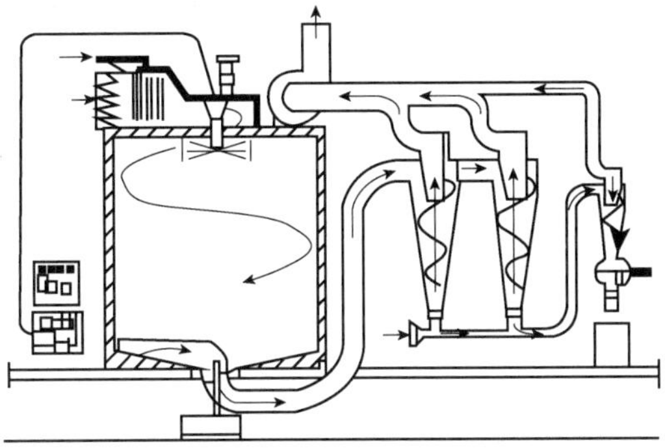

图 9－39　离心式喷雾干燥器

工业上以压力式和离心式为主。气流式动力消耗较大，经济上不合理，应用范围较小。三种雾化方法与干燥形式对比见表 9－9。

表 9－9　三种雾化方法与干燥形式的对比

项目	参数	离心式喷雾	压力式喷雾	气流式喷雾
料液	处理量	调节范围大，可相应地改变转速，适用于高黏度物料	调节范围最小，处理量大，可用多喷嘴。高黏度喷雾困难	调节范围较窄
	黏度变化			可调节压缩空气压力
供料	压力，MPa	低压，约 0.3	高压，1～20	低压，约 0.3
	高压泵	不需要	需要高压泵	不需要
喷雾器	价格	高	便宜	便宜
	维护保养	高速旋转装置精度高，维护保养难	喷嘴易磨损，高压泵需维护保养	容易
	动力消耗	小	最小	最大

续表

项目	参数	离心式喷雾	压力式喷雾	气流式喷雾
产品	粒度	细	稍粗	细
	均匀性	均匀	大致相同	不均匀
	堆积密度	轻，粒子中孔呈球形	重，粒子中空	
干燥塔	热风流向	逆流和水平流不适宜	并流、逆流、混合流、水平流	并流、逆流
	塔　径	大	小	小
	塔　长	低	高	较低
安装位置和粘壁现象		雾化器装在塔顶中心，塔顶内壁易黏附	雾化器可安装在任意位置，粘壁可预防	小直径易粘壁
形式	水平并流		适合	适合
	垂直向上逆流		适合	适合
	垂直向下并流	适合	适合	适合
	垂直向上混合	适合		
	垂直向下混合	适合	适合	

四、雾化器结构

雾化器的设计直接影响产品的质量和技术经济指标。喷雾分散度越高，干燥效能越大；雾化越均匀，产品的含水量变化越小。在实际生产中，往往出现大颗粒没有干透，而小颗粒已经过干的现象。因此，雾化器必须满足生产工艺要求，既要保证料液的分散度，又能使粒度变化控制在最小限度。喷雾干燥的雾化器主要有三种形式：压力式、离心式和气流式。催化剂生产中的喷雾干燥器常用的雾化器主要是压力式雾化器和离心式雾化器，下面重点介绍这两种形式的雾化器。

1. 压力式雾化器

压力式雾化器俗称压力喷嘴。按喷雾状况分为两种形式：一种喷雾呈完全圆锥形，其特点是在喷雾圆锥体内，充满雾滴，而且中心部分液滴分布较多。另一种喷雾呈中空圆锥形，其特点是圆锥体内无雾液，中间形成空心，雾滴沿锥体表面均匀分布。喷雾干燥用的喷嘴通常选用中空圆锥形。比较典型的有以下几种：

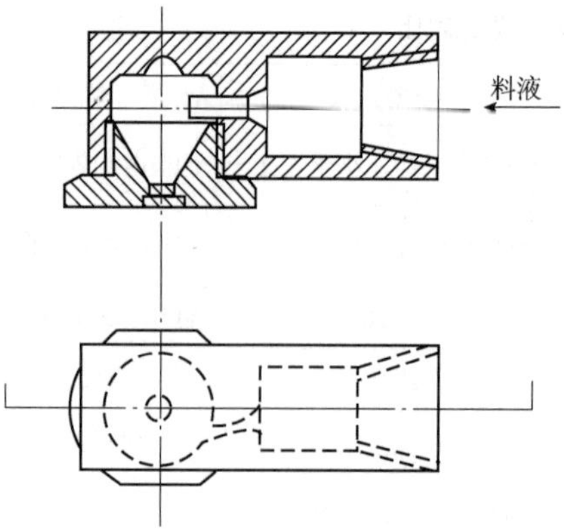

图 9－40　旋涡式压力喷嘴

(1)旋涡式压力喷嘴

液体压入喷嘴后，从切线风向进入涡旋室，液流即产生旋涡，喷雾呈中空圆锥体。结构如图 9－40 所示。

(2)离心式压力喷嘴

液体从任意角度进入喷芯的沟槽，由于沟槽与轴线倾斜呈一定角度，液流呈螺旋状进入旋转室，产生离心作用，在喷孔出口处喷雾，形成中空圆锥体。结构如图 9－41 所示。

离心压力喷嘴由喷头座、喷头、喷芯、喷嘴、垫片组成。喷芯的沟槽一般有 2 ~ 6 条。喷芯及喷嘴必须用耐磨材料制造，常用硬质合金、粉末冶金、碳化钨、陶瓷等。

(3) 多导管旋涡式压力喷嘴

这是旋涡式压力喷嘴的改良型。喷嘴上套入多孔板，使液流进入旋转室时呈均匀状通过切线导管，从而产生中空圆锥形的均匀雾滴。结构如图 9 - 42 所示。

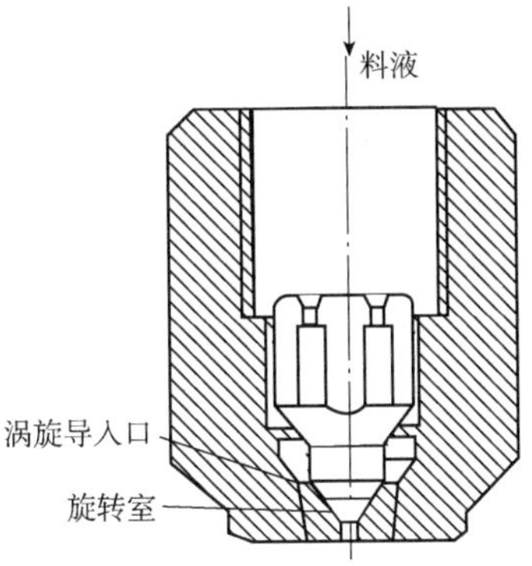

图 9 - 41　离心式压力喷嘴

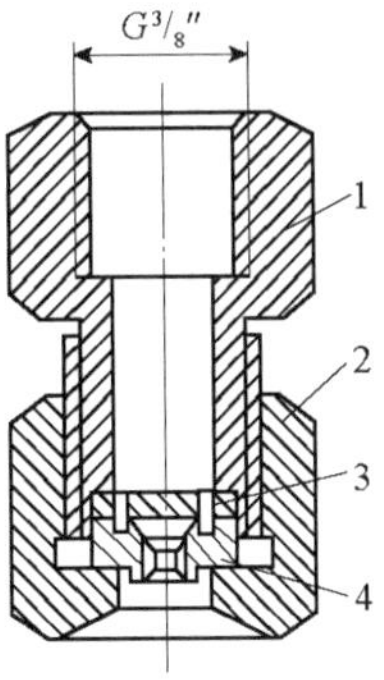

图 9 - 42　多导管旋涡式压力喷嘴

1—喷头座；2—喷头；3—多孔板；4—喷嘴

(4) 混合式压力喷嘴

如图 9 - 43 所示，该形式的喷嘴有两个旋转室，在第一旋转室内，液体从切线方向进入，具有旋涡式压力喷嘴的特点。在第二旋转室内，液体从侧面沟槽中进入，一部分则从中间小孔进入，具有离心式压力喷嘴的特点，是两种形式喷嘴的结合。适用于压力不高的场合，属于低压喷嘴。

2. 离心式雾化器

(1) 离心式雾化器的雾化原理及特点

图 9 - 44 所示为一高速旋转圆盘，当在盘上注入液体时，液体受两种力的作用：①离心力和重力作用下得到加速而分裂雾化；②同时液体和周围的接触面处，由于存在摩擦力促使形成雾滴。前者称为离心雾化，以离心力起主导作用。后者称为速度雾化，离心力只起给液体加速作用。实际上这两种雾化同时存在，当液量少转速较低时，以离心雾化为主。

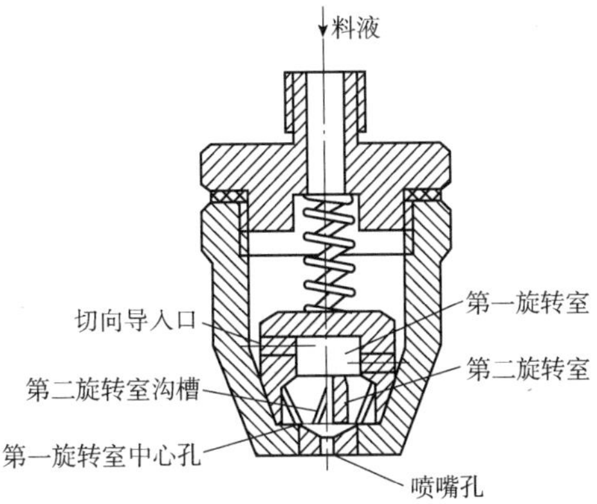

图 9 - 43　混合式压力喷嘴

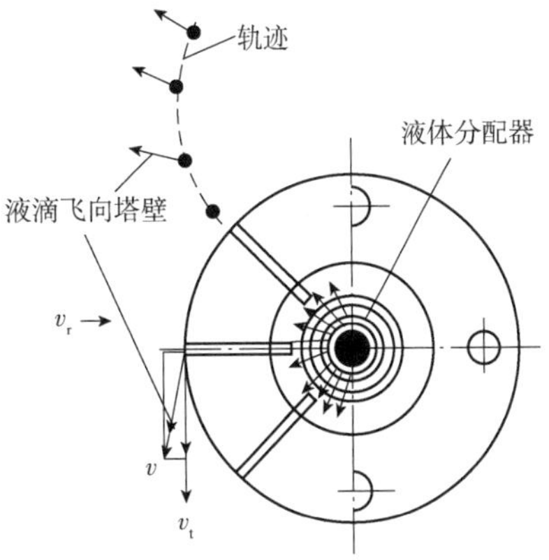

图 9 - 44　离心喷雾的雾化原理

离心雾化与料液物性、流量、圆盘形状直径、转速有关。雾化的发生有以下三种情况（见图9－45）：

①直接分裂成液滴。当料液流量很少时，料液受离心力作用，在圆盘周边隆起呈半球状，其直径取决于离心力和料液的黏度及表面张力。当离心力大于表面张力时，圆盘周边的球状液滴立即被抛出而分裂雾化，液滴中伴随着少量大液滴[见图9－45(a)]。

②丝状割裂成液滴。等料液流量较大而转速加快时，半球状料液被拉成许多丝状射流。液量增加，圆盘周边的液丝数目也增加，如果液量达到一定量后，液丝就变粗，而丝数不再增加。抛出的液丝极不稳定，在离周边不远处即被分裂雾化成球状小液滴[见图9－45(b)]。

③膜状分裂成液滴。当液体流量继续增加时，液丝数量与丝径均不再增加，液丝间互相成薄膜，抛出的液膜离圆盘周边有一定距离后，被分裂成分布较广的液滴。若将圆盘转速提高，液膜便向圆盘周边收缩。若液体在圆盘表面的滑动能减到最小，则可使液体以高速度喷出，在圆盘周边与空气发生摩擦而分裂雾化，即为速度雾化[见图9－45(c)]。

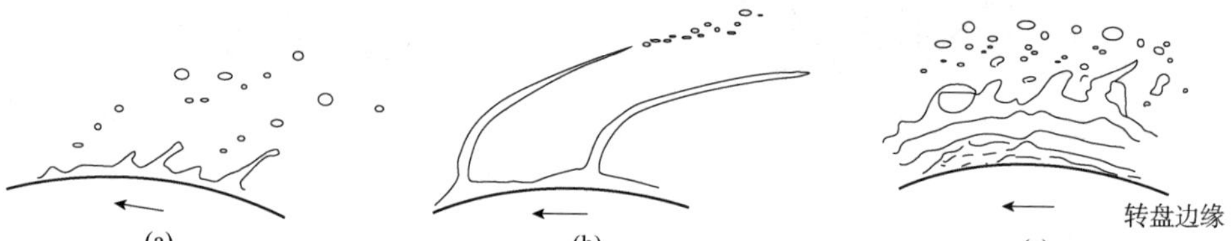

图9－45　离心喷雾的雾化过程

为了保证液滴的均匀性，离心式雾化器应满足下列条件：

①离心力必须大于重力。

②圆盘旋转时不可有振动。加工精密，动平衡要好。

③给液量分配必须均匀，圆盘表面要完全被料液湿润。

④圆盘及沟槽表面必须平滑光洁。

喷雾的均匀性，随着圆盘转速的增加而提高。实验证明，当圆周速度达到60m/s时，就不会出现雾化不均匀现象。工业上常用的喷雾圆盘直径为100～500mm，转速为3000～20000r/min，圆盘圆周速度为60～170m/s。

(2)离心式雾化器的形式与结构

1)蝶形光滑圆盘

蝶形光滑圆盘外形似倒放的碟子，如图9－46所示。表面光滑，具有锐利周边，料液流经表面即被剪断，适用于细粒喷雾。

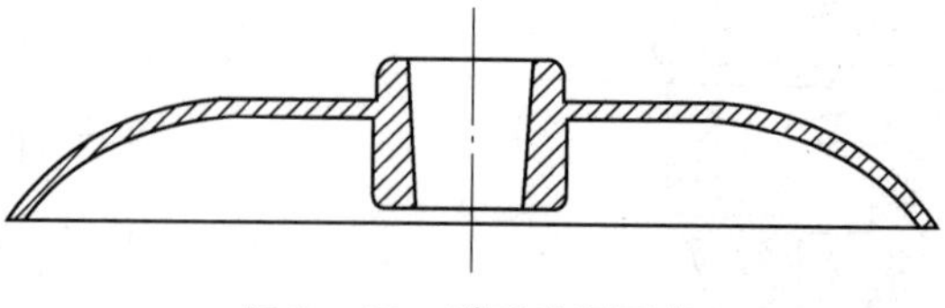

图9－46　蝶形光滑圆盘

2)多管圆盘

多管圆盘如图9－47所示，在圆盘周边嵌入许多喷管，孔径大小的改变将影响雾滴的粗细，适用于粒度大小要求均匀的场合。

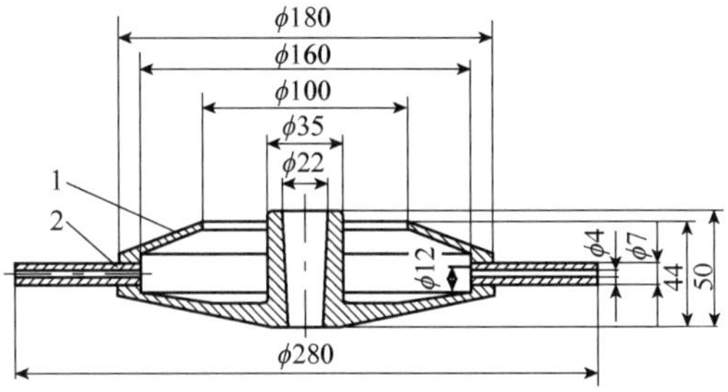

图9－47　多管圆盘

3)多叶圆盘

如图9－48所示，在盘盖和圆盘间有许多叶片分割，使喷雾时周边影响小。这种多叶圆盘结构比较合理。料液的滑动根据液膜在盘面上的运动速度而定，离盘中心较近的地方，运动速度不大，因此滑动也不大。在离轴中心一定距离设置叶槽，目的是防止料液滑动，增加湿润面的周边，使薄膜沿叶槽垂直面移动。这种结构可以不改变离心盘的直径，而是借助叶槽高度来提高喷雾能力。所得到的分散度和喷矩直径是相同的。

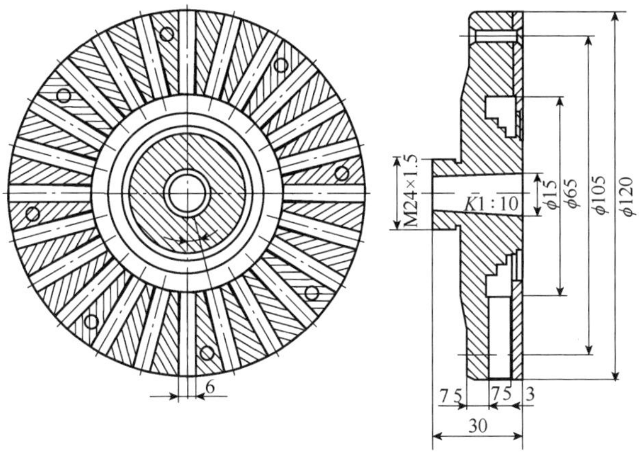

图9－48　多叶圆盘

多叶圆盘叶片分隔间距越小，则喷出的液滴越细。反之，叶片分隔间距越大，则液滴越粗。

(3)离心式雾化器的驱动方式

离心式雾化器通过以下几种驱动方式，使其在一定的转速范围及负荷下运转。这些方式主要有气动式驱动、电动机直接驱动、机械传动式(皮带传动、齿轮传动)。图9－49所示为雾化器的驱动方式。无论何种驱动方式，都必须保证雾化器的转速不处在临界转速附近运转。

3. 雾化器的选择

雾化器的作用在于产生均匀的雾滴。选择雾化器时，必须考虑经济的合理性。对于给定的操作条件，应获得最佳的喷雾特性。

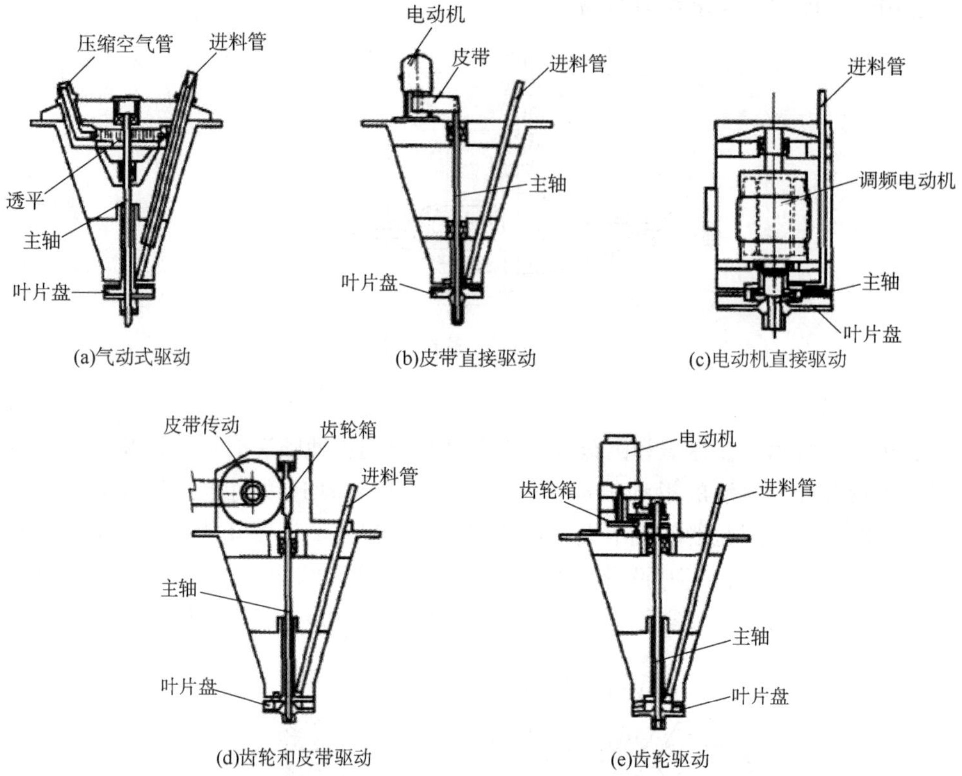

图 9－49　雾化器的驱动方式

(1)雾化器的选择应考虑下列要求：

①液滴的直径范围较广；

②调整雾化器的操作条件，可以控制滴径分布；

③进料时无内部磨损或磨损量可控；

④可以采用标准抽吸设备、重力或虹吸进料系统；

⑤结构简单，易于检修；

⑥雾化器产生的液滴特性与干燥室结构要相符；

⑦雾化器要有足够的安装和检修空间。

(2)雾化器选择的依据。若已确定某物料适用于喷雾干燥法干燥，那么，要选择离心式雾化器，还是压力式雾化器，应考虑下列条件：

①在雾化器进料量的范围内，能达到完全雾化。离心式或压力式雾化器，对于低、中等和高的进料量范围都是适用的。离心式雾化器对于大流量更有利。

②达到料液完全雾化时，雾化器所需的功率问题。对于大多数喷雾干燥来说，离心式雾化器和压力式雾化器所需功率具有相同的数量级。在选择雾化器时，所需功率不是决定性因素，供给雾化器的能量远远超过理论上用于分裂液体为雾滴所需的能量。

③在相同进料流量时的滴径分布情况。在低的至中等的进料流量时，离心式和压力式雾化器的滴径分布具有相同的特征。在高进料流量时，离心式雾化器所产生的雾滴一般具有较高的均匀性。

④雾滴的尺寸分布通常有一个范围。而这个范围是产品特性所要求的，必须满足。离心叶片盘适合于较细和中等滴径的产品，压力式雾化器适用于中等或偏粗的滴径。

⑤操作的适应性问题。从操作的观点看，离心式雾化器比压力式雾化器有较大的适应性。离心式雾化器可以在较宽的进料流量变化下操作，在其他操作条件保持不变的情况下，只需改变雾化轮的转速，产品粒度上不会有显著的变化。

⑥干燥塔结构要适应于雾化器的操作。压力式雾化器的细长特性，能够使其置于并流、逆流和混合流的干燥室中，用空气分布器产生旋转的或平行的空气流动。离心式雾化器一般采用旋转的空气流动方式。

⑦物料的性质要适应于雾化器的操作。对于黏度低、非腐蚀性、非磨蚀的液体，离心式和压力式雾化器都适合。黏度高、腐蚀性和磨蚀性大的物料，采用离心式雾化器更加适合。

五、设备特点

1. 喷雾干燥的主要优点

(1)雾化液滴为 10～200μm，表面积非常大，停留时间短。

(2)液滴的温度接近于使用的高温空气的湿球温度，从而使干燥产品具有较好的质量保证，不容易发生氧化、分解等现象，所以适用于热敏性物料的干燥。

(3)产品粒度及容重可以任意调节，产品具有良好的流动性、分散性、溶解度。

(4)生产过程简单、操作控制方便、劳动强度低、容易实现生产连续化、装置大型化。

(5)喷雾干燥基本上在密闭系统内进行，避免了粉尘飞扬，对于一些有毒气和异味气体产生的物料，则采用闭路循环装置，可以防止大气污染，改善生产环境。

2. 喷雾干燥的主要缺点

(1)容积传热系数比其他干燥器低，一般为 23～116W/(m^3·K)，当进风温度小于150℃时则更低，因此，干燥器的体积比较庞大。

(2)热效率较低，顺流塔为 30%～50%，逆流塔为 50%～70%。

(3)干燥所需风量较大，因此后处理设备十分庞大，总造价较高。

六、常见故障分析与处理方法(以离心式喷雾干燥器为例)

离心式喷雾干燥器的常见故障分析与处理方法见表 9－10。

表 9－10　离心式喷雾干燥器的常见故障分析与处理方法

故障现象	故障原因	处理方法
雾化器运转振动大，有杂音	雾化盘不平衡	校正雾化盘平衡
	轴弯曲	校正或更换轴
	轴承或变速齿轮磨损或损坏	更换轴承或变速齿轮
	料液分配盘磨损	更换料液分配盘

续表

故障现象	故障原因	处理方法
雾化器轴承温度明显升高	油孔堵塞，油量减少	检查疏通油孔
	润滑油乳化变质	换润滑油
	冷却水管出水不畅	检查疏通冷却水管
	轴承磨损或损坏	更换轴承
雾化器突然停机	雾化盘堵料	清理雾化盘
	轴承损坏	更换轴承
雾化器漏油	密封失效	更换密封件
除尘器除尘效果不良	布袋选择不当	选择合适的布袋
	布袋堵塞、破损	清理、更换布袋
	脉冲周期过长	调整反吹的周期时间
	脉冲阀损坏	更换脉冲阀
干燥塔粘壁	风压过低	调整风压
	干燥温度偏低	调节干燥温度
	喷雾流量偏大	调节喷雾流量
	物料含水过高	调节物料含水量

第八节　振动流化床干燥器

振动流化床是普通流化床的一种改进形式，普通流化床干燥机在干燥颗粒物料时，可能会存在以下问题：当颗粒粒度较小时形成沟流或死区；颗粒分布范围大时，夹带会相当严重；由于颗粒的返混，物料在机内滞留时间不同，致使干燥后的颗粒含湿量不均；物料湿度稍大时会产生团聚和结块现象而使流化恶化；等等。为了克服上述问题，工业上出现了多种改进型流化床，其中振动流化床就是一种较为成功的改进型流化床。

振动流化床就是将机械振动施加于流化床上，调整振动参数，使返混较严重的普通流化床在连续操作时能得到较理想的活塞流。同时，由于振动的导入，普通流化床的上述问题会得到相当大的改善。

振动流化床支承在一组弹簧上，由激振电动机提供动力，其主要特点是将机械振动作用于普通流化床，使被干燥物料在振动和气流的双重作用下处于流化状态。振动作用有助于物料的均匀流化、强化气固两相接触、改善传质传热状况、降低物料的最小流化速度。干燥器热气体主要用于供给热量和携湿，热气体需求量大为降低。同时，由于操作气速较低，减轻了细粉夹带现象，有助于降低除尘系统的负荷。振动流化床干燥器一经出现便得到了迅速发展，被广泛应用在食品、医药、饲料、化工、冶金及制盐等多个行业。

一、基本结构

目前工业上应用的振动流化床干燥器有多种结构形式，表9－11所示为最具代表性的几种振动流化床干燥器。

表9－11 常见的振动流化床干燥器

<table>
<tr><th rowspan="3">供热方式</th><th colspan="4">振动流化床</th></tr>
<tr><th colspan="2">无孔底板</th><th colspan="2">开孔底板</th></tr>
<tr><th>直线型</th><th>螺旋型</th><th>直线型</th><th>螺旋型</th></tr>
<tr><td>对流</td><td>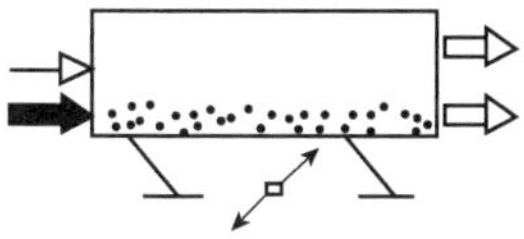</td><td>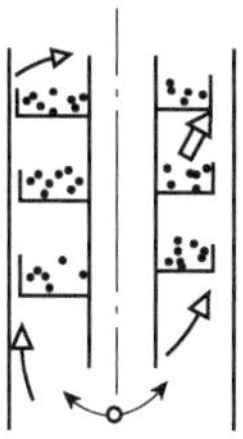</td><td>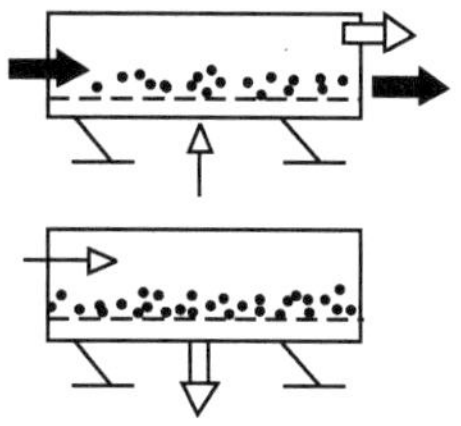</td><td>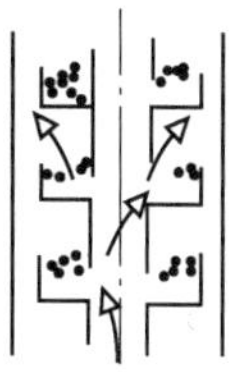</td></tr>
<tr><td>传导</td><td>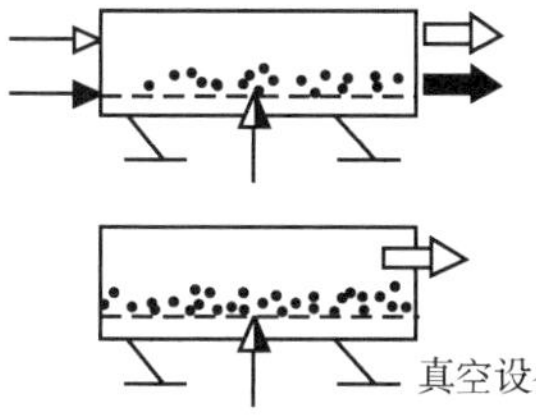</td><td>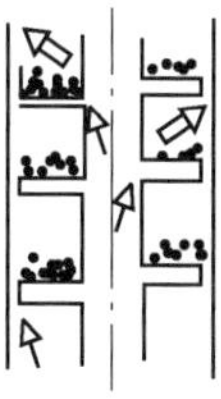</td><td colspan="2">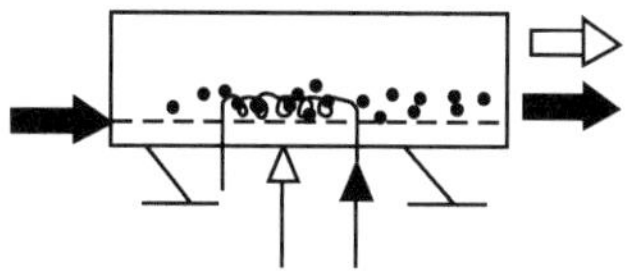</td></tr>
<tr><td>辐射</td><td colspan="2">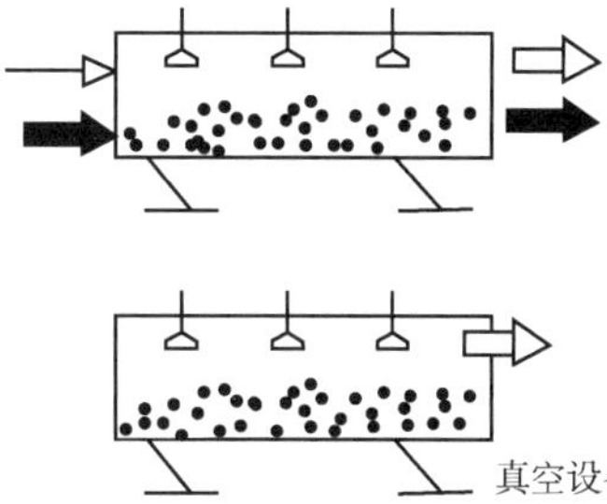</td><td colspan="2">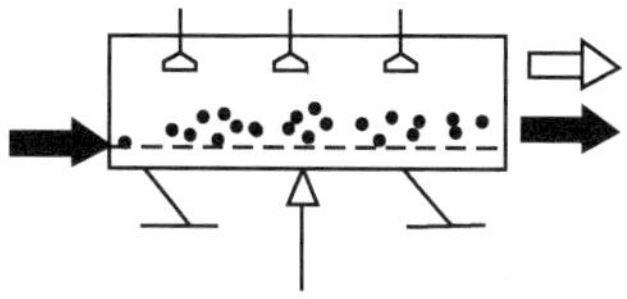</td></tr>
</table>

注：—▷空气；—▶加热；⊥辐射；➡干燥物料；⇨二次蒸汽。

振动流化床主要结构包括：分布板、空气进出口、振动电动机、隔振簧和底座等。目前工业上流行的振动流化床干燥器长度为3～8m。为保证整个床层的均匀流态化，供风段按机长不同分为2～5段。按照振动方式的不同，可以将振动流化床干燥器分为三大类：第一类是将振动电动机直接装在流化床上的直接驱动式振动流化床干燥器，其结构示意见图9－50，该设备由振动电动机直接驱动整个流化床进行振动，其结构简单，便于安装和制造，适用于小型装置；第二类是电动机和振动装置分离，由激振器和弹簧驱动流化床振动的板弹簧式振动流化床干燥器，其结构复杂，造价高，但对于大尺寸的流化床，具有更均匀的流化性和更好的稳定性。以上两种振动流化床干燥器的共同特点是振动装置驱动流化床箱体及气体分布板同时振动。实际上，驱动气体分布板就可以实现振动流化状态，在此基础上产生了第三类干燥器，即将流化床上下箱体分离的分体式振动流化床干燥器。这种干燥器将上下箱体分别支撑，上下箱体之间用软材料连接密封，在实际运行中仅有下箱体和分布板参与振动，从而降低能耗。这种干燥器的结构过于复杂，制造和安装调试都比较困难，目前应用得较少。

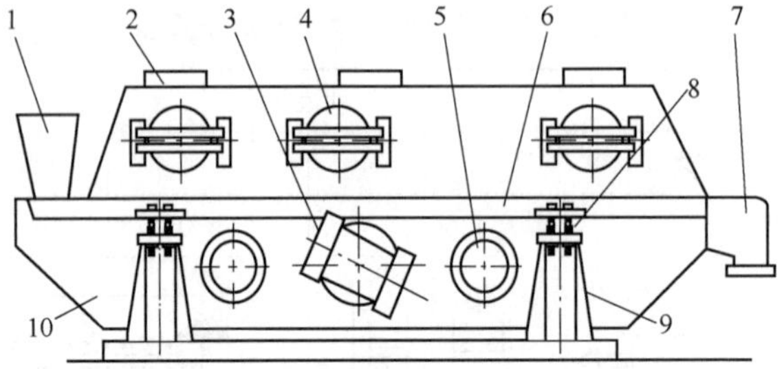

图9－50　直接驱动式振动流化床干燥器的基本结构

1—进料口；2—出风口；3—振动电动机；4—清扫窥视门；5—进风口；6—气体分布板；7—出料口；8—减振弹簧；9—干燥器支架；10—进风室

二、工作原理

各种振动流化床干燥器在结构上虽然不同，但工作原理基本是相同的，下面以直接驱动式振动流化床干燥器为例进行说明。

固体颗粒物料加入流化床后，在适当的振动作用下可达到松散状态，甚至不需要气流就可实现流化状态。通入具有一定速度的热气体以后，物料在振动力和热气体的双重作用下可呈现理想的流化。振动作用的强弱可用振动强度来表示：

$$\Gamma = A\omega^2/g$$

式中　Γ——振动强度；

　　　ω——角频率。

振动流化床的振动角频率 ω 为 100rad/s，也有 160rad/s 和 320rad/s，振幅为 0～5mm，可调。振动强度 $\Gamma<1$ 时，振动力不但起不到流化作用，还可能使床层压紧更难流化，所以其取值要大于1，但不宜过大，推荐 Γ 值为 1.4～2.5。固体颗粒在振动的作用下，逐渐向出料口流动，最终将干燥后的物料排出干燥器。和普通流化床不同的是，工作特性较好的振动流化床，其流化从底层开始，而不是从顶层开始，振动流化床中的物料，实际只受到振动力的作用，热气体只作为传热和传质的媒介。

三、设备特点

1. 振动流化床干燥器的优点

(1)普通流化床干燥器中物料的流态化完全是靠气流来实现的，而振动流化床干燥器中物料的流态化和输送主要是靠振动来完成的。由于施加振动，可使最小流化气速降低，因而可显著降低空气需要量，进而降低粉尘夹带，配套热源、风机、旋风分离器等也可相应缩小规格，成套设备造价会较大幅度下降。

(2)由于振动的加入，降低了物料的最小流化速度，使流态化现象提早出现，特别是靠近气体分布板的底层颗粒物料首先开始流化，并有利于消除壁效应，改善了流态化质量。

(3)进入干燥器的热风主要用于干燥过程的传热与传质。采用较高的进风温度，提高料层厚度，即可获得较高的热效率。振动流化床干燥器的热效率在30%～60%，因此，振动流化床干燥器的风量大为降低，只有普通流化床干燥器风量的20%～30%。细粉回收系统负荷降低，细粉夹带现象普遍减少。

(4)振动流化床干燥器可以干燥粒度分布较宽的物料，停留时间比较均匀；也可以干燥具有黏性或热塑性的物料，降低了对物料均匀性和规则性的要求，易获得均匀的干燥产品。

(5)床层结构得到改善，传递系数增大，相界面积增加，并使边界层湍动程度增加，干燥过程得到强化。

(6)可以减少流态化的起始沟流问题，操作稳定性好，操作气速和床层压降都较普通流化床低。由于无激烈的返混，气流速度较之普通流化床也较低，对物料粒子损伤小。对于在干燥过程中要求不破坏晶形或粒子表面光亮度的物料最为合适。

(7)既可以干燥机械强度较低的颗粒物料，也可以干燥具有黏性和热塑性的颗粒物料。

2. 振动流化床干燥器的缺点

(1)颗粒粒径应大于50～100μm，否则易形成沟流和滞动区。

(2)颗粒粒度分布宽时，挟带严重。

(3)颗粒温度较大时容易形成结块或团聚。

(4)对于非球形颗粒流化效果稍差。

(5)由于施加振动，会产生噪声。同时，机器个别零件寿命短于其他类型干燥器。

四、常见故障分析与处理方法

振动流化床干燥器的常见故障分析与处理方法见表9－12。

表9－12 振动流化床干燥器的常见故障分析与处理方法

故障现象	故障原因	处理方法
孔眼被堵死	易结块物料较多，孔眼堵塞，干燥热风与湿物料无法均匀作用	定期清理孔眼
热风量过小	引风量过小	检查引风机，调整其出口开度
物料“沟流”	两侧振动幅度大小不一致，导致物料偏向流化床一侧而形成“沟流”	调整两侧振动电动机振幅，使其一致
物料在床层内聚而不出	振动电动机转向反向	联系电工换向
	偏心块振幅调节不当	重新调整偏心块振幅

第九节 空心桨叶式干燥器

空心桨叶式干燥器(也有企业称SK干燥器)又称搅拌型干燥器，在干燥器内设置各种结构和形状的桨叶对被干燥物料进行搅拌，使物料在搅拌桨的翻动下，不断与干燥器的传热壁面或热载体接触，加快传热速度和湿分蒸发，达到干燥的目的。在众多桨叶式干燥器中，应用最广的是空心桨叶式干燥机，它在石化、轻工、食品加工、粮食、医药等行业都得到成功应用。由于这种干燥器桨叶的截面呈楔形空心结构，所以又称为楔形空心桨叶式干燥器。

由于固体物料自身没有流动性，在桨叶式干燥器内固体物料的移动完全依靠桨叶推动和自身重力的联合作用。因此，要使干燥器内固体物料全部流动，就要设置较多的桨叶。根据工艺要求，一般桨叶式干燥器都是卧式结构，物料从一端加入，从另一端排出，避免物料返混，有利于物料干燥均匀。

一、工作原理及结构

空心桨叶式干燥器的特点是：设备主机内特殊结构的空心主轴和空心桨叶，空心桨叶既具有搅拌作用，又具备传热功能。该设备干燥物料所需热量不是依靠热载体(如蒸汽)直接与物料接触进行加热，而是向空心桨叶和夹套输入热载体，通过壁面热传导的方式对干燥过程提供热量，它减少了用气体加热时被出口气体带走的热损失，提高了设备的热量利用率，因此它属于节能型干燥设备。

1. 空心桨叶式干燥器的工作原理

空心桨叶式干燥器内设有两根或两根以上的平行空心搅拌轴，轴上焊有空心桨叶，与空心轴相通，空心轴和空心桨叶均可通入加热载体对物料进行加热。两轴由变速机传动，做相反方向旋转。空心桨叶式干燥器安装时从物料入口至出口方向有1°~3°(根据干燥时间不同确定)的倾斜角，物料由进料口向出料口方向缓慢移动的同时，被空心轴、空心桨叶及壳体夹套中的热能进行热交换。由于桨叶的结构特点在运转中，使叶面上的物料不断更新，提高蒸发效率，因此是一个高效干燥机，热效率可达到80%~90%。

2. 空心桨叶式干燥器主体结构特点

空心桨叶式干燥器由壳体、上盖、两根或两根以上有叶片的中空轴、两端端盖、通有热介质的旋转接头、金属软管以及包括齿轮、链轮的传动机构等部件组成。设备的核心部件是空心轴和焊接在轴上的空心搅拌桨叶，空心轴和空心桨叶中可通入加热介质。桨叶除了起搅拌作用外，还是设备的传热体。桨叶的两个传热侧面为斜面，当物料与斜面接触时，随着叶片的旋转，物料很快就从斜面上滑开，使传热表面不断更新，强化了传热。在桨叶后端设有刮板，将沉积于壳体底部的物料刮起，防止产生死角。楔形空心桨叶式干燥器结构如图9-51所示。

空心桨叶式干燥器有W型和T型两种。根据被干燥物料的性质和干燥工艺不同，在具体应用时结构上会有一些差异。其基本结构包括带夹套的槽形壳体、上盖、空心热轴和焊接在空心轴上的许多对楔形桨叶，以及与热载体相连的旋转接头和传动装置等。W型有2根空心轴，槽形壳体呈W形。T型由4根空心轴组成，它有2套传动装置，安置在干燥器左右两侧，各拖动2根空心轴，所以它实际上是2台W型干燥设备组合在一起。这里主要介绍W型楔形空心桨叶式干燥器。

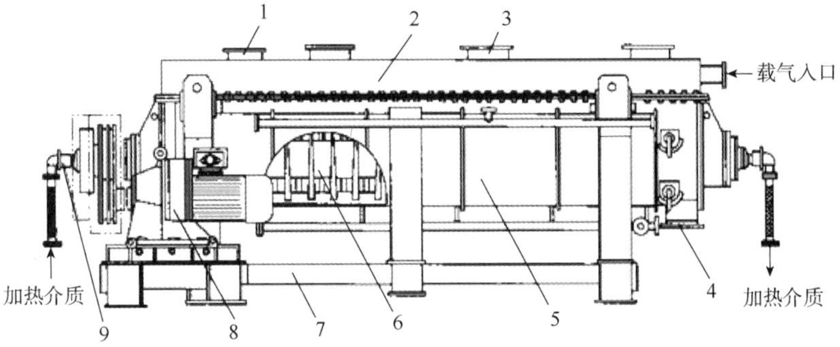

图 9 -51　楔形空心桨叶式干燥器的结构

1—进料口；2—上盖；3—排气孔；4—出料口；5—夹套；
6—桨叶轴；7—机架；8—传动系统；9—旋转接头

3. W 型楔形空心桨叶式干燥器的结构

W 型楔形空心桨叶式干燥器结构如图 9 -52 所示，设备有 2 根空心轴，槽形壳体呈 W 形，壳体由干燥器内壁和夹套组成。W 型楔形空心桨叶式干燥器的 2 根空心轴旋转方向相反，在轴的两端各连接一个旋转接头，热载体从进料口的旋转接头输入，从出料口一侧的旋转接头排出。热载体可以采用蒸汽、热水或导热油，一般更多地采用蒸汽加热。

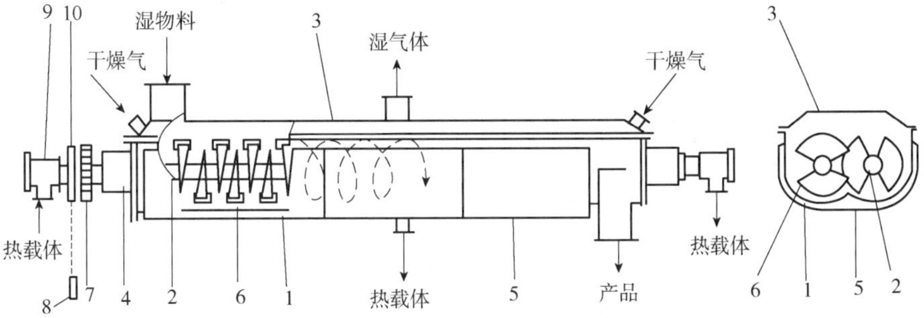

图 9 -52　W 型楔形空心桨叶式干燥器的结构

1—W 形槽体；2—空心轴；3—上盖；4—轴承及填料箱；5—夹套；
6—楔形空心桨叶；7—齿轮；8—减速装置；9—旋转接头；10—链轮

空心轴和空心桨叶是空心桨叶式干燥器的关键部件，下面分别介绍这两个部件的结构。

(1)空心桨叶

空心的楔形桨叶的一端宽，另一端呈尖角，其投影像楔子。桨叶的两个侧面均有一定倾斜度的斜面，这种斜面随轴转动时，既可使周体物料对斜面有撞击作用，又可使斜面上的物料易于自动清除，不断更新传热表面，强化传热(见图 9 -53)。因此，楔形空心桨叶式干燥器是一种高效的干燥设备。

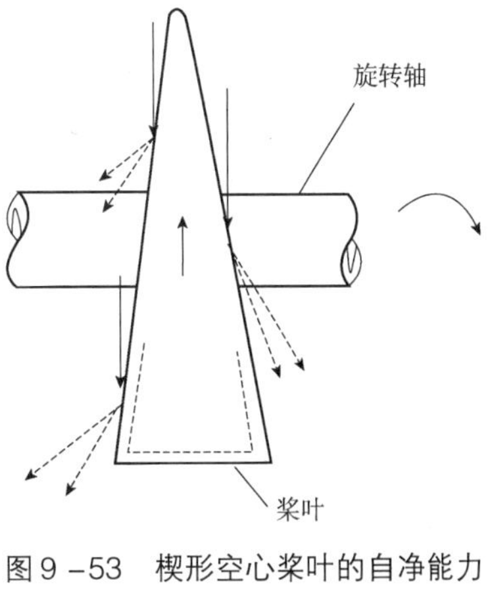

图 9 -53　楔形空心桨叶的自净能力

应当指出的是，楔形空心桨叶叶片的两块扇形斜板的倾斜度相同，方向相反，对称于轴法线。叶片在干燥器内主要起搅拌和传热作用，不对物料起输送作用。在干燥器操作中，物料由入口向出口的移动主要是借助设备安装时有一定倾斜角和入口到出口固体料层厚度不同的联合作用。

(2)空心轴的结构

为了保证轴的强度和刚性，通常轴设计得较粗。空心轴的外表面在干燥器内也有一定的传热作用。在空心轴的设计中，材料选用和结构考虑均应从有利于传热出发。通入轴内的热载体可以采用蒸汽、热水或者导热油，根据干燥温度来确定，通常尽量用蒸汽加热，因为蒸汽是最容易得到的热源，冷凝潜热大。空心轴的结构分为L型和G型，当热载体为液体(如导热油)时为L型，当热载体为气体(如蒸汽)时为G型。两种空心轴的结构如图9－54所示。

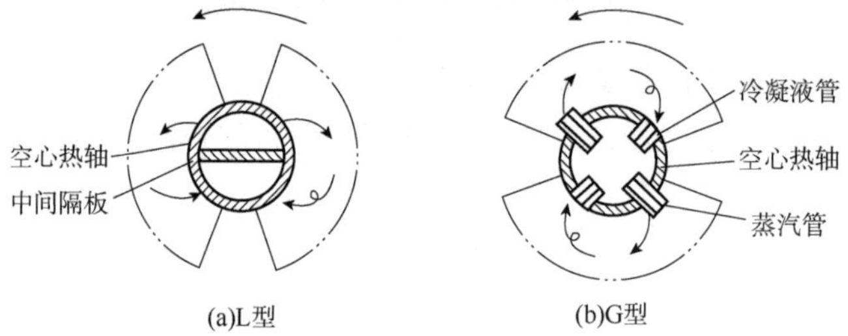

图9－54　两种结构的空心轴

对于G型空心轴，为了使空心轴与叶片之间的蒸汽和冷凝液流动畅通，在每个叶片内腔与空心轴内腔之间采用短管连接。其中蒸汽管一端伸入轴内，另一端伸出轴外，这是为了防止轴内冷凝液由蒸汽管流向叶片，或叶片内冷凝液从蒸汽管流向轴内。在运转中须保证冷凝液不淹没管口。冷凝液管将桨叶内的冷凝液排入轴腔，管的一端与轴外表面相平，使叶片内的冷凝液能及时排出，另一端伸入轴内，以防止轴内冷凝液倒灌到叶片内。

二、分类

1. 按筒体形状分类

根据筒体的形状可分为密闭型和普通型。密闭型主要用于干燥有毒、易燃、易爆的物料。两者的区别是：密闭型筒体外壳是圆筒形(见图9－55)，普通型筒体外壳呈W形(见图9－56)。这样设计是为了使筒体法兰与筒体焊接后，比较容易加工，保证筒体法兰与端板之间密封可靠，不致泄漏。密闭型双桨叶干燥机制作的关键是用工装把筒体内的W形托板做规矩，焊接时，防止焊接变形，否则会造成两种结果：一是桨叶与筒体的间隙太大；二是桨叶与筒体的间隙不均匀，有的存在间隙，有的还与筒体干涉，桨叶轴转不动。

2. 按双桨叶轴上叶片形式分类

按双桨叶轴上叶片的形式可分为楔形叶片和螺带式叶片。楔形叶片即三角形叶片，两侧面叶片的倾斜度，根据物料的性质决定，楔形叶片有着特殊的压缩—膨胀搅拌作用，使物料颗粒能充分与传热面接触，在轴向区间内，物料的温度、湿度、混合度梯度很小，从而保证了干燥物料工艺过程的稳定性。螺带式叶片主要应用于硫精矿等耐磨、黏稠、流动性差的物料干燥。螺带式桨叶在轴上分布成一段段小螺带，螺距的大小可根据产量、物料的黏稠度等因素确定。螺带式叶片在制作过程中，叶片需要拉伸到要求的螺距，然后裁成一定角度的叶片，再焊接到轴上。根据物料的耐磨性，还可在叶片上增加耐磨块，耐磨块一般都卡在叶片上，磨损到一定程度可以更换。

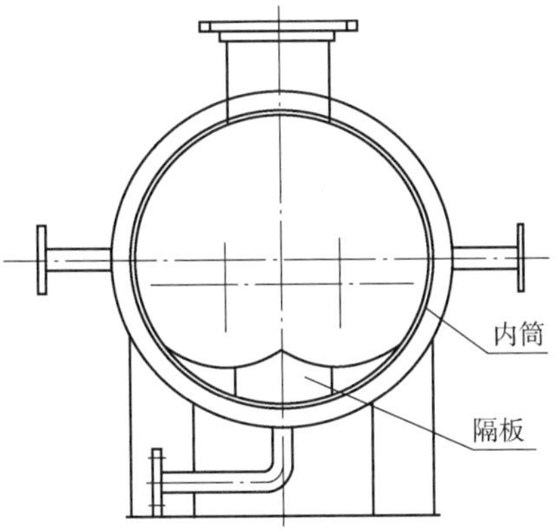

图9－55　密闭型筒体外壳

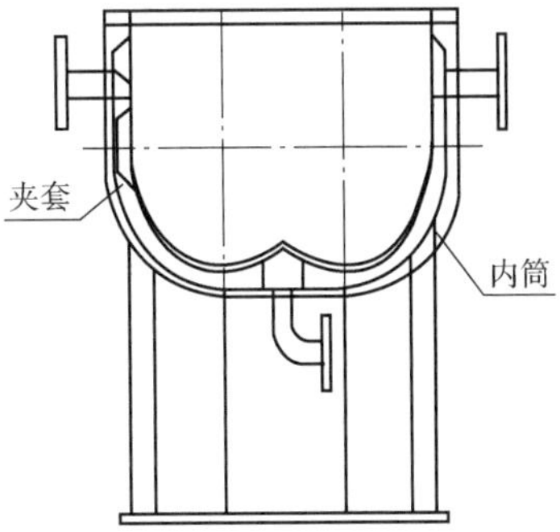

图9－56　普通型筒体外壳

3. *按加热介质分类*

按加热介质可分为蒸汽型、导热油型、热水型或冷水型。蒸汽型：两根空心轴和空心桨叶中通入蒸汽，旋转接头需配置蒸汽型；筒体夹套内通入蒸汽，蒸汽流动的路线是上进下出。导热油型：两根空心轴和空心桨叶内通入导热油，旋转接头需配置导热油型；筒体夹套内通入导热油，导热油流动的路线是下进上出。需要强调的是，空心桨叶和筒体夹套需加装折流板，防止导热油走短路，影响干燥效果。热水型或冷水型结构与导热油型的结构基本一致，不同的是旋转接头配置热水型。

三、设备特点

空心桨叶式干燥器特点如下：

(1)设备结构紧凑，占地面积小。

(2)热量利用率高，干燥所需热量不需要靠热气体提供，因此减少了热气体带走的热损失。楔形桨叶具有自净能力，可提高桨叶传热作用，楔形桨叶式干燥器传热系数较高，为 85 ~ 350W/(m^2 · K)。由于设备结构紧凑，且辅助装置少，散热损失也减少。空心桨叶式干燥器的热量利用率可达到 80% ~ 90%。

(3) 节能。由于不需要通过热源直接加热，因此极大地减少了干燥过程中热能用量。比如，蒸汽型楔形桨叶式干燥器只需少量蒸汽用于携带蒸发出的湿分。气体用量很少，只需满足在干燥操作温度条件下，干燥系统不凝结露水。

(4)清洁。由于蒸汽(蒸汽型干燥器)用量少，干燥器内气体流速低，被气体挟带出的粉尘少，干燥后系统的气体粉尘回收方便，可以缩小旋风分离器尺寸，省去或缩小布袋除尘器。气体加热器、鼓风机等规模均可缩小，节省设备投资。

(5)物料适应性广，产品干燥均匀。

(6)适用于多种干燥操作。楔形桨叶式干燥器可通过多种方法来调节干燥工艺条件，而且其比流化床干燥器、气流干燥器的操作容易控制，所以适用于多种操作。

(7)兼有加热和冷却功能。在夹套和旋转轴内输送冷水或冷冻盐水之类冷却剂时，通过壁面可向设备内物料输送冷量，降低设备内物料温度。

四、常见故障分析与处理方法

空心桨叶式干燥器的常见故障分析与处理方法见表9－13。

表9－13　空心桨叶式干燥器的常见故障分析与处理方法

故障现象	故障原因	处理方法
产量偏低	蒸汽压力低或蒸汽管道内含凝水高	调整蒸汽压力，排尽冷凝水
	搅拌及混合效果差	提高主轴转速
	物料运行速度偏低	提高主轴转速或调大设备倾角
	机内料位不合适	调整给料量或排料口高度
	桨叶或中空轴内有积水	检修或更换疏水阀，或者提高蒸汽压力
	给料含水率过高	调整给料含水率或加返料
	湿气排出不畅	检查排气管路及排风机状态，加大排风量
	有冷凝水回流到干燥器内	提高排风温度或加大进风量
	桨叶或夹套漏气漏水	检修、补焊或封堵漏点
运转部位轴承过热	润滑油过多、过少或者润滑油变质，或者是由于轴承磨损严重	检查润滑系统，确保润滑正常或更换新轴承
旋转接头漏气	旋转接头内密封元件失效或损坏	更换密封元件
出料温度过低、过高	设备运转工艺参数不协调	调节加料量，或者调节出料门，检查蒸汽压力是否满足要求
排料含水率偏高	物料停留时间短	降低主轴转速或减小设备倾角
	给料量过大或过湿	调整给料量或给料湿度
冷凝水排不干净	疏水阀选型不对	重新选择疏水阀
	疏水阀损坏	更换疏水阀

第十节　微波干燥器

一、概述

微波是频率在300MHz～300GHz即波长在1mm～100cm范围内的电磁波，其位于电磁波谱的红外辐射(光波)和无线电波之间。

1945年，美国雷声公司的研究人员发现了微波的热效应，两年后他们研制成了世界上第一台采用微波加热食品的微波炉，微波作为一种能源得到世界各国的重视并逐渐应用于工业、农业、医疗、科学研究乃至家庭。微波加热作用的特点是：可在不同深度同时产生热，这种“体加热作用”，不仅加热更快速，而且更均匀，大大缩短了处理材料所需的时间，节省了宝贵的能源，目前它已被广泛应用于纸张、木材、皮革、烟草以及中草药的干燥等。微波可用来杀虫灭菌，因此在医学和食品工业中获得广泛应用。

在一般条件下，微波可方便地穿透某些材料，如玻璃、陶瓷、塑料（如聚四氟乙烯）等，因此，可用这些材料作为家用微波炉的炊具、支架及窗口材料等。微波也可被一些介质材料，如水、碳、橡胶、食品、木材和湿纸等吸收而产生热。因此，微波也可作为一种能源在家用、工业、科研和其他许多领域得到广泛的应用。

微波波段中波长在1~25cm的波段专门用于雷达，为了防止微波功率对无线电通信、广播、电视和雷达等造成干扰，国际上规定了工业、科学研究、医学及家用等民用微波功率的频段，如表9－14所示。

表9－14 民用微波功率所使用的频段

频率/MHz	896	915	2375	2450
偏差/MHz	16	15	50	50
使用国家	英国	全世界	俄罗斯	全世界

我国民用微波功率使用的频段为915MHz和2450MHz。

微波是一个十分特殊的电磁波段，尽管它介于无线电波和红外辐射之间，但不能仅靠将低频无线电波和高频红外辐射的概念加以推广的办法导出微波的产生、传输和应用的原理。微波也不能用在无线电和高频技术中普遍使用的器件，如传统的真空管和晶体管。连续的低功率微波可用耿氏二极管或速调管作振荡器产生，100W以上的微波功率则常用磁控管来产生。

二、微波加热的特点

1. 独特的加热方式

微波加热不同于常规加热方式，后者是由外部热源通过热辐射由表及里的传导式加热，微波加热是材料在电磁场中由介质损耗而引起的体加热，这种加热的优点是明显的，微波加热将微波电磁能转变为热能，其能量是通过空间或介质以电磁波形式来传递的，微波对物质的加热过程与物质内部分子的极化有着密切的关系。

微波加热的独特方式决定了它比其他加热方式更加快速，而且介质加热均匀。

2. 节能高效

介质含有水分时容易吸收微波而发热，能量除少量的传输损耗外，几乎无其他损耗，因此微波加热高效、节能。

3. 对被加热介质吸收微波的选择性

液体物质在微波场中的行为与其自身的极性有着密切的关系，也就是与物质的偶极子在电场中的极化过程密切相关。水和醇类结构相似，具有永久偶极矩，在交变场中能发生偶极弛豫，在体系内部直接引起微波能的损耗。一般沸点不超过100℃的极性有机物，如乙醇、丙醇、乙酸等，经微波辐照后即可沸腾，极性较低的叔胺和较高分子量的醇吸收微波的能力较差，而非极性的CCl_4、碳氢化合物等则几乎不吸收。

各种金属氧化物吸收微波的能力随着组分、结构的不同而有着明显的差异。金属氧化物与微波场的作用可分为三种基本类型：第一种物质一般都是变价化合物，如 Ni_2O_3、MnO_2、SnO_2等，它们有很强的吸收微波的能力，是高损耗物质；第二种物质吸收微波的能力较弱，但它们经微波辐照一段时间后，表现出很快的升温特性，如 Fe_2O_3、Cr_2O_3、V_2O_5等；第三种物质在微波场中升温很慢或基本上不升温，它们对微波是透明的，如 Al_2O_3、TiO_2等。

4. 微波泄漏的危害

微波属于电磁波，对长时间暴露在微波中的人体会造成伤害。

防止微波泄漏是微波设备的设计和制造一个非常重要的技术指标，应采取安全措施来控制微波泄漏，使连续式微波设备的进、出料端，匹配微波抑制器等部位的微波泄漏量降至最低范围。我国规定家用微波设备的微波泄漏量为：在距离设备 5cm 处，微波功率≤$5mW/cm^2$(2450MHz)和微波功率≤$1mW/cm^2$(915MHz)。正常情况下(指非事故状态)，人体对上述规定的微波辐射剂量是可以承受的，人体有热调节机能，可使受到微波辐照部位不至于过多积累热量而到受伤害的地步。

三、微波功率源

微波功率源的核心部分是组成微波发生器的连续波大功率器件。民用微波频段一般为(915±50)MHz 和(2450±50)MHz 频段，自 20 世纪 60 年代以来，随着微波能应用的发展，在这两个频段已经开发出了不同功率量级的微波器件，其中最为成熟的是连续波大功率磁控管。在 2450MHz 频段，单管功率量级有 200W、500W、800W、1kW、3kW、5kW、10kW；在 915MHz 频段有 500W、5kW、20kW、50kW、75kW、100kW 等系列。在两个频段功率超过 10kW 的量级，有多腔速调管可供选择；在低于 100W 的功率范围，可选择使用大功率固体器件。

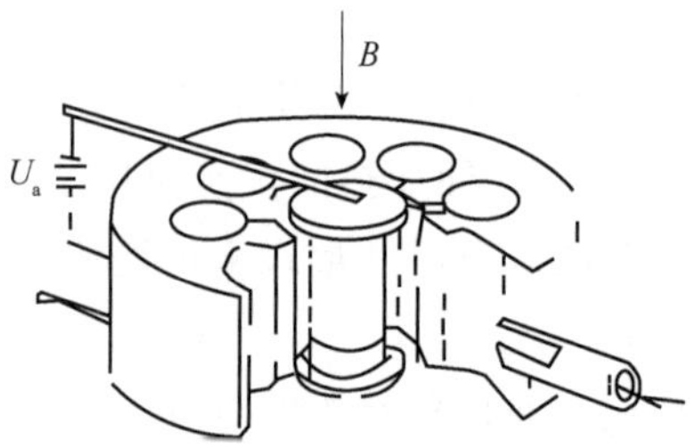

图 9-57　连续波磁控管的结构示意

1. 连续波磁控管的结构和工作原理

磁控管由一个发射电子、提供电子源的阴极和环绕阴极与之同轴的包含多个(通常为偶数)谐振腔的阳极组成，它既是决定磁控管工作频率的高频振荡回路，也作为收集工作完毕的电子。在阴极和阳极之间加有直流高压(或脉冲电压)，在径向形成直流电场，与径向直流电场相互垂直，沿管轴方向加有直流恒定磁场 B，然后通过能量输出装置将产生的高频能量输出，如图 9-57 所示。

磁控管实际上是一只在正交电磁场作用下的二极管，阴极为高发射圆柱，阳极为微波谐振腔，热阴极发射出的电子在恒定电磁场和谐振腔内自洽产生的高频电磁场的共同作用下，在阴阳极组成的空间做回旋运动。为了确保磁控管稳定工作，阳极块需要强力风冷或水冷。另外，还有部分电子不能参与能量交换而返回阴极，使阴极温变升高，因此磁控管在起振后，需要降低灯丝加热功率，以避免阴极过热，延长其使用寿命。

2. 磁控管的冷却

确保磁控管良好的冷却十分重要，一般 800W 以下的微波炉用磁控管，其阳极块散热片和灯丝高压引出端均是整体，采用空气流量大于 1.5m^3/min 的风机冷却就足够了。为确保可靠，在阳极块外部均带温度传感器，表面温度超过设定的 85℃，即要求自动保护，功率更高的工业用磁控管，阳极块采用水冷，灯丝引出和能量输出端要求风冷，水流量视功率大小而不同，一般大于 5～8L/min。长时间连续工作的磁控管最好采用专门设计的带热交换器和过滤器的循环水冷塔提供必需的冷却水，为确保磁控管的安全适用，同样必须安装闭锁保护装置。

四、微波干燥器的工作原理及特点

微波加热主要是通过高频电磁波（2450MHz）对物料进行偶极子转向极化和界面极化而将电磁能转变成热能，从而对被加热物料进行加热。根据加热工艺的不同要求，通过对设备功率的调整，可为物料干燥、低温定型、烧结提供相应的电场强度即温度。与传统加热由外部热源通过热辐射由表及里地对物料进行传导式加热不同，微波加热是将微波能量通过空间或介质以电磁波的形式传导给物料内部原子或分子，激发分子以每秒 24.5 亿次的振荡而发生转动能级跃迁产生热量，物料在电磁场中的介质内外同时升温。被加热物料在高频电磁波作用下成为自己发热的热源，所以可广泛应用于各种性状物料的化工产品的干燥脱水。

1. 工作原理

微波干燥器主要由干燥机框架、磁控管、灯丝变压器、开关电源、冷却水系统、排湿尾气系统，传送带驱动系统，进料系统等组成。分子筛生产线上的微波干燥器如图 9－58 所示。

图 9－58　分子筛生产线上的微波干燥器

为了提高加热效率，工业上通常将待干燥的物料通过压滤机去除大部分水分使之形成滤饼，或通过其他设备对浆液进行提浓后再进行干燥，因此进入微波干燥器之前的含湿物料通常是滤饼或固含量较高的浆液。物料从微波干燥器进料端进入微波干燥器，在传送带的作用下，物料被缓慢送入微波干燥室。从磁控管发射的微波经过波导通过溃口进入干燥室，物料在微波磁场的作用下内外同时升温，均匀加热，干燥后的物料从干燥器的出料口排出。

2. 微波干燥器应用于分子筛干燥的特点

（1）选择性加热。因为水分子对微波吸收最好，所以含水量高的部分，吸收微波功率多于含水量较低的部分，这就是选择性加热的特点，分子筛干燥正是利用这一特点达到均匀加热和均匀干燥的目的。

(2)时间短，效率高。微波加热使被加热物体本身成为发热体，不需要热传导的过程。微波穿透物体内部使物体在很短时间内达到均匀加热，极大地缩短了干燥时间。

(3)节能高效。微波直接对物料进行作用，因而没有额外的热能损失，炉内的空气与相应的容器均不发热，所以热效率极高，统计分析数据表明，微波加热应用于分子筛干燥与远红外加热相比可节电 30% 以上。

(4)易于控制，工艺先进。与常规加热方式比较，微波加热设备即开即用；没有热惯性，操作灵活方便；微波功率可调，传输速度可调，操作过程安全可靠。

五、常见故障分析与处理方法

微波干燥器的常见故障分析与处理方法见表 9－15。

表 9－15　微波干燥器的常见故障分析与处理方法

故障现象	故障原因	处理方法
磁控管烧损	微波的功率密度过大	减少磁控管
	磁控管布置不合理	磁控管重新布置
微波辐射超标	屏蔽金属条脱落、损坏等	停机检查屏蔽条，复位或更换
总功率低	磁控管、灯丝变压器、开关电源故障	联系电工检查检修
传送带打滑	张紧程度不足，传送带负载过重	调节张紧机构，降低进料量
冷却水温异常	冷却水循环泵未开或阀门开度太小	开启循环泵，调节出口阀开度

参考文献

[1]金国森．化工设备设计全书：干燥设备[M]．北京：化学工业出版社，2002.

[2]于才渊，王宝和，王喜忠．干燥装置设计手册[M]．北京：化学工业出版社，2005.

[3]中国石化集团上海工程有限公司．化工工艺设计手册[M].4 版．北京：化学工业出版社，2012.

[4]王艳，吴厚材．振动流化床的热性与使用[J]．橡塑技术与设备，2009.

[5]张浩勤，李应选．振动流化床的设计计算[J]．化工设计，1997(3)：20－22.

[6]朱学军，吕芹，叶世超．振动流化床临界流化速度理论预测与实验研究[J]．高校化学工程学报，2007，21(1)：59－63.

[7]潘永康，王喜忠．现代干燥技术[M]．北京：化学工业出版社，1998.

[8]金国森．干燥器[M]．北京：化学工业出版社，2008.

[9]赵新爱，李会寅，赵婷婷，等．双桨叶干燥机的结构特点及其应用[J]．石油和化工设备，2011，14(9)：45－47.

[10]金钦汉，戴树珊，黄卡玛．微波化学[M]．1 版．北京：科学出版社，1999.

第十章　磨粉、筛分与分级设备

第一节　概论

催化剂制造行业通常与粉体制备密不可分，一方面将固体原料破碎、磨粉加工成为合格粒度的中间品或载体；另一方面，在催化剂制备过程中，不可避免地会产生小颗粒的细粉，为了保证细粉的充分利用从而降低成本，通常将细粉回收，通过研磨设备进一步磨细处理后加以利用。磨粉后物料的实际粒度将直接影响催化剂产品的质量，因此磨粉设备在催化剂制备过程中具有重要作用。磨粉是粉碎过程的一类，因此粉碎的理论对于磨粉具有一定的参考意义。

一、粉体

1. 粉体的定义与特性

“粉”是各个单独的固体颗粒的集合体，粉状物料则由无数个颗粒构成，颗粒是组成粉的最小单元。颗粒的大小、分布、结构形态和表面形态等是影响其性能的主要因素。工程上将在常态上以较细粉粒状态存在的粉状物料称为粉体。

粉体虽然是固体颗粒的集合体，但其性质和性状与固体有着显著的差别。首先，粉体的比表面积很大。由于固体与液体、气体，或者固体与固体之间发生化学反应时都是从固体表面开始的，所以比表面积越大，越有利于反应的进行，从而强化生产过程。其次，粉体颗粒具有流动性，颗粒之间可以相对运动，但是粉体的流动性与流体(气体和液体)的流动性迥然不同。最后，粉体颗粒之间有空隙，空隙中填充着气体或液体，所以粉体不是连续体，具有显著的不连续性。料仓中粉的结拱、堵塞，装卸时发生的急冲、泛溢等现象都是粉的不连续性而造成的。

粉体广泛地存在于自然界中，人们对粉体的认识和利用也在不断地扩大。科学飞速发展至近代，几乎所有的工业部门均涉及粉体处理过程。粉体学已经发展成一门跨学科、跨行业的综合性技术学科，其应用遍及材料、冶金、化学工程、矿业、机械、建筑、食品、医药、能源、电子及工程等诸多领域。而在催化剂制造行业通常都有粉体制备工序，这其中就包括催化剂的磨粉、筛分与分级。因而研究粉体的目的如下：

(1)满足提高工业产品质量的需要。粉体的颗粒大小和粒度分布对产品质量影响非常大，如陶瓷粉料的粒度大小和分布直接影响陶瓷胚体的成型、烧结温度的高低以及产品的孔隙率、密度和强度等；水泥中粗细颗粒的比例、颗粒形状对产品性能有极大的影响；颜料颗粒的大小对涂敷物体表面的遮盖力影响极大；矿山资源日益贫乏，需要矿粒分离得越来越细；粉体的表面改性如白云母经氧化钛、氧化铬、氧化铁等金属氧化物进行表面改性后，用于化妆品、塑料、橡胶、涂料等，可以大大提高产品的价值。同时随着高技术陶瓷、化工、电子、生物材料及国防、尖端技术发展，对粉体的细度、纯度、活性等要求越来越高，这就需要更高效、更经济的机械及方法的研究。

(2)节能降耗。传统的粉碎和磨粉作业的能耗占企业总耗电量的50%以上，而其中常用的磨粉设备球磨机的有效能量利用率还不到5%，其余95%以上的能量被浪费掉，因此，选取使用高效低能量消耗的磨粉机械尤其重要。

(3)新材料的研究与开发的需要。随着对超硬、超强、超导、超纯、超塑等新材料的需求量越来越大，使材料的性能达到极端参数的状态，具有独特的性能，这往往需要改变材料原有的属性。有时只有使粉体颗粒粒度细化至纳米级后再进行组合才能生产出具有不同性能的新型材料。因而纳米粉体、纳米纤维、纳米晶须以及纳米管的研制和生产是十分必要的。

2. 粉体的粒度

粉体颗粒的大小称为粒度或粒径，用其在空间中所占据的线性尺寸表示。球形颗粒的粒度用直径表示；非球形颗粒的粒度可用球体、立方体或长方体的代表尺寸表示。其中，用球体的直径表示不规则颗粒的粒度应用得最为普遍，称为当量直径。常用的当量直径有等体积当量直径和等表面积当量直径。与颗粒体积相等的球的直径称为等体积当量直径，记为 D_v；与颗粒表面积相等的球的直径称为等表面积当量直径，记为 D_s。

对于外形不规则的颗粒，其粒度还可以用三维尺寸(长、宽、高)的算术平均值表示。对于同一个颗粒，由于采用的表征方法不同，得到的颗粒的粒度也不同。所以，将两个颗粒进行比较时要注意，只有相同的表征方法得到的数值才有可比性。另外，还要注意应用的方便性，一般来说，对于粗颗粒的测量采用三维尺寸表征比较方便，而对于细颗粒采用球的当量直径表征更加精确。

粒度是粉体物料最重要的指标之一，这是因为粒度决定了粉体产品的许多技术性能和应用范围。粉体的比表面积、化学反应速率、烧结性能、吸附性能、补强性能、分散性、流变性、沉降速度、溶解性能、光学性能等都与粉体的粒度大小和粒度分布有关。

构成粉体颗粒的大小，小至只能用电子显微镜才可以看得清的几纳米，大到用肉眼可以看到的数百微米至几十毫米，因而可以将粉体按照粒度大小分为粗粒($10^3 \sim 10^6 \mu m$)、细粒($10 \sim 10^3 \mu m$)、超细粒($10^{-3} \sim 10 \mu m$)、纳米颗粒($1 \sim 100 nm$)。而不同粒度的粉体具有不同的性能和表征。不同粒度的粉体制备所采用的有效方法也不同，粗粒粉体采用传统的粉碎机来制备，细粒粉体采用磨粉机磨粉而成，超细粒采用超细粉碎机粉碎或磨粉而成，而纳米粉体则采用物理合成(构筑)法和化学合成法。为满足不同粒度使用范围的要求，需要对所制得的粉体进行分级。

3. 粉体的安息角

粉体从运动状态变为静止的自然状态时，会堆积出一个圆锥状，锥面与水平面之间的夹角称为安息角，它是表征粉体力学行为和流动状态的重要参数，安息角越小，说明粉体的流动性越好。

安息角是粉体粒度较粗的状态下由自重运动所形成的角。安息角的测定方法有排出角法、注入角法、滑动角法以及剪切盒法等多种。排出角法是去掉堆积粉体的方箱某一侧壁，残留在箱内的粉体斜面的倾角即为安息角。图 10－1 所示为用注入角法测定安息角装置。

图 10－1 中的 θ 即为安息角。需要注意的是，用不同的方法测得的安息角数值有明显差别，即使是同一种方法也可能得到不同值。这是粉体颗粒的不均匀性以及试验条件限制所致。

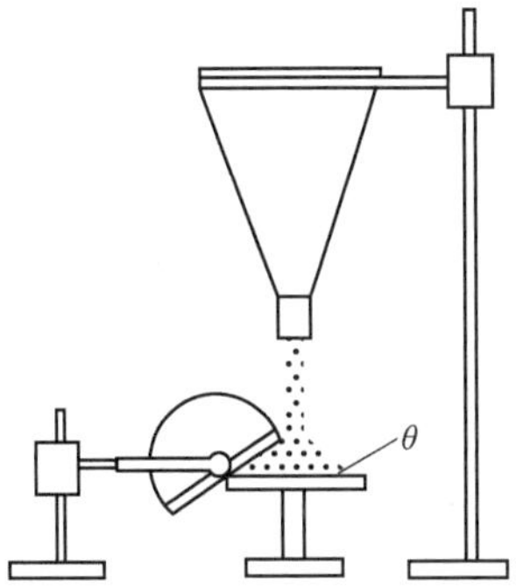

图 10－1　安息角测定装置

二、粉碎

1. 粉碎的定义

固体物料在外力的作用下克服其内聚力而被破碎的过程称为粉碎。在粉碎过程中，按照处理物料的尺寸不同，大致可以将粉碎过程分为破碎和磨粉两类。其中，将大块物料破碎成小块物料的过程称为破碎，使小块物料继续粉碎成细粉状物料的过程称为磨粉。为了更明确起见，通常按以下方法将物料破碎或磨粉的颗粒粒径进行划分：

- 粉碎
  - 破碎
    - 粗碎：将物料破碎至 100mm 左右
    - 中碎：将物料破碎至 30mm 左右
    - 细碎：将物料破碎至 3mm 左右
  - 粉磨
    - 粗磨：将物料粉磨至 0.1mm 左右
    - 细磨：将物料粉磨至 60μm 左右
    - 超细磨：将物料粉磨至 10μm 左右或更细

物料经破碎尤其是磨粉后，其粒度显著减小，比表面积明显增大，有利于不同物料的均匀混合，便于输送和储藏，也有利于提高高温反应程度和速度，以及降低固相反应的温度。

2. 粉碎比

物料粉碎前的平均粒度 D 与粉碎后的平均粒度 d 之比称为平均粉碎比，用 i 表示，即 $i=D/d$。

平均粉碎比是衡量物料粉碎前后粒度变化的一个重要指标，也是进行粉碎设备性能评价的指标之一。对破碎机而言，为了简单地表示和比较它们的这一特性，可用粉碎设备所允许的最大进料口尺寸与最大出料口尺寸比作为粉碎比(也称公称粉碎比)。因实际破碎时加入的物料尺寸总是小于最大进料口尺寸，故粉碎机械的平均粉碎比一般都小于公称粉碎比。

各种粉碎机械的粉碎比都是有一定限度的，且大小各异，一般情况下，破碎机的粉碎比为 3～100；粉磨机械的粉碎比为 500～1000 或更大。

3. 磨粉的基本理论

粉碎的基本理论研究物料磨粉过程的机理问题，包括能量的转化、磨粉的模型、影响因素等。经典的粉碎理论主要从能量消耗的角度研究磨粉的过程。物料粉碎是沿最脆弱的断面裂开的，这些脆弱的断面在物料磨粉的过程中，脆弱点和脆弱面逐渐消失。随着物料粒度的减小，物料变得越来越坚固。因此，粉碎越小的物料所消耗的能量就越大。粉碎物料所消耗的功，一部分使粉碎物料变形，并以热的形式散失于周围空间；另一部分则用于形成新表面，变成固体表面的自由能。

粉碎过程的能量消耗与很多因素有关，如物料的性质、形状、尺寸、湿度和温度以及所采用的粉碎方法等。现有的粉碎理论都没有完整地解释粉碎过程的实质，均有一定的局限性。目前，得到公认的粉碎理论有三种假说：面积假说、体积假说和裂缝假说。

(1)面积假说

粉碎理论的面积假说是由德国学者雷廷格于 1867 年提出的。这是最早的系统的粉碎理论。事实上，物料表面的质点与其内部的质点不同，物料表面相邻的质点不能使其平衡，故物料表面存在不饱和能，粉碎过程使物料增加新的表面。为此，雷廷格认为，物料粉碎时，外力做的功用于产生新表面，即粉碎功耗与粉碎过程中物料新生成表面的面积成正比，或内力的单元功与物料破裂面面积的增量成正比。实践证明，当粉碎比一定时，给料粒度越小，粉碎所需的能量越大。

面积假说只能近似计算粉碎比很大时的粉碎总功耗，也就是说，只能近似地计算用在磨粉中的粉碎总功耗，因为它只考虑了生成新表面所需的功。

(2)体积假说

粉碎理论的体积假说是由前俄国学者克尔皮切夫与德国学者基克提出的。体积假说认为，将几何形状相似的同类物料粉碎成几何形状也相似的产品时，其粉碎功耗与被粉碎物料块的体积或质量成正比，或内力的单元功与粉碎物料块的变形体积的微量成正比。

体积假说只能近似地计算粗碎和中碎时粉碎总功耗，因为它只考虑了变形功。

(3)裂缝假说

裂缝假说是由 F. C. 邦德于 1952 年提出的介于面积假说和体积假说之间的一种粉碎理论。裂缝假说认为，粉碎物料时，外力首先使物料块产生变形，外力超过极限强度以后，物料块就产生裂缝而被粉碎成许多小块。

邦德在建立计算粉碎功耗的经验公式以后，邦德的解释为：粉碎物料时外力所做的功先是使物料变形，当变形超过一定限度后即产生裂缝，储存在物体内的变形能促使裂缝扩展并生成断面。输入功的有用部分为新生表面上的表面能，其他部分成为热损失。因此，粉碎所需的功，应考虑变形能和表面能两项，变形能和体积成正比，而表面能与表面积成正比。假定等量考虑这两项，粉碎所需的功应当与体积和表面积的几何平均值成正比。

以上介绍的粉碎理论都有其局限性和误差，三种假说都从一个角度揭示了粉碎过程的某一阶段。面积假说只注意来往新生表面积所需的能量，而忽略了物料被粉碎前先出现变形和实际物料又是非均质的这一事实。体积假说只注意了粉碎时的变形能，未考虑新生表面积的增加，同样具有片面性。裂缝假说介于面积假说和体积假说之间。研究表明：粗碎时新生表面积不多，体积假说较为准确；细碎时，新生表面积增加，表面能是主要的，面积假说较为准确；在粗碎和细碎之间的范围内，裂缝假说比较适用。各假说在各自的粒度范围内与实际情况的误差不大，因而在应用时应正确加以选择。其中，裂缝假说较有实际意义。裂缝假说使用粉碎的净功耗，公式中的各项均是可测定的，故具有广泛的应用价值。

实际的粉碎过程非常复杂，与物料的大小尺寸以及物料性质有关。三个假说均有许多因素未加以考虑，因此，即使在各自的适用范围内，其结果也只是近似的，还需实际资料加以校核。

4. 粉碎机械设备的类别

粉碎机械分为破碎机械和粉磨机械，常用的破碎机械有颚式破碎机、圆锥式破碎机、辊式破碎机、冲击式破碎机等。催化剂生产中一般是将已有的粗粉研磨成粒度更小的细粉，所以破碎机械在催化剂生产中很少应用，更多的是磨粉机和超细磨粉碎机。

在粉碎方式上，超细粉碎可分为干式(一般或多段)粉碎、湿式(一般或多段)粉碎和干湿组合式粉碎三种。干式超细粉碎工艺是一种广泛应用的硬脆性物料的超细粉碎工艺，干粉生产工艺无须设置后续过滤、干燥等脱水工艺设备，因此工艺简单，生产流程较短。典型的干式超细粉碎设备包括气流磨、高速机械冲击磨、旋磨机、辊(滚)磨机。与干法超细粉碎相比，湿式超细粉碎中，由于水本身具有一定程度的助磨作用，湿法粉碎时粉料更容易分散，而且水的密度比空气的密度大，有利于精细分级。湿法超细粉碎工艺具有粉碎作业效率高、产品粒度细、粒度分布窄等特点。因此，一般生产 $d_{90}=5\mu m$ 的超细粉体产品，优先采用湿式超细粉碎工艺。采用湿式工艺生产干粉产品时，须后续增加脱水设备(过滤和干燥)，而且由于干燥后容易形成团聚颗粒，一般还要在干燥时或干燥后进行解聚分散。因此，配套设备较多，工艺较复杂。目前工业上常用的湿式超细粉碎设备类型有搅拌磨、砂磨机、均浆机、胶体磨等。搅拌球磨机、振动球磨机、旋转筒式球磨机、行星式球磨机等既可用于干式，也可用于湿式超细粉碎。磨粉机的分类见表 10-1。

表 10-1 磨粉机的分类

<table>
<tr><td>辊式转动磨机</td><td colspan="2">雷蒙磨</td></tr>
<tr><td rowspan="4">高速转动式</td><td colspan="2">盘式磨、锤式磨</td></tr>
<tr><td colspan="2">筛分磨机</td></tr>
<tr><td colspan="2">离心分级磨机</td></tr>
<tr><td colspan="2">胶体磨机</td></tr>
<tr><td rowspan="8">球磨机</td><td rowspan="3">转动球磨机</td><td>管磨机</td></tr>
<tr><td>圆锥形磨机</td></tr>
<tr><td>多室式磨机(超临界磨机)</td></tr>
<tr><td rowspan="3">振动球磨机</td><td>圆振动磨机</td></tr>
<tr><td>旋转振动磨机</td></tr>
<tr><td>离心式磨机</td></tr>
<tr><td rowspan="2">行星式球磨机</td><td>垂直轴式磨机</td></tr>
<tr><td>水平轴式磨机</td></tr>
</table>

续表

介质搅拌磨机	塔式粉碎机	干式磨机
		湿式磨机
	搅拌槽型磨机	搅拌棒型磨机
		高速圆盘型磨机
	流动管型磨机	垂直搅拌轴型磨机
		水平搅拌轴型磨机
气流粉碎机 (喷射磨机)	气流吸入型磨机	
	喷嘴吸入型磨机	
	冲击体冲击型磨机	
	气流冲击型磨机	
	复合型磨机	
其他	乳体、槽解机、石臼等	

各种类型的磨粉机的应用范围见表10－2。

表10－2　超细磨粉机设备类型及应用范围

设备类型	粉碎原理	给料粒度/mm	产品细度 d_{97}/μm	应用范围
气流磨	冲击、碰撞	<2	3～45	高附加值非金属矿物粉体材料
高速机械冲击磨/旋磨机	冲击、碰撞、剪切、摩擦	<30	5～74	中等硬度以下非金属矿物粉体材料
振动磨	摩擦、碰撞、剪切	<5	2～74	各种硬度非金属矿物粉体材料
搅拌磨	摩擦、碰撞、剪切	<1	2～45	各种硬度非金属矿物粉体材料
旋转筒式球磨机	摩擦、冲击	<5	5～74	各种硬度非金属矿物粉体材料
行星式球磨机	压缩、摩擦、冲击	<5	5～74	各种硬度非金属矿物粉体材料
砂磨机	摩擦、碰撞、剪切	<0.2	1～20	各种硬度非金属矿物粉体材料
辊磨机	挤压、摩擦	<30	10～45	各种硬度非金属矿物粉体材料
高压均浆机	空穴效应、湍流和剪切	<0.03	1～10	高岭土、云母、化工原料、食品
胶体磨	摩擦、剪切	<0.2	2～20	石墨、云母、化工原料、食品等

三、筛分与分级

1. 筛分

标准筛是一套筛孔尺寸大小有一定比例的、筛孔边长及筛丝直径均按有关标准制造的筛子。将标准筛安装在振动装置上，按筛孔大小从上至下顺序叠放，上层筛孔大，下层筛孔小。各筛子所处的层位称为筛序。每两个相邻筛子筛孔尺寸的比值称为筛比。有的标准筛确定一系列筛子中的某个筛子作为基准筛，简称基筛。标准筛都有筛底和筛盖，分别用来收集筛下产品和防止物料溅失。利用振动筛将粉体按照粒径不同进行分类的过程称为筛分。

2. 分级

分级的定义可以有几种，根据使用要求，将粉体按粒径大小或不同种类的颗粒进行分选的操作过程通称为分级。通过分级实现粉体粒径的均匀化，也可通过分级操作将合格产品从粉体中分离出来加以利用，将不合格产品再进行粉碎。广义的分级是利用颗粒粒径、密度、颜色、形状、化学成分、磁性和放射性等特性的不同，将颗粒分成不同的几个部分。狭义的分级是根据不同粒度的粉体在介质中受到重力、离心力、惯性力等的作用，产生不同的运动轨迹，实现不同粒度的颗粒的分级。

分级操作可分为筛分和流体力学分级。筛分是将固体颗粒置于有一定大小孔径或缝隙的筛面上，使其通过筛孔的称为筛下物料，被截留在筛面上的称为筛上物料。筛分的特点是分级精度较高，但筛分只能得到很低的产量。又由于细筛网制造上的困难及小颗粒间的凝聚作用，所以筛分只适用于对较粗颗粒的分级。流体力学分级是根据尺寸大小不同的固体颗粒在流体介质中的沉降速度不同进行分级，其不仅用于粗颗粒的分级，而且对细粒的分级效果也很好，特别是对微米级细颗粒的分级，效率比任何筛分机械都高。

流体力学分级按其作用力的不同又分为重力式、惯性式及离心式。重力分级是利用粒子在重力场中所受到的重力不同而将不同粒径的颗粒进行分级，分级设备构造简单，容量大。惯性分级是利用流动方向急剧改变而产生的惯性来进行分级，分级设备构造简单，不需要动力，容量较大。离心分级是利用回转运动产生的离心力，其离心加速度大约比重力加速度大两倍甚至更大，能很快将颗粒分离。离心分级又分为自由涡(半自由涡)离心分级和强制涡离心分级。强制涡离心分级中，由于外加离心场的作用，粒子的分散性加强，分级范围广，处理量大，尤其适用于精密分级，但同时由于外加动力的引入，也带来其他问题，如能耗、摩擦、动量平衡等。

催化剂行业目前常用的磨粉设备主要包括气流粉碎机、球磨机、剥片机、振动磨、胶体磨等；筛分与分级设备主要包括分级机、细粉分级机、直线振动筛、旋振筛等。

第二节　球磨机

球磨机是一种转筒式磨粉设备，使用至今已经有一百多年的历史，虽然后来又出现了多种形式的高效的磨粉设备，但球磨机仍然是一种广泛用于粉体磨碎的主流设备之一，它通过电动机带动筒体旋转，同时筒体内的衬板提升内部的物料以及研磨介质，使物料颗粒与研磨介质相互碰撞从而达到破碎以及研磨物料的目的。最初的球磨机是长度等于直径的圆筒或两端呈锥形的纺锤体，随着粉碎粒度要求得更细，筒体被加长，出现了管磨机。

球磨机是工业生产中广泛使用的磨粉机械，其种类有很多，如管式球磨机、棒式球磨机、水泥球磨机、超细层压磨机、手球磨机、卧式球磨机、轴瓦球磨机、节能球磨机、溢流型球磨机、陶瓷球磨机和格子球磨机等。球磨机可分为干式和湿式两种研磨方式，湿式球磨机需要在物料中加入水或者其他液体介质进行工作，所以不存在物料进入死角磨不到的情况，同时也避免了粉尘污染。根据排料方式不同，球磨机可分为格子型和溢流型两种。根据筒体形状可分为短筒球磨机、长筒球磨机、管磨机和圆锥形磨机四种。

一、结构与工作原理

1. 球磨机的结构

如图 10－2 所示，球磨机的机身为一个水平放置的回转体，包含研磨筒体、轴承座、齿轮传动机构，研磨筒体内有球形磨粉介质，材质为不锈钢、陶瓷或刚玉等。研磨筒体两端用端盖封闭。两个端盖分别与喂料及卸料的空心轴连成一体，筒体借助于端盖及空心轴支撑在两端的轴承上。电动机通过减速机和筒体上的齿轮传动，使筒体回转。物料经过喂料空心轴加入筒体内，与粉磨介质混合，介质在惯性离心力和筒体内壁产生的摩擦力作用下，贴附在筒体内壁与筒体一起旋转，物料在不断受到冲击和磨剥的作用下，被研磨成细粉。由于进料端不断加入物料，进料端与出料端存在料位高度差，当介质下落时，冲击物料所造成的轴向推力使被粉碎物料由进料端缓缓流向出料端，完成粉磨过程。

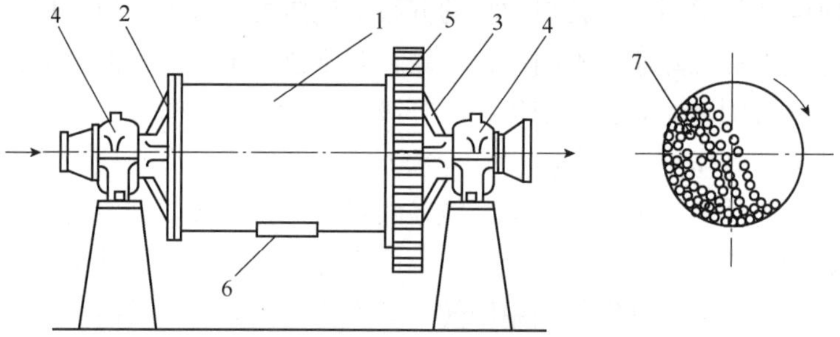

图 10－2　球磨机的结构简图

1—筒体；2、3—端盖；4—轴承座；5—大齿轮；6—磨门；7—研磨小球

如图 10－3 所示，在球磨机工作过程时，电动机带动筒体以一定的速度旋转，其内部衬板带动筒体内的研磨介质和物料颗粒运动并相互作用，从而将物料进行粉碎。当球磨机以一定的速度回转时，在离心力和摩擦力的共同作用下，筒体内的颗粒被衬板提升至一定高度后，由于自身的重力作用，颗粒脱离衬板做泻落或者抛落运动，从而对物料产生研磨或者破碎作用。

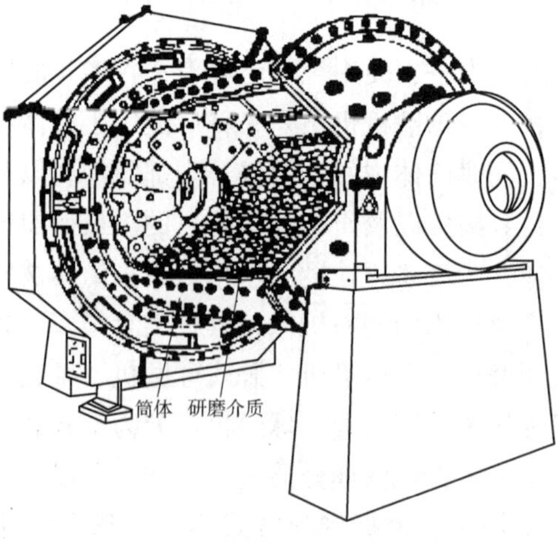

图 10－3　球磨机的机械结构

在球磨机工作过程中，介质不仅有上升、下落的抛落运动，还有颗粒间的滑动和滚动，从而在介质、物料、衬板之间产生冲击和研磨作用，将物料破碎或磨细。能被衬板带到较高处的介质具有较高的动能，对物料具有较强的冲击破碎能力；不能被衬板带到较高处的介质，则随着物料一起滑落，对物料具有较强的研磨能力。因此，介质的运动状态对物料的粉磨作用以及磨机的生产效率、动能消耗等问题有很大的影响。

在设备运行过程中(见图 10－4)，根据旋转速率的不同，球磨机内的钢球拥有三种不同的运动状态，图 10－4(a)所示的状态可以对物料产生研磨作用；图 10－4(b)所示的状态表示对物料产生破碎作用；当球磨机的转速超过临界转速时[见图 10－4(c)]，颗粒因离心力的作用，紧贴筒壁呈现空转的现象，无法实现有效的研磨作业。

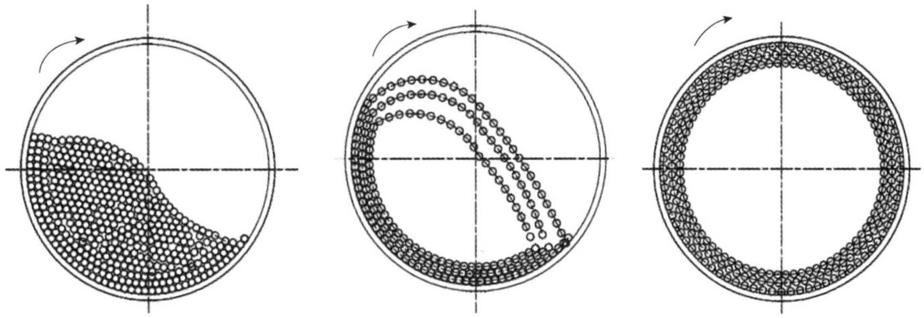

(a)泻落式运动状态　(b)抛落式运动状态　(c)离心式运动状态

图 10－4　钢球的三种运动状态

(1)泻落式运动

磨机在低速运转时，研磨介质沿筒体方向旋转一定的角度，自然形成的各层研磨介质基本上按同心圆分布，并沿同心圆轨迹升高。当研磨介质超过自然休止角后，则像雪崩似的泻落下来，这样不断地反复循环。磨机在泻落式工作状态下，研磨介质从筒体上部下落到底部时的冲击力较小，物料主要由研磨介质互相滑动时产生的压碎和研磨作用而粉碎。棒磨机和管磨机通常在泻落状态下工作。

(2)抛落式运动

当研磨介质在高速旋转的筒体中运动时，任何一层研磨介质的运动轨迹都可以分为两段：上升时，研磨介质从落回点到脱离点是绕圆形轨迹运动的；下落时，从脱离点到落回点则按抛物线轨迹下落，如此反复循环。在筒体内壁与最外层研磨介质的摩擦力作用下，外层介质沿圆形轨迹运动。它们好像是一个整体，一起随筒体回旋。摩擦力取决于摩擦系数及作用在筒体内壁上的正压力，重力的切向分力对筒体中心的力矩使介质产生与筒体旋转方向相反的转动趋势。如果摩擦力对筒体中心的力矩大于重力的切向分力对筒体中心的力矩，那么介质与筒壁或介质与介质层之间便不产生滑动。反之，则存在相对滑动。在任何一层介质中，每个研磨介质之所以沿圆形轨迹运动，并不是单纯地靠研磨介质受到的摩擦力而孤立地运动，而是靠全部研磨介质的摩擦力。这个研磨介质作为所有回转研磨介质群中的一个组成部分而被带动，并被后面的同一层研磨介质“托住”。磨机在抛落式工作状态下，物料主要靠研磨介质群下落时产生的冲击力而粉碎，同时也靠部分研磨作用。球磨机就是在抛落式状态下工作的。

(3)离心式运动

随着磨机转速的进一步提高，研磨介质也随着筒体上升得更高。当磨机的转速超过一定值时，研磨介质在离心力作用下不再脱离磨机筒壁，这时的磨机转速称为临界转速。球磨机在研磨介质做离心运动时，产生的研磨作用很小。后来人们发现，在特定的条件下，即当磨机衬板足够光滑，球体的装载量又较少时，球体会在衬板上滑动。这时，尽管球体不是处在抛落状态，但在滑动时会对物料产生强烈的磨剥作用，也能进行有效的粉碎。球磨机以这种方式工作时，转速越高，超临界转速越厉害，球体与筒体壁面之间的速度差也越大，因而粉碎作用也越强烈，但由于球体和衬板磨损严重，电耗过高，因此未得到推广。

对球磨机的研究表明：球磨机筒体内研磨介质的上述三种运动状态是在一定的研磨介质充填率条件下才发生的。当磨矿机内只有少量研磨介质时，研磨介质只在筒体最低位置处跳动，不随筒体壁上升。只有当研磨介质充填率达到一定程度时，才会发生随筒体壁上升和抛落现象。

2. 主要部件结构

(1)筒体

球磨机的筒体是其主要的工作部件之一，被粉磨物料是在筒体内受到研磨体的冲击和粉磨作用而成细粉末的。

①材料：筒体工作时，除承受大型磨机的静载荷外，还受到研磨体的冲击。由于筒体是回转的，所以在筒体上产生的是交变应力。这就要求制造筒体的金属材料强度要高，塑性要好。筒体是由钢板焊接拼合而成的，故又要求其可焊性好。一般用于制造筒体的材料是普通结构钢 Q235，其强度、塑性和可焊性均能满足要求。大型磨机的筒体一般用 16Mn 钢制造，其弹性强度极限比 Q235 高约 50%，耐蚀能力强，冲击韧性也强得多(低温时尤其如此)，且具有良好的切削加工性、可焊性、耐磨性和耐疲劳性。

②轴向热变形：磨机运转与长期静止时筒体的长度是不同的，这是由于筒体温度不同引起热胀冷缩。因此在设计、安装和维护时均须考虑筒体的这一特点。一般筒体的卸料端靠近传动装置，为保证齿轮的正常啮合，在卸料端不允许有任何轴向窜动，故在进料端要有适应轴向热变形的结构。常见的有两种：一种是在中空轴颈的轴肩和轴承间预留间隙；另一种是在轴承座与底板之间水平安装数根钢辊，当筒体胀缩时，进料端主轴承底座可沿辊子移动。

③磨门：筒体上的每个仓都开设一个磨门(又称人孔)。设置磨门便于镶换衬板、装填或倒出研磨体、停磨检查磨机。

(2)衬板

①作用：衬板的作用是保护筒体，使筒体免受研磨体和物料的直接冲击和摩擦。另外，利用不同形式的衬板可调整磨机内各仓研磨体的运动状态。

物料进入磨内之初粒度较大，要求研磨体以冲击粉碎为主，故研磨体应呈抛落状态运动；后续各仓内物料的粒度逐渐减小。为了使物料被研磨得更细，研磨体应逐渐增强研磨作用，加强泻落状态。研磨体的运动状态决定于磨机的转速，这样，粉磨过程要求各仓内研磨体呈不同运动状态与整个磨机筒体具有同一转速相矛盾。利用不同表面形状的衬板使其与研磨体之间产生不同的摩擦系数来改变研磨体的运动状态，以适应各仓内物料粉磨过程的要求，从而有效提高粉磨效率，增加产量，降低金属消耗。

②材料：球磨机的衬板大多使用金属制造，也有少量用非金属材料制造。大多数磨机粉碎仓的衬板都采用高锰钢制造；细磨仓的衬板多为耐磨的冷硬铸铁、合金钢等。

(3)隔仓板

1）隔仓板的作用包括：

①分隔研磨体。在粉磨过程中，物料的粒度向磨尾方向逐渐减小，要求研磨体开始以冲击作用为主，向磨尾方向逐渐过渡到以研磨作用为主，因而从磨头至磨尾各仓内研磨体的尺寸依次减小。加设隔仓板可将这些执行特殊任务的研磨体加以分隔，以防止它们窜仓。

②防止大颗粒物料窜向出料端。隔仓板对物料有筛析作用，防止过大的颗粒进入冲击较强的细磨仓，造成产品细度不合格。

③控制磨内物料流速。隔仓板的箅板孔的大小及开孔率决定了磨内物料的流动速度，从而影响物料在磨内经受粉磨的时间。

2)隔仓板的类型：隔仓板分为单层和双层两种，双层隔仓板又分为过渡仓式、提升式和分级式三种。

(4)进料、卸料装置

进料装置大致有溜管进料、螺旋进料、勺轮进料等几种，下面以溜管进料进行说明。

如图10－5所示，物料经溜管(或称进料漏斗)进入位于磨机中空轴颈内的锥形套筒，沿着旋转的筒壁自行滑入磨内。溜管断面呈椭圆形。由于物料先靠自溜作用向前移动，所以溜管的倾角必须大于物料的休止角，以确保物料的畅通。这种进料装置的优点是结构简单，缺点是喂料量较小。它适用于中空轴颈的直径较大、长度又较短的情况。

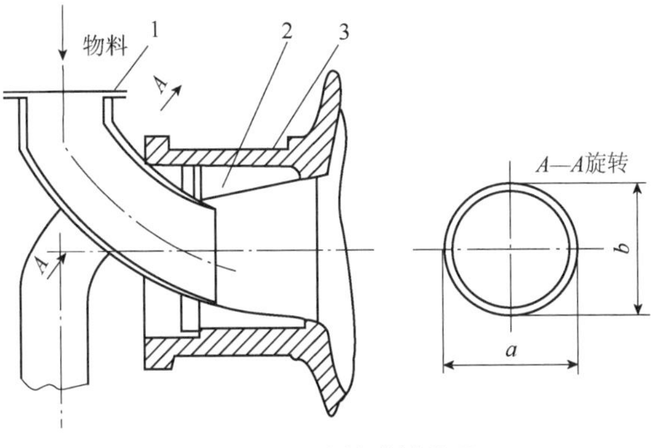

图10－5　溜管进料装置

1—溜管；2—锥形套筒；3—中空轴颈

如图10－6所示，物料由卸料端中空轴排出后进入出料装置，传动接管用螺栓与球磨机卸料端中空轴连接，另一端与中心传动轴法兰盘连接。圆筒筛随传动接管一同旋转。圆筒筛上有安装在支架上的出料罩。传动接管上有卸料孔，物料由卸料孔进入圆筒筛内进行筛分，细小物料通过筛孔后汇集于出料罩漏斗，然后进入输送设备。未通过筛孔的粗颗粒物料及研磨体残骸在锥形套和刮板的作用下溜入漏斗，其下部有插板，定期打开插板即可排出收集物。

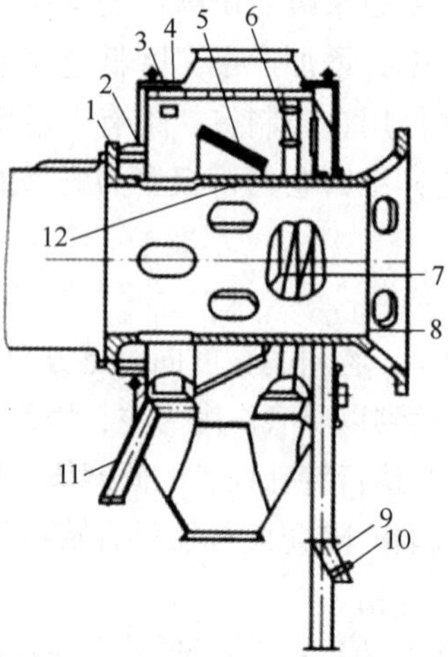

图10－6　球磨机卸料装置

1—传动接管；2—压圈；3—圆筒筛；4—出料罩；5—锥形套；6—滑块；7—刮板；8—堵板；9—漏斗；10—插板；11—支架；12—十字架

二、球磨机的工作参数

1. 转速

研磨介质对物料施加外力进行处理，外力的施加过程主要取决于球磨机内研磨介质的运动状态，而研磨介质在球磨机内的运动状态则是由球磨机的转速决定的。

“临界转速”是指当球磨机转速超过某个极限时，出现离心运动状态。研究发现，当球磨机转速合适时，物料会在研磨体的带动下沿着球磨机的筒壁上升，当上升的高度一定时，研磨体重力的分力与离心力相等，球磨机处于抛落运动状态，研磨体沿抛物线轨迹下落撞击到下面的物料上，这时物料能受到最大的冲击力和研磨作用，有最高的粉碎效率。生产实践表明，球磨机的转速为临界转速的70%～85%时，可获得较高的研磨效率。

2. 充填率

充填率是指加入球磨机内的研磨介质的体积与球磨机内仓有效容积之比。球磨机磨粉过程中，物料的粒度细化和形貌演变主要通过研磨介质和物料颗粒之间的冲击与研磨作用来实现，而研磨介质的运动状态又需要充填率与球磨机转速共同起作用，因此球磨机的充填率与转速是相互影响的。

3. 研磨介质级配

研磨介质的尺寸受物料性质、入磨粒度、产品要求粒度等影响，关系到球磨机能否达到高质量与低能耗的工业要求。

初始级配应与被磨物料的性质相适应，粗级别的物料应该用尺寸大的研磨介质，大尺寸研磨介质冲击大，有利于粗物料的破碎；细级别的物料应使用尺寸小的研磨介质进行研磨，尺寸小的研磨介质比表面积大，挤压与研磨物料的面积大，有利于细物料的研磨；物料粗细混合时，用大、小不同的研磨介质，最大限度减少空隙率，增加了物料与研磨介质的接触，在球磨机中可以有效地研磨不同的粒度，每个介质的粒度都可以有效地破碎特定的粒度，从而确保产品的细度得到优化。

4. 球料比

球料比是球磨机内所加入的研磨介质的质量与物料质量之比，一般情况下，球料比越大，球磨过程越有效，实际生产中，在保证产品质量的前提下，应该尽可能选用低球料比物料，以获得最大的产量。

5. 助磨剂量

应用助磨剂可以在不改变现有生产流程、不增加任何设备的情况下显著提高物料的研磨效率，降低能耗，提高经济收益。

6. 钢球的提升高度

钢球升起的高度与其脱离角的大小有关，在筒体内，物料主要靠钢球的冲击与研磨作用，钢球升起得越高，冲击越强。

7. 运转周期

球磨机内钢球在筒体内的运动分为两部分：与筒体一起的圆运动和离开筒体的抛物线运动。

三、设备的主要技术参数

球磨机的主要技术参数见表 10－3。

表 10－3　球磨机的主要技术参数

序号	参数类型	单位	参数描述
1	筒体尺寸 直径×长度	mm	设备处理能力的主要参数
2	主机功率	kW	设备处理能力的主要参数
3	筒体转速	r/min	
4	装料量	t	设备处理能力的主要参数
5	产能	t/h	设备处理能力的主要参数
6	设备总重量	t	

四、常见故障分析与处理方法

因为球磨机在实际运转中具有较为繁重的工作负荷，所以也使其受到较多的损耗，若故障未得到及时有效的解决可能会引发安全隐患，无法促进后期工作的顺利开展。球磨机维修管理中的常见故障如下：

1. 轴瓦温度过高

轴瓦作为球磨机的重要组成部分之一，其出现故障的原因是温度过高。这其中使得轴瓦部分温度过高的因素如下：原材料进入的空轴轴间间隙过小，球磨机在进行工作时，大部分能量都会转化为热量，并且有些原材料本身就有一定的温度，加上球磨机的作用就使温度进一步升高，温度升高促使滚筒体轴向产生变形的现象。对于轴瓦温度过高的问题，可以对打磨进料端盖和筒体端面进行清理来解决。

2. 齿轮啮合噪声

球磨机在工作时会因为齿轮啮合而发出一些声音，原因主要有两个：一是选择的润滑油不合适，润滑油的黏度太高使得机器在运行时，摩擦的阻力大而发出噪声；二是当大齿轮的齿槽在矿浆内时，矿浆会和润滑油混合在齿轮表面，这使得齿轮表面的油膜被损坏，摩擦阻力增大，从而产生噪声。小齿轮工作时，需要在至少4个齿轮上涂抹红铅油后才可以转动球磨机。在转动的过程中，需要对2个齿轮的接触方向和方位大小进行实时观察，要保证齿轮都是正确地啮合在节圆线上。

3. 噪声

对于螺栓等造成的噪声问题，可以将原本使用的O形橡胶密封圈进行更换，在安装时可以再做一些改进，主要是要将螺栓孔内部和外部同时进行密封，充分利用O形橡胶密封圈来使密封效果加强。

4. 球磨机减速机轴承发热

除按球磨机轴承温升检查外，应检查减速机的排气孔是否堵塞，如果出现排气孔堵塞，要疏通排气孔。

5. 球磨机减速机带动球磨机时发生巨大振动

球磨机安装衬板时，未进行二次灌浆，或二次灌浆后的地脚螺栓没有紧固好，用卷扬机转动磨筒体，致使磨筒体一端位移，而两轴心不在一条直线上，使减速机带动磨机后而产生振动。

处理方法：要重新调整，使球磨机磨机轴心与减速机轴心在同一平面轴心线上。大型球磨机体积大，重量重，易使地基下沉，发生位移。在基础旁设监测沉降点进行观测，发现有下沉时，进行调整。

6. 球磨机减速机运转声音异常

球磨机减速机正常运转的声音，应是均匀平稳的。如齿轮发生轻微的敲击声，嘶哑的摩擦声音，运转中无明显变化，可以继续观察，查明原因，球磨机停车进行处理；如声音越来越大，应立即停球磨机进行检查。

值得注意的是，球磨机减速机的平衡轮与中间轮未按规定的啮合齿标高安装，会造成球磨机高速轴小齿轮带动一侧的中间轴大齿轮，而球磨机中间轴的小齿轮带动平衡轮，球磨机平衡轮又转过来带动另一侧的中间轴，使球磨机减速机未形成两侧均载转动，发生打点声响，这样是很危险的。

第三节　振动磨

振动磨属于超细粉碎机，是国内外广泛应用的机械粉碎设备，它以球或棒(钢球、瓷球或钢段)为研磨介质，在高频振动的筒体内对物料进行冲击、摩擦、剪切，达到粉碎物料的目的，研磨后的产品粒度可达到数微米，且具有较强的机械化学效应，能耗较低，益于工业大规模生产。它具有高效、节能、节省空间、产品粒度均匀等优点，在超微粉碎领域得到广泛的应用。

振动磨按其振动特点分为惯性式、偏旋式；按筒体数目分为单筒式和多筒式；按操作方式又可分为间歇式和连续式。振动磨既可用于干式粉碎，也可用于湿式粉碎。通过调节振动磨粉机的振幅、振动频率、磨粉介质类型和介质尺寸，可加工不同的物料，包括高硬度物料和各种粒度要求的产品。

一、结构及工作原理

1. 振动磨的结构

振动磨为卧式结构，主要由磨机筒体、激振器、支承弹簧、冷却装置、电动机驱动装置以及冷却系统等部件构成，图 10－7 所示为振动磨的结构示意。

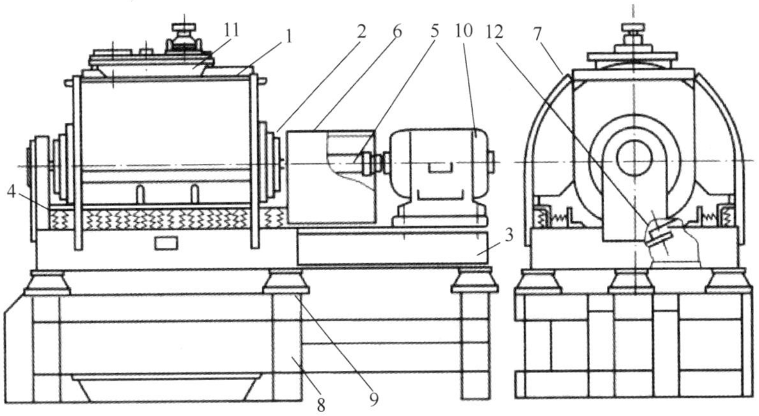

图 10－7 振动磨结构示意

1—筒体；2—激振器；3—支架；4—支承弹簧；5—弹性联轴器；6—护罩；7—冷却装置；8—基础；9—减振器；10—电动机；11—装料口；12—排料口

振动磨粉机的筒体水平安置，内部充填有钢球、钢段或瓷球等研磨介质，支承在支架的弹簧上，其安装和工作原理见图 10－8。

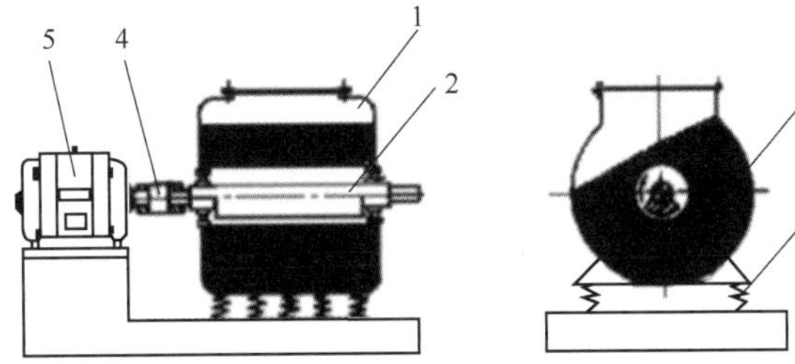

图 10－8 振动磨安装和工作原理

1—筒体；2—激振器；3—弹簧；4—弹性联轴器；5—电动机；6—研磨介质

在筒体的中心部分沿轴线方向嵌有带水套的钢管，冷却水连续流过水套以冷却筒体，钢管就是振动器的外壁振动器穿过钢管，轴上带有不平衡重块，轴承安装在管端的两个球面滚珠轴承上。轴承边上由端盖密封，以防止物料进入振动器的摩擦零件上。橡皮联轴器将电动机与振动器的轴连接。轴和不平衡重物一起旋转时产生 3～7mm 的振幅，并且传给筒体和研磨介质，使介质相对移动和撞击物料，物料受压碎和研磨作用，逐渐粉碎成细粉。为了防止振动，在机座和支架间安有减振器，筒体上设有给料口。物料由给料机均匀送入，湿磨时最好用搅拌机调和成适宜浓度的料浆，有时还可加入分散剂，以提高磨矿效率。下部设有排料口，湿磨时采用阀门控制。

根据不同需要，振动磨机可以间歇操作，也可以连续操作。当连续操作时，设有分级装置使粗粒再磨，组成闭路循环作业。对超微粉碎振动磨，一般不用连续式作业而采用分批式。

2. 振动磨的工作原理

振动磨的工作原理如图10－9所示，物料和研磨介质装入弹簧支承的磨筒内，由偏心块激振装置驱动磨机筒体做圆周运动，通过研磨介质的高频振动对物料做冲击、摩擦、剪切等作用而使其粉碎。

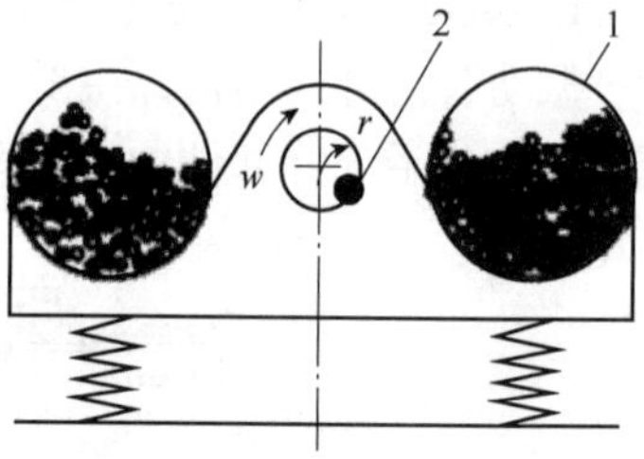

图 10－9　振动磨工作原理

1—磨筒；2—偏心块激振装置

研磨介质运动行径如图10－10所示。振动磨工作时，研磨介质在筒体内的运动有以下几种现象：①研磨介质的运动方向和主轴旋转方向相反。例如，主轴以顺时针方向旋转，则研磨介质按逆时针方向进行循环运动；②研磨介质除了有公转运动以外，还有自转运动。当振动频率很高时，它们的排列都很整齐。在振动频率低的情况下，研磨介质粒子之间紧密接触，一层层地按一个方向移动，彼此之间没有相互位移。但当振动频率高时，加速度增大，研磨介质运动较快，各层介质在径向上运动速度依次减慢，形成速度差。介质之间产生剪切、摩擦。

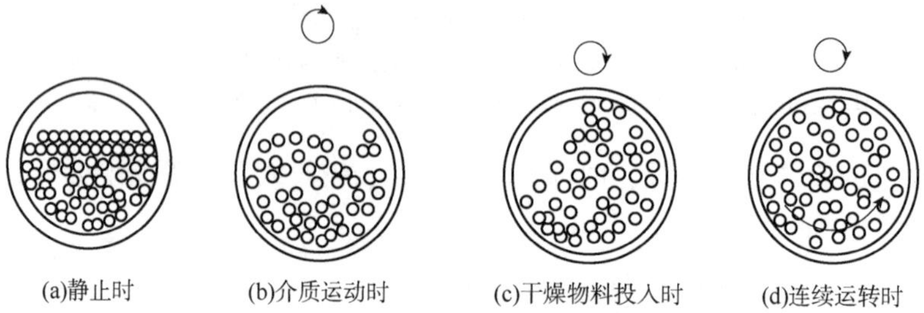

图 10－10　研磨介质运动行径

综上所述，振动磨内研磨介质的研磨作用如下：①研磨介质受高频振动；②研磨介质循环运动；③研磨介质自转运动等作用。使研磨介质之间，以及研磨介质与筒体内壁之间产生激烈的冲击、摩擦、剪切作用，在短时间内将物料研磨成细小粒子。

振动磨可分为干式粉碎和湿式粉碎，湿式粉碎可用水、丙酮或醇类作为介质。

3. 主要部件结构

磨机筒体：可以设计成单筒体、双筒体和三筒体。我国以双筒体和三筒体较为普遍。为保护筒体不受高频冲击下的磨蚀，一般在容积较大的工业生产用振动磨筒体内设置衬板，衬板以内筒形式固定于磨机外筒，当长期粉磨产生内筒磨损时，可更换衬板，避免外筒损坏。内外筒体的材质通常采用16Mn优质无缝钢管。

激振器：振动磨所需的工作振幅可通过调节激振器而获得。它是由安装于主轴上的2组共4块偏心块组成，偏心块的调整可以在0°～180°范围内进行，用调节偏心块的开度来确定振幅的大小，一般振幅为4～6mm，最大可达到15mm。

支承弹簧：有各种形式和各种材质的弹簧(如钢制弹簧、空气弹簧等)，它是磨机的弹性支承装置，应具有较高的耐磨性。钢制弹簧通常采用60SiMn材料制作。

联轴器：为保护电动机不受磨体的高频振动，一般采用挠性联轴器。它既传递动力，使磨机正常有效地工作，又对电动机起隔振作用。

二、几种典型的振动磨

1. Palla型振动磨

图10－11所示为Palla型振动磨结构示意，它有上下设置的2个管形筒体，筒体之间由2~4个支承板连接；支承板由橡胶弹簧支撑于机架上：在支承板中部装有主轴的轴承，主轴上固定有偏心重块，电动机通过万向联轴器驱动主轴。小规格的Palla型振动磨有2个偏心重块，大规格有4个偏心重块，每个偏心重块各由2件组成，其间相互角度可调，以调节偏心力的大小，偏心力使管形筒体和支承板在橡胶弹簧上振动。通常给料部和排料部分别设置在筒体两端，但根据工作需要也可设在筒体中部。Palla型振动磨的直径和长度分别达到200~650mm和1300~4300mm，电动机最大功率达到200kW，是目前振动磨使用较多和较广的一种机型。

特点：无须筛分便能得到微细物料；生产操作安全；只需调整振幅、振次、管径、研磨介质、填充率和控制给料等就能得到所需的产品粒度，而且这些参数易于调节。但处理量较小，随着管径的增加，在有效断面内，低能区所占比重较大。

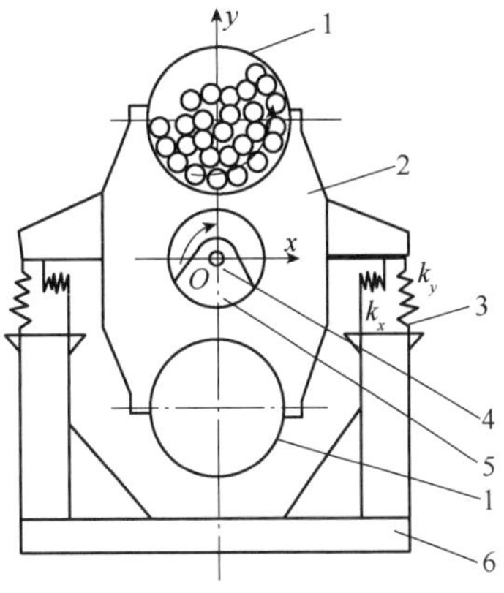

图10－11　Palla型振动磨结构示意
1—筒体；2—支承板；3—隔振弹簧；4—主轴；5—偏心重块；6—机座

2. 旋转舱式振动磨

柏林工业大学在研究管式振动磨内动力学和运动学的基础上，研制了一种管式振动磨——旋转舱式振动磨。它与常规管式振动磨相比较，处理量提高了0.5~1.0倍，单位能耗降低了20%~40%。它的出现，突破了常规管式振动磨直径650mm的上限，有可能实现振动磨用于细磨和超细磨的大型化。

旋转舱的原理：基于有个自由运动的舱，其内充填有研磨介质，它位于管式振动磨内并与研磨介质一起旋转。舱叶轮旋转会产生两种作用：一方面可以使被研磨的物料得以均匀分布，另一方面可以把冲击强度由圆振动的管壁几乎不衰减地传递到填料中心，这个中心一般被认为是脉冲散射的低能区。

由于采用了上述原理，与常规管式振动磨相比，具有以下显著特点：①研磨产品消除了过大的颗粒；②给料中含有过大颗粒时，对研磨作业的影响不敏感；③即使喂入过大块料也不堵塞；④内衬磨损相当均匀；⑤研磨体不出现扁平磨损面。

3. 高幅振动磨

图10－12所示为MGZ－1型高幅振动磨结构示意。它双筒并列，筒体直径200mm，长度1300mm，振幅达到26~30mm，振动频率为1000次/min，振动强度达到15g。

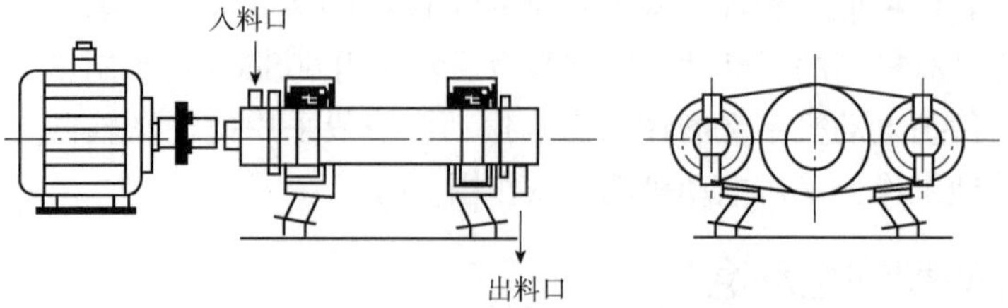

图 10－12　MGZ－1 型高幅振动磨结构示意

主要特点：①振动强度大。突破了传统的振动强度不超过 10g 的限制，主要是通过提高振幅和合理选择振动频率来实现；②弹性系统采用特制的空气弹簧，其内部结构(帘线的布置角度及层数)和密封方法不同于一般的消振、减振空气弹簧，且空气弹簧的工作状态是动载状态，不需要恒压空气源及气路控制系统，节约辅助投资；③在结构上把 4 个工作弹簧设计为相互倾斜一定的角度，其中心线在磨机传动轴线上方两两相交，保证了机器合理的运动轨迹为圆周运动，该机水平振幅为28mm，垂直振幅为28.1mm；④该机过共振平稳迅速，停车时间在 10s 以下，噪声远远低于钢弹簧振动系统；⑤给料粒度可以达到25mm，比一般振动磨大；⑥节能效果明显，与用于同种物料、同样给料和产品粒度，生产能力相当的 1.5m×5.7m 球磨机相比，可节能 50% 以上；⑦该机体积小、重量轻，可以节省空间，节约安装和运输费用；⑧制造成本低，操作和维修方便。

经过改造的 MGZ－1 型高效振动磨，产量超过 3t/h，入料粒度达到 70mm，出料粒度为 400 目达到 96%；入料粒度 20mm 时，出料粒度 80% 达到 10μm，产量为 500kg/h。

通过借鉴吸收大量的 MGZ－1 型高效振动磨在工业应用中成功和失败的经验，以及大量矿样粉碎试验研究与磨机性能的计算机模拟研究，按照磨机和介质动力学参数的多参数系统优化配置，又设计了 MGZ－1X/80 型高效振动磨。

MGZ－1X/80 型高效振动磨由普通交流电动机、皮带联轴器、激振器、机架、磨筒、介质、水冷却系统、空气弹簧、机座、隔音罩、电控箱、给料仓等组成。电动机直接驱动激振器使机架和筒体产生圆周运动，迫使筒中介质产生强大的有规律的冲击与研磨作用，从而有效地研磨物料。由于整机动力学性能的优化，介质在筒中呈悬浮状态，减少了对筒体的磨损，省去了衬套。筒内介质一方面研磨物料，另一方面推进微粉有序地向出料口流动。该机对所加工的物料有极高的破碎概率、极强的破碎力，所用介质材质、介质形状及其动力学性能有广泛的可选性；有相当低的能量消耗；投资小，见效快；运行费用和生产成本低，经济效益显著；操作方便，产品的粒度和粒形便于掌握等特点。尤其是对所加工矿物施加的破碎力无级可调，介质特性参数无级可调的特点，能充分适应各种非金属矿超细粉磨的加工需要。可进行干式、湿式、开路、闭路、选择性、非选择性作业。可处理中软性、中硬、硬性、特硬性物料的粉磨，具有广泛的适应性。用该机生产的产品含微量铁或不含铁。主机与辅机的连接均装有密封、挠性接头、防护罩等严格密封，无粉尘污染。优良的隔噪装置，振动噪声远低于国家标准。尤其是独特的空气弹簧隔振系统，使 MGZ－1X/80 型高效振动磨机的非线性特性得以充分发挥。

4. MZ 型振动磨

图 10－13 所示为 MZ 型双筒超细振动磨的结构示意。双筒振动磨主要由入料口、上磨

筒、衬板、检查口、箅板、出料调节器、端盖、护网、联轴器及连接板、电动机、电源接口、气源接口、冷却水出口、高度控制器、过料管、冷却水进出口、下磨筒、机架、出料口、激振器、空气弹簧、冷却水管等组成。单筒超细振动磨除了少一个磨筒外，基本结构与双筒振动磨相似，主要由激振器、磨筒、空气弹簧、底盘等构成。

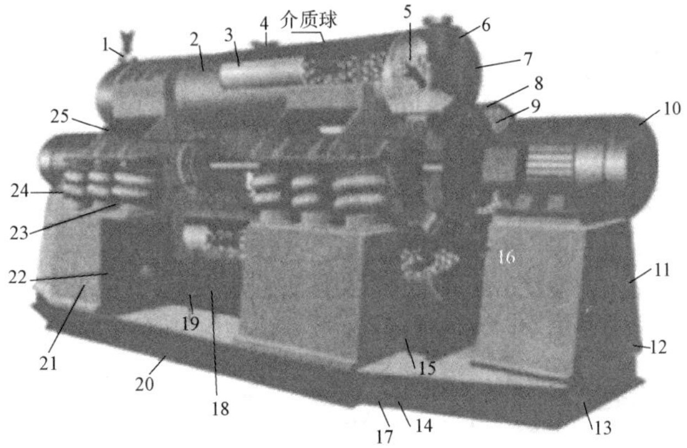

图 10-13 MZ 型双筒超细振动磨结构示意

1—入料口；2—上磨筒；3、19—衬板；4—检查口；5—箅板；6—出料调节器；7—端盖；8—护网；9—联轴器及连接板；10—电动机；11—电动机座；12—电源接口；13—气源接口；14—冷却水出口；15—高度控制器；16—过料管；17—冷却水进口；18—下磨筒；20—底架；21—主支架；22—出料口；23—激振器；24—空气弹簧；25—冷却水管

工作原理：MZ 型双筒超细振动磨是一个无限自由度的弹性结构，由空气弹簧所支承。磨机的振动源是两端的激振器，由两端的电动机驱动激振器的振子高速转动，产生交叉方向的激振力，两端对称的激振力激发磨筒以同样频率围绕筒体中心轴做强迫振动，磨筒又将振动能量传递给研磨介质，大量研磨介质相互撞击、摩擦、剪切，使被磨物料粉碎。

5. SFZ 型振动磨

由清华大学研制的 SFZ 型振动磨，主要由底架、机架、上下筒体、振动电动、弹性支撑系统组成。机架、电动机和筒体连为一体，形成整体的振动部分，在底架和弹簧的支撑下做高频率小振幅的连续振动。物料在研磨介质的强烈冲击和研磨下细化为产品。可通过调节振动电动机偏心重块的夹角来改变激振力的大小，可获得高达 6g 以上的振动力场，振动磨机的粉碎效率远高于球磨机。

SFZ-100 型振动磨的主要技术参数：公称筒体总容积 100L；研磨体装载量，钢球为 360kg，瓷球为 200kg；加料粒度 <5mm；产品平均粒径为 1 ~ 5μm；振动电动机功率为 3.7kW；整机重量(不含研磨体)为 950kg。

6. 三维振动磨

图 10-14 所示为三维振动磨示意。激振器由电动机轴外伸的两端附设相位差 180°的偏心重块组成，并装置于磨筒底部，当其运转时除驱动磨筒做圆周运动外，还做轴向振动，综合为偏旋式的三维振动。主要特点如下：高频低振幅($n=1200$r/min，$r=1$ ~ 2mm)振动，其能量转换有效地使颗粒由 100μm 粉碎至亚微米级范围；粒度分布均匀；有利于快速消除静电荷，避免颗粒团聚；减少研磨介质与磨壁的磨损，污染小。可干法或湿法、

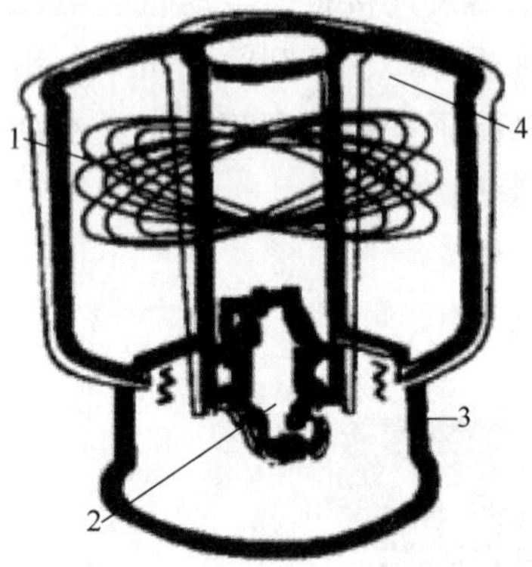

图 10－14　三维振动磨示意
1—研磨介质；2—激振装置；
3—机座；4—磨筒

间歇或连续、开路或闭路生产。

三、振动磨粉碎过程的主要影响因素

振动磨与球磨机有相同的工作参数：充填率、研磨介质级配、研磨介质与被磨物料数量之间的比例(类似于球磨机的球料比)，以及助磨剂量。除此之外，振动磨还具有以下工作参数。

1. 振动频率

振动频率即振动磨机在1min内的圆周振动次数，它是由电动机转速决定的，因为电动机的轴通过联轴器与振动磨机的振动轴直接连接在一起。振动频率越高，产品的粒度越细，但机械磨损也越快，因此需要通过试验确定最佳振动频率，再选取合适的电动机转速。

2. 振幅

振幅即轨迹的平均半径，振幅决定于激振器回转运动所产生的激振力的大小，振动磨机机体与激振器的重量，磨筒与被磨物料的重量(振幅随着磨筒机体和被磨物料重量的增加而减小)。

振幅的加大仅能增加个别研磨介质的冲击，而增加振动频率不仅可以保证增加个别研磨介质的冲量，同时可以保证增加研磨介质对被磨物料的作用次数，显然这对细磨是非常重要的。仅在粗磨颗粒较大的物料时，最初阶段振幅的作用比频率大。

3. 研磨介质和被研磨物料的填充度

填充度是指研磨介质和被磨物料的体积之和与磨筒总体积之比。

填充度越低，研磨作用达不到的自由空间也就越大，而在这个区域中的物料几乎就得不到研磨，所以就降低了振动磨机的工作效率。当填充度为0.75～0.85时，磨机的整个内壁都给研磨介质以冲击力，给被磨物料有力的研磨作用。当填充度近似为1时，研磨介质的运动受到限制，它们这时对被磨物料的作用是非常微小的。

4. 研磨介质与被磨物料数量之间的比例

研磨介质与被磨物料数量之间的比例对成品的细度、振动磨机的产量以及研磨介质的磨损率有直接影响。磨棒与被磨物料的数量比越大，则振动研磨就越强烈。当该比值较小时，则过多的被磨物料起了“枕垫”作用，妨碍研磨。随着体积比值的增加，由于对单位重量物料的冲击次数增加，则磨棒的作用力越大，但同时振动磨机的产量也会因被磨物料量的减少而下降。如果该比值过大，那么磨棒大部分外表面就不会被物料掩盖住，同样大部分的能量就将无为地消耗在磨棒之间的直接碰接和摩擦上，也会增加磨棒的磨损率。

5. 磨粉时间

磨粉时间对产品的细度也有很大影响，随着磨粉时间的增加，在不同振动次数下所得产品的细度越来越高，并且差别越来越大。

四、主要技术参数

振动磨的技术参数见表10－4。

表 10－4　振动磨的技术参数

序号	参数名称	单位	备注
1	磨筒容积	L	产能的主要参数
2	振幅	mm	
3	振动频率	Hz	
4	电动机功率	kW	
5	动力强度	G	
6	进料粒径	mm	指最大粒径
7	产品粒径(d_{90})	μm	产品质量
8	磨机质量	kg	
9	外形尺寸	mm	

五、振动磨的特点及适用范围

振动磨的优点如下：

(1)由于高速工作，可以直接与电动机连接，磨机的重量和占地面积小；

(2)介质充填率和振动率高，产品粒度小，单位筒体生产能力高；

(3)对某些物料，如橡胶工业用的填料、铸造厂用的涂料以及云母、硅灰石等非金属矿可进行超细粉碎和深加工；

(4)可以用软管使磨机给料装置和排料装置实现密封连接；

(5)充以惰性气体可防止气体爆炸或化学反应，充以液氟进行超低温粉碎可节约能量 50%。

振动磨的缺点如下：为了减少磨损，延长使用寿命，大规格振动磨对弹簧、轴承等机器零件的要求较高。

振动磨主要适用于非金属矿及硅酸盐工业等部门的超细粉碎。除此之外，其他部门也使用振动磨，如黑色涂料的混合与分散。使用球磨机需 40h，而使用振动磨则只需 25h。

六、常见故障分析与处理方法

振动磨常见故障分析与处理方法如下：

(1)振动磨是电动机带动偏心轮产生的振动力，工作时压紧装置也同时受到振动，所以压紧装置应坚固结实，压紧度至少能微调，若工作时压紧装置不能完全压紧磨筒，则磨筒外壁和磨筒座会因互相撞击而加速损坏，磨筒内粉尘外溢，甚至磨筒脱离压紧装置。

(2)振动磨的偏心率和转速也不宜同时过大，否则可能会导致磨筒内物料受到击环击块的撞击力过大，磨筒内温度快速升高，物料结块，粘住磨具。

(3)振动力也会波及控制电气部分，减振设计和电气部分设计也应牢靠合理，否则会导致振动磨停机时摆晃。

(4)电动机和振动装置的联轴器部分应设计用材合理，既要保护电动机，也要保护自身。

(5)其他常见故障分析与处理方法见表10-5。

表10-5　振动磨的常见故障分析与处理方法

故障现象	故障原因	处理方法
异常振动和响声	筒体与弹性支座间受力不均匀	调整弹性支座
	偏重飞轮角度过大	调整偏重飞轮位置
	筒体变形	检查筒体
	球磨机与平衡轴轴心不在同一直线上	调整球磨与平衡轴
筒体温度过高	循环水系统未开	检查循环水系统保证供应正常
	循环水夹套泄漏	检查夹套循环水系统
轴承温度高	间隙过小	调整间隙
	润滑油不够或质量不合格	检查润滑油

第四节　胶体磨

胶体磨是一种可以将具有一定湿度的大颗粒原料粉碎成微小粉末的常用设备。这种设备最早是在国外发明并使用的，20世纪70年代末被引进国内并得到了广泛的应用。传统的干法粉碎要求物料中的含水量小于4%，但一般空气干燥基样品中的含水量均超过5%，而湿法研磨时物料中的含水量可达到50%，且可克服粉尘飞扬、氧化程度严重和自燃等问题。

相对于压力式均质机，胶体磨首先是一种离心式设备，其优点是结构简单，设备保养维护方便，适用于较高黏度物料以及较大颗粒的物料。它的主要缺点也是由其结构决定的。首先，由于做离心运动，其流量是不恒定的，对于不同黏性的物料其流量变化很大。举例来说，同样的设备，在处理黏稠的漆类物料和稀薄的乳类流体时，流量可相差10倍以上。其次，由于转定子和物料间高速摩擦，所以易产生较大的热量，使被处理物料变性。最后，表面较易磨损，而磨损后，细化效果会显著下降。

一、结构与工作原理

1. 胶体磨的结构

国产胶体磨主要有JM、JTM及DJM三种型号，分别代表立式、变速式和卧式三种机型，本节以直立式胶体磨为例进行说明。

胶体磨主要包含以下4个部分：①磨机结构部分。由电动机、磨体、联轴器和底座等组成。②冷却部分。由冷却水箱、冷却泵、压力表、温度表、阀门和管路等组成。③润滑结构。由润滑泵、油箱、散热装置、压力表、温度表、阀门和管路等组成。④控制部分。由电器元件和控制软件组成。

胶体磨机主要由动力部件、执行机构和控制阀三部分组成。主机的主要构件包括料斗、定磨片、动磨片、马达(气动马达或电动机)、胶体磨机身等。其中，料斗主要用于原料的投放以及混匀；定磨片主要用于将料斗与胶体磨机身固定，使结构更加稳定；动磨片位于料斗与固定板之间，在马达轴的驱动下研磨物料；因此，料斗、定磨片、动磨片都属于执行器。马达的动力部分通过高压胶管与高压源连接，最后马达由高压空气或电动机驱动。其外形见图 10－15，结构见图 10－16。

图 10－15　胶体磨的外形

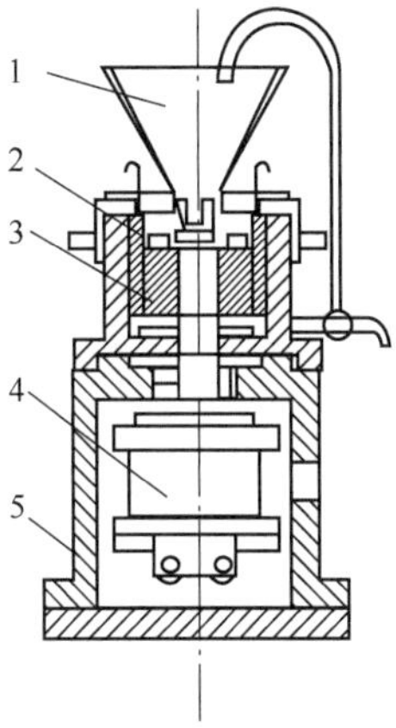

图 10－16　胶体磨的结构
1—料斗；2—定磨片；3—动磨片；
4—马达；5—胶体磨机身

2. 胶体磨的工作原理

胶体磨是利用一对固定磨体（定子）和高速旋转磨体（转子）的相对运动产生强烈的剪切、摩擦、冲击等作用力，使被处理的物料通过两磨体间的间隙，在上述诸力及高频振动的作用下被粉碎和分散。目前常用的胶体磨一般是采用转子与定子均为开有槽形缺口的双层齿圈形式卧式的结构。当胶体磨工作时，物料经过转子以很高的转速旋转，在定子与转子的间隙被研磨粉碎，最终研磨得到的物料自动从定子的竖直方向排出。

二、主要技术参数

JM 系列胶体磨的主要技术参数见表 10－6。

表 10－6　JM 系列胶体磨的主要技术参数

名称	型号	产品细度/μm（单循环、多循环）	产量/（t/h）（依物料性质变化）	电动机功率/kW	电动机转速/（r/min）	外形尺寸/mm	机器质量/kg
立式	JM－130B	2～50	0.5～4	11	2930	550×550×1400	320
	JM－80	2～50	0.07～0.5	4	2890	450×460×1330	190
变速式	JMS－130	2～50	0.5～4	11	1750～5000	990×440×1050	420
	JMS－80	2～50	0.07～0.5	4	1600～5000	680×380×930	210
	JMS－50	2～50	0.005～0.3	1.1	1750～5000	530×260×580	70
	JMS－180	2～50	0.8～6	15	1600～5000	1350×550×1340	550
	JMS－300	2～50	6～20	45	1750～2970	1350×600×1420	1600
卧式	JMW－120	2～80	1～4	11	2930	1070×340×740	150

三、GM2000系列胶体磨

GM2000系列胶体磨特别适合于胶体溶液，超细悬浮液和乳液的生产，GM2000系列中的沸石粉高速胶体磨适合于催化剂和分子筛的湿式研磨，因此这里进行详细的介绍。GM2000系列的线速度很高，剪切间隙非常小，当物料经过时，形成的摩擦力比较剧烈，因此是一种湿磨机。定转子被制成圆锥形，具有精细度递升的三级锯齿突起和凹槽，在锥形转子和定子之间有一个宽的入口间隙和窄的出口间隙，在工作中，分散头偏心运转使溶液出现涡流，因此可达到研磨分散的效果(见图10－17)。GM2000系列胶体磨整机采用几何机构的研磨定转子，可以满足不同行业的多种需求。

图10－17　沸石粉高速胶体磨及锥形定转子

表10－7所示为GM2000系列胶体磨中GM2000/4型胶体磨的参数。

表10－7　GM2000系列胶体磨的参数说明

类型	研磨机	用途	其他
型号	GM2000	规格	GM2000/4
处理方式	研磨	行程	0～100
作用对象	磨头，其他	介质尺寸	0～100
加工批量	0～1000kg/h	驱动方式	电动，其他
工作方式	高速 研磨机	研磨篮容量	0～100
外形尺寸/μm	0.45×0.35×0.75	适用物料	浆料、混悬液、乳液
重量/kg	45		
驱动功率/kW	2.2		

GM2000系列胶体磨的结构：三道磨碎区，一级为粗磨碎区，二级为细磨碎区，三级为超微磨碎区。

GM2000系列胶体磨的工作原理：高剪切胶体磨在电动机的高速转动下物料从进口处直接进入高剪切破碎区，通过一种特殊粉碎装置，将流体中的一些大粉团、黏块、团块等大小颗粒迅速破碎，然后吸入剪切粉碎区，在十分狭窄的工作过道内，转子刀片与定子刀片相对高速切割，从而产生强烈摩擦及研磨破碎。在机械运动和离心力的作用下，将已粉碎细化的物料重新压入精磨区进行研磨破碎。精磨区分为三级，越向外延伸，一级磨片精度越高，齿距越小，线速度越高，物料越磨越细，同时流体逐步向径向做曲线延伸。每道一级流体的方向速度瞬间发生变化，并且受到每分钟上千万次的高速剪切、强烈摩擦、挤压研磨、颗粒粉碎等，在经过三个精磨区的上万次的高速剪切、研磨粉碎后，浆液中的颗粒粉碎、液粒撕破等使物料充分分散、粉碎、乳化、均质及细化，液料中颗粒的粒径可达到0.5μm。

GM2000型胶体磨的特点如下：①定转子被制成圆锥形，具有精细度递升的三级锯齿突起和凹槽，定子可以无限制地被调整到所需的与转子之间的距离。②齿列的深度从开始的2.7mm到末端的0.7mm，范围较大。范围越大，处理的物料颗粒大小越广。③沟槽的结构是斜齿式，每个磨头的沟槽深度不同，并且斜齿的流道体积从上往下是由大逐渐减小的。

四、设备操作

经过对胶体磨本身构造、工作原理及介质性质进行研究分析后，可以采取以下措施预防故障发生：

(1)胶体磨应在掌握其结构、工作原理、介质性质后，严格按照技术要求安装调试，确保动、静磨片同心度误差不大于0.05mm；动盘径向跳动不超过0.04mm；轴向窜动小于0.1mm，并定期检验。

(2)严格把好过滤关。也就是说，进入胶体磨的物料必须经过严格过滤，方可放入胶体磨加工。一般情况下，乳液至少经过60目筛网过滤方可放入胶体磨，以减少硬质颗粒、金属或其他物质进入磨内的可能性。

(3)螺杆泵连续均衡送料。应在入料口加大漏斗容积，使之入料时经常处于料封状态；应尽量减少螺杆泵下料口混入的空气量，并防止物料研磨时间过长。

(4)运行过程中严格控制胶体磨工作电流不得出现过高或过低，一般控制在1~12A；生产过程中设备空转时间不大于1min。

(5)工作完毕后，应放温水冲洗胶体磨机械密封装置及磨片间残余物料，以防止结晶，避免机器启动困难。

(6)定期强制检修。每月至少应打开定磨片一次，彻底冲洗动、定磨片齿形槽，并剔出其金属、砂粒等杂物；校验各参数无异常后安装试车。

五、常见故障分析与处理方法

胶体磨的常见故障分析与处理方法见表10-8。

表10-8　胶体磨的常见故障分析与处理方法

故障现象	故障原因	处理方法
物料细度不符合要求	动、定磨片间隙不适合	通过调节圈调整间隙
	动、定磨片磨损严重	更换动、定磨片

续表

故障现象	故障原因	处理方法
电动机过热	润滑油缺油或失效	补充或更换润滑油
	负荷过载	减少加料量
设备振动	地脚螺栓松动	紧固地脚螺栓
	动、定磨片间隙偏小	通过调节圈调整间隙
	加料量偏多	控制进口阀门，减少加料量
机封失效	动、静密封面失效	定期检查更换密封
	冷却水阀门没开导致机封摩擦面发热	加强巡检，确保冷却水阀门开启

第五节　辊磨机

辊磨机是一种用途很广的粉磨设备，广泛应用于粉磨水泥原料或水泥熟料及其他建筑、化工、陶瓷等工业原料，技术人员将它应用于加氢催化剂生产过程中的中间产品回收。辊磨机在工作原理、研磨机理、机械结构、系统工艺性能方面以其独特的优点越来越得到催化剂生产行业的重视。

一、结构与工作原理

1. 辊磨机的结构

图 10－18 所示为 HCH 型环辊磨机的结构，它主要由分级轮、分流环、磨圈、销轴、磨环、磨环支架、甩料盘和机座组成。

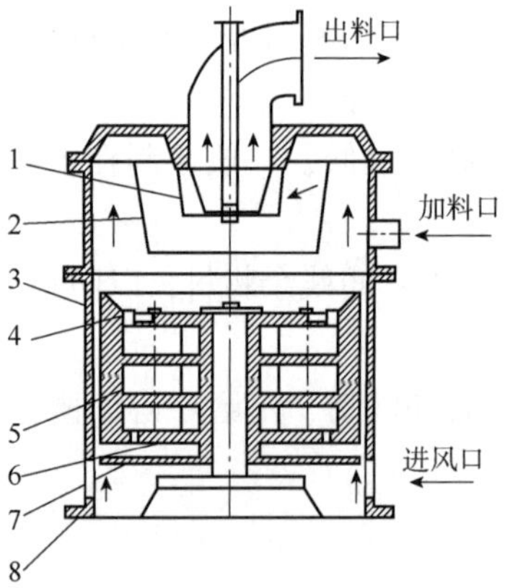

图 10－18　HCH 型环辊磨机的结构

1—分级轮；2—分流环；3—磨圈；4—销轴；5—磨环；6—磨环支架；7—甩料盘；8—机座

2. 辊磨机的工作原理

物料经锤式破碎机破碎至所需粒度后，由提升机送入料仓，经给料设备均匀连续地喂入主机内部，进入主机的物料随着倾斜的导流管（或螺旋输送机）落到主机转盘上部的撒料盘上。主机腔内安装在转盘上的磨辊绕中心轴旋转，磨辊与磨辊销之间存在很大的活动间隙，在离心力的作用下磨辊水平来回摆动，从而使磨辊压紧磨环，磨辊同时绕磨辊销自转。物料通过磨辊与磨环之间的间隙，因磨辊的滚碾、冲击、挤压作用而被磨碎。磨辊分为多层布置，物料通过第一层磨辊与磨环间为第一次粉碎，然后通过第二层、第三层直至多层，进行多级粉碎，使物料充分细磨。细磨后的物料落到甩料盘上，甩料盘与主轴同转，将物料甩向磨圈与机体间的缝隙中，受到系统中风机抽风产生的负压作用而沿缝隙上升进入机体上部，沿分流环进入分级室进行分级，合格细粉或超细粉料通过分级轮进入收集系统收集，粗粉被甩向分级环内壁，落入粉碎室重新进行粉磨；带有少量微细粉末的气流则通过脉冲除尘器净化后通过风机排出。

二、分类

辊磨机的核心部分是磨和磨盘的不同形状和它们之间的相互搭配，这是不同辊磨机的主要区别。

盘式辊磨机的磨辊与磨盘组合形式主要可分为 6 种：锥辊—平盘式、锥辊—碗式、鼓辊—碗式、双鼓辊—碗式、圆柱辊—平盘式、球—环式。

根据加压方式，小型辊磨机用弹簧加压，现代化大中型辊磨机均用液力加压。

三、设备特点

与其他磨粉机相比，辊磨机有一些自身的特点和优势：

(1)给料允许的粒度较大，可达到 80 ~ 150mm。

(2)磨粉效率高。辊磨机的能量利用率比球磨机高很多。通常，球磨机的能量利用率在 24 ~ 32cm^2/J；而辊磨机则可高达 45cm^2/J。所以，辊磨机的单位电耗仅为球磨机的 50% ~65%。

(3)磨粉能力大。大型辊磨机的磨粉产能可达到 500t/h。

(4)扬尘少、操作环境较好，相比球磨机、管磨机等磨粉机噪声更小。

(5)兼具磨粉和干燥的功能。将入口空气改用热风，可以对物料起到干燥作用。

辊磨机的缺点如下：

(1)磨辊与磨盘的磨损较大，检修、更换比较复杂。

(2)磨辊对物料的腐蚀性较敏感。磨辊常分体制造，辊套采用热装法安装在辊芯上，磨芯用一般钢材，辊套用抗磨性较好的合金钢。这种结构对温度变化较为敏感，辊套如果时冷时热，容易产生松动，因此热装时要有较大的温差，两者之间的过盈量稍大，运转时才能有足够的箍紧力。

(3)制造要求严格，辊套一旦损坏需立即更换，安装要求较高。

四、主要技术参数

辊磨机的主要技术参数见表 10 –9。

表 10 –9　辊磨机的主要技术参数

序号	参数类型	单位	参数描述
1	主机内径	mm	反应设备能力的主要参数
2	环道数量	个	
3	磨辊数量	个	
4	入料粒径	mm	
5	出料粒径	μm	

续表

序号	参数类型		单位	参数描述
6	电动机功率	主机	kW	
		分级机	kW	
		给料机	kW	
		风机	kW	
		卸料阀	kW	

五、常见故障分析与处理方法

(1)磨辊本体磨损

立式磨辊本体和耐磨衬板在使用过程中由于受到辊子碾压力、物料与磨辊衬板之间的摩擦阻力、磨辊剪切应力等力的相互综合作用，这些力均作用于立式磨辊有效碾压区。一旦出现配合间隙，本体与衬板之间将会发生冲击碰撞，使得本体与衬板之间磨损加剧，严重时使得衬板产生裂纹甚至断裂，造成衬板脱落，机器损坏，特别是减速机的损坏，造成恶性事件。该类问题一旦发生，一般修复方法难以解决，拆卸、焊补、机加工费时费力，造成的停机停产时间大大延长。针对上述问题，辊套的选材应该具有优良的机械性能及良好的可塑性，延长设备使用寿命、提高生产率。

(2)立式磨辊轴承室磨损

立式磨辊轴承的装配要求比较严格，一般采用将轴承放在干冰中冷却的方式装配。轴承和轴承室之间一旦出现间隙，将会影响轴承的正常运转，导致轴承发热，严重时将会导致轴承烧结现象。传统补焊刷镀等方法都存在一定的弊端：补焊会产生热应力造成轴承材质受损，严重时会变形甚至断裂；刷镀污染较重，且镀层厚度受限，应用受到较大限制，可考虑采用高分子复合材料，既具有金属要求的强度和硬度，又具有金属所不具备的退让性，同时利用复合材料本身所具有的抗压、抗弯曲、延展率等综合优势，可以有效地吸收外力的冲击，化解和抵消轴承对轴的径向冲击力，并避免设备因间隙增大而造成的二次磨损。

第六节　搅拌磨

搅拌磨是利用搅拌器搅动研磨介质来实现细粒粉碎的，由于最初使用的研磨介质是玻璃砂，因此早期的搅拌磨也称砂磨。搅拌磨是一种较理想且常用的超细粉碎设备，被认为是超细粉碎机中最有发展前途而且是能量利用率最高的一种超细粉磨设备。它与普通球磨机在机理上的不同点是：输入搅拌磨的功率直接用于推动研磨介质高速旋转，达到磨细物料的目的。搅拌磨内置搅拌器，搅拌器的高速回转使研磨介质和物料在整个筒体内不规则地翻滚，产生不规则运动，使研磨介质之间产生相互撞击和研磨的双重作用，致使物料磨得很细并得到均匀分散的良好效果。

一、结构与工作原理

1. 搅拌磨的结构

搅拌磨是指由静置的内填研磨介质的筒体和一个旋转搅拌器构成的一类超细研磨设备，其结构主要由传动装置、机架、筒体和搅拌装置构成，见图 10－19。筒体内填充有一定数量的研磨介质，研磨介质可以是瓷球、玻璃球、氧化锆珠、钢球或天然砂等。搅拌装置有多种形式，如轴棒式、圆盘式、穿孔圆盘式、叶片式、圆柱式、圆环式、螺旋式等，工作方式有干法和湿法。对于立式搅拌磨，物料可以从筒体上部利用传送装置给入，也可以从筒体下部经泵送入研磨室。

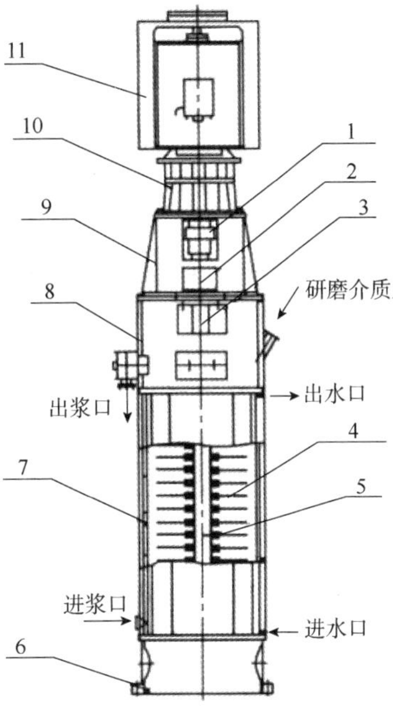

图 10－19　搅拌磨的结构

1—联轴器；2—轴承座；3—主轴；4—研磨盘；5—研磨室；6—底座；7—筒体；8—出浆筒节；9—上筒体；10—减速机；11—电动机

2. 搅拌磨的工作原理

搅拌磨工作时，研磨介质随着搅拌器做回转运动，包括公转和自转，物料给入研磨室后与搅拌中的研磨介质发生碰撞、挤压、摩擦。在整个筒体内剪切力和挤压力处处存在，这是由于沿径向方向，位于不同半径上的物料和研磨介质的运动速度不同，沿垂直方向，层与层之间物料和磨球的运动速度也不相等，存在一个速度梯度。在搅拌器附近物料粉碎效率高，磨球除了做圆周运动外，还存在不同程度的上下翻动运动，有一部分磨球与搅拌器发生冲撞、摩擦，在搅拌器附近还存在一定的冲击力。

浆液经给料泵系统由筒底给入研磨筒内，搅拌器高速旋转，研磨盘强力搅动装于筒内的研磨介质和物料，研磨介质对物料施加挤压、研磨、撞击、剪切等作用力，使物料被磨细或剥片，粉碎后的细粒料浆向上经筛网分离介质后由出料口排出。研磨过程中产生大量的热量，因此研磨筒一般采用夹套冷却的方式，冷却管道分为进水管道和出水管道，用于冷却水循环。

二、主要技术参数

国产搅拌磨因生产厂家不同，型号较多，主要有 BP、MBP、MB、SKP、SM 等；但规格大体相同，主要有 80、300 或 280、500 等规格。BP 型搅拌磨的主要技术性能参数见表 10－10。

表 10－10　BP 型搅拌磨的主要技术性能参数

型号	电动机功率/kW		主轴转速/(r/min)	容积/L	设备主要尺寸/mm				
	主机	泵			A	B	C	D	E
BP80	30	2.2	820	80	1400	1300	2585	1240	
BP300	75	3	580	300	2420	1440	3800	1950	1000
BP500	132	4	480	500	2820	1620	4320	2160	1100

三、常见故障分析与处理方法

搅拌磨的常见故障分析与处理方法见表 10－11。

表 10－11　搅拌磨的常见故障分析与处理方法

故障现象	故障原因	处理方法
主电动机转动但主轴不转动	传动胶带松弛	调整三角胶带
	剥片盘被研磨球及物料卡紧	加水轻微间隙转动剥片机主轴
“冒顶”现象	进料泵送料太快	调低转速(流量)
	筛网堵塞	清洗筛网
主机振动	研磨球太少	补充研磨球
	传动胶带过紧	调整至合适程度
	上、下联轴器连接端面碰伤	修平两端面
生产效率下降	剥片盘已严重磨损	更换剥片盘
	研磨球太少	补充研磨球
	研磨球大量破碎	及时更换及补充研磨球

第七节　气流磨

气流磨又称气流粉碎机、喷射磨或能流磨，是目前工业上常用的一种干式超细粉磨设备。它利用高速气流(300～500m/s)或过热蒸汽(300～400℃)的能量对固体物料进行超细粉碎。其粉碎原理是颗粒在高速气流或过热蒸汽流的裹挟下与器壁冲击碰撞或颗粒之间的冲击碰撞被粉碎。

气流磨是最主要的超细粉碎设备之一，依靠内分级功能和借助外置分级装置，可加工 d_{90} 为 3～5μm 的粉体产品，产量从每小时几十千克到几吨。气流粉碎产品具有粒度分布较窄、颗粒形状规则等特点，但单机生产能力较低，单位产品能耗较高，适用于生产纯度要求较高、粒形比较规则、附加值较高的无机非金属粉体的生产。

一、结构与工作原理

1. 气流粉碎机的结构

目前，气流粉碎机主要有圆盘(扁平)式、循环管式、对喷式、流化床对喷式、旋冲或气旋式流态化、靶式等几种机型和数十余种规格，应用最为广泛的是流化床对喷式气流粉碎机，如图 10－20 所示。

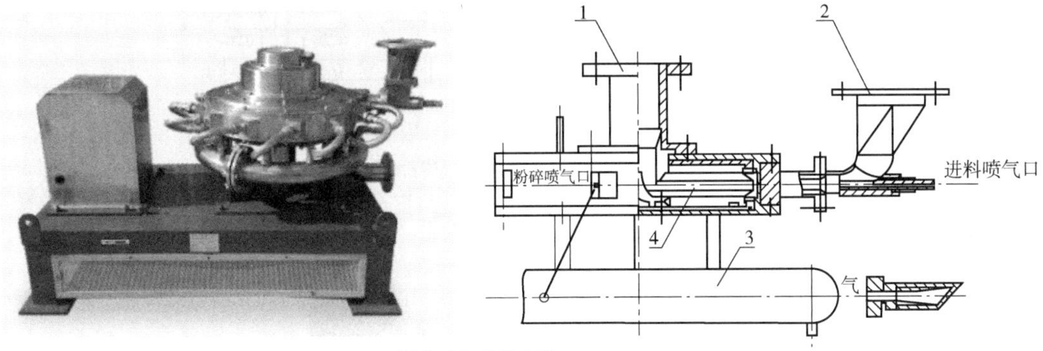

(a)圆盘式气流粉碎机
1—出料口；2—进料口；3—进气系统；4—粉碎腔

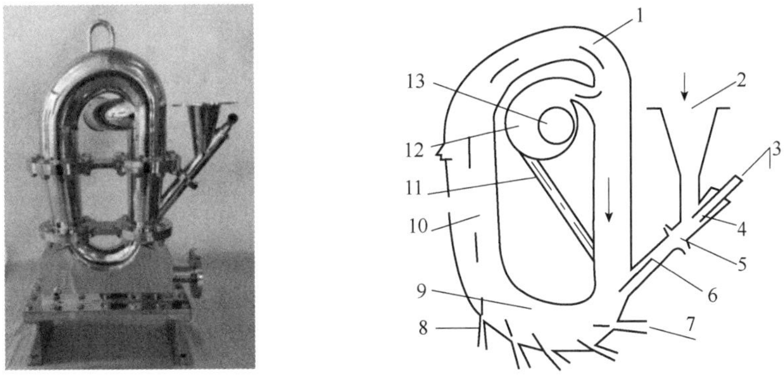

(b)循环管式气流粉碎机
1— 一级分级腔；2—分级室；3—压缩空气；4—加料喷射器；5—混合室；6—文丘里管；7—压缩空气；8—粉碎喷嘴；9—粉碎腔；10—上升管；11—回料通道；12—二次分级腔；13—出料口

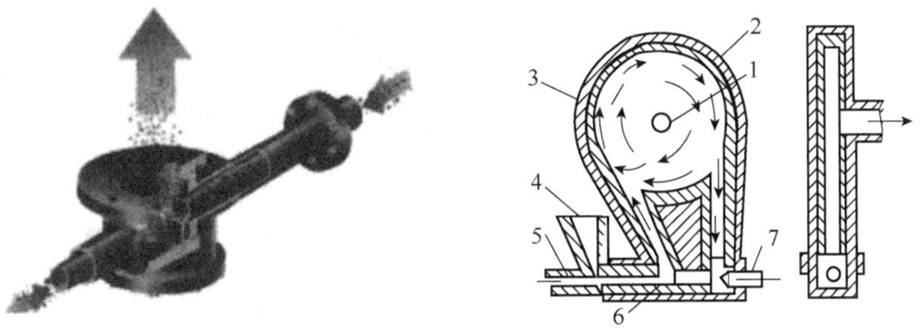

(c)对喷式气流粉碎机
1—产品出口；2—分级室；3—衬里；4—料斗；
5—加料喷嘴；6—粉碎室；7—粉碎喷嘴

图 10－20　6 种形式的气流粉碎机的外形及结构简图

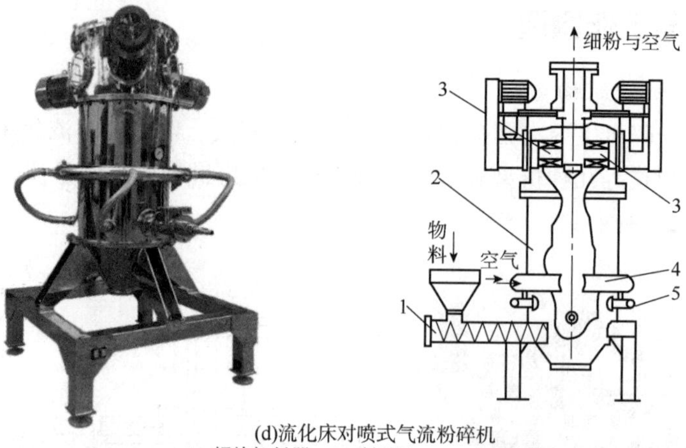

(d)流化床对喷式气流粉碎机
1—螺旋加料器；2—粉碎室；3—分级叶轮；
4—空气环形管；5—喷嘴

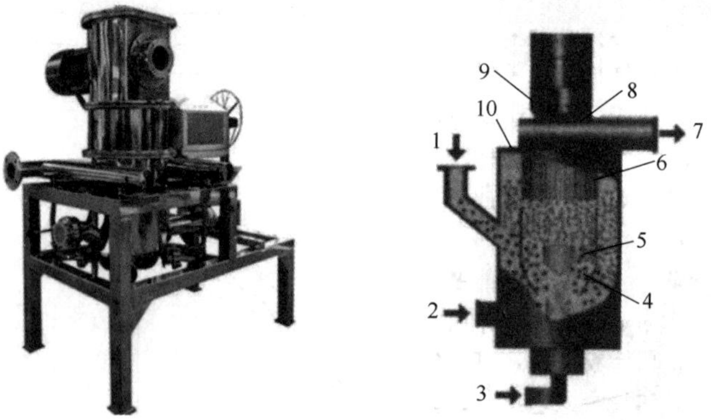

(e)靶式气流粉碎机
1—进料口；2—喷射气流；3—粉碎气流；4—塔靶；5—分级粗颗粒二次碰撞区；
6—分级机；7—排料；8—清洁空气；9—转轴；10—冲洗气体

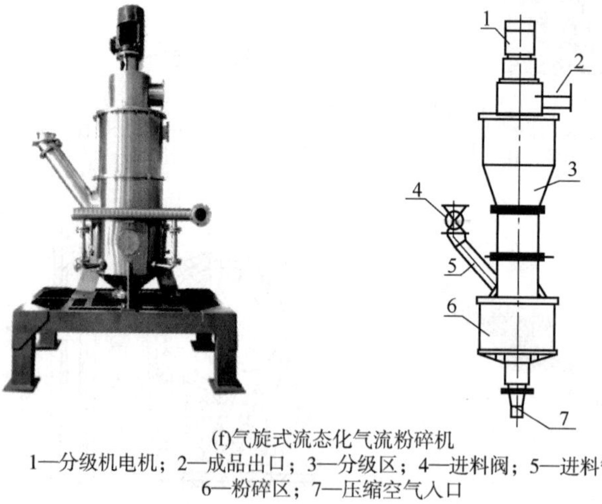

(f)气旋式流态化气流粉碎机
1—分级机电机；2—成品出口；3—分级区；4—进料阀；5—进料管；
6—粉碎区；7—压缩空气入口

图 10－20　6 种形式的气流粉碎机的外形及结构简图(续)

气流粉碎机本身一般不能独立工作，通常需要与风机、旋风分离器、布袋除尘器等辅助设备配套形成一套完整的粉碎系统。本节主要以流化床对喷式气流粉碎机为例进行介绍，其他形式的气流粉碎机可参考相关资料。流化床对喷式气流粉碎机系统如图 10－21 所示。

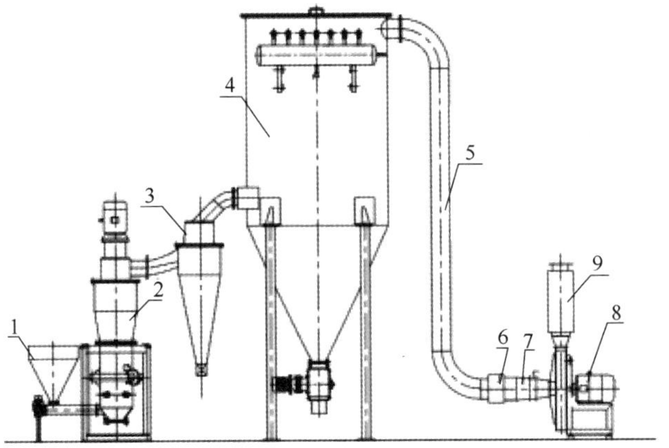

图 10－21　流化床对喷式气流粉碎机系统

1—给料螺旋；2—气流粉碎分级机；3—旋风分离器；4—布袋除尘器；
5—连接管道；6—膨胀节；7—调节阀；8—引风机；9—消声器

气流粉碎系统的组成包括：自动喂料系统、气流粉碎分级机系统、旋风收集系统、电脉冲式自动清灰过滤除尘系统、风机系统、电气自动控制系统、卸料系统等。

2. 流化床对喷式气流粉碎机的工作原理

流化床对喷式气流粉碎机工作原理示意如图 10－22 所示。流化床对喷式气流粉碎机主要结构由下部气流粉碎区和上部气流分级区组成，气流粉碎区有多组水平安置的拉瓦尔喷嘴，气流分级区主要有立体安置的分级涡轮及电动机传动系统。气流粉碎原理为：压缩空气经过冷却、过滤、干燥后，经拉瓦尔喷嘴形成超音速气流射入粉碎室，使物料流态化，被加速的物料在数个喷嘴交汇点汇合，产生剧烈的碰撞、摩擦、剪切而形成颗粒的超细粉碎，经过粉碎的物料在气流作用下上升到涡轮分级区，在分级涡轮的转动下，粒子既受到离心力又受到气流黏性作用产生的向心力，当粒子受到离心力大于向心力，即分级径以上粗粒子沿筒器壁旋下落到粉碎区继续粉碎，而合格粒径的颗粒随着气流通过涡轮进入收集器。由于涡轮转速由变频器控制，可实现无级调速，从而保证分级性能的可靠性及操作灵活性。根据要求生产出不同粒度要求的产品，粒度非常集中，这种粉碎形式为无介质粉碎，粉碎物料纯度最高。同

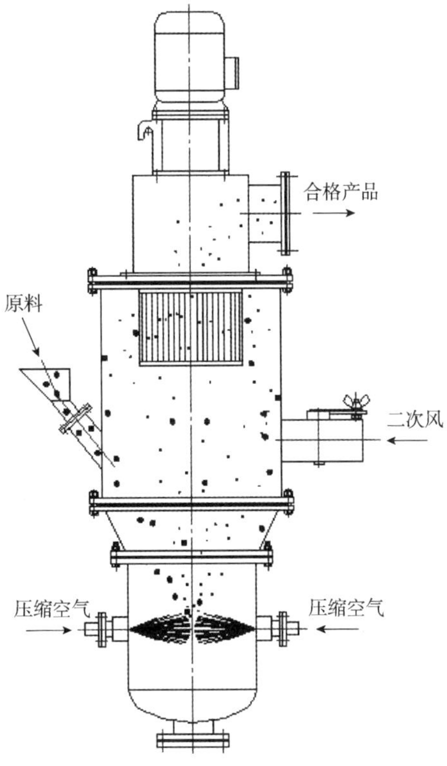

图 10－22　流化床对喷式气流粉碎机工作原理示意

时又是一种低温粉碎过程(粉碎温度始终小于28℃)，特别适合高纯度新材料及医药食品超细超纯粉碎。

气流粉碎机是该系统的关键设备之一，主要由物料分散区、粉碎区、二次风整流淘洗区、分级区等几部分组成。

(1)物料分散区

原料从粉碎区上部通过螺旋输送器定量加入机内，压缩空气经水平对称分布的拉瓦尔喷嘴射出超音速气流带动物料进行自身的碰撞、剪切而使物料产生粉碎，经粉碎产生的细粉在负压风的带动下进入涡轮分级区，粗颗粒在离心力作用下被甩回到粉碎区继续粉磨，合格细粉在负压风的作用下穿过“笼形”叶轮转子排出机外，由收集器收集。粗颗粒在下落过程中，其间夹杂的细粉或粗颗粒表面附着的合格粉经过二次风整流淘洗区得到淘洗，使分级效率得到进一步提高。

(2)粉碎区

粉碎腔体采用坐标镗床进行加工，保证喷嘴中心在同一水平面上，相对喷嘴中心在同一中心线，从而保证高速物料在中心区的有效碰撞，多股射流在汇聚中心点的速度矢量和为0。避免物料与腔体壁接触，减小对设备磨损。

针对本系统产能和物料性质，粉碎区所配拉瓦尔喷嘴，经过有限元分析进行优化设计，其关键尺寸是喉部截面积(喉部直径)和喷管出口面积，在设计时必须保证这两个尺寸。其喉部截面积(A)如下：

$$A = GT_0/(CP_0)$$

$$C = k/R[2/(k+1)^{(k+1)/(k-1)}]$$

式中 K——气体的比热比，对空气为1.4；

R——气体常数，对空气为286.8J/(kg·K)；

G——气体的质量流量；

T_0——压缩空气的总温度；

P_0——压缩气体的总压力。

经计算及试验验证，为满足该系统产能要求，采用合适流量、0.8MPa的压缩空气，采用多套喷嘴，为满足其使用性能要求，采用Solidworks三维绘图软件进行精确绘图，利用数控机床进行精密加工，达到最优化的成品效果，使粉碎效率得到最大提高。

(3)二次风整流淘洗区

二次风整流淘洗区采用风栅式结构，无级可调的控制方式，使进入的二次风在该区域形成理想的包络线，对基础设备不产生磨损破坏，达到最理想的淘洗效果。

(4)分级区

分级区采用笼形涡轮转子，通过变频器控制涡轮转子的转速，根据所需产品粒度，调整涡轮转子的转速与二次风的合理搭配，最大限度提高分级效率。

从分级区内气流运动和颗粒受力情况来看：粉体颗粒受转子的回旋作用做涡旋运动，其切向分速度 V_u，离心力和浮力差为 F_u，气流从切线方向流入转子，从中心排出，做回转运动时，保持向心分速度 V_r，气体对颗粒产生推力，颗粒运动时气体对其产生阻力 F_r。

$$F_u = 1/6 \cdot \pi d^3 (r_s - r_g)/g \cdot {V_u}^2/R$$

$$F_r = C \cdot \pi/4 \cdot d^2 \cdot V_r \cdot r_g/2g$$

当 $F_u = F_r$ 时，可求出颗粒的沉降速度，其值和 V_r 相等时，此颗粒处于平衡状态，也就是说可能一半随着气流被带出，一半被沉落，该粒径就是分离粒度 D_{50}，根据上述关系可以计算出分离粒径 D_{50} 的值：

$$d = 1/V_u \cdot \sqrt{18V_r/(r_s - r_g)} \cdot R \cdot \nu \cdot r_g$$

此时的 d 即为分离粒度 D_{50}。

在实际生产中一般是保持一定的喂料浓度，以达到较好的分离效果。所以 V_r 保持不变，调节 V_u 来改变分离粒度以满足成品细度要求。

转子的制作采用线切割、钨极氩弧焊等先进制作工艺，保证零件的制作质量，同时对转子做动平衡试验。由于转子转速小于3500r/min，采用平衡等级为G4。

二、设备特点

(1)因为进料和高能气流分开，且采取逆向对喷，颗粒以相互冲击和碰撞粉碎为主，避免了颗粒对磨室器壁及给料器(文丘里管)的磨损，以及因此导致的被粉碎物料的污染，因此，流化床对喷式气流磨除了可以粉碎传统气流磨所能粉碎的物料外，还可用于高硬物料和高纯度物料的超细粉碎。

(2)将传统的气流磨的线面冲击粉碎变为空间立体冲击粉碎，并利用对喷冲击所产生的高速射流能用于粉碎室的物料流动中，使磨室内产生类似于流化状态的气固粉碎和分级循环流动效果，提高了冲击粉碎效率和能量利用率。

(3)因为采用流化床对喷式结构，粉碎室被粉碎物料在流化床上升过程中气流对其具有良好的分散作用，部分粗颗粒因为重力作用落回粉碎室，提高了分级机的效率并减轻了对分级机的磨损。

(4)内置精细分级装置，对粉碎后的物料强制分级，不仅可以调控产品细度和粒度分布，而且可以提高粉碎效率和降低单位产品能耗。

三、设备选型

流化床对喷式气流粉碎机的选型应考虑以下因素。

(1)原料的性质：强度、硬度、易磨性、脆性和韧性、干湿度、粒度大小。

(2)成品粒度要求：目前可粉碎至 $<3\mu m$。

(3)试验得结果：选用新设备必须要试验后再选型。

LHL型流化床对喷式气流粉碎机的主要技术参数见表10－12。

表10－12 LHL型流化床对喷式气流粉碎机的主要技术参数

型号	LHL－3	LHL－6	LHL－10	LHL－20	LHL－40	LHL－60	LHL－120
入料粒度/目	20～40						
产品粒度/μm	2～15						
生产能力/(kg/h)	15～100	40～250	90～500	200～1100	500～2500	750～4000	1500～8000

续表

型号	LHL-3	LHL-6	LHL-10	LHL-20	LHL-40	LHL-60	LHL-120
空气耗量/(m^3/min)	3	6	10	20	40	60	120
空气压力/MPa	≥0.8						
装机功率/kW	27.5	53	75	159	300	440	830

四、常见故障分析与处理方法

流化床对喷式气流粉碎机常见故障分析与处理方法见表10-13。

表10-13 流化床对喷式气流粉碎机常见故障分析与处理方法

故障现象	故障原因	处理方法
下料困难	料仓下料口堵塞	清除堵塞物
	原料湿度大、下料搭桥	原料干燥处理
负压减小、扬尘	风机风门开启不到位	风门按工艺要求开启
	除尘器滤袋堵塞严重	开启脉冲仪、循环喷吹
	连接管路及其他接口密封松动	紧固接口螺栓，杜绝泄漏
	系统内有异物堵塞	清除堵塞物
	脉冲清灰效果不佳	调整脉冲宽度及间隔时间， 检查除尘反吹管喷吹孔是否与滤袋中心对齐
分级机 机头发热	轴承润滑油质量不良或牌号不当，数量不足	更换或添加润滑油
	轴承损坏	更换轴承
	轴承箱端盖螺栓预紧力过大或过小	调整端盖，适当调整预紧力
运行噪声增大	螺栓松动	紧固螺栓
	支柱不牢固	紧固或加强支柱
	分级叶轮磨损严重或遇异物损坏	重新平衡或更换叶轮
	电动机与电动机座安装不到位，电动机主轴与分级机主机主轴不同心	调整电动机重新安装
	更换轴承或维修分级轮时再次装配不到位，分级轮顶部与机体摩擦	调整分级轮顶部间隙，重新安装
粉碎产量低	布袋堵塞风量小	检查收尘清灰系统
	进气压力低，空气湿度大	调整进气压力，检查空气干燥装置
	喷管磨损严重	更换喷管
	粉碎箱内料位过高或过低	调整进料量
产品粒度紊乱	进料量不稳定	调整进料变频器
	进料粒度不稳定	检测进料粒度是否稳定
	风量风压不稳	检查风机故障，调整二次风开度
	分级转速是否正常	调整到正常状态

续表

故障现象	故障原因	处理方法
分级机主机电动机电流过大或温升过高	电网电压过低或过高	检查电网电压
	受轴承箱剧烈振动或分级轮失去平衡的影响	检查轴承及分级轮磨损状态
	进料量调整不当	进料量先小后大逐渐提高到稳定值

第八节 筛分与分级

一、筛分的基本原理

催化剂生产的主要原料分为干料和湿料，其中干料主要包括高岭土和拟薄水铝石，湿料主要有盐酸、铝溶胶、酸性水、分子筛浆液以及各类金属盐类等。将所需原材料按一定配比配制为催化剂胶体后，通过喷雾干燥、焙烧、气流干燥等工艺流程形成粉末状固体催化剂成品。生产过程中产生的胶体、粉尘以及固体催化剂，都需要经过多次的筛分或分级，才能得到符合指标要求的成品催化剂。

物料的筛分过程分分层和透筛两个阶段进行：一是小于筛孔尺寸的细颗粒通过粗颗粒所组成的物料层到达筛面；二是细颗粒透过筛孔，与筛上物分离。这两者是同时进行、相互影响的。物料要进行筛分，分层是必要的：物料经过振动、大量的细粒级产品要沉降到下层，与筛面接触进行透筛，因此分层是筛分过程的手段，而透筛才是目的。分层后的物料在振动筛面上，大于筛孔尺寸的颗粒会阻碍细颗粒透筛，导致筛面上物料堆积，影响筛分效率，严重时会引起堵塞和溢料，造成不必要的损失，而透筛不良的主要原因如下：

(1)卡空。颗粒物料卡在筛孔中无法透筛，导致上层物料堆积。

(2)糊孔。大量的小于筛孔的物料黏结后堵住筛孔。

(3)颗粒与筛面接触次数太少。

二、筛分理论的发展

早期英国制定了有关潮湿细粒原煤干法筛分难易程度的评价方法(从 25 ~ 100mm 原煤中筛分出 4mm 或 5mm 的细粒煤)，也就是说可用可处理性指数来衡量其难易程度；在研究透筛概率的基础上，瑞典学者 F. Morgenson 提出了概率筛分原理。我国陈清如院士和赵跃民教授突破了国内外的单颗粒透筛概率理论，进一步发展了概率筛分原理，建立了在筛面长度方向上的粒群透筛概率分布模型，发现了在干法筛分中由黏附力引起的潮湿细粒原煤筛分分配曲线在细粒区间反常上翘的规律，最终建立了实用概率筛分模型；法国学者 E. 布尔斯特莱因提出了等厚筛分原理，该原理通过调节筛面各段倾角或者抛射加速度，使物料在入料端获得较大的运动速度和抛射强度，实现物料的迅速分层，同时使得排料端排料速度减慢，进而提高细颗粒的透筛概率，使筛面上的物料厚度基本保持一致；德国海英勒曼公司提出了适用于筛分细颗粒潮湿煤炭的弛张筛分原理；Norgate 和 Weller 提出了黏性细粒物料的筛分模型，较好地预测了给矿水分对铁矿石干法筛分设备以及产品质量的影响。目前，较为成熟的筛分原理包括等厚筛分原理、概率筛分原理、弛张筛分原理、强化筛分原理、弹性筛分原理等。其中弛张筛分原理、强化筛分原理和弹性筛分原理都是针对难筛物料的堵孔问题提出的。

1. 等厚筛分法

等厚筛分法是法国 E. 布尔斯特莱因的研究成果，关于等厚筛分原理的论述，在有关中文文献有两种说法：一种是"等厚筛分法是在入料端给予料层一个较大的加速度，使物料运动速度加快，则料层迅速变薄并分层；对完成分层过程的料群，再按普通筛分法的筛面加速度使物料透筛"。另一种则是"这种筛分法是在入料端给予物料的加速度或倾角比普通筛分法大，使物料具有大的抛射强度和大的运动速度，致使物料快速分层。对于已分好层的物料，再给予和普通筛分机相同的加速度或倾角，使小于筛孔的细粒物料有充分的机会透筛"。以上两种论述还同时认为，为了实现等厚筛分，可采用 2 种方法，即大抛射强度的等厚筛分法和大安装倾角的等厚筛分法，或不同抛射强度的等厚筛分法和不同筛面倾角的等厚筛分法。等厚筛分可通过 2 台振动筛串联来实现，如 2 台圆振动筛串联、2 台直线振动筛串联以及 1 台直线振动筛与 1 台圆振动筛串联，也可通过多台振动筛串联完成。

2. 概率筛分法

概率筛分法就是用统计的方法，研究由不同粒度的颗粒构成的碎散物料群在筛面上的透筛概率，以此理论为基础，建立的筛分法称为概率筛分法。体现概率筛分法的筛分机，称为概率筛分机(简称概率筛)。这种概率筛也称摩根森筛。概率筛设计中首先根据工艺条件，依据模拟实验结果和工程类比方法决定工艺参数，包括通道数量、概率筛宽度、筛面长度、筛面倾角、层数、振动方向角、筛孔尺寸、振动频率振幅等。核算生产能力和筛分效率。根据以上参数进行结构设计，计算参振质量、重心位置并决定主振弹簧的支撑位置。在设计中要做到振动电动机激振力的方向通过重心，弹性中心力争与重心重合。防止在振动过程中产生偏移力矩，影响振动过程的平稳性。这种设计优点是无须驱动装置，不堵塞筛孔，效率高，制造和维护简单。

3. 弛张筛分法

潮湿细粒干法深度筛分是当今筛分技术急需解决的问题。深度筛分时，由于颗粒小、比表面积大、遇水易黏附造成堵孔，普通振动筛很难完成这种筛分任务。弛张筛是潮湿细粒物料的有效深度筛分设备。弛张筛用板弹簧支承在机架上通过偏心相差 180°的曲轴、连杆系统带动内、外筛箱实现弛张运动，从而使筛面实现弹性拉伸。由于筛面体积保持不变，所以筛孔部分窄条的横截面积随其长度的增加而按比例减小，筛分机每振动一次，筛孔部分便出现一次快速的长度拉伸。筛面的这种变形运动，使得可能夹在筛孔中的难筛颗粒被抛出来。此外，在很大加速度作用下，黏附在筛面上的颗粒可以被剥离下来，滚成球状的物料被击碎，使物料黏附现象难以形成，筛面的开孔率保持较高的水平，这对于潮湿细粒煤炭的筛分有极大的好处。也可以使筛面发生挠曲，筛孔变形后颗粒的透筛力会增加，从而使堵孔的可能性减小。

4. 强化筛分法

1992 年，德国丁布吕德建立了物料群的碰撞模型，把多层物料分解成等质量颗粒单元并假定颗粒之间是碰撞关系，即底层颗粒承受的运动速度按对心碰撞的条件逐层向上传递，这种理论抛开了抛掷强度 $K=33$ 的临界概念，与实际情况更接近。按照强化筛分理论，筛分的振动过程逐渐强化，即提高筛机的振动参数，以取得较大的速度和加速度，从而提高生产能力和筛分效率。如日本、德国的筛机的振动强度为(4.5 ~7)g，圆筛倾角达到25° ~30°。

5. 离散单元法

颗粒筛分问题研究主要讨论的是筛分效率，因此能够准确模拟颗粒运动、颗粒间碰撞、颗粒与壁面间碰撞是准确模拟筛分问题的重要方面。现阶段对颗粒运动和碰撞最有效的模拟方法是离散单元法，它通过跟踪计算域中每个颗粒的运动轨迹来模拟整个计算域中颗粒运动。通过计算机模拟的方式，根据时步进行迭代并遍历整个散粒群体，直到对每一个单元都不再出现不平衡力和不平衡力矩或达到规定的迭代次数为止。通过计算每个单元在每一时步的位移即可得出各单元的运动过程。

三、分级的基本原理

用机械法生产的粉体处于一个大的粒度分布范围，往往不能满足对超细粉体一定粒度范围的要求，而分级就是把合格的产品分离出来加以利用，把不合格的产品再进行粉碎。

广义的分级是利用颗粒粒径、密度、颜色、形状、化学成分、磁性、放射性等特性的不同，而把颗粒分为不同的几个部分。狭义的分级是根据不同粒径颗粒在介质（通常采用空气和水）中受到离心力、重力、惯性力等的作用，产生不同的运动轨迹，从而实现不同粒径颗粒的分级。

传统分级方法根据其流体力学原理，按其作用力的不同又分为重力式、惯性式及离心式。重力分级是利用粒子在重力场中所受到的重力不同而将不同粒径的颗粒进行分级，分级设备构造简单，容量大。惯性分级是利用流动方向急剧改变而产生的惯性来进行分级，分级设备构造简单，不需要动力，容量较大。离心分级是利用回转运动产生的离心力，其离心加速度比重力加速度大两倍左右甚至更大，能很快将颗粒分离。离心分级又分为自由涡(半自由涡)离心分级和强制涡离心分级。强制涡分级中，由于外加离心场的作用，粒子的分散性加强，分级范围广，处理量大，尤其适用于精密分级，但同时由于外加动力的引入，也带来其他问题，如能耗、摩擦、动量平衡等。近年来，新型分级原理主要有迅速分级原理和高压静电分级原理等。

四、分级理论的发展

1. 附壁效应分级理论

附壁效应是由德国 Karlsruhe 大学的 Rumft 博士和 Clansthal 大学的 Leschonski 博士发现的。如图 10 –23 所示，当流体从喷嘴高速喷出时，若在其一侧设置一固定的弯曲壁面，则这股射流就会由于附壁效应而发生偏转。具体为：射流从距两侧壁分别为 S_1、S_2 的喷嘴喷出，当 S_1与 S_2不相等时，由于气流射入的速度是一定的，所以主射流两侧同时卷吸外部流体的动能是相等的。S 大的一侧卷吸流体的速度就会明显小于 S 小的一侧，因此造成两侧压力差，而使得气流的方向向气流压力小的下方发生偏转。在此过程中，动量较小的细颗粒随主射流沿壁面附近运动，大颗粒由于惯性力的作用被抛出，从而使颗粒分级。

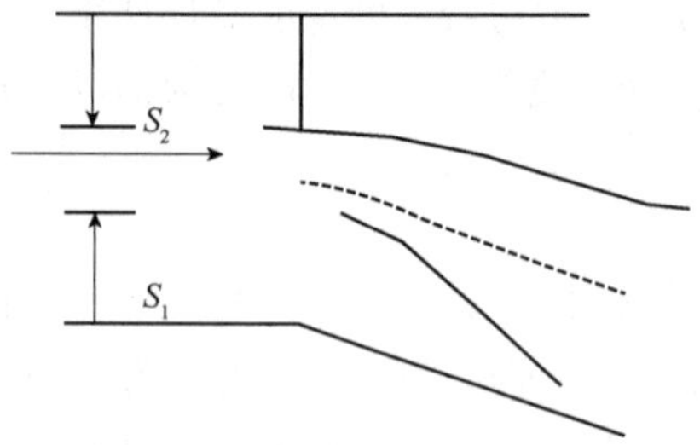

图 10－23　附壁效应原理

2. 惯性分级理论

颗粒运动时有一定的动能，运动速度相同时，质量大者其动能也大，即运动惯性大。当它们受到改变其运动方向的作用力时，由于惯性的不同会形成不同的运动轨迹，从而实现大小颗粒的分级。通过导入二次控制气流可使大小不同的颗粒沿各自的运动轨迹进行偏转运动，大颗粒基本保持入射运动方向，粒径小的颗粒则改变其初始运动方向，最后从相应的出口进入收集装置。该分级机二次控制气流的入射方向和入射速度可通过各出口通道的压力灵活调节，因而可在较大范围内调节分级粒径。另外，控制气流还可起一定的清洗作用。目前，这种分级机的分级粒径已能达到1μm，若能有效避免颗粒团聚和分级室内涡流的存在，分级粒径可望达到亚微米级别，分级精度和分级效率也会明显提高。

3. 迅速分级原理

迅速分级是指采用合理的结构或控制合理的气流速度，在粉体分级过程中，让颗粒一经过分散就迅速参与分级，而后又迅速离开分级区，迅速分级的目的是尽可能地减少颗粒在分级区内的滞留时间，避免粉料在分级区内二次团聚，因此迅速分级是迄今为止任何类型的精细分级机所极力追求的。

4. 高压静电分级原理

超细粉体从设备入口均匀给入，经过放电极板，使颗粒荷电，带电粉体进入静电场中后受到静电力、重力的共同作用。由于重力加速度都是不变的，因此电场力对颗粒的加速度的影响非常显著，颗粒在重力及其电场力的共同作用下发生分离。

第九节　分级机

一、分级机的分类

按所用介质可分为干法分级（介质为空气）与湿法分级（介质为水或其他液体）。干法分级的特点是用空气作流体，成本较低，方便易行。但其有两个缺点：一是易造成空气污染，二是分级的精度不高。湿法分级用液体作为分级介质，存在较多的后处理问题，即分级后的粉体需要脱水、干燥、分散、废水处理等，但它具有分级精度高、无爆炸性粉尘等特点。干法分级机大多采用离心力场、惯性力场对粉体进行分级，它们是目前发展较快的重要精细分级设备。湿法分级机主要有重力沉降式分级机和离心式水力分级机。

按是否具有运动部件可划分为两大类：①静态分级机。分级机中无运动部件，如重力分级机、惯性分级机、旋风分离器、螺旋线式气流分级机和射流分级机等。这类分级机构造简单，不需动力，运行成本低。操作及维护较方便，但分级精度不高，不适用于精密分级。②动态分级机。分级机中具有运动部件，主要指各种涡轮式分级机。这类分级机构造复杂，需要动力，能耗较高，但分级精度较高，分级粒径调节方便，只要调节叶轮旋转速度就能改变分级机的切割粒径，适用于精密分级。

二、分级指标

（1）分离效率：分离后获得的某种成分的质量与分离前粉体中所含该成分的质量之比称为分离效率。其计算公式如下：

$$\eta=\frac{m}{m_0}\times 100\%$$

式中　m_0——分离前粉体中某成分的质量，kg；

m——分离后粉体中某成分的质量，kg；

η——分离效率，%。

（2）综合分级效率（牛顿分级效率）η_N：牛顿分级效率是综合考察合格细颗粒的收集程度和不合格粗颗粒的分离程度，该指标更能确切地反映分级设备的分级性能，其定义为：合格成分的收集率(γ_a)，不合格成分的残留率（$1-\gamma_b$）。其数学表达式为：

$$\eta_N=\gamma_a-(1-\gamma_b)$$

（3）部分分级效率：将粉体按颗粒特性分为若干粒度区间，分别计算出各区间颗粒的分级效率。

$$\eta_p=\frac{\eta_0[R_0(D_i)-R_0(D_{i+1})]}{R_f(D_i)-R_f(D_{i+1})}$$

式中　η_0——粗颗粒产率，即分级后粗颗粒的质量与分级原料的质量之比；

D_i、D_{i+1}——第 i 个、第 $i+1$ 个粒径区间的平均粒径；

$R_0(D_i)$——分级后粗粉中的累计筛余粒度分布；

$R_f(D_i)$——分级原料的累计筛余粒度分布。

三、典型分级设备

（1）锥形离心气流分级机

锥形离心气流分级机为气流分级机，没有任何运动部件。一次风与所夹带的物料从顶部进入分散区，在二次气流的作用下，充分分散后进入分级区，三次风通过导流片进入分级区。在离心力的作用下，粗粉和细粉分离。该设备成品粒度分选最细可达到 0.95m 左右，分级精度 d_{75}/d_{25} 可达到 1.16，并且该设备具有结构紧凑、分级效率高、运行安全可靠等特点。值得一提的是，该设备的导流片角度可在 7°～15°调整。

（2）MS（Micron Separator）叶轮分级机

MS 叶轮分级机如图 10－24 所示。待分级物料和一次气流经给料管、可调管进入机内，经气流分布锥面进入分级区，轴带动分级叶轮旋转，细粒级物料在分级区内受分级轮高速旋转产生强大的离心力场和分级机后部引风机所产生的向心力双重作用下，因向心力大于离心力，随着气体经叶片之间的间隙向上通过细粉排出口排出。粗粒级物料因受离心力大，经环形体从机体下部的粗粉排出口排出。该机的特点是引入了二次气流，冲洗粗粒物料中夹带的细粒，使其向上运动，再次进入分级区分级，提高了分级效率和分级精度。在这类分级机中，被分级粉体的某一粒级所受的向心力与转速作用的离心力达到平衡时就是理论上的临界分级点。

(3) MSS 超细分级机

MSS 超细分级机是 MS 叶轮分级机的改进型，如图 10－25 所示。其特点是：叶轮段的圆柱形壳体壁上增加了切向气流喷射孔，它的作用是从孔中向机内喷射气流，使叶轮在离心力作用下抛向筒壁的粗颗粒中所夹带的细颗粒能从中彻底分离。

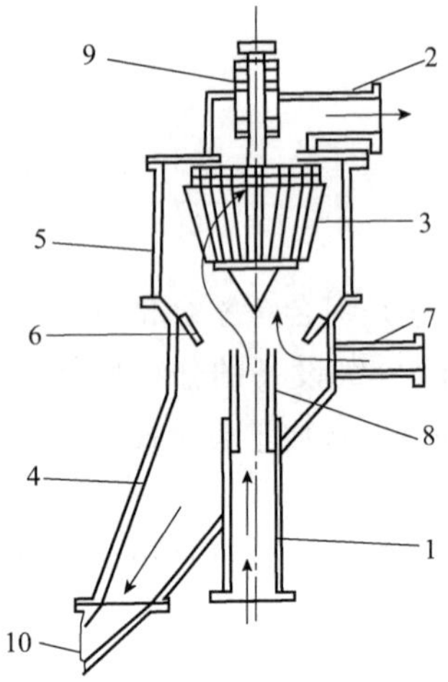

图 10－24　MS 叶轮分级机

1—进料管；2—细粉排出口；3—分级叶轮；
4—斜管；5—中部机体；6—环形体；
7—二次进风口；8—位置调节管；
9—旋转主轴；10—粗粉排出口

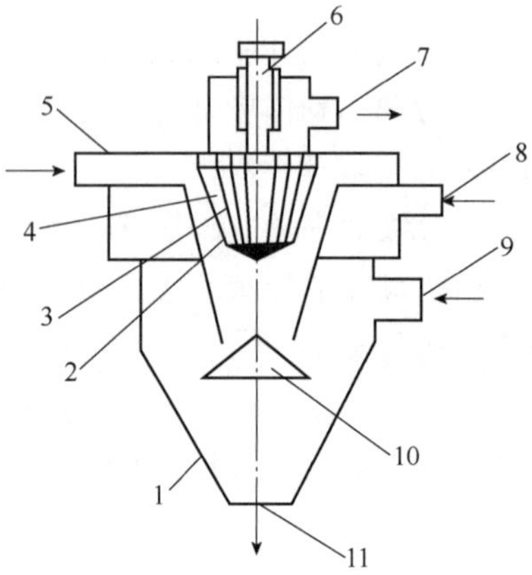

图 10－25　MSS 超细分级机

1—下部机体；2—风栅叶片；3—分级室；
4—分级转子；5—给料管；6—主轴；
7—细粒级物料出口；8—三次风入口；
9—二次风入口；10—调细锥；11—粗粒级物料出口

(4) ATP 型分级机

ATP 型分级机由德国 Alpine 公司研制生产，为一种叶轮转子式分级机，如图 10－26 所示。分级叶轮水平安装于分级机顶部。被分级的物料先经过预选区，使颗粒完全分散，然后再通过分级轮分选。因此，由该分级机得到的产品收率比其他同类产品高得多。该机通常与流化床对喷式气流粉碎机或轮碾粉碎机等联合使用，为了克服叶轮转速太高所导致的生产能力下降问题，可将多个小直径分级叶轮并联。水平安装于分级机或粉碎机顶部，以提高生产能力并确保获得较细产品。

(5) 多转子微粉分级机

多转子微粉分级机是由上部分级腔（由多个转子构成）和底部分散装置组成的大处理量分级机。如图 10－27 所示，原料在分级机底部被流化分散，然后被上升气流带入分级区。细粉通过转子叶片后在上部提出，进入收集器。粗粉及团聚颗粒在下落过程中，与切向导入的二次气流相遇再次分散后，通过底部的出口阀卸出。该机专门为高细度、大处理量的分级过程而设计。其处理能力为 1～6t/h，空气耗量为 15～600m^3/min，转子的转速为 300～2300r/min。分级切割粒径为 5～15m。

(6) DS 型分级机

DS 型分级机是一种无转子的半自由涡式分级机，含有微细颗粒的两相流，在负压的作用下旋转进入分级机。经上部筒体壁旋转分离后，部分空气和微粉通过插入管离开分级机；剩余部分需要进一步分级的物料，通过中心锥体进入分级区，由于离心力的作用被分成粗粉和细粉。二次空气经过可调整角度的叶片进入分级室，以使颗粒充分分散，提高其分级效率。粗粉经过环形通道进入卸料仓，细粉从中心锥体下部排出机外。分级细度的调节也是通过调整中心锥体的高度和二次风量来完成。DS 型分级机的切割粒径为 1～300μm，处理量为 10～4000kg/h。

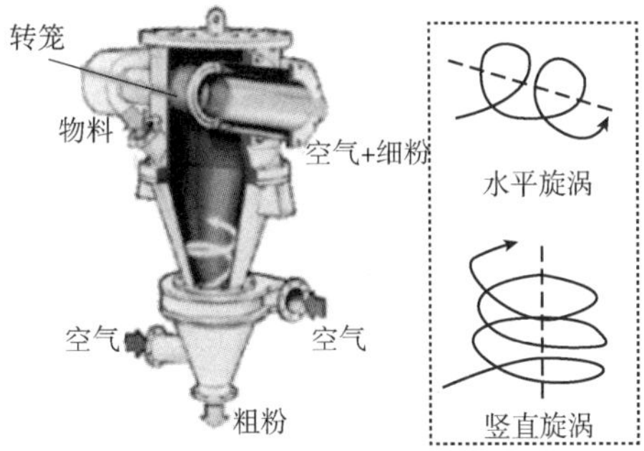

图 10－26 ATP 型分级机

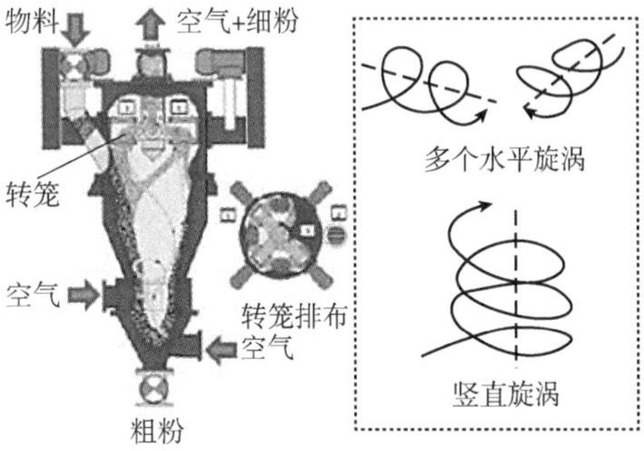

图 10－27 多转子微粉分级机

(7)精细水力旋流器

精细水力旋流器是指工作腔体内部最大直径＜50mm 的旋流器。这种小直径水力旋流器通常带有长的圆筒部分和小锥角的锥形部分，内衬耐磨陶瓷、模铸塑料、人造橡胶及聚氨酯材料等多种材质。陶瓷及聚氨酯材料是近十多年来制造精细水力旋流器的主要材料。在工业生产中，为弥补小直径旋流器处理能力小的缺点，通常采用若干个小直径旋流器并联安装形成旋流器组，这种旋流器组可由几个或数十个小直径旋流器组成。图 10－28 所示为 TM－3 型道尔克隆旋流器组结构示意和旋流器组实物。

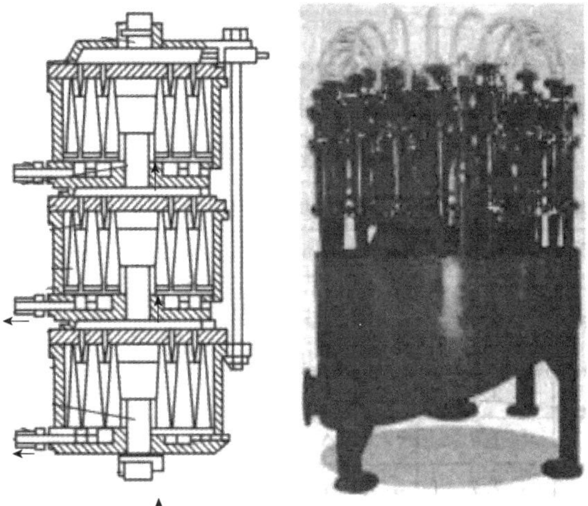

图 10－28 TM－3 型道尔克隆旋流器组结构示意和旋流器组实物

四、常见故障分析与处理方法

分级机的常见故障分析与处理方法见表 10－14。

表 10－14　分级机的常见故障分析与处理方法

故障现象	故障原因	处理方法
异常振动	支架不牢引起管路振动	支架加固
	分级轮故障	检查更换分级轮
	地脚螺栓松动	紧固地脚螺栓
	三角带损坏	更换三角带
	基础不牢	基础加固
	分级轮黏结物料	进行工艺调整，清除物料
	轴承游隙大	更换轴承
轴承温度高	油脂不足或过多，油质不良	加适量合格的润滑油或彻底换油
	轴承损坏	检查更换轴承
	负荷过大	进行工艺调整

第十节　细粉分级机

一、离心式气流分级机

分级器(又称分级机)是催化剂生产过程中的重要设备之一。催化裂化催化剂的生产过程一般采用压力式喷雾干燥成型工艺，自然状态下产品中细粉(粒度≤20μm)和粗粉(粒度≥150μm)总是占有一定比例。用户在使用催化剂过程中，20μm 以下的细催化剂加入装置后，还未能发挥催化作用就很快进入后续油气分馏塔和再生烟气，增加后续设备的负担和环境污染，因此催化裂化催化剂的生产过程中，需要通过分级器将半成品催化剂中小于 20μm 的细粉及时分选出来。

在分级器中，颗粒的分级主要依据不同粒径的颗粒在旋转的离心力场中受力运动差异来进行。流体中的粗粒子由于惯性力一直前进，从主气流中分离出来，而细粉则随气流穿过百叶间隙到收集器。

目前，催化裂化催化剂的生产过程中主要使用 LHC－F 型离心式细粉分级机，其主要特点是采用多道的切向进风口，让气流在分级器内形成稳定的、对称的旋转流场，物料在离心力作用下，充分分散开，使粗颗粒被甩到边壁上，细颗粒被上升气流携带到旋转的分级轮附近，旋转的分级轮所产生较强的离心力场与下部旋转气流的离心力场匹配得较合理，使在切割粒径以下的细粉被气体携带进入分级轮内，少量大于切割粒径的粗粉被分级轮叶片拦截下来，粉料得到很好的分级。粗粉在其下落过程中，再经过下部二次风淘洗，将粗粉中可能夹带的少量细粉再次淘洗干净，以保证较高的切割精度。

分级轮是分级器的重要元件之一，调节分级轮转速的高低，是获得不同粒径粗、细粉分布的重要手段。主风量是决定分散空间流场分布的主要因素，二次风再次将粗粉中夹带的少量细粉淘洗干净。图 10－29 所示为 LHC－F 型离心式气流分级机结构及分级轮原理。

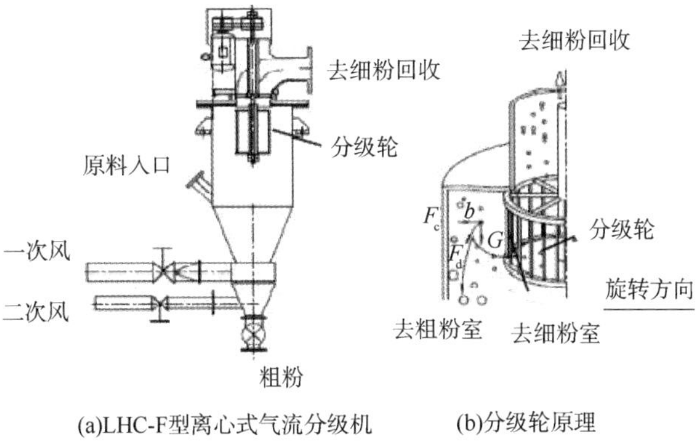

图 10－29 LHC－F 型离心式气流分级机结构及分级轮原理

气流分级机内的进风导向器和分级涡轮这两个部件是设计离心(涡轮)式气流分级机的技术关键。进风导向器的结构形式可分为直接导入上升式和直切式(蜗壳式)，其中直接导入上升式可以提供稳定的上升气流，而直切式则提供了稳定的离心力场，空间利用率更高，更适用于微米级的颗粒分选，进风导向器的入口截面尺寸是影响其性能的主要参数，一般根据进气量和进气速度决定。分级轮的结构形式有多种：根据外形划分，可分为圆柱形、圆锥形、长条形、扁平形等结构的分级轮；根据安装方式划分，可分为立式安装、卧式安装的分级轮；根据与分级空间的流场匹配情况划分，可分为与流场主流线速度相同旋转方向和与流场主流线速度相垂直旋转方向的分级轮。立式安装的、与流场主流线速度相同旋转方向的分级轮，其周边流场分布对称，流线变化平缓，有利于颗粒分选，且分级轮叶片磨损少。分级轮的主要结构参数包括分级轮直径、分级轮高度、分级轮叶片数等。

二、涡流式气流分级机

涡流式气流分级机主要由 4 部分组成：锥形进料斗和撒料盘；一、二次进风口的蜗壳形旋风筒内，垂直装有一组气体导风叶片；分级转子和壳体；传动系统由电动机、减速机及主轴等组成，如图 10－30 所示。

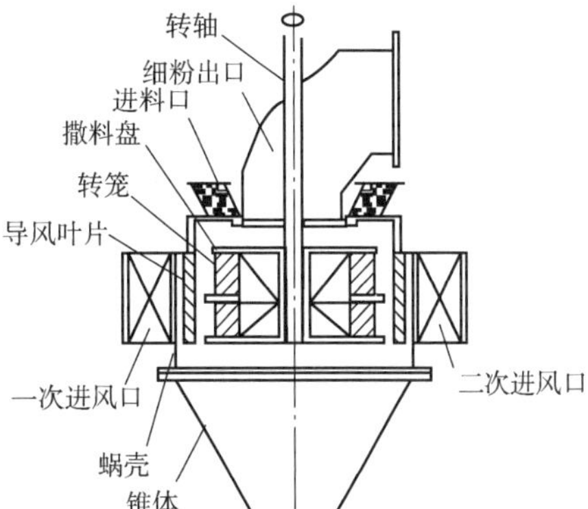

图 10－30 涡流式气流分级机结构示意

气流从两个平行对称的进风口切向进入分级机的蜗壳中，并沿螺旋形蜗壳经环形安置的导风叶片进入转笼外边缘和导风片内边缘之间的环形区。由于风机的抽吸作用，在转笼中心形成负压，使进入该环形区的气流除具有切向速度外，还具有指向轴心的径向速度。这股气流将绝大部分进入转笼，并在转笼中心处做 90°转弯沿轴向折向排出管流出。

待分级的物料由上部喂料口撒落到撒料盘上经分散后，在重力的作用下进入环形区，随气流被负压抽吸带到转笼外边缘附近，此时物料颗粒同时受到气流切向分速度给予的离心力和气流径向分速度给予的向心力的作用，在这二力的平衡下，物料产生分级。细颗粒随气流排出，经集粉器收集，粗颗粒与蜗壳壁相碰后，一边旋转一边下降落入底部的锥形排料斗排出。

三、主要性能参数

影响涡流式气流分级机分级精度和分级效率的主要结构因素包括转子叶片、导风叶片以及物料分散装置等。而对于一个结构确定的涡流式气流分级机，最重要的操作参数包括三个方面：进料速度、转笼转速以及风量。

(1)进料速度

进料速度是指单位时间内进入涡流式气流分级机中的物料量。其值的大小决定了分级机的粉体处理量和产量，而且也是影响分级机分级性能最重要的因素之一。从节能角度讲，应尽量增大进料速度，即增加处理量和产量。但在分级过程中，当其他操作参数不变时，随着进料速度的增加，分级效率和分级精度下降。这是因为当进料速度增加，分级机内固体颗粒浓度(单位风量中的物料量)增大时，粗细颗粒之间的碰撞、团聚现象加剧，导致物料分散性变差，粗、细颗粒相互混杂增加。因此在涡流式气流分级机选型和操作时不能单纯以增大处理量为目的，而应考虑在气流介质中适宜的颗粒浓度。

(2)转笼转速

转笼转速虽然对分级性能有很大的影响，但转速的提高也不是无止境的，首先，它受到机械本身的限制，转速太高对设备的加工和运转都会带来问题。其次，从流场对分级性能的影响来看，当转笼转速升高达到某一转速范围时，会使叶片间流场的湍流度增大，颗粒的分级受到影响，分级效率下降。因而在实际分级过程中，必须根据模型实验和具体工况综合考虑，而不是简单地增加转速以达到超细分级目的。

(3)风量

风量是指单位时间内由两侧进风口进入分级机中的空气量。它也是涡流式气流分级机操作中重要的工艺参数之一。一方面，风量的大小直接影响分级粒径的大小。由分级机理可知：当风量增大时，气流给颗粒的黏滞力就越大，部分粗粉物料可能被带到细粉中，细粉的粒度就会增大，导致分级粒径增加。所以从这一角度考虑，往往不希望增大风量。但另一方面，风量的大小还决定了气流承载物料的能力，如果风量太小，则气流不能在分级区域内产生足够的负压，不利于细粉的迅速排出，也影响涡流式气流分级机的产量和分级效果。

四、常见故障分析与处理方法

细粉分级机的常见故障分析与处理方法见表 10－15。

表 10－15　细粉分级机的常见故障分析与处理方法

故障现象	故障原因	处理方法
分级器不运转	电动机损坏	检查更换电动机
	DCS 通信不畅	联系电气及 DCS 班处理，保证通信畅通
分级效果差	内部堵塞	清理内部积料
	分级轮磨损	更换分级轮

续表

故障现象	故障原因	处理方法
异常振动、杂音	皮带断裂	更换皮带
	轴承损坏	更换轴承
	螺栓松动	紧固螺栓
	电动机轴承损坏	更换电动机轴承并加油脂润滑
	电动机过热跳闸保护	检查风扇、轴承及电流和各相阻值是否正常
	风扇振动	更换风扇轴承、绕组
	皮带护罩振动	紧固护罩
轴承温度高	油脂不足	补充油脂
	轴承损坏	更换轴承

第十一节　直线振动筛

一、设备简介

直线振动筛利用振动电动机激振作为振动动力来源，使物料在筛网上被抛起，同时向前做直线运动，物料从给料机均匀地进入筛分机进料口，通过多层筛网产生数种规格的筛上物、筛下物，分别从各自的出口排出。具有耗能低、产量高、结构简单、易维修、全封闭结构，无粉尘溢散，自动排料等特点，更适合于流水线作业。

二、工作原理

直线振动筛主要由电动机、筛箱、激振器、筛网、弹簧、弹簧座和横梁等组成，振动筛的工作原理如图 10－31 所示。工作过程中激振器两偏心块高速旋转所产生的惯性离心力为振动筛的激振力。图中两偏心块几何尺寸、质量和偏心距均相同，关于图中 $Y-Y$ 轴对称布置。工作时，两偏心块由两台初始相位相同、旋转方向相反的同步电动机驱动，所以在任意时刻两偏心块产生的离心力在 $X-X$ 轴的分力相互抵消，合力为零；在 $Y-Y$ 轴的分力相互叠加，方向沿着 $Y-Y$ 轴线方向。如果该力作用线通过激振器的质心，则筛箱将受到 $Y-Y$ 轴线方向简谐力的作用，沿着 $Y-Y$ 轴做直线往复运动。

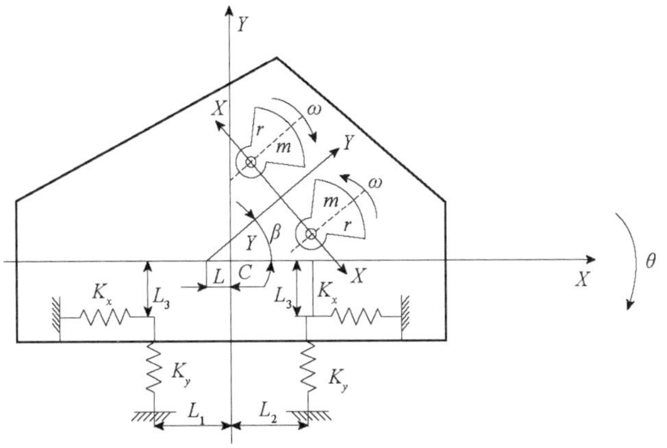

图 10－31　直线振动筛工作原理

三、直线振动筛的分类

直线振动筛分为以下几种。

(1)下振式直线振动筛：直线振动筛的电动机通常安装在筛箱的下方，激振力来源于下方，称此类振动筛为下振式直线振动筛。

(2)侧振式直线振动筛：因物料性质需要调整直线振动筛高度，电动机安装在下方影响出料口的高度情况下，需要将电动机安装在振动筛一侧或两侧，激振力来源于振动筛侧方，称为侧振式直线振动筛。

(3)上振式直线振动筛：当出料口需要调整，而安装直线振动筛的空间又不富裕的情况下，可以选择将电动机安装在筛箱上方，称为上振式直线振动筛。

四、振动筛筛网类型

振动筛筛网类型如下(见图 10－32)。

(1)棒条筛板：棒条筛板由一组平行排列的、具有一定断面形状的钢棒组成。棒条平行排列，棒条之间的间隔即为筛孔尺寸。棒条筛面用于固定筛或重型振动筛，适用于筛分粒度大于 50mm 的粗粒级物料。

(2)冲孔筛板：冲孔筛板是在厚 5～12mm 的钢板上冲制出圆形、方形或长方形筛孔而成。与圆形或方形筛孔的筛板相比，长方形筛孔的筛面通常有效面积较大、重量轻、生产率较高，适于处理水分含量较高的物料，但筛分的分离精度较差。

(3)编织网筛板：编织网筛板是用压有弯扣的金属丝编织而成的，筛孔形状为方形或长方形。具有重量轻、开孔率高的优点，在筛分过程中，由于金属丝具有一定的弹性，高频振动的过程中，使粘在钢丝上的细粒物料脱落，从而提高筛分效率，但缺点是使用寿命较短。主要适用于中细粒级物料的筛分。

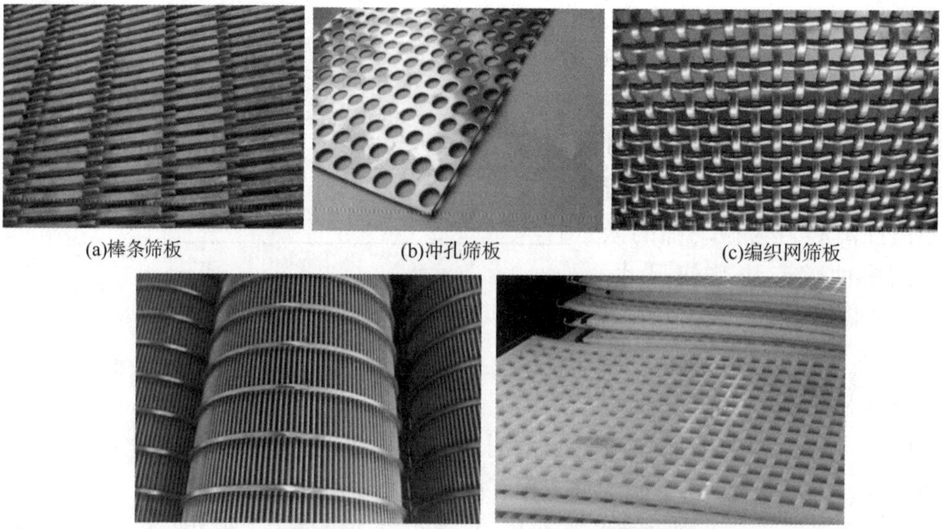

(a)棒条筛板　(b)冲孔筛板　(c)编织网筛板

(d)条缝筛板　(e)聚氨酯筛板

图 10－32　振动筛筛网类型

(4)条缝筛板：条缝筛板是用不锈钢作筛条制成，有穿条式、焊接式和编织式三种结构形式。条缝筛板的筛条断面形状为圆形，缝宽可为0.25mm、0.5mm、0.75mm、1mm、2mm等。主要适用于对中细粒级的脱水、脱介和脱泥作业。

(5)聚氨酯筛板：聚氨酯筛板是以聚氨酯为原料，筛孔有条缝、矩形、圆形、正方形等，物料的分级粒度为0.1～79mm，具有良好的耐磨、耐油、耐水解、耐菌、耐老化性能，广泛应用于石油石化等行业。

五、常见故障分析与处理方法

(1) 堵孔现象

筛孔被堵塞是筛分作业最为常见的问题之一，不仅会降低筛分效率，同时还会增加能耗，缩短设备的使用寿命。出现堵孔现象的起因主要有：由“盲粒”引起的堵孔、由筛分结构导致的堵孔以及物料湿度引起的堵孔。

“盲粒”堵孔由英国学者H. E. Rose等提出，他们认为，小于筛孔孔径的颗粒无论如何总能够透过筛孔，而粒度为1.00～1.10(取决于颗粒与筛丝材料间的摩擦系数)倍筛孔孔径的颗粒不但不能透筛，反而会嵌入筛孔形成堵塞。

进行筛分作业时，由于物料在筛面上的流动速度快，颗粒表面的水化膜张力和细粒粉料的黏附力，导致细小颗粒会黏在一起。有的虽然呈现分散的个体，但是相互之间也有粘连的性质。颗粒在表面张力和黏附力的作用下连成一体，同时与筛丝发生非弹性碰撞，会黏附在筛网上。又因筛网上有很多交叉点，容易使潮湿细粒粉料滞留，筛网容易滞留粉料，导致堵孔。

表面含有水分的颗粒在相互接触时，液面发生合并，这就减少了气液的表面积，降低了系统的自由能，潮湿细粒物料正是通过这种自发的吸引作用产生团聚现象的，进而导致筛孔发生堵塞。

(2) 振动噪声及横梁断裂

振动筛分系统在运行过程中存在噪声大、激振器轴承部位温度过高、激振器漏油等诸多问题，进行整机性能测试发现筛箱对称点振幅差值超标、各测点振动方向角差异较大。一般通过振动测试和模态试验确定问题所在。噪声的主要来源有：筛框侧板和轴承振动；传动齿轮、筛板、激振器箱体、减振弹簧与支座间的摩擦等；采用综合降噪法：如在筛箱的侧板、入料口和排料口加贴橡胶板；对轴承的内外套间加以阻尼处理；将钢筛板更换为弹性模量小、冲击噪声低的聚氨酯筛板等方法都可以有效减少噪声。

(4)直线振动筛的常见故障分析与处理方法

直线振动筛的常见故障分析与处理方法见表10－16。

表10－16 直线振动筛的常见故障分析与处理方法

故障现象	故障原因	处理方法
电动机不启动或启动较慢	电源线未接通或电缆断线	检查电源线
	注入过多润滑油	根据盘车是否顺畅，检查润滑脂

续表

故障现象	故障原因	处理方法
运转异响	机体、出料口等与料桶硬体接触	调整料桶物体位置
	电动机螺栓松动	紧固电动机螺栓
	电动机轴承失效	查找原因，对症处理
设备振幅小	电动机运转方向错误	维修电动机接线方式
设备渗漏	设备夹套腐蚀泄漏	夹套更换或釜体更换
	设备本体内漏	设备本体报废更换

第十二节　旋振筛

一、简介

旋振筛又称圆形振动筛，是一种高精度细粉筛分机械，其噪声低、效率高，快速换网需3～5min，全封闭结构，适用于粒、粉、黏液等物料的筛分过滤。旋振筛将直立式电动机作为激振源，电动机上、下两端安装有偏心重锤，将电动机的旋转运动转变为水平、垂直、倾斜的三次元运动，再把这个运动传递给筛面。调节上、下两端的相位角，可以改变物料在筛面上的运动轨迹。旋振筛工作过程及结构示意如图10－33所示。

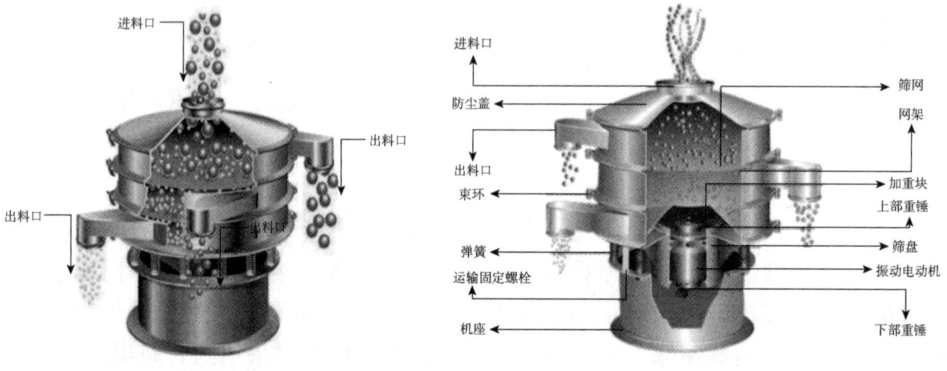

(a)筛分过程　　(b)结构示意图

图10－33　旋振筛工作过程及结构示意

二、工作原理

旋振筛由电机提供动力源，将电机的旋转运动转变为水平、垂直、倾斜的三个方向的运动，再将这个运动传递给筛面，使物料在筛面上做外扩渐开线运动，故该系列振动筛称为旋振筛。旋振筛具有物料运行的轨迹长，筛面利用率高等优点，调节上、下两端重锤的相位角，可改变物料在筛面上的运动轨迹，可以对物料进行精筛分、概率筛分等。

旋振筛启动后，其动力装置即振动电动机上、下两端不同相位的偏心块由于高速放置作用而产生一复合惯性力，该惯性力强迫筛机振动体做复旋运动，筛框在振动力的作用下连续做往复运动，进而带动筛面做周期性振动，从而使筛面上的物料随筛箱一同做定向跳跃式运动。其间，小于筛面孔径的物料通过筛孔落到下层，成为筛下物，大于筛面孔径的物料经连续跳跃运动后从排料口排出，最终完成筛分工作。旋振筛振动体的运动轨迹为一复杂的空间三维曲线，此曲线在水平面上的投影为圆形，在两垂直面上的投影为两个相同的椭圆。实际运用中，通过调整振动电动机上、下两端偏心块的相对相位，可以改变筛面上物料的运动轨迹，从而达到不同的筛分作业目的。

三、典型旋振筛设备

1. 普通单层旋振筛

目前，在粉体加工生产中所选用的旋振筛多为普通单层旋振筛，其基本工作原理是利用电动机轴上下端安装的重锤，将电动机的旋转运动转变为水平、垂直、倾斜的三次元旋转运动，再将这些运动传递至筛面。其主要特点之一是方便和快速更换筛网，且能够使用各种筛网。但若简单地使用普通单层旋振筛，在实际生产中很可能就会出现一些问题，主要表现为物料在进入旋振筛后，会导致相当一部分粒度合格的物料无法及时进入透筛，也无法再次进入干燥粉碎机中再次粉碎，在如此反复的情况下，就会导致大量物料粒度较小，进而对整批产品的质量和生产效率产生影响。

2. 三次元振动筛

振动筛主要用于粉体的筛选分级中，目前在实际工业生产中，主要用的振动筛为三次元振动筛，这是一种高精度细粉筛分设备，三次元振动筛不仅具有噪声低、效率高、快速换网的优势，且该系列旋振筛为全封闭结构，与普通型旋振筛大有不同。普通型旋振筛一般只能对通用粉体、小颗粒物料进行筛分，但三次元旋振筛可以筛选任何颗粒、粉末、黏液，筛分最细可至 500 目或 0.025mm，过滤最小粒度可至 5μm。以铁粉加工为例，铁粉是粉末冶金加工中一种重要的金属粉末，其在实际生产中用量较大，耗用量也较大。为了改善这一现状，在粉末冶金生产中采用了三次元振动筛，并根据筛分物料的具体需求设置筛网层数，共设置了三层，其中一层筛网主要是用于筛出杂质、比重过滤。同时每一层设有一个出料口，可以进行连续操作，筛上的物料不存在任何人工清理，而是通过出料口直接排出，其筛分精度细，适用于各种粉状、小颗粒状和小块状的铁粉筛分。

3. 超声波振动筛

除三次元振动筛以外，在粉体实际生产中还会运用到超声波振动筛，其是旋振筛的一种衍生产品，是在原振动筛的基础上，增加了超声波和变频装置。超声波振动筛在 400 目、500 目、600 目精细物料的筛分已经取得了很好的效果，显著改善筛分性能，适用于 20～300μm 的筛网分离粉末，尤其对难筛分的物料效果显著，真正解决强吸附性、易团聚、高静电、黏性强、高密度超细粉体等特性物料的筛分难题。

四、常见故障分析与处理方法

1. 泄漏

泄漏主要包括进口软连接破损漏料以及筛网破损漏料。运行中进、出口软连接受到来自颗粒的直接冲击，同时旋振筛在往复旋转运动过程中对软连接产生的揉搓力是破损漏料的主要原因。为了增加具有耐磨、抗冲击材质的内衬，防止颗粒直接冲击软连接可在进、出口软连接内加装厚度为2mm的薄型皮带（在椭圆锥形进、出口外壁一圈焊接M6×30mm不锈钢螺栓，用皮带冲在薄形皮带上打孔固定在螺栓上，套上软连接后增加1根喉箍带紧固以防脱落），内衬外依旧使用原软连接，防止粉尘溢出；针对颗粒直接冲击筛网，造成网丝反复受力，长期运行导致钢丝疲劳破损的情况，可以在椭圆锥形进料口内增加导流板，降低入口冲击力。

2. 机械故障

机械故障主要包括活络带打滑或断裂和金属滑动板及滑球温度超温。通过对断裂皮带进行分析，认为断裂原因主要是传送带选型与负荷不匹配，活络带过热烧焦，强度降低。采用国产3048B三角带替换进口8036B活络带后问题得到解决，但维修难度有一定程度的增大；由于未能使油脂通过油路进入滑板和滑球油槽内，油脂固化阻塞油路造成润滑不良，进而使金属滑动板及滑球温度超温，改进加脂方式，打开滑板端盖，将油脂加入端盖内，通过旋紧端盖实现加压使油脂充分压入滑板与滑球油槽，并以见到两者工作面结合处边缘有明显新脂溢出为准，问题得到解决。旋振筛的常见故障分析与处理方法见表10－17。

表10－17　旋振筛的常见故障分析与处理方法

故障现象	故障原因	处理方法
电动机不启动或启动较慢	电源线未接通或电缆断线	检查电源线
	注入过多润滑油	盘车是否顺畅，检查润滑脂
振动声音异常	束环未完全嵌合，螺钉未锁紧	调整束环
	大盘组件不稳定	维修大盘组件
	支撑弹簧有破损	更换弹簧
	机体、出料口等与料桶硬体接触	调整料桶物体位置
	电动机螺栓松动	紧固电动机螺栓
	电动机轴承失效	更换轴承
设备振幅小	电动机运转方向错误	改变电动机接线方式
	上、下偏心块的夹角过大，重偏心块在上、轻偏心块在下，设备使用时筛分失效	检查更换偏心块
设备渗漏	设备夹套腐蚀泄漏	夹套更换或釜体更换
	设备釜体内漏	釜体报废更换
	法兰或视镜泄漏	更换密封垫片

参考文献

[1]魏诗榴．粉体科学与工程[M]．广州：华南理工大学出版社，2006.
[2]郑水林．非金属矿超细粉碎技术与装备[M]．北京：中国建材工业出版社，2016.
[3]许珂敬．粉体工程学[M]．东营：中国石油大学出版社，2010.
[4]于浩凯．大型矿用球磨机的参数优化研究[D]．洛阳：河南科技大学，2020.
[5]王世江，邹仁平．球磨机滚筒内物流抛落撞击力的优化计算[J]．机械强度，2017，39(2)：463－366.

[6]王利剑．非金属矿粉碎工程与设备[M]．北京：化学工业出版社，2011.

[7]王迪．普通球磨机工作参数对被研磨物料细度的影响[D]．济南：济南大学，2021.

[8]万小金．球磨机合理装球计算方法[J]．金属矿山，2001(11)：23－26.

[9]李坦平，刘金彩．磨矿工艺参数控制——兼谈助磨剂[J]．矿山机械，2005 (10)：14－16.

[10]王震．球磨机维修中的故障原因与关键技术[J]．设备管理与维修，2018(8)：77－78.

[11]颜继勋，刘睿．剥片机在催化裂化催化剂回收细粉研磨中的应用[J]．辽宁化工，2021，50(4)：543－545，548.

[12]姚敏．振动磨动态特性分析及变频控制研究[D]．长春：吉林大学，2005.

[13]盖国胜．超细粉碎分级技术[M]．北京：中国轻工业出版社，2000.

[14]李宗斌，刘满银．振动磨机的工作原理及工作参数的选择[J]．中国陶瓷，1991(5)：13－18.

[15]游静，刘月娥，马凤云，等．胶体磨制备煤浆及粒径对直接液化性能的影响[J]．煤炭转化，2014，37(2)：28－32.

[16]吴敏，王怡然．化工机械研制胶体磨的应用方法研究[J]．粘接，2019，40(11)：20－23.

[17]贾高原，王可．浅谈筛分理论与筛分机械的发展[J]．中国新技术新产品，2013(16)：99－100.

[18]孟宝．机械分类方法及发展趋势研究[J]．内燃机与配件，2018(24)：157－158.

[19]阮久行，马少健，覃祥敏．干法分级理论与分级设备研究现状 [C]// 第十二届全国粉体工程及矿产资源可持续开发利用学术研讨会.

[20]王尚元，石伟．超细粉体分级技术浅析 [J]．中国科技纵横，2016(7)：1.

[21]鲁林平，叶京生，李占勇，等．超细粉体分级技术研究进展[J]．化工装备技术，2005，26(3)：19－26.

[22]田志鸿，孙国刚．离心式细粉分级机的设计及工业应用[J]．石油炼制与化工，1999，30(8)：46－49.

[23]田志鸿．离心式气流分级机设计与工业应用 [J]．化工装备技术，2016，37(2)：6－14.

[24]闫俊杰．气流分级机在裂化剂生产中的应用改进管理提升 [J]．石油和化工设备，2019，22(1)：86－88.

[25]张玉双，丁渭渭，顾秋军．直线振动筛的动力学分析[J]．建设机械技术与管理，2015(7)：85－87，88.

[26]刘洁源．直线振动筛的动力学分析与结构优化设计[D]．太原：太原理工大学，2012.

[27]绳飘，乔庆军．直线振动筛故障分析 [J]．制造业自动化，2013，35(8)：26－28.

[28]丁应生．旋振筛运动主参数设计原理 [J]．机械设计，2001，18(9)：32－34.

[29]陶少林．旋振筛在粉体加工中的应用 [J]．化工管理，2021(8)：122－123.

[30]陈天富，张军．旋振筛运行中的常见故障及解决措施 [J]．大氮肥，2014，37(2)：116－118.

第十一章　焙烧设备

第一节　概论

矿物质的焙烧过程是指物料在低于其熔化温度的条件下，通过加热使其发生脱水、分解、氧化、还原、氯化、硫酸化、结块或球团等过程。依据焙烧时所发生的化学过程的不同，分为煅烧、氧化焙烧、还原焙烧、氯化焙烧、硫酸化焙烧；依据其物理状态的不同，分为粉状焙烧和烧结(结块焙烧)。在这个过程中物料发生某种化学变化，但仍保持固体状态。

依据物料的性质和后序加工方法的不同，焙烧有不同的目的：①使矿石中的非氧化物矿物变成氧化物，这些氧化物在湿法冶金过程中会转入溶液中以提取金属，在火法冶金过程中会还原成金属状态；②除掉矿石中对冶金过程有害的水分及其他易挥发组分；③使粉状物料变成块状或球团状，利于冶炼过程的进行。任何类型的焙烧过程都是固相与气相间的多相化学反应过程。

焙烧是催化剂生产最重要的工序之一，几乎所有的载体、催化剂或分子筛的生产过程都需要经过焙烧。

一、催化剂焙烧的基本原理

将载体或催化剂在空气或惰性气体中热处理，且处理温度不低于其使用温度，该过程称为焙烧。一般将300～600℃称为中温焙烧，高于600℃时称为高温焙烧。在焙烧过程中催化剂发生以下一些物理和化学变化：

(1)热分解反应。除去载体中易挥发组分和化学结合水，使载体形成稳定结构。分解负载在催化剂上的某些化合物，使之转化成有催化活性的化合物。

(2)不同催化剂组分或载体之间发生固相反应，产生新的活性相。

(3)发生晶型变化。

(4)再结晶。热分解产物再结晶使其获得一定的晶粒大小、孔结构及比表面积。通过高温下离子热移动，可能形成晶格缺陷，或因外来离子的嵌入，使催化剂具有活性。

(5)烧结。使微晶适当烧结，提高催化剂机械强度。

试验证明，焙烧条件对催化剂的性能有一定的影响，这些性能包括：①比表面积和孔结构；②表面酸性；③晶型和微晶大小；④催化剂的机械强度；⑤催化剂的活性和稳定性。其影响规律比较复杂，与焙烧设备、焙烧时间、气氛含湿量等因素均有关，读者可参考相关文献。

二、催化剂、载体和分子筛焙烧中的飞温现象

催化剂和分子筛在焙烧过程中很容易发生飞温现象，飞温是指物料在焙烧过程中，由于物料本身含有碳或有机物氧化燃烧释放出热量，如催化剂成型过程中的助挤剂、扩孔剂、再生旧剂中的积碳、分子筛孔道内含有机胺模板剂等，焙烧过程中燃烧放热，使料层温度快速上升，超过焙烧炉设置的温度，如不及时采取有效措施，料层温度将激剧上升，直至有机物全部燃烧。一旦物料焙烧发生飞温现象而且无法抑制，可能造成催化剂颗粒的孔道塌陷，物料的比表面积、孔容等指标不能满足质量要求，物料质量不合格，飞温严重时甚至可能造成设备事故，因此焙烧中的飞温现象值得我们警惕。

抑制焙烧中的飞温现象，最常使用的措施是窒息法，即使物料减少或隔绝物料燃烧所需的氧气，使物料中的可燃物有抑制地缓慢燃烧，控制其燃烧速度，减缓热量释放速度。通常有以下措施：①对物料进行预处理，降低可燃物含量；②减少焙烧物料的量。例如，在网带窑上焙烧含碳量高达 14.6% 的催化剂，料层厚度不超过 2cm，依靠引风机产生定向定速流动的气流将碳燃烧产生的热量及时带走，可以避免飞温现象的发生；③及时调节焙烧系统的进风量，减少或切断焙烧炉的氧气供应；④采用氮气等惰性气体充满焙烧系统，抑制物料的燃烧。

三、催化剂焙烧的常用设备

按照催化剂的生产方式，焙烧炉(又称焙烧窑炉)可分为连续生产式焙烧炉、间歇生产式焙烧炉和半连续生产式焙烧炉。连续生产式焙烧炉包括回转式焙烧炉、隧道窑(包括网带窑、辊道窑、推板窑等)；间歇生产式焙烧炉包括钟罩窑、梭式窑；半连续生产式焙烧炉主要有立管式焙烧炉等。

回转式焙烧炉工作时炉体循环旋转，物料在炉内不停地翻转、前进，因此成型后的物料(如条形或球形催化剂)焙烧不宜采用这种结构形式的窑炉。回转式焙烧炉主要应用于粉状物料的生产，如分子筛、裂化催化剂的焙烧通常使用回转式焙烧炉。

隧道窑的炉体是一条直线形的隧道，隧道两侧及顶部有固定的炉壁及拱顶，隧道底部铺设有轨道，加热源位于炉体底部，窑车(也可以是料盒)在轨道上运行。窑车(或料盒)内装有待焙烧的物料，被送入窑炉内加热焙烧，停留达到预定的焙烧时间后，被推出窑炉。下一辆或者下一批窑车推入窑炉，周而复始，所以这种窑炉又称台车式隧道窑。为了适应不同品种、不同工艺要求的产品的生产，工程技术人员将窑车的运输方式进行了多次改变，将轨道改为辊道或传输网带，因此台车式隧道窑逐渐发展演变出多种结构形式的窑炉，如网带窑、辊道窑、推板窑等。这些结构的窑炉在催化剂或分子筛的生产中都得到相应的应用。

钟罩窑外形如一座高大的钟，焙烧过程中需将窑体罩在产品上，焙烧完毕再将钟罩吊起来，放在一旁，因此钟罩窑属于间歇式生产设备。梭式窑属于厢式焙烧炉，外形和工作原理与厢式干燥器类似，也属于间歇式生产设备，间歇式生产设备的产量有限且自动化程度不高，常用于小批量催化剂的生产。

立管式焙烧炉目前主要应用于连续重整催化剂的生产，该设备形状如一根立式管道，

高温热风从底部进入，上部排出；物料则采取与热风逆流的上进下出的方式，每间隔一定时间进行一次进出料，因而属于半连续的生产方式。

第二节　回转式焙烧炉

回转窑(或称回转式煅烧窑)是水泥、矿山和冶金行业常用的煅烧设备，20 世纪 80 年代引入催化剂生产行业后，人们习惯称为回转式焙烧炉，它已成为炼油和化工催化剂生产中常用的焙烧设备之一，裂化催化剂、加氢催化剂、分子筛等产品的焙烧普遍采用回转式焙烧炉。其优点是生产过程连续性强、单台设备产能大、自动化程度高、运行平稳、噪声低、产品收率高。另外，在节能、环保等方面也有一定的优势。回转式焙烧炉常用的加热方式有电加热、燃油、燃气 (液化石油气、天然气等)三种。

一、结构与工作原理

回转式焙烧炉为卧式结构，回转部件是一个安装在支承装置(托轮)上的钢质圆筒，即炉筒。焙烧炉工作时，炉筒在电动机驱动下一边缓慢旋转，一边在炉膛内均匀受热，因而被称为回转式焙烧炉。回转式焙烧炉由传动装置、炉筒、炉膛和进出料箱组成。传动装置包括电动机、减速机、齿轮副等，炉膛包括下炉膛和炉筒盖。回转式焙烧炉的结构见图 11 －1。

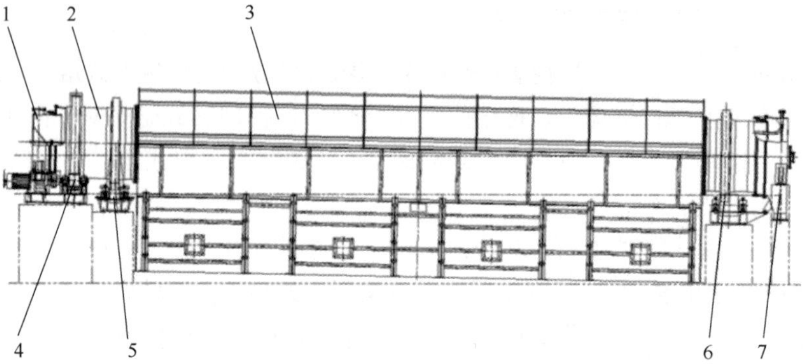

图 11 －1　回转式焙烧炉的结构

1—进料箱；2—炉筒；3—炉膛上盖；4—传动装置；5—左托轮；6—右托轮；7—出料箱

回转式焙烧炉通常为整体撬装结构，这样有利于现场的安装，但大型焙烧炉受运输条件和现场吊装空间的限制，只能采取现场分体安装。炉筒穿过炉膛，依靠两端的滚圈支撑在 2 ~ 3 副托轮上。炉筒的一端为进料口，另一端为出料口，进料口一侧的滚圈两侧带挡轮，对炉筒进行轴向定位，另一侧的滚圈则不带挡轮。焙烧炉受热时膨胀，炉筒轴向沿出料口方向伸长，因此出料端托轮较长。炉筒的进料端安装有大齿轮或链轮，当炉筒直径较大时采用齿轮传动，当炉筒直径较小时采用链轮传动。大齿圈与筒体之间采用“之”字形弹簧板连接，链轮与筒体之间采用椭圆形弹簧板或轮副板连接。滚圈与炉筒之间采用“Ω”形弹簧板连接。这些连接方式都可以有效地降低齿轮、链轮或滚圈的表面温度，并缓冲设备高温运行时产生的额外载荷，使设备运行稳定。大齿轮(或链轮)和滚圈通过各种方式与炉筒连为一体，同步旋转。电动机(含减速机)通过齿轮传动(或链轮传动)带动炉筒缓慢旋转。自进料端往出料端方向，焙烧炉整体呈很小的倾斜角，角度可根据焙烧时间进行调整，通常为1°～3°。回转式焙烧炉工作原理如图11－2所示。

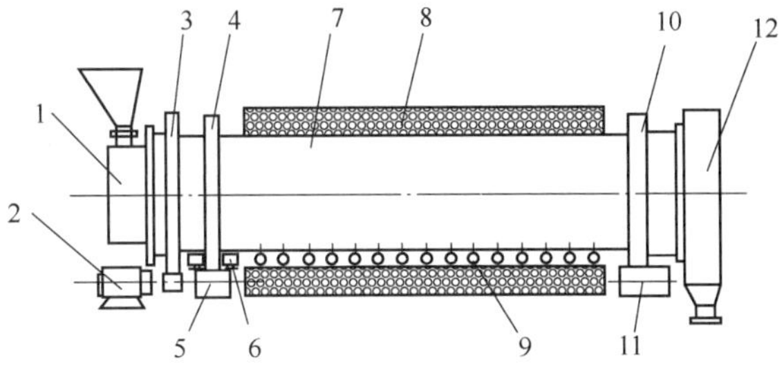

图11－2　回转式焙烧炉工作原理

1—进料箱；2—驱动电动机；3—大齿轮；4—左滚圈；5—左托轮；6—挡轮；7—炉筒；8—炉膛衬里；9—电阻丝；10—右滚圈；11—右托轮；12—出料箱

物料经进料口进入炉筒，炉筒在电动机的带动下缓慢旋转，筒体内物料在炉筒内壁抄板的作用下沿周向翻转，同时向出料端移动，物料在炉筒内受热，经过复杂的物理化学变化，完成脱水、脱碳过程。从其低端出料口卸出。炉筒内的热源为电加热或燃料燃烧放热，对炉筒进行加热，尾气经过除尘系统由烟囱排入大气中。

二、关键部件的结构与工作原理

1. 炉筒

炉筒是回转式焙烧炉最主要的也是最关键的部件，其尺寸（内径和长度）决定了设备的处理能力，炉筒的材质直接关系到焙烧炉的使用寿命。催化剂生产中产品具有腐蚀性，使用的焙烧炉炉筒通常都采用不锈钢，常用材质有06Cr19Ni10、0Cr18Ni10Ti、310S、inconel600等，根据焙烧温度进行选择。

炉筒由不锈钢薄板卷制而成，内壁焊接有抄板和环形堰板，炉体外壁与支撑滚圈和齿轮连为一体。炉头和炉尾通过盘根等密封材料分别与进料箱和出料箱相连接。

2. 滚圈及支撑方式

根据焙烧炉长度不同，炉筒外圈至少设置2个或2个以上的滚圈，滚圈与炉筒同心度误差应小于1mm。滚圈的常用材料有ZG310－570、42SiMn等。因滚圈难于加工且更换难度较大，所以滚圈相比托轮应该具有更高的机械强度和耐磨性，因此滚圈表面必须经过淬火处理，使其表面硬度≥HB230，且应高于托轮的表面硬度。焙烧炉工作时，滚圈与炉筒之间存在温度差，所以它们的受热变形量是不同的，滚圈与炉筒之间的连接方式应根据工作温度和炉筒直径进行综合考虑。常用的结构形式有以下几种：垫板直接连接、楔形板连接、“π”形弹簧板连接、“Ω”形弹簧板连接。图11－3所示为一种炉筒与滚圈常见的连接形式。

3. 炉膛

炉膛是焙烧炉的加热部分，分为炉体和炉盖两部分，密封面通过螺栓连接。加热源位于下炉膛、炉筒底部，加热方式主要有电加热和燃气（天然气、瓦斯等）加热，如图11－4所示。

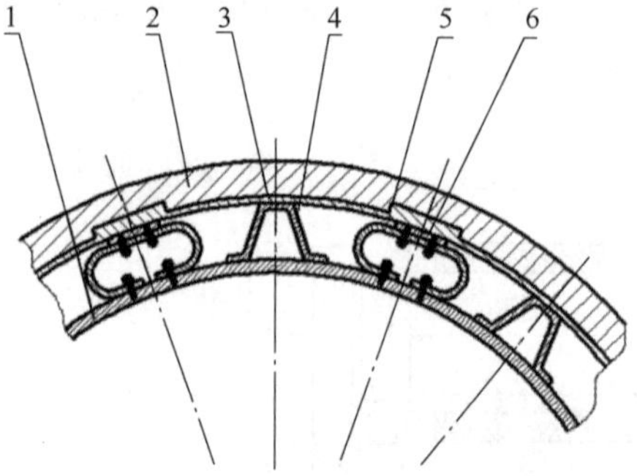

图 11-3　炉筒与滚圈常见的连接形式

1—炉筒；2—滚圈；3—"π"形弹簧板；
4—防转圈；5—"Ω"形弹簧板；6—垫板

图 11-4　炉膛与炉筒的实物

1—滚圈；2—炉筒；3—大齿轮；
4—下炉膛；5—电炉丝；6—托轮

下炉膛为箱式结构，内部用耐火砖砌筑，中部呈半圆形，电炉丝(或燃气炉的火嘴)位于下炉膛底部。加热区被分为多个加热段，每段的电炉丝独立工作，各加热段分别用热电偶测量温度，信号反馈到 DCS 控制系统，通过 DCS 来控制各个加热段电炉丝的通、断电，从而实现对每段温度的控制。

上炉膛即炉盖，为半圆形结构，内部砌筑耐火砖。上、下炉膛之间设置耐高温密封垫，并通过螺栓将上、下炉膛连接为一体。安装时，先将炉筒通过托轮支撑在下炉膛上，调整托轮位置使炉筒与炉膛达到同心度要求后才能安装炉盖。

4. 托轮

托轮的作用是支承回转式焙烧炉筒体的重量并保证筒体在固定的位置循环运转，而托轮轴承是支承筒体正常运转的关键所在。回转式焙烧炉的托轮轴承一般有两种形式：一种是滚动轴承，其优点是体积小，节省润滑油，密封好，不易渗漏，传动系统的负荷可以减轻，但结构较复杂且维修难度较大；另一种是滑动轴承，结构简单，可以承受更大的径向负荷，目前焙烧炉托轮使用较多的是滑动轴承，其结构如图 11-5 所示。

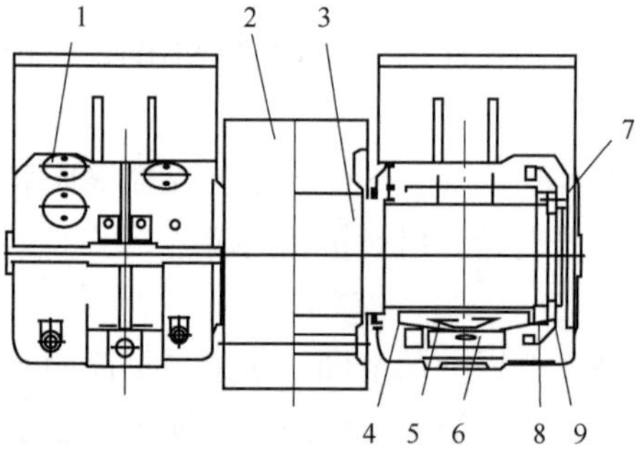

图 11-5　托轮结构

1—观察孔；2—托轮；3—托轮轴；
4—衬瓦；5—球面瓦；6—轴承底座；
7—挡圈；8—止推圈；9—端盖

三、设备特点

回转式焙烧炉的产能大、产品质量均匀性能稳定、生产过程自动化程度高，因而在催化剂生产中应用非常广泛，裂化催化剂、加氢催化剂、多种化工催化剂和分子筛等产品都采用这种设备。

1. 回转式焙烧炉的优点

(1) 物料处于旋转动态煅烧模式，物料温度均匀性好，物料煅烧后的品质比较均匀。

(2) 炉体气密性好。

(3) 加热热效率高，无窑具散热。

(4)一些产品要求不是很高的材料，烧结周期短的材料，也可以采用回转炉烧结，这样能耗成本会降低很多。

(5)对比隧道窑，无须台车和匣钵，无人工装料卸料过程。

2. 回转式焙烧炉的缺点

(1)炉内无法控制各温区的温度和时间分界，分段不明显，不能满足温度曲线的各段温度和时间的要求，物料烧结时间不好控制。

(2)间接加热类型回转窑炉因材料受热变形，炉体长度不能做得太长，尺寸做到直径约1.8m，长度约20m。

(3)物料层如果厚度控制不好，容易出现表层物料流动速度快，焙烧时间不够造成欠烧，深层物料流动慢，焙烧时间过长造成过烧，影响材料的综合性能。

(4)由于受筒体材料的限制，回转窑的使用极限温度为950℃。

3. 操作注意事项

回转式焙烧炉如果在加热过程中突然遇到停电或机械故障炉筒停止转动或转速过低，可能造成筒体在热应力下弯曲，特别是高温下炉筒长时间停止转动是非常危险的，可能造成炉筒永久性塑性变形。此时应立即采取以下措施：

(1)手摇继续驱动炉筒旋转。

(2)切断加热电源，使炉膛进行自然降温。

(3)如炉筒发生明显变形，持续手摇使其转动，这对挽救炉筒非常有利。

四、主要技术参数

回转式焙烧炉的设计主要考虑焙烧温度和介质的腐蚀性，根据产能和焙烧时间确定炉筒的尺寸(直径和长度)。回转式焙烧炉的主要技术参数见表11－1。

表11－1　回转式焙烧炉的主要技术参数

序号	参数类型	单位	参数描述
1	炉筒直径	mm	设备产能的主要参数
2	炉筒长度	mm	设备产能的主要参数
3	炉筒壁厚	mm	
4	最高焙烧温度	℃	设备能力的主要参数
5	炉筒材质		根据焙烧温度和介质腐蚀性进行选择
6	炉筒转速	r/min	变频调速
7	加热方式		电加热或燃气加热
8	加热分区数		根据工艺要求确定
9	设备重量	t	
10	设备外形尺寸	mm	长×宽×高

五、常见故障分析与处理方法

回转式焙烧炉常见故障分析与处理方法见表11－2。

表 11－2　回转式焙烧炉常见故障分析与处理方法

故障现象	故障原因	处理方法
炉筒停运	筒体过载或弯曲变形	应立即手摇继续驱动炉筒旋转
		立即切断电源，使炉膛进行自然冷却
		检查炉筒是否受到“卡持”或发生明显弯曲变形(如果手摇能使炉筒灵活转动，则说明炉筒本身无过载现象，此时应检查控制系统回路)
筒体窜动	筒体受热不均	调节炉温
	进料不匀	调整进料
	托轮磨损、减薄	联系钳工更换
异常响声	抄料板脱落	待停工处理
	筒体变形，传动齿轮咬合不匀，引起“顶齿”	调节炉温，使筒体变形慢慢恢复
温度异常	低压室电控柜内固态继电器烧坏	联系电工更换固态继电器
	热偶失灵	联系仪表检查处理或更换热偶
	燃气炉火嘴熄火	重新点火
	燃气炉火盆砖烧垮挡住火嘴火焰	清除挡住火嘴的火盆砖，待停工后更换火盆砖
主减速机异常	电动机温度过高	联系电工检查电动机
	减速机漏油	联系钳工检查
	轴承箱温度偏高	检查润滑油的质量，联系钳工检查轴承

第三节　网带窑

网带窑是陶瓷行业、磁性材料、电子粉体、电子器件等领域常用的设备，也是目前催化剂生产最常见的焙烧设备之一，它属于隧道窑的一种，与台车式隧道窑、推板式隧道窑、辊道式隧道窑相比，最大的区别是物料的输送不采用台车、推板或辊道，而是使用由不锈钢金属丝编织而成的网状输送带(简称网带)。粉状物料用料盘盛装放置在网带上，颗粒状或条状物料可以直接平铺在网带上，焙烧颗粒或条状物料的网带两侧需要带挡边。不锈钢网带由电动机驱动，通过主动辊带动网带向窑内移动。受网带材质耐温能力的限制，一般网带窑的使用温度 $<1000℃$。有些企业将不锈钢网带改为两边带挡边的不锈钢链板，驱动方式采用链轮驱动，这种焙烧炉称为链板式焙烧炉。

一、结构与工作原理

网带窑(又称网带式焙烧炉)按照加热方式可分为燃气式网带窑和电加热式网带窑两类，催化剂生产中一般采用电加热方式。图 11－6 所示为电加热式网带窑的外形结构，主要由以下几个部分组成：窑体、网带输送系统、加热系统、热风循环系统。窑炉为轻型模块组装的可拆式单元结构，沿窑炉长度方向布置一系列不锈钢托辊，托辊上面承托金属网带。网带输送系统包括驱动电动机、不锈钢网带、张紧装置、纠偏装置等，热风循环系统包括循环风机和尾气引风机等。网带按功能区域划分为上料段、升温段、恒温段、冷却段和出料段。

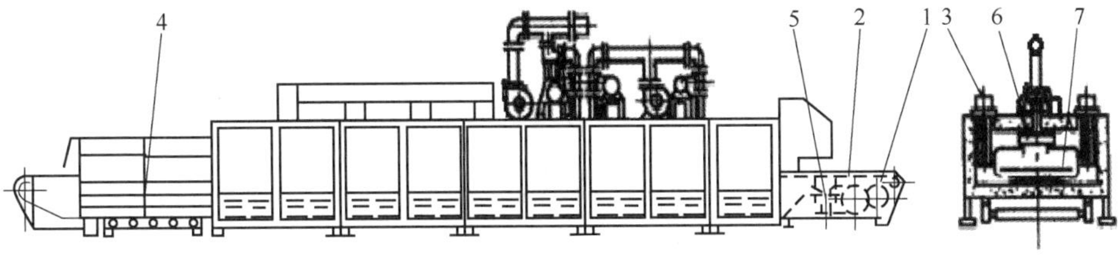

图 11-6　电加热网带式焙烧炉的外形结构

1—驱动机构；2—网带；3—加热元件；4—纠偏装置；
5—张紧装置；6—循环风机；7—炉室

物料通过布料器进入网带，在网带的输送下进入加热区并逐步升温，加热元件（电阻丝或红外加热管）位于网带底部，热空气穿过料层对物料进行加热，焙烧尾气经引风机排出。根据物料焙烧需要的恒温时间调节网带运行的速度，物料达到恒温时间后进入冷却区降温，最后从出料端排出。

物料焙烧过程中，经加热的高温热风送入网带对催化剂进行焙烧处理（快速升温）；尾气风机将焙烧尾气抽至热风炉预热段，与冷空气进行换热后再送到尾气处理系统，提高热能的使用效率。

二、关键部件的结构及工作原理

（1）网带

催化剂生产中使用的网带，材质一般采用奥氏体不锈钢钢丝编织而成，根据焙烧温度和物料耐腐蚀要求不同，常用的不锈钢钢丝牌号有 06Cr19Ni10、1Cr17Ni9Ti、0Cr25Ni20 等。网带编织的形式通常有 4 种，见图 11-7。

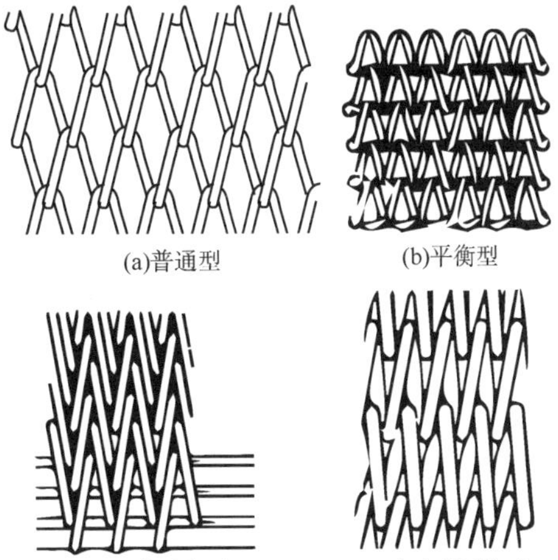

(a)普通型　(b)平衡型

(c)组合平衡型　(d)直串条平衡型

图 11-7　不同形式的网带外形

（2）网带张紧装置

网带张紧装置通常有 4 种形式：螺杆张紧、弹簧张紧、垂吊张紧、气缸张紧。一般较常用的是螺杆张紧和气缸装紧，如图 11-8 所示。

（3）网带纠偏装置

网带纠偏装置是网带窑的关键部件，一般设置在网带的松边（非张紧边）。网带纠偏装置的工作原理是：当网带出现走偏时，网带的边缘推动侧向导轮，借助连杆机构的动作，侧向导轮的位移变成了纠偏装置内托辊的自动调心，促使网带向走偏的反方向移动，从而达到纠偏的目的，见图 11-9。

（4）进出料端辊筒

进料端被动辊筒：轴两端安装在可调节行程的张紧机构上。出料端主动辊筒：采用套胶处理。辊筒的主要参数为：长度和直径。

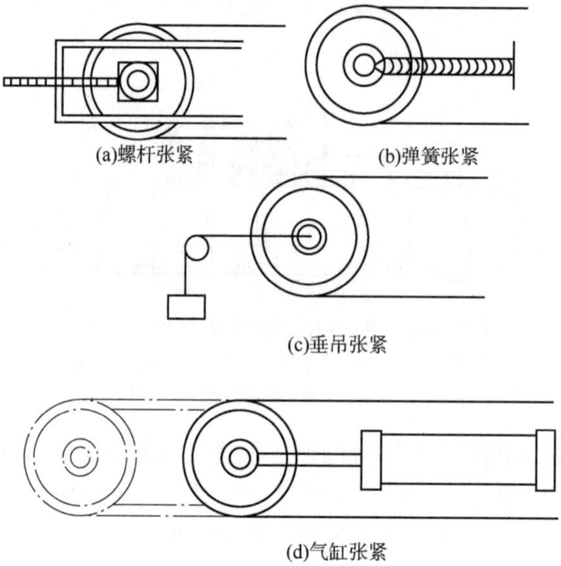

图 11－8　网带的张紧形式

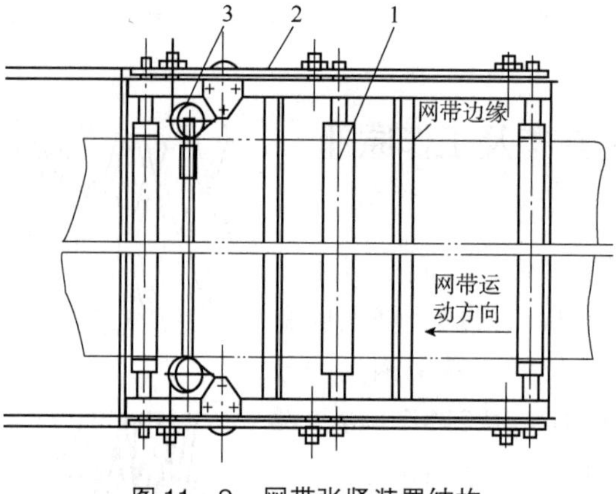

图 11－9　网带张紧装置结构
1—托辊；2—连杆；3—侧向导轮

(5)传动电动机

传动电动机采用变频器调节网带运行速度。电动机与主动辊筒一般采用链条传动。

三、设备特点

1. 网带窑的优点

网带窑是现代化连续式烧成的热工设备，在催化剂生产过程中被广泛应用，是催化剂中一种自动化程度高、人为干预少、运转平稳，温度控制精确、重复性好的焙烧设备。网带窑与间歇式电阻炉相比较，具有以下优点：

(1)生产连续化，周期短，产量大，质量高。

(2)利用逆流原理工作，热利用率高，燃料经济。

(3)缩短烧成时间。

(4)操作环境好，节省劳力。

(5)升温段、焙烧段、冷却段三部分的温度，常常保持一定的范围，容易掌握产品烧成规律，因此烧成产品质量好，焙烧质量高。

(6) 窑内不受急冷急热的影响，窑体和窑具都耐久，使用寿命长。使用温度低于900℃的情况下，与辊道窑相比，网带窑具有易操作和维护的特点。

2. 网带窑的缺点

(1)网带采用不锈钢金属丝编织而成，受到材质耐温限制，网带窑的使用温度很难高于1000℃。

(2)网带的网孔，会因为物料的结晶、物料颗粒的侵入而逐渐堵塞，造成网带通风量逐渐下降。网带需要定期拆卸进行清洗和浸泡，以恢复网孔的通风量，检修工作量大，影响网带窑的长周期运行。

3. 网带窑使用中的特殊要求

(1)网带窑是利用主动滚筒与网带的摩擦力，驱动网带运动，在网带的下部，间隔一定距离，布置一根根的托辊来支撑网带。如果滚筒和托辊安装精度不够，网带会出现跑偏现象，严重者会造成网带拉伤和损坏炉膛侧墙，甚至使整个网带无法运动。

(2)网带在运行的过程中，必须保证足够的张紧才能使网带在炉膛内部保持基本水平面运动，如果荷载太重或者张紧力不够，会造成滚筒空转而网带不动的现象，也会造成炉膛内的网带在托辊之间因为荷载而下沉，增大传动阻力，影响网带运行的平稳性。

(3)网带在加热和冷却的过程中，要随时调整网带的张紧力，如果调整不及时，会造成网带打滑(膨胀时)或者拉坏网带的危险(冷却时)，同时如果网带两侧的张紧幅度出现偏差，也会造成网带的严重跑偏现象；每一根网带下方的托辊两端支撑，均是在耐火保温侧墙的外面，这样每根托辊都要穿出侧墙，在侧墙两端存在许多圆孔，这些空隙会造成炉膛的压力波动和温度波动，不利于炉膛的气密性。

四、主要技术参数

网带窑的主要技术参数见表11－3。

表11－3　网带窑的主要技术参数

序号	参数类型	单位	参数描述
1	加热方式		电加热或燃气加热
2	加热器总功率	kW	影响生产能力的主要参数
3	最高加热温度	℃	反映生产能力的重要指标
4	设备长度	mm	反映生产能力的主要参数
5	网带宽度	mm	反映生产能力的主要参数
6	网带材质		根据产品选择
7	设备总重量	t	

五、常见故障分析与处理方法

网带窑的常见故障分析与处理方法见表 11－4。

表 11－4　网带窑的常见故障分析与处理方法

故障现象	故障原因	处理方法
网带跑偏	端头滚筒不平行	联系钳工调整
	端头滚筒平行，但中心线不重合	联系钳工调整
	物料分布不均匀	工艺调整
	托辊轴向与输送带运行方向不平行	联系钳工调整
网带打滑	升温过程中热胀，输送带变长	张紧
	端头滚筒直径过小，摩擦力太小	增大滚筒直径或套胶
	滚筒过于光滑，摩擦力太小	将滚筒表面打毛或套胶
	滚筒与输送带上粘有润滑剂，摩擦力太小	清洗或套胶
	物料过重	工艺调整
网眼堵死	物料湿分大，易结块	联系钳工更换
温度异常	加热丝老化或断裂	降温并更换加热丝
	热偶故障	检查维修或更换热偶
	热元件故障	检查维修
轴承温度高	油量不足或过多，油质不良	加适量合格的润滑油或彻底换油
	轴承损坏	检查更换轴承

第四节　辊道窑

辊道窑是一种截面呈扁平形的窑炉，是从隧道窑演变而来的，但是与台车隧道窑不同，辊道窑不是采用窑车装载并运转物料，而是由一根根平行排列、横穿窑炉工作通道截面的辊棒组成辊道，将盛装物料的料盘或料盒放置在辊道上，通过辊棒的自转将料盘送入窑内，在窑内完成焙烧工艺过程，故称辊道窑。辊道窑顶部一般是平顶式，与其他窑炉的拱顶式相比，截面较小，呈现扁平截面，窑内温度均匀，适合物料的快速焙烧。辊道窑对辊棒材质和安装技术要求较高，主要用于温度在 1100℃以下的产品焙烧，也有提高辊棒材质用于 1250℃焙烧，但是高温辊道窑应用较少。

辊道窑是连续烧成的窑，以转动的辊棒作为运载工具，图 11－10 所示为辊道窑实物。

一、结构与工作原理

辊道窑焙烧炉与网带窑相比，它们的工作原理基本相同，主要的区别在于传动方式。网带窑利用金属丝编织的网带传送物料，而辊道窑利用辊棒的转动传送装有物料的匣钵，因此网带窑的物料可以直接平铺在网带上，而辊道窑的物料只能装在匣钵中传送至焙烧室。因为辊道窑的辊棒采用陶瓷等高温材料制造，因此辊道窑可以承受更高的温度。辊道窑焙烧系统主要包括辊棒传动系统、加热系统、装卸料辅助系统、控制系统等。图 11－11 所示为辊道窑平面布置。

图 11－10　辊道窑实物

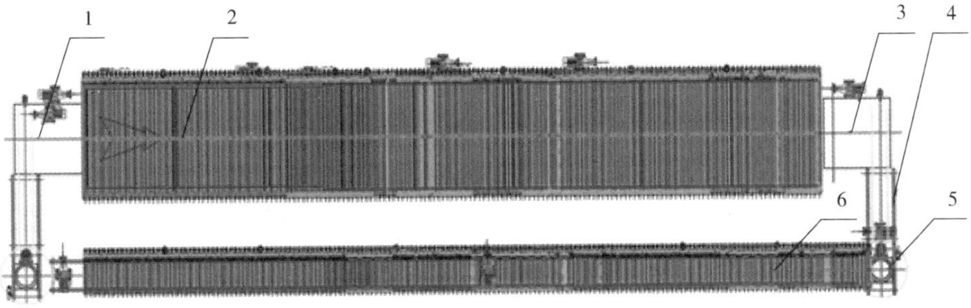

图 11－11　辊道窑的平面布置

1—进窑机；2—陶瓷辊棒；3—出窑机；4—匣钵横线；5—匣钵升降；6—回钵线

辊道窑的工作过程是：先将物料装入耐高温的匣钵中，将匣钵整齐地放置在辊棒上。驱动电动机通过链条传动将动力传递到每一根辊棒，窑炉内所有的辊棒以相同的转速、相同的方向旋转，匣钵在其与辊棒的摩擦力的作用下从窑炉入口端连续缓慢地向窑炉出口端移动，进入焙烧室进行加热焙烧。辊道窑可以使用气体燃料、液体燃料或固体燃料，也可以使用电加热，催化剂生产中通常采用电加热方式。物料焙烧完成后，匣钵从窑炉出来，在辅助机构的推动下，沿垂直方向移动。辊道窑装卸料辅助系统逐个地完成匣钵物料的卸料、装料，再送至窑头推进窑内焙烧，如此往复循环。图 11－12 所示为辊道窑三维仿真模型。

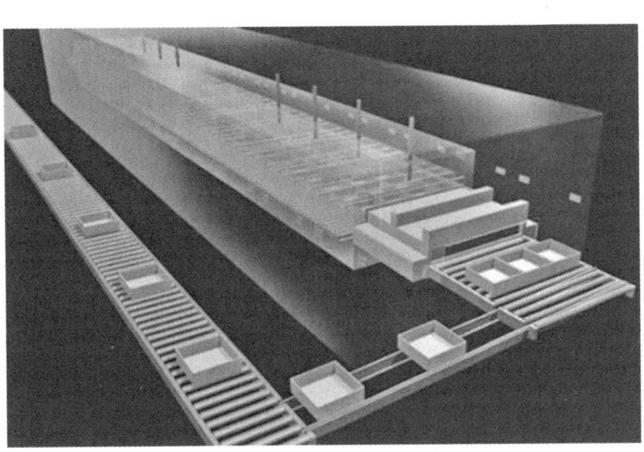

图 11－12　辊道窑三维仿真模型

二、关键部件的结构和工作原理

1. 传动机械

辊道窑传动系统由电动机、减速器、链传动(齿轮传动或蜗杆传动)组成。辊棒的转速较低，辊道窑同一移动方向上的辊棒转动方向相同，转速相等。

2. 辊道窑的辊棒

辊道窑中整齐排列的辊棒形成辊道，辊棒的材质对焙烧温度的适应程度决定着窑炉作业的稳定程度，因此辊棒是辊道窑中很关键的组成部分。对辊棒材质的基本要求是其耐高温性能，即在高温焙烧和燃烧产物作用下，辊棒是否具有足够的强度和抗氧化性，亦即在高温连续运行及辊棒和匣钵物料的重力作用下，辊棒保持最小的变形，装有物料的匣钵在辊道上沿隧道出口方向做直线移动而不发生故障。常用的辊棒有以下几种：

(1)金属辊棒

一般金属辊棒只能承受1000℃以下的温度，耐热不锈钢或耐热合金质辊棒能承受1200℃左右的高温，但其成本太高。金属辊棒的最大优点是抗震性好，去污能力强，但它的高温机械强度低，高温蠕变大，所以金属质辊棒一般用在辊道窑的低温带，如预热带、冷却带。目前，金属质辊棒的材料有耐热不锈钢、镍铬合金、铁铬镍铝合金等。

(2)非金属辊棒

非金属辊棒的材质有陶瓷、刚玉、碳化硅等，这些非金属材料的耐高温性能好，一般可以耐1200℃以上，最高可达到1650℃，但它们都属于脆性材料，抗震性能较差。辊道窑的辊棒如图11-13所示。

图11-13 辊道窑的辊棒

3. 炉体

辊道窑炉体一般采用轻质保温耐火砖作内衬，外层使用合适温度等级的耐火纤维。高温辊道窑的炉衬要求具有足够的耐火度和足够的高温机械强度，气密性能好，重烧线收缩小，具有良好的热稳定性和较低的热导系数，能承受窑内特定的还原气氛。

4. 辊道窑的层数

从结构来看，辊道窑有单层与多层之分，但一般采用单层，2～3 层窑炉用得不多。多层窑可节约燃料，缩短窑长，减少用地，降低投资费用。但由于层增多，使入窑及出窑的运输线、联锁控制系统、窑炉本身的结构都复杂化了，尤其给清除砖坯碎片带来不少麻烦。目前催化剂生产基本上都采用单层窑，辊道窑层数的原则有以下几点：

(1)有效高度大的辊道窑一般用单层，矮窑(如有效高度≤0.15m)则可以选用多层；

(2)宽窑宜用单层，窄窑可用多层；

(3)产量不大、焙烧温度较高时宜用单层，反之可用多层；

(4)不用垫板承烧时采用三层窑最为经济，而多层窑一般不用电作为热源。

三、分类

按温度高低可将辊道窑分类：

(1)低温辊道窑。彩烧用 800℃左右，建筑砖用 1000℃左右。

(2)中温辊道窑。烧制面砖用 1020～1100℃；烧制地砖、日用陶瓷、炻器为 1150～1250℃；卫生洁具为 1250～1280℃。

(3)高温辊道窑。烧制日用瓷 1300～1350℃，烧制铁氧体 1350℃左右，烧制 Al_2O_3 基板 1600℃左右。

四、主要技术参数

辊道窑的主要技术参数见表 11－5。

表 11－5　辊道窑的主要技术参数

序号	参数类型	单位	参数描述
1	功率	kW	决定生产能力的主要参数
2	最高加热温度	℃	
3	加热段长度	mm	决定生产能力的主要参数
4	匣钵尺寸	mm	
5	辊道传动电动机功率	kW	

五、设备特点

与网带窑和推板窑相比，辊道窑具有以下优势：

(1)承受较高的焙烧温度，一般可以承受 1200℃以上的高温。因辊道窑的窑道呈扁平状，辊棒上下均可加热，窑体结构轻巧便于采用全纤维炉衬，故窑内温差较许多窑炉小。

(2)辊道窑的窑炉长度大于推板窑，目前最长的辊道窑已做到超过 300m 长，运行可靠，产量可以提高。单台辊道窑产能大，不用垫板，只用匣钵装载方式。

(3)相比于推板窑和窑车隧道窑节能，无垫板，无窑车。

(4)辊道窑在机械和输送节奏满足要求时，还可以制作双层辊道窑提升产能。

(5)可以精度地控制各温区温度和气氛，有利于控制产品质量。

(6)自动化程度高。能实现自动装料、卸料等自动机械，可以实现生产线无人员操作。匣钵破损自动检测及替换。有利于实现烧成工序(包括装卸制品)的机械化和自动化，便于上下工序衔接，形成完整的连续生产线，提高生产效率。另外，辊道窑还具有操作简便，有利于提高产品质量，降低成本，减少占地面积和投资少等优点。

(7)节约燃料。以同一产品在辊道窑及其他窑中煅烧的燃耗相比较，辊道窑热耗较低。

辊道窑的缺点如下：

(1)造价相对较高。

(2)机械设备多，操作维护对员工的技能水平要求高。

(3)炉内辊棒多，破损辊棒在线更换对员工的技能水平要求高。

六、设备操作注意事项

设备操作注意事项如下：

(1)陶瓷辊棒在入窑前应进行两端预塞保温棉的工作，否则在陶瓷辊棒受热后，冷湿空气进入辊棒中，产生水蒸气。这部分水气又在两端冒出与空气中的尘埃作用产生带有腐蚀性的物质，既使得辊棒两端变质老化，又会使辊棒棒头金属锈蚀损坏。

(2)陶瓷辊棒在存放中应置于干燥处，不得与水接触。

(3)在陶瓷辊棒工作面涂浆保护层，可以采用扫浆、淋浆、浸浆三种方法。其中以淋浆法较易操作，效果较好。上浆长度一般以比窑内有效宽度长10cm为限，上浆厚度最好为1mm，不要超过1.5mm，也不要低于0.8mm。

(4)在被动边装上弹簧套，以保护棒头不受磨损和加强摩擦力。

(5)陶瓷辊棒入高温区前都必须预热，防止陶瓷辊棒急热破损，高温区换下的陶瓷辊棒切忌直接放于地面，可置于旋转的支架摩擦托轮上，使其在转动中均匀冷却(现许多由于工作操作方便可斜靠于窑边特制支架上让其自然冷却)。若陶瓷辊棒有变形，则应在陶瓷辊棒冷却到700~600℃，内温800~900℃时把变形下弯的辊棒全部向上扭转，使其变形下弯部分向相反方向收缩下弯复原，如此来回操作翻动，直至辊棒降到外温400~300℃。

七、常见故障分析与处理方法

辊道窑常见故障分析与处理方法见表11-6。

表11-6　辊道窑常见故障分析与处理方法

故障现象	故障原因	处理方法
料盘卡塞	某段几根辊棒不转或陶瓷辊棒断裂	停止料盘入窑，在控制柜上使用手动打摆功能，找出卡盘的位置，观察卡盘损坏程度，及时处理。辊棒断裂时，需更换辊棒
	料盘歪斜	

续表

故障现象	故障原因	处理方法
辊棒故障	主动边辊夹上的簧片损坏，导致辊棒有时转，有时不转	更换辊棒
	主动边轴承座水平或垂直有误差，致使辊棒与辊夹之间没有间隙，辊棒断裂损坏	
	轴承座的不水平、不垂直，造成辊棒与辊套不同心，强度大的辊棒呈“之”字形旋出，强度小的辊棒则断裂	
	被动边与主动边不垂直，导致料盘偏斜	调整被动边与主动边垂直度，同时保证它们之间的水平
	两齿轮中心位置不对或轴线偏斜，导致齿轮磨损	更换磨损齿轮，同时进行中心和轴线的调整
	链条节距拉长或链轮底径不合格(齿深或齿浅)，导致链条跳齿	更换链条或更换链轮
进出窑料盘运行频率不匹配	进窑，出窑，窑内驱动电动机频率未设定正确	DCS 查看工艺指令要求的频率值
进窑料盘倒走	进窑驱动电动机转向反	重新接线，调整电机转动方向
出窑吸料设施不动作	驱动气缸风压不足，未接收到吸料指令	全开净风阀门，检查光电开关是否完好，镜头表面有无粉尘、杂物遮挡
温度异常	加热硅碳棒老化或断裂	降温并更换硅碳棒
	热偶故障	检查维修或更换热偶
	热元件故障	检查维修
传动故障	电动机跳闸	检查复位或维修电动机
	传动齿轮不转	检查维修
	翻料机不动作	调试程序检查电动机
	升降机卡料盘	调节升降机水平度和两侧挡轮
	程序混乱	调试或重启运行程序
轴承温度高	油量不足或过多，油质不良	加适量合格的润滑油或彻底换油
	轴承损坏	检查更换轴承
	负荷过大	进行工艺调整

第五节　推板窑

推板窑又称推板炉或推板式隧道窑，因以推板作为窑内运载工具而得其名。推板窑是从隧道窑演变出来的一种连续焙烧设备，其具有结构简单、操作方便、温差小等优点，广泛应用于陶瓷、化工、电子等行业。推板窑在催化剂的生产中主要应用于小批量的分子筛和载体的焙烧，如银催化剂装置使用推板窑进行载体焙烧。

一、结构与工作原理

推板窑包括窑炉本体、推板机构、加热系统、匣钵回转运输线、控制系统等。图 11 - 14 所示为推板窑的平面布置。

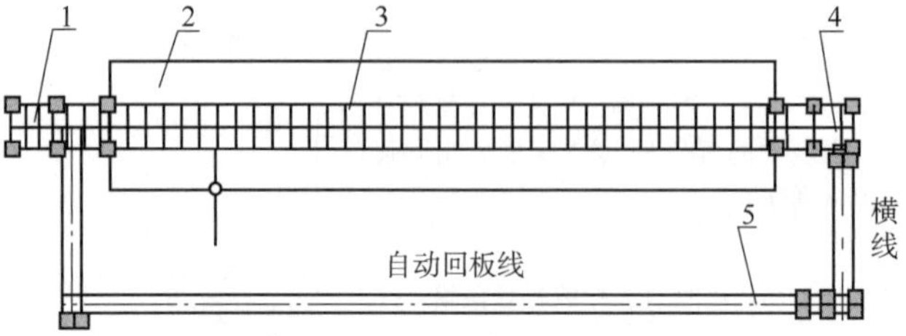

图 11 - 14　推板窑的平面布置

1—液压推板机；2—推板窑体；3—推板；4—横线；5—回板线(推板式、辊道式)

推板窑的外观像一条狭长的隧道，整窑分为预热段(入窑)、焙烧段和冷却段(出窑)。待焙烧的物料装在匣钵内，匣钵放置在耐高温的推板上，推进装置将推板连同匣钵一起推入焙烧窑内。在预热段，来自焙烧段的辐射传热对推板上装载的匣钵逐渐预热升温。在焙烧段上，推板上匣钵内的物料受到电加热或者燃气火焰加热进行焙烧。在冷却段上，推板向窑外逐渐推移，推板上的匣钵内的物料与外界缓慢接触并逐渐冷却。推板窑焙烧段的最高温度可达到 1700℃以上。图 11 - 15 所示为推板窑的外观。

图 11 - 15　推板窑的外观

推板窑的工作过程是：将待烧制的物料装入若干个匣钵内，再将匣钵分层码放在推板上，通过推板机构的推力作用将窑内导轨上紧密排列的推板从窑入口端连续缓慢地推向窑炉出口端，匣钵回转运输线将出炉的推板逐个地完成卸料和装料，再送至窑头重复推进窑内煅烧，过程往复循环。

二、主要部件的结构及工作原理

1. 推板机构

推板机构为一套液压系统提供动力，通过液压缸推动推板向前运动，根据产能需要，可以设计为单块推板推进或双块推扳推进。图 11 - 16 所示为推板窑的推板机构。

图 11－16　推板窑的推板机构

2. 推板

推板的材质要求耐高温、机械强度高、热容小、耐急冷和急热性能好，目前，推板使用较多的材料有堇青石、碳化硅等耐火材料。推板的结构形式较多，最常用的一种形式是推板与底板上的凸筋相摩擦，结构简单、制作容易、使用方便，但磨损严重，摩擦阻力也较大。另一种形式是推板与底板平面摩擦，这种推板阻力平均、磨损均匀。

3. 加热系统

加热系统负责窑内各段温度控制、气氛控制、助燃风控制、冷却风控制等功能。推板窑炉内温区可以分段控制，根据工艺曲线的升温和保温的要求完成炉内各区段的温度调节。加热系统可以实现多温区，多点独立控温，工艺曲线灵活调节。推板炉具有节能和炉温控制均匀等优点。

推板窑炉体根据需求可以做到全密封，炉体只有加热装置与检测装置孔洞，炉内各区的压力和气氛可以根据需要进行分段供给调节。

加热方式可以根据工艺需要采用气体燃料、液体燃料或电加热。燃烧喷嘴的结构形式在辊道窑章节中已经介绍，在此不再赘述。采用燃气加热的推板窑，可以控制助燃风的进风量，同时控制燃气的流量和压力，来保证燃气和氧气按照最佳比例混合充分燃烧，实现燃料利用率的最大化，减少氮氧化物的产生。采用电加热的推板窑，可以控制电阻丝的启动数量和启动位置，实现温度精准调控。图 11－17 所示为电加热推板窑示意。

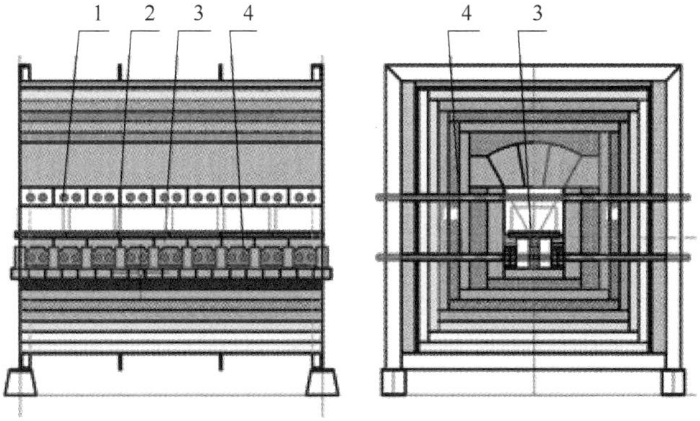

图 11－17　电加热推板窑示意

1—上排加热棒；2—推板；3—导轨转；4—下排电热棒

4. 匣钵回转运输线

匣钵和推板在推板窑出口冷却完毕后，通过人工或者机器人取出匣钵内物料，然后空匣钵和推板通过回转运输线输送至推板窑入口，通过人工或者机器人在匣钵内装满料，放在推板上再次进入推板窑，实现匣钵和推板的循环使用。

推板窑由耐火砖砌成，内部铺设推板滑行的轨道，图 11－8 所示为推板窑横截面示意。

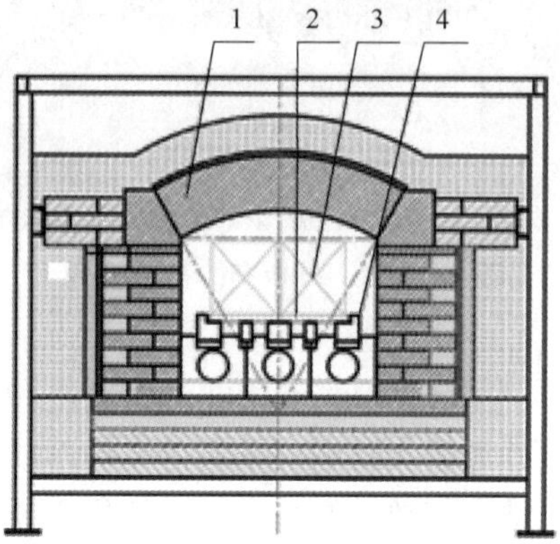

图 11－18　推板窑横截面示意

1—炉体；2—推板；3—匣钵；4—轨道

5. 炉体

推板窑的砌筑一般选用耐火黏土砖、高铝砖、刚玉砖作为内衬孔道材料；选用耐火黏土砖、高铝聚轻砖、莫来石绝热砖作为内衬窑墙材料；选用轻质耐火砖、高铝聚轻砖、高低温陶瓷棉作为窑炉隔热材料。

三、分类

按照推板窑的内部轨道设置进行分类，可分为单通道和双通道推板窑。按照推板窑的加热方式可分为燃气加热和电加热，直接加热或间接加热。根据设计温度的不同，可分为低温推板窑、中温推板窑、高温推板窑。根据是否隔绝空气，推板窑可分为密封形式和无密封形式。

催化剂生产常用的推板窑为单通道推板窑，加热方式通常采用电加热。因推板窑焙烧炉产量不大，经常用于小批量分子筛或催化剂的焙烧。相比用于小批量生产的梭式窑焙烧炉而言，推板窑为连续生产方式，而且自动化程度更高，因而使用更为广泛。

四、主要技术参数

推板窑的主要技术参数见表 11－7。

表 11－7　推板窑的主要技术参数

序号	参数类型	单位	参数描述
1	功率	kW	决定生产能力的主要参数
2	最高加热温度	℃	

续表

序号	参数类型	单位	参数描述
3	加热段长度	mm	决定生产能力的主要参数
4	匣钵尺寸	mm	
5	推板电动机功率	kW	

五、设备特点

1. 推板窑的优点

(1)推板窑包括的体机械设备少，场地占用小，机械设备故障率低。

(2)相比于隧道窑无窑车结构，免除了窑车轮、轴、窑车的检修。

(3)气密性比辊道窑及隧道窑更好，减少热量散失，能耗相对于隧道窑大幅度降低。

(4)隧道窑窑车结构整体耐材重量远大于推板窑推板重量。

(5)同等长度的窑炉投资造价相对较低。

2. 推板窑的缺点

(1)推板为推板窑的易磨损件，一般每年需要更换一次，使用维护成本高。

(2)推板窑采用推板相互挤压的方式前进。由于物料输送方式的特殊性，窑炉长度不宜太长，否则会增加窑内拱板的风险。实际生产中，一般中、低温推板窑的长度控制在35m以内，高温推板窑控制在18m以内。

(3)窑炉长度受限，单条窑炉的产量不大，因此产能较大的生产线需要配置多台推板窑。

六、操作注意事项

1. 因窑炉本身结构引起的问题

窑炉在升温过程中炉膛保温材料因受热而膨胀，因而每块保温材料之间要预留安全间隙。其中，每块炉底板之间留有足够的间隙最为重要；否则，炉底板会因受热膨胀而凸起，直接引发顶窑。每块炉膛材料之间的连接必须有凹凸槽，这样可避免因炉膛保温材料的开裂掉落而引发顶窑。

2. 因窑具引发的问题

窑具包括推板和匣钵。匣钵在产品烧制过程起承载和保护作用，只要其本身结构合理，在高温下具有一定的机械强度不易破碎就不至于引发顶窑。推板在高温状况下不仅要承受产品与匣钵的重量，在前进方向上还要承受推进器的巨大压力，结果是使用时间久了，推板在长度方向变短、宽度方向变宽甚至变厚了。这样有可能造成推板变宽后左右方向不能顺利通过炉膛引发卡窑，同时推板变厚后在高度方向会引起匣钵及产品与炉顶相擦引发顶窑，所以选择耐高温及低变形率的推板材质是至关重要的。

3. 因发热元件和温控元件引发的问题

对于高温推板窑来说，加热棒极易损坏，废棒及塞砖碎块很难从高温窑内清理干净，它们一旦钩住推板和匣钵就会引发顶窑。因此，首先应该选择高质量的塞砖和加热棒，不要让加热棒超负荷工作。至于温控热电偶引发顶窑，主要是刚玉砂管断落卡住匣钵所致；只要操作者经常注意观察，及时发现并采取措施就可以避免顶窑现象。

4. 常见错误操作

(1)关闭炉门时用力太大，可能导致炉门变形，密封条损坏，严重时还可能要更换炉门。

(2)使用的温度超过设备上所标注的温度，造成电热元件烧损。

(3)使用温度低于额定温度太多，可能导致电热元件低温氧化，影响电热元件的使用寿命。

(4)停工时炉门长时间开启，炉膛受潮可能影响炉膛耐火材料的使用寿命。

七、常见故障分析与处理方法

推板窑的常见故障分析与处理方法见表 11 －8。

表 11 －8　推板窑的常见故障分析与处理方法

故障现象	故障原因	处理方法
匣钵卡塞	匣钵歪斜或破裂	停止匣钵推入，停止加热，待炉体降温后清理炉筒
出窑吸料设施不动作	驱动气缸风压不足，未接收到吸料指令	全开净风阀门，检查光电开关是否完好，镜头表面有无粉尘杂物遮挡
温度异常	加热硅碳棒老化或断裂	降温并更换硅碳棒
	热偶故障	检查维修或更换热偶
	热元件故障	检查维修或更换热元件
传动故障	电动机跳闸	检查复位或维修电动机
	推杆不动作	检查维修
	程序混乱	调试或重启运行程序

第六节　钟罩窑

钟罩窑炉外形如一座高大的钟，煅烧时需将窑体罩在产品上，烧成完毕再将钟罩吊起来放在一旁，因此钟罩窑属于间歇式生产设备，炉膛不分区供热。钟罩窑没有窑门，热损失较小，热效率较高，物料的装卸不受窑体限制，因此在陶瓷加工行业被应用广泛，特别适用于大件的艺术陶瓷产品的煅烧。当煅烧的产品或器皿不宜移动、不适用于隧道窑时，经常采用钟罩窑。

钟罩窑在催化剂生产企业使用不多，但因为该设备焙烧温度特别高(可达到 1800℃或更高)，所以有些需要特别高温焙烧的催化剂产品或小批量高温焙烧的产品采用钟罩窑进行焙烧。

一、结构和工作原理

钟罩窑结构由液压升降系统、电加热及控制系统、温度控制系统等组成，如图 11－9 所示。

电加热丝沿窑墙周边安装一层或数层，电阻丝释放的热量直接向炉台上窑车的物料辐射。钟罩窑常备有两个或数个窑底，窑底结构分为窑车式和固定式两种。使用时，窑车式钟罩先通过液压设备将窑罩提升到一定高度，将装载物料的窑车推至窑罩下，降下窑罩，严密砂封窑罩与窑车之间接合处，即可开始升温焙烧。焙烧完成后经冷却降温至一定温度后，将窑罩提起，推出窑车，并推入另一辆已装好物料的窑车。固定式钟罩窑则利用吊装设备将窑罩吊起，移至装载好物料的固定窑底上，密封窑底与窑罩，即可升温焙烧。物料经焙烧冷却后，再将窑罩吊起，移至另一个固定窑底上，用于另一座窑的烧成。钟罩窑的外观如图 11－20 所示。

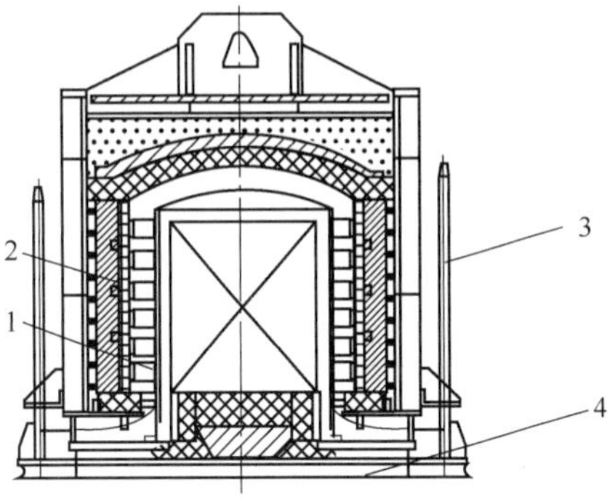

图 11－19　钟罩窑的结构简图

1—内罩；2—电热元件；3—升降柱；4—炉台

图 11－20　钟罩窑的外观

二、分类

根据加热方式，钟罩窑可分为燃气加热和电加热方式，催化剂生产中一般以电加热为主。

三、特点

1. 钟罩窑的优点

(1) 物料或制品进入钟罩窑的过程不受窑门的限制，特别是工艺品可以有复杂的外形。窑体与窑座之间可以用砂封或者水封，较好的密封性能可以减少热量损失。

(2)钟罩窑具有很好的可调性，温度控制系统可以根据生产需要编写和存储任何的温度/气氛曲线，对生产各种不同的的质量进行控制，温度控制精度高。

(3)工艺重复性好。不同批次的产品质量波动小。

(4)机械结构简单，相比推板窑、辊道窑而言，故障率低。

2. 钟罩窑的缺点

受窑罩结构和吊装设备的限制，窑的容积不能太大，适用于小批量产品的生产。

四、主要技术参数

钟罩窑的主要技术参数见表 11 -9。

表 11 -9 钟罩窑的主要技术参数

序号	参数类型	单位	参数描述
1	电加热功率	kW	决定生产能力的主要参数
2	最高加热温度	℃	反映焙烧能力的主要参数
3	窑炉内容积	m^3	决定生产能力的主要参数
4	外形尺寸	mm	长×宽×高

五、常见故障分析与处理方法

钟罩窑常见故障分析与处理方法见表 11 - 10。

表 11 -10 钟罩窑常见故障分析与处理方法

故障现象	故障原因	处理方法
温度达不到设定值或超温	热电偶故障	检查更换热电偶
	燃气压力不足或过高	检查燃气压力
	一次风阀开度不正确	检查一次风阀开度是否和仪表输出一致
窑压超压	风阀开度不正确	检查一次风阀、二次风阀和尾气风阀
	尾气烟道不畅通	清理尾气烟道
	碱洗塔内填料堆堵	清理塔盘，重装填料

第七节 梭式窑

梭式窑又称厢式焙烧炉，是一种间歇式焙烧生产设备，其结构由窑室和窑车两大部分组成。待烧物料放在窑车上，推进窑室内进行焙烧，焙烧完成后，将窑车拉出窑室外自然降温冷却。因为窑车进出都是在窑体的同一端进行，窑车的运动犹如织布机上的梭子，故称为梭式窑。

梭式窑主要应用于工业陶瓷、日用艺术陶瓷、建筑卫生陶瓷、电瓷、砂轮、钢厂水口滑板、过滤板、耐火材料、陶瓷颜料、发光粉体材料、氧化铝粉等产品的烧成。它既可用作生产的主要烧成设备，又可作为辅助烧成设备，满足市场多样化需求。

梭式窑的自动化程度不高、物料装卸劳动大、焙烧室温差较大，热效率不高，因此这种设备在催化剂的生产中使用越来越少，目前仅在少数小批量产品的生产中使用。

一、结构和工作原理

梭式窑的组成，包括窑炉钢结构、窑体耐火材料、窑门启闭系统、窑车、进出车系统、窑炉基础(含内外轨道基础)和烟道、燃烧系统、控制系统等。梭式窑的加热方式有电加热和燃气加热，催化剂的生产一般采用电加热方式。电热丝布置在窑内四壁的窑墙及窑门上，为了提高加热速度和加热效率，在窑车上通常也分布有电阻丝。图 11－21 所示为梭式窑的外观。

图 11－21 梭式窑的外观

二、分类

梭式窑按照采用能源分类为电加热式、燃气式和直接燃煤式。燃气式具有环保、高能效、最高温度高的特点，但是设备安装前期需要开设天然气管道或者采用灌装燃气，需配置天然气专用燃烧器。直接燃煤式由炉体、供风系统、供水系统、加煤机构、卸渣装置、捕焦气、电器控制系统等组成。随着环保要求的提高，直接燃煤式正逐渐被淘汰。

三、特点

梭式窑相比隧道窑体积小，能用于小规模间断性生产，生产方式和时间安排非常灵活。该设备具有占地少，投资小，结构简单、操作简单，生产周期短的特点，特别适合小批量多品种的生产，在中小企业得到广泛应用。

由于是间隙式生产，窑壁、台车要吸热消耗能量，对烟气的余热回收率不及隧道窑，相对于连续生产的隧道窑，用能单耗相对较高。

四、主要技术参数

梭式窑的主要技术参数见表 11－11。

表 11-11　梭式窑的主要技术参数

序号	参数类型	单位	参数描述
1	电加热功率	kW	决定生产能力的主要参数
2	最高加热温度	℃	反映焙烧能力的主要参数
3	窑炉内容积	m^3	决定生产能力的主要参数
4	外形尺寸	mm	长×宽×高

五、常见故障分析与处理方法

梭式窑的常见故障分析与处理方法见表 11-12。

表 11-12　梭式窑的常见故障分析与处理方法

故障现象	故障原因	处理方法
不能到正常位置停车	行程开关故障	检修更换行程开关
窑车运行卡涩	减速机、轴承、链条故障	排除减速机、轴承、链条故障
温升不正常	可能电炉丝故障	检查更换电炉丝
炉内温差过大	电炉丝分布不合理	重新分布电炉丝，适当加大窑车电炉丝的功率

参考文献

[1]张继光．催化剂制备过程技术[M]．北京：中国石化出版社，2011.
[2]张传杰，王永花，何德强．回转焙烧炉在催化裂化催化剂行业的应用及其结构优化[J]．化工机械，2009，36(3)：239-243.
[3]李宪景．辊道窑辊棒[J]．现代技术陶瓷，1997，72(2)：31-33.
[4]宋霞．电热推板窑的设计[J]．陶瓷工程，1996(6)：21-23.
[5]王宙．浅谈独孔推板窑的特点与设计[J]．江苏陶瓷，2012，45(2)：10-11.
[6]宋专．现代陶瓷窑炉[M]．武汉：武汉工业大学出版社，1996.
[7]刘东亮，金永中，邓建国．梭式窑温度场影响因素的数值研究[J]．中国陶瓷，2006，42(10)：16-18.

第十二章　环保设备

第一节　概论

随着社会的发展和人类的进步，人们对生活质量和自身健康越来越重视，对生态环境和空气质量也越来越关注，然而人类如果一味追求自身的发展而忽视环境保护，其结果将直接影响人类生存的基本条件。在有些地区，人们将生产和生活中的各类污染物质通过各种途径长年累月地向自然界排放，使大气受到不同程度的污染，环境变差、气候变暖，各种污水废水不断污染江河湖海，人类为自己的行为付出了惨重的代价。

可持续发展是我国经济发展的一项基本国策，是人类经历近几百年工业发展的教训后的必然选择，是当今世界发展的共同愿望。进入 21 世纪，我国更加重视发展过程中的环境保护，习近平总书记提出了"绿水青山就是金山银山"的理念，中国的发展不能以牺牲环境为代价。2020 年 9 月，我国明确提出 2030 年实现"碳达峰"与 2060 年实现"碳中和"的目标。同时，我国积极倡导节能减排，制定新的更加严苛的"三废"排放标准，这一切都说明从前长期的粗放型的生产模式和管理方式必须被精细化生产所取代，绿色化工是催化剂技术进步的必然方向和唯一选择。

催化剂生产技术的发展始终伴随着石油和化工生产的步伐和需求不断进步，人们将催化剂比作石油化工生产的芯片，凸显了催化剂技术的重要性。催化剂技术进步以满足石油和化工生产过程中的环境清洁化为目标，而催化剂自身的生产也必须实现清洁化。

一、催化剂生产过程中主要的污染因子

催化剂生产常用的原材料有氢氧化铝、高岭土、石英砂、纯碱、硫酸、盐酸、硝酸、氢氧化钠、液氨、各种金属盐类与氧化物、贵金属或稀有金属等。固体原材料需要溶解配制成各种工作溶液，经过一系列的单元操作，最后干燥、焙烧制得固体催化剂，生产中消耗大量能源，产生大量的粉尘、废气、废水和废渣。

(1)废气中的污染因子。无论是催化剂还是分子筛的生产，工业废气很难避免。分子筛的生产通常采用硅、铝为主要原材料，以各种不同的有机胺为模板剂在一定的温度压力条件下合成不同晶型结构的分子筛。以 ZSM－5 型分子筛合成为例，常用的硅源为硅胶或水玻璃，铝源来自氢氧化铝，模板剂采用有机胺，生产过程中可能产生一定的粉尘，分子筛经过焙烧产生的废气中含 VOCs、NO_x 等组分。裂化催化剂属于微球催化剂，尾气中含一定量的微细粉尘。

(2)废水中的污染因子。以主要炼油催化剂为例，加氢催化剂生产过程中产生的废水

中可能含有铬、镍、钼、钨、钴等重金属，裂化剂生产过程中的废水氨氮含量较高，重整催化剂生产中的废水相对较少，以含酸废气为主。

(3)废渣中的污染因子。催化剂生产中，裂化催化剂产生的废渣相对较多，其成分以硅、铝为主，一部分废渣得到回用，另一部分作为建筑行业的原材料得到综合利用。

二、"三废"处理主要方法简述

随着我国对环保的日益重视，环保标准也越来越严格，为了适应环保的要求，化工生产中的环保技术必须不断进步，从前粗放式的生产模式必须摒弃，正是在这种背景下，催化剂和分子筛生产过程中产生的"三废"治理技术不断发展和进步，清洁生产是可持续发展的必然途径，一批新技术、新工艺和新设备在环保治理方面得到工业应用。

1. 粉尘治理技术

如果大气受到污染，人类吸入过多粉尘进入体内，将直接威胁人体的健康。粉尘污染还会使空气的能见度降低、设备磨损加快和动植物受害等，所以防治粉尘污染、保护大气环境是刻不容缓的任务。除尘设备是防治大气污染应用最多的设备，也是除尘工程中最重要的减排设备之一。除尘设备的设计、制造、选型是否合理、管理维护是否得当，直接影响工程投资费用、除尘效果、运行作业率。因此，掌握除尘设备工作机理，精心设计、精心制造、合理选择和严格管理对节能减排、搞好环境保护工作具有非常重要的意义。

除尘系统通常由许多捕集、输送和净化含尘气体设备组成，包括除尘器、输气管道、风机、消声和减振设备、粉尘输送设备等。如果是高温烟气，还需要使用烟气冷却设备、管道膨胀补偿设备等，每一种设备还包括附属设备和若干配套附件。除尘器也称收尘器，是捕集、分离悬浮于空气或气体中粉尘粒子的重要设备，除尘器按照结构和原理不同分类如下：

(1)沉降室。由于含尘气流进入较大空间速度突然降低，尘粒在自身重力作用下与气体分离的一种重力除尘装置。

(2)惯性除尘器。借助各种形式的挡板，迫使气流方向改变，利用尘粒的惯性使其与挡板发生碰撞而将尘粒分离和捕集的除尘器，又称挡板除尘器。

(3)旋风除尘器。含尘气流沿切线方向进入筒体做螺旋形旋转运动，在离心力作用下将尘粒分离和捕集的除尘器。

(4)多管(旋风)除尘器。由若干较小直径的旋风分离器并联组成一体的，具有共同的进出口和集尘斗的除尘器。

(5)袋式除尘器。用纤维性滤袋捕集粉尘的除尘器，也称布袋过滤器。

(6)颗粒层除尘器。以石英、砾石等颗粒状材料作过滤层的除尘器。

(7)电除尘器。由电晕极和集尘极及其他构件组成，在高压电场作用下，使含尘气流中的粒子荷电被吸引、捕集到集尘极上的除尘器。

(8)湿式除尘器。借含尘气体与液滴或液膜的接触、撞击等作用，使尘粒从气流中分离出来的设备。

①水膜除尘器。含尘气体从筒体下部进风口沿切线方向进入后旋转上升，使尘粒受到

离心力作用被抛向筒体内壁，同时被沿筒体内壁向下流动的水膜所黏附捕集，并从下部锥体排出的除尘器。

②卧式旋风水膜除尘器。一种由卧式内外旋筒组成的，利用旋转含尘气流冲击水面在外旋筒内侧形成流动的水膜并产生大量水雾，使尘粒与水雾液滴碰撞、凝聚，在离心力作用下被水膜捕集的湿式除尘器。

③泡沫除尘器。含尘气流以一定流速自下而上通过筛板上的泡沫层而获得净化的一种除尘设备。

④ 冲激式除尘器。含尘气流进入筒体后转弯向下冲击液面，部分粗大的尘粒直接沉降在泥浆斗内，随后含尘气流高速通过 S 形通道，激起大量水花和液滴，使微细粉尘与水雾充分混合、接触而被捕集的一种湿式除尘设备。

⑤ 文丘里除尘器。一种由文丘里管和液滴分离器组成的除尘器。含尘气体高速通过喉管时使喷嘴喷出的液滴进一步雾化，与尘粒不断撞击，进而冲破尘粒周围的气膜，使细小粒子凝聚成粒径较大的含尘液滴，进入分离器后被分离捕集，含尘气体得到净化，也称文丘里洗涤器。

⑥ 筛板除尘器。筒体内设有几层筛板，气体自下而上穿过筛板上的液层，通过气体的鼓泡使粉尘和有害物质被吸收的净化设备。

对于催化剂生产过程中工业尾气粉尘的治理方法，以前以布袋除尘器捕集粉尘为主，但这种方法对于微米级的粉尘有效，对于超微细分捕集效果不佳。近年来，技术人通过不断努力，云式除尘、湿式电除尘技术、超重力反应器等一批先进的设备和技术在粉尘治理中得到工业应用，并取得了良好的效果。

2. 工业废气中的恶臭气体及有害介质的脱除

催化剂生产过程中的工业废气中除含粉尘外可能还含有恶臭气体，对环境造成严重污染。臭味物质大多是气相污染物，主要由碳、氢、氧、氮、硫、卤素等元素构成。不饱和烃（如丁二烯、苯乙烯）、氮化物（如氨、甲基胺、粪臭素）、硫化物（如硫化氢、硫化甲基）、氯烃（如氯仿）、含氧烃（如丙酮）、植物精油（如樟脑油）等化合物，都具有特殊味道。

臭气处理技术分为物理、化学、生物三大类。常用的物理法是活性炭吸附或水洗；化学法是化学洗涤、焚化；生物法则包括生物洗涤、生物滴滤、生物滤床等。近些年，技术人员又研发出了等离子体法及 UV 光解氧化法。

目前，催化剂生产过程中已经应用的技术有催化氧化工艺、紫外光氧化技术、脱硝塔以及 RTO 炉焚烧技术。

3. 工业废水处理技术

水是人类生活和生产活动不可缺少的物质资源，在使用过程中由于丧失了使用价值而被废弃外排并使受纳水体受到影响的水称为废水。根据来源不同，废水可分为工业废水和生活污水两大类，其中工业废水是指在工业生产过程中产生的废水和废液，工业废水包括生产废水、生产污水及冷却水。污水经过处理后的最终出路是排入水体，或者经过适当处理后回用。排入水体是污水净化后的传统出路，亦是目前最常用的方法。污水排入水体的前提是不破坏水体的原有功能。因此，污水必须经过适当处理，达到相应的排放标准后才能排放。

催化剂生产过程中的工业废水中主要控制的指标包括氨氮、TN、COD、pH 值、色度、固体悬浮物以及各种重金属盐等，根据 GB 31571—2015《石油化学工业污染物排放标准》，工业废水必须经过处理达标后才能排放。水污染物排放限值见表 12－1。

表 12－1　水污染物排放限值　　单位：mg/L(pH 值除外)

序号	污染物项目	限值	
		直接排放	间接排放
1	pH 值	6.0～9.0	—
2	悬浮物	50	—
3	化学需氧量	50	—
4	五日生化需氧量	10	—
5	氨氮	5.0	—
6	总氮	30	—
7	总磷	0.5	—
8	总有机碳	15	—
9	石油类	3.0	15
10	硫化物	0.5	1.0
11	氟化物	8.0	15
12	挥发酚	0.3	0.5
13	总钒	1.0	1.0
14	总铜	0.5	0.5
15	总锌	2.0	2.0
16	总氰化物	0.3	0.5
17	可吸附有机卤化物	1.0	5.0

废水的处理方法按照原理不同分为以下几类：

(1)物理法

所谓物理法是对废水中的杂质、悬浮物、漂浮物等污染物进行拦截、沉淀、隔离、过滤，达到去除杂质改善水体质量的一种处理技术，包括沉淀法、浮上法等。

(2)化学法

废水的化学处理是利用化学反应的原理来去除废水中的污染物，或改变污染物的性质，使其无害化的一种处理技术。化学法的处理对象主要是废水中可溶无机物或难以生物降解的有机物或胶体物质。化学法包括化学混凝法、中和法、化学沉淀法、氧化还原法。

(3)物理化学法

物理化学法是利用物理化学的原理和化工单元操作来去除废水中的杂质，它的处理对象主要是无机或有机的(难以生物降解的)溶解物质或胶体物质，尤其适用于处理杂质浓度很高的污水(用作回收利用的方法)或是废水(用作污水的深度处理)。物理化学法包括吸附法、离子交换法、萃取法、膜分离法和磁分离法。

(4)生物处理法

废水生物处理是利用微生物的新陈代谢作用，对废水中的污染物进行降解，从而实现废水净化的水处理方法。废水生物处理可分为好氧生物处理、缺氧生物处理、厌氧生物处理、生物脱氮等，高浓度有机废水的处理常常采用厌氧生物处理。

水资源短缺已成为全球面临的严重问题，采用先进工艺技术将废水或经过适当处理后的污水进行回用已成为全世界的共识。随着各企业环保意识的提高以及催化剂生产工艺和技术的不断进步，催化剂精细化生产水平不断提高，各催化剂生产企业对于废水的处理首先考虑废水的重复利用，如将晶化母液和过滤洗涤液作为投料水使用；过滤机的洗涤液进行梯级回用，这样做既能节水减排，降低废水处理费用，废水中的活性元素又能得到有效回收，这在一定程度上也降低了催化剂的生产成本。高氨氮污水汽提脱氨工艺、低氨氮污水生化处理工艺、采用双极膜电渗析降低废水中的 COD 等技术已经在催化剂的生产中得到成功应用。

第二节　旋风除尘器

旋风除尘器(又称旋风分离器)是一种最常见的除尘设备，已有上百年的使用和发展历史。它利用旋转气流对粉尘产生离心力，使其从气流中分离出来，分离的最小粒径可达到 5~10μm。

旋风除尘器的结构简单、紧凑、占地面积小、造价低、维护方便、可承受高温高压，并适用于特高浓度(高达 500g/m 以上)的粉尘。其主要缺点是对微细粉尘(粒径小于 5μm)的分离效率不高。

旋风除尘器是应用广泛的除尘器之一，在应用中可以单独使用，也可以并联或串联供用。串联中既有旋风除尘器自身进行串联，也可以将旋风除尘器与其他类型除尘器串联使用。

1. 旋风除尘器的分类

旋风除尘器经历了上百年的发展，为了适应各种应用场合出现了很多类型，因而可以根据不同特点和要求来进行分类。通常按旋风除尘器的构造分为普通旋风除尘器、异型旋风除尘器、双旋风除尘器和组合式旋风除尘器。

旋风除尘器按清灰方式分类可分为干式和湿式两种。在旋风除尘器中，粉尘被分离到除尘器筒体内壁上后直接依靠重力而落于灰斗中，称为干式清灰。如果通过喷淋水或喷蒸汽的方法使内壁上的粉尘落到灰斗中，则称为湿式清灰。属于湿式清灰的旋风除尘有水膜除尘器和中心喷水旋风除尘器等。由于采用湿式清灰，消除了反弹、冲刷等二次扬尘，因而除尘效率显著提高，但同时也增加了尘泥处理工序。本书把这种湿式清灰的除尘器列为湿式除尘器。

按进气方式和排灰方式分类可分为四类：①切向进气，轴向排灰；②切向进气，周边排灰；③轴向进气，轴向排灰；④轴向进气，周边排灰。

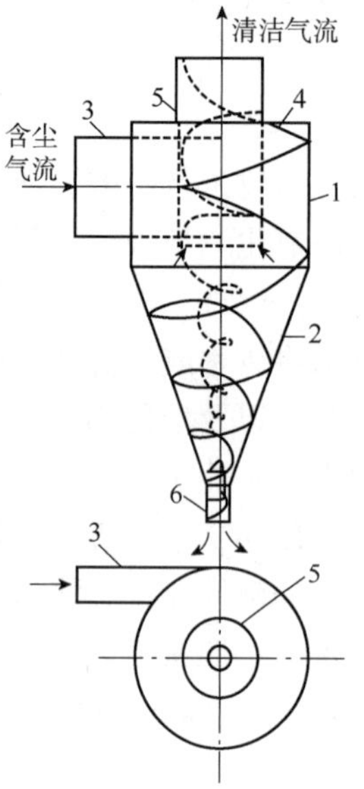

图 12－1　旋风除尘器结构与原理
1—圆筒体；2—圆锥体；3—进气管；
4—顶盖；5—排气管；6—排灰口

2. 结构与工作原理

图 12－1 所示为旋风除尘器的一般形式，它由圆筒体、圆锥体、进气管、顶盖、排气管及排灰口组成。

含尘气流由进气管以较高速度(一般为 15～25m/s)沿切线方向进入除尘器，气流由直线运动变为圆周运动。旋转气流中的绝大部分沿器壁自圆筒体呈螺旋形向下、朝圆锥体流动。含尘气流在旋转过程中产生离心力，将相对密度大于气体的尘粒甩向器壁。尘粒一旦与器壁接触，便失去径向惯性力，在向下的动量和向下的重力作用下沿壁面落下，进入排灰管。旋转下降的外旋气体到达圆锥体时，因圆锥形的收缩而向除尘器中心靠拢，其切向速度不断提高，尘粒所受离心力也不断加强。当气流到达圆锥体下端某一位置时，即以同样的旋转方向从旋风分离器中部由下反转向上，继续做螺旋性流动，最后净化气体经排气管排出管外，一部分未被捕集的尘粒也由此排出。

旋风除尘器的进气口有多种形式，切向进口是旋风除尘器最常见的形式，采用普通切向进口[见图 12－2(a)]时，气流进入除尘器后会产生上、下双重旋涡。上部旋涡将粉尘带至顶盖附近，由于粉尘不断地累积形成“上灰环”，于是粉尘极易直接流入排气管排出(短路逸出)，降低除尘效率。为了减少气流之间的相互干扰，多采用蜗壳切向进口[见图 12－2(d)]，即采用断开线进口。这种方式加大了进口气体和排气管的距离，可以减少未净化气体的短路逸出，以及减弱进入气流对筒内气流的撞击和干扰，从而可以降低除尘器阻力，提高除尘效率，并增加处理风量。采用多个渐开线进口［见图 12－2(b)］，对提高除尘器效率更有利，但结构复杂，实际应用不多。

将旋风除尘器顶盖做成向下倾斜(与水平呈 10°～15°)的螺旋形[见图 12－2(c)]，气流进入进气口后沿下倾斜的顶盖向下做旋转流动，这样可以消除上涡流的不利影响，不致形成上灰环，改善了除尘器的性能。

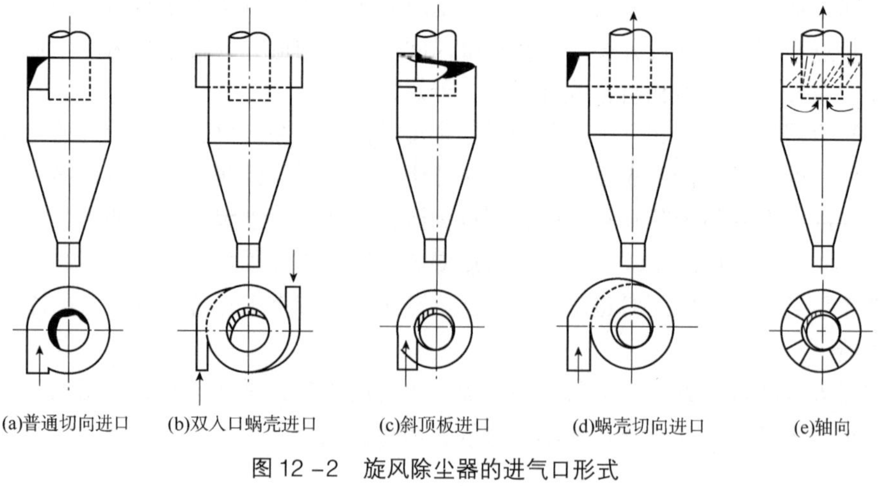
(a)普通切向进口　(b)双入口蜗壳进口　(c)斜顶板进口　(d)蜗壳切向进口　(e)轴向

图 12－2　旋风除尘器的进气口形式

旋风除尘器的圆筒体直径对除尘效率有很大的影响。一般旋风除尘器的筒体直径越小，粉尘颗粒所受的离心力越大，旋风除尘器分离的粉尘颗粒越小，除尘效率也就越高。但过小的筒体直径可能造成较大直径颗粒反弹至中心气流而被带走，使除尘效率降低。因此在通常的旋风除尘器中，筒体直径不大于900mm。另外，筒体太小对于黏性物料容易引起堵塞。因此筒体直径不宜小于50～75mm；设备大型化后，已出现筒径大于2000mm的大型旋风除尘器。

旋风除尘器的圆筒体的作用是将已分离出的粉尘微粒集中于旋风除尘器中心，以便将其排入储灰斗中，圆筒体长度一般取 $H=(15\sim20)D$。合适的长度不但使进入筒体的尘粒停留时间增长有利于分离，且能使尚未到达排气管的颗粒有更多的机会从旋流核心中分离出来，以提高除尘效率，足够长的旋风除尘器，还可避免旋转气流对灰斗顶部的磨损，但是过长会占据圈套的空间。

旋风除尘器圆锥体可以增加气流的旋转圈数，明显地提高除尘效率，因此高效旋风除尘器一般采用长锥体，锥体长度是筒体直径的25～32倍。当锥体高度一定而锥体角度较大时，由于气流旋流半径很快变小，很容易造成核心气流与器壁撞击，使沿锥壁旋转而下的尘粒被内旋流所带走，影响除尘效率。所以半锥角不宜过大，设计时常取13°～15°。

3. 旋风除尘器的选型

旋风除尘器选型应考虑以下因素：

①旋风除尘器净化气体量应与实际需要处理的含尘气体量一致。选择除尘器直径时应尽量小些，如果要求通过的风量较大，以若干个小直径的旋风除尘器并联为宜。

②旋风除尘器入口风速要保持在15～23m/s，低于15m/s时其除尘效率下降；高于23m/s时除尘效率提高不明显，但阻力损失增加，耗电量增高很多。

③选择除尘器时，要根据工况考虑阻力损失及结构形式，尽可能使之动力消耗减少，且便于制造维护。

④旋风除尘器能捕集到的最小尘粒应等于或稍小于被处理气体的粉尘粒度。

⑤当含尘气体温度很高时，要注意保温，避免水分在除尘器内凝结。假如粉尘不吸收水分、露点为30～50℃时，除尘器温度最少应高出30℃左右；假如粉尘吸水性较强(如水泥、石膏和含碱粉尘等)、露点为20～50℃时，除尘器温度应高出露点温度40～50℃。

⑥旋风除尘器结构的密闭性要好，确保不漏风。尤其是负压操作，更应注意卸料锁风装置的可靠性。

⑦易燃易爆粉尘(如煤粉)应设有防爆装置。防爆装置的通常做法是在入口管道上加一个安全防爆阀门。

⑧当粉尘黏性较小时，最大允许含尘质量浓度与旋风筒直径有关，即直径越大其允许含尘质量浓度也越大。

⑨选用旋风除尘器忌讳风量过大或过小。风量过大则阻力过大，风量过小则效率过低。

4. 旋风除尘器在催化剂生产过程中的应用

旋风除尘器在催化剂生产过程中的应用非常广泛，其特点是设备本身不耗能，免维护。

旋风除尘器作为粉体处理的设备在生产流程捕集物料，对气流中的粉状物料进行预回收，减少后续设备的压力，最终提高整个系统的效率；在尾气系统中用作粉尘污染的控制设备。

(1)催化剂生产流程中应用旋风除尘器

旋风除尘器常与粉体干燥等设备(如喷雾干燥塔)及磨粉机等设备配合使用，旋风除尘器在催化剂和分子筛生产中是必不可少的设备。尽管此应用与空气污染控制领域的应用并不完全相同，但对旋风除尘器应用来说，其具体特点有许多共同之处。

在磨粉系统，通常设置一个或多个旋风分离器串联于磨粉机主机出料口后方，大部分磨细后的成品物料在旋风分离器中得到捕集，少量的成品粉料在袋式除尘器中被收集。

(2)作为污染控制设备，将旋风除尘器用作预除尘器

旋风除尘器在催化剂生产过程中最普遍的应用之一就是作为其他污染物控制设备的预除尘器，最常见的是在尾气系统中将旋风除尘器用作袋式除尘器、电除尘器或其他颗粒物控制设备之前预除尘器。

通常，对用作预除尘器的旋风除尘器的性能要求比其他应用低一些。甚至在有些情况下，旋风除尘器一直在降级使用，或者其使用的实际效率受到简化，作为预除尘器的旋风除尘器，对其选择的依据通常是以其价格、尺寸、能耗及制造成本为基础。

第三节　滤袋除尘器

滤袋除尘器(又称袋式除尘器、布袋除尘器)是化工生产过程中降低尾气粉尘浓度，实现尾气达标排放最常用的设备之一。滤袋除尘器是一种干式滤尘装置，它适用于捕集细小、干燥、非黏结性、非纤维性工业粉尘。滤袋采用纺织的滤布或非纺织的毡制成，利用纤维织物的过滤作用对含尘气体进行过滤，使气体得到净化。

一、分类

滤袋除尘器的分类方式很多，最普遍的分类方式是按照除尘器的清灰方式进行分类，因为清灰方式是决定滤袋除尘器性能最重要的因素，它与除尘效率、压力损失、过滤风速、滤袋使用寿命均有关系，具体分为：自然落灰人工拍打、机械振打、反向气流清灰、脉冲喷吹、喷嘴反吹 5 大类，其特点如表 12－2 所示。

表 12－2　滤袋除尘器各清灰方式的特点

类别		优点	缺点
自然落灰人工拍打		设备结构简单，容易操作，便于管理	过滤速度低，滤袋面积大，占地面积大
机械振打	机械凸轮振打	清灰效果较好，与反气流清灰联合使用效果更好	不适于玻璃布等不抗褶的滤袋
	压缩空气振打	清灰效果好，维修量比机械振打小	不适于玻璃布等不抗褶的滤袋，工作受气流限制
	电磁振打	振幅小，可用玻璃布	清灰效果差，噪声较大

续表

类别		优点	缺点
反向气流清灰	下进风大滤袋	烟气先在斗内沉降一部分烟尘，可减少滤布的负荷	清灰时烟尘下落与气流逆向，又被带入滤袋，增加滤袋负荷
	上进风大滤袋	清灰时烟尘下落与气流同向，避免增加阻力	上部进气箱积尘须清理
	反吸风带烟尘输送	烟可以集中到一点，减少烟尘输送	烟尘稀相运输动力消耗较大，占地面积大
	回转反吹	用扁袋过滤，结构紧凑	机构复杂，容易出现故障，需用专门反吹风机
	停风回转反吹	离线清灰效果好	机构复杂，需分室工作
脉冲喷吹	中心喷吹	清灰能力强，过滤速度大，不需分室，可连续清灰	要求脉冲阀经久耐用
	环隙喷吹	清灰能力强，过滤速度比中心喷吹更大，不需分室，可连续清灰	安装要求更高，压缩空气消耗更大
	低压喷吹	滤袋长度可加大至6000mm，占地面积减少，过滤面积加大	消耗压缩空气量相对较大
	整室喷吹	减少脉冲阀个数，每室1～2个脉冲阀，换袋检修方便，容易	清灰能力稍差
喷嘴反吹	气环移动清灰	与其他清灰方式比，滤袋过滤面积处理能力最大	滤袋和气环摩擦损坏滤袋，传动箱和软管存在耐温问题

二、结构及其工作原理

一个完整的除尘系统的主要设备包括集气吸尘罩、管道、除尘器、风机、消音器、烟囱、输灰装置等，如图12－3所示。具体到不同情况，并不是每个除尘系统都具有以上这些设备。如直接由炉内抽烟气，可以没有吸尘罩；当尘源附近设置就地除尘机组时，净化后气体直接排入室内，可以不要管道和烟囱；当尘源设备排出高温烟气时，还要对高温烟气进行降温处理后净化；对仓顶除尘器可以不设风机；等等。但是一般情况下都有不同的除尘设备，只是根据不同的工艺设备及要求，选择的除尘设备不同。

袋式除尘器由框架、箱体、滤袋、清灰装置、压缩空气装置、差压装置和电控装置组成，见图12－4。

下面以脉冲喷吹袋式除尘器为例，对其工作原理进行详细介绍。

(1)过滤过程

如图12－4所示，在每个滤袋里面装有圆筒形状的支承袋笼，含有粉尘的气体从滤袋外侧向内侧流动，粉尘被滤袋外侧表面过滤捕集，洁净气体通过内侧从上部排出。随着滤袋外侧表面积尘的增厚，滤袋对气流的阻力也随之增大。

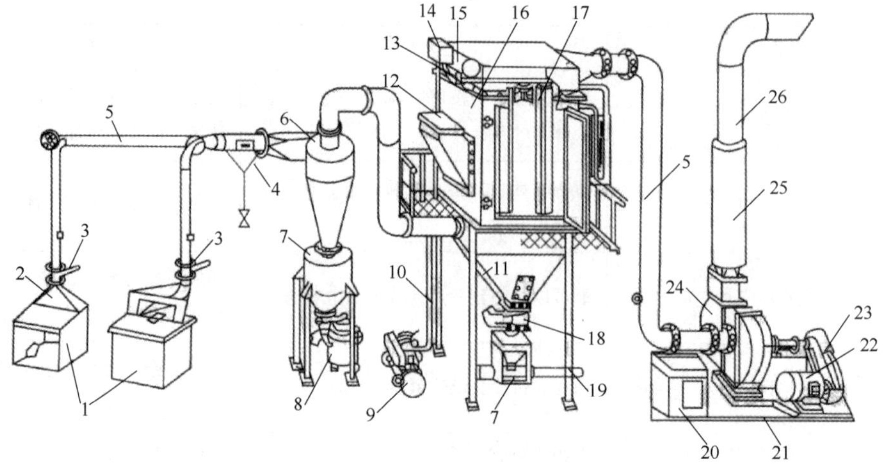

图 12－3　除尘系统设备组成

1—尘源设备；2—集尘罩；3—调节阀；4—冷却器；5—风管；6—旋风分离器；7—集尘箱；8—集尘车；9—空压机；10—压气管；11—灰斗；12—防爆板；13—脉冲阀；14—脉冲控制仪；15—气包；16—除尘器箱体；17—检修门；18—卸料阀；19—输料管；20—控制柜；21—减振器；22—电动机；23—传动装置；24—风机；25—消声器；26—排气筒

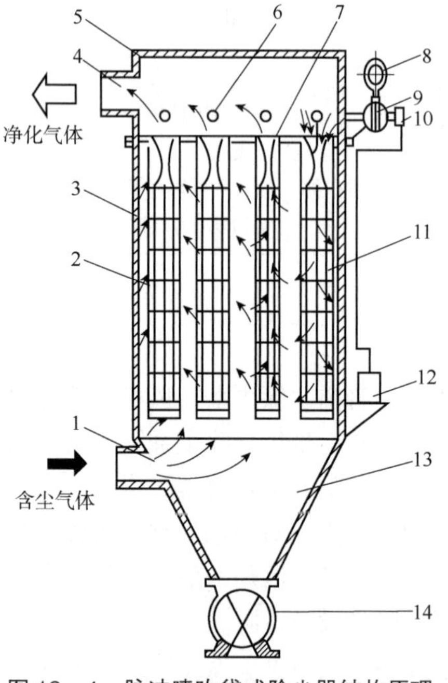

图 12－4　脉冲喷吹袋式除尘器结构原理

1—进气口；2—滤袋；3—中部箱体；4—排气口；5—上箱体；6—喷射管；7—文氏管；8—空气包；9—脉冲阀；10—控制阀；11—框架；12—脉冲控制仪；13—灰斗；14—排灰阀

滤袋捕集的机理是惯性作用、筛分作用、遮挡作用、静电沉降或重力沉降等共同作用的结果，一般新滤袋在运行初期以捕集 1μm 以上的粉尘为主。粉尘的一次黏附层在滤布面上形成后，也可以捕集更小的微粒，并且可以控制扩散。这些作用力受粉尘粒子的大小、密度、纤维直径和过滤速度的影响。

袋式除尘器处理空气的粉尘浓度为 0.5～100g/m^3，因此，在开始运动的几分钟内，就在滤布表面和里面形成一层粉尘的黏附层。这层黏附层又称一次黏附层或过滤膜。如果形成一次黏附层，那么该黏附层就起过滤捕集的作用，其原因是粉尘层内形成许多微孔，这些微孔产生筛分效果。过滤速度越低，微孔越小，粉尘层的孔隙率越大。所以高效率捕集过程，在很大程度上依赖于过滤速度。

(2)清灰过程

洁净室设有压缩空气管，当滤袋阻力达到设定值时，清灰控制装置按差压或定时程序打开喷吹阀，高压气流高速喷入滤袋，同时诱导大量的干净空气射入滤袋，使滤袋内部压力骤增，在振动及反向气流的作用下，滤袋表面的粉尘被剥离振落，落入灰斗，由卸灰装置排出，如图 12－5 所示。

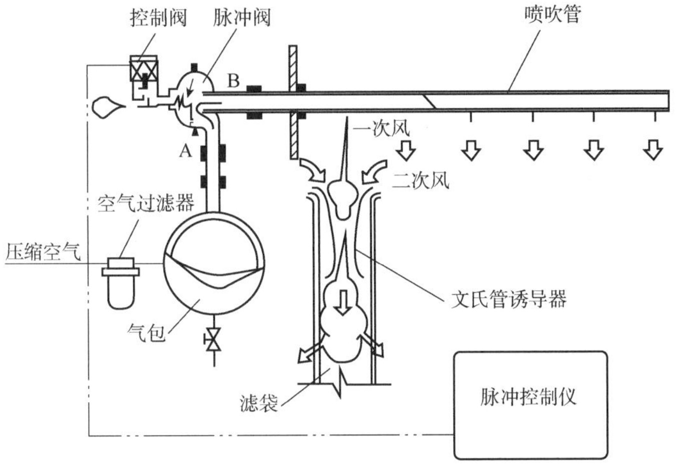

图 12-5　脉冲清灰装置工作原理

清灰时由脉冲控制仪(或 PLC)控制脉冲阀的启闭，当脉冲阀开启时，气包内的压缩空气通过脉冲阀经喷吹管上的小孔，向滤袋口喷射出一股高速高压的引射气流，形成一股相当于引射气流体积若干倍的诱导气流一同进入滤袋，使滤袋内出现瞬间正压，急剧膨胀；沉积在滤袋外侧的粉尘脱落，掉入灰斗内，达到清灰目的，如图 12-6 所示。

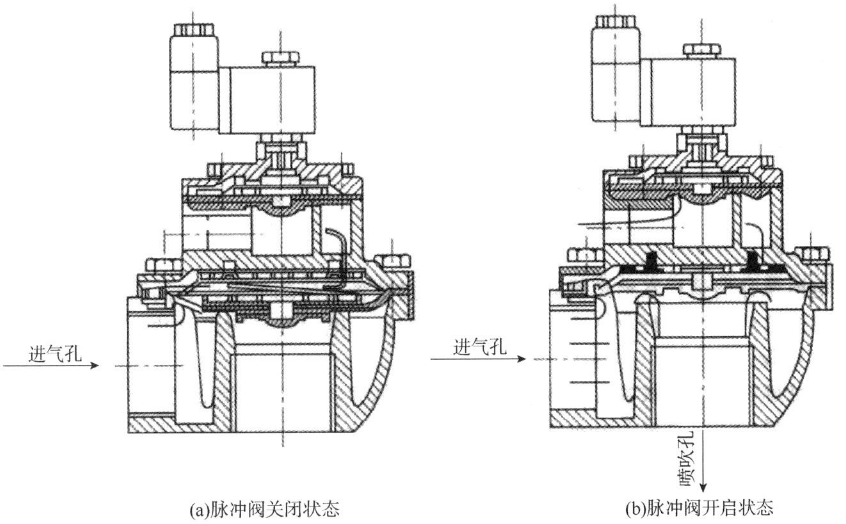

图 12-6　脉冲阀工作原理

在清灰瞬间压缩空气从喷吹管喷嘴中喷出时间很短，只有 0.05～0.1s，但是喷出来的气流以很高的速度进入滤袋内，在滤袋口处，高速气流能转换成压力能。气流以压力波形式进入滤袋，到达滤袋底部的压力波使滤袋离开内部的支承框架，瞬间产生局部膨胀，于是破坏黏附在滤袋外侧上的粉尘层并使其脱落。

三、袋式除尘器的滤袋常用材料

滤袋的常用材料分为天然纤维、化学纤维和无机纤维三大类。天然纤维包括动物纤维

(如羊毛、骆驼毛绒等)和植物纤维(如棉、亚麻、剑麻、黄麻等)。化学纤维包括人造纤维和合成纤维，常用的人造纤维有黏胶纤维、铜氨纤维、富强纤维、醋酯纤维、酪素纤维、大豆纤维、花生纤维等；合成纤维有聚烯烃类纤维(如聚乙烯纤维、聚丙烯纤维、腈纶、维纶、亚克力等)、聚酰胺类纤维(如聚酰胺6纤维、聚酰胺66纤维等)、聚酯类纤维(聚对苯二甲酸乙二酯纤维、再生聚酯短纤维等)、高性能纤维、聚甲醛纤维等；无机纤维包括玻璃纤维(如无碱玻璃纤维、超细玻璃纤维、高强度玻璃纤维、中碱玻璃纤维、高碱玻璃纤维、玻璃棉)、金属纤维(如不锈钢纤维、镍纤维等)和矿物纤维(如石棉纤维、硅铝纤维、碳纤维等)。

滤料在袋式除尘器中起关键性作用，主要是因为环保法律法规的要求越来越严格，要求排放浓度越来越低，排放达标是企业得以继续生存和持续发展的前提。选择滤料必须适应工况，同时考虑以下因素。

(1)气体性质

含尘气体按相对湿度分为3种状态：相对湿度在30%以下时为干燥气体；相对湿度在30%～80%为一般状态；气体相对湿度在80%以上即为高湿气体。对于高湿气体，又处于高温状态时，特别是含尘气体中含SO_3时，气体冷却会产生结露现象。这不仅会使滤袋表面结垢、堵塞，而且会腐蚀结构材料，因此需特别注意。除尘器含尘气体入口温度应高于气体露点温度30℃以上。

在各种炉窑烟气和化工废气中，常含有酸、碱、氧化剂、有机溶剂等多种化学成分，而且受温度、湿度等多种因素的交叉影响。为此，选用滤料时应考虑周全。

(2)粉尘性质

粉尘的湿润性、浸润性是通过尘粒间形成的毛细管作用完成的，与粉尘的原子链、表面状态以及液体的表面张力等因素相关。吸湿性粉尘在其温度增加后，粒子的凝聚力、黏性力随之增加，流动性、荷电性随之减小，黏附于滤袋表面，久而久之，清灰失效，尘饼板结。

有些粉尘如CaO、$CaCl_2$、KCl、$MgCl_2$、Na_2CO_3等吸湿后进一步发生化学反应，其性质和形态均发生变化，称为潮解。潮解后粉尘糊住滤袋表面，这是袋式除尘器最忌讳的。

某些粉尘以特定的浓度在空气中遇火花可能发生燃烧或爆炸。粉尘的可燃性与其粒径、成分、浓度、燃烧热以及燃烧速度等多种因素有关。粒径越小，比表面积越大，越易点燃。

粉尘燃烧或爆炸火源通常是由摩擦火花、静电火花、炽热颗粒物引起的，其中荷电性危害最大。这是因为化纤滤料通常是容易荷电的，如果粉尘同时荷电则极易产生火花，所以对于可燃性和易荷电的粉尘如煤粉、焦粉、氧化铝粉和镁粉等，宜选择阻燃型滤料和导电滤料。

(3)清灰方式

选择滤料必须考虑袋式除尘器的清灰方式。袋式除尘器可设计为反吹风清灰、脉冲清灰或振动清灰，而清灰方式也可设计为离线或在线，并且脉冲清灰的启动也可设计为时间控制或是压差控制。这些都影响滤料选择。另外，清灰压力也是一个对滤料选择具有重要影响的因素。滤料的克重和透气量必须符合对应的清灰方式及清灰压力的要求，为此，比较好的调速方式是在滤袋的整个使用过程中预先设定理想的压差及断裂强度的数值。清灰压力越有效，则应使用越紧密、克重越大的滤料。如果提前充分考虑这些因素，那么总体的运行成本，如风机转动所消耗的电能或脉冲清灰所需的压缩空气，将大大节省。

(4)除尘设备的最佳温度

除尘设备在运行时，必须始终保持温度在结露点以上。如果温度低于这一限定，烟气中的水汽就会浓缩，并在滤料表面形成小水珠。这些小水珠混合了污浊的烟气，就可能产生有腐蚀性的酸露。而且，潮湿、有黏性的粉饼层一旦形成，清灰效率就会大大降低。另一个直接的后果就是在运行过程中可能出现压差问题。如果有意外的酸露形成，将会导致对滤料本身及其支撑笼骨、除尘设备的化学侵蚀。

另外，过滤设备内的温度不宜太高。操作温度越高，则化学反应的速度越快。而滤料本身对水解、氧化和其他化学变质作用比较敏感，因此在这样的操作条件下极易损坏，从而导致其使用寿命大大缩短。

(5)滤料性能

纤维自身的化学和物理性质对于过滤材料的效率和稳定性有着本质的影响。烟气粉尘的物理、化学特性和温度将以不同的方式危害纤维的稳定性。瑞典化学家斯凡特·阿列纽斯发现，温度每升高10℃，化学反应的速度就将增加1倍。也就是说，操作温度每升高10℃，针对敏感的纤维聚合物的化学攻击就会增加1倍。对纤维稳定性的研究能使我们充分考虑除尘效果和使用工况，选择一种理想的过滤材料。

四、常见故障分析与处理方法

袋式除尘器最常见的故障是排气口粉尘浓度超标，这时应检查滤袋是否破损或脱落，滤袋的选材是否适当也是应该考虑的因素。其次是排出口气体压降过大，应检查滤袋是否出现板结，或气源压力是否正常。袋式除尘器的常见故障分析与处理方法见表12－3。

表12－3　袋式除尘器的常见故障分析与处理方法

故障现象	故障原因	处理方法
出风口含尘浓度明显增加	滤袋破损	更换滤袋
	滤袋安装不到位	重新安装滤袋
	滤袋脱落	重新安装滤袋
	涨圈腐蚀密封不好	更换涨圈
设备阻力异常上升	气源压力过低	调整气源压力
	滤袋板结	更换滤袋
	管道泄漏	修理、更换漏气管道
	电气控制故障无喷吹信号	修理更换损坏的电气元件
	电磁阀故障	更换电磁阀
	脉冲阀膜片破损、喷吹压力下降	更换膜片
	气源含水、含油超标	查清压缩空气系统故障原因并清除
	灰斗积灰过多	排除积灰

续表

故障现象	故障原因	处理方法
气包内压力偏低	供气系统故障	查清故障原因并消除
	调压阀故障	修理或更换调压阀
	压缩空气管网泄漏	修理泄漏管道
	脉冲膜片破损	更换脉冲膜片
	脉冲阀放气孔泄漏	修理或更换脉冲阀
	脉冲周期过短	按脉冲周期调整的方法重新调整

五、唐纳森除尘器

图 12－7　唐纳森滤芯

唐纳森除尘器从除尘器的结构原理上分类属于滤袋式除尘器，该设备通过多孔过滤材料的作用从气固两相流中捕集粉尘，并使气体得以净化。唐纳森除尘器因其独特的滤芯结构使设备紧凑、过滤高效，如图 12－7 所示。

唐纳森除尘器外形为箱体结构（见图 12－8），其关键部件是美国唐纳森公司制造的唐纳森滤芯，材质为玻纤滤纸、不锈钢编织网、木浆滤纸、不锈钢烧结网等多种滤材，用户可根据粉体物料的性质进行选择。

唐纳森除尘器的工作原理是：进气口设置在滤筒（滤芯）前端，含尘气体从吸入口进入箱体，并进入过滤器内部的空气过滤缸，空气中的固体大颗粒被初步清除后进入内部的第二道关口——唐纳森滤芯，经过滤芯的精密过滤，气体被再次净化，细微颗粒和灰尘被滤芯过滤后留在滤芯外表面，洁净气体通过滤芯内部从排气口排出。

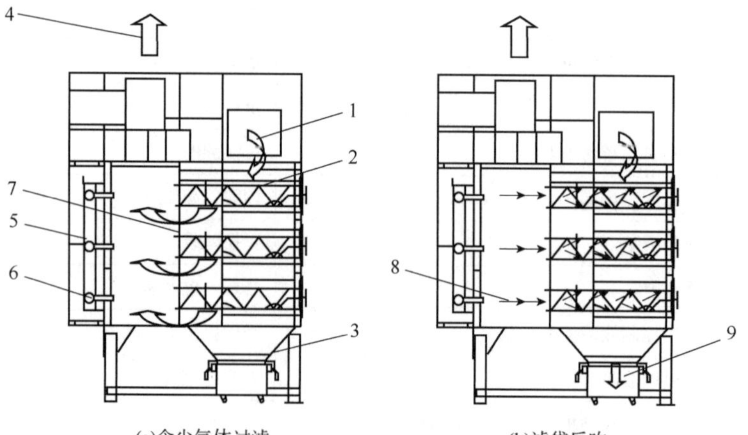

(a)含尘气体过滤　　(b)滤袋反吹

图 12－8　唐纳森除尘器结构示意

1—含尘气体入口；2—唐纳森滤芯；3—灰斗；4—洁净气体出口；
5—气包；6—隔膜阀；7—花板；8—脉冲反吹压缩空气；9—粉尘收集

除尘器上配有脉冲清灰系统，每组滤筒由一个电磁阀和膜片阀控制，定时启动脉冲反吹，清灰按照自上而下的顺序一组一组地进行。唐纳森除尘器结构紧凑，检修和维护方便，更换、移除或检查滤筒的工作，只需在除尘器外打开滤筒盖，抽出滤筒即可对滤芯进行更换。

第四节　云式除尘器

云式除尘技术的设计思想源于自然界中最普遍的成云降雨现象。下雨前我们会觉得空气灰蒙蒙的，是因为飘着很多细小颗粒物，而在成云的过程中，空气中的水汽以颗粒物作为凝结核，水汽会液化附着在颗粒物表面，液化后颗粒的体积会慢慢增大，等它体积和重量增大到一定值时，就会降落下来。工程技术人员就是从这一自然现象中得到启示，并设计了云雾除尘器应用于工业生产装置中的粉尘治理。在云雾发生器中，通过超细雾化技术形成过饱和水汽环境，然后在云式除尘器中利用高于重力几十倍的离心力场，使凝结降雨的过程快速发生，以达到净化空气的功效，因此将此技术称为云式除尘技术。

催化剂和分子筛生产过程中，物料的投料、出料、筛分、包装以及其他人工操作等过程中，有很多作业点产生扬尘，这些无组织排放的粉尘是催化剂生产过程中重要的污染源，已成为催化剂生产企业的主要职业病危害因素之一。采用旋风除尘器、袋式除尘器等技术对催化剂生产过程尾气进行治理，能够有效控制投料现场粉尘的扬尘现象，尤其对于粒径小于5μm的粉尘颗粒的过滤效果较好。随着GB 31571—2015《石油化学工业污染物排放标准》的实施，我国对环境保护提出了更高的要求，要求工业尾气颗粒物质量浓度不高于$20mg/m^3$，传统的布袋除尘器很难达到这个标准。例如，Y形分子筛生产过程中尾气中粉尘粒径基本在10μm以下，中位粒径低于5μm，除尘达标的难度很大。裂化剂生产装置固体原材料向搅拌罐投料过程中含尘废气间歇式排放，废气含湿量较高，温度较低，采用布袋除尘技术存在布袋滤孔易堵塞的问题，影响除尘器的长周期连续平稳运行，尾气除尘效果不佳，云式除尘系统作为一种新设备、新工艺得到推广应用，解决含湿和超细微粉尘尾气达标排放的问题。

一、云式除尘的基本原理

云式除尘法采用了“云”物理学、碰撞团聚和旋风分离原理来收集细颗粒物的方法，该方法先构建“云”形成条件，将液态水雾化成微米级雾粒，营造相对湿度过饱和的环境，细颗粒与饱和蒸汽在扰动流场中充分混合，细颗粒作为凝结核，饱和蒸汽在其表面附着并液化，细颗粒粒径不断增大，形成云滴，云滴相互碰撞长大，形成雨滴，降落下来，最终达到将细颗粒物分离、净化空气的目的，如图12－9所示。

云式空气净化技术将云物理过程与超重力结合，使细粉尘颗粒的捕集效率大大提高。不仅改善粉尘颗粒的亲水性能，而且增大粉尘的体积与重量，从而降低流体曳力，使细粉尘颗粒的收集效率大大提高。同时，过饱和雾气中的液滴与粉尘颗粒相互碰撞，发生合并和团聚等微物理过程。该过程中释放大量的负离子与粉尘颗粒等产生静电式反应，更加有利于沉降。

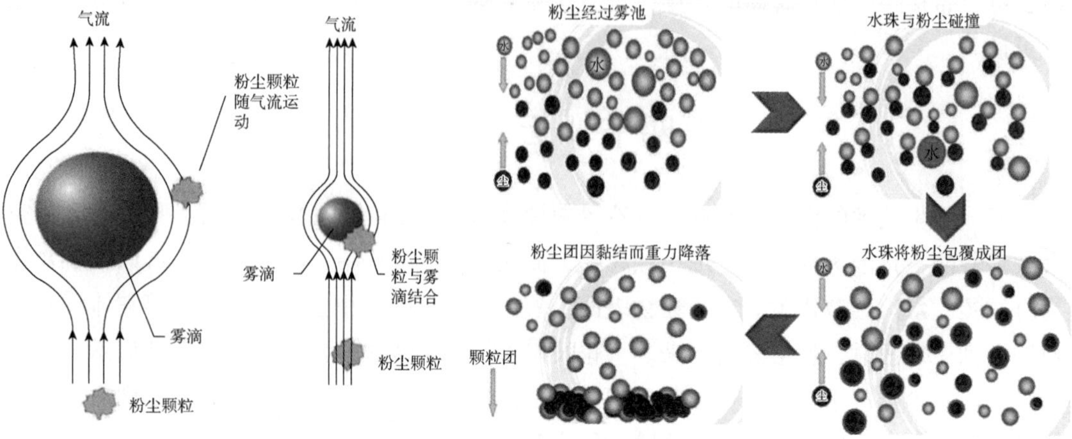

图 12－9　云式除尘器中的雨滴形成原理

在除尘过程中，不同温度下水的饱和蒸汽压不同，会对除尘效果产生影响。根据饱和蒸汽压变化机理，当温度降低时，水的饱和蒸汽压随之降低。云式除尘技术通过在云雾发生器内制造粒径较小、比表面积较大的超细水雾液滴，强制实现系统内过饱和状态，使水蒸气附着在烟气中细颗粒物表面凝结，实现粒径增大。当温度降低时，系统内很快变为饱和状态，水蒸气在颗粒表面迅速冷凝，使得颗粒粒径增大而更易被后续过程收集。因此有两种改善除尘效果的途径：一是降低雾化系统内的温度；二是提高系统内压力。这两个途径均可改变系统内饱和状态，促进水蒸气与细颗粒物的凝并过程，从而提高除尘效果。实验过程中，系统内温度基本稳定，因此，采用提高云式除尘系统内压力来达到高效除尘效果。

二、云式除尘系统的工作流程

云式除尘系统主要分为 3 部分：云雾发生器、云式除尘器以及引风机。云式除尘装置除尘时，含尘气体在引风机的负压作用下进入进料口，经过内置雾化器(云雾发生器)，再进入颗粒生长区，细颗粒物与云雾发生器生成的“云雾”结合，使细颗粒物粒径增大，最后进入云式除尘器，进行颗粒物收集，收集的颗粒物通过收集后回用至生产系统，如图 12－10 所示。经过除尘的气体由引风机出口排出，在排出口监测气流中细颗粒物的含量。

雾化器喷嘴是云雾发生器的关键部件，云雾发生器采用微米级二流体喷嘴将清水雾化，雾化效果好，不易堵塞，使用寿命长，如图 12－11 所示。

三、云式除尘系统的特点

与传统的湿式除尘器相比，云式除尘器有以下显著特点：

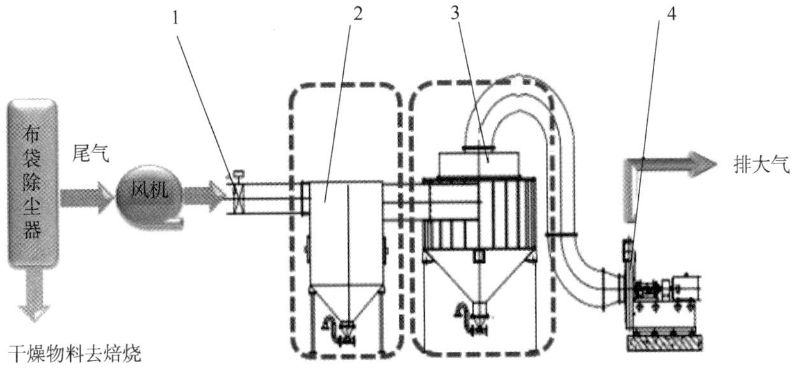

图 12－10　云式除尘系统的工作流程

1—进料口；2—云雾发生器；3—云式除尘器；4—引风机

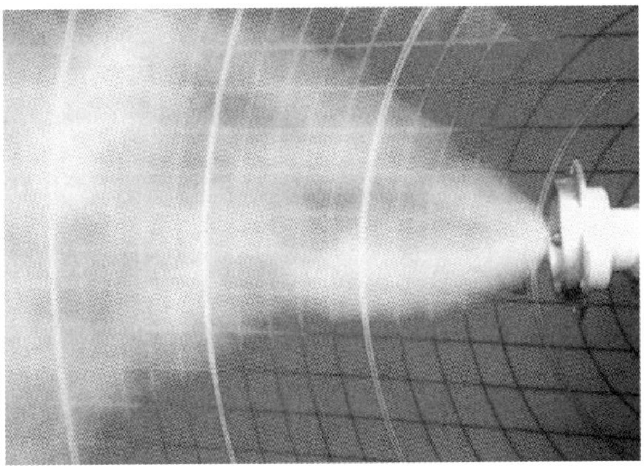

图 12－11　微米级二流体喷嘴

（1）除尘效率高，云式除尘器对粉尘的去除率达到 99% 以上，尤其对微细粉尘颗粒的捕集效率远高于传统的袋式除尘器，出口粉尘浓度可达到 $10mg/m^3$ 以下。云式除尘设备采用独特的微雾喷嘴稳定地产生微米级超细雾滴，雾滴的粒径为 3～6μm。通过特殊的喷嘴结构产生的微米雾滴对微细的粉尘颗粒进行高效的捕集。

（2）能耗低。传统除尘技术和复合式除尘技术通过增大能耗来提高除尘效率，云式除尘技术仅为同条件下湍冲型文丘里洗涤技术耗电量的 36%、耗水量的 60%、耗风量的 45%。云式除尘系统耗水量很低，运行过程中利用水雾系统产生水雾，排出的灰浆水量很小，一般情况下可回用至相应的生产工序。

（3）易维护。云式除尘系统本身多为静态设备，因此系统有很长的使用寿命，维护费用低。

（4）设备成本低且占用空间小，设备安装和改造灵活。

四、云式除尘系统的工业应用

云式除尘系统已经在催化剂生产装置中得到应用和推广，目前应用于分子筛及裂化催化剂生产装置拟薄水铝石等原材料的投料过程，改善了操作环境，提高催化剂制备的清洁化水平，除尘后的尾气粉尘浓度均可控制在20mg/m^{3}以下。

云式除尘器具有净化效率高、操作弹性大、运行稳定、无易损件，运行简单，维护费用低等特点。云雾发生器耗水量低，排出浆料量小，可回用于生产工艺，实现水的全循环利用。云式除尘系统工业装置外观如图12-12所示。

图12-12　云式除尘系统工业装置外观

第五节　湿式电除尘器

催化剂生产过程中，原材料的投料、中间产品工序的转运、成品包装都不可避免地产生粉尘，生产过程中的干燥、焙烧、磨粉等设备的尾气中，不可避免地含有一定量的粉尘。各装置通常都用布袋除尘器和旋风分离器对产品进行收集，对尾气中的粉尘进行捕集。旋风分离器和布袋除尘器对于催化剂粒径≥10μm的收率能达到99.5%以上，而对催化剂粒径≤5μm的收集效果不理想，因此外排尾气中含一定量的微细催化剂颗粒，占催化剂总量的0.5%~1%。目前对含尘尾气的处理普遍采用填料洗涤塔的湿式除尘、降温的方式，由于催化剂粉尘粒径在0~10μm范围内，而湿式洗涤除尘对粒径≥10μm的FCC催化剂粉尘净化具有良好的效果，粒径≤10μm的催化剂粉尘虽经洗涤水浸润形成含尘雾滴，则会被外排尾气带出，且带出后高湿尾气受冷结露，使含尘雾滴粒径进一步增大形成雨滴落下，导致操作环境恶劣。随着国家对含尘尾气排放标准的要求日趋严格，GB 31571—2015规定粉尘浓度≤20mg/Nm^3，传统的除尘方法无法满足尾气达标排放的要求，这种情况下云式除尘和湿式电除尘技术应运而生。

电除尘器已有逾百年的历史，广泛应用于冶炼、水泥和电站锅炉等工业领域，除尘效率可达到99%以上，但对于可吸入颗粒物，特别是细颗粒物的脱除效率不理想。湿式膜电除尘理论技术最早由美国俄亥俄州大学的Pasict于1979年提出，并成功研发出膜电除尘器。我国从2009年开始研发湿式电除尘技术并迅速发展至今，在短短几年时间内已取得数百个工程业绩，但大部分都集中在燃煤电厂湿法脱硫后的尾气除尘。近年来，随着我国环保要求的提高，催化剂生产技术人员对湿式电除尘技术进行了深入的研究。湿式静电除尘设备作为外排尾气的最末端除尘设备，多用于燃煤电厂排放的尾气处理。2016 年，首套湿式电除尘装置在催化剂长岭分公司 FCC 催化剂气流干燥尾气处理中得到成功应用。

在消耗同等能量的情况下，湿式电除尘器的除尘效率比干式电除尘的除尘效率高，并且对于小至 0.1μm 的粉尘仍有很高的去除效率。干式除尘器因受到各种条件的限制，无法处理高温、高湿的烟气以及黏性大的粉尘，这正是湿式电除尘器具有的优势。另外，很多有害气体可以采用湿法净化，如分子筛生产过程的尾气中除含有分子筛细粉外，还含有水蒸气和 HCl，传统的方法除尘效率低而且对设备腐蚀很大，湿式电除尘器可以同时除尘和净化有害气体。

一、分类

电除尘器根据电晕线和收尘板的配置方法可分为两大类：一是双区电除尘器，二是单区电除尘器，工业生产上大多数采用单区电除尘器。单区电除尘器按清灰方法可分为：湿式电除尘器和干式电除尘器；按集尘极的分类可分为：管式和板式电除尘器。

湿式电除尘方法与干法电除尘方法相比，净化效率更高，对细微粉尘粒径适应性更强且更容易收集，收集过程中无二次扬灰，同时对除尘尾气还有降温、增湿和吸收可溶于水的有害气体的作用。

二、工作原理

湿式电除尘器主要通过直流高压电晕放电使空气分子电离，从而使烟气中的粉尘颗粒荷电，荷电粉尘在电场力的作用下向集尘极运动，当其到达集尘极的表面时，粉尘会随着液体膜流下或随着喷淋水流下从而实现清灰，其除尘原理过程见图 12－13。

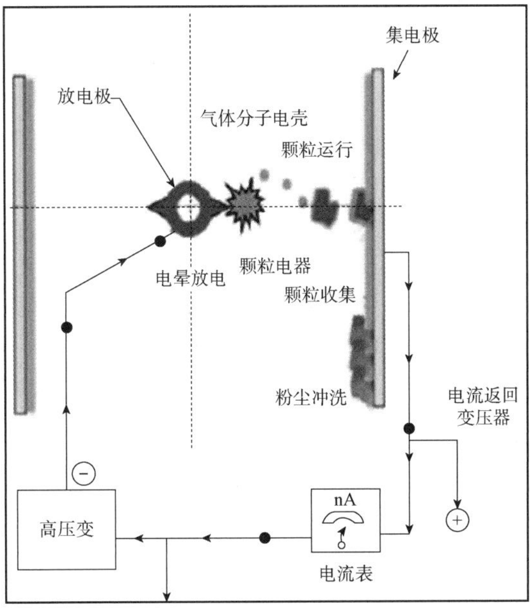

图 12－13　湿式电除尘器的除尘原理

湿式电除尘器工作原理主要涉及气体电离、气体中粉尘颗粒的荷电、带电粒子在电场里迁移和捕集，以及将捕集物从集尘器表面清除4个基本过程。

(1)气体的电离，即在两电极之间施以高压直流电，产生电晕放电，使气体分子电离，产生电子、正离子和负离子。

电晕放电是指气体介质在曲率半径很小的尖端电极附近，由于局部电场强度超过气体的电离场强，使气体发生电离和激励，因而出现电晕放电。电晕放电发生时电极间的气体还未被击穿，电荷在高电压的作用下发生移动而进行的放电，在黑暗中可以看到电极尖端有蓝色的光晕，从而称为电晕放电。

与火花放电相比，火花放电时电极间的气体被击穿，形成电流在气体中的通道，即形成明显的电火花，火花放电的电流很大，而电晕放电的电流较小，除尘器故障或工况异常的情况下，电除尘器内部可能发生火花放电。

(2)气体中粉尘颗粒的荷电。

通常认为，粉尘荷电有两种主要方式，电场荷电和扩散荷电。电场荷电的过程：粉尘进入电场后，在电晕区边界和集尘极之间的区域进行，在此区域内，粉尘与沿电力线移动的带电粒子碰撞并黏附其上，使粉尘荷电。扩散荷电是气体中的离子和分子一样都在进行热运动，这种热运动使带电粒子不断扩散，粉尘颗粒与带电粒子碰撞后黏附其上，实现荷电。

对于大颗粒来说，电场荷电是主要的，对于直径小于0.2μm的细小粉尘来说，主要是通过扩散荷电来实现的。

(3)荷电粉尘在电场力作用下向异性电极运动，并移动到电极上。

在电除尘器中，粉尘的移动是有规律的，各自依自身荷电的极性向与其相反的电极运动。立式安装的蜂窝式阳极管束中，促使带电粉尘水平移动的作用力主要是电场力，在阴极放电情况下，在电晕线附近，有少量的带正电荷的粉尘向电晕线移动，并附着其上。而大量的粉尘都处在电晕线之外的空间里，它们带负电荷，向阳极集尘板移动并附着其上。

粉尘在移动过程中发生电凝并。电凝并是指使颗粒经异极性荷电后，引入加有高压电场的凝并区中，荷电尘粒颗粒间的相对运动以及异性电荷的相互吸力使得粒子相互碰撞、凝并。高压直流电场中的电凝并包括：异极性荷电粉尘的凝并和同极性荷电粉尘的凝并两种情况。凝并颗粒最后在收尘区被捕集下来。

根据电场力的计算公式在 $F=qU/d$，荷电粉尘所受的电场力与粉尘荷电量成正比，与电势差成正比，与电极距离成反比。荷电粉尘在移动过程中，还受自身重力、气体黏度、气流速度、粉尘性质及除尘器结构等多个因素的影响。

(4)荷电尘粒捕集过程。

湿式电除尘器清灰方式采用一套喷淋系统，通过在集尘极板上喷淋水，形成连续水膜将沉积颗粒冲走，以此达到并保持很高的收尘效率。湿式电除尘器灰斗中收集的冲洗废水直接排入下部的吸收系统。

三、设备结构

湿式电除尘设备(简称WESP)从结构形式上分为两种：一种是板式结构，除尘方式既可采用水平气流也可采用垂直气流；另一种是管式结构，除尘方式只有垂直方向气流(上升流或下降流)。但管式结构比板式结构效率更高，而且由于外形简单，占用空间更小而成为被普遍采用的设备。

管式湿式静电除尘器的结构主要由进出口烟道、导流与气流分布板、集尘极、电晕极、绝缘箱、喷淋系统、高压电源系统、低压控制系统等组成，如图 12 – 14 所示。管式电除尘器的集尘极为多根并列的六边形管，电晕极置于管的中心位置，使其形成均匀电场，并产生电晕放电。

在管式湿式电除尘中，通过进气口和气流均化分布器将含尘气体送至除尘器电场中，同时水在喷嘴作用下呈雾状喷入，喷嘴同时配置在进气口和电场上方：在进气口含尘气体中粉尘与水雾碰撞，以颗粒形式落入灰斗；在电场区，金属放电极在直流高电压作用下，将其周围含水滴、粉尘气体电离，荷电水滴在电场力作用下被集尘极捕获并落在集尘极板上，同时气体中粉尘被荷电水滴润湿后也带上电性，在电场力作用下被集尘极捕获也落在集尘极板上，集尘极捕获到足够多水滴后会在集尘极板上形成水膜，被捕获的粉尘通过水膜流动流入灰斗中，并定时用水冲洗集尘极板。

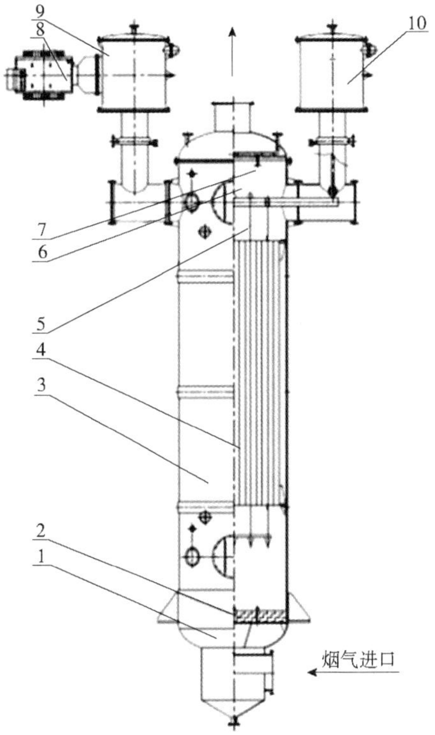

图 12 – 14　湿式静电除尘器外形结构

1—下气室；2—分布装置；3—中气室；4—阳极管束；5—阴极系统；6—上气室；7—喷淋装置；8—高压整流机组；9—带引线绝缘子室；10—不带引线绝缘子室

在湿式静电除尘器的阳极线和阴极线之间施加数万伏的直流高压电，在强电场的作用下，电晕线周围产生电晕层，电晕层中的空气发生雪崩式电离，从而产生大量的负离子和少量的阳离子。随烟气进入湿式静电除尘器内的尘(雾)粒子与这些负离子相碰撞而荷电，荷电后的尘(雾)粒子向阳极运动。大量的液滴颗粒不断地被驱向阳极，在水膜的作用下靠重力自流向下而与烟气分离，流入底部沉淀池中，而经处理后的烟气通过排烟口向外排出。

1. 电除尘器电晕线(阴极)

电晕极的一般要求是放电性能好，临界电压低，放电均匀，并具有足够的机械强度，不断线；易清灰，耐腐蚀，安装维修方便。电晕线的形式可分为两大类：一类是没有固定放电点的非可控电极，另一类是有固定放电点的可控制电极。

没有固定放电点的非可控电极有两类：一类是最早最简单的电晕线，为圆形电晕线，其起始电晕较高，但尾气流速不能过高；另一类是星形线，其放电性能比圆形线好，但存在易松动、易晃动的缺点，影响电压升高。

有固定放电点的可控制电极有两类：芒刺形线具有放电性能好、起始电晕电压低、强度高、工作时不晃动、火花侵蚀少等优点，但缺点是电流分布不均匀；管状芒刺线，又称

RS 线，现在在我国电除尘器中已被广泛使用。这种电晕线由于有特别的易放电的尖端，在相同情况下，芒刺线比星形线的电流高，放电性能好；结构上刚度与强度好，不断裂，并具有不产生火花烧蚀，不易结垢，安装方便等优势。

电晕线(阴极线)一般采用管状鱼骨针线，材质选用耐腐蚀材质，延长使用寿命。阴极顶部绝缘支撑材料为 50 瓷锥形瓷瓶，瓷瓶外壁用 380VAC 2kW 的电加热管保温，确保工作期间绝缘电阻不小于 500MΩ。底部绝缘瓷拉棒采用 95 瓷棒，瓷棒内部接“36V 250W”的电加热棒保温，以确保不发生爬电现象。

阴极线采用管状鱼骨针线，六针与阳极六边组成高效极配形式。

2. 集尘极(阳极)系统及冲洗系统

集尘极是静电除尘器的主要部件之一，通常有以下几点基本要求：①板面场强分布和板面电流分布均匀；②防止二次扬尘的性能好，在气流速度较高时产生扬尘少；③机械性能好，耐腐蚀，有足够的刚度保证极间距离准确；④材料消耗少，安装方便等。

3. 高压电源

电除尘器的供电系统主要包括调压装置、变压器、高压整流器及控制系统组成。电源供电时应具有完整的联锁保护系统，保证设备工作可靠稳定；要求使用寿命长、维修、检查及操作工作量少，以及自动化程度高；同时在工作条件变化时，能够始终在接近电场临界电压下工作，并向电场提供最大的有效平均电晕功率。

四、湿式电除尘的应用

图 12－15　湿式电除尘现场

湿式电除尘设备作为外排尾气的最末端除尘设备，多用于燃煤电厂排放的尾气处理工艺，在催化剂行业还未见有应用。催化剂长岭分公司 FCC 催化剂气流干燥尾气湿式电除尘装置是国内催化剂行业首套湿式电除尘装置，从装置运行情况来看，该装置对实际生产影响较小，水耗、电耗较低，操作简单，出口尾气粉尘含量低于 5mg/Nm^3，达到极好的除尘效果，如图 12－15 所示。

分子筛和催化剂的干燥多采用气流式干燥技术，如旋转闪蒸干燥、气流干燥、喷雾干燥，采用这些技术干燥后都产生了大量的含尘、含湿尾气，尾气在排放前都需要净化处理。目前，尾气除尘净化方式主要采用旋风分离器或布袋除尘器对尾气中夹带的物料进行收集，尾气直接排放或采用水喷淋除尘、降温后排放，这些处理方式难以满足最新的粉尘排放标准，采用湿式电除尘可满足，出口尾气粉尘含量低于 5mg/Nm^3，达到达标排放的标准。目前，湿式电除尘技术在含尘尾气净化处理中得到应用，具有较大的推广价值。

第六节　超重力反应器

超重力反应器是20世纪80年代初发展起来的一种以节能、降耗、环保、集约化为目标的新型强化气液传质过程的设备，与传统的反应器和反应塔相比，具有传质效率高、设备体积小等优点。催化剂生产中，采用这类设备脱除工业废气中的 NO_x。

一、结构及工作原理

FYHG 型超重力反应器是针对催化剂生产中的 NO_x废气治理开发的环保设备，该设备采用尿素水溶液作为吸收液，利用超重力反应器的离心液体流及定子破泡整流机构将 NO_x废气引入反应器，并以微气泡的形式与尿素水溶液充分混合，发生化学反应生产氮气和水，达到脱除废气中的 NO_x的目的。

1. 超重力反应器的工作原理

超重力反应器的工作原理如图 12－16 所示。气液分散器在电动机驱动下高速旋转，气液分散器上的环形填料产生高达数百倍重力的离心力，强化了传质效果。通过高速离心液体流（尿素水溶液）及定子破泡整流机构的二次分割，将气体（含 NO_x）吸入反应器并分割成微气泡，使气液两相均匀混合并发生快速传质与化学反应，气体中的污染物（NO_x）被液体补集、吸收并发生反应，处理后的气体从反应器顶部的排气口排出。设备处理的气通量与设备运行转速正相关，设备运行转速依靠变频器调节，整套设备采用 PLC 控制。

尿素与 NO_2反应的化学方程式为：

$$4CO(NH_2)_2 + 6NO_2 \xlongequal{\quad} 4CO_2 + 7N_2 + 8H_2O$$

2. 超重力反应器的结构

FYHG 型超重力反应器主要由电动机、传动机构、反应器筒体、气液分散器构成，气液分散器的主要元件是填料层，如图 12－17 所示。

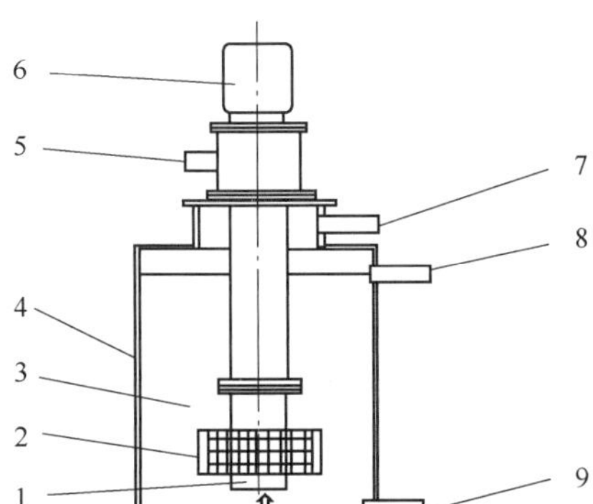

图 12－16　超重力反应器工作原理

1—液体循环口；2—气液分散单元；3—微气泡；4—反应器筒体；5—进气口；6—驱动电动机；7—排气口；8—上排液口；9—下排液口

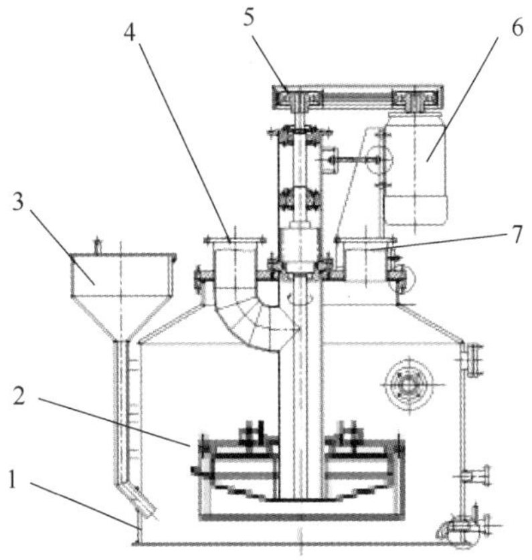

图 12－17　超重力反应器结构

1—反应器筒体；2—气液分散器；3—进液口；4—进气口；5—传动装置；6—驱动电动机；7—排气口

电动机带动气液分散器高速旋转，中心产生微负压，气体在风机及微负压作用下进入反应器。气液分散器高速旋转的填料床层对气体有非常强的剪切作用，气体在巨大的剪切力作用下被撕裂成微米级或纳米级的微气泡，微气泡与尿素水溶液充分混合，废气中的 NO_x 与尿素发生反应，生产的氮气与其余气体一起从反应器上部通过引风机的作用排出反应器。

二、特点

超重力反应器具有气液接触面积大、相界面更新快、传质速率高等特点，能够强化气液传质及化学反应过程，并具有良好的洗涤除尘能力、抗固体物堵塞能力。

超重力反应器也存在以下一些不足之处：①反应器内吸收液的物化性质，决定了反应效率和气体处理量，即吸收液的 pH 值越低，NO_x 的反应效率越低，吸收液的浓度越高，气体处理量越低；②超重力反应器的气液分散器主轴长度较长，且为悬臂轴，设备运行过程中振动较大，轴承容易损坏。

三、主要技术参数

超重力反应器的主要技术参数见表 12 -4。

表 12 -4　超重力反应器的主要技术参数

序号	参数类型	单位	参数描述
1	废气处理能力	Nm^3/h	设备能力的主要参数
2	循环液流量	m^3/h	设备能力的主要参数
3	主电动机功率	kW	
4	转子转速	r/min	离心力的决定因素
5	设备尺寸	mm	
6	总重量	t	

四、常见故障分析与处理方法

超重力反应器的常见故障分析与处理方法见表 12 -5。

表 12 -5　超重力反应器的常见故障分析与处理方法

故障现象	故障原因	处理方法
减速机振动	减速机对中不好	调整机组对中
	连接件松动，配合精度破坏	紧固松动螺栓
	联轴器柱销磨细或断裂	更换联轴器柱销
	底座螺钉损坏或四氟套磨小	更换底座螺钉或四氟套
噪声过大	轴承润滑不良	检查更换润滑油
	齿轮啮合不良	检查调整齿轮啮合
	主轴轴承损坏	更换主轴轴承
	底座螺栓或四氟套松动	更换底座螺栓或四氟套
	设备内有杂物或物料结块	放空后，清理

续表

故障现象	故障原因	处理方法
转子卡死	键脱落导致脱落	更换键
	轴承损坏	更换轴承
轴脱落	卡壳联轴器腐蚀损坏	更换卡壳联轴器
	上端锁紧螺母松动、花垫损坏	更换锁紧螺母和花垫
	轴断裂	更换轴
防腐层损坏	防腐层脱落	联系外委，刷涂防腐层
电动机过载	电动机轴承损坏	联系电工，更换轴承
	设备和电动机装配质量差或电动机与轴不同心	联系机修工，检查装配质量

第七节　电渗析装置

电渗析基本概念的研究始于20世纪初，直到1950年W. Juda试制成功具有高选择性的阴、阳离子交换膜，奠定了电渗析技术的实用基础；1952年美国Ionics公司制成世界上第一台电渗析装置用于苦咸水淡化。至20世纪70年代，这项新技术在欧美等发达国家迅速推广开来，目前美国、日本在电渗析技术上处于世界领先地位。1980年双极膜的制备取得突破，随后双极膜电渗析得到了快速发展。双极膜电渗析是将阴离子或阳离子交换膜与双极膜交替排列于正、负电极之间，在直流电场作用下，以电位差为推动力，利用离子交换膜的选择透过性，以盐为原料制备酸和碱的一种技术，目前广泛用于有机酸的制备以及工业废水处理等领域。近年来，电渗析在无机酸、碱的制备方面研究也比较多，如电渗析法以水玻璃为原料生产硅溶胶和NaOH，与传统的离子交换法生产硅溶胶相比，工艺简单、不产生废水，同时副产NaOH。

分子筛是石油化工催化剂的重要组分，生产过程中产生大量氨氮超标的废水，成为催化剂生产发展的瓶颈。近年来，北京石油化工科学研究院针对分子筛生产过程中的氨氮排放超标的问题开展研究。分子筛生产过程中的酸交换工艺可以大幅度降低铵盐用量，但是带来含酸、含盐废水排放。如果利用酸交换工艺及双极膜电渗析组合的生产技术，代替传统的铵交换技术，实现分子筛生产过程无氨氮排放，并对过滤工序的滤液进行分离回收，不但可节约化学水用量，而且能大幅减少含氨氮污水排放。酸交换与双极膜电渗析组合的生产技术从源头上解决催化剂厂氨氮废水排放问题，实现分子筛生产过程的绿色化，降低催化剂生产成本。

某些分子筛生产过程中，采用有机胺作为模板剂，分子筛晶化后的母液含有大量的有机胺，COD含量达到数万毫克每升，这些有机胺废水有毒有害、生物降解难度大，国内高浓度有机胺废水处理鲜有成功的运行实例，国外也仅有极少数国家成功运用废水厌氧技术处理高浓度含甲胺废水。有机胺废水常用的处理方法包括湿式氧化法、膜分离法、吸附法和焚烧法等，这些方法都具有设备投资大、运行费用高、处理效果不稳定、易产生二次污染等缺点。北京石油科学研究院通过与杭州水处理研究中心等单位合作，采取双极膜电渗析法通过将其中的有机胺进行回收利用，不但降低了分子筛的生产成本，而且废水中 COD 大幅降低至 2000mg/L 以下，为进一步生化处理创造了条件。

一、双极膜电渗析原理

1. 电渗析装置

电渗析(Eletro Dialysis，ED)技术是膜分离技术的一种，它将阴离子、阳离子交换膜交替排列于正、负电极之间，用特制的隔板将其隔开，组成除盐(淡化)和浓缩两个系统。其原理如图 2－18 所示，在直流电场作用下，含盐分的水流经阴离子、阳离子交换膜和隔板所构成的隔室时，水中的阴离子和阳离子就开始做定向运动，阴离子向阳极方向移动，阳离子向阴极方向移动。由于离子交换膜具有选择性透过性能，阳离子交换膜的固定交换基团带负电荷，因此允许水中阳离子通过而阻挡阴离子；阴离子交换膜(简称阴膜)的固定交换基团带正电荷，因此允许水中的阴离子通过而阻挡阳离子，致使淡水隔室中的离子迁移到浓水隔室中，从而达到溶液的分离、浓缩、淡化、精制和提纯的目的。

离子交换膜是电渗析的关键部分，具有以下特点：①高的离子选择性；②渗水性差；③导电性好；④化学稳定性好、机械强度高。

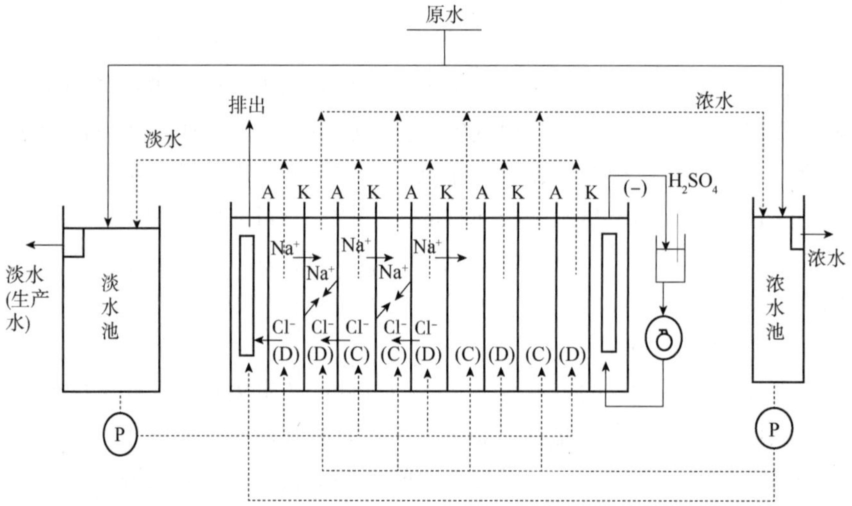

图 12－18 普通电渗析原理

K—阳离子交换膜；A—阴离子交换膜；D—淡水室；C—浓水室

2. 双极膜电渗析

双极膜(BPM)是一种一侧为阴离子交换层(N 型膜)、另一侧为阳离子交换层(P 型膜)、中间为催化层的多层复合膜，如图 12－19 所示。由于阴阳膜的复合，给双极膜的传质性能带来了很多新的特性，在直流电场的作用下，阴、阳膜复合层之间的 H_2O 解离成 H^+ 和 OH^- 并分别选择性地通过阳膜和阴膜，成为 H^+ 和 OH^- 离子源。

双极膜电渗析(EDMB)是在双极膜的水解离和普通电渗析原理的基础上发展起来的，它以双极膜代替普通电渗析的部分阴阳膜或在普通电渗析阴阳膜之间加上双极膜构成，其基本应用是从盐溶液 MX 制备相应的酸(HX)和碱(MOH)，如图 12－20 所示。

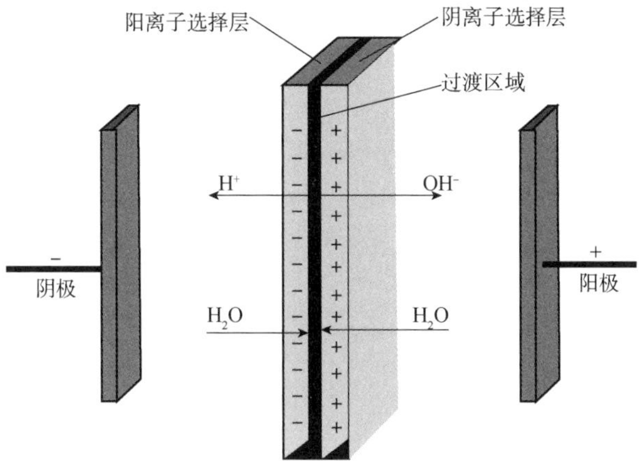

图 12－19　双极膜结构示意

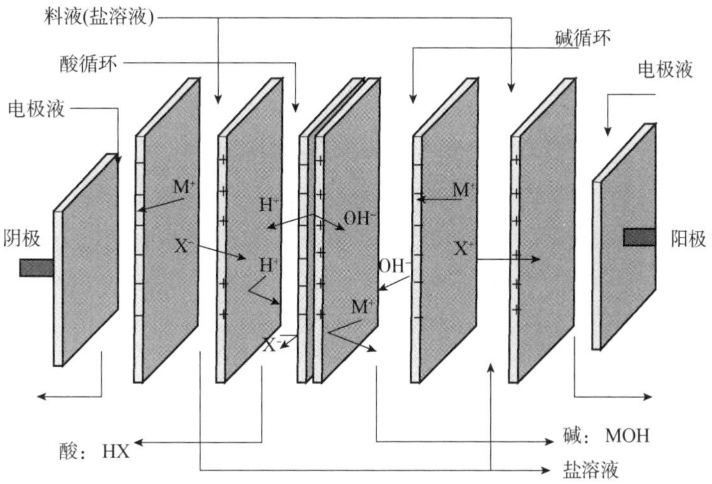

图 12－20　双极膜电渗析将盐溶液 MX 转化成酸（HX）和碱（MOH）

利用双极膜电渗析的原理，可以消除分子筛生产过程中铵盐的使用，合理回用滤液，实现分子筛生产过程无氨氮、无废水排放，解决以往生产过程中因外排污水氨氮含量高而造成环境污染的问题。在有些分子筛生产过程中，利用双极膜电渗析可以回收分子筛晶化母液和废水中模板剂，大幅降低分子筛生产过程中废水的 COD 含量，实现分子筛制备过程中水的循环利用。

二、双极膜电渗析装置设备结构与特点

电渗析主要由膜堆、电极、夹紧装置三大部件组成，电渗析装置包括多组膜堆、离心泵、收集罐及直流电供电系统组成的污水处理系统。其中，膜堆由阴离子或阳离子交换膜、弹性隔板与双极膜等组成，工作流程及现场实物见图 12－21 和图 12－22。电渗析双极膜膜堆结构原理如图 12－23 所示。

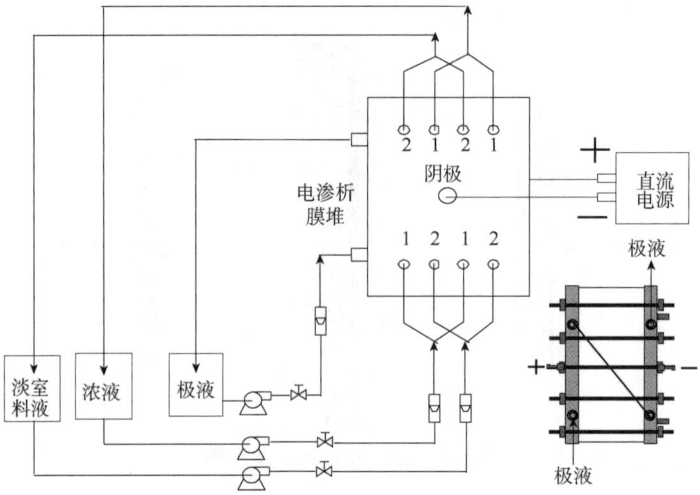

图 12-21　电渗析装置工作流程

图 12-22　双极膜电渗析装置现场实物

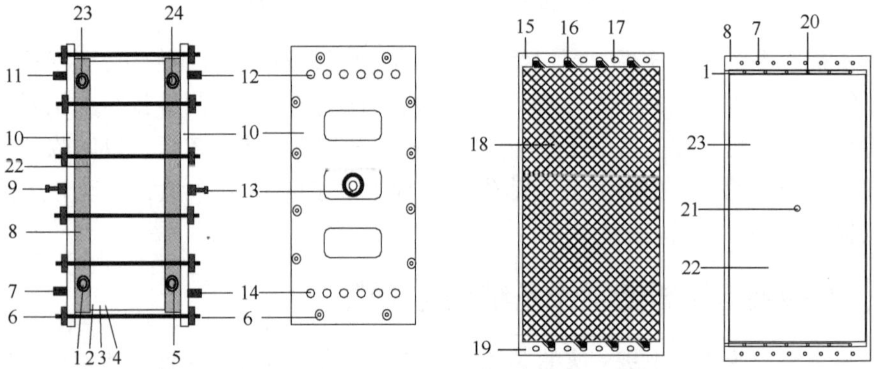

图 12-23　电渗析双极膜膜堆结构原理

1—阳极液进口；2—均相阳膜；3—弹性隔板；4—双极膜；5—阴极液进口；6—紧固螺栓；7—料液进口；8—极液流道板；9—阳极接线柱；10—夹紧钢板；11—料液出口；12—NaOH 液出口；13—阴极接线柱；14—NaOH 液进口；15—弹性隔板；16—半椭圆形导液孔及流道；17— 圆形导液孔；18—网心隔网；19—隔板表面弹性涂层；20—极液导液孔；21—接线柱孔道；22—铂电极；23—阳极液出口；24—阴极液出口

双极膜是由阴离子交换层(AL)、阳离子交换层(CL)和中间催化层组成的阴阳复合膜，双极膜电渗析将阴离子或阳离子交换膜与双极膜交替排列于正、负电极之间。均相阳膜为氢氧根难透过专用均相阳膜，弹性隔板的作用是密封、隔开双极膜与阳膜，促进液体的湍流效果。数十张阴离子或阳离子交换膜、弹性隔板与双极膜交替叠加放置于两侧的夹紧钢板之间，通过紧固螺栓进行紧固，形成一个膜堆，双极膜电渗析装置根据处理能力不同，一般由多个膜堆并联或串联组成。

阴、阳极接线柱直接焊接在电极板的对角线中点，装置工作时为膜堆提供直流电场。在直流电场的作用下，阴、阳膜复合层间的 H_2O 解离成 H^+ 和 OH^- 并分别通过阳膜和阴膜，作为 H^+ 和 OH^- 离子源，利用阴、阳离子交换膜对溶液中离子的选择透过性，分离溶质(浓液)和水(淡室料液)。溶质可以继续回用，淡室料液以水为主，其中的 COD 含量大幅降低，可达到 2000mg/L 以下。

三、双极膜电渗析装置的常见故障及处理

双极膜电渗析装置在海水淡化、污水处理、有机碱的合成等领域得到广泛的应用，表现出很大的优势，但也存在以下一些缺点。

1. 水中有害成分对电渗析器性能的影响，影响设备长周期连续运行

(1)在设备的水流通道和空隙中产生堵塞现象，水流阻力的不均匀改变也会使各个隔室中的水压不相等，严重时会使膜面破裂。水中夹带的砂粒也会使膜产生机械性破损。

(2)水流通过弹性隔板时，水中悬浮物黏附在膜面上，成为离子迁移的一种障碍，促使膜电阻增加和水质恶化。离子交换膜是细菌的有机养料，水中所含细菌转移到膜面上繁殖，也会产生上述后果。

(3)高价金属离子(如铁、锰)会使离子交换膜中毒；游离氯使阳膜产生氧化，进水硬度高时会导致极化的沉淀结垢。

2. 从分子筛上溶解的硅铝溶胶粒子污染阳膜

阳膜的表面及内部污染如图 12－24 所示。

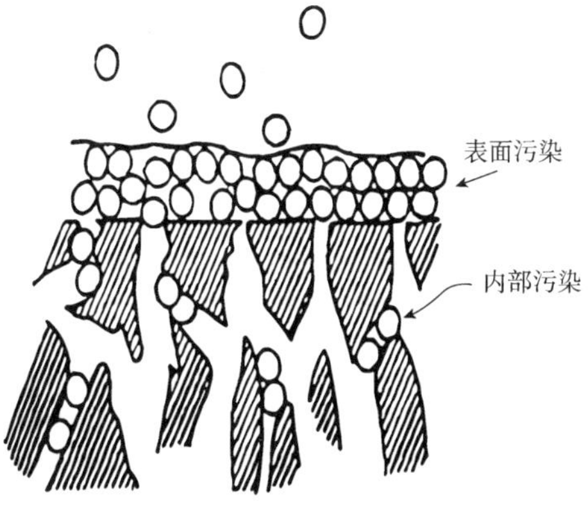

图 12－24　阳膜的表面及内部污染

3. 电渗析膜片容易破损

电渗析运行一段时间后，阴膜、阳膜、双极膜都易产生破损，靠近电极板的膜片破损

更为明显，这将导致浓碱罐液位不断上涨，造成电渗析制得的浓碱浓度超标。膜片故障主要表现在以下两个方面：

(1)靠近电极板的膜片粘连现象严重，甚至出现膜片发黑、破损的情况，膜堆中间未发现膜片有粘连或发黑和破损现象，如图 12－25 所示。

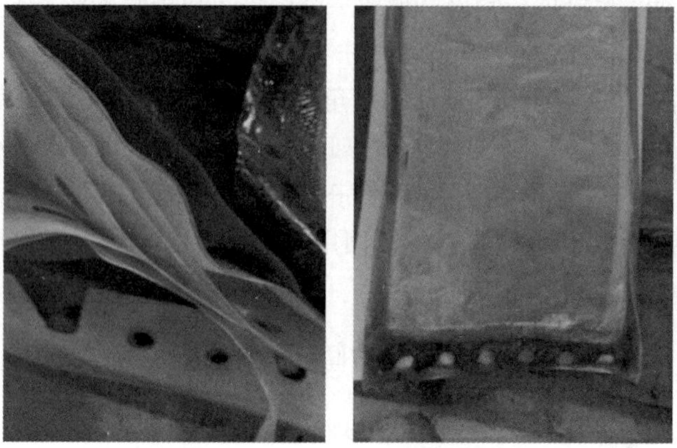

图 12－25　受损发黑的膜片

(2)靠近电极板的膜片破损较为明显，极液互串，影响膜堆处理效果。

(3)由于受热影响，极液隔板发生变形，中间鼓起，隔板的平面度被破坏，导致液体渗漏。

4. 解决方案

(1) 提供电渗析装置进水水质，电渗析装置进水水质按以下指标进行控制：

①水温为 5～40℃，长期运行水温为 10～35℃；

②极液里不能含镁离子；

③悬浮物 <1.0mg/L；

④相邻两隔室之间的浓度比不大于 10 倍；

⑤无机碱浓度不大于 10%；

⑥无机酸浓度不大于 15%；

⑦所有物质的浓度不大于饱和浓度的 80%。

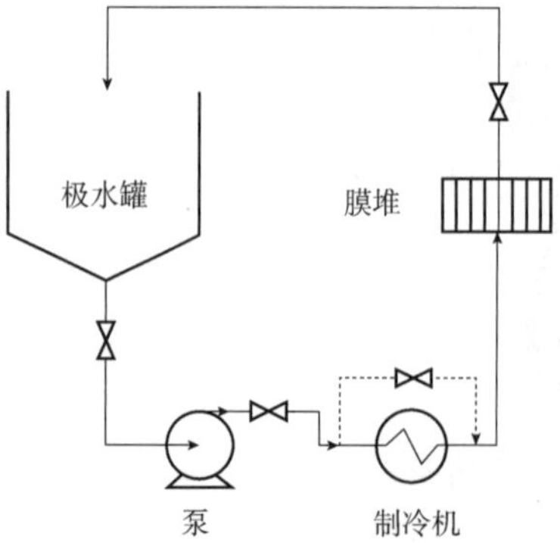

图 12－26　针对极液过热问题的解决方案

(2) 以上问题是由极水发烫，未经制冷造成的，因此必须对极水系统增加制冷机，对运行中的发热的极水进行冷却。电渗析系统极水制冷流程见图 12－26。

(3)对废水进行预处理。

分子筛生产过程中产生的废水中非晶硅的含量较高，需对废水进行预处理，加酸使滤液中的 SiO_2 以硅凝胶的形式絮凝出来，可利用无机膜进行过滤，除掉滤液中絮凝出来的 SiO_2。

第八节　污水汽提脱氨装置

前面提到，炼油催化剂生产过程中会产生大量的高氨氮废水，催化剂生产过程中的工业废水中氨氮是重要的排放指标。如何有效地处理高氨氮废水，使其达标排放，对催化剂生产显得尤为重要，对环境保护也是十分重要的。目前，针对工业废水中氨氮的处理方法通常有物理法、化学法、物理化学法及生物法等。

在这里介绍一种应用较为广泛和成熟的工艺——减压汽提脱氨技术。该方法属于物理化学法，适用于高氨氮污水的处理。具有去除率高、运行成本相对较低、操作稳定性好、产物硫酸铵资源重复利用等优点。

一、汽提脱氨技术工艺原理

对于高氨氮废水，近年来，越来越多地采用蒸汽汽提脱氨法，将氨氮废水通过蒸汽汽提后，经过硫酸吸收成为硫酸铵回用，或经过精馏后生产一定浓度的氨水回收利用。废水热泵闪蒸汽提脱氨装置包括废水预处理、闪蒸汽提、氨汽吸收，其工艺原理是：来自催化剂生产装置的高氨氮废水进行混合—调合—沉降，除去大部分固体颗粒，进一步用液碱将pH值调至11~12，水溶液中的铵离子转变为游离氨，再将废水引入热泵闪蒸汽提脱氨系统，在蒸汽的传质、传热作用下，经过闪蒸和汽提，液体中的游离氨从液相转变为气相，形成含氨蒸汽。一部分含氨蒸汽进入饱和吸收系统，通过硫酸进行吸收，生成浓度为25%~30%的硫酸铵溶液，回用至催化剂生产系统；经汽提脱氨后的废水进入低氨废水综合处理系统，如废水中的氨氮含量达标可直接外排。

当废水温度和pH值升高至一定范围时，废水中的铵离子几乎全部转变成游离氨，其反应原理如下：

$$NH_4^+ + OH^- \xlongequal{} NH_3\uparrow + H_2O$$

根据化学反应的平衡原理，随着pH值的提高，平衡向右移动，游离氨的浓度会增加。同时，该反应为吸热反应，随着温度的提高，平衡也会向右移动，同样使液体中游离氨的浓度增加。

在一定的温度下，通过蒸汽汽提的方法，废水中的游离氨容易从液相进入气相，进入气相的氨通过双级硫酸吸收系统生成硫酸铵溶液，其反应式如下：

$$2NH_3 + H_2SO_4 \xlongequal{} (NH_4)_2SO_4$$

二、汽提脱氨技术工艺流程

汽提脱氨工艺流程如图12-27所示。高氨氮废水通过与汽提脱氨塔闪蒸段来的气体进行混合预热后进入汽提脱氨塔的混合段，并与液碱混合进入汽提脱氨塔的汽提段，系统蒸汽与吸收塔来的蒸汽混合，并通过蒸汽喷射器进入汽提脱氨塔的汽提段，在汽提段中高氨氮废水与蒸汽形成对流，游离氨随着蒸汽通过热泵进入硫酸吸收塔，与硫酸充分反应，被彻底吸收，富余的蒸汽返回蒸汽喷射器。汽提脱氨塔汽提段中的高氨氮废水被脱去氨氮后进入闪蒸段，从闪蒸段出来的脱氨废水，经检测如氨氮含量合格可直接排放，否则将进入后续的低氨氮处理工序。

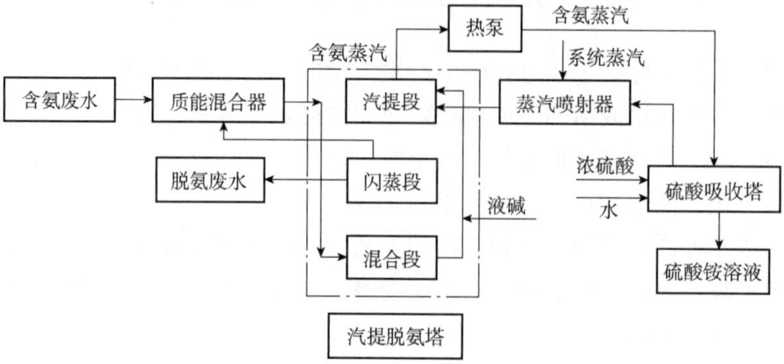

图 12 -27　汽提脱氨工艺流程

三、关键设备介绍

1. 热泵

热泵是一种以消耗部分能量作为补偿条件使热量从低温物体转移到高温物体的能量利用装置。热泵与制冷机从热力学原理上说是相同的，都是按热机的逆循环工作的。两者不同的是使用的目的不同：制冷机利用吸取热量而使对象变冷，达到制冷的目的；而热泵则是利用排放热量向对象供热，达到供热的目的。热泵是一项有效的节能设备。

污水汽提脱氨装置的热泵实际上是单级单吸入悬臂支承式离心鼓风机，其由电动机、风机、联轴器和底座等部件组成。

减压塔汽提段顶部出来的携带着大量氨氮的蒸汽经过蒸汽循环热泵增压后，蒸汽温度升高，一部分进入减压塔二级加热段，用于对高氨氮废水进行加热，同时不凝气体排放。含氨蒸汽经热泵增压升温并对高氨氮废水加热的过程，就是热量从低温物体转移到高温物体的过程，热泵的工质就是含氨蒸汽。另一部分含氨蒸汽进入饱和塔内进行初步氨氮吸收，再进入吸收塔进行氨氮净化吸收。

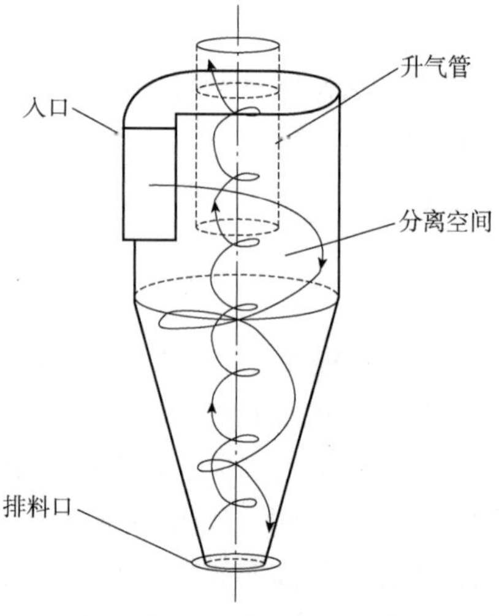

图 12 -28　旋风分离器结构示意

2. 旋风分离器

汽提脱氨的汽提段顶部从液体中脱除的含氨蒸汽进入热泵前需先经过旋风分离器，将蒸汽中的凝结水及杂质去除，以免引起热泵的喘振和影响后续的吸收效果。旋风分离器结构示意如图 12 - 28 所示。

3. 文丘里喷射器

文丘里喷射器是利用流体来传递能量和获得真空的装置，它由喷嘴、吸入室和扩压管组成。其工作原理是：一定压力的流体通过喷嘴喷出，由于流体的喷射速度很高，压力能转变为速度能，在喷嘴出口区域产生负压，利用这个负压可将被抽介质吸引进来。两股介质在扩压管混合并进行能量交换，并使速度能还原成压力能，最后以高压排出。

污水或蒸汽经循环泵加压后，由文丘里喷射器顶部以喷射状进入，高速喷射的污水或蒸汽在其周围产生一个低压区，而这个低压区的化工尾气被吸入并与高速喷射的洗涤液混合，由此完成了吸气(负压)和气水混合的双重作用。文丘里喷射器结构示意如图 12－29 所示。

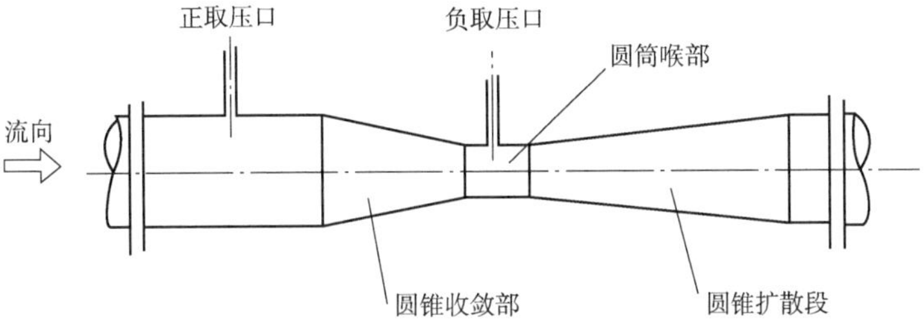

图 12－29　文丘里喷射器结构示意

第九节　反渗透装置

反渗透(Reverse Osmosis)是自然界中水分子自然渗透过程的反向过程。1950 年，美国科学家 DR. S. Sourirajan 通过研究海鸥将海水过滤出可饮用的淡水，吐出含有杂质及高浓缩盐分的海水，建立了逆渗透法(Reverse Osmosis，RO)的基本理论架构。1953 年初，Reid 在美国佛罗里达大学首先发现了醋酸纤维素膜有良好的半透性，因其水通量非常小，不能满足工业使用的要求。1960 年，Loeb 和 Sourirajan 用相转化工艺制备出世界上第一张具有历史意义的高性能非对称的醋酸纤维素反渗透膜，激发了工业界和学术界的兴趣。反渗透法首先应用于海水淡化，后来又逐步面向其他膜处理过程。直至今日反渗透分离技术的各个方面都得到了长足的进展，反渗透分离技术日臻成熟。

一、反渗透工作原理

理想的半透膜是一种只能透过溶剂而不能透过溶质的膜，当把体积相同的溶剂和溶液(或把两种不同浓度的溶液)分别置于半透膜两侧时，纯溶剂将自然而然地穿过半透膜向溶液一侧流动(或低浓度溶液向高浓度溶液侧流动)，这种现象称为渗透(Osmosis)。当渗透进行到一定程度时，溶剂向溶液方向渗透将达到动态平衡，溶液的液面产生一个稳定的压差 H，此压差为渗透压 π。

渗透压 π 的大小取决于溶剂和溶液(或两种不同浓度的溶液)的种类、浓度、温度，而与半透膜的本身性质无关。在这种情况下，若在溶液一侧施加一个大于渗透压 π 的作用力 p 时，溶剂渗透方向将与原来的渗透方向相反，即从溶液一侧向溶剂一侧渗透，这一过程就是反渗透，见图 12－30。凡是基于此原理进行的浓缩或纯化溶液的方法都称为反渗透工艺，它已被广泛应用于各化工厂水处理工艺中，用反渗透技术将原水中的无机离子、细菌、病毒、有机物及胶体等杂质去除，以获得高质量的纯净水。

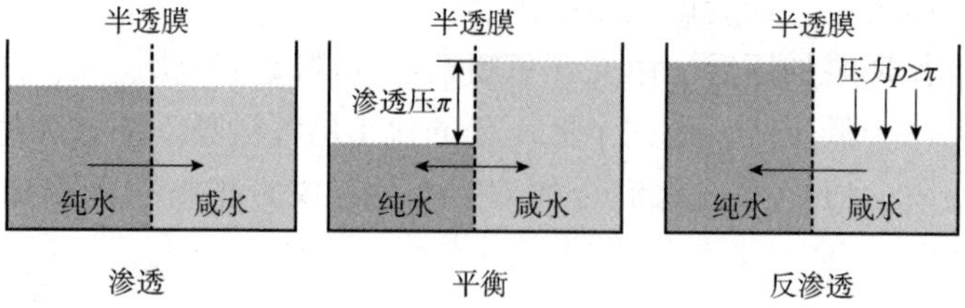

图 12 -30　渗透与反渗透工艺

二、反渗透膜的特性参数

反渗透膜的主要性能参数包括透水率、脱盐率、压密系数、回收率和浓缩倍数等，下面进行详细介绍。

1. 透水率

透水率是反渗透系统的产能，是指每单位时间内通过单位面积膜的水体积流量，透水率也称水通量(产水量)，用 F_w表示。对于一个指定的膜来说，透水率的大小取决于膜的物理特性(如厚度、化学成分、孔隙度)和系统的条件(如温度、膜两侧的压力差、接触液的浓度等)。透水率的函数关系式为：

$$F_w = A(\Delta p - \Delta \pi)$$

式中　A——膜的水渗透系数，表示在特定膜中水的渗透能力，$cm^3/(cm^2 \cdot s \cdot kPa)$；

Δp——膜两侧的压力差，kPa；

$\Delta \pi$——膜两侧的溶液的渗透压差，kPa。

2. 脱盐率

脱盐率是指溶质的截留百分比，是评价反渗透膜最常用的性能指标(也称截留率、排除率、去除率等)。常用 R_0表示，具体公式为：

$$R_0 = \left(1 - \frac{c_3}{c_1}\right) \times 100\%$$

式中　c_3——膜低压侧水溶液的溶质浓度，g/cm^3；

c_1——膜高压侧水溶液的溶质浓度，g/cm^3。

3. 压密系数

促使反渗透膜材质发生物理变化的主要原因是：操作压力与温度引起的压密作用，造成透水率的不断下降，压密系数值可采用专用的设备测定出来，压密系数越小越好。越小的压密系数说明膜的使用寿命越长。

4. 回收率

回收率是指反渗透膜系统中给水转化成产水或透过液的百分比。一般来说，反渗透膜系统的回收率在设计时就已经确定了，是基于进水水质而定的。具体公式为：

$$回收率 = (Q_P/Q_F) \times 100\%$$

式中　Q_P——反渗透系统透水量；

Q_F——反渗透系统供水量。

5. 浓缩倍数

浓缩倍数是指反渗透膜系统中浓缩水浓度与供给水浓度的百分比。具体公式为：

$$浓缩倍数 = c_B / c_F$$

式中　c_B——反渗透系统浓缩水浓度；

　　　c_F——反渗透系统供给水浓度。

三、反渗透基本流程

反渗透技术作为一种分离、浓缩和提纯的技术，常见的基本流程有一级一段法、一级多段法、二级一段法、多级反渗透流程，现分述如下：

1. 一级一段法

一级一段法是指溶液仅一次进入反渗透膜系统，通过膜过滤达到要求，浓缩液和产水被连续引出，一级一段法流程操作最为简易，工业应用较少(见图 12－31)。另一种形式是一级一段循环，即浓缩液返回反渗透膜系统中进行过滤。

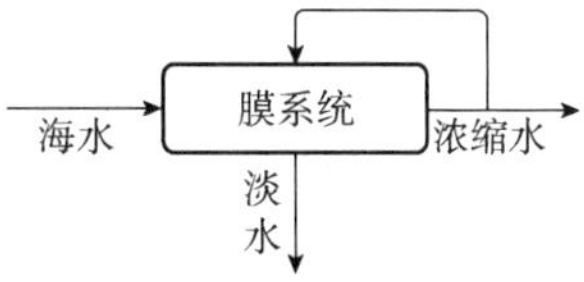

图 12－31　一级一段法

2. 一级多段法

当采用反渗透作为浓缩过程时，如果一次浓缩达不到要求，可以采用多段浓缩的方式(见图 12－32)。这种方式可以使浓缩液减少而浓度提高，产水量加大。

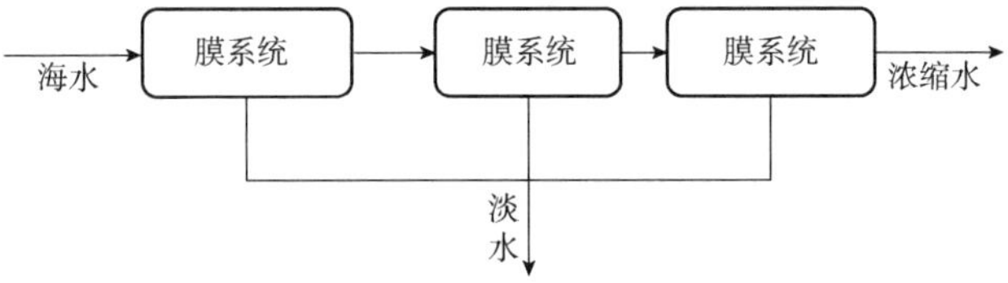

图 12－32　一级多段法

3. 二级一段法

当一级流程达不到浓缩和淡化的要求时，可采用次流程。主要工艺路线是将一级产出来的淡水，再送入另一个反渗透单元，进行再次的淡化(见图 12－33)。

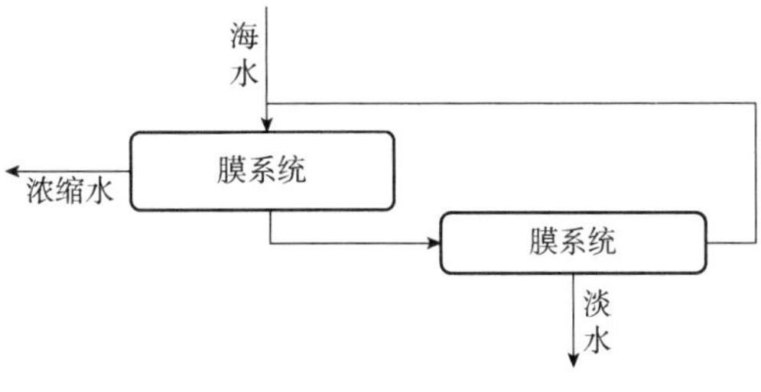

图 12－33　二级一段法

4. 多级反渗透流程

在化工分离中，往往要求分离程度很高。例如在废水处理中，为了有利于最终处理，需要把废液浓缩至体积很小且浓度很高；又如淡化水处理中，为达到重复使用或排放的目的，经常要求产品水的净化程度越高越好(见图 12－34)。在这种情况下通常需要利用多级流程。

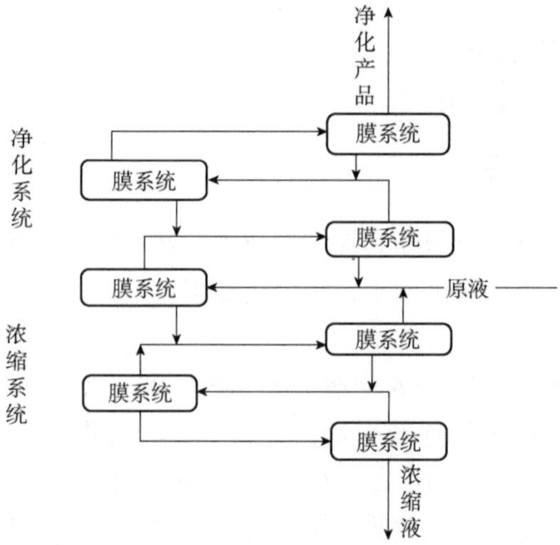

图 12-34　多级反渗透流程

四、反渗透系统设备组成

反渗透装置是一套非常紧密的污水处理系统，其主要结构大致可分为以下几个部分：

1. 预处理设备

预处理设备是指反渗透设备对原水进行一系列预处理的设备和药剂。预处理功能包括：凝集、沉淀、过滤、灭菌、升温、调节 pH 值等。所使用的设备有：凝集反应槽、精密过滤器、原水加温器、氯气灭菌装置、双层过滤器、相应机泵等设备。使用的药剂有：灭菌用氯、硫酸、盐酸、凝集剂等。

2. 膜装置本体

反渗透膜装置本体主要由高压泵、装有反渗透膜元件的压力容器群、保安过滤器、pH 调节用酸注入设备、抑制剂注入设备及膜清洗装置等元件组成。它是反渗透设备中过滤原水的最核心设备。

3. 后处理装置

后处理装置是指为处理后的原水仍不能满足出水要求下增加的设备。后处理装置包括阴床、阳床、混床、杀菌、超滤、EDI、脱碳酸塔、活性炭过滤装置等其中的多种或一种设备，后处理这一道程序能使反渗透出来的水水质更高。

4. 电气控制装置

反渗透设备中的电气控制装置的作用主要是控制反渗透设备整个反渗透系统的正常运作，电气控制装置包括控制盘、仪表盘、电气控制柜以及各种电气保护等。反渗透装置流程及实物如图 12-35 和图 12-36 所示。

五、膜组件的类型

反渗透设备是由前处理设备、膜装置本体、后处理装置、电气控制装置等设备组成的一个综合性设备。其中，膜组件是整个反渗透设备最为核心的元件，通常一个反渗透设备可有数个至数千个膜组件。目前，工业上常用的膜组件形式包括：板框式、圆管式、螺旋卷式和中空纤维式 4 种。

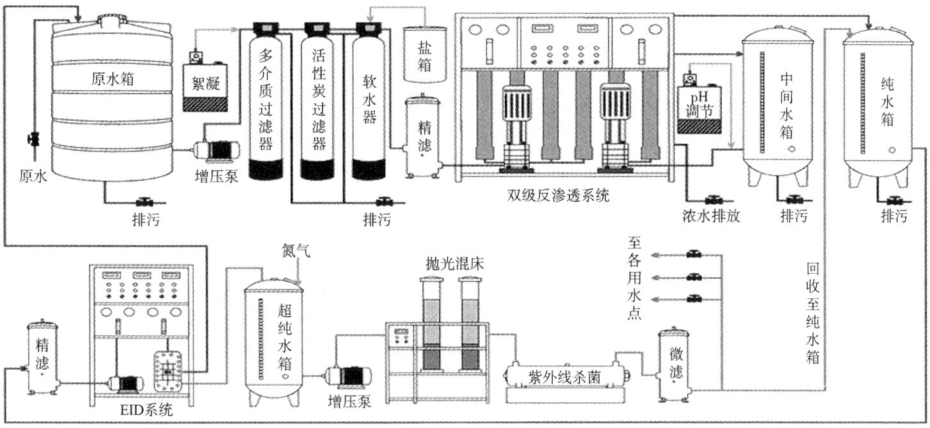

图 12－35　反渗透装置流程

图 12－36　反渗透装置实物

1. 板框式

板框式也称平板式，因许多板和框堆集组装在一起而得名，其外形和原理酷似普通的压滤机。膜的类型可以使用平膜，所以它是膜组件历史上问世最早的一种。与管式、螺旋卷式和中空纤维式相比，板框式膜组件的最大特点是结构比较简单，而且可以单独更换膜片。常见的板框式膜片有系紧螺栓式(见图 12－37)、耐压容器式(见图 12－39)、DDS 型板框式等膜组件(见图 12－40～图 12－42)。

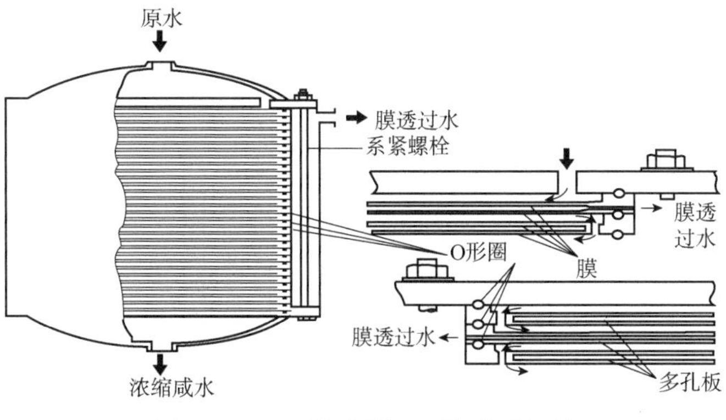

图 12－37　系紧螺栓式板框式膜组件

系紧螺栓式膜组件是由圆形承压板、多孔支撑板和膜经黏结密封，构成脱盐板，在将一定数量的脱盐板多层堆积起来，用 O 形圈密封，最后用上、下法兰以螺栓固定而成。

图2-38　美国下游技术有限公司 Ultra-FloTM 超滤设备

耐压容器式膜组件主要是组装多层脱盐板后，放入耐压容器中而成。原水从容器的一段进入，浓缩水由容器的另一端排出。耐压容器式膜组件结构如图 12-39 所示。

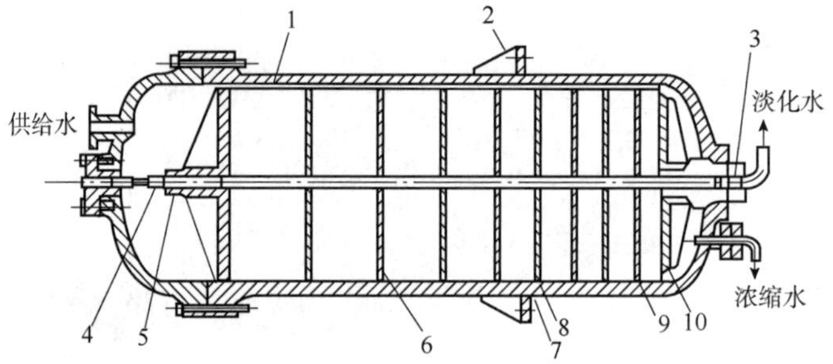

图 12-39　耐压容器式膜组件结构

1—膜和支撑板；2—安装支架；3—支撑座；4—淡化水顶轴；5—淡水管螺母；6—开口隔板；7—水套；8—密封隔板；9—周边密封；10—基板

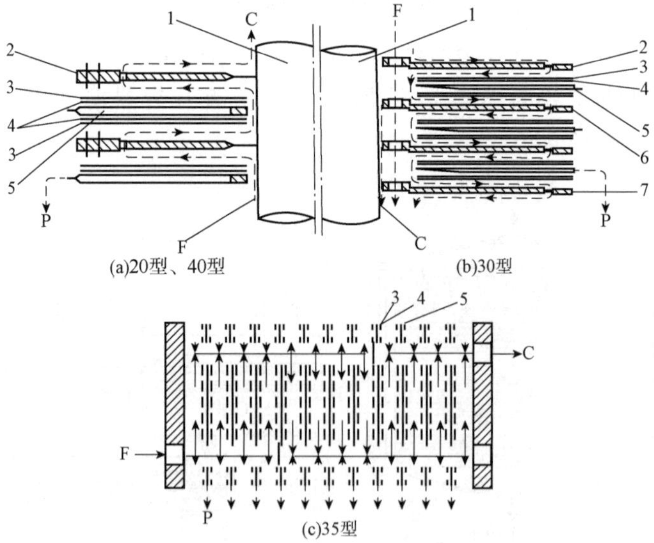

图 12-40　DDS 型板框式膜组件的断面

1—中央螺栓；2—框；3—膜；4—滤纸；5—板；6—浓缩液导出板；7—原料液输入板；F—原料液；C—浓缩液；P—透过液

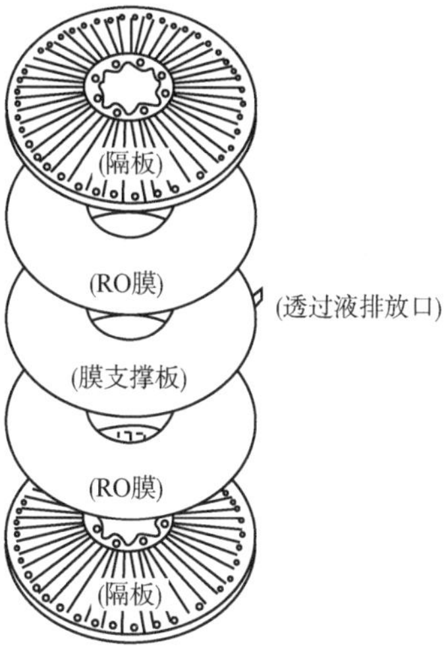

图 12－41　DDS30 型的隔板、膜及支撑板

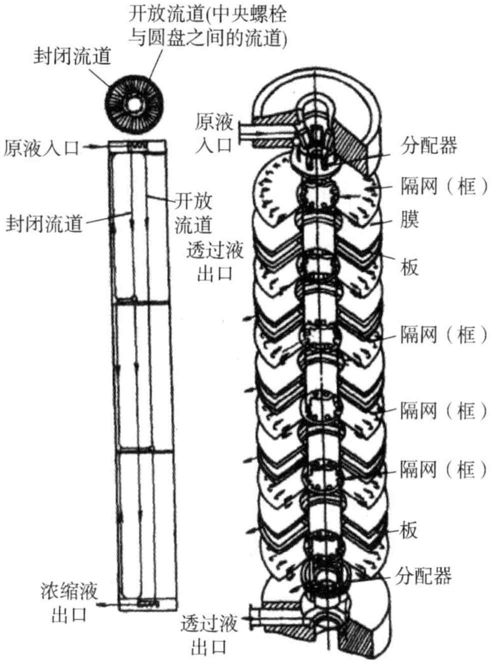

图 12－42　DDS 膜组件 30－19－3 型的结构及流向

DDS 型膜组件为丹麦的 DDS 公司首创，其结构属于上述系紧螺栓式的一种，主要基于板框式过滤机的构想，再在其内部做了各种巧妙的设计而制造的，如图 12－43 所示。

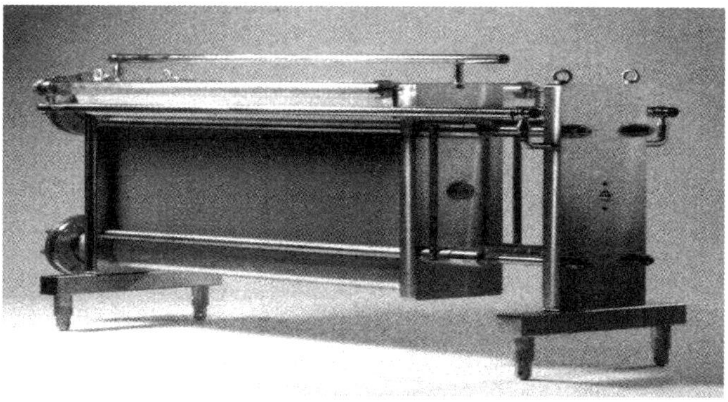

图 12－43　丹麦 Naksvov 卧式 DDS 型膜组件

2. 圆管式

在圆筒状支撑体的内侧或外侧刮制半透膜而得的圆形分离膜。其支撑体的构造或半透膜的刮制方法随处理原料液的输入法及透过液的导出法而异。管式膜组件的形式较多，按其连接方式分可分为单管式和管束式；按其作用方式可分为内压型和外压型。

膜管用尼龙布、滤纸一类的支撑材料镶入耐压管内。膜管的末端为喇叭形，并用橡胶垫圈密封。原水由管式组件的一端流入，于另一端流出。淡水透过膜后，于支撑体中汇集，再由耐压管上的细孔流出（见图 12－44）。

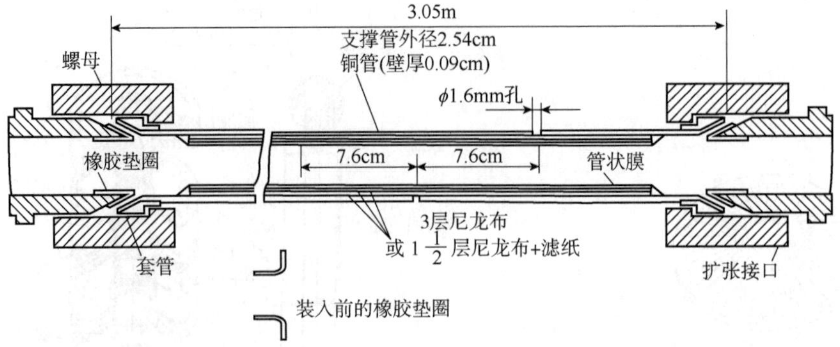

图 12－44　内压型单管式反渗透膜组件

内压型管束式反渗透膜组件结构示意如图 12－45 所示。内压型管束式膜组件是在多孔性耐压管内壁上直接喷塑成膜，再把许多耐压膜管装配成相连的管束，然后将管束安装在一个大的收集管内。原水由装配端的进口流入，经耐压管内壁的膜管，从另一端流出。淡水透过膜后由收集管汇集流出。

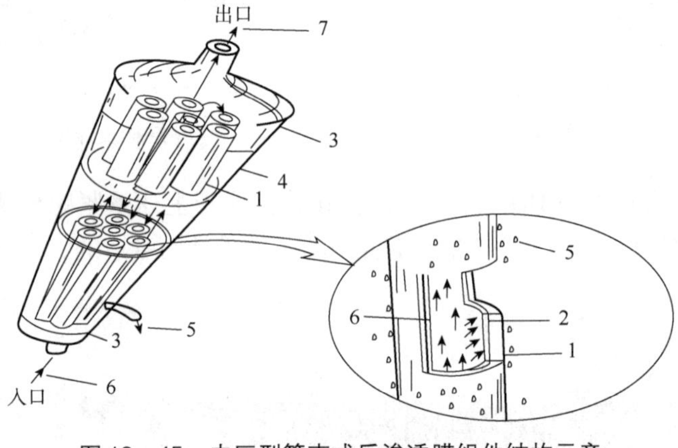

图 12－45　内压型管束式反渗透膜组件结构示意

1—玻璃纤维管；2—反渗透膜；3—末端配件；
4—PVC 淡化水收集外套；5—淡化水；6—供给水；7—浓缩水

与内压型管束式膜组件相反的是外压型管束式膜组件的分离膜覆盖在管的外表面上，水的透过方向由管外向管内流动，如图 12－46 所示。

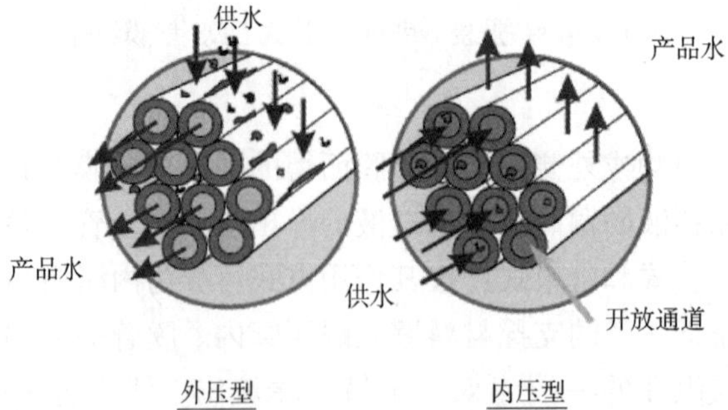

图 12－46　外压型与内压型管束式膜组件流向

3. 螺旋卷式

螺旋卷式膜组件是由中间为多孔支撑材料，两侧为膜的“双层结构”装配组成的，也就是按照膜—多孔支撑体—膜—原水侧隔网依次叠合，绕中心集水管紧密地绕卷在一起，形成一个膜元件，再装进圆柱形压力容器里，构成一个螺旋卷式膜组件。被处理的水沿着与中心管平行的方向在隔网中流动，浓缩液由压力容器的另一端引出，而渗透液(淡水)汇集到中央集水管中被引导出来。螺旋卷式膜组件结构如图 12-47 所示。

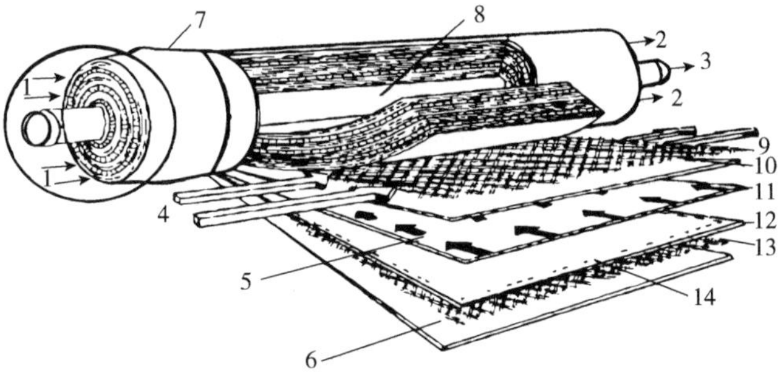

图 12-47 螺旋卷式膜组件结构

1—原水；2—浓缩液；3—淡水出口；4—原水流向；5—淡水流向；6—保护层；7—密封；8—收集淡水的多孔管；9—隔网；10—膜；11—淡水收集系统；12—膜；13—隔网；14—连接两层膜的缝线

4. 中空纤维式

中空纤维式膜是一种极细的空心膜管，它本身不需要支撑材料就可以耐很高的压力，它实际上是一根厚壁的环柱体，纤维的外径有的细如人发，为 50～200μm，内径为 25～42μm。中空纤维式膜组件结构如图 12-48 所示。

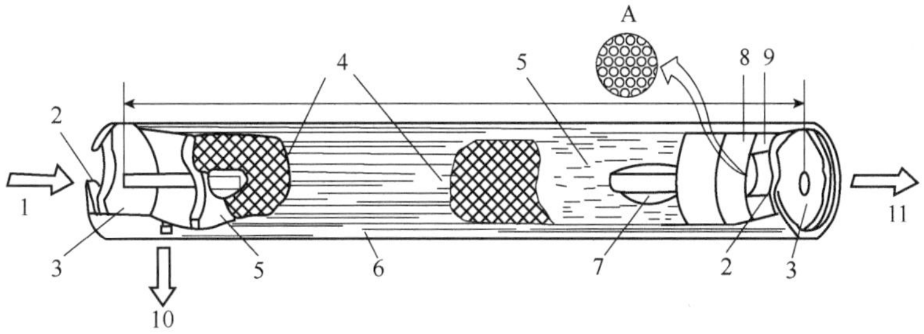

图 12-48 中空纤维式膜组件结构

1—原水进口；2—O 型密封；3—端板；4—流动网格；5—中空纤维膜；6—外壳；7—原水分布管；8—环氧树脂管板；9—支撑管；10—浓缩水出口；11—淡水出口

中空纤维膜组件的组装是把大量(有时是几十万或更多)的中空纤维膜，弯成 U 形而装入圆筒形耐压容器内。纤维束的开口端用环氧树脂浇铸成管板。纤维束的中心轴部安装一根原水分布管，使原水径向均匀流过纤维束。纤维束的外部包以网布使纤维束固定并促进原水的湍流状态。淡水透过纤维的管壁后，沿纤维的中空内腔，经管板放出；浓缩液则在容器的另一端排掉。中空纤维膜组件及中空纤维膜设备如图 12-49、图 12-50 所示。

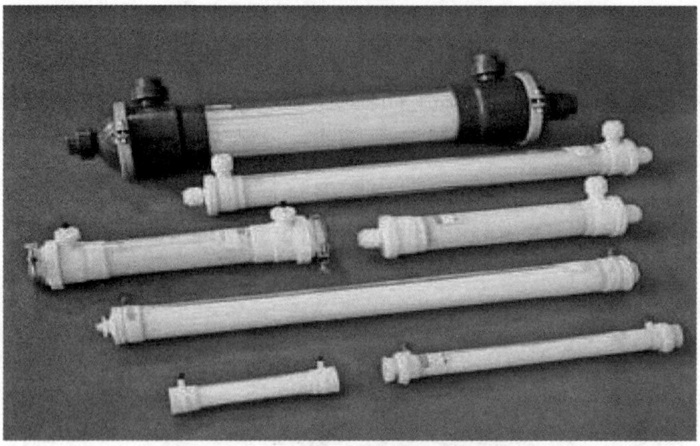

图 12-49　中空纤维膜组件

图 12-50　KOCH 公司中空纤维膜设备

以上 4 种膜组件是各式膜分离装置比较常用的膜，具体选择哪种形式的膜组件需要根据原料情况和产品要求等实际条件，进行具体分析，全面权衡选择。具体优缺点如表 12-6 所示。

表 12-6　4 种膜组件的比较

类目	板框式	圆管式	螺旋卷式	中空纤维式
优点	结构紧凑、简单、牢固、能承受高压； 可使用强度较高的平板膜； 性能稳定，工艺简单； 可更换单片膜； 不易污染； 平板膜无须黏合即可使用	容易清洗更换； 原水流动状态好，压力损失小，耐较高压力； 能处理黏度高有悬浮物的原水； 湍流流动抗阻塞性好	堆积密度大，填装密度较高，结构紧凑； 可使用强度好的平板膜； 价格低廉； 有进料分隔板，物料交换效果良好	膜堆积密度大； 不需要外加支撑材料； 浓差极化可忽略； 价格低廉； 耐压稳定性好

续表

类目	板框式	圆管式	螺旋卷式	中空纤维式
缺点	装置成本高，流动状态不良，浓差极化严重； 易堵塞，不易清洗； 膜堆积密度较小； 需要很多密封； 由于流体转向压力损失大	装置成本高； 管口密封较困难； 膜的堆积密度小； 需要用弯头连接	制作工艺和技术较复杂，密封较困难； 易堵塞、不易清洗； 不宜在高压下操作； 渗透流体流动路径较长； 膜必须是可焊接或可粘贴的	制作工艺和技术较复杂，密封较困难； 易堵塞、不易清洗； 对堵塞敏感； 在某些情况下纤维管中的压力损失较大
应用领域	MF、UF、RO 和 NF； 适用于小容量规模	MF、UF、NF 和单级 RO； 适用于中小容量规模	UF、RO、NF； 适用于大容量规模	RO； 适用于大容量规模

第十节 浓缩刮(吸)泥机

刮(吸)泥机是污水处理的关键设备之一，主要应用于城市污水处理、工业厂废水处理、自来水厂的初沉池和二沉池。污水厂的各种处理工艺，如常规活性污泥法、A/O 工艺、硝化反硝化工艺都离不开刮(吸)泥机，它是一种用途非常广泛的污水处理设备。

沉淀池的种类有圆形、矩形、长方形等样式，不同的沉淀池所使用的刮(吸)泥机的类型也不一样。刮(吸)泥机是刮泥机和吸泥机两种设备的统称，吸泥机是在刮泥机的基础上经过改进而衍生出的设备。

一、工作原理

浓缩刮(吸)泥机一般安装在沉淀池(多为圆形，少数为矩形及长方形)池底，通过驱动装置带动刮泥机做旋转运动或往复运动，污水经过沉淀池沉淀后，上层清液通过溢流堰板排出，沉淀于池底的污泥在刮泥机刮板的带动下缓慢地沿池底流向池中心最低点的集泥槽内，利用泵的压力通过排污管排出池外。刮泥机按照结构可分为回转式刮泥机、行车式刮泥机和链条刮板式刮泥机等。

二、回转式刮泥机

回转式刮泥机是污水处理中最常见的刮泥机类型，污水从池中心的进水管经导流筒扩散后，均匀地向周边呈辐射状流出，呈悬浮状的污泥经沉淀后沉积于池底，上清液通过溢流堰板由出水槽排出池外，污泥机刮板通过驱动装置绕沉淀池中心旋转，刮板带动池底的污泥由池周刮向中心集泥坑，依靠池内水压通过排泥管排出池外。

回转式刮泥机的分类方式很多，按照驱动方式可分为周边传动刮泥机和中心传动刮泥机；按工作桥分类，可分为全桥式刮泥机和半桥式刮泥机；按刮泥机刮板的类型分类，可分为直线刮板型刮泥机和对数螺旋型刮泥机；按照刮泥机中心结构分类，可分为垂架式刮泥机和悬挂式刮泥机；按功能分类，可分为刮泥机和吸泥机。常见的回转式刮泥机有以下几种类型：

1. GZG 周边传动刮泥机

GZG 周边传动刮泥机用于城市污水处理厂、自来水厂及工业废水处理中辐流沉降池和浓缩池中，排除沉降在池底的污泥和撇除池面的浮渣。GZG 周边传动刮泥机由驱动装置、工作桥、主刮泥装置、辅助刮泥装置、中心转盘、撇渣装置、溢流堰板和浮渣挡板、集电装置等组成。分为中进周出和周进周出两种池形，其中稳流筒可选择砼结构或不锈钢制。沉淀于池底的污泥在对数螺旋曲线形刮板的推动下，缓慢地沿池底中间集泥槽内，通过排污管排出。

GZG 周边传动刮泥机还可用于辐流式污泥浓缩池中，这时在工作桥下安装竖向栅条，可提高污泥浓缩效果。

(1)型号说明

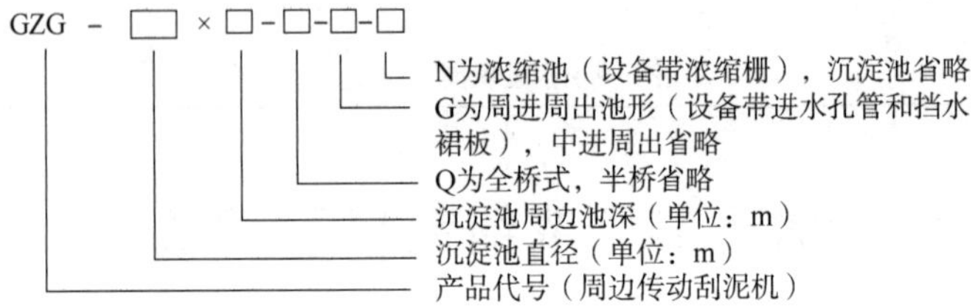

(2)外形结构

GZG 周边传动刮泥机的结构如图 12－51 和图 12－52 所示。

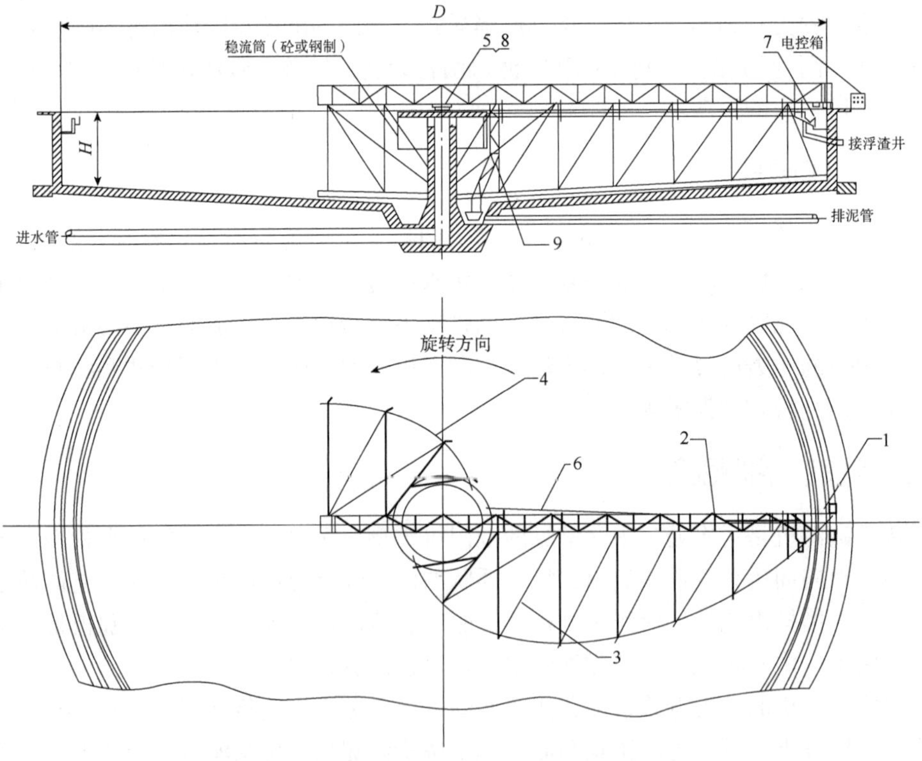

图 12－51 GZG 周边传动刮泥机(半桥式)

1—驱动装置；2—工作桥；3—主刮泥装置；4—辅助刮泥装置；5—中心转盘；6—撇渣装置；7—溢流堰板和浮渣挡板；8—集电装置；9—泥坑小刮板

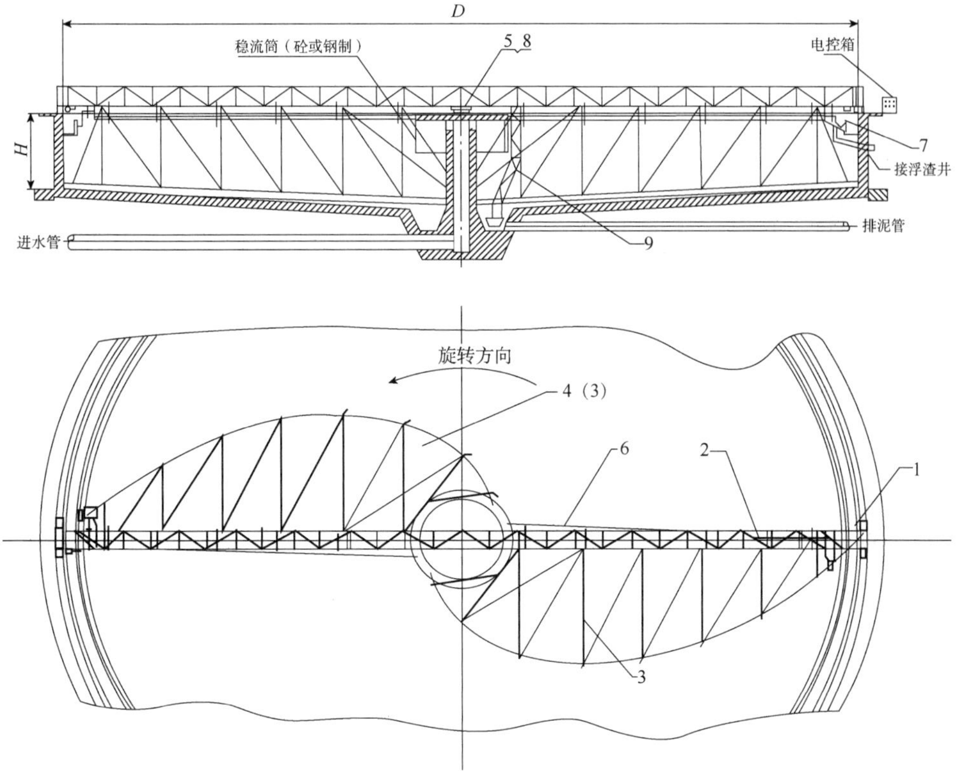

图 12－52 GZG－Q 周边传动刮泥机(全桥式)

1—驱动装置；2—工作桥；3—主刮泥装置；4—辅助刮泥装置；5—中心转盘；
6—撇渣装置；7—溢流堰板和浮渣挡板；8—集电装置；9—泥坑小刮板

(3)结构特点

①刮泥板采用一条整体连续的对数螺旋曲线形式，刮泥效果好；

②采用耐磨工程塑料滚轮支撑刮板沿池底行走，运行安全平稳，越野性能好；

③刮泥机除主刮泥装置外，还安装有独特的辅助刮泥装置，确保污泥及时排出；

④工作桥采用桁架结构，桥面上铺设花纹钢板，强度高，重量轻；

⑤驱动行走轮外包实心高耐磨聚氨酯橡胶，不需轨道，强度高，使用寿命长。

2. ZXJ 型中心传动单管吸泥机

ZXJ 型中心传动单管吸泥机用于城市污水处理厂和工业废水处理中辐流式圆形沉淀池，该设备既适用于周边进水周边出水的沉淀池，也适用于中心进水周边出水的沉淀池。

ZXJ 中心传动单管吸泥机由工作桥、中心驱动装置、中心柱、中心竖架、密封圆筒、吸泥管、排渣筒及憋渣装置、支撑桁架、溢流堰板和浮渣挡板、挡水裙板、稳流筒等部件组成。

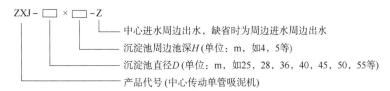

(1)型号说明

ZXJ－□×□－Z

- Z：中心进水周边出水，缺省时为周边进水周边出水
- 第二个□：沉淀池周边池深 H (单位：m，如4，5等)
- 第一个□：沉淀池直径 D (单位：m，如25，28，36，40，45，50，55等)
- ZXJ：产品代号 (中心传动单管吸泥机)

(2)外形结构

ZXJ 型中心传动单管吸泥机的结构如图 12－53 所示。

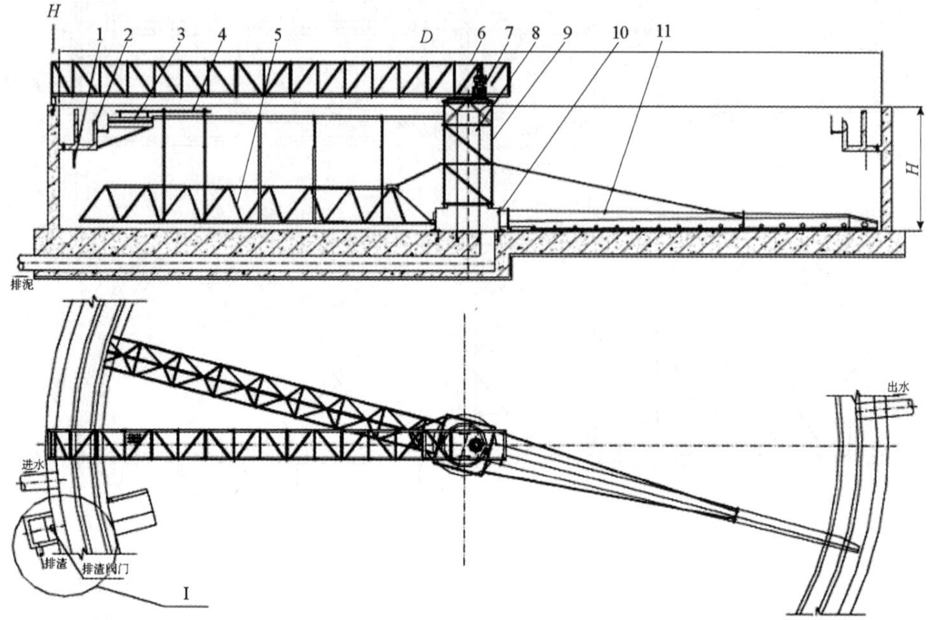

图 12－53　ZXJ 型中心传动单管吸泥机

1—挡水裙板；2—溢流堰板；3—排渣筒及撇渣装置；4—浮渣挡板；5—支撑桁架；6—工作桥；7—中心驱动装置；8—中心柱；9—中心竖架；10—密封圆筒；11—吸泥管

ZXJ－Z 型中心传动单管吸泥机如图 12－54 所示。

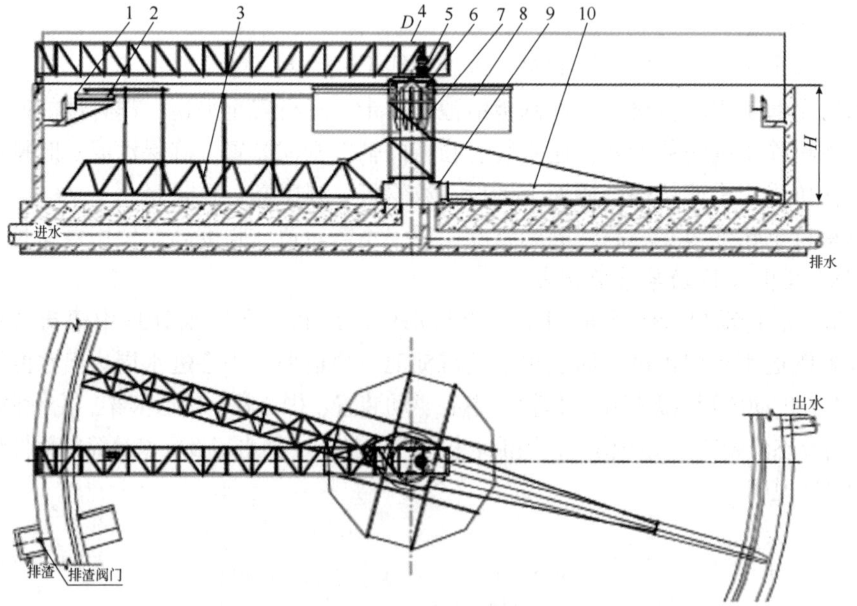

图 12－54　ZXJ－Z 型中心传动单管吸泥机

1—溢流堰板；2—排渣筒及撇渣装置；3—支撑桁架；4—工作桥；5—中心驱动装置；6—中心柱；7—中心竖架；8—稳流筒；9—密封圆筒；10—吸泥管

（3）结构特点

①ZXJ 型中心传动单管吸泥机根据水力学理论和沉淀池底部污泥特性设计，它采用变径异型管制成吸泥管，可以在整个池底及时地收集污泥而不搅动沉降层，与其他吸泥机相比，可以提高排泥浓度，从而大幅度提高污泥脱水效率，降低污泥脱水成本。

②选用周边进水周边出水池形，污水经进水槽配水空管流入导流区后经孔管挡板折流，下降到池底污泥面上并沿污泥面向中心流动，汇集后呈一个平面上升，在向池中心汇流和上升过程中分离出澄清水，并反向流到池边的溢流堰板下泻到出水槽，形成大环形密度流，污泥则沉降到池底部，在池底形成一层浓度较高的泥层。因此，周进周出沉淀池由于进水悬浮物浓度差引起的异重流流态改变了沉淀区的流态，有利于固液分离，容积利用率高。

吸泥机工作时，驱动装置带动吸泥管在沉淀池底缓慢旋转，由于吸泥管、中心密封圆筒以及污泥排出管组成一个密封的排出通道，在内外液位差的作用下，池底污泥被吸泥管吸入，从污泥排出管排出池外。

③污水池为中进周出的形式，污水从中心管进入，在稳流筒的作用下以逐渐减小的流速向周边流动。污泥在重力作用下沉降，在池底形成一层浓度较高的泥层，上清液则向上流动，从周边溢流堰板处排出，排泥过程与周进周出类相同。

3. ZXN 悬挂式中心传动刮泥机

与周边传动刮泥机驱动方式不同的是中心传动刮泥机，该机型一般使用在池径小于 20m 的圆形沉淀池，靠水静压力或输送排泥泵的作用将污泥或物料及时排出。中心传动刮泥机主要由驱动装置、工作桥（半桥或全桥）、堰板、主轴、刮臂、刮板、浓缩栅、稳流筒、现场控制柜等组成。刮臂在驱动装置的带动下随中心主轴旋转，刮臂上的刮泥板将沉积在池底的污泥由外向内推向池中心集泥区，再通过泵排出。

（1）型号说明

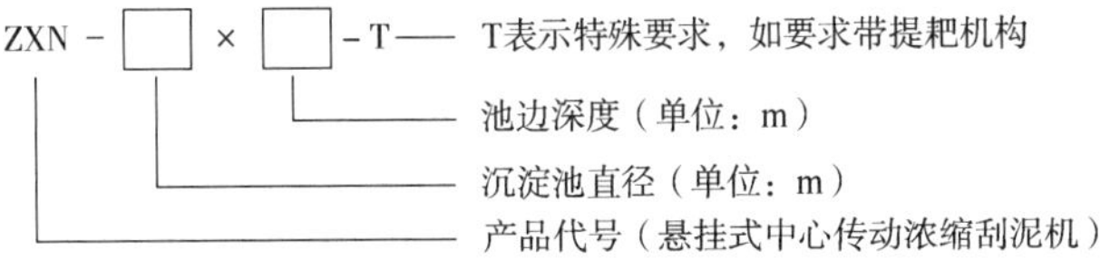

（2）外形结构

ZXN 悬挂式中心传动刮泥机的结构如图 12 - 55 所示。

（3）结构特点

①悬挂式中心传动刮泥机为中心传动悬挂式结构，不需要中心支墩，对池顶周边路面水平度和强度无要求，土建结构简单。

②传递扭矩大，稳定性好，安装方便，维修简单。

③可自带钢结构桁架工作桥，减少土建施工的工作量。

④驱动减速机套装于主轴上。当浓缩机的工作扭矩超出减速机额定输出扭矩时，减速机输出端的力矩臂动作，并促使过载保护装置内的弹簧压缩，压杆接近平面式无接触感应开关的感应距离而瞬间切断电源，同时发出故障信号，以达到保护设备不受损坏的目的。

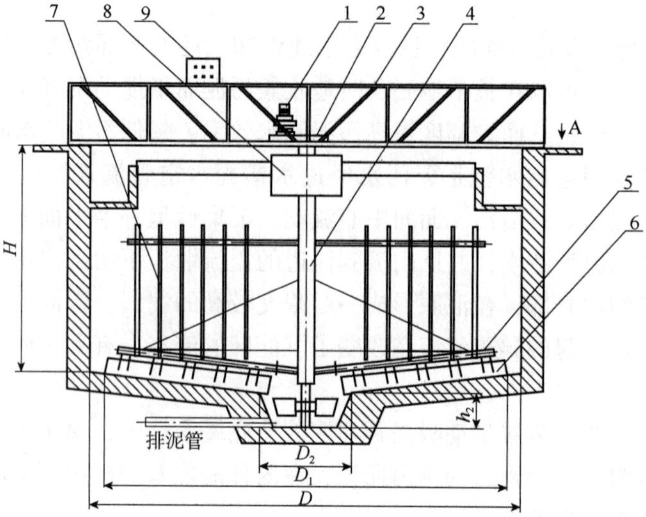

图 12-55　ZXN 悬挂式中心传动刮泥机

1—驱动装置；2—工作桥；3—护栏；4—中心主轴；5—刮臂；6—刮板；7—浓缩栅；8—稳流筒；9—现场控制柜

三、行车式刮泥机

污水处理系统中除了圆形沉淀池外，还有一些矩形的平流式沉淀池。行车式刮泥机是矩形平流沉淀池中最常见的刮泥机。

行车式刮泥机的工作原理是：原水经沉淀池沉淀后，上清液从溢流或排水管排出，污泥在重力作用下沉降，在整个矩形池底形成一层浓度较高的污泥，行车刮泥机在驱动装置的带动下在矩形沉淀池上往复运动，将池底污泥刮集至集泥区，最后被污泥泵或虹吸管排出。行车式刮泥机根据其结构的不同可分为平流池行车式刮泥机和平流池行车式提板刮泥机。

1. PHX 平流池行车式刮泥机

平流池行车式刮泥机主要用于污水处理厂、供水厂和工业生产中的平流式沉淀池或斜管沉降池，该设备根据吸泥方式的不同分为泵吸式和虹吸式，其主要由工作桥、驱动行走装置、吸泥装置、撇渣装置、电控柜、虹吸发生器(吸泥泵)等组成。在斜管沉降池中使用时，还需要安装池底吸泥架和吸泥吊架。

(1)型号说明

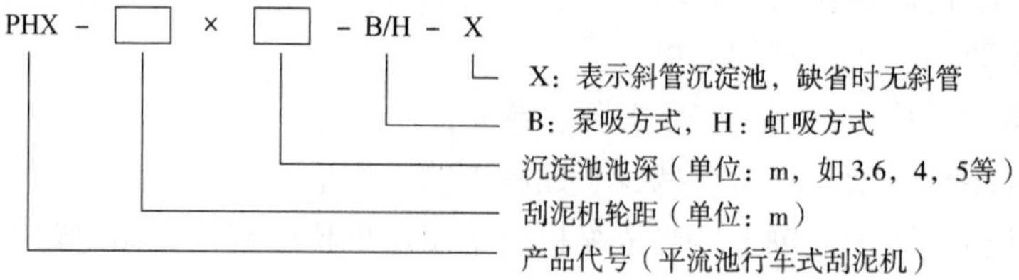

(2)外形结构

PHX 平流池行车式刮泥机的结构如图 12-56 ~ 图 12-58 所示。

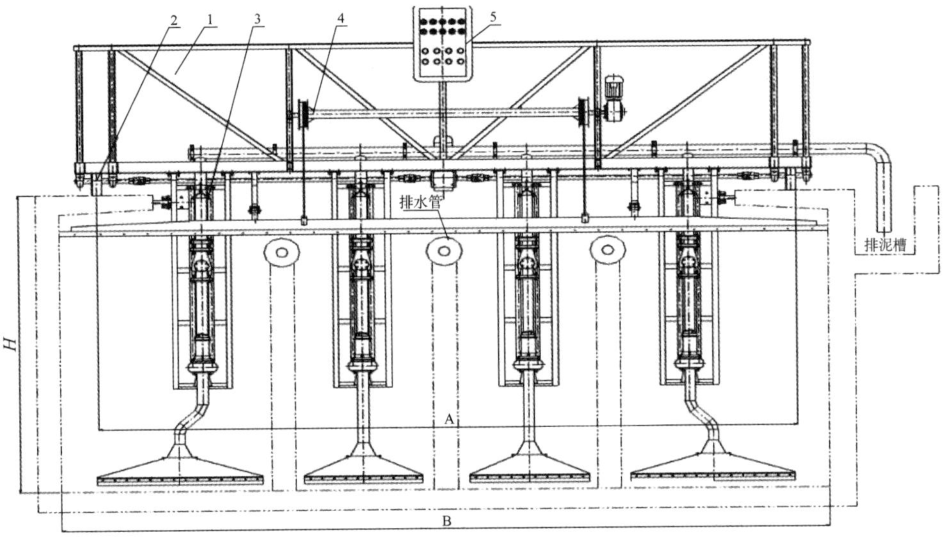

图 12－56　PHX－B 泵吸式平流池行车式刮泥机

1—工作桥；2—驱动行走装置；3—吸泥装置；4—撇渣装置；5—电控柜

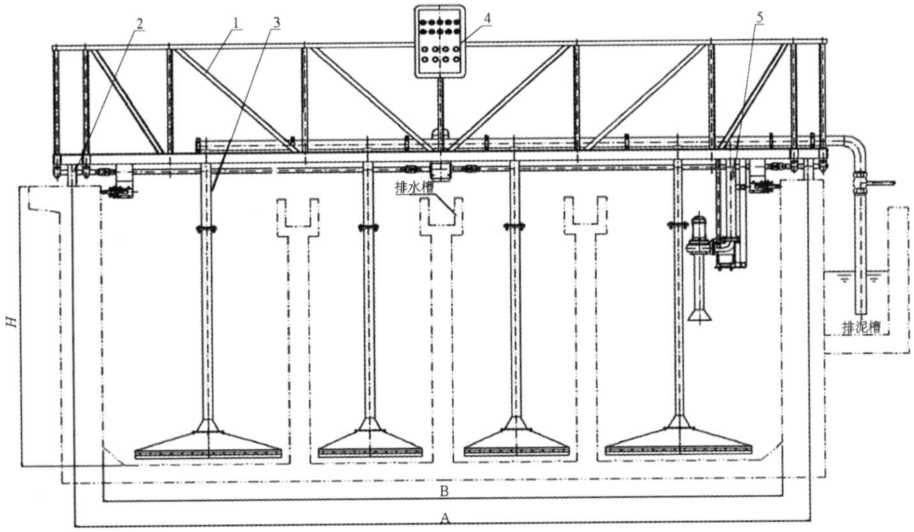

图 12－57　PHX－H 虹吸式平流池行车式刮泥机

1—工作桥；2—驱动行走装置；3—吸泥装置；4—电控柜；5—虹吸装置

(3)结构特点

①吸泥机的 4 个轮同时在钢轨上行走，车轮与钢轨啮合紧凑，不会发生啃轨、爬轨现象，行走限位装置(行程开关)安装在行走钢轨两端，可起到行走换向作用。行车行走平稳，噪声小。

②泵吸式采用无堵塞潜污泵提升污泥，具有无堵塞、噪声低、能耗小、安装方便等特点。虹吸式采用水射器形成真空，简单可靠。

③设备程序可控制刮(吸)泥机定时全天候往返吸泥，过载工作是能自动报警停机。

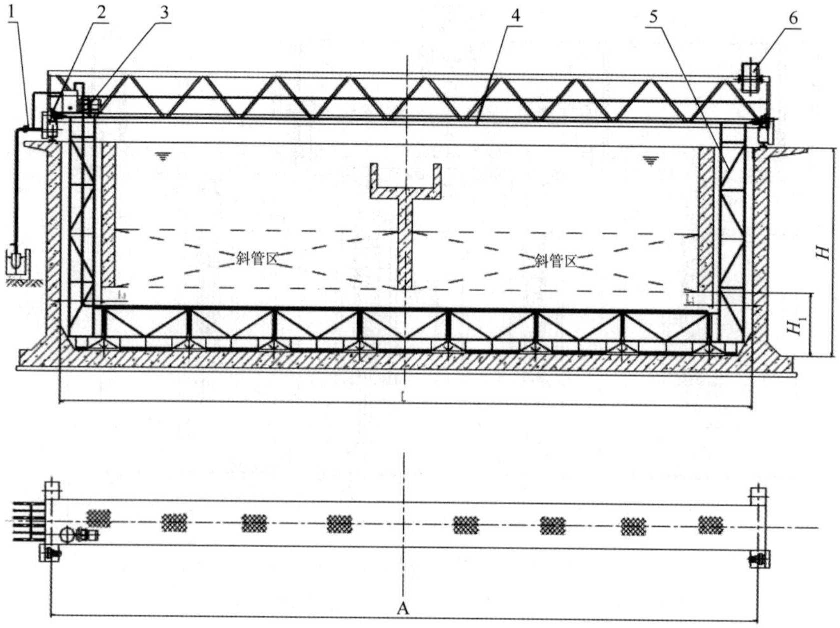

图 12－58　PHX－H－X 虹吸式斜管沉淀池平流池行车式刮泥机

1—管道系统；2—驱动行走装置；3—真空系统；4—主梁；5—吸泥吊架；6—电控系统

2. PHG 平流池行车式提板刮泥机

PHG 平流池行车式提板刮泥机由驱动装置、行车桁架、刮板升降装置、限位装置、电控系统组成。与行车式刮泥机不同的是当电动机启动后，驱动装置带动行车行走，同时刮板落下，在行车牵引力下，刮板把污泥刮到集泥坑中，驱动装置在行驶到限位处时停车然后提起刮板，整车返回平流池起始点，并循环刮泥，整个过程周而复始。

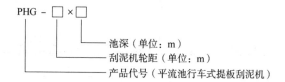

(1)型号说明

PHG－□×□

池深（单位：m）

刮泥机轮距（单位：m）

产品代号（平流池行车式提板刮泥机）

(2)外形结构

PHG 平流池行车式提板刮泥机的结构如图 12－59 所示。

(3)结构特点

①结构简单，维修方便；

②采用池底行走轮支撑刮板沿池底行走，刮泥效果好，越野性能佳；

③工作桥采用桁架结构，强度高、重量轻、能耗少。

四、其他结构刮泥机

除了上述提到的回转式和行车式刮泥机外，还有链条刮板式刮泥机和液压往复式刮泥机。

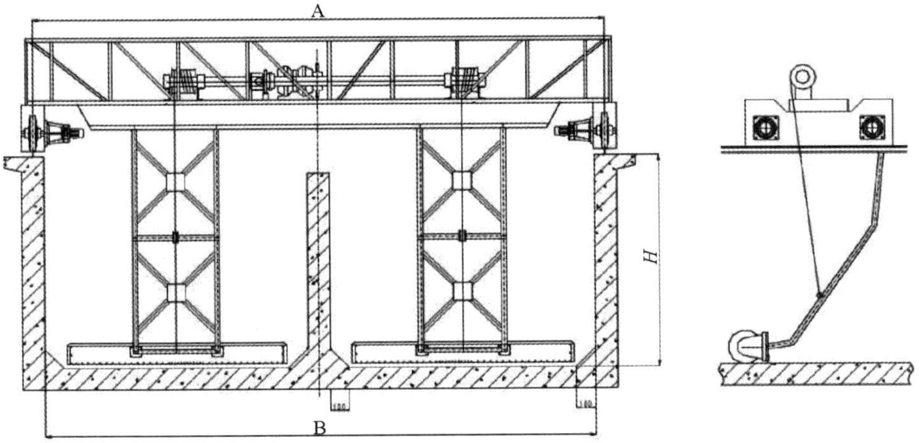

图 12-59 PHG 平流池行车式提板刮泥机结构

1. 链条刮板式刮泥机

链条刮板式刮泥机主要由驱动机构（电动机减速机、传动链系统），主动轮组、从动轮组、张紧轮（轴）、刮板组合、导轨及托架、电控制箱等部件组成，如图 12-60 所示。链条刮板式刮泥机由减速机传动输送链条及刮板在池内做循环运行，将池底部泥渣刮进集泥坑。

在两根节数相等连成封闭环状的主链上，每隔一定间距安装有一块刮板。由驱动装置带动主动链轮转动，链条在导向链轮及导轨的支撑下缓慢转动，并带动刮板移动，刮板在池底将沉淀的污泥刮入池端的污泥斗，在水面回程的刮板则将浮渣倒入渣槽。

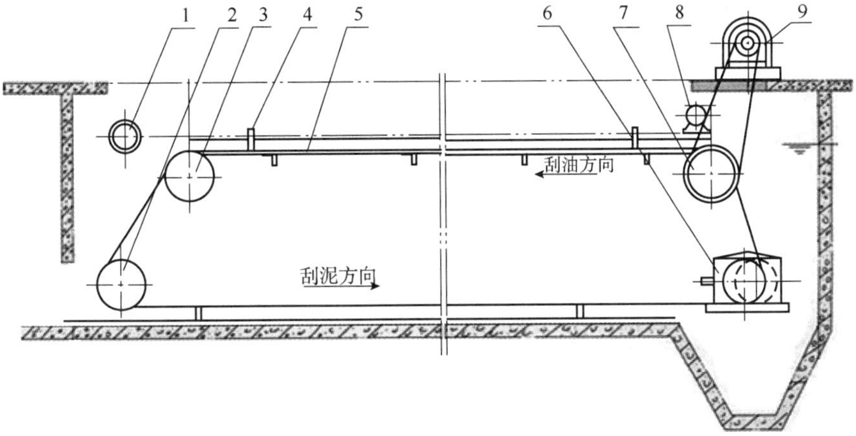

图 12-60 链条刮板式刮泥机

1—集油管；2、3—从动轮组；4—刮板组合；5—导轨及托架；
6—张紧轮（轴）；7—主动轮组；8—链条张紧机构；9—驱动机构

2. 液压往复式刮泥机

液压站（压缩空气）向液压油缸（气缸）提供动力，一组三角架将油缸（气缸）的竖直运动转换为水平运动、带动一套楔形刮板在矩形池池底做往复运动；往复运动的行程大于单根刮板的间距，相当于后一根刮板向前一根刮板传递污泥；刮板组前进的速度约为后退速度的一半；前进时，楔形刮板的凹面在前、向池子一段的积泥槽推送污泥；后退时，很小的楔形锐角不会带动污泥向后运动，而快速后退的凹面产生的负压会使一定厚度的污泥层保持向前。液压往复式刮泥机结构如图 12－62 所示。

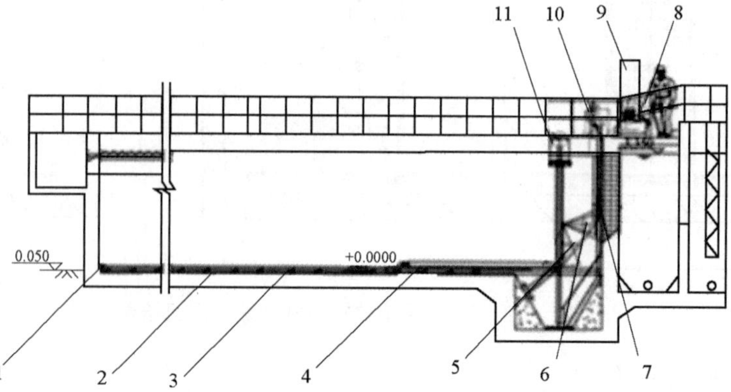

图 12－61　液压往复式刮泥机结构

1—固定板和导向杆；2—固定支撑；3—刮板；4—水平推杆；5—三角臂架；6—三角臂固定架；7—活塞撑杆；8—液压站；9—配电柜；10—刮泥机；11—排泥装置

五、刮泥机常见的故障及维修

根据生产中刮泥机常见的故障类型来分，刮泥机的故障可以从以下几个方面进行分析考虑：

(1)刮泥机驱动装置的机构；

(2)刮泥机本体构造；

(3)刮泥机电力及控制系统；

(4)沉降池附属设施及配套设备；

(5)污泥沉降池上游的工艺变动；

(6)操作员人为失误。

表 12－7 所示为刮泥机的常见故障分析与处理方法。

表 12－7　刮泥机的常见故障分析与处理方法

故障现象	故障原因分析	处理办法
污泥排出困难或污泥排不出	污泥沉降池吸泥管被杂物及大型块状物料堵塞	以加压水冲开吸泥管道
	污泥浓度过高，上游工艺变动污泥量增大导致	增加排泥量或减少上游来水量
	排泥泵异常，泵抽泥量减少	检查污泥泵
	排泥阀异常	检查系统排泥阀
	虹吸系统失灵，虹吸管漏气(如有虹吸)	更换虹吸管，检查漏气情况
	真空泵故障损坏	检修真空泵

续表

故障现象	故障原因分析	处理办法
刮泥机不能运转	停电	恢复电源供应
	电力及控制系统故障	检查电力及控制系统
	刮泥机驱动动力未传递至本体	检查刮泥机驱动电动机、检查传动齿轮、检查设备联轴器等
	刮泥机本体机构卡死	检查设备本体机构
	刮臂或刮泥板触底卡死	污泥池放空后检修
	操作员操作失误掉入扳手或其他硬物	污泥池放空后检修
刮泥机运行不畅屡次报警跳停	入水量正常，而排泥量过少，设备负荷变大	增加排泥量
	刮臂或刮泥板触底	污泥池放空后检修
	刮臂或刮泥板破损	污泥池放空后检修
	旋转部分异常	参照说明书检修
	控制系统或感应元件故障	检查控制系统、感应元件
	转动机构扭矩变大	检查转动机构，减小扭矩
刮泥机异常声音，异常发热，异常振动	转动机构扭矩变大	检查转动机构，减小扭矩
	设备润滑不足或润滑失效	补足或更换润滑油
	驱动电动机零件磨损或损坏	检查、补修或更换电动机零件
	连接件松动、联轴器间隙过大	检查、调整连接件
	行走轮安装误差太大，与轨道摩擦或碰撞	调整、修复或更换行走轮
	行走轨道上有杂物	清理行走轨道上杂物等

刮泥机如果长时间不能正常运行，将直接影响污泥沉降池的使用效果，会使污泥的积累越来越多，更严重的会导致污泥沉降池本身失去作用。在设备使用过程中，应发挥日常巡检及定期巡检的作用，认真对待刮泥机在日常使用过程中出现的异常现象。

参考文献

[1]张殿印，刘谨．除尘设备手册[M]．2 版．北京：化学工业出版社，2018.

[2]戴友芝，肖利平，等．废水处理工程[M].3 版．北京：化学工业出版社，2022.

[3]郭勇，杨平．废水处理工艺及设备[M]．1 版．成都：四川大学出版社，2019.

[4]秦浩杰，邹旭彪．云式除尘技术在催化剂投料扬尘治理中的可行性研究[J]．工业催化，2018，26(5)：160－162.

[5]马坚，许德坤，等．炼油催化剂生产过程尾气的深度净化[J]．石油炼制与化工，2020，51(1).

[6]郭辉，王晓伟，董清生，等．催化剂制备中湿式电除尘技术的应用[J]．化工机械，2018，45(3)：344－346.

[7]刘文彬，易继红，戴劲，等．热泵闪蒸汽提脱氨技术在高氨氮废水处理中的应用[J]．广州化工，2020，48(17)：119－121.

[8]张三华，刘文彬，倪黎，等．热泵闪蒸汽提脱氨技术的工业应用[J]．工业催化，2020，28(9)：

78 - 80.
[9]张昌. 热泵技术与应用 [M]. 2 版. 北京：机械工业出版社，2018.
[10]李晋. 反渗透膜在水处理中的研究进展[J]. 资源节约与环保，2013(10)：17.
[11]司利平. 反渗透系统的运行参数控制与事故处理[J]. 膜科学与技术，2000，20(4)：56 - 59.
[12]丛安生，姜春波，邓威，等. 大型中心传动浓缩刮泥机的应用与发展[J]. 中国环保产业，2009(5)：41 - 46.
[13]勒德智，洪庆松，王礼敬. 液压往复式刮泥机及气提排泥装置在净水厂中的设计与应用[J]. 给水排水，2017，43(1)：142 - 144.